Tiefbohrtechnik

Matthias Reich

Tiefbohrtechnik

Eine Einführung in die Erschließung von Kohlenwasserstoff- und Erdwärme-Lagerstätten

Matthias Reich
Freiberg, Deutschland

ISBN 978-3-662-70634-3 ISBN 978-3-662-70635-0 (eBook)
https://doi.org/10.1007/978-3-662-70635-0

Die Deutsche Nationalbibliothek verzeichnet diese Publikation in der Deutschen Nationalbibliografie; detaillierte bibliografische Daten sind im Internet über http://dnb.d-nb.de abrufbar.

© Der/die Herausgeber bzw. der/die Autor(en), exklusiv lizenziert an Springer-Verlag GmbH, DE, ein Teil von Springer Nature 2025

Das Werk einschließlich aller seiner Teile ist urheberrechtlich geschützt. Jede Verwertung, die nicht ausdrücklich vom Urheberrechtsgesetz zugelassen ist, bedarf der vorherigen Zustimmung des Verlags. Das gilt insbesondere für Vervielfältigungen, Bearbeitungen, Übersetzungen, Mikroverfilmungen und die Einspeicherung und Verarbeitung in elektronischen Systemen.
Die Wiedergabe von allgemein beschreibenden Bezeichnungen, Marken, Unternehmensnamen etc. in diesem Werk bedeutet nicht, dass diese frei durch jede Person benutzt werden dürfen. Die Berechtigung zur Benutzung unterliegt, auch ohne gesonderten Hinweis hierzu, den Regeln des Markenrechts. Die Rechte des/der jeweiligen Zeicheninhaber*in sind zu beachten.
Der Verlag, die Autor*innen und die Herausgeber*innen gehen davon aus, dass die Angaben und Informationen in diesem Werk zum Zeitpunkt der Veröffentlichung vollständig und korrekt sind. Weder der Verlag noch die Autor*innen oder die Herausgeber*innen übernehmen, ausdrücklich oder implizit, Gewähr für den Inhalt des Werkes, etwaige Fehler oder Äußerungen. Der Verlag bleibt im Hinblick auf geografische Zuordnungen und Gebietsbezeichnungen in veröffentlichten Karten und Institutionsadressen neutral.

Grafiken: Michael Gerullis, Rothwild Werbung und Design, Kirchanschöring, Matthias Reich

Einbandabbildung: © Baker Hughes, mit freundlicher Genehmigung

Planung/Lektorat: Simon Shah-Rohlfs
Springer Spektrum ist ein Imprint der eingetragenen Gesellschaft Springer-Verlag GmbH, DE und ist ein Teil von Springer Nature.
Die Anschrift der Gesellschaft ist: Heidelberger Platz 3, 14197 Berlin, Germany

Wenn Sie dieses Produkt entsorgen, geben Sie das Papier bitte zum Recycling.

Vorwort

Matthias Reich (◨ Abb. 1) wurde 1959 in Osterode am Harz geboren. Dort machte er 1978 auch sein Abitur. An der Technischen Universität Clausthal studierte er Verfahrenstechnik. Seine ersten Berufsjahre als Diplom-Ingenieur verbrachte er von 1986 bis 1990 am Bodensee als Konstrukteur und Inbetriebnehmer von Maschinen zur Papierherstellung.

1990 wechselte er zu einem führenden international aufgestellten Serviceunternehmen der Tiefbohrtechnik nach Öl und Gas, wo er zunächst als Konstrukteur und dann als Feldtest-Ingenieur, Leiter der Feldtestabteilung und schließlich Marketing-Manager mit der Entwicklung, Erprobung und Vermarktung innovativer Bohrsysteme für die Richtbohrtechnik beauftragt war.

2004 schloss Reich am Institut für Bohrtechnik und Fluidbergbau der TU Bergakademie Freiberg eine nebenberufliche Promotion ab. Im Jahr 2006 wurde er als Professor für Tiefbohrtechnik, Spezialtiefbohrausrüstungen und Bergbaumaschinen an die Technische Universität Bergakademie Freiberg berufen.

Das vorliegende Buch fasst die Inhalte der Vorlesungen zum Thema Tiefbohrtechnik zusammen. Es entstand anlässlich der Emeritierung von Prof. Reich im Jahr 2025.

◨ **Abb. 1** Prof. Dr.-Ing. Matthias Reich

Der Bereich Tiefbohrtechnik ist eng mit dem Fachbereich Lagerstätten-, Förder- und Speichertechnik verknüpft, der während Reichs Dienstzeit von Prof. Dr.-Ing. Moh'd Amro abgedeckt wurde. Beide Fachbereiche zusammen werden als Fluidbergbau oder Bohrlochbergbau bezeichnet. Die Tiefbohrtechnik befasst sich mit der Planung und Erstellung von Tiefbohrungen, die zur sicheren und umweltverträglichen Aufsuchung, Erkundung und Nutzung fluider, also fließfähiger Bodenschätze benötigt werden. Hierzu zählt neben Erdöl und Erdgas in zunehmendem Maße auch die Erdwärme. Die Lagerstätten-, Förder- und Speichertechnik behandelt die sichere und nachhaltige Nutzung der Bohrungen. Sie befasst sich mit allen Maßnahmen und Prozessen, die damit verbunden sind, die fluiden Rohstoffe aus der Tiefe an die Oberfläche zu fördern und die Lagerstätte dabei in einem nutzbaren Zustand zu erhalten.

Unser Wohlstand und Lebensstandard basiert zu einem großen Teil auf der Verbrennung fossiler Rohstoffe (◘ Abb. 2). Das führt allerdings zu deutlich sichtbaren Problemen. Um den Klimawandel und die Erderwärmung zu begrenzen, wird versucht, die Welt zu de-karbonisieren, indem ein immer größerer Anteil unseres Energiebedarfs aus erneuerbaren Energien gedeckt wird. Weltweit haben aktuell aber Kohle, Erdöl und Erdgas immer noch einen Anteil von über zwei Dritteln am Primärenergiebedarf. Der Ausstieg aus der Verbrennung dieser Energieträger ist zum Erhalt der Umwelt dringend erforderlich, wird aber sicher noch einige Jahrzehnte in Anspruch nehmen. Mit größter Priorität muss die Verbrennung von Kohle und Erdöl zur Energiebereitstellung reduziert werden. Zum Schließen der dadurch entstehenden Lücken bietet sich übergangsweise die verstärkte Produktion von Erdgas an, das bei der Verbrennung deutlich weniger CO_2 als Kohle oder Erdöl freisetzt.

Im Rahmen der Energiewende und der Bekämpfung der Erderwärmung gewinnen aber auch neue Themen immer weiter an Bedeutung. Überschüssige grüne Energien

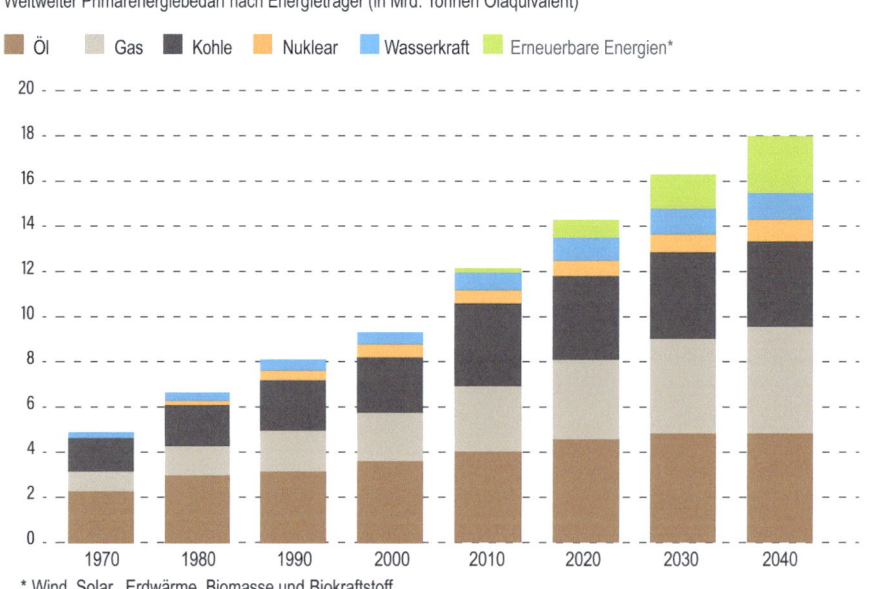

◘ **Abb. 2** Entwicklung des Weltenergiebedarfs (in Mrd. Tonnen Öläquivalent)

Vorwort

aus zum Beispiel Wind- und Photovoltaikanlagen müssen in Zeiten des Überschusses in leistungsfähige unterirdische Speicher ein- und in Bedarfszeiten wieder ausgelagert werden. Nur so können die volatilen regenerativen Energiequellen grundlastfähig gemacht werden. Als Speicher kommen neben ausgeförderten Kohlenwasserstofflagerstätten auch künstlich angelegte Kavernen oder Aquiferspeicher (geeignete poröse und permeable Gesteine im tiefen Untergrund) infrage, die über Tiefbohrungen erschlossen werden müssen.

Durch Bohrlochbergbau können zudem auch wichtige Rohstoffe für die Energiewende, wie zum Beispiel Lithium aus Thermalwässern aus großen Tiefen minimalinvasiv und somit umweltfreundlich gewonnen werden. Und die Nutzung der Erdwärme zur nachhaltigen Bereitstellung von Wärme und Strom, die Tiefengeothermie, erfährt aktuell einen nie zuvor erlebten Boom.

Die Tiefbohrtechnik wird also weiterhin eine große Rolle in unserem Leben spielen.

Der Autor möchte mit diesem Buch die wichtigsten Themen seiner Tiefbohrtechnikvorlesungen dokumentieren. „Es wäre doch schade, wenn das jetzt alles in Vergessenheit geraten würde", kommentiert er.

Ergänzend zum Buch wird dem Leser der YouTube Kanal „Spaß mit Tiefbohrtechnik" des Autors empfohlen, der die wichtigsten Aspekte des Vorlesungsstoffs in über 100 kurzen und leicht verständlichen Filmbeiträgen zusammenfasst.

Für den Begriff „Tiefbohrtechnik" gibt es zum Teil unterschiedliche Definitionen. Im vorliegenden Buch sollen unter diesem Begriff alle Bohraktivitäten verstanden werden, bei denen nicht ausdrücklich ausgeschlossen werden kann, dass man auf Kohlenwasserstoffe und insbesondere Erdgas trifft. Auch bei Geothermiebohrungen stößt man nicht selten auf unerwartete brennbare oder sogar explosive Öl- oder Gasfunde. In diesem Fall muss die Bohrmannschaft dafür ausgebildet sein, mit der gefährlichen Situation umgehen zu können. Während der Arbeiten an einer Tiefbohrung muss jeder Schaden an der Mannschaft, der Ausrüstung und der Umwelt verhindert werden.

Zu diesem Zweck müssen auch die Tiefbohranlage und die Auskleidung der Bohrung mit mehreren redundanten abdichtenden Barrieren immer auf die sichere Handhabung von unter Druck stehenden und explosiven Fluiden vorbereitet und dimensioniert sein.

Da die Tiefbohrtechnik grundsätzlich immer auf das Antreffen von Kohlenwasserstoffen vorbereitet sein muss, behandelt das Buch zunächst die bohrtechnische Erschließung fluider Kohlenwasserstofflagerstätten (Erdöl- und Erdgasbohrungen), geht dann aber auch auf die Erschließung geothermischer und sonstiger Lagerstätten ein.

Besonderer Dank geht an die Firmen Herrenknecht in Schwanau, Angers Söhne in Hessisch Lichtenau und Baker Hughes in Celle, die dem Autor Fototermine auf ihren Tiefbohranlagen ermöglichten, Fotos aus ihren Archiven zur Verfügung stellten und die Anfertigung von Grafiken unterstützen. Ohne diese großzügige und unkomplizierte Unterstützung wäre es nicht möglich gewesen, das Buch mit so vielen Bildern auszustatten.

Ebenso geht unser herzlicher Dank an die Firma German Fishing Service für die Bereitstellung von Fotos ihrer Fangwerkzeuge.

Viele der Grafiken im Buch stammen von der Firma Rothwild Werbung und Design und der Werbeagentur add.wise. Herzlicher Dank auch ihnen für die äußerst angenehme Zusammenarbeit.

Interessenkonflikt Der/die Autor*in hat keine für den Inhalt dieses Manuskripts relevanten Interessenkonflikte.

Inhaltsverzeichnis

1	**Entstehung von Erdöl- und Erdgaslagerstätten**	1
1.1	Konventionelle Lagerstätten	4
1.2	Unkonventionelle Lagerstätten	5
2	**Bohrungsarten**	7
2.1	Erkundungsbohrung	8
2.2	Bestätigungsbohrungen	9
2.3	Produktionsbohrungen	9
3	**Die Tiefbohranlage**	11
3.1	Hebewerk	13
3.2	Drehantrieb	19
3.3	Hilfswerkzeuge	27
3.4	Spülungskreislauf	29
3.5	Bohrlochabschluss (Blowout-Preventer)	40
3.6	Mud Logger's Unit und Spülungslabor	41
4	**Bohrstrang**	43
4.1	Bohrstrangelemente	46
4.2	Dynamische Fehlfunktionen	90
4.3	Bohrstrang-Design	93
4.4	Festigkeitsnachweis für einen Bohrstrang	97
5	**Bohrspülung**	111
5.1	Eigenschaften der Bohrspülung	112
5.2	Anforderungen an die Bohrspülung	119
5.3	Anpassung der Eigenschaften der Bohrspülung im Bohrbetrieb	121
6	**Vorgehensweise beim Abteufen einer Tiefbohrung**	123
6.1	Setzen des Standrohres	124
6.2	Bau des Bohrplatzes	125
6.3	Erster Bohrabschnitt und Setzen der Ankerrohrtour	126
6.4	Setzen der technischen Rohrtouren	127
6.5	Setzen der Produktionsrohrtour	128
6.6	Einbau eines Förderstranges	129
7	**Bohrlochkonstruktion**	131
7.1	Absetzteufen der Rohrtouren	133
7.2	Durchmesser der Rohrtouren	134
7.3	Bohrlochkopf und Ringräume der Bohrung	137
7.4	Einbau und Zementation der Futterrohre	140
8	**Bohrungskomplettierung**	157
8.1	Komplettierungsarten	159
8.2	Fördertubing	160

8.3	Packer	161
8.4	Eruptionskreuz („Xmas Tree")	162
8.5	Untertagesicherheitsventil	163
8.6	Zirkulationsschiebestück	164
8.7	Landenippel	165
9	**Bohrlochkontrolle**	**167**
9.1	Druckfenster einer Bohrung	170
9.2	Dichtefenster einer Bohrung	175
9.3	Dynamischer Druckanteil der Bohrspülung	178
9.4	Equivalent Circulation Density	181
9.5	Druck- und Dichtefenster von Horizontalbohrungen	182
9.6	Auslegung von Rohrtouren	185
9.7	Kicks und Blowouts	194
9.8	Blowout-Preventer	207
9.9	Totpumpverfahren	215
10	**Bohrlochhydraulik**	**233**
10.1	Dynamischer Druckverlust im Bohrgestänge	234
10.2	Dynamischer Druckverlust im Ringraum	238
10.3	Druckverluste an speziellen Bohrstrangkomponenten	241
10.4	Statische und dynamische Druckverläufe in Bohrstrang und Ringraum	245
10.5	Pumpenkennlinie	246
10.6	Anlagenkennlinie	247
10.7	Betriebspunkt bei der Kombination einer Anlage mit einer Pumpe	248
11	**Richtbohrtechnik**	**251**
11.1	Anfänge der Richtbohrtechnik	253
11.2	Die moderne Richtbohrtechnik	258
11.3	Reservoir Navigation/Geosteering	267
11.4	Grundbegriffe der Richtbohrtechnik	279
11.5	Berechnung des Bohrpfades aus Survey-Daten	287
11.6	Berechnungsmodelle zur Bestimmung des Bohrpfades	291
11.7	Directional Driller's Display	295
11.8	Dokumentation von Richtbohreinsätzen	297
11.9	Praktisches Vorgehen beim Bohren mit Richtbohrmotor und MWD	297
11.10	Dreipunktgeometrie	300
11.11	Planung des Bohrpfades	305
11.12	Fehlerbetrachtungen/Unsicherheitsellipsen und -ellipsoide	308
11.13	Kollisionsbetrachtungen	319
12	**Datenübertragung im Bohrstrang**	**325**
12.1	Datenrate und Reichweite	327
12.2	Vergleich verschiedener Methoden der Datenübertragung	330
12.3	Mud-Puls-Telemetrie	331
12.4	Digitalisierung von Messwerten	346
12.5	Modulation	352
12.6	Systemarchitektur von Datenübertragungssystemen der Tiefbohrtechnik	358

Inhaltsverzeichnis

12.7	Anforderungen an die Bohrspülung	360
12.8	Downlinks	361

13	**Bohren im Meer (offshore drilling)**	**365**
13.1	Offshore-Bohranlagen	367
13.2	Operative Besonderheiten beim Abteufen einer Offshore-Bohrung	371
13.3	Druckfenster von Offshore-Bohrungen	380

14	**Unterbalanciertes Bohren**	**389**
14.1	Snubbing Unit	392
14.2	Bohrspülungen für unterbalanciertes Bohren	393

15	**Bohren mit Coiled Tubing**	**395**
15.1	Coiled-Tubing-Bohranlage	396
15.2	Spülungskreislauf einer Coiled-Tubing-Bohranlage	400
15.3	Typische Anwendungen des Bohrens mit Coiled Tubing	400
15.4	Richtbohrgarnituren für Coiled-Tubing-Einsätze	401

16	**Side Tracking**	**409**
16.1	Fensterfräsen	410
16.2	Komplettierung von Seitenarmen einer Bohrung	414
16.3	Sektionsfräsen	415

17	**Havarien und Fangarbeiten**	**419**
17.1	Festsitzendes Gestänge	420
17.2	Identifikation des Fisches	425
17.3	Glätten und Wegfräsen des Fisches	427
17.4	Freilegen des Fanghalses/Washover Tool	428
17.5	Grundsätzliche Vorgehensweise bei Fangarbeiten	429

18	**Geothermische Bohrungen**	**433**
18.1	Vorbetrachtungen	435
18.2	Oberflächengeothermie	439
18.3	Tiefengeothermie	441
18.4	Nachhaltigkeit geothermischer Anlagen	450
18.5	Bohrtechnische Besonderheiten gegenüber Öl- und Gasbohrungen	452
18.6	Vorbehalte der Bevölkerung	469
18.7	Potenzial der Tiefengeothermie in Deutschland	476

Serviceteil	**483**
Schlusswort	484
Literaturempfehlungen	485
Stichwortverzeichnis	487

Entstehung von Erdöl- und Erdgaslagerstätten

Inhaltsverzeichnis

1.1 Konventionelle Lagerstätten – 4

1.2 Unkonventionelle Lagerstätten – 5

© Der/die Autor(en), exklusiv lizenziert an Springer-Verlag GmbH, DE, ein Teil von Springer Nature 2025
M. Reich, *Tiefbohrtechnik*, https://doi.org/10.1007/978-3-662-70635-0_1

Erdöl und Erdgas befinden sich in einigen Kilometern Tiefe unter unseren Füßen in den winzigen Poren des Gesteins. Dort herrschen Temperaturen wie im Backofen und Drücke wie unter den Reifen landender Großflugzeuge. Der Prozess der Bildung von Kohlenwasserstoffen geht sehr langsam vonstatten, und meistens liegen die Kohlenwasserstoffe in der Tiefe in so geringen Konzentrationen vor, dass es sich nicht lohnen würde, sie an die Oberfläche zu fördern. Wenn die geologischen Bedingungen aber „passen", können sich die Rohstoffe im Laufe langer Zeiträume an bestimmten Stellen in der Erdkruste ansammeln und aufkonzentrieren. Wir sprechen dann von Kohlenwasserstofflagerstätten. In diesem Kapitel wird erklärt, wie sich solche Lagerstätten bilden und welche Eigenschaften sie besitzen.

Um Kohlenwasserstofflagerstätten finden und nutzen zu können, muss zunächst dargestellt werden, wie solche Lagerstätten entstehen. Die Details der damit verbundenen geologischen, paläontologischen und chemischen Vorgänge sollen dabei eher im Hintergrund stehen. Hervorgehoben werden sollen dagegen diejenigen Prozesse, die für die bohrtechnische Erschließung von Bedeutung sind. Um die Entstehung von Kohlenwasserstofflagerstätten zeitlich einordnen zu können, wurde in ◘ Abb. 1.1 das Alter der Erde auf ein Kalenderjahr projiziert.

Man erkennt, dass die Erde auf diesem Maßstab etwa Mitte Februar so weit abgekühlt war, dass sich Ozeane auf der Erdkruste bilden konnten. Wenig später gab es in diesen Ozeanen schon erste Lebensformen. Pflanzen, die das Sonnenlicht mittels Fotosynthese als Energiequelle nutzen konnten, entstanden etwa Mitte April. Es dauerte jedoch noch bis Ende Oktober, bis das Leben auch massiv das Land als Lebensraum eroberte. Die Biomasse, die seitdem entstand, war die Basis für die Bildung der Kohle-, Erdöl- und Erdgaslagerstätten, die wir heute nutzen können.

Lebewesen haben immer nur eine begrenzte Lebenszeit. Wenn sie absterben und nicht gefressen werden, verrotten sie normalerweise. In Wassertiefen ab ca. 200 m finden solche Verrottungsprozesse aber aufgrund des geringen Sauerstoffgehalts kaum noch statt. Und so können sich am Meeresboden in langen Zeiträumen große Mengen abgestorbenen organischen Materials, das beispielsweise aus Plankton stammt, ansammeln. Wenn dieses organische Material schließlich durch Sedimente abgedeckt wird, die beispielsweise durch Flüsse herangetragen werden, wird das organische Material verschlossen und konserviert. Sedimente bestehen aus körnigem Material, das sich über lange Zeiträume zu porösen Gesteinen verdichtet. Ein typischer Vertreter eines solchen Gesteins wäre zum Beispiel ein Sandstein.

Im nächsten Prozessschritt muss das versiegelte organische Material durch tektonische Bewegungen tiefer in die Erdkruste transportiert werden. Je tiefer es in den Untergrund gelangt, desto höher werden der Druck und die Temperatur, denen es ausgesetzt ist. Unter der Einwirkung von Druck, Temperatur und Zeit verfestigt sich das organische Material und wandelt sich in ein sogenanntes Muttergestein um (◘ Abb. 1.2).

Ab Tiefen von etwa 2000 m steigen die Temperaturen auf mehr als 60 °C an. Hier beginnt nun allmählich ein Prozess, bei dem das organische Material im Muttergestein zu Kohlenwasserstoffen umgewandelt wird. Wenn das Material sich in relativ geringen Tiefen bzw. Temperaturen aufhält, entstehen anteilig mehr langkettige Kohlenwasserstoffe, in größeren Tiefen, wo höhere Temperaturen herrschen, zerfallen längerkettige Kohlenwasserstoffe aber tendenziell zu kürzeren. In größeren Tiefen entstehen im Muttergestein also eher gasförmige Kohlenwasserstoffanteile (z. B. das typische „Erdgas" Methan), in geringeren Tiefen bzw. bei geringeren Temperaturen entstehen dagegen im Muttergestein

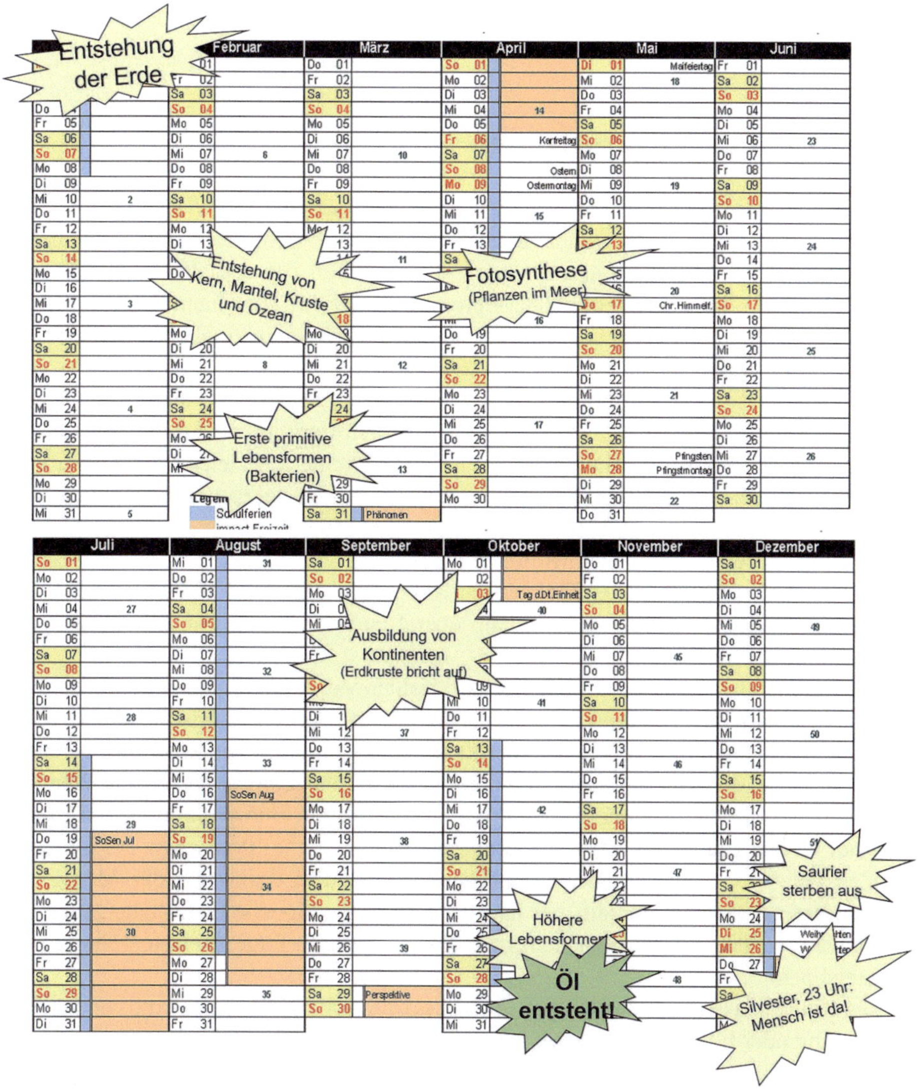

Kapitel 1 · Entstehung von Erdöl- und Erdgaslagerstätten

Abb. 1.1 Zeitskala für die Entstehung von Öl- und Gaslagerstätten

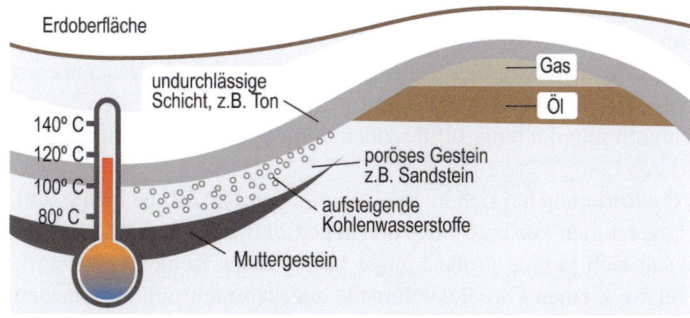

Abb. 1.2 Entstehung einer konventionellen Öl- und Gaslagerstätte

eher langkettige Kohlenwasserstoffe, die an der Erdoberfläche als Flüssigkeiten auftreten (z. B. Erdöl).

1.1 Konventionelle Lagerstätten

Zunächst befinden sich die entstehenden Kohlenwasserstoffe im Muttergestein. Die überlagernden Sedimentschichten üben aufgrund ihres Gewichts aber einen erheblichen Druck auf das Muttergestein aus. Dadurch wird ein Teil der enthaltenen Kohlenwasserstoffe aus dem Muttergestein herausgepresst (wie Wasser aus einem Schwamm) und gelangt dadurch in den Porenraum der über dem Muttergestein befindlichen Sedimentgesteine (◘ Abb. 1.2).

Normalerweise sind alle Poren der Sedimente mit Lagerstättenwasser gefüllt. Vermischt sich dieses nun aber mit den Kohlenwasserstoffen aus dem Muttergestein, so trennen sich alle Komponenten entsprechend ihrer Dichte. Die leichteren Kohlenwasserstoffe beginnen deshalb, im wassergefüllten Porenraum aufzusteigen. Da die Poren üblicherweise mikroskopisch klein sind, dauert diese Migration sehr lange, also je nach Porengröße Tausende oder sogar Millionen Jahre.

Früher oder später erreichen die meisten Kohlenwasserstoffe die Erdoberfläche. Natürliche Gas- oder Ölaustritte sind deshalb überall auf der Erde zu finden und als ganz normal einzuordnen.

In einigen Fällen treffen die aufsteigenden Kohlenwasserstoffe aber auf undurchlässige Gesteinsschichten. Tone oder Salze zählen zu solchen Barrieregesteinen; man nennt sie im Zusammenhang mit der Lagerstättenbildung meist Caprocks. Die Kohlenwasserstoffe bewegen sich an der Unterseite der undurchlässigen Schicht entlang nach oben. Wenn sie an der höchsten Stelle nicht mehr weiterkommen, sie also in eine geologische Falle geraten sind, verdrängen sie dort das Wasser und sammeln sich im Porenraum an. Im Laufe der Zeit können sich in den Poren des Gesteins unter dem Caprock große Mengen an Kohlenwasserstoffen ansammeln – es hat sich eine konventionelle Lagerstätte gebildet.

Konventionelle Öl- und Gaslagerstätten sind also durch folgende Eigenschaften gekennzeichnet:

- Die Kohlenwasserstoffe haben sich in einer geologischen Falle (z. B. Antiklinale, Verwerfung oder Flanke eines Salzdoms; ◘ Abb. 1.3) angesammelt.
- Die Lagerstätte ist nach oben hin durch einen sehr dichten und stabilen Caprock (meist Ton- oder Salzschicht) abgedichtet.
- Das Lagerstättengestein (auch Trägergestein genannt) besitzt eine hinreichende Porosität und Permeabilität (Durchlässigkeit), sodass sich die Kohlenwasserstoffe im Porenraum bewegen, also fließen können.
- Das Gas befindet sich aufgrund seiner geringeren Dichte als Gaskappe im Porenraum oberhalb der ölführenden Schicht.
- Der Porenraum unterhalb der ölführenden Schicht ist mit Formationswasser gefüllt.

Die Öl- und Gasförderung hat sich in den vergangenen 160 Jahren hauptsächlich auf konventionelle Lagerstätten konzentriert. Hier liegen optimale Bedingungen zur Förderung vor, denn es hat sich ja eine große Menge beweglicher Kohlenwasserstoffe im Porenraum eines relativ kleinen Gesteinsvolumens angesammelt und aufkonzentriert, sodass die Förderung verhältnismäßig einfach erfolgen kann.

1.2 · Unkonventionelle Lagerstätten

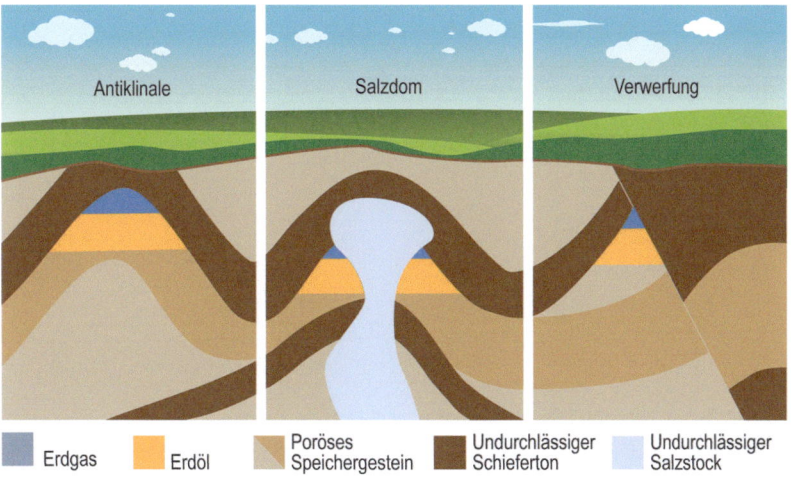

☐ **Abb. 1.3** Typische Fallenstrukturen

Da die konventionellen Lagerstätten inzwischen aber weitgehend erschöpft sind, wird nun vermehrt auch auf unkonventionelle Lagerstätten zurückgegriffen.

1.2 Unkonventionelle Lagerstätten

Unkonventionelle Lagerstätten sind dadurch gekennzeichnet, dass sie zwar Kohlenwasserstoffe enthalten, diese aber in den Poren des Gesteins gefangen sind und sich folglich nicht ohne Weiteres bewegen lassen. Muttergesteine gehören zum Beispiel zu dieser Art unkonventioneller Lagerstätten. Das Muttergestein enthält diejenigen Kohlenwasserstoffe, die bisher nicht aus ihm herausgepresst werden konnten. Wir kennen solche Gesteine zum Beispiel unter dem Begriff „Ölschiefer".

Zu den unkonventionellen Lagerstätten gehören weiterhin die Tight-Gas-Lagerstätten. Sie enthalten Gas, das auf dem Weg vom Muttergestein zur geologischen Falle in immer enger werdenden Fließwegen stecken geblieben ist.

Auch Grubengas aus Kohleflözen wird zu den unkonventionellen Lagerstätten gezählt.

Im weiteren Verlauf dieses Buches werden der Einfachheit halber nur konventionelle Lagerstätten betrachtet, die wie in ☐ Abb. 1.2 dargestellt als Antiklinale mit einem Caprock aus Ton aufgebaut sind.

Bohrungsarten

Inhaltsverzeichnis

2.1 Erkundungsbohrung – 8

2.2 Bestätigungsbohrungen – 9

2.3 Produktionsbohrungen – 9

© Der/die Autor(en), exklusiv lizenziert an Springer-Verlag GmbH, DE, ein Teil von Springer Nature 2025
M. Reich, *Tiefbohrtechnik*, https://doi.org/10.1007/978-3-662-70635-0_2

Erdöl- und Erdgaslagerstätten sind nicht leicht zu finden. Und nicht jede Lagerstätte ist zur Produktion der Rohstoffe geeignet. In diesem Kapitel wird zunächst beschrieben, wie man höffige geologische Strukturen im Untergrund findet, die eine Lagerstätte enthalten könnten. Nicht jede aussichtsreiche geologische Struktur enthält aber auch tatsächlich Kohlenwasserstoffe. Ob es an einer konkreten Lokation Kohlenwasserstoffe gibt und ob diese in ausreichender Menge und in hinreichend guter Qualität für eine kommerzielle Nutzung vorhanden sind, kann nur durch Tiefbohrungen beantwortet werden. Im Laufe der Erschließung werden nacheinander verschiedene Bohrungskampagnen mit unterschiedlichen Zielsetzungen durchgeführt. Nur in den allerwenigsten Fällen kommt es im Anschluss daran tatsächlich zu einer Produktion von Erdöl oder Erdgas.

Die Erschließung und Nutzung von Öl- oder Gaslagerstätten erfolgt in mehreren Phasen, in denen verschiedene Bohrungsarten mit unterschiedlichen Zielsetzungen abgeteuft werden.

2.1 Erkundungsbohrung

Antiklinalen und andere geologische Fallenstrukturen, die als konventionelle Lagerstätten infrage kommen, werden durch seismische Erkundungen geortet. Bei der seismischen Exploration sendet ein Vibratorfahrzeug Schallwellen in den Untergrund, die an den Grenzschichten verschiedener geologischer Formationen sowie an Klüften, Verwerfungen usw. reflektiert und wieder zur Oberfläche geleitet werden (◘ Abb. 2.1 links). Ein übertägiges Netz an Geophonen registriert die Echos aus dem Untergrund. Durch eine Aufbereitung der riesigen Datensätze, die dabei entstehen, können Geophysiker eine Strukturkarte des Untergrundes rekonstruieren, wie sie beispielhaft in ◘ Abb. 2.1 rechts dargestellt ist.

In der Abbildung ist deutlich eine Antiklinalstruktur zu erkennen. Ob sich unter dieser Struktur jedoch eine Kohlenwasserstoff-Lagerstätte befindet, ist nur durch eine Erkundungsbohrung festzustellen.

Die Erkundungsbohrung wird von der Erdoberfläche aus in die Spitze der höffigen Struktur abgeteuft. Dort werden Kerne gewonnen, die anschließend im Labor untersucht

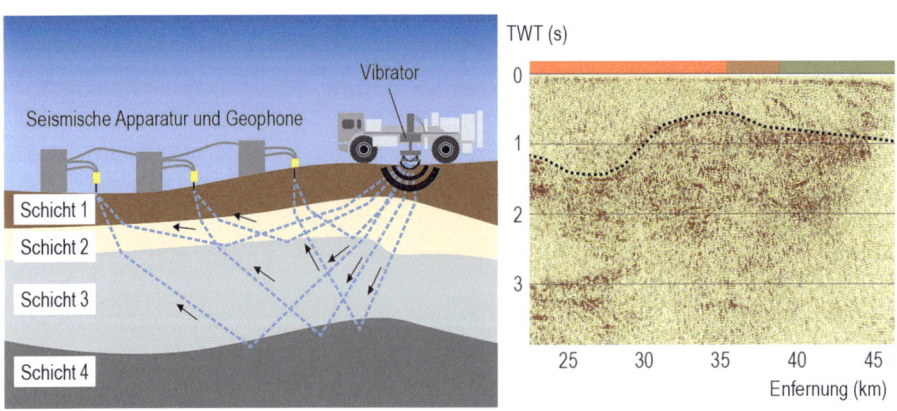

◘ **Abb. 2.1** Seismische Erkundung. (Grafik *rechts*: Mpofana Sihoyiya)

werden, um festzustellen, ob es im Trägergestein Kohlenwasserstoffe gibt oder nicht. Erkundungsbohrungen sind nicht für eine Produktion ausgelegt, deshalb werden sie nach Beendigung der geologischen Untersuchungen wieder rückgebaut und verfüllt.

2.2 Bestätigungsbohrungen

Wenn in den Kernen der Erkundungsbohrung Kohlenwasserstoffe gefunden werden, stellt sich die Frage nach der Größe und Qualität der Lagerstätte. Wie viel Öl und Gas enthält die Lagerstätte? Welche Eigenschaften, welche Qualität und welchen Marktwert besitzen die Rohstoffe? Erlauben die Eigenschaften der Lagerstätte eine ökonomisch sinnvolle Produktion? Lohnt es sich, aufwendige Förderbohrungen anzulegen? Wie lange würde es dauern, bis sich die Investitionskosten amortisieren? Wie viel Profit könnte im Laufe der Lebensdauer der Lagerstätte erzielt werden?

Um diese Fragen beantworten zu können, muss ein detailliertes Lagerstättenmodell erstellt werden. Dieses basiert zu einem großen Teil auf Bestätigungsbohrungen, die im Bereich der Lagerstätte abgeteuft werden. Ähnlich wie bei der Erkundungsbohrung werden aus verschiedenen Bereichen der Lagerstätte wieder Kerne gewonnen und im Labor detailliert untersucht. Aus den Kernen ist für jede Bohrung ersichtlich, in welcher Tiefe der Caprock, der Gas-Öl-Kontakt und der Öl-Wasser-Kontakt angetroffen werden. Außerdem werden in den Bohrungen Fördertests durchgeführt, um die Fließfähigkeit der Rohstoffe im Untergrund zu untersuchen und aus den dabei gemessenen Druckverläufen Rückschlüsse auf die hydraulischen Eigenschaften der Lagerstätte zu ziehen.

Die Lagerstätteningenieure erstellen aus den gewonnenen Daten ein detailliertes Modell der Lagerstätte, das eine umfassende technische und ökonomische Bewertung des Fundes erlaubt.

2.3 Produktionsbohrungen

Nachdem das Lagerstättenmodell erstellt und die Lagerstätte als kommerziell nutzbar bewertet worden ist, werden die Produktionsbohrungen geplant und abgeteuft. Im Gegensatz zu den vorangehenden Erkundungs- und Bestätigungsbohrungen liegt der Schwerpunkt nun nicht mehr in der Datenbeschaffung, sondern in der Optimierung der Produktion von Öl und Gas. Die Produktionsbohrungen werden so in der Lagerstätte platziert, dass eine möglichst lang anhaltende intensive Förderung und ein maximaler Entölungsgrad der Lagerstätte erzielt werden. Im Rahmen dieser Planung wird zum Beispiel durch Simulationsrechnungen der Bohrungsverlauf in der Lagerstätte dahingehend optimiert, dass Wasser- und Gaseinbrüche in die Ölförderbohrungen erst möglichst spät erfolgen und der Druck des natürlichen Gaspolsters möglichst lange als Treibgas für die Förderung des Erdöls erhalten bleibt (◘ Abb. 2.2).

Im Ergebnis werden die Produktionsbohrungen meistens in Form geneigter oder sogar horizontaler Bohrungen in der Lagerstätte platziert.

In ◘ Abb. 2.3 ist der typische Lebenszyklus einer konventionellen Lagerstätte aus zeitlicher und ökonomischer Sicht dargestellt. Die Erschließung einer Öl- und Gaslagerstätte ist ein sehr kostspieliger und langwieriger Prozess, der außerdem mit einem hohen Fündigkeitsrisiko behaftet ist. Erst während der Produktionsphase ist mit Einnahmen zu rechnen, die die vorangehenden Kosten für geologische und seismische Untersuchungen,

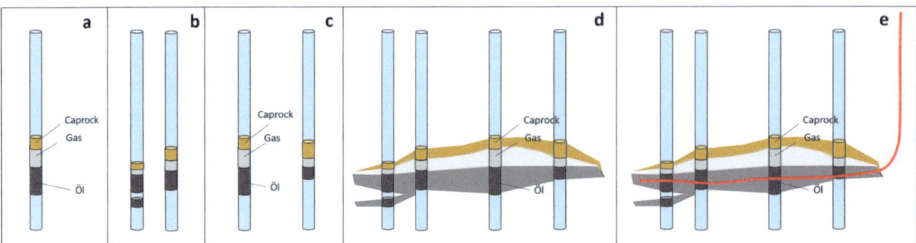

Abb. 2.2 Bohrungsarten. **a** Erkundungsbohrung, **b** und **c** Bestätigungsbohrungen, **d** Lagerstättenmodell, **e** Produktionsbohrung

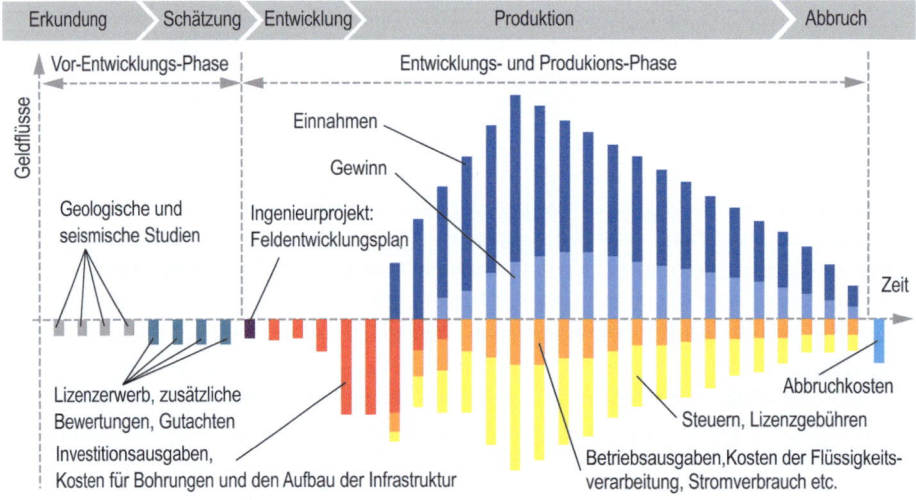

Abb. 2.3 Lebenszyklus und Geldfluss einer konventionellen Kohlenwasserstofflagerstätte

die Planungs- und Projektierungskosten, die Bohrkosten für die Erkundungs- und Bestätigungsbohrungen sowie die Linzenzgebühren usw. kompensieren müssen, bevor nach Abzug von Steuern und Betriebskosten erste Gewinne verbleiben.

Dass es zu einer gewinnbringenden Produktionsphase kommt, ist statistisch gesehen allerdings sehr fraglich. Im weltweiten Durchschnitt ist nur etwa jede siebte Erkundungsbohrung fündig – und nur in weniger als der Hälfte der nachfolgenden Bestätigungskampagnen kommt es schließlich auch zu dem Entschluss, eine Öl- und Gasproduktion zu starten.

Die Tiefbohranlage

Inhaltsverzeichnis

3.1 Hebewerk – 13

3.2 Drehantrieb – 19
3.2.1 Kellyantrieb – 19
3.2.2 Top-Drive-Antrieb – 25

3.3 Hilfswerkzeuge – 27
3.3.1 Rotary-Zangen – 27
3.3.2 Hydraulikzange – 28
3.3.3 Iron Roughneck – 28
3.3.4 Gewindefett – 29

3.4 Spülungskreislauf – 29

3.5 Bohrlochabschluss (Blowout-Preventer) – 40

3.6 Mud Logger's Unit und Spülungslabor – 41

© Der/die Autor(en), exklusiv lizenziert an Springer-Verlag GmbH, DE, ein Teil von Springer Nature 2025
M. Reich, *Tiefbohrtechnik*, https://doi.org/10.1007/978-3-662-70635-0_3

Zum Bohren braucht man eine Bohrmaschine. Zum Abteufen einer Tiefbohrung von mehreren Kilometer Tiefe fällt diese Bohrmaschine natürlich deutlich größer aus als die Bohrmaschine, die wir zu Hause im Heimwerkerschrank finden. In diesem Kapitel werden die wichtigsten Komponenten, Funktionen und Arbeitsabläufe einer Tiefbohranlage vorgestellt. Viele Funktionen lassen sich auf unterschiedliche Weise technisch umsetzen; deshalb sehen Tiefbohranlagen auf den ersten Blick oft auch sehr verschieden aus. Nach dem Lesen dieses Kapitels findet man sich aber auf jeder Tiefbohranlage zurecht.

Zur Durchführung kilometertiefer Tiefbohrungen im Untergrund muss eine entsprechend leistungsfähige „Bohrmaschine" eingesetzt werden. Eine solche Tiefbohranlage muss in der Lage sein, folgende Funktionen sicher ausführen zu können:
- Heben, Senken und Halten von Bohrstrang, Verrohrung und Hilfswerkzeugen
- Rotation des Bohrstranges
- Konditionierung, Aufbereitung und Zirkulation der Bohrspülung
- Sicherung der Bohrung vor Eruptionen

Zum Heben und Senken des Bohrstranges und der Verrohrung verfügt die Tiefbohranlage über einen Mast, an dessen Vorderseite der Kloben (Haken) auf und ab bewegt wird (◘ Abb. 3.1). Auf der Arbeitsbühne führt die Bohrmannschaft die Bohrarbeiten aus. Ebenfalls auf Höhe der Arbeitsbühne befindet sich der Leitstand der Tiefbohranlage, in dem der Schichtführer (Driller) die Funktionen der Bohranlage überwacht und steuert.

Die Arbeitsbühne ist auf einer Unterkonstruktion aus Stahlträgern oder Containern angeordnet, die hinreichend viel Bauhöhe für den darunter befindlichen Blowout-Preventer (in ◘ Abb. 3.1 nicht zu erkennen) bietet. Der Blowout-Preventer ist ein Sicherheitsventil, das jederzeit den sicheren Verschluss der Bohrung erlaubt, um ungewollte Austritte von Bohrspülung, Wasser, Öl oder Gas zu verhindern.

Vom Bohrplatz aus führt eine Rampe hinauf zur Arbeitsbühne. Über diese Rampe werden die Bohrstangen, das sind ca. 10 m lange Rohrelemente, die im Verlauf der

◘ **Abb. 3.1** Aufbau einer Tiefbohranlage. (Fotos: Andre Würker)

Bohrarbeiten nach und nach zu einem immer länger werdenden Bohrstrang zusammengeschraubt werden, vom Gestängelager auf dem Bohrplatz hinauf zur Arbeitsbühne gezogen. Immer wenn eine Bohrstange abgebohrt ist, wird eine neue aufgesetzt und verschraubt. Alternativ zur Rampe können die Bohrstrangelemente auch mittels eines Pipe-Handling-Systems (eines Greifarmes) vom Gestängelager hinauf zur Arbeitsbühne gehoben werden (Abb. 3.1 rechts).

Am unteren Ende des Bohrstranges befindet sich der Bohrmeißel, der das Gestein auf der Bohrlochsohle zerstört. Da der Bohrmeißel früher oder später stumpf wird, muss gelegentlich das gesamte Bohrgestänge wieder ausgebaut werden, um den Meißel auszutauschen. Zu diesem Zweck werden längere Bohrstrangelemente, sogenannte Gestängezüge (üblich sind meist Dreier-Züge mit jeweils 30 m Länge) ausgebaut, entschraubt und abgestellt. Das untere Ende eines Gestängezuges wird von der Bohrmannschaft auf der Arbeitsbühne abgestellt, das obere Ende wird vom Turmsteiger in die Finger der Fingerbühne oben am Mast einsortiert und fixiert. Bei der Anlage in Abb. 3.1 links ist die Fingerbühne oben am Mast der Anlage zu erkennen.

Die Anlage in Abb. 3.1 rechts besitzt keine Fingerbühne. Bei ihr werden Doppelzüge (Einheiten aus zwei Bohrstangen) mittels des Greifarmes von der Arbeitsbühne auf ein liegendes Gestängelager auf dem Bohrplatz bewegt und dort abgelegt. Dadurch kann die Masthöhe reduziert werden.

Den Vorgang des Aus- und wieder Einbauens des Bohrstranges zum Auswechseln bestimmter Komponenten im Strang oder zur Durchführung von Sonderarbeiten bezeichnet man als Roundtrip.

Tiefbohranlagen werden durch ihre Hakenlast charakterisiert. Die Hakenlast gibt an, welche Massen am Mast auf und ab bewegt werden können. Sie gibt also die Tragkraft des „Kranes" der Anlage an. Normale Landbohranlagen bewegen sich in der Größenordnung von 250 t, bei Offshore-Tiefbohranlagen werden oft Hakenlasten von 1000 t überschritten.

Die Hakenlast ist indirekt ein Maß für die maximale Tiefe, die mit der Bohranlage erreicht werden kann, denn mit steigender Bohrtiefe steigen das Gewicht des Bohrgestänges und das der nachträglich zur Stabilisierung der Bohrung eingebauten Rohrtouren ebenfalls immer weiter an.

Oft findet man die Hakenlast in der Bezeichnung einer Tiefbohranlage wieder. Bei einer TB250 beispielsweise handelt es sich um eine Tiefbohranlage mit 250 t Hakenlast.

Tiefbohranlagen werden von speziellen Bohrfirmen angeboten. Der Auftraggeber, der beispielsweise eine Ölfirma sein könnte, mietet sie sich üblicherweise auf Basis einer Tagesrate. Die Bohrmannschaft ist in dieser Tagesrate bereits mit enthalten.

3.1 Hebewerk

Der Klassiker unter den Hebewerken von Tiefbohranlagen ist das Flaschenzughebewerk. Je mehr Umlenkrollen in einem Flaschenzug involviert sind, desto größer ist die Masse, die mit einer konkreten Zugkraft am Zugseil angehoben werden kann (Abb. 3.2). Allerdings steigt der Zugweg am Zugseil s entsprechend der Anzahl an Umlenkrollen ebenfalls an.

Die folgenden Erläuterungen sollen unter der Annahme stattfinden, dass keine Reibungsverluste zu berücksichtigen sind. Wenn ein statisches Seil, das einen konstanten Querschnitt besitzt, auf Zug belastet wird, so herrscht in jedem Querschnitt dieselbe Seil-

Abb. 3.2 Umlenkseil und Flaschenzug

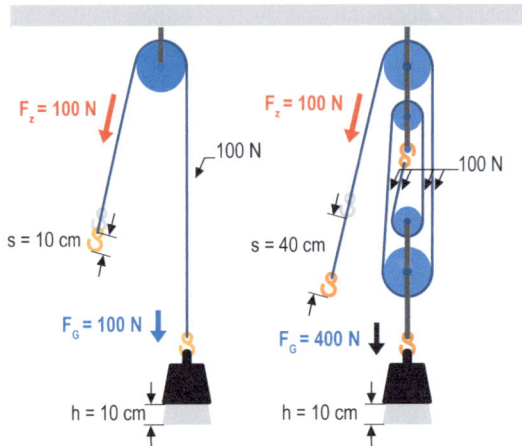

spannung. Wenn an einem Ende des Seiles gezogen wird, herrscht am anderen Ende des Seiles exakt dieselbe Reaktionskraft. Das gilt auch, wenn das Seil über eine Umlenkrolle bewegt wird, wie es in ◘ Abb. 3.2 links dargestellt ist.

Wenn am Zugseil eine Zugkraft F_z von 100 N aufgebracht wird, kann am anderen Ende folglich eine Last mit einer Gewichtskraft F_G von 100 N (10,2 kg) senkrecht nach oben gezogen werden. Wenn das Ende des Zugseiles dabei um 10 cm von der Umlenkrolle wegbewegt wird, wird die Last ebenfalls um die Strecke von 10 cm angehoben. Das ändert sich, wenn mehrere Umlenkrollen im Eingriff sind.

In ◘ Abb. 3.2 rechts ist ein Flaschenzug mit vier Umlenkrollen dargestellt. Dabei sind die oberen beiden Rollen und die unteren beiden Rollen jeweils starr miteinander verbunden. Die oberen beiden Rollen sind an eine oben befindliche Struktur angeschlagen, an den beiden unteren hängt eine Last.

Wenn am Zugseilende wiederum eine Kraft von $F_z = 100$ N aufgebracht wird, herrscht an jeder Stelle des Seiles ebenfalls eine Zugkraft von 100 N. Da die Last aber nun an vier Seilen aufgehängt ist, kann mit dem Flaschenzug eine Last mit einer Gewichtskraft von $F_G = 400$ N (40,8 kg) angehoben werden.

Die Seile, die den oberen Satz Umlenkrollen mit dem unteren verbinden, werden Fahrseile genannt. Sie bewegen sich im Betrieb des Flaschenzuges mit unterschiedlichen Geschwindigkeiten. Je weiter ein Stück Seil vom Zugseilende entfernt ist, desto kürzere Strecken legt es zurück. Das freie Ende des Seiles, das am oberen Rollensatz befestigt ist, bewegt sich schließlich im Betrieb gar nicht mehr und wird deshalb Totseil genannt.

Das Produkt aus Zugkraft und Zugweg des Seiles wird als Seilarbeit bezeichnet:

$$W_{\text{Seil}} = F_{\text{Seil}} s_{\text{Seil}}$$

Sofern Reibungsverluste vernachlässigt werden, ist die Seilkraft überall im gesamten Seil konstant, allerdings legt jeder Seilabschnitt im Betrieb eine andere Strecke zurück. Deshalb verrichtet auch jeder Seilabschnitt unterschiedlich viel Seilarbeit. Am Zugseil wird die meiste Seilarbeit verrichtet.

Da an einer Tiefbohranlage sehr große Lasten auf und ab bewegt werden müssen, erfährt das Seil große Seilkräfte und muss regelmäßig inspiziert werden. Bei Schäden

3.1 · Hebewerk

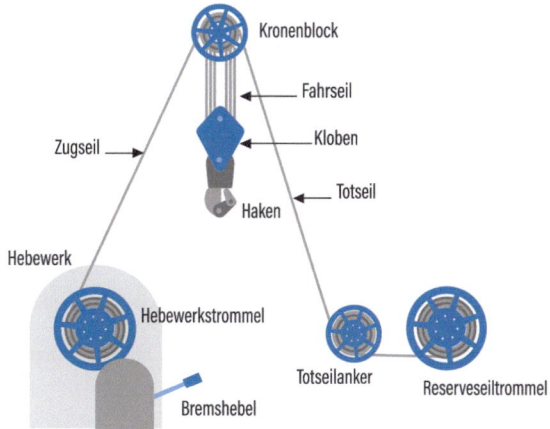

Abb. 3.3 Flaschenzug im Mast einer Tiefbohranlage

muss es umgehend ausgetauscht werden. Aber auch wenn keine Schäden erkennbar sind, muss das Seilende, das eine gewisse Seilarbeit geleistet hat, ausgewechselt werden.

Für die Zeit, die erforderlich ist, um das Seil auszutauschen, steht die Bohranlage natürlich still. Da die Mietkosten für die Anlage jedoch weiterlaufen, kann ein Seilwechsel erhebliche Kosten verursachen. Um den Austausch des verbrauchten Seilendes so effektiv wie möglich zu gestalten, wird das Totseil des Flaschenzuges einer Tiefbohranlage nicht wie in Abb. 3.2 gezeigt im Flaschenzug fixiert, sondern am oberen Rollensatz, dem Kronenblock, seitlich aus dem Flaschenzug herausgeführt (Abb. 3.3).

Dort verläuft das Totseil zu einem Totseilanker, an dem es mehrfach um eine Spule gewickelt und auf diese Weise am Anker fixiert wird, ähnlich einer Saite auf den Stimmwirbeln einer Gitarre oder Geige (Abb. 3.4). Das lastfreie Ende des Seiles führt zu einer Reservetrommel, auf der unbenutztes Seil aufgespult ist.

Zum Nachsetzen des Seiles wird zunächst der Kloben auf die Arbeitsbühne herabgelassen. Dann wird die Seilklemme am Totseilanker gelöst. Das Zugseil an der Hebewerkstrommel hat die meiste Seilarbeit verrichtet und muss ersetzt werden. Die verbrauchte Seilsektion wird also auf die Hebewerkstrommel aufgespult, während gleichzeitig frisches Seil von der Reservetrommel über den Totseilanker auf das Flaschenzughebewerk läuft. Wenn der verbrauchte Seilabschnitt auf die Hebewerkstrommel aufgespult und die entsprechende Länge neues Seil von der Reservetrommel nachgeführt worden ist, wird

Abb. 3.4 *Links* Totseilanker, *Mitte* Zugmessdose, *rechts* Reservetrommel

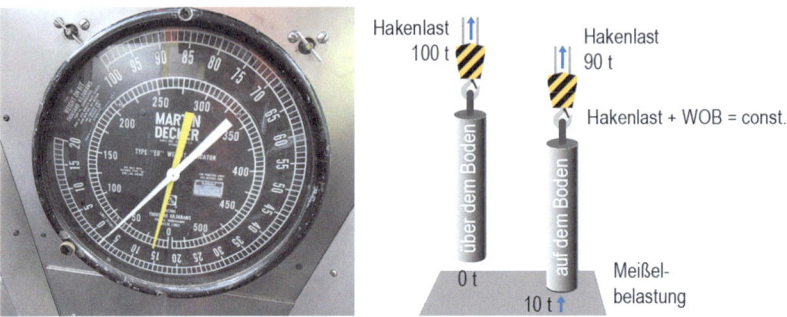

◘ Abb. 3.5 Bestimmung der Meißelbelastung mittels Drillometer über die Hakenlast

der Totseilanker wieder fixiert und der Kloben in seine Arbeitsposition angehoben. Damit ist der Vorgang des Seilnachsetzens abgeschlossen.

Mittels einer Zugmessdose wird am Totseilanker die Seilkraft gemessen, der das Seil aktuell ausgesetzt ist. Aus ihr lässt sich das aktuelle Gewicht ermitteln, das am Kloben nach unten zieht. Dieses Gewicht wird als Hakenlast bezeichnet. Die Zugmessdose am Totseilanker dient also als Waage, mit der die am Haken eingehängte Last abgeschätzt wird. Ein Bohrloch ist während der Bohrarbeiten immer bis zur Oberfläche mit einer Spezialflüssigkeit, der Bohrspülung, gefüllt. Der Bohrstrang, der in die Bohrung eintaucht, erfährt deshalb immer auch einen gewissen Auftrieb, der die Hakenlast vermindert. Die Zugmessdose am Totseilanker ermittelt also indirekt das um den Auftrieb verminderte Gewicht des Stranges im Bohrloch, nicht aber das Stranggewicht in Luft auf dem Gestängelager auf dem Bohrplatz.

Die Umrechnung der Zugkraft, die an der Zugmessdose ermittelt wird, in eine Hakenlast hängt neben dem Wirkungsgrad des Flaschenzuges, der die Reibung im System widerspiegelt, insbesondere auch von der Anzahl der eingesetzten Umlenkrollen ab. Die Umlenkrollen sind bei einer Tiefbohranlage nicht untereinander angeordnet, wie es in ◘ Abb. 3.2 dargestellt ist, sondern im Travelling Block am Kloben und im Kronenblock an der Spitze des Mastes jeweils nebeneinander. Die Anzahl der Fahrseile, die in ◘ Abb. 3.3 zwischen den oberen Umlenkrollen im Kronenblock und den unteren Umlenkrollen im Travelling Block verlaufen, wird als Einscherung bezeichnet. Wenn es beispielsweise vier Fahrseile im Flaschenzug gibt, spricht man von einer vierfachen Einscherung.

In ◘ Abb. 3.5 ist der Leitstand einer Tiefbohranlage zu sehen. In gut sichtbarer Position direkt vor dem Driller, der die Anlage bedient, befindet sich das Drillometer. Es ist mit zwei Zeigern ausgestattet. Der eine Zeiger zeigt die aktuelle Hakenlast an. Er stellt also die Anzeige der Waage dar, die anzeigen soll, welche Masse gerade am Kloben hängt. Wenn der Meißel von der Bohrlochsohle abgehoben ist und das Bohrloch vertikal verläuft, zeigt dieser Zeiger das um den Auftrieb in der Bohrspülung verminderte Gewicht des Bohrstranges an. Der zweite Zeiger des Drillometers kann so tariert werden, dass er bei einem frei hängenden Bohrstrang in einem vertikalen Bohrloch auf die Null der Skala zeigt.

Wenn der Strang abgesenkt wird und der Meißel zunächst die Sohle berührt und dann immer mehr Meißelbelastung aufnimmt, nimmt die Hakenlast im selben Maße ab, wie

3.1 · Hebewerk

☐ **Abb. 3.6** Hebewerkstrommel

die Meißelbelastung zunimmt, denn nach ☐ Abb. 3.5 rechts gilt:

Hakenlast + Meißelbelastung = const.

Die Kraft, mit der der Meißel auf die Sohle gedrückt wird, geht am oberen Ende des Bohrstranges als Hakenlast verloren.

Der zweite Zeiger des Drillometers ist so konstruiert, dass er den Verlust von Hakenlast beim Herunterfahren des Bohrstranges auf die Sohle als Meißelandruckkraft anzeigt. Im Feld wird die Meißelandruckkraft meist als Weight on Bit (WOB) bezeichnet.

Natürlich ist die Anzeige der Meißelbelastung über das Drillometer nicht präzise, insbesondere dann nicht, wenn zwischen Bohrloch und Bohrstrang größere Reibungseffekte auftreten oder wenn die Bohrung nicht vertikal, sondern gerichtet oder sogar horizontal verläuft. Trotzdem wird die Meißelbelastung bis heute in fast allen Dokumentationen zum Bohrprozess auf Basis der Drillometeranzeige notiert.

Die Hebewerkstrommel des Flaschenzughebewerks befindet sich oft auf der Arbeitsbühne der Tiefbohranlage. In ☐ Abb. 3.6 ist sie in einem Schallschutzgehäuse untergebracht. Zum Heben des Klobens wird die Trommel durch den angeschlossenen Hebewerksmotor in Rotation versetzt, sodass das Zugseil eingezogen und auf die Trommel aufgespult wird.

Zum kontrollierten Absenken des Klobens im Mast wird auf konventionellen Tiefbohranlagen oft eine mit der Hebewerkstrommel verbundene Bandbremse verwendet (☐ Abb. 3.7). Die gezeigten Bremsbänder umschlingen die zentrale Welle, auf der die Seiltrommel angebracht ist. Die Bedienung der Bandbremse erfolgt über den Bremshebel, den der Driller manuell einsetzt.

Bandbremsen entwickeln im Betrieb eine sehr starke Bremskraft, da sich die Elemente der Bremse durch die Rotation der Trommel selbstständig immer stärker verspannen, wie in ☐ Abb. 3.7 links dargestellt. Nachteilig sind allerdings das quietschende Geräusch der Bremsbänder und die mangelnde Kühlmöglichkeit der Bremse im Dauerbetrieb.

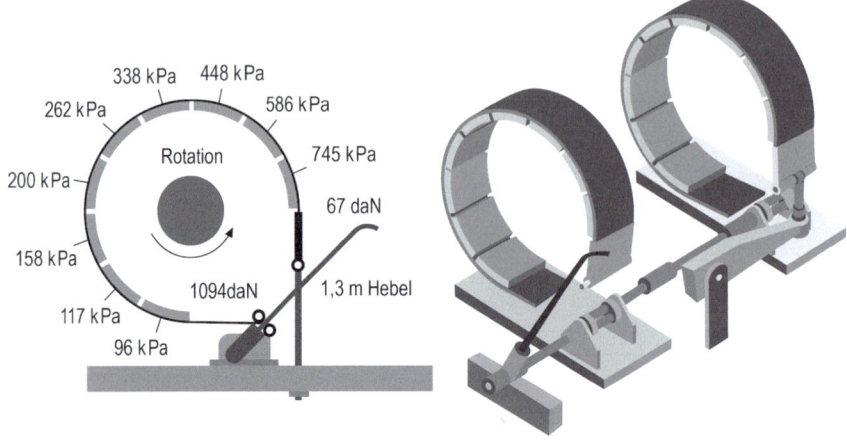

Abb. 3.7 Bandbremse

Hebewerkstrommeln auf moderneren Tiefbohranlagen verfügen deshalb meist über leistungsfähige Scheibenbremsen (Abb. 3.8), die durch Hilfsbremsen, wie zum Beispiel Wasserwirbelbremsen und Wirbelstrombremsen, unterstützt werden.

Neben dem klassischen Flaschenzughebewerk werden aber in zunehmendem Maße auch alternative Hebewerke eingesetzt (Abb. 3.9). Diese innovativen Bohranlagen wurden speziell für den aufstrebenden Markt der Tiefengeothermie konstruiert. Sie sollen leiser als konventionelle Anlagen arbeiten, weniger Platz beanspruchen und sich unauffälliger in besiedelte Gebiete einfügen lassen.

Die in Abb. 3.9 links dargestellte Tiefbohranlage verwendet anstelle eines Flaschenzuges große Hydraulikzylinder, die im Mast eine Traverse auf und ab bewegen, an der der Kloben befestigt ist.

In Abb. 3.9 rechts sieht man ein Rack-and-Pinion-Hebewerk. Hier ist der Mast als Zahnstange ausgeführt, an der ein Zahnrad auf- und abfährt, an dem der Kloben hängt.

Abb. 3.8 *Links* Scheibenbremse, *rechts* Wirbelstrombremse

3.2 · Drehantrieb

Abb. 3.9 Alternative Hebewerke. *Links* Hydraulikhebewerk, *rechts* Zahnstangenhebewerk

Auch Kombinationen von Hydraulik-Hebewerken und klassischem Flaschenzug sind schon im Feld eingesetzt worden. Die Basislasten werden mit dem hydraulischen Hebewerk abgedeckt, bei hohen Ausnahmelasten wird der Flaschenzug hinzugeschaltet.

3.2 Drehantrieb

Die Rotation des Bohrstranges wird auf einer Tiefbohranlage entweder durch den klassischen Kellyantrieb oder durch den modernen Top-Drive-Antrieb realisiert.

3.2.1 Kellyantrieb

Beim Kellyantrieb befindet sich in der Arbeitsbühne ein runder Drehtisch, der mit einem Antriebsmotor verbunden ist, über den der Drehtisch in Rotation versetzt werden kann (Abb. 3.10). Um die Rotationsenergie des Drehtisches auf den Bohrstrang zu übertragen, werden ein Mitnehmereinsatz und eine Kellystange verwendet.

Der Mitnehmereinsatz ist an seiner Unterseite mit vier um je 90° gegeneinander versetzte Bolzen ausgestattet (Abb. 3.11 links). Diese vier Bolzen stecken in vier entsprechenden Bohrungen im Drehtisch (Abb. 3.10 links). Wenn der Drehtisch in Rotation versetzt wird, muss der Mitnehmereinsatz also mitrotieren.

Wenn man von oben in den Mitnehmereinsatz hineinschaut, erkennt man vier Rollen, die so geformt sind, dass sie einen sechseckigen offenen Querschnitt bilden (Abb. 3.11 rechts). In diesem sechseckigen Querschnitt steckt eine ebenfalls sechseckige Kellystange (Abb. 3.10).

Wenn der Drehtisch in Rotation versetzt wird, rotiert der auf dem Drehtisch fixierte Mitnehmereinsatz mit – und mit ihm auch die formschlüssig verbundene Kellystange.

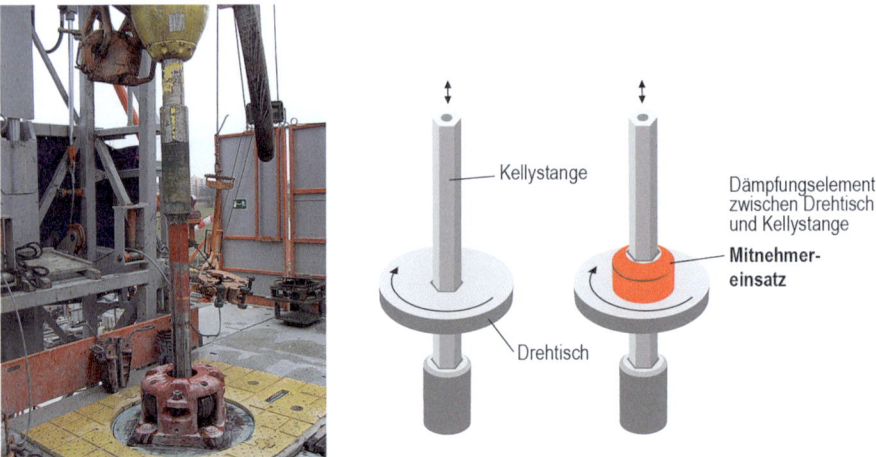

Abb. 3.10 Drehtisch mit Mitnehmereinsatz und Kellystange

Abb. 3.11 Mitnehmereinsatz. *Links* Seitenansicht, *rechts* Draufsicht. (Fotos: Reich)

Diese kann sich dabei allerdings aufgrund ihrer Positionierung in den vier Rollen des Mitnehmereinsatzes frei in vertikaler Richtung auf und ab bewegen. Der Mitnehmereinsatz dient somit als eine Art Dämpfungselement zwischen dem Drehtisch und der Kellystange (vgl. Skizzen in Abb. 3.10). Er verhindert, dass Metall auf Metall läuft und der Drehtisch und die Kellystange verschleißen.

Das obere Ende der Kellystange ist mit dem Spülkopf verschraubt (Abb. 3.12). Der Spülkopf stellt die Verbindung zwischen dem rotierenden Bohrstrang und der nicht rotierenden Tiefbohranlage dar. An seinem oberen Ende hängt der Spülkopf mit seinem Bügel im Maul des Klobens im Mast. An den Gewindeanschluss unten am Spülkopf wird die Kellystange angeschraubt, die im Bohrbetrieb rotiert. Der untere Gewindeanschluss ist also im Spülkopf drehbar gelagert.

Beim Bohren muss Bohrspülung durch den Bohrstrang hindurch in die Bohrung gepumpt werden. An den Schwanenhals am oberen Ende des Spülkopfes wird zu diesem Zweck ein Hochdruckschlauch angeschlossen, durch den die Bohrspülung in den Spülkopf eingeleitet wird. Die Spülung tritt am unteren Ende des Spülkopfes durch das rotierende Anschlussstück, an dem die Kellystange verschraubt ist, wieder aus dem Spülkopf aus. Damit beim Übergabe der Spülung vom nicht rotierenden Teil des Spülkopfes an

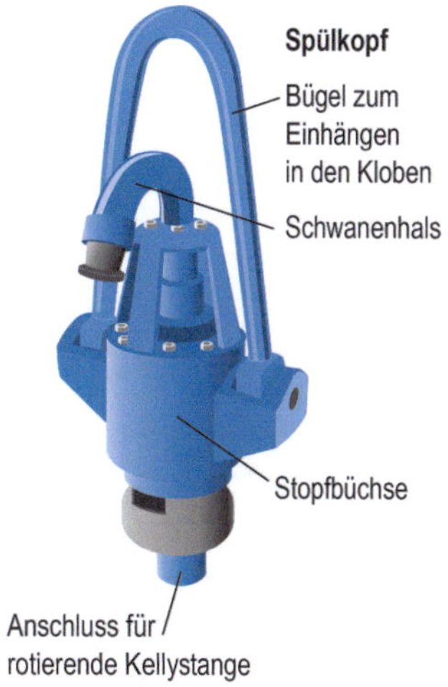

3.2 · Drehantrieb

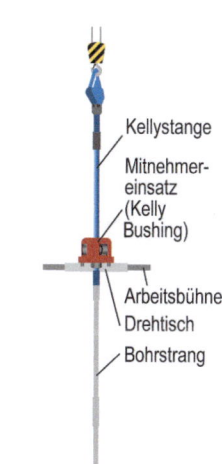

Abb. 3.12 Spülkopf

Abb. 3.13 Drehtisch, Mitnehmereinsatz, Kellystange und Bohrstrang

den rotierenden Bohrstrang keine Spülung austritt, befindet sich im Spülkopf ein effektives Dichtungssystem, eine sogenannte Stopfbüchse.

Am unteren Ende der Kellystange befindet sich ein Gewindeverbinder, der mit dem Bohrstrang verschraubt wird. Wenn der Drehtisch angetrieben wird, rotiert also auch der gesamte Bohrstrang mit und wird über den Spülkopf mit Bohrspülung versorgt. Gleichzeitig können sich die Kellystange und der daran angeschraubte Bohrstrang vertikal durch den Mitnehmereinsatz hindurchbewegen (Abb. 3.13). Die gezeigte Anordnung kann folglich so lange bohren, bis die gesamte Länge der Kellystange abgebohrt ist und der obere Gewindeverbinder der Kellystange den Mitnehmereinsatz erreicht hat. Dann muss der Bohrstrang um eine neue Bohrstange verlängert werden. Die Mannschaft der Anlage sagt, dass eine Stange nachgesetzt werden muss.

In Abb. 3.14 Mitte ist eine (fast) abgebohrte Kellystange zu sehen. Da die neue Bohrstange unterhalb der Kellystange in den Strang integriert werden muss, wird die Kellystange hochgezogen, und der Bohrmeißel hebt von der Bohrlochsohle ab.

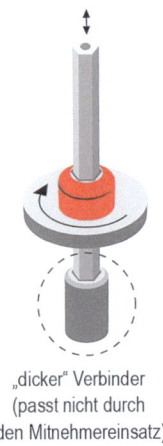  

Abb. 3.14 Vorbereitung zum Nachsetzen einer Bohrstange. (Fotos: Würker)

Abb. 3.15 Keile zur Sicherung des Bohrstranges

Der untere Gewindeverbinder der Kellystange ist rund und passt nicht durch die sechseckige Öffnung im Mitnehmereinsatz. Deshalb hebt die Kellystange den Mitnehmereinsatz beim weiteren Hochfahren aus dem Drehtisch heraus (Abb. 3.14 rechts). Unterhalb des Mitnehmereinsatzes ist für die Bohrmannschaft nun das Gewinde zur obersten Bohrstange zugänglich. Hier muss nun eine neue Bohrstange in den Bohrstrang integriert werden. Dazu muss die Gewindeverbindung gebrochen und entschraubt werden.

Zuvor muss allerdings zunächst die Spülpumpe ausgeschaltet und der Bohrstrang im Drehtisch fixiert werden, damit er nach dem Entschrauben nicht ins Bohrloch fallen kann. Dazu werden sogenannte Keile in den kreisförmigen Ausschnitt im Drehtisch gesetzt (Abb. 3.15). Sie umschließen den Bohrstrang, verkeilen sich im Drehtisch und fixieren auf diese Weise den Bohrstrang.

Die nachzusetzende Bohrstange ist derweil vom Gestängelager am Fuß der Bohranlage über die Rampe hinauf zur Arbeitsbühne gezogen und dort in einem Hilfsloch in der Arbeitsbühne abgestellt worden. Sie soll nun nachgesetzt werden.

3.2 · Drehantrieb

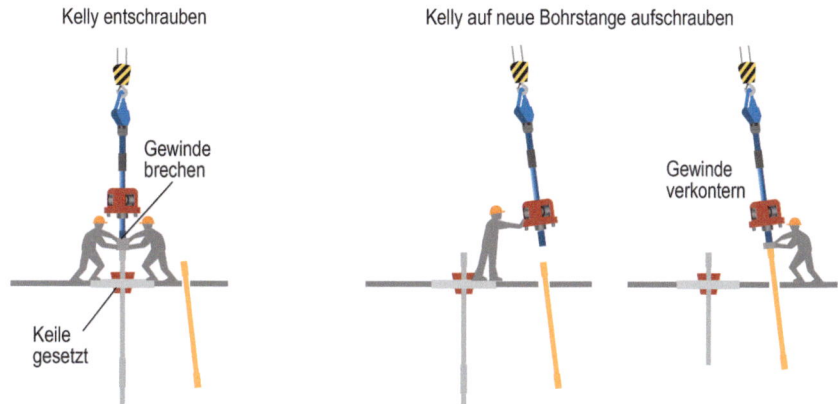

Abb. 3.16 Nachsetzen einer Bohrstange, Teil 1

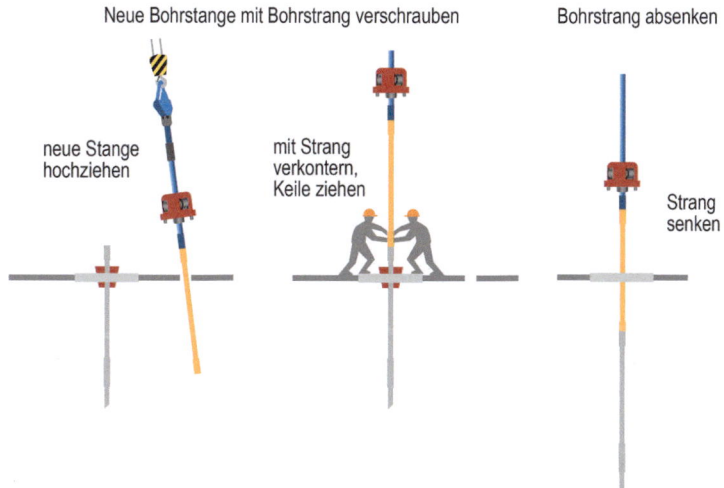

Abb. 3.17 Nachsetzen einer Bohrstange, Teil 2

Dazu wird zunächst die Gewindeverbindung zwischen der Kellystange mit dem Mitnehmereinsatz und dem Bohrstrang, der im Drehtisch fixiert ist, gebrochen und entschraubt (Abb. 3.16 links). Dann wird die Kellystange durch die Bohrarbeiter auf der Arbeitsbühne so zur Seite geschoben, dass sich der untere Gewindezapfen der Kellystange über der oberen Gewindemuffe der nachzusetzenden Bohrstange befindet (Abb. 3.16 Mitte). Schließlich wird die Kellystange mit der nachzusetzenden Bohrstange im Hilfsloch verschraubt und verkontert (Abb. 3.16 rechts).

Die Einheit aus Kellystange und angeschraubter neuer Bohrstange wird nun angehoben (Abb. 3.17 links), über dem fixierten Bohrstrang platziert, abgesenkt und mit diesem verschraubt (Abb. 3.17 Mitte). Dann wird der Strang etwas angehoben, damit die Sicherungskeile entfernt werden können (Abb. 3.17 rechts).

Schließlich wird die Kellystange mit dem angeschraubten und verlängerten Bohrstrang abgesenkt, bis die Bolzen des Mitnehmereinsatzes wieder in die Bohrungen im

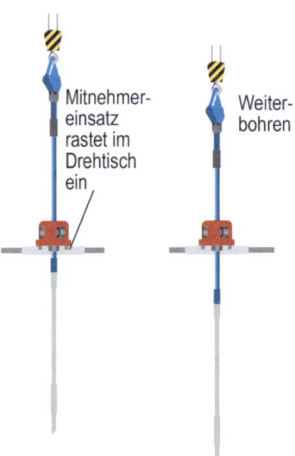

Abb. 3.18 Nachsetzen einer Bohrstange, Teil 3

Drehtisch einrasten (Abb. 3.18 links). Dazu ist der Drehtisch gegebenenfalls ein wenig rechtsherum zu drehen, um die Aussparungen in die richtige Position zu bringen.

Da die Kellystange etwas kürzer als eine Bohrstange ist, befindet sich der Bohrmeißel zu diesem Zeitpunkt noch immer etwas oberhalb der Bohrlochsohle. In dieser Position kann die Spülpumpe wieder eingeschaltet und der Drehtisch in Rotation versetzt werden. Dann wird der Bohrmeißel durch weiteres Absenken der Kellystange auf die Sohle gefahren, um weiter zu bohren.

Immer wenn eine Kellystange abgebohrt worden ist, wird eine neue Bohrstange nachgesetzt. Früher oder später muss aber der gesamte Bohrstrang wieder ausgebaut werden, um einen stumpfen Bohrmeißel oder ein fehlerhaftes Bohrstrangelement auszutauschen. Dieser Vorgang wird Trippen genannt. Zum Trippen wird die Kellystange mit ihrem Mitnehmereinsatz nicht benötigt. Man stellt sie deshalb in einem weiteren Hilfsloch in der Arbeitsbühne ab. Dann werden die meist aus zwei oder drei Bohrstangen bestehenden Gestängezüge nacheinander ausgebaut, vom restlichen Strang entschraubt und im Turm abgestellt. In Abb. 3.19 links ist zu sehen, wie der Turmsteiger auf der Fingerbühne oben im Mast die Gestängezüge in die dafür vorgesehenen Finger einsortiert und fixiert. In Abb. 3.19 rechts ist eine Fingerbühne mit einsortierten Gestängezügen aus der Vogelperspektive dargestellt.

Zum Greifen der Gestängezüge beim Trippen dient der Elevator (Abb. 3.20). Im Bohrbetrieb hängt der Elevator an Elevatorbügeln seitlich am Spülkopf und kommt nur beim Trippen zum Einsatz. Zum Greifen eines Gestängezuges wird der Elevator so weit abgesenkt, dass er sich um den Konus unterhalb des dicken Gewindeverbinders der oberen Bohrstange legen kann. Ein Bohrarbeiter schließt den Elevator in dieser Position. Dann kann der Bohrstrang zum Ausbau nach oben (bzw. beim Einbau nach unten) bewegt werden.

Der Turmsteiger oben auf der Fingerbühne nimmt den angehobenen Gestängezug in Empfang. Er wartet, bis die Bohrmannschaft das untere Ende des Zuges auf der Arbeitsbühne abgestellt hat. Dann öffnet er den Elevator und platziert das obere Ende des Zuges in einem der Schlitze der Fingerbühne. In Abb. 3.22 sind im Mast abgestellte Gestängezüge zu sehen.

Abb. 3.19 *Links* Turmsteiger, *rechts* Fingerbühne. (Foto *rechts*: Baker Hughes)

Abb. 3.20 Elevator zum Trippen

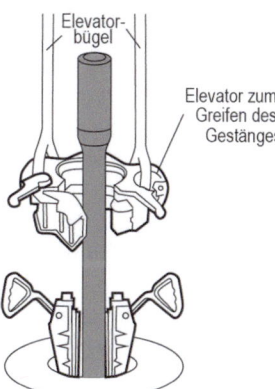 

3.2.2 Top-Drive-Antrieb

Auf modernen Tiefbohranlagen findet man zwar meistens immer noch einen Drehtisch auf der Arbeitsbühne, der Bohrstrang wird hier aber mittels eines speziellen Motors, dem Kraftdrehkopf, in Rotation versetzt. Dieser Motor wird auch als Top Drive bezeichnet. Er hängt am Kloben des Hebewerks und verfügt über einen hydraulischen Antrieb. Der Bohrstrang wird direkt in das Anschlussgewinde am unteren Ende des Top Drive eingeschraubt, sodass das Drehmoment unmittelbar auf den Bohrstrang übertragen wird. Eine Kellystange wird beim Top-Drive-Antrieb nicht benötigt.

Der Kraftdrehkopf muss im Mast an Schienen geführt werden, damit das Reaktivmoment des Motors in die Maststruktur eingeleitet werden kann. In **Abb. 3.21** ist der rote Top Drive am gelben Kloben des Hebewerks gut zu erkennen. Die vertikalen Schienen links und rechts am Top Drive sind fest mit der Maststruktur verbunden.

Das Bohren mit einem Top-Drive-System ermöglicht gegenüber dem Kellyantrieb verschiedene Vorteile. Beispielsweise kann mit langen Gestängezügen anstatt mit kurzen

◘ **Abb. 3.21** Top Drive am Kloben

Einzelbohrstangen gebohrt werden, und beim Trippen kann ein kontinuierlicher Spülungsumlauf aufrechterhalten werden, das Gestänge kann also spülend aus- bzw. eingebaut werden (◘ Abb. 3.22).

Außerdem ist es möglich, den Bohrstrang während des Trippens zu rotieren. Das ist nützlich, wenn das Bohrloch beispielsweise untermaßig, also zu eng, geworden ist oder wenn die Oberfläche der Bohrlochwand zu rau ist und eine zu hohe Reibung verursacht. Die Nachbehandlung eines Bohrungsabschnitts durch einen rotierenden Bohrstrang bzw. Bohrmeißel wird als Räumen bezeichnet. Beim Räumen wird die betreffende Sektion einmal oder mehrmals langsam mit rotierendem Meißel durchfahren.

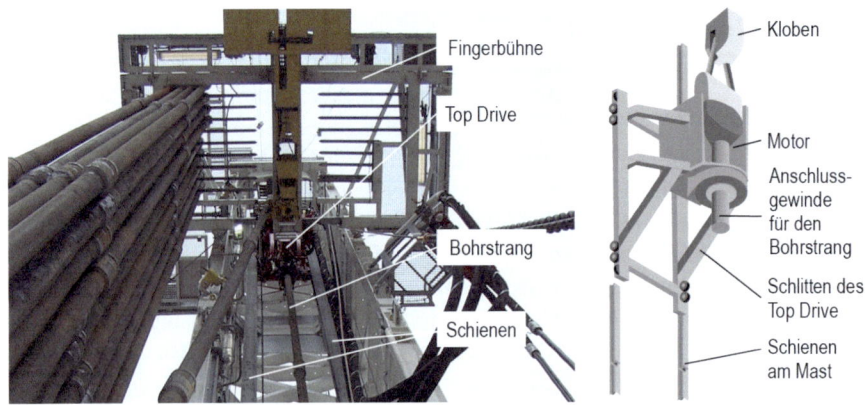

◘ **Abb. 3.22** Top Drive im Mast der Tiefbohranlage. (Foto *links*: Würker)

3.3 Hilfswerkzeuge

Der Bohrstrang einer Tiefbohrung besteht aus vielen Einzelkomponenten, die miteinander verschraubt werden. Damit die Gewinde im Bohrstrang sich im Bohrbetrieb nicht lösen, müssen sie präzise mit dem für die Verbindung vorgesehenen Drehmoment verschraubt werden. Zu diesem Zweck werden verschiedene Hilfswerkzeuge eingesetzt.

3.3.1 Rotary-Zangen

Rotary-Zangen sind im Prinzip sehr große „Schraubschlüssel". Sie werden immer paarweise eingesetzt. Die Haltezange fixiert den einen Gewindeverbinder, die Konterzange greift auf dem anderen Gewindeverbinder und bricht oder verschraubt das Gewinde. In ◘ Abb. 3.23 links ist eine der der beiden Zangen am Gestängeverbinder zu sehen. Zum Aufbringen eines Drehmoments befindet sich am Ende des Zangenarmes ein Stahlseil, dessen anderes Ende an einer Winde befestigt ist. Wenn die Winde über das Drahtseil am Zangenarm zieht, überträgt die Zange ein Drehmoment auf den Verbinder.

Wenn der Winkel zwischen dem Zangenarm und dem angeschlagenen Drahtseil genau 90° beträgt, berechnet sich das Kontermoment, das die Zange auf den Verbinder überträgt, als Produkt aus Zugkraft und Länge des Zangenarmes. Um ein bestimmtes Kontermoment auf die Verbindung zu übertragen, muss die Winde also eine konkrete Zugkraft auf das Zugseil aufbringen, und der Winkel zwischen dem Zangenarm und dem Seil muss exakt 90° betragen. Das Vorhalten eines exakt rechten Winkels zwischen Zangenarm und Zugseil ist allerdings in der Praxis aufgrund der zügigen Arbeitsabläufe durch die Bohrmannschaft nicht immer exakt einzuhalten.

Wenn der Winkel nach dem Ansetzen der Konterzange merklich von einem rechten Winkel abweicht, müssen die Zangen nachjustiert, also manuell noch einmal umgesetzt werden. Das bedeutet für die Bohrarbeiter aber einen gewissen körperlichen Aufwand und nimmt immer auch etwas Zeit in Anspruch. Deshalb wird gelegentlich ein etwas von 90° abweichender Winkel in Kauf genommen. Wie in ◘ Abb. 3.23 rechts gezeigt wird, ist der effektiv wirkende Hebelarm dann aber kürzer, und das Kontermoment, das auf die Ge-

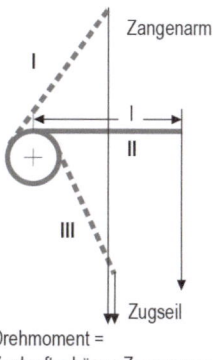

◘ **Abb. 3.23** Rotary-Zangen

Abb. 3.24 Hydraulikzange

windeverbindung übertragen wird, ist geringer als vorgesehen. Die Gewindeverbindung kann sich dadurch im Bohrbetrieb unter Umständen lösen.

3.3.2 Hydraulikzange

Die Verwendung einer Hydraulikzange (Abb. 3.24) zum Brechen oder Kontern von Gewindeverbindungen erlaubt gegenüber den Rotary-Zangen eine präzisere Dosierung des Verschraubmoments. Die Messer im Drehkranz rotieren im Gehäuse der Zange, ohne die Zange manuell nachsetzen zu müssen. Der Hydraulikdruck der Zange ist ein Maß für das aufgebrachte Drehmoment. Er kann direkt an der Zange abgelesen werden. Die Bedienelemente der Hydraulikzange befinden sich in einer gewissen Distanz zu den beweglichen Teilen der Zange. Deshalb ist bei Einsatz einer Hydraulikzange das Unfallrisiko für die Mannschaft gegenüber den Rotary-Zangen erheblich reduziert.

3.3.3 Iron Roughneck

Der Iron Roughneck (Abb. 3.25) ist eine Verschraubmaschine, die Bohrstranggewinde ferngesteuert aus der Schaltwarte des Drillers brechen oder verkontern kann. Da sich im Betrieb keine Menschen im Gefahrbereich befinden, stellt der Iron Roughneck die sicherste Methode der Handhabung von Bohrstranggewinden dar.

Zum Brechen oder Verkontern einer Verbindung fährt der Iron Roughneck an das Gewinde heran. Ein Backenpaar dient als Haltezange, das andere als Konter- bzw. Brechzange. Eine Hydraulik treibt den Verschraubmechanismus an und dosiert das Kontermoment. Moderne Iron-Roughneck-Konstruktionen sind so ausgestattet, dass sie innerhalb eines gewissen Bereichs Gewindeverbinder unterschiedlicher Außendurchmesser handhaben können.

Abb. 3.25 Iron Roughneck

Abb. 3.26 Gewindefett

3.3.4 Gewindefett

Alle Gewinde des Bohrstranges müssen vor dem Verkontern sorgfältig eingefettet werden. Deshalb steht bei allen Ein- und Ausbauarbeiten ein Fetteimer mit einer Bürste bereit (Abb. 3.26). Um sicherzustellen, dass die Gewindeschultern beim Verkontern mit der optimalen Flächenpressung verspannt werden, ist es wichtig, grundsätzlich nur das spezifizierte Gewindefett zu verwenden.

3.4 Spülungskreislauf

Damit die offenen Bereiche einer Tiefbohrung durch den außen anstehenden Gebirgsdruck nicht instabil werden und kollabieren, muss das Bohrloch immer mit einer Bohrspülung gefüllt sein, die dem Gebirge einen passenden Gegendruck bietet.

Eine weitere wichtige Funktion der Bohrspülung besteht darin, das Bohrklein während des Bohrens kontinuierlich aus der Bohrung auszutragen und die Bohrung dadurch zu reinigen. Dazu muss die Bohrspülung zirkulieren, das heißt, dass sie kontinuierlich im Kreislauf gepumpt wird (Abb. 3.27).

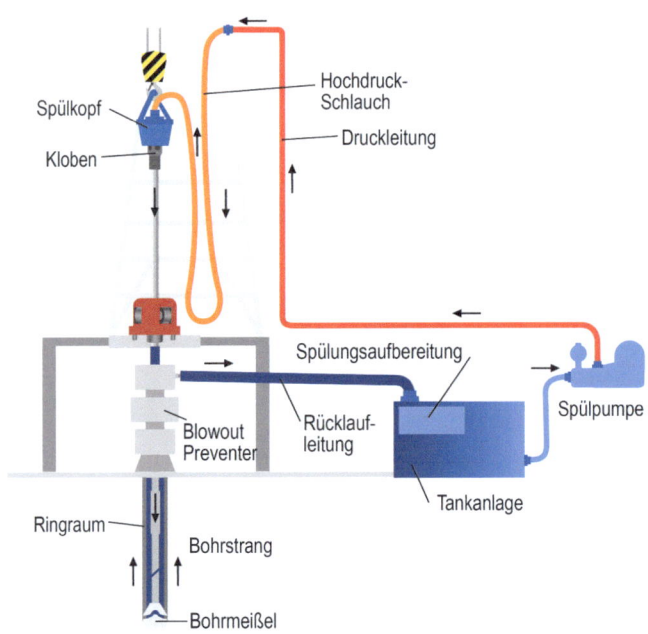

☐ **Abb. 3.27** Spülungskreislauf

Die Bohrspülung befindet sich in der Tankanlage auf dem Bohrplatz. Von dort wird sie angesaugt und über die Spülpumpen in die Druckleitung am Mast gepresst. Anschließend gelangt sie über einen flexiblen Hochdruckschlauch in den Spülkopf, der in den Kloben des Hebewerks eingehängt ist. Der nicht rotierende Spülkopf übergibt die Bohrspülung an den rotierenden Bohrstrang. In diesem wird die Spülung hinunter bis zum Bohrmeißel geleitet. Dort tritt sie aus und strömt im Ringraum zwischen dem Bohrstrang und der Bohrlochwand wieder hinauf zur Oberfläche. Dabei reißt sie das Bohrklein im Ringraum mit nach oben und sorgt so für einen kontinuierlichen Austrag des Bohrkleins aus der Bohrung.

Oberhalb des Blowout-Preventers tritt die Bohrspülung aus der Rücklaufleitung (oft handelt es sich dabei auch um eine offene Rinne) wieder aus. In der Spülungsaufbereitungsanlage auf dem Bohrplatz wird die Bohrspülung schließlich vom Bohrklein befreit und für den nächsten Umlauf konditioniert.

Die Tankanlage befindet sich auf dem Bohrplatz neben der Tiefbohranlage (☐ Abb. 3.28). Sie besteht aus mehreren Tanks (Containern), die unterschiedlichen Funktionen wahrnehmen. Diese Funktionen werden später noch eingehend erläutert.

Da die Bohrspülung Feststoffe enthält, die nicht aussedimentieren sollen, wird die Bohrspülung in der Tankanlage durch Rührwerke in ständiger Bewegung gehalten. In ☐ Abb. 3.28 rechts ist der Propeller eines Rührwerks dargestellt.

In ☐ Abb. 3.29 ist der typische Aufbau der Tankanlage und der angeschlossenen Komponenten zu sehen.

Die feststoffbeladene Bohrspülung aus dem Ringraum der Bohrung fließt über eine Auslaufrinne zu den Schüttelsieben. Auf diesen Sieben fällt die Bohrspülung durch die Öffnungen der Siebbleche (Screens) in den Schüttelsiebtank; das grobe Bohrklein wird durch die Vibration der Siebe zum vorderen Rand der Siebbleche transportiert, wo es in Bohrkleincontainern gesammelt wird (☐ Abb. 3.30).

3.4 · Spülungskreislauf

Abb. 3.28 *Links* Tankanlage einer Tiefbohranlage, *rechts* Tank mit Rührwerk

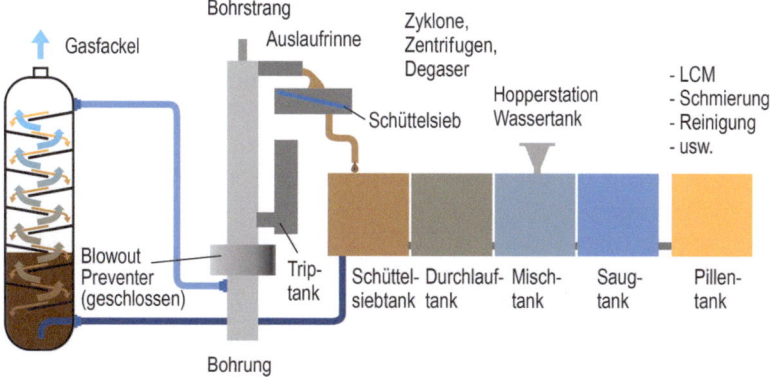

Abb. 3.29 Elemente der Spülungsaufbereitungsanlage

Abb. 3.30 *Links* Auslaufrinne, *rechts* Schüttelsieb

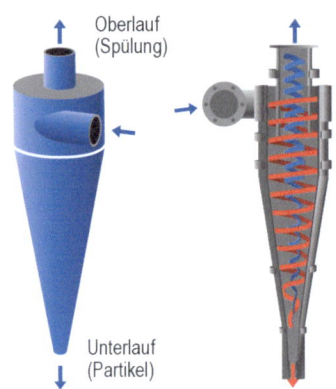 

Abb. 3.31 Hydrozyklone

Im Schüttelsiebtank kann die Bohrspülung erstmals durch den Spülungsingenieur beprobt und analysiert werden.

An den Schüttelsiebtank sind mehrere Aggregate angeschlossen, die nach Bedarf eingesetzt werden können, um der Spülung unerwünschte Feinstoffe oder gelöste Gase zu entziehen.

Zur Abtrennung feiner Partikel wird die Bohrspülung durch Hydrozyklone gepumpt (◘ Abb. 3.31). Ein Hydrozyklon ist ein konischer Apparat mit einem seitlich angebrachten Zulauf. Durch die seitliche Anordnung des Zulaufs entsteht im Zyklon ein erster Primärwirbel, in dem sich die Spülung nach unten in Richtung des Unterlaufs am konischen Ende des Zyklons bewegt. Da die dortige Öffnung zu klein ist, um den gesamten Spülungsstrom passieren zu lassen, entsteht im Inneren des Primärwirbels ein Sekundärwirbel, der sich zum Oberlauf am oberen Ende des Zyklons bewegt und dort austritt.

Der innere Sekundärwirbel ist für die Trennwirkung des Zyklons entscheidend. Aufgrund der dort herrschenden Zentrifugalkräfte können Partikel bestimmter Größen und Massen dem Wirbel nicht folgen, sondern werden nach außen an die Wandung des Zyklons geschleudert und verlassen diesen schließlich durch den Unterlauf, von dem aus sie in den Bohrkleincontainer gelangen. Die gereinigte Spülung, die den Zyklon durch den Oberlauf verlässt, wird zurück in den Schüttelsiebtank geleitet.

Die Auslegung eines Zyklons bzw. die Berechnung seiner Trennkorngröße und Trennschärfe ist trotz des einfachen konstruktiven Aufbaus des Zyklons überraschend komplex. In der Praxis hält man, um flexibel reagieren zu können, meist eine ganze Batterie Zyklone verschiedener Größe vor, die je nach aktuellem Bedarf zu- bzw. abgeschaltet werden können. Die kleinen Desilter trennen feinere Partikel ab als die größeren Desander. Über die Anzahl der eingesetzten Zyklone ist der Durchsatz pro Zyklon und damit die Trennschärfe beeinflussbar.

Ganz feine Partikel können der Spülung über Zentrifugen entzogen werden (◘ Abb. 3.32). In einer Zentrifuge wird die Spülung in einen Zylinder geführt, der mit sehr hoher Drehzahl rotiert. Durch die erheblichen Fliehkräfte werden selbst feinste Partikel, deren Dichte größer als die der Spülung ist, nach außen an die Zylinderwand geschleudert. Dort werden sie von einer innen liegenden Schnecke, die mit geringer Differenzgeschwindigkeit gegenüber dem Zylinder rotiert, abgetragen und seitlich aus der Zentrifuge hinausbefördert.

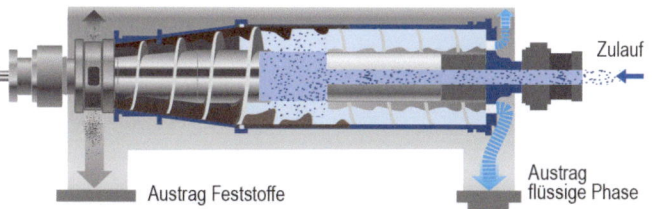

◘ **Abb. 3.32** Zentrifuge

Beim Bohren in größere Tiefen kann nie ausgeschlossen werden, dass die aus der Bohrung austretende Bohrspülung auch Gasanteile enthält. Diese Gase sind oft explosiv, gesundheitsschädlich oder sogar giftig und müssen entfernt werden. Je nach Größe der Gasblasen werden verschiedene Apparate zu deren Entfernung aus der Spülung verwendet.

Gelöste Gase oder mikroskopisch kleine Gasblasen, die am Bohrklein anhaften, werden im Entgaser abgetrennt, der ebenfalls an den Schüttelsiebtank angeschlossen ist und nach Bedarf zugeschaltet wird.

Der Entgaser ist ein geschlossener Behälter, in dem ein Unterdruck herrscht (◘ Abb. 3.33). Die Spülung aus dem Schüttelsiebtank wird aufgrund des Unterdruckes angesaugt und in dem Behälter auf mehrere Bleche verteilt, auf denen sie dünne Rieselfilme bildet. Aufgrund des Unterdruckes im Behälter perlt gelöstes Gas aus der Spülung aus, und mikroskopisch kleine Gasblasen in der Spülung werden größer. In einem Separator wird das Gas von der Spülung getrennt und zur Verbrennung auf eine angeschlossene Gasfackelt geleitet. Die entgaste Spülung fließt zurück in den Schüttelsiebtank.

Zur Abtrennung von groben Gasblasen und freien Gasvolumina aus der Bohrspülung wird ein Gasseparator eingesetzt. Wenn Gas in der Spülung festgestellt wird, wird der Blowout-Preventer geschlossen, und die gashaltige Spülung, die aus dem Bohrloch austritt, wird unterhalb des Preventers über eine geschlossene Rohrleitung in den oberen Teil des Gasseparators geleitet (◘ Abb. 3.34). Aufgrund der Schwerkraft fällt die Spülung im Behälter nach unten und schlägt dabei mehrfach auf im Behälter befindliche Leitbleche auf. Das Gas wird bei diesem Vorgang aus der Spülung herausgeschlagen und kann am oberen Ende des Separators abgesaugt und auf die Fackel geleitet werden. Die entgaste Spülung fließt zurück in den Schüttelsiebtank.

 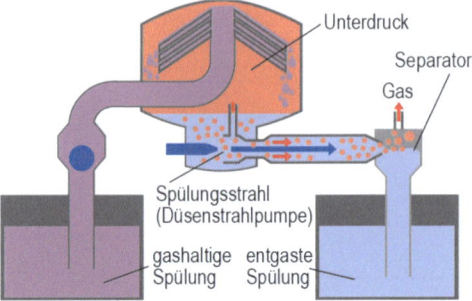

Abb. 3.33 Entgaser

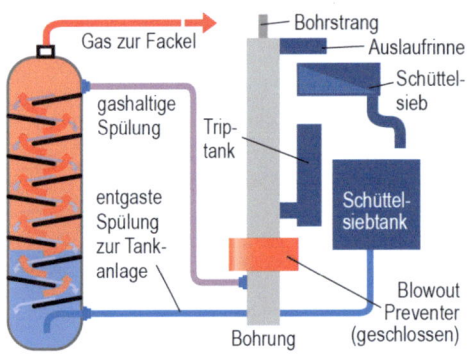 

Abb. 3.34 Gasseparator

Die Fackel befindet sich in sicherer Entfernung der Bohranlage am Rand des Bohrplatzes (Abb. 3.35). Das aus der Bohrspülung entfernte Gas trifft hier auf eine kontinuierlich brennende Flamme, die aus einer Gasflasche gespeist wird. Beim Kontakt mit der Flamme wird das Gas aus der Spülung entzündet und verbrennt.

Eine andere Nutzung des Gases kommt in der Regel nicht in Betracht. Erstens darf Gas im Bohrbetrieb nur in seltenen Störfällen und in geringen Mengen aus der Bohrung austreten (▶ Kap. 9), und zweitens müsste das Gas zum Verkauf zunächst aufbereitet, gereinigt und auf Pipeline-Druck komprimiert werden. Dieser Aufwand ist durch die Gewinnung sehr geringer Gasmengen bisher leider nicht vertretbar.

Wenn die Bohrspülung von allen störenden Gasanteilen und Partikeln gereinigt ist, wird sie in den Durchlauftank der Tankanlage weitergeführt. Dort kann sie nochmals beprobt werden.

Der nachfolgende Mischtank dient dazu, der Bohrspülung nach Bedarf Zusätze in fester oder flüssiger Form zuzuführen. Flüssige Zusätze (z. B. Wasser zum Verdünnen der Spülung) werden aus Zusatzbehältern in den Mischtank eingeleitet. Zum Hinzumischen von festen Substanzen (z. B. Beschwerungsmitteln oder Strukturbildnern) wird die Hopper-Station verwendet (Abb. 3.36).

Ein Hopper ist ein Trichter, der unter einem Tisch angeordnet ist. Auf dem Tisch werden die Säcke mit den gewünschten Zusatzstoffen aufgeschnitten. Das Gut fällt durch den Trichter in eine Rohrleitung, durch die Spülung aus dem Mischtank fließt, die durch eine Düse direkt unterhalb des Trichters auf eine sehr hohe Geschwindigkeit beschleu-

3.4 · Spülungskreislauf

Abb. 3.35 Fackel seitlich des Bohrplatzes

nigt wird. Das Aufgabegut wird von dem Hochgeschwindigkeitsstrahl erfasst, durch die Scherwirkung fein dispergiert und so mit der Spülung mitgerissen und vermischt. Die angereicherte Spülung wird anschließend wieder in den Mischtank zurückgeführt.

Wenn die Bohrspülung fertig konditioniert ist, wird sie in den Saugtank der Tankanlage weitergeleitet. Dort ist die Saugleitung der Spülpumpen angeschlossen, über die die Spülung in den Bohrstrang und weiter in die Bohrung verpumpt wird.

Gelegentlich muss aber anstelle der Bohrspülung auch eine sogenannte Pille durch die Bohrung gepumpt werden. Wenn sich im Bohrloch beispielsweise Bohrklein angesammelt hat, das sich mit der normalen Bohrspülung nicht austragen lässt, kann ein bestimmtes Volumen eines höherviskosen (zähflüssigen) Fluids verpumpt werden, um das Bohrloch zu reinigen. Oder es wird eine Pille mit speziellem grobem Material verpumpt, um damit Klüfte im Gestein zu verstopfen und Spülungsverluste zu stoppen. Solche Zusatzstoffe (Nussschalen, Bindfäden, Gummistückchen usw.) werden LCMs (Lost Cir-

Abb. 3.36 Hopper-Station

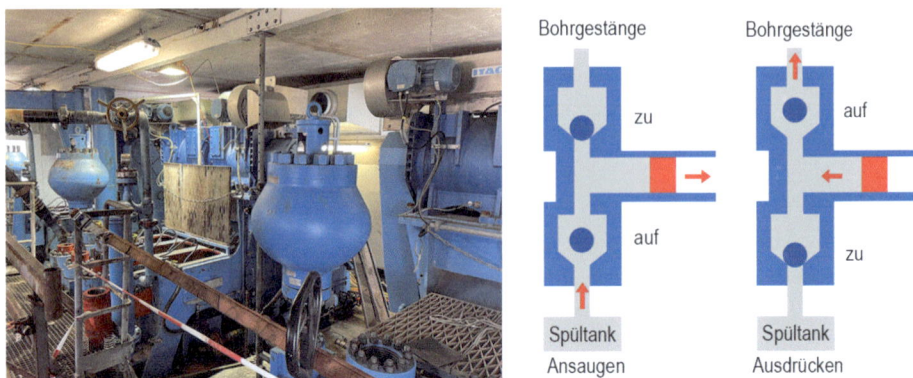

 Abb. 3.37 Spülpumpen

culation Materials) genannt. Zur Zubereitung einer Pille steht der Pillentank auf der Tankanlage bereit. Die fertige Pille wird dann an den Saugtank übergeben (Abb. 3.29) und mittels der Spülpumpen ins Bohrloch verpumpt.

Bei den Spülpumpen handelt es sich um leistungsstarke Kolbenpumpen (Abb. 3.37). Jeder Kolben läuft in seinem Zylinder hin und her und saugt dabei je nach Bewegungsrichtung entweder Spülung aus dem Pumptank an oder drückt sie in die Druckleitung, die ins Bohrgestänge führt. Eine Kolbenpumpe erzeugt somit einen diskontinuierlichen Volumenstrom mit hohen Druckspitzen beim Ausdrücken der Spülung. Im Ansaugtakt entsteht in der Saugleitung ein Unterdruck.

Um während des Ansaughubes Kavitation in der Saugleitung der Kolbenpumpe zu verhindern, wird der Kolbenpumpe meist noch eine Ladepumpe vorgeschaltet. Als Ladepumpe wird eine kontinuierlich laufende Kreiselpumpe eingesetzt, die den Druck in der Saugleitung der Kolbenpumpe so weit anhebt, dass dieser auch im Saugtakt der Spülpumpe immer noch oberhalb des Dampfdruckes der Spülung liegt.

Der Vorteil von Kolbenpumpen liegt darin, dass sie die erforderlichen hohen Drücke von oft deutlich über 200 bar bereitstellen können. Dafür erzielt ein einzelner Kolben aber nur einen geringen Volumenstrom, der außerdem auch noch diskontinuierlich ist und pulsiert. Um diesen Mangel zu beheben, werden in einer Spülpumpe mehrere Kolbenaggregate in Parallelschaltung zu einer Einheit kombiniert. So addieren sich die Volumenströme der Einzelkolben. Sehr gebräuchlich sind Triplexpumpen mit drei Zylinder-/Kolben-Einheiten, die jeweils um 120° phasenverschoben zueinander arbeiten. Auf diese Weise wird der Volumenstrom gegenüber einer einzelnen Einheit verdreifacht und die Pulsation bereits merklich reduziert, da sich immer mindestens ein Zylinder im Förderhub befindet.

Um die Pulsation des Volumenstromes der Triplexpumpe noch weiter zu reduzieren, ist in die Druckleitung der Triplexpumpe ein Windkessel integriert. Es handelt sich dabei um einen kugelförmigen Behälter, in dessen oberem Teil sich ein Luftpolster befindet. Der Druck des Luftpolsters kann verändert werden. Wenn er optimal eingestellt ist, steht er mit dem pulsierenden Spülungsstrom von der Spülpumpe in einem Resonanzzustand. Der Flüssigkeitsspiegel im Windkessel bewegt sich dann mit einer Frequenz auf und ab, die der Frequenz der Pulsation im Spülungsstrom entspricht. Dadurch wird der Spülungs-

3.4 · Spülungskreislauf

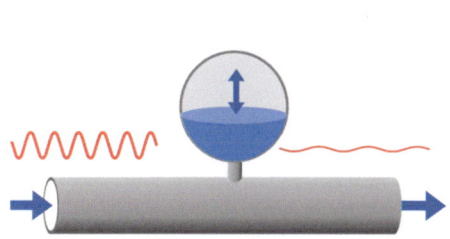

Abb. 3.38 Wirkungsweise des Windkessels an der Spülpumpe

Abb. 3.39 Parallelschaltung dreier Triplexpumpen. (Foto: Würker)

strom deutlich geglättet und verlässt den Windkessel mit annähernd konstanter Fließrate (Abb. 3.38).

Da eine Triplexpumpe meist nicht die erforderlichen Volumenströme bereitstellen kann, werden auf dem Bohrplatz mehrere Triplexpumpen zu einer noch leistungsfähigeren Einheit zusammengefasst. In Abb. 3.39 sind zum Beispiel drei parallelgeschaltete Triplexpumpen mit jeweils einer eigenen Antriebseinheit (Diesel- oder Elektromotor) zu sehen.

Die insgesamt neun Kolben einer solchen Einheit können über sogenannte Softpumpsysteme so synchronisiert werden, dass alle Kolben um denselben Betrag phasenversetzt zueinander arbeiten und zusammen eine maximale Glättung des Spülungsstromes erreichen.

Im Laufe einer Tiefbohrung ändern sich die Anforderungen an den Spülungsstrom. Im oberen Bereich, wo die Bohrung nur eine geringe Tiefe besitzt, wird mit einem sehr

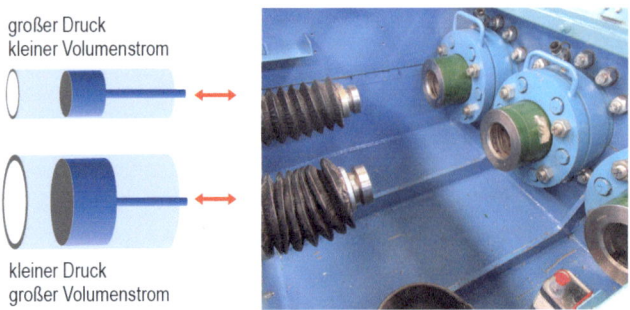

Abb. 3.40 Unterschiedliche Zylinder-/Kolbensysteme (Liner) in einer Kolbenpumpe

großen Durchmesser gebohrt. Hier benötigt man einen hohen Volumenstrom, um das anfallende Bohrklein aus der Bohrung auszuspülen. Aufgrund der geringen Tiefe des Abschnitts ist dafür aber nur ein geringer Druck erforderlich. Im unteren Bereich der Bohrung wird dagegen mit einem kleinen Durchmesser gebohrt. Hier ist ein deutlich geringerer Volumenstrom zur Reinigung des Bohrloches erforderlich; aufgrund der großen Tiefe der Bohrung wird dafür aber ein großer Druck benötigt.

Um die Spülpumpen an die immer anderen Bohrbedingungen anpassen zu können, sind die Triplexpumpen so konstruiert, dass die Zylinder und Kolben leicht zugänglich sind und somit relativ einfach ausgewechselt werden können. Im oberen Teil der Bohrung kommen Zylinder mit großem Hubraum zum Einsatz, im unteren Teil solche mit kleinerem Hubraum (Abb. 3.40).

Im Bohrbetrieb ist es wichtig, den Pumpendruck und den Spülungsstrom kontinuierlich zu überwachen. Die Messung des Pumpendruckes erfolgt üblicherweise mittels eines Drucksensors, der auf Höhe der Arbeitsbühne an die Druckleitung, das Standrohr, angeschlagen ist (Abb. 3.41). Auf diese Weise hat die Bohrmannschaft den Pumpendruck immer gut im Blick. Die Druckleitung am Mast wird im Englischen als Standpipe bezeichnet und der Pumpendruck entsprechend als Standpipe Pressure (SPP) angegeben.

Streng genommen ist diese Druckmessung auf der Arbeitsbühne nicht ganz korrekt, da zwischen den Pumpen auf dem Bohrplatz und dem Sensor auf der Arbeitsbühne ein geodätischer Höhenunterschied zu berücksichtigen ist. Dieser kann bei Gesamtdrücken von oft über 200 bar aber vernachlässigt werden.

Der Spülungsstrom wird indirekt über die Drehzahl der Spülpumpen in der Einheit Umdrehungen pro Minute gemessen (Strokes per Minute, SPM). Der SPM-Wert der Pumpe wird mit der Anzahl ihrer Zylinder und dem Hubraum der im Einsatz befindlichen Liner multipliziert, um den Volumenstrom zu ermitteln. Dieser wird üblicherweise in der Einheit Liter pro Minute angegeben. Wenn mehrere Triplexpumpen im Einsatz sind, muss der Volumenstrom einer Einzelpumpe mit der Anzahl der Pumpen multipliziert werden.

Die geschilderte Berechnung des Volumenstromes ist sehr gebräuchlich, aber nicht ganz korrekt. In realen Spülpumpen treten aufgrund von Verschleiß und Passungen interne Leckageströme auf, die den theoretischen Volumenstrom der Pumpe reduzieren. Diese Verluste werden durch den volumetrischen Wirkungsgrad der Pumpe wiedergegeben. Er bewegt sich meistens in einer Größenordnung von 90–95 %.

3.4 · Spülungskreislauf

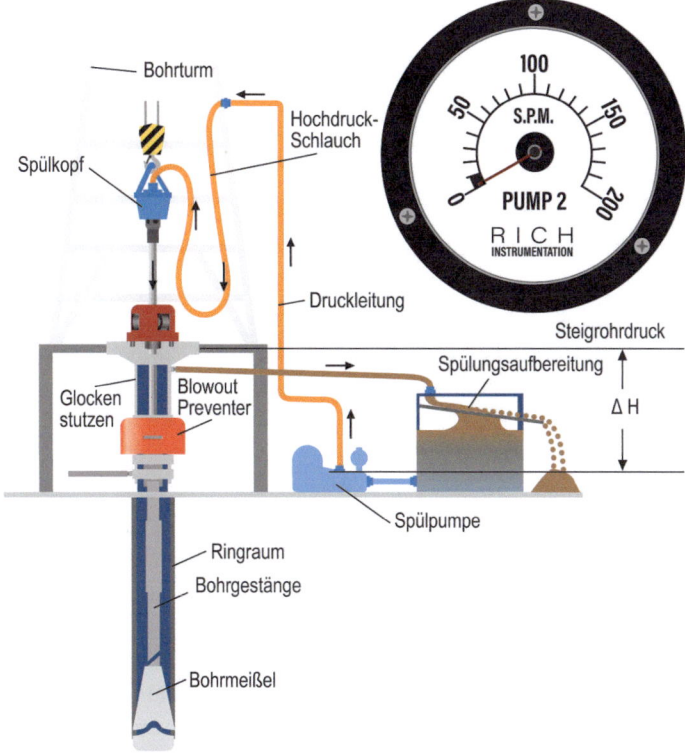

Abb. 3.41 Messung von Druck und Volumenstrom an den Spülpumpen

Im Bohrbetrieb wird die Bohrung kontinuierlich mit Bohrspülung durchströmt. In der Regel läuft also ständig Spülung aus dem Ringraum hinaus und fließt über die Auslaufrinne zur Spülungsaufbereitungsanlage. Solange Spülung aus der Bohrung austritt, ist sichergestellt, dass die Bohrung vollständig mit Spülung gefüllt ist.

Beim Aus- und Wiedereinbau des Gestänges (Trippen), beispielsweise um einen stumpfen Bohrmeißel durch einen neuen zu ersetzen, werden die Spülpumpen dagegen in der Regel abgestellt. Um auch ohne Spülungszirkulation eine kontinuierliche Kontrolle über den Füllstand der Bohrung zu haben, wird der Triptank verwendet (Abb. 3.42).

Der Triptank ist ein Tank mit einem geringen Querschnitt, also mit einer kleinen Spülungsoberfläche. Eine Kreiselpumpe am Triptank pumpt kontinuierlich Spülung aus dem Triptank in die Bohrung, sodass die Bohrung überläuft. Die überschüssige Spülung strömt über die Auslaufrinne wieder zurück in den Triptank, der mit einer Spiegelmessung ausgestattet ist. Aufgrund des kleinen Querschnitts des Triptanks ändert sich der Pegelstand bereits sehr deutlich, wenn im Bohrloch Spülungsverluste oder Zuflüsse aus der umgebenden Formation auftreten.

Wenn die Bohrung dicht ist und es in der Bohrung keine Verluste oder Zuflüsse gibt und wenn kein Gestänge in die Bohrung ein- oder ausgebaut wird, bleibt der Spülungsspiegel im Triptank auf einer konstanten Höhe. Beim Ausbauen des Bohrstranges aus einem dichten Bohrloch fällt der Spiegel im Triptank entsprechend dem Volumen der ausgebauten Bohrstangen ab, ähnlich wie der Wasserspiegel in einer Badewanne sinkt, wenn

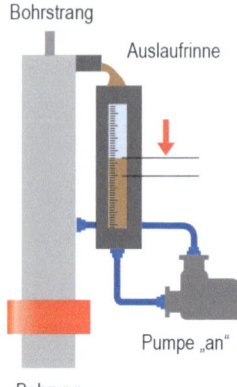

Abb. 3.42 Funktion des Triptanks

wir aus dem Wasser steigen. Beim Einbau des Bohrstranges in ein dichtes Bohrloch verhält es sich andersherum: der Spiegel steigt entsprechend des Volumens der eingebauten Bohrstangen. Am Triptank ist eine Skala angebracht, auf der der Pegelstand im Triptank mit der Anzahl der aus- oder eingebauten Bohrstangen korreliert.

Abweichungen des Spiegels im Triptank von dieser Skala sind während des Trippens immer ein Indiz für Verluste oder Zuflüsse im Bohrloch. Spülungsverluste führen zu Extrakosten; Zuflüsse aus der Formation können sehr gefährlich werden, insbesondere wenn es sich bei dem Zufluss um explosives Gas handelt. In beiden Fällen muss umgehend gehandelt werden. Was konkret zu tun ist, wird in ▶ Kap. 9 behandelt.

3.5 Bohrlochabschluss (Blowout-Preventer)

Bei Bohrarbeiten in großen Tiefen kann man nie ausschließen, unerwartet Zuflüsse von Wasser, Öl oder Gas in die Bohrung hineinzubekommen. Wenn ein solcher Kick an die Oberfläche gelangt und dort austritt, kann er zu sehr gefährlichen Situationen führen.

Um gefährliche Situationen im Bohrbetrieb frühzeitig zu erkennen und erfolgreich zu bekämpfen und damit Gefahren zu verhindern, ist die Tiefbohranlage mit speziell geschultem Personal und speziellen Sicherheitseinrichtungen ausgestattet. Details zur Vorgehensweise in Gefahrsituationen werden in ▶ Kap. 9 behandelt. Hier an dieser Stelle soll zunächst nur grob auf den Bohrlochabschluss (Blowout-Preventer, BOP) eingegangen werden.

Der BOP ist ein Sicherheitsventil, mit dem die Tiefbohrung an der Erdoberfläche jederzeit sicher verschlossen werden kann, um ein gefährliches Austreten von Gasen oder Flüssigkeiten zu verhindern.

In ◘ Abb. 3.1 war bereits zu sehen, dass sich die Arbeitsbühne einer Tiefbohranlage in einer beträchtlichen Höhe über dem Bohrplatz befindet. Der Grund dafür ist die Bauhöhe des BOP (◘ Abb. 3.43). Der Preventer ist fest mit dem oberen Ende der Bohrung verbunden und besteht aus verschiedenen Modulen. Jedes dieser Module ist für den Verschluss des Bohrloches in einer spezifischen Situation vorgesehen. Die Kombination

 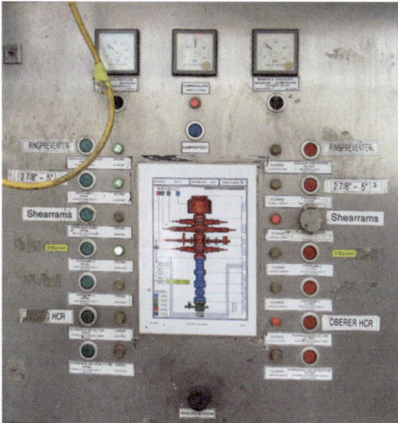

Abb. 3.43 *Links* Blowout-Preventer (BOP) unter der Arbeitsbühne, *rechts* Bedienkonsole

mehrerer Module zu einem BOP-Stack erlaubt es, das Bohrloch bei Bedarf unter allen Umständen sicher und schnell zu verschließen.

Die einzelnen Module werden hydraulisch angesteuert und betätigt. In Abb. 3.43 sind die Hydraulikleitungen am BOP-Stack gut zu erkennen. Rechts befindet sich das Bedienpult des BOP. Es umfasst neben den Knöpfen zum Ansteuern bestimmter Module auch Druck- und Volumenstromanzeigen. Diese werden benötigt, um eine Gefahrensituation sicher beurteilen und wieder unter Kontrolle zu bekommen. Details hierzu werden in ▶ Kap. 9 behandelt.

3.6 Mud Logger's Unit und Spülungslabor

Auf einer Tiefbohranlage sind verschiedene Labors und Container zu finden, in denen Spezialisten von Servicefirmen kontinuierlich Sonderarbeiten durchführen, die der Sicherheit der gesamten Bohrung dienen (Abb. 3.44).

 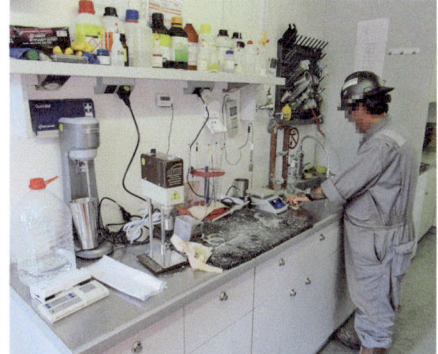

Abb. 3.44 Mud Logger's Unit und Spülungslabor

In der Mud Logger's Unit werden alle Daten zusammengeführt, die auf der Bohranlage anfallen. Hierzu gehören unter anderem Gasgehalte der Bohrspülung, Pumpraten der Spülpumpen, Volumenstrom an der Auslaufrinne am Bohrloch, Klobenhöhe im Mast, Bohrungstiefe, Pumpendrücke, Strangdrehzahl, Drehmoment am Top Drive usw. Wenn sich die Daten in ungewöhnlicher Weise verändern, gibt das System Alarme aus, die vom Mud Logger überprüft und bewertet und gegebenenfalls an die Bohrmannschaft zur Behandlung weitergegeben werden.

Im Spülungslabor wird kontinuierlich das Bohrklein analysiert, das auf den Schüttelsieben zutage tritt. Anhand der Proben wird das geologische Modell des Untergrundes fortlaufend an die tatsächlichen Gegebenheiten angepasst. Außerdem werden die Eigenschaften der Bohrspülung ständig auf die aktuellen Bedingungen im Bohrloch optimiert.

Bohrstrang

Inhaltsverzeichnis

4.1 Bohrstrangelemente – 46
4.1.1 Bohrmeißel – 46
4.1.2 Meißeldirektantrieb – 59
4.1.3 Steuerkopf – 73
4.1.4 Messgeräte im Bohrstrang (MWD- und LWD-Systeme) – 74
4.1.5 Schwerstangen – 75
4.1.6 Stabilisatoren – 78
4.1.7 Schlagschere und Akzelerator – 80
4.1.8 Bohrstangen – 82
4.1.9 Heavy Weight Drill Pipes – 83
4.1.10 Non-Mag Drill Pipes – 84
4.1.11 Protektoren – 84
4.1.12 Gewindeübergänge – 84
4.1.13 Gestängerückschlagventile – 85
4.1.14 Gewindeverbinder – 86
4.1.15 Inspektion von Gewindeverbindern – 89

4.2 Dynamische Fehlfunktionen – 90
4.2.1 Bending – 91
4.2.2 Bit Bouncing – 91
4.2.3 Stick Slip – 91
4.2.4 Whirl – 92
4.2.5 Messung dynamischer Fehlfunktionen im Bohrbetrieb – 92

4.3 Bohrstrang-Design – 93
4.3.1 Vertikalbohrung – 93
4.3.2 Horizontalbohrung – 94

© Der/die Autor(en), exklusiv lizenziert an Springer-Verlag GmbH, DE, ein Teil von Springer Nature 2025
M. Reich, *Tiefbohrtechnik*, https://doi.org/10.1007/978-3-662-70635-0_4

4.4 Festigkeitsnachweis für einen Bohrstrang – 97
4.4.1 Untere Streckgrenze $\sigma_{S,u}$ – 97
4.4.2 Belastung eines Volumenelements – 99
4.4.3 Rechenübungen zum Festigkeitsnachweis – 106

Kapitel 4 · Bohrstrang

Wenn ein Heimwerker ein Loch bohren will, spannt er einen Bohrer in die Bohrmaschine ein, und schon kann die Arbeit beginnen. Ein Bohrstrang der Tiefbohrtechnik hat mit einem solchen „Bohrer" allerdings wenig gemeinsam. Besonders auffällig sind seine Dimensionen, denn oft übersteigt die Länge eines Bohrstranges der Tiefbohrtechnik seinen Durchmesser um ein Vieltausendfaches. Weiterhin muss er mit Sensoren ausgestattet sein, damit er sich im tiefen Untergrund zurechtfinden und insbesondere auch die Lagerstätte sicher auffinden und anbohren kann. In diesem Zusammenhang muss er natürlich auch Richtungskorrekturen vornehmen, also Kurven bohren können. Und schließlich darf er selbst unter anspruchsvollsten Bohrbedingungen nicht abbrechen oder abreißen. Im vorliegenden Kapitel wird beschrieben, welche Komponenten ein typischer Bohrstrang enthält, welche Funktionen sie im Bohrbetrieb wahrnehmen und wie ein Bohrstrang für eine Tiefbohrung zusammengestellt und ausgelegt wird.

Der Bohrstrang verbindet die übertägige Tiefbohranlage mit dem Bohrmeißel auf der Bohrlochsohle. Grundsätzlich handelt es sich dabei um eine Hohlwelle, die das Drehmoment vom übertägigen Top Drive oder Kellyantrieb auf den Bohrmeißel überträgt, für dessen optimalen Andruck auf die Sohle sorgt und die Bohrspülung vom übertägigen Bohrplatz zum Bohrmeißel führt.

Um einen Kreislauf der Bohrspülung zu ermöglichen, besitzt der Bohrstrang einen geringeren Außendurchmesser als der Bohrmeißel. Die Bohrspülung strömt also durch den Bohrstrang hindurch zum Bohrmeißel, verlässt diesen durch Düsen an seiner Unterseite, nimmt das Bohrklein auf und spült es im Ringraum zwischen dem Bohrstrang und der Bohrlochwand wieder hinauf zur Oberfläche (◘ Abb. 4.1). Das Bohrloch wird somit kontinuierlich vom Bohrklein gereinigt.

Im Bohrbetrieb muss der Bohrstrang in der Lage sein, dynamische Effekte wie Längs-, Quer- und Torsionsschwingungen sowie Schläge oder Brems- und Absetzkräfte schadlos zu ertragen. Die Gewindeverbindungen zwischen den einzelnen Bohrstrangelementen dürfen sich dabei weder lösen, noch dürfen sie im Betrieb nachkontern. Temperaturen von 150 °C oder darüber gehören ebenso zu den ganz normalen Einsatzbedingungen für Bohrstränge wie ein korrosives Einsatzmilieu.

Bei einem typischen Bohrstangendurchmesser von $5''$ (12,7 mm) und einer angenommenen Bohrungslänge von 5000 m beträgt das Verhältnis von Durchmesser zu Länge des Bohrstranges etwa 1 : 254.000. Ein Bohrstrang ist somit in seiner Gesamtheit sehr flexibel, biegsam und dehnbar und zumindest aus Sicht des Maschinenbauers eine sehr

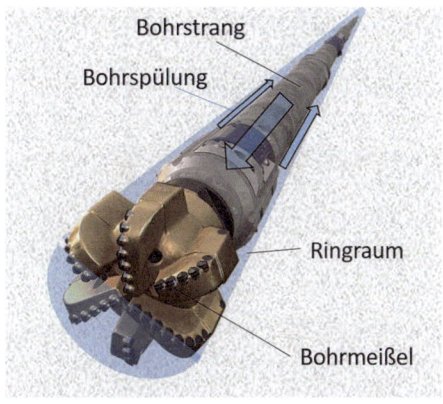

◘ Abb. 4.1 Dimensionen von Bohrmeißel, Bohrstrang und Bohrloch

ungewöhnliche Hohlwelle. Zum Vergleich: Die VDI-Richtlinie 3210 spricht bei spanenden Fertigungsverfahren bereits dann von Tiefbohrungen, wenn die Bohrungstiefe den Durchmesser um den Faktor 3 übersteigt.

Die extremen Dimensionen eines Bohrstranges werden deutlich, wenn man ihn mit einem menschlichen Haar vergleicht. Würde man einen 5000 m langen Bohrstrang mit 5″ Außendurchmesser so weit verkleinern, dass sein Durchmesser demjenigen eines menschlichen Haares entspräche, dann hätte dieser Bohrstrang eine Länge von ca. 4 m.

Beim Bohren muss die Bohrmannschaft in der Lage sein, immer exakt zu wissen, wo sich der Bohrmeißel im Untergrund aktuell befindet, welches Gestein er dort gerade bearbeitet und mit welcher Andruckkraft der Meißel am unteren Ende des Stranges auf die Sohle drückt. Außerdem muss es jederzeit möglich sein, den Bohrpfad von der Oberfläche aus zu korrigieren, um die Bohrung sicher in das angestrebte Zielgebiet zu führen. Um alle diese Anforderungen erfüllen zu können, besteht ein Bohrstrang für die Tiefbohrtechnik aus zahlreichen Komponenten mit unterschiedlichen Funktionen und Aufgaben. Im Folgenden werden die wichtigsten Bohrstrangelemente beschrieben.

In der Tiefbohrtechnik haben die meisten Bohrstrangelemente Längen von etwa 30 Fuß (1 ft = 0,3049 m), also etwa 10 m. Da die Anschlussgewinde nachgeschnitten werden, falls sie im Einsatz beschädigt oder verschlissen werden, kann sich die Länge einer Bohrstrangkomponente während ihrer Lebensdauer verkürzen. Gelegentlich werden auch längere oder kürzere Komponenten eingesetzt, so zum Beispiel Pup Joints oder Super Singles. Pup Joints sind kurze Bohrstangen von 2–10 Fuß Länge, die als Längenausgleichselemente eingesetzt werden. Super Singles sind dagegen besonders lange Bohrstangen, die eingesetzt werden, um die Anzahl an Gewindeverbindungen im Bohrstrang zu reduzieren und dadurch das Ein- und Ausbauen des Bohrstranges ins Bohrloch zu erleichtern.

An ihrem oberen Ende sind die einzelnen Bohrstrangelemente meist mit einer Gewindemuffe und am unteren Ende mit einem Gewindezapfen ausgestattet. Nur der Bohrmeißel ist üblicherweise mit einem nach oben gerichteten Gewindezapfen ausgestattet – und das erste Bohrstrangelement oberhalb des Bohrmeißels entsprechend mit einer nach unten weisenden Gewindemuffe.

Die charakteristischen Außendurchmesser (Outer Diameter, OD) und Innendurchmesser (Inner Diameter, ID) sowie die Gewindeverbinder sind nach dem American Petroleum Institute (API) standardisiert und in Tabellenwerken, wie zum Beispiel dem *Drilling Data Handbook* von IFP Publications, Edition TECHNIP, in Form von Tabellen zusammengestellt.

4.1 Bohrstrangelemente

4.1.1 Bohrmeißel

Am unteren Ende des Bohrstranges befindet sich der Bohrmeißel. Er hat die Aufgabe, das Gestein auf der Bohrlochsohle zu zerstören. Die mechanische Leistung, die der Meißel auf die Formation ausübt, ergibt sich aus dem Produkt aus der Drehzahl des Meißels und dem aufgebrachten Drehmoment

$$P_{\text{mech}} = M 2\pi n.$$

4.1 · Bohrstrangelemente

P_mech mechanische Leistung am Meißel (W)
M Drehmoment am Meißel (Nm)
n Drehzahl des Meißels (s^{-1})

Die bei der Gesteinszerstörung entstehende Gesamtoberfläche des gelösten Materials ist proportional zur eingesetzten Zerkleinerungsenergie. Wenn das Bohrklein zu grob ist, lässt es sich nicht durch den engen Ringraum der Bohrung austragen. Wenn es zu fein ist, wird zu viel Energie in die Schaffung neuer Oberflächen investiert; sie steht dann dem eigentlichen Bohrprozess nicht mehr zur Verfügung, was in einer geringeren Bohrgeschwindigkeit resultiert. Der Bohrmeißel muss also immer so auf das Gestein abgestimmt werden, dass eine gute Bohrlochreinigung bei maximaler Bohrgeschwindigkeit erreicht wird.

Man unterscheidet zwischen Rollen- und Diamantmeißeln. Ganz grob gesagt sind Diamantmeißel teurer als Rollenmeißel, halten dafür aber auch länger und können größere Bohrgeschwindigkeiten erreichen.

Die Auswahl des richtigen Meißels für eine konkrete Anwendung ist nicht nur von der Geologie, sondern unter anderem auch davon abhängig, welcher tägliche Mietpreis (Day Rate) für die Tiefbohranlage zu entrichten ist. Bei einer sehr teuren Offshore-Tiefbohranlage muss alles getan werden, um die Projektdauer zu minimieren. Die reinen Beschaffungskosten eines Bohrmeißels fallen angesichts der hohen Betriebskosten der Anlage kaum ins Gewicht. Ausfallzeiten (Non-Productive Time, NPT), während derer nicht gebohrt wird, führen dagegen zu signifikanten Kosten. Das Trippen, darunter versteht man den Ausbau des gesamten Gestänges, um beispielsweise einen stumpf gewordenen Bohrmeißel gegen einen neuen auszutauschen sowie den anschließenden Wiedereinbau des gesamten Gestänges in die Bohrung, kann durchaus 24 h erfordern und kostet somit eine Tagesrate, die bei großen Bohrinseln im Bereich von 1 Mio. € liegen kann.

Man wird sich also bei einer teuren Offshore-Bohranlage eher für einen Diamantmeißel entscheiden, der eine längere Lebensdauer verspricht und somit die Chance bietet, gegenüber Rollenmeißeln einen oder sogar mehrere kostspielige Roundtrips einzusparen.

Mit der folgenden Gleichung kann man die Bohrmeterkosten für einen Meißelmarsch abschätzen. Man erkennt, dass eine hohe Tagesrate für die Bohranlage K_R am besten durch eine geringe Bohrzeit t_b (entspricht einer hohen Bohrgeschwindigkeit auf der Sohle) und eine lange Bohrstrecke ΔS (Lebensdauer) des Meißels kompensiert werden kann:

$$K_\text{m} = \frac{K_\text{B} + K_\text{R}(t_\text{ges} + t_\text{a} + t_\text{t})}{\Delta S}$$

K_m Bohrmeterkosten (€/m)
K_B Bohrmeißelkosten (€)
K_R Kosten der Bohranlage, Rig Rate (€/h)
t_b Bohrzeit (h)
t_a Ausfallzeit, Non-Productive Time (h)
t_t Roundtrip-Zeit (h)
ΔS gebohrte Strecke (m)

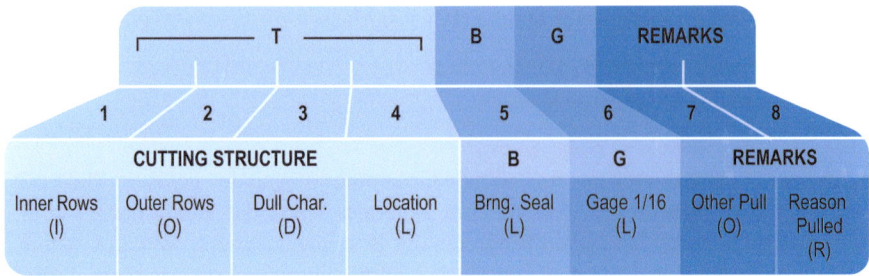

Abb. 4.2 IADC-Code zur Verschleißbeurteilung von Bohrmeißeln

Auf einer Landbohranlage mit einer geringen Tagesrate von vielleicht 15.000 € können Roundtrips aus geringer Tiefe relativ kostengünstig durchgeführt werden. In diesem Szenario fallen die Beschaffungskosten für den Bohrmeißel bei der Berechnung der Bohrmeterkosten deutlich stärker ins Gewicht als die Ausfallzeit durch Roundtrips. Hier wird man sich tendenziell eher für einen günstigen Rollenmeißel entscheiden.

Mit der Gleichung kann auch abgeschätzt werden, ob ein Bohrmeißel zum optimalen Zeitpunkt ausgewechselt wurde. Wenn der Meißel zu früh ausgewechselt wird, wurde die Lebensdauer des Meißels nicht voll ausgeschöpft. Die erzielte Bohrstrecke ΔS ist in diesem Fall kürzer, als es möglich gewesen wäre, und die Bohrmeterkosten für den Meißelmarsch steigen dadurch entsprechend an.

Wenn der Meißel zu spät ausgewechselt wird, hat das zunächst zur Folge, dass die Bohrgeschwindigkeit aufgrund des stumpf gewordenen Meißels abfällt und dadurch die Bohrzeit t_b für das Intervall im Zähler der Gleichung ansteigt. Im Extremfall verursacht ein zu später Austausch sogar erhebliche Ausfallzeiten der Anlage, zum Beispiel, wenn der Meißel so stark verschlissen ist, dass er auseinanderfällt und im Nachgang die verloren gegangenen Teile aus dem Bohrloch gefischt werden müssen. Diese Fishing Operations nehmen viel Zeit in Anspruch und treiben dadurch die Ausfallzeit t_a nach oben.

Der beste Ratgeber für die Auswahl eines Bohrmeißels ist immer das Studium von Offset-Bohrungen, also von Bohrungen, die in der Nähe bereits abgeteuft wurden. Die International Asscociation of Drilling Contractors (IADC), die internationale Vereinigung der Bohrunternehmer, hat um 1980 einen Code eingeführt, der aus acht Stellen besteht und den Zustand eines Bohrmeißels nach dessen Einsatz umfassend dokumentiert (Abb. 4.2). Beispielsweise wird notiert, wie stark der Meißel nach dem Meißelmarsch verschlissen war, ob und welche besonderen Auffälligkeiten nach dem Einsatz am Meißel festgestellt wurden und warum er überhaupt aus der Bohrung ausgebaut wurde. Es wird ja nicht jeder Roundtrip durch einen stumpfen Meißel verursacht, sondern möglicherweise gab es mit einer anderen Bohrstrangkomponente ein Problem, oder die Bohrlochsektion hatte ihre Endteufe erreicht.

Zu jedem der acht Bewertungskriterien des IACD-Codes gibt es in der Fachliteratur weiterführende Anweisungen zur praktischen Handhabung. Der Verschleiß eines Schneidelements am Meißel wird beispielsweise mit Zahlen zwischen 0 (kein Verschleiß) und 8 (völlig abgetragen) bewertet. Details hierzu findet man bei der Suche im Internet unter dem Suchbegriff „IADC dull grading".

Da grundsätzlich jeder Meißelmarsch dokumentiert wird, ergibt das Studium der Unterlagen aus Offset-Bohrungen einen ersten guten Überblick darüber, welche Meißeltypen in den entsprechenden Formationen besonders gut oder besonders schlecht funktioniert haben.

Die Hersteller von Bohrmeißeln verwenden zur Beschreibung ihrer zahlreichen Meißeltypen interne Bezeichnungen, die von Anbieter zu Anbieter sehr unterschiedlich ausfallen. Ein Vergleich verschiedener Anbieter durch den Nutzer ist dadurch oft nicht ganz einfach. Deshalb hat die IADC einen weiteren Code zur Charakterisierung von Bohrmeißeln eingeführt. Dieser Code besitzt drei Stellen und wird gegebenenfalls noch durch einen vorangestellten Buchstaben ergänzt. Für weitergehende Informationen hierzu soll auf das Internet verwiesen werden (Suchbegriff „IADC code drill bits"). Grundsätzlich gilt aber Folgendes:

- Bei Rollenmeißeln charakterisiert die erste Ziffer des IADC-Codes die Gesteinshärte, in der der Meißel eingesetzt werden soll. Die Ziffer 8 bezieht sich dabei auf härtestes Gestein (z. B. Granit), die Ziffer 1 auf das weichste. Die zweite Ziffer des Codes unterteilt die acht Gesteinshärteklassen, die durch die erste Ziffer beschrieben werden, in jeweils vier weitere Untergruppen. Die 1 steht dabei für die weichste, die 4 für die härteste Gesteinsuntergruppe. Die dritte Ziffer beschreibt schließlich Details zur konstruktiven Ausführung des Meißels.
- Bei Diamantmeißeln beschreibt ein vorangestellter Buchstabe, ob der Meißelkörper, die Matrix, aus einem Sintermaterial (M) oder aus Stahl (S) gefertigt ist. Die erste und die zweite Ziffer nach dem Buchstaben geben an, wie groß die verbauten Schneidelemente sind und mit jeweils welchem Anteil die größeren und kleineren Cutter auf dem Design zu finden sind. Die dritte Ziffer beschreibt konstruktive Details des Meißels und detailliert zum Beispiel, ob es ein langer Bautyp, der ein geradliniges und glattwandiges Bohrloch erzeugt, oder ein kurzer Bautyp, der schnelle Richtungsänderungen des Bohrpfades, zum Beispiel um einen Seitenarm aus einer bestehenden Bohrung anzulegen, ermöglichen kann.

Rollenmeißel

Der Rollenmeißel für die Tiefbohrtechnik wurde im Jahr 1909 erfunden. Er ist immer noch weit verbreitet und kann auf praktisch alle Gesteinsarten abgestimmt werden.

Die meisten Rollenmeißel verfügen über drei Rollen, die auf die Sohle gedrückt werden, während der Bohrstrang rotiert (◘ Abb. 4.3). Die Rollen werden nicht aktiv angetrieben, sondern rollen passiv auf der Sohle ab. Die Schneidelemente auf den Rollen drücken auf diese Weise abwechselnd in bzw. auf die Formation und zerstören das Gestein.

Der Grundkörper des Rollenmeißels wird aus drei vorgefertigten Pratzen zusammengeschweißt. Jeder Pratzen ist an seinem rollenseitigen Ende mit einer Welle ausgestattet, auf die die Meißelrolle aufgesetzt und drehbar gelagert wird. Bohrstrangseitig ist der Meißel mit einem standardisierten API Gewindezapfen ausgestattet.

Rollenmeißel für weiche Formationen werden Zahnmeißel genannt. Ihre Rollen sind mit relativ langen Zähnen versehen, die aus dem Vollen gefräst worden sind (◘ Abb. 4.4 links). Die Zähne bestehen also aus demselben Stahl wie die Rollen. Sie sollen beim Bohreinsatz möglichst tief in das Gestein eindringen und es grabend zerstören, ähnlich wie man einen Spaten zum Umgraben einsetzt.

Für harte und spröde Gesteine werden Warzenmeißel eingesetzt (◘ Abb. 4.4 rechts). Die Rollen von Warzenmeißeln besitzen zunächst glatte Oberflächen, die im weiteren

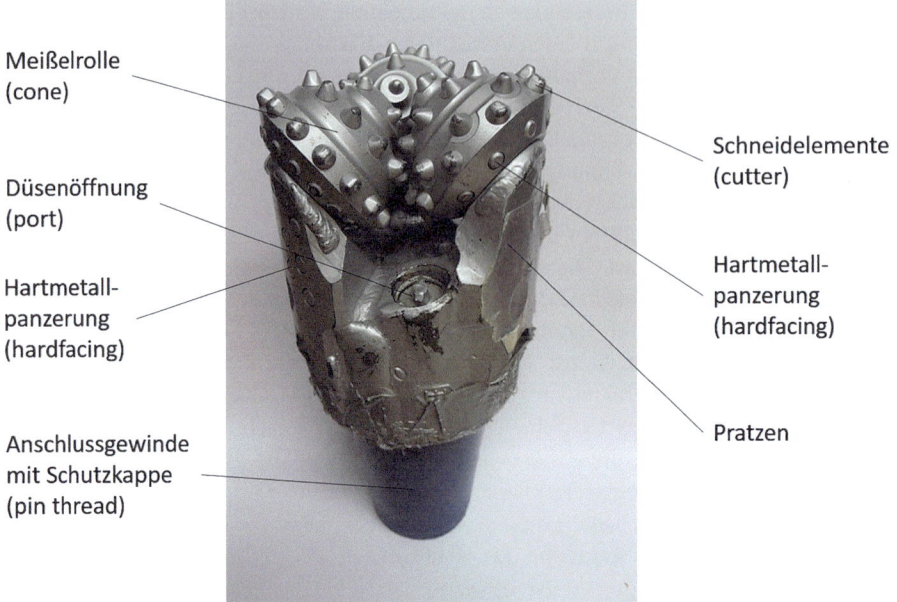

◘ **Abb. 4.3** Aufbau eines Rollenmeißels

◘ **Abb. 4.4** Typische Varianten von Rollenmeißeln. *Links* Zahnmeißel, *rechts* Warzenmeißel

Verlauf der Fertigung mit Bohrungen versehen werden, in die schließlich harte, spitze Inserts aus Hartmetall (meist Wolframcarbid) eingepresst werden. Beim Abrollen eines Warzenmeißels auf der Bohrlochsohle drücken die Spitzen der Inserts nacheinander mit hoher Punktlast auf die Sohle, sodass dort die Druckfestigkeit des Gesteins überschritten wird und kraterförmige Ausbrüche im Gestein erzeugt werden. Warzenmeißel zerstören das Gestein also drückend. Die Theorie der Gesteinszerstörung wurde bereits in vielen Fachbüchern detailliert behandelt (z. B. *Flachbohrtechnik* von Werner Arnold) und soll hier nicht nochmals wiederholt werden.

Zwischen dem in ◘ Abb. 4.4 gezeigten Zahnmeißel und dem ebenfalls gezeigten Warzenmeißel gibt es alle erdenklichen Zwischenstufen. Für mittelharte Gesteine setzt man beispielsweise Rollen mit Wolframcarbid-Inserts ein, deren Form an die Zähne von Zahnmeißeln erinnern.

Weitere Konstruktionsmerkmale, mit denen Rollenmeißel auf ihren spezifischen Einsatz hin optimiert werden können, sind beispielsweise das Offset (Herausdrehen der Rotationsachsen der Rollen aus dem Zentrum der Bohrung) oder der Achswinkel (Winkel zwischen Längsachse des Meißels und Rotationsachse der Rollen). Bei Autos entsprechen das Offset und der Achswinkel der Spur und dem Sturz der Räder. Allerdings wird die Einstellung bei Autos so vorgenommen, dass die Interaktion zwischen Straße und Reifen zum Erhalt des Profils minimiert wird, während bei den Rollenmeißeln eine maximale Interaktion mit einem maximalen Gesteinsabtrag erzielt werden soll.

Rollenmeißel sind verhältnismäßig preisgünstig, besitzen aber aufgrund ihrer beweglichen Teile und der damit verbundenen komplexen Lagerung und Schmierung der Rollen auf den Pratzen nur eine begrenzte Lebensdauer, die in einer bestimmten Anzahl an Umdrehungen angegeben wird. Je nach Drehzahl des Meißels ist diese Anzahl an Umdrehungen oft nach ein bis drei Tagen verbraucht. Um die Lebensdauer zu strecken, werden Rollenmeißel häufig mit relativ geringen Drehzahlen und dafür eher hohem Meißelandruck eingesetzt.

Diamantmeißel

Die heute weit verbreiteten PDC-Meißel wurden in den 1980er-Jahren entwickelt. Im Gegensatz zu Rollenmeißeln besitzen sie keine beweglichen Teile. Als Schneidelemente verwenden sie industriell hergestellte Diamantplättchen, die sogenannten Polycrystalline Diamond Cutter (PDC). Die mechanischen Eigenschaften von Industriediamanten unterscheiden sich kaum von denen natürlicher Diamanten. Da synthetische Diamanten jedoch keine Einkristalle sind, brechen sie das Licht anders als Naturdiamanten und sehen schwarz aus (Abb. 4.5).

Die Schneidelemente werden auf den Vorderkanten der Flügel des Meißels angeordnet. PDCs scheren das Gestein, schälen es also von der Bohrlochsohle ab. Dieses Gesteinszerstörungsprinzips kann am effektivsten in mittelharten Formationen wie Tonsteinen, Kalksteinen, Sandsteinen oder Salzen eingesetzt werden, wie sie bei Tiefbohrungen häufig angetroffen werden. Neueste Entwicklungen von PDC-Meißeln können inzwischen aber durchaus auch in sehr harten Gesteinen wie z. B. Granit eingesetzt werden.

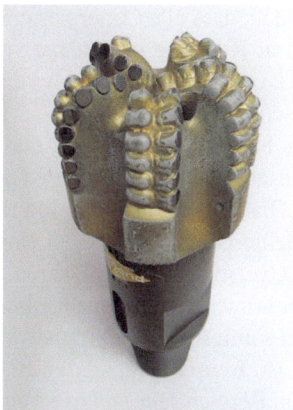 

Abb. 4.5 *Links* PDC-Meißel, *rechts* Polycrystalline Diamond Cutter (PDC)

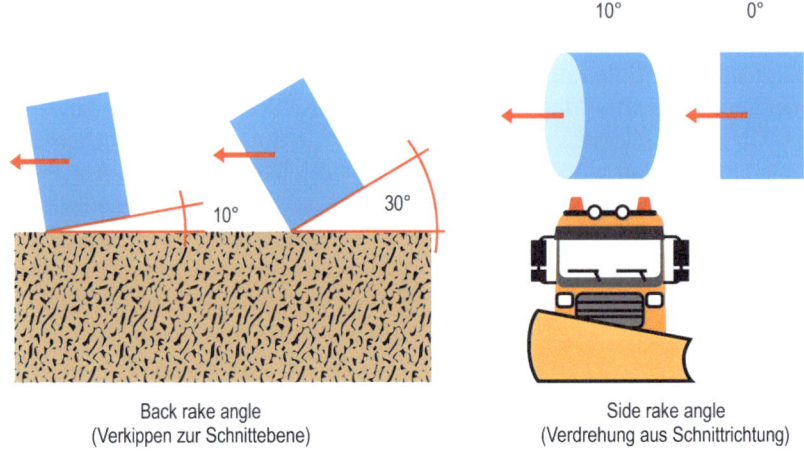

Abb. 4.6 Anordnung von Cuttern auf dem PDC-Meißel

Entsprechend ihres vorgesehenen Einsatzes werden PDC-Meißel in verschiedenen Varianten ausgeführt. Für den Einsatz in weicheren Gesteinen werden die Meißel mit weniger Flügeln und größeren Cuttern ausgestattet, in harten Formationen verwendet man Meißel mit vielen Flügeln und einer größeren Anzahl kleiner Cutter.

Der Kippwinkel der Cutter zur Schnittebene (Back Rake Angle) und die Verdrehung der Cutter aus der Schnittebene (Side Rake Angle) können variiert werden, um dem PDC-Meißel eine bestimmte Einsatzcharakteristik zu verleihen (Abb. 4.6).

Ein kleinerer Back Rake Angle verleiht dem Meißel eine höhere Aggressivität, das heißt, dass er mehr Leistung auf der Bohrlochsohle umsetzen und eine höhere Bohrgeschwindigkeit erreichen kann. Allerdings ist ein aggressiverer Bohrmeißel aber auch ruppiger im Betrieb.

Der Side Rake Angle erzeugt am Cutter im Bohrbetrieb eine aus der Schnittebene hinaus gerichtete Seitenkraft. Durch entsprechende Anordnungen aller Cutter auf einem Meißel kann das Vibrationsverhalten des Meißels beeinflusst werden. Wenn der Meißel besonders schwingungsarm laufen und ein besonders glattes Bohrloch erzeugen soll, müssen seine Cutter so auf den Flügeln platziert werden, dass alle Cutter zusammen eine Seitenkraft am Meißel erzeugen, die kontinuierlich in Richtung einer dazu vorgesehenen Anschlagfläche am seitlichen Gauge des Meißels drückt. Der Meißel wird auf diese Weise fest an der Bohrlochwand geführt und kann nicht frei schwingen.

Neben den PDC-Meißeln kommen in besonders harten und abrasiven Formationen gelegentlich auch imprägnierte Bohrmeißel zum Einsatz. Auch sie zählen zu der Gruppe der Diamantmeißel, allerdings befinden sich die Diamanten bei einem imprägnierten Meißel nicht an der Oberfläche, sondern sind als kleine Diamantsplitter in einen Block aus Matrixmaterial eingebettet. Die weichere Matrix verschleißt beim Bohren und wird allmählich immer weiter abgetragen. Dadurch treten immer neue Diamantsplitter an der Oberfläche aus. Der imprägnierte Meißel schärft sich somit im Betrieb immer wieder automatisch nach, bis die gesamte Matrix abgearbeitet ist. Beim imprägnierten Bohrmeißel in Abb. 4.7 ist der Verschleiß der Matrix im oberen Bereich sehr gut zu erkennen.

4.1 · Bohrstrangelemente

◘ **Abb. 4.7** Imprägnierter Bohrmeißel

Hybridmeißel

In stark heterogene Formationen können Rollen- und PDC-Meißel zu Hybridmeißeln kombiniert werden. Die Meißel sind mit meist zwei oder drei Flügeln ausgestattet, die mit PDC bestückt sind. Zwischen den Flügeln sind zusätzlich auch Meißelrollen angeordnet. Je nach Formation dominiert der scherende Gesteinszerstörungsmechanismus der PDCs oder das Drücken der Rollen.

Meißeldüsen

Im Bohrbetrieb wird der Bohrstrang von Bohrspülung druchströmt. Diese tritt am Bohrmeißel in den Ringraum aus. Der Bohrmeißel verfügt dazu über mehrere Mud Ports. Das sind Öffnungen, in die Meißeldüsen eingesetzt werden, um die Geschwindigkeit der Bohrspülung vor ihrem Aufprall auf die Bohrlochsohle auf Geschwindigkeiten von bis zu über 100 m/s zu beschleunigen. Der Hochgeschwindigkeitsstrahl soll das entstehende Bohrklein effektiv und schnell von der Bohrlochsohle entfernen, damit es den weiteren Bohrprozess nicht behindert.

In ◘ Abb. 4.8 links sind zwischen den Flügeln des PDC-Meißels sechs Mud Ports zu erkennen. Sie sind durch Gewindeschutzkappen geschützt. Zum Einsatz des Meißels werden sie herausgeschraubt und durch Meißeldüsen ersetzt. In ◘ Abb. 4.8 rechts sind solche Düsen zu sehen. Bei Rollenmeißeln befinden sich die Mud Ports jeweils zwischen zwei benachbarten Rollen (◘ Abb. 4.3).

Damit der Hochgeschwindigkeits-Spülungsstrahl, der in der Regel auch feste Partikel enthält, keine übermäßige Abrasion an den Meißeldüsen hervorruft, werden diese aus Hartmetall, meist aus Wolframkarbid, hergestellt. Die Düsen werden in die Spülungskanäle im Meißel eingeschraubt oder dort mit Sprengringen fixiert.

Abb. 4.8 *Links* Mud Ports, *rechts* Meißeldüsen

Die hydraulische Leistung, die in den Meißeldüsen umgesetzt wird, ergibt sich aus folgender Gleichung:

$$P_{\text{hydr}} = Q \Delta p$$

P_{hydr} hydraulische Leistung am Meißel (W)
Q Volumenstrom (m³/s)
Δp Druckverlust über die Düsen (N/m²)

Der Druckverlust über die Meißeldüsen (Δp) kann in Anlehnung an die Bernoulli-Gleichung aufgrund der starken Beschleunigung der Spülung in den Düsen wie folgt berechnet werden:

$$\Delta p = \frac{\rho v^2}{2 \varsigma^2}$$

ρ Dichte der Spülung (kg/m³)
v Strömungsgeschwindigkeit der Spülung im engsten Düsenquerschnitt (m/s)
ς Widerstandsbeiwert (–)

Bei der Berechnung der Strömungsgeschwindigkeit im engsten Düsenquerschnitt ist zu beachten, dass sich der Gesamtvolumenstrom auf die Anzahl der Düsen aufteilt:

$$v = \frac{Q}{A_{\text{Düse}} n_{\text{Düse}}}$$

$A_{\text{Düse}} = \pi/4 \, d_{\text{Düse}}^2$
$d_{\text{Düse}}$ Durchmesser des engsten Querschnitts der Düse
$n_{\text{Düse}}$ Anzahl der Meißeldüsen im Bohrmeißel

Die praktische Handhabung der Gleichungen wird dadurch erschwert, dass der Durchmesser von Meißeldüsen in der Praxis meist in der Einheit 32stel Zoll angegeben wird. Eine 16er-Düse besitzt somit einen Durchmesser von 16/32 Zoll, das entspricht 12,7 mm.

Die obige Gleichung zur Druckberechnung im Meißel basiert auf einigen vereinfachenden Annahmen, weshalb das Ergebnis nicht genau mit Beobachtungen im Feld übereinstimmt. Um den Unterschied zwischen dem theoretischen (idealen) und dem realen Verhalten der Strömung auszugleichen, verwendet man den Widerstandsbeiwert ς, der in der obigen Gleichung im Nenner zu finden und sogar noch mit einem Exponenten versehen ist. Man findet ihn in anderen Darstellungen der Formel zur Berechnung des Druckverlusts allerdings durchaus auch ohne Exponenten, und manchmal steht er auch im Zähler der Gleichung anstatt im Nenner. Die hier gewählte Darstellungsweise hat den Vorteil, dass sich der Wert des Widerstandsbeiwertes bei Platzierung im Nenner nur zwischen 0 und 1 bewegen kann und dass sich durch die Quadrierung eine etwas breitere Streuung der Werte für verschiedene Düsen ergibt. Bei der Verwendung von Widerstandsbeiwerten aus Tabellen der einschlägigen Literatur zur Strömungstechnik sollte daher immer geprüft werden, wie diese Kennzahl definiert wurde.

Zur Quantifizierung der Leistungsfähigkeit der Bohrlochsohlenreinigung wird oft ein Kennwert verwendet, der im Englischen als „hydraulic horsepower" bezeichnet wird. Tatsächlich handelt es sich bei diesem Wert aber nicht um eine „power", also um eine Leistung, sondern um eine hydraulische Leistung pro Flächeneinheit.

Um den Kennwert zu ermitteln, dividiert man die hydraulische Leistung $P_{hydr} = Q \Delta p$, die über die Meißeldüsen abgebaut wird, durch die Querschnittsfläche der Bohrlochsohle, $A = \pi/4\, d_{Meißel}^2$, wobei $d_{Meißel}$ der Durchmesser des eingesetzten Bohrmeißels ist. Für eine optimale Reinigung der Bohrlochsohle sollten die Meißeldüsen so dimensioniert werden, dass die auf den Bohrungsquerschnitt bezogene hydraulische Leistung ca. 250–600 W/cm² beträgt.

Man geht bei der Düsenauswahl also so vor, dass man zunächst ermittelt, welche hydraulische Leistung bei einem vorgegebenen Bohrungsdurchmesser vorliegen sollte, und berechnet dann den Durchmesser der Meißeldüsen, mit denen diese Leistung erreicht wird.

Meißelaggressivität

Die Meißelaggressivität gibt an, wie viel Drehmoment ein Bohrmeißel benötigt, um unter Einwirkung einer bestimmten Meißelandruckkraft bzw. Vorschubkraft F_v, auch als Weight on Bit (WOB) bezeichnet, auf der Bohrlochsohle zu rotieren. In ◘ Abb. 4.9 ist dieser Zusammenhang grafisch dargestellt. Da zwischen der Vorschubkraft F_v und dem erforderlichen Drehmoment M ein linearer Zusammenhang besteht, kann man die Meißelaggressivität auch als Steigung der Geraden im Diagramm verstehen.

Je größer die Aggressivität eines Bohrmeißels ist, desto ruppiger läuft er auf der Bohrlochsohle. Das ist darin begründet, dass die Meißelandruckkraft im praktischen Bohrbetrieb immer unvermeidbaren Schwankungen unterliegt. Je aggressiver der Meißel ist, desto steiler ist auch die Gerade in ◘ Abb. 4.9, und desto größer fallen die resultierenden Drehmomentschwankungen am Meißel aus. Große Drehmomentschwankungen führen wiederum zu Schwankungen der Meißeldrehzahl, die im Extremfall zum Stick-Slip-Effekt führen kann, bei dem der Meißel immer wieder auf der Sohle stehen bleibt, während sich der Top Drive am oberen Ende des Stranges weiterdreht. Schließlich reißt sich der Meißel wieder los und rotiert zum Aufholen der Umdrehungen des oberen Stran-

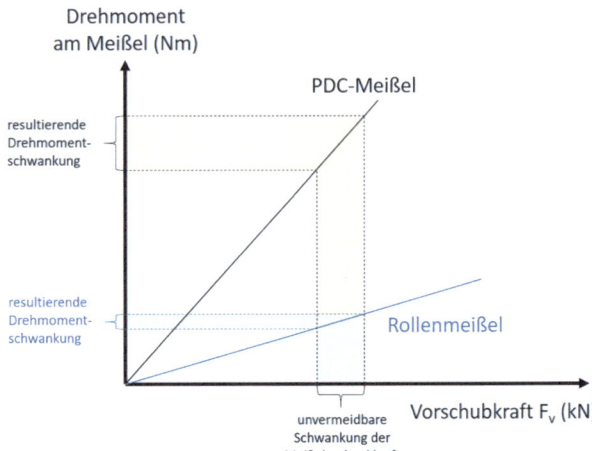

Abb. 4.9 Meißelaggressivität

ges mit erhöhter Drehzahl, bis die gespeicherte Energie verbraucht ist und der Meißel wieder stehen bleibt.

Beobachtungen im Feld ergeben, dass die Meißelaggressivität von Rollenmeißeln meist etwa 0,05 beträgt. Bei imprägnierten Meißeln beträgt sie etwa 0,1 und bei PDC-Meißeln meist 0,2–0,4.

Da ein PDC Meißel eine höhere Aggressivität als ein Rollenmeißel besitzt, ist bei seinem Einsatz mit signifikanten Drehmomentschwankungen zu rechnen (obere Gerade in Abb. 4.9). Allerdings kann das insgesamt höhere Drehmoment beim Einsatz eines PDC-Meißels aber auch eine Steigerung der Bohrgeschwindigkeit bewirken, denn einerseits werden PDC-Meißel mit höheren Drehzahlen als Rollenmeißel eingesetzt, und andererseits arbeiten sie mit einem höheren Drehmoment auf der Sohle. Die mechanische Leistung am Bohrmeißel ergibt sich aber aus dem Produkt aus der Drehzahl n und dem Drehmoment M des Meißels:

$$P_{\text{mech}} = 2\pi n M$$

Um den Vorteil der erhöhten Bohrgeschwindigkeit zu nutzen, gleichzeitig aber extreme Drehmomentspitzen zu verhindern, wurden PDC-Meißel mit Drehmomentbegrenzung entwickelt. Bei diesen Meißeln befinden sich hinter den PDC Anschlagplatten, die die Schnitttiefe der Cutter begrenzen. Bei Erreichen einer maximalen Schnitttiefe setzen die Anschlagplatten auf der Bohrlochsohle auf und verhindern so ein noch tieferes Eintauchen der Cutter in die Formation (Abb. 4.10). Ein Hobel zur Holzbearbeitung funktioniert genauso. Aus der Anschlagfläche ragt eine Klinge hervor. Die Schnitttiefe kann die Exposition der Klinge nicht überschreiten, und es entsteht ein Span von sehr gleichmäßiger Stärke.

Bohrmeißel für spezielle Anwendungen

Neben den vorgestellten Hauptgruppen von Bohrmeißeln für die Tiefbohrtechnik gibt es auch Meißel für spezielle Anwendungen, die im Folgenden kurz vorgestellt werden sollen.

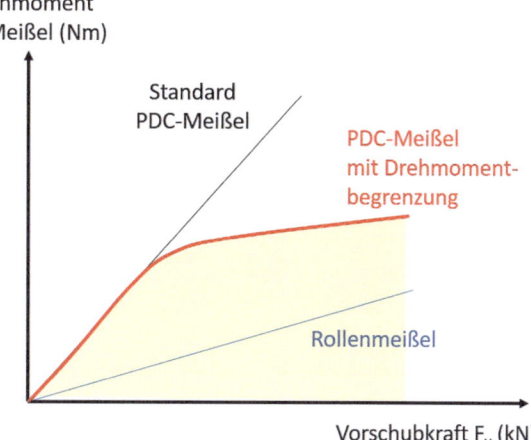

Abb. 4.10 PDC-Meißel mit Schnitttiefenbegrenzung

Kernbohrkrone

Während Bohrmeißel das Gestein auf der gesamten Bohrlochsohle abtragen, zerstören Kernbohrkronen nur den äußeren Ring des Gesteins und lassen im Zentrum der Bohrung einen Kern stehen, der gewonnen, an die Oberfläche geholt und dort untersucht werden kann.

In ◘ Abb. 4.11 ist eine Kernbohrkrone zu sehen, auf deren Schneidfläche Naturdiamanten angebracht sind. Grundsätzlich gibt es aber auch imprägnierte Kronen, PDC-Kronen und rollenbesetzte Kronen.

Die Kernbohrkrone wird an das untere Ende eines Kernrohres angeschraubt. Das Kernrohr enthält ein Innenrohr, das mit einem Kernfänger ausgestattet ist. Der Kernfänger (◘ Abb. 4.12) ist im Prinzip ein Ring, der mit Fingern ausgestattet ist, welche in Richtung Erdoberfläche weisen. Der Kern lässt sich deshalb leicht von unten in das

Abb. 4.11 Kernbohrkrone

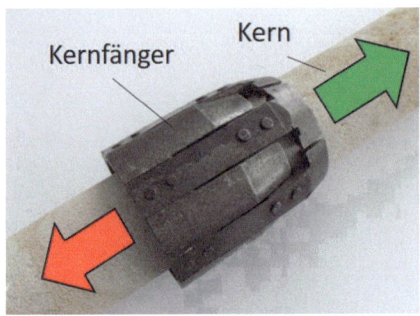
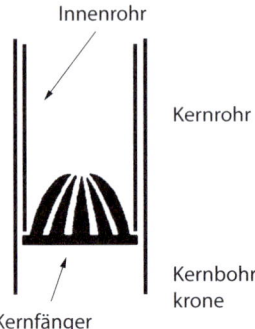

Abb. 4.12 Kernfänger

Innenrohr hinein- (grüner Pfeil), aber nicht in entgegengesetzter Richtung wieder herausbewegen (roter Pfeil). Das Kernrohr mit dem integrierten Kernfänger kann sich während des Kernens leicht über den Kern nach unten schieben, und der Kern wächst dabei in das Kernrohr hinein.

Wenn das Innenrohr mit dem Kern gefüllt ist, ist der Kernvorgang beendet, und das Kernrohr wird von der Sohle gezogen. Da der Kern nun im Fänger festklemmt, reißt er an seinem unteren Ende an der Bohrlochsohle ab und steckt nun sicher verwahrt im Innenrohr fest. Das Kernrohr mit dem Innenrohr und dem darin befindlichen Kern kann nun ausgebaut und an die Oberfläche geholt werden. Dort wird der Kern geborgen und in ein Labor geschickt, in dem er untersucht wird.

Exzentermeißel

Exzentermeißel, auch Bi-Center Bit genannt, werden eingesetzt, um unterhalb eines Engpasses (z. B. eines Casings, das zur Stabilisierung eines Bohrungsabschnitts eingebaut wurde) mit einem Durchmesser weiterzubohren, der größer als der Innendurchmesser des Engpasses ist (Abb. 4.13).

Der Exzentermeißel besitzt an seinem unteren Ende einen Pilotmeißel mit dem Durchmesser A. Oberhalb des Pilotmeißels sind weitere Flügel mit größerem Radius angeord-

Abb. 4.13 Exzentermeißel

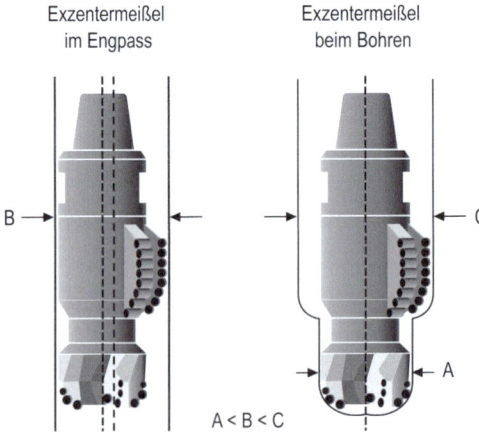

net, jedoch nur auf einer Seite des Meißelumfangs. Aufgrund dieses Designs lässt sich der Meißel zunächst ohne Rotation durch den engen Teil der Bohrung, beispielsweise ein Casing (Durchmesser B), einbauen. Wenn der Exzentermeißel dann unterhalb des Casings in Rotation versetzt wird, zentriert sich der Pilotmeißel automatisch in der Bohrung, und die umlaufenden exzentrischen Schneidelemente führen zu einem übermäßigen Bohrloch mit dem Durchmesser C. Die Bohrung unterhalb des Casings besitzt dann also einen Durchmesser, der größer als der Innendurchmesser des darüber befindlichen Casings ist.

4.1.2 Meißeldirektantrieb

Am Mast der übertägigen Tiefbohranlage sorgt der Drehtischantrieb bzw. der Top Drive dafür, dass der gesamte Bohrstrang und der daran angeschraubte Bohrmeißel rotieren. Ein erheblicher Teil dieser an der Oberfläche eingebrachten Antriebsenergie geht allerdings aufgrund von Reibung zwischen dem Bohrstrang und der Bohrlochwand verloren, sodass nur ein Bruchteil am Bohrmeißel ankommt.

Ein Meißeldirektantrieb ist eine Bohrstrangkomponente, die den Bohrmeißel direkt vor Ort, also an der Bohrlochsohle, mit zusätzlicher Antriebsleistung (Drehzahl, Drehmoment) versorgt, um dadurch die Bohrleistung zu steigern. Der Meißeldirektantrieb wird möglichst nahe oberhalb des Meißels in den Bohrstrang integriert. Man unterscheidet zwischen Bohrturbinen und Bohrmotoren. Beide nutzen die hydraulische Energie der Bohrspülung, um daraus mechanische Energie zum Antrieb des Bohrmeißels zu gewinnen, jedoch arbeiten sie nach verschiedenen Funktionsprinzipien.

Bohrturbine

Eine Bohrturbine nutzt den Impuls der Bohrspülung zur Bereitstellung von Antriebsenergie für den Bohrmeißel. Der Grundgedanke dahinter ist der, dass die Spülung auf Schaufeln gelenkt wird, die auf der Abtriebswelle der Turbine angebracht sind und die Welle auf diese Weise in Rotation versetzen (◘ Abb. 4.14).

Die Stoßkraft, die bei einem senkrechten Aufprall von der Spülung auf die Turbinenschaufeln übertragen wird, ist proportional zum gepumpten Volumenstrom und zur

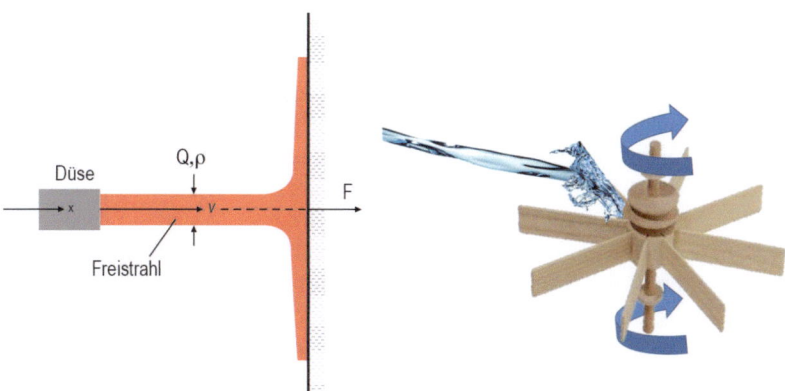

◘ **Abb. 4.14** Impuls der Bohrspülung

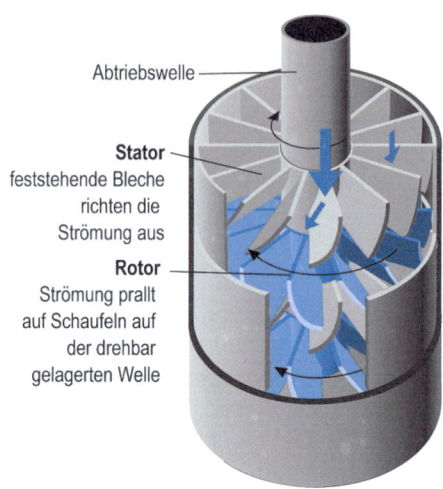

◘ **Abb. 4.15** Rotor und Stator in einer Bohrturbine

Strahlauftreffgeschwindigkeit:

$$F = \rho Q v$$

- Q Volumenstrom (m³/s)
- ρ Dichte der Spülung (kg/m³)
- v Aufprallgeschwindigkeit (m/s)

In einer Bohrturbine wird die Bohrspülung über Leitbleche, die im Turbinengehäuse angeordnet sind, so ausgerichtet, dass sie im optimalen Winkel (etwa senkrecht) auf die Turbinenschaufeln auf der Welle auftreffen. Die Leitbleche werden dabei als Stator und die Turbinenschaufeln als Rotor bezeichnet (◘ Abb. 4.15).

Die Kombination eines Satzes Statorbleche mit einem Satz Rotorschaufeln wird als eine Turbinenstufe bezeichnet. Der Impuls der Spülung versetzt den Rotor in eine Rotation, die über die innenliegende Abtriebswelle der Turbine (Drive Shaft) auf den Bohrmeißel am unteren Ende der Bohrturbine übertragen wird.

Eine einzelne Turbinenstufe kann allerdings nur eine geringe Antriebsleistung für den Meißel erzeugen. Deshalb werden in einer Bohrturbine für bohrtechnischen Anwendungen viele Turbinenstufen (Rotor plus Stator) in Reihe geschaltet. Auf der zentralen Welle wird also ein Paket aus vielen Turbinenstufen angebracht (◘ Abb. 4.15). Dadurch addiert sich das Drehmoment der Einzelstufen zum wesentlich größeren Gesamtdrehmoment der Bohrturbine.

Eine Bohrturbine ist ein offenes System, das heißt, dass die Bohrspülung grundsätzlich auch dann durch das System hindurchströmen kann, wenn der Rotor festgehalten wird und sich nicht drehen kann. Bei einem solchen offenen System hängt die Drehzahl der Turbine von ihrem Lastzustand ab, also davon, wie viel Drehmoment der angeschlossene Meißel abfordert.

Wenn der an die Turbine angeschlossene Bohrmeißel lastfrei, also „off bottom" (von der Sohle abgehoben) und ohne Drehmoment M im Bohrloch rotiert, erreicht die Bohrturbine ihre maximale Drehzahl n (◘ Abb. 4.16 oben, Volumenstrom Q_1). Mit steigendem

4.1 · Bohrstrangelemente

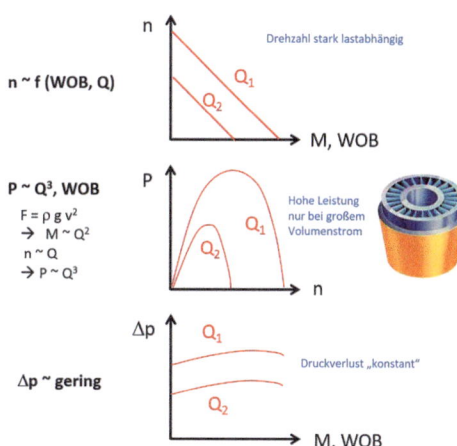

Abb. 4.16 Charakteristik einer Bohrturbine

Meißelandruck (WOB) und damit einhergehendem größer werdendem Drehmoment M am Meißel geht die Drehzahl der Turbine aber immer weiter zurück, bis der Meißel bei einem maximalen Drehmoment schließlich zum Stillstand kommt. Die Turbine ist dann abgewürgt worden.

Bei einem kleineren Spülungsstrom Q_2 (◘ Abb. 4.16 oben, Volumenstrom $Q_2 < Q_1$) rotiert die Turbine insgesamt deutlich langsamer als bei einem höheren Spülungsstrom und wird auch schon bei einem deutlich geringeren Meißelandruck abgewürgt.

Die mechanische Leistung, die die Turbine an den Bohrmeißel abgibt, berechnet sich aus dem Drehmoment und der Winkelgeschwindigkeit des Meißels:

$$P_{\text{mech}} = M \, 2\pi n$$

Das Drehmoment M der Bohrturbine in dieser Gleichung wird durch die Stoßkraft (Impuls) der Bohrspülung beim Aufprall auf die Turbinenschaufeln erzeugt. Nach der oben aufgeführten Gleichung ist dieser Impuls dem Quadrat der Aufprallgeschwindigkeit (v^2) der Spülung proportional. Die Strömungsgeschwindigkeit v ist wiederum eine Funktion des Spülungsstromes Q.

Folglich ist das Drehmoment der Turbine proportional zum Quadrat des Spülungsstromes:

$$M \sim Q^2$$

Die Drehzahl der Turbine ist direkt proportional zum Spülungsstrom:

$$n \sim Q$$

Da die Leistung der Turbine aus dem Produkt aus Drehmoment und Drehzahl berechnet wird, ist sie somit proportional zur dritten Potenz des gepumpten Volumenstromes:

$$P_{\text{mech}} = Q^3$$

Bohrturbinen arbeiten folglich besonders effektiv bei hohem Volumenstrom. Eine Reduktion der Pumprate führt zu einem erheblichen Einbruch der Leistung der Turbine. Da die Turbine bei Maximaldrehzahl (von Sohle abgehoben, kein Moment am Bohrmeißel) und bei $n = 0$ (Turbine abgewürgt) jeweils keine Leistung auf den Bohrmeißel übertragen wird, ergibt sich der in ◘ Abb. 4.16 Mitte dargestellte Leistungsverlauf für einen hohen (Q_1) bzw. geringeren Volumenstrom (Q_2).

Turbinen sind offene Strömungssysteme. Deshalb ändert sich der Druckverlust über die Turbine zwar deutlich bei Variation des Volumenstromes, jedoch nur geringfügig bei Veränderungen des Lastfalles (Meißelandruck, WOB). Die übertägige Überwachung des Pumpendruckes während des Bohrens gestattet es deshalb nur in sehr beschränkten Maße festzustellen, ob die Turbine aktuell bohrt oder möglicherweise bereits abgewürgt wurde. Der effektive Einsatz von Bohrturbinen erfordert daher eine gewisse Erfahrung des Anlagenführers.

Ein großer Vorteil einer Bohrturbine besteht aber darin, dass sie praktisch nur aus Metall besteht und deshalb hohe Temperaturen ertragen kann. Deshalb eignen sich Turbinen generell sehr gut für Einsätze in sogenannten HT/HP-Bohrungen (HT = High Temperature, HP = High Pressure), in denen sehr hohe Drücke und Temperaturen oberhalb von 150 °C angetroffen werden.

Bohrmotor

Im Gegensatz zu einer Bohrturbine arbeitet ein Bohrmotor nach dem Verdrängerprinzip. Im englischen Sprachgebrauch wird er deshalb als Positive Displacement Motor (PDM) bezeichnet.

Der Antriebsteil eines Bohrmotors, der die hydraulische Energie der Bohrspülung in mechanische Energie zum Antrieb des Bohrmeißels umwandelt, besteht aus einem Rotor und einem Stator. Beide Bauteile sind so geformt und aufeinander abgestimmt, dass zwischen ihnen Kammern entstehen, die hydraulisch voneinander isoliert, also gegeneinander abgedichtet sind (◘ Abb. 4.17). Wenn Bohrspülung durch den Antriebsteil hindurchgepresst wird, wird der Rotor gezwungen, sich im Stator zu drehen – im Prinzip kann man das sehr grob mit einer Drehtür vergleichen, durch die Menschen hindurchgeschoben werden und die dadurch in Rotation versetzt wird. Die Bohrspülung befindet sich dabei portionsweise in den Kammern zwischen Rotor und Stator; diese Kammern bewegen sich in einer Helix um die Längsachse des Stators herum in Strömungsrichtung durch den Antriebsteil in Richtung Bohrmeißel.

Wenn man von einer idealen Abdichtung der Kammern gegeneinander ausgeht, ist die Drehzahl eines Bohrmotors dem Volumenstrom direkt proportional; je mehr Spülung

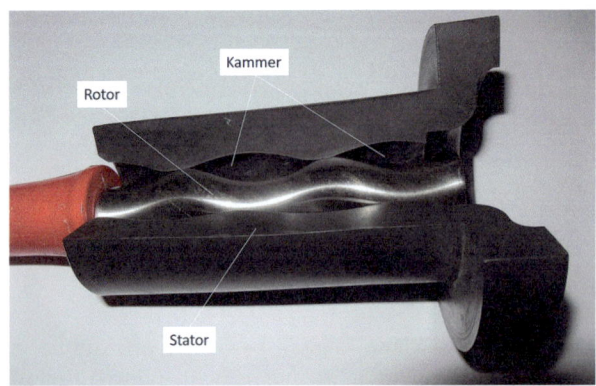

◘ **Abb. 4.17** Antriebsteil (Rotor und Stator) eines Bohrmotors, Demonstrationsmodell

durch den Motor gepumpt wird, desto schneller rotiert der Rotor im Stator auch:

$$n \sim Q$$

Je höher das Drehmoment am Motor ist, desto mehr Druck muss aufgewendet werden, um den Volumenstrom durch den Motor konstant zu halten. Das Drehmoment, das der Motor an den Bohrmeißel abgibt, ist folglich dem Differenzdruck über den Motor direkt proportional:

$$M \sim \Delta p$$

In realen Bohrmotoren sind die einzelnen Kammern nicht perfekt gegeneinander abgedichtet. Deshalb ist die Drehzahl nicht ganz unabhängig vom Lastzustand. Je größer das Drehmoment am Meißel ist, desto größer ist der Druckabfall zwischen benachbarten Kammern, und desto eher treten Leckageströme zwischen den Kammern auf. Dadurch bricht die Drehzahl bei hoher Last etwas ein. Dennoch kann man davon ausgehen, dass die Drehzahl bei einem konstanten Volumenstrom über weite Teile des Arbeitsbereichs ebenfalls konstant ist. In ◘ Abb. 4.18 ist dieses Verhalten im oberen Diagramm zu sehen.

Die Leistung, die der Bohrmotor an den Meißel abgibt, berechnet sich wie folgt:

$$P_{\text{mech}} = 2\pi n M$$

Da die Drehzahl des Bohrmotors nur vom Volumenstrom abhängt und unabhängig vom Drehmoment am Meißel (bzw. von der Meißelbelastung) ist, führt eine Verringerung des Volumenstromes zu einem direkt proportionalen Verlust an Leistung. Eine Reduzierung des Volumenstromes um 20 % führt also zu einer 20 %igen Leistungsminderung. Bei einer Bohrturbine, bei der die Leistung proportional zur dritten Potenz des Volumenstromes ist, bricht die Leistung bei einer Reduzierung des Volumenstromes um 20 % dagegen bereits um etwa 49 % ein ($0{,}8^3 = 0{,}51$). Bohrmotoren können deshalb im Gegensatz zu Bohrturbinen auch bei kleinen Volumenströmen noch sehr effektiv eingesetzt werden.

Im unteren Diagramm in ◘ Abb. 4.18 ist schließlich zu sehen, dass der Druckverlust über den Bohrmotor nur vom Lastzustand abhängt, aber nicht vom Volumenstrom. Je mehr Drehmoment der Meißel fordert, desto höher ist der Druckverlust über den Bohrmotor.

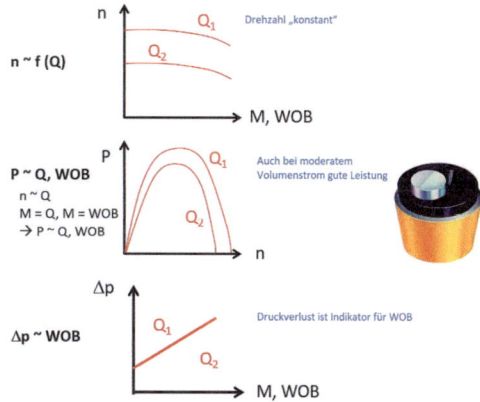

◘ **Abb. 4.18** Charakteristik eines Bohrmotors

Ein Bohrmotor wandelt die hydraulische Energie der Spülung, die durch ihn hindurchgepumpt wird, in mechanische Energie am Bohrmeißel um. Die hydraulische Leistung, die der Motor aufnimmt, berechnet sich nach folgender Gleichung:

$$P_{\text{hydr}} = \Delta p\, Q$$

Δp Druckverlust über den Bohrmotor (bar)

Q Volumenstrom (m^3/s)

Die mechanische Leistung, die der Bohrmotor an den Meißel abgibt, kann wie folgt berechnet werden:

$$P_{\text{mech}} = 2\pi n M$$

n Drehzahl des Motors (s^{-1})

M Drehmoment des Motors (Nm)

Wenn wir nun annehmen, dass die hydraulische Leistung, die der Bohrmotor aufnimmt, konstant ist, dann ist (unter Vernachlässigung von Reibungsverlusten im Motor) auch die mechanische Leistung, die an den Bohrmeißel abgegeben wird, konstant. Die mechanische Leistung ist das Produkt aus Drehmoment und Winkelgeschwindigkeit. Wenn die Drehzahl des Motors hoch sein soll, kann er nur ein geringes Moment liefern – und wenn der Motor ein hohes Drehmoment liefern soll, muss die Drehzahl des Motors zwangsläufig entsprechend gering sein.

Tatsächlich kann man die Charakteristik eines Bohrmotors (Drehzahl und Drehmoment) durch die Formgebung von Rotor und Stator über die Gangzahl auf spezielle Anforderungen abstimmen. Die Gangzahl beschreibt, wie viele Einbuchtungen der Stator besitzt. Der Stator in ◘ Abb. 4.19 rechts oben besitzt zum Beispiel vier Einbuchtungen. Der Rotor, der in diesem Stator läuft, besitzt dagegen drei Buckel. Man spricht in diesem Fall von einem 3/4-gängigen (sprich: „drei-vier-gängigen") Motor. Je geringer die Gangzahl ist, desto schneller läuft ein Bohrmotor – aber desto weniger Drehmoment entwickelt er.

Der 1/2-gängige (sprich: „ein-zwei-gängige") Motor in ◘ Abb. 4.19 links oben ist ein typischer Schnellläufer. Er erreicht von allen gezeigten Konfigurationen die höchste

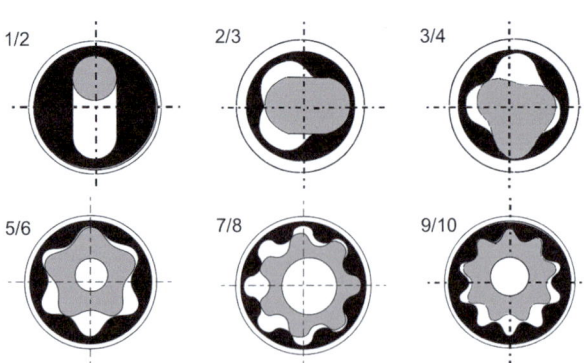

◘ **Abb. 4.19** Bohrmotoren mit unterschiedlichen Gangzahlen

4.1 · Bohrstrangelemente

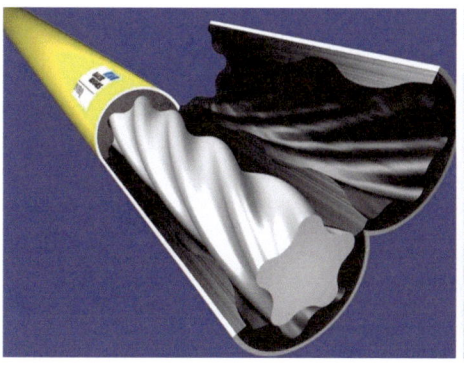

Abb. 4.20 Rotoren mit unterschiedlichen Steigungen

Drehzahl, bietet aber nur das geringste Drehmoment. Der gezeigte 9/10-gängige Motor in Abb. 4.19 rechts unten entwickelt dagegen von allen gezeigten Ausführungsformen das größte Drehmoment, läuft dafür aber mit der geringsten Drehzahl.

In Abb. 4.20 links ist in der aufgeschnittenen 3-D-Zeichnung ein Rotor mit fünf Buckeln am Umfang zu sehen. Man erkennt, dass die Außenkontur des Rotors in Längsrichtung wendelförmig verläuft. Die Kontur des Stators mit seinen sechs Einbuchtungen am Umfang ist ebenfalls wendelförmig ausgeführt.

Über die Steigung der Wendeln von Rotor und Stator kann die Charakteristik eines Bohrmotors ebenfalls beeinflusst werden. Je größer die Steigung ist, desto länger sind auch die einzelnen Kammern, die sich zwischen Rotor und Stator bilden. Die Länge einer Kammer wird als Stufe des Motors bezeichnet. Wenn der Antriebsteil des Motors lang und die Steigung der Wendeln gering ist, passen viele Stufen in den Antriebsteil des Motors hinein. Über einen Motor mit vielen Stufen kann ein besonders hoher Druck abgebaut werden, der Motor kann also ein besonders hohes Drehmoment erzielen.

Eine steilere Steigung der Wendeln führt dagegen zu längeren Kammern und damit zu einer höheren Drehzahl des Motors. In Abb. 4.20 rechts sieht man Rotoren mit verschiedenen Gangzahlen und Steigungen auf einem Regal. Meist sind die Rotoren verchromt und poliert, um die Reibung zwischen dem Rotor und dem Stator zu minimieren.

Beim Durchströmen des Antriebsteiles des Bohrmotors verliert die Bohrspülung an Druck. Da die Kammern gegeneinander abgedichtet sind, erfährt jede Kammer auf ihrem Weg durch den Antriebsteil ihren individuellen Druckabbau, der dadurch begründet ist, dass ein Teil der hydraulischen Energie der Spülung in mechanische Energie des Rotors (Drehbewegung) umgewandelt wird.

Jeder Querschnitt des Antriebsteiles (Rotor mit Stator) schneidet mehrere Kammern. Die Drücke in benachbarten Kammern des Querschnitts sind dabei unterschiedlich groß (Abb. 4.21). In Kombination mit der exzentrischen Position des Rotors im Stator drückt die resultierende Druckkraft den Rotor im Stator zur Seite. Durch die Rollbewegung des Rotors verändert sich nun auch die Lage der Kammern im betrachteten Querschnitt und damit die Richtung der Seitenkraft, die auf den Rotor wirkt. So entsteht schließlich die kontinuierliche Rotationsbewegung.

Um die Druckunterschiede benachbarter Kammern aufrechtzuerhalten und Ausgleichsströmungen zu unterbinden, müssen die Kammern des Motors gegeneinander

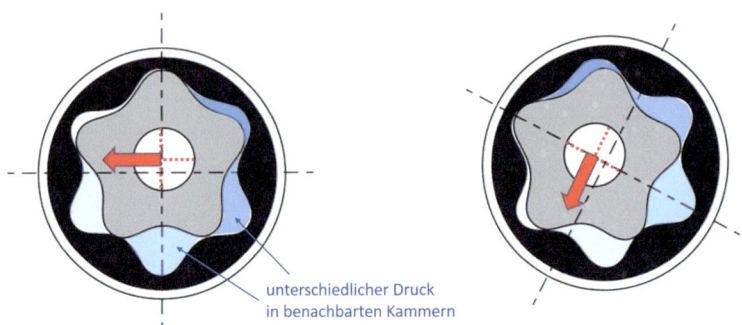

Abb. 4.21 Druck in benachbarten Kammern eines Bohrmotors und Abrollung des Rotors im Stator

abgedichtet sein. Zu diesem Zweck ist der Stator des Bohrmotors mit einem Elastomer, also einer Gummischicht, ausgekleidet (● Abb. 4.21).

Die Passung zwischen dem Elastomer im Statorrohr und dem metallenen Rotor ist entscheidend für die Leistungsfähigkeit des Motors. Ist die Passung zu locker (Spielpassung), so werden Leckageströme zwischen den Kammern ermöglicht, die zu einem Leistungsverlust des Motors führen. Ist die Passung dagegen zu fest (Presspassung), so verformt der Rotor bei seiner Abrollung im Stator das Elastomer stark, und die erhöhte Walkarbeit erhitzt das System. Die Überhitzung kann im Extremfall zum Versagen des Klebers führen, mit dem das Elastomer im Statorrohr fixiert ist. Wenn sich das Gummi im Statorrohr löst, wird es noch stärker durchgeknetet und erhitzt sich noch mehr, bis sich schließlich erste Gummistücke lösen und sich ein Motorschaden anbahnt.

Um die beste Passung zwischen dem Rotor und dem Stator anbieten zu können, werden alle Außendurchmesser der Rotoren und alle Innendurchmesser der Statoren nach jedem Einsatz gemessen und registriert. Wenn ein Auftrag zur Montage eines neuen Motors eingeht, wird im Ersatzteillager eine Rotor-Stator-Passung gesucht, die für den geplanten Einsatz geeignet ist.

Bei der Einstellung der Passung für einen konkreten Einsatz müssen auch mögliche Reaktionen des Elastomers mit der Bohrspülung berücksichtigt werden. Manche Zusätze der Bohrspülung können nämlich zu Schwellungen des Elastomers oder zu Härteverlusten führen. Dem zu erwartenden Effekt wird durch eine entsprechende werksseitige Passung vorgebeugt. Wenn mit einer Quellung des Elastomers zu rechnen ist, wird also ein Stator mit einem größerem Innendurchmesser verbaut.

Um alle Einsatzfälle abdecken zu können, bieten die meisten Hersteller außerdem Statoren mit verschiedenen Elastomeren an. Wenn Zweifel an der Eignung eines bestimmten Elastomers für Einsätze in einer bestimmten Bohrspülung bestehen, empfiehlt es sich, vor dem Einsatz einen Kompatibilitätstest durchzuführen. Dabei wird eine Probe des Statorgummis in einer Spülungsprobe versenkt und dann für einen gewissen Zeitraum in einem Ofen bei Bohrlochtemperatur aufbewahrt. Anschließend werden die Eigenschaften der Elastomerprobe (insbesondere deren Härte und Volumen) im Labor ermittelt und mit den Eigenschaften vor dem Test verglichen. Je weniger sich die Gummieigenschaften vor und nach dem Kompatibilitätstest unterscheiden, desto besser ist es für den spezifischen Einsatz geeignet.

Um mögliche Reaktionen der Elastomere mit den Bohrspülungen zu minimieren, sind die Hersteller der Statoren ständig bemüht, den Gummianteil in den Motoren immer wei-

4.1 · Bohrstrangelemente

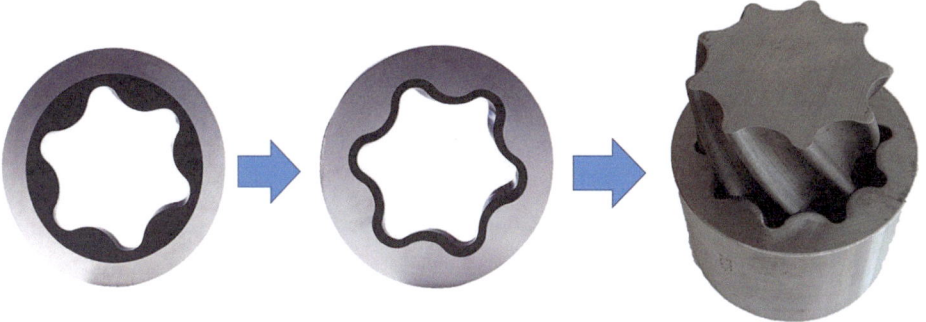

Abb. 4.22 Rotor-Stator-Kombinationen mit unterschiedlichem Elastomeranteil

ter zu reduzieren. Je weniger Elastomer involviert ist, desto geringer fällt die Reaktion auf Chemikalien in der Bohrspülung ins Gewicht. Eine reduzierte Dicke der Elastomerschicht verbessert außerdem auch die Ableitung von Reibungs- und Walkwärme aus dem System und verbessert dadurch dessen Temperaturresistenz.

In Abb. 4.22 links sieht man ein konventionelles Design, bei dem das zylindrische Statorrohr mit einer Elastomerkontur ausgestattet ist. Die örtlich unterschiedliche Dicke des Elastomers kann zu entsprechend ungleichmäßigen Reaktionen auf Spülungszusätze führen. Außerdem kann die Wärme aus den dicken Elastomerknoten schlechter entweichen als aus den dünnen Gummischichten, was eine ungleichmäßige Erwärmung und somit ein inhomogenes Festigkeitsgefüge bewirkt.

In Abb. 4.22 Mitte sieht man den Querschnitt eines vorkonturierten Stators. Hier ist die Kontur des Stators bereits in das äußere Stahlrohr eingearbeitet. Das Elastomer wird als gleichmäßig dünne (äquidistante) Schicht auf die innere Oberfläche des Statorrohres aufgebracht. Aufgrund des geringen Gummivolumens fallen eventuelle Quellungen oder Schrumpfungen des Gummis hier deutlich weniger ins Gewicht als bei den konventionellen Statoren, und Wärme wird aufgrund von Walkarbeit wesentlich effektiver abgeleitet. Außerdem kann eine dünne Dichtung zwischen benachbarten Druckkammern aufgrund eines anstehenden Differenzdruckes wesentlich schlechter zur Seite gedrückt werden als ein dickes Gummipolster. Die dünnere Elastomerschicht besitzt also bessere Dichteigenschaften. Der vorkonturierte Bohrmotor kann deshalb mit größerem Differenzdruck als ein konventioneller Motor eingesetzt werden, gibt deshalb eine größere Leistung an den Bohrmeißel ab und kann somit eine höhere Bohrgeschwindigkeit erzielen.

Es gibt inzwischen sogar Bohrmotoren, die ganz ohne Statorgummi auskommen (Abb. 4.22 rechts). Die Fertigungstoleranzen zwischen dem Rotor und dem Stator müssen hier besonders eng gesetzt werden, damit einerseits trotz fehlenden Gummis die erforderliche Dichtwirkung zwischen den Kammern gegeben ist und andererseits im Betrieb kein erhöhter Verschleiß auftritt. Chemische Reaktionen und Temperaturbegrenzungen hingegen spielen bei diesem Design keine Rolle. Die Bohrspülung muss lediglich frei von abrasiven und harten Feststoffen gehalten werden, da diese Partikel aufgrund der Mahlwirkung zwischen Rotor und Stator zu entsprechend hohem Verschleiß führen würden.

Der Druckverlust über den Antriebsteil des Bohrmotors wurde bereits mehrfach erwähnt. Die Tatsache, dass dieser proportional zum Drehmoment ist, das der Motor an den Bohrmeißel abgibt, gilt allerdings nur für den sogenannten Arbeitsdruckverlust. Es

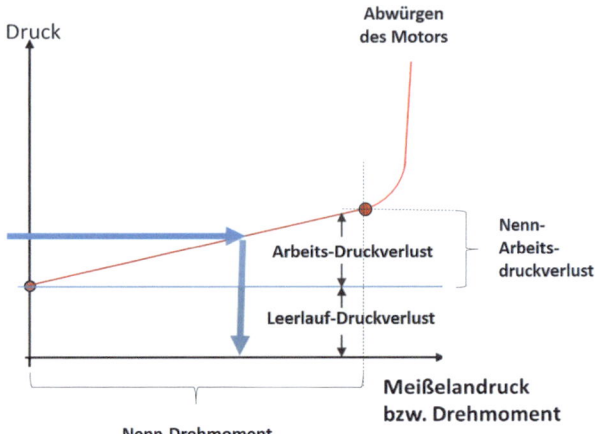

Abb. 4.23 Druckverlust über den Bohrmotor als Funktion des Drehmoments

sind darüber hinaus auch noch der Leerlaufdruckverlust und der Druckverlust beim Abwürgen des Bohrmotors zu beachten. Die verschiedenen Druckanteile sollen anhand von ◘ Abb. 4.23 näher erläutert werden.

Aufgrund der Presspassung zwischen dem Rotor und dem Statorgummi ist ein gewisser Mindestspülungsdruck erforderlich, um die Haftreibung im Antriebsteil zu überwinden und den Rotor gegenüber dem Stator in Bewegung zu versetzen. Dieser Mindestdruckverlust wird als Leerlaufdruckverlust bezeichnet. In ◘ Abb. 4.23 ist der Leerlaufdruck (No-Load Pressure) als roter Punkt auf der Druckachse dargestellt. In diesem Punkt befindet sich der Bohrmeißel noch nicht in Kontakt mit der Bohrlochsohle, das Drehmoment ist folglich null.

Wenn der Meißel auf die Sohle gefahren und der Meißel mit steigendem Meißelandruck belastet wird, steigt der Druckverlust über den Motor ausgehend vom Leerlaufdruckverlust proportional zum Drehmoment am Meißel immer weiter an. Dieser zusätzliche Druckverlust durch Meißelbelastung wird Arbeitsdruckverlust genannt. Der Gesamtdruckverlust über den Bohrmotor setzt sich aus dem konstanten Leerlaufdruckverlust und dem Arbeitsdruckverlust zusammen, welcher proportional zum aufgebrachten Meißelandruck ist.

Der rote Punkt am rechten Ende der Geraden markiert den Arbeitsdruckverlust, der dem Nennbetriebspunkt entspricht, der in den Datenblättern eines Bohrmotors angegeben ist (Operating Differential Pressure; ◘ Abb. 4.25).

Im Nennbetriebspunkt entfaltet der Bohrmotor seine maximale Leistung. Wenn der Meißelandruck über den Betriebspunkt hinaus weiter gesteigert wird, steigen die Druckverluste benachbarter Kammern so weit an, dass die elastische Gummidichtung zwischen ihnen deformiert und zur Seite gedrückt wird, sodass Leckageströme zwischen benachbarten Kammern entstehen. Der Motor verliert dadurch an Drehzahl und bleibt bei weiterer Lastaufbringung schließlich ganz stehen. Die gesamte Bohrspülung, die weiterhin durch den Motor gepumpt wird, presst sich dann als Leckageströmung durch die Dichtungen des Systems, was in einem ausgeprägten Druckanstieg an den übertägigen Spülpumpen zu erkennen ist (rechter Teil der roten Kurve in ◘ Abb. 4.23).

Aufgrund der geschilderten Proportionalität zwischen dem Volumenstrom und der Motordrehzahl sowie dem Druckverlust und dem Drehmoment des Motors sind Bohrmotoren sehr kontrolliert einsetzbar. Aus dem gepumpten Volumenstrom lässt sich die

4.1 · Bohrstrangelemente

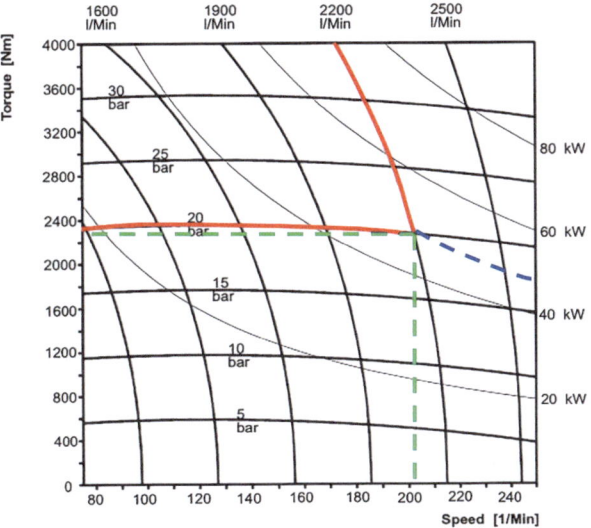

Abb. 4.24 Beispiel für das Leistungsdiagramm eines Bohrmotors. (Motorhandbuch Baker Hughes)

Meißeldrehzahl und aus dem Anstieg des Pumpendruckes beim Aufsetzen des Meißels auf die Sohle das Drehmoment ermitteln. Eventuelles Abwürgen des Motors auf der Sohle ist auf der übertägigen Tiefbohranlage sofort als scharfer Anstieg des Pumpendruckes erkennbar.

Natürlich sind bei einem realen Motor in der Praxis die volumetrischen und mechanischen Wirkungsgrade berücksichtigt werden. Volumetrische Verluste treten auf, wenn sich bei steigender Druckdifferenz zwischen benachbarten Kammern immer größere Leckageströme ausbilden. Die mechanischen Verluste werden dagegen durch Reibung an allen beweglichen Teilen des Motors verursacht, also nicht nur zwischen Rotor und Stator, sondern auch in den Lagern des Motors, die im späteren Verlauf des Kapitels behandelt werden.

Um das reale Verhalten eines Bohrmotors abzubilden, erstellen die Hersteller von Bohrmotoren zu jedem Motortyp empirisch ermittelte Leistungsdiagramme (Abb. 4.24).

Während des Einsatzes des Motors beobachtet der Anlagenführer auf der Bohranlage kontinuierlich den Volumenstrom, den die Spülpumpen liefern, und den Pumpendruck. Wenn der Bohrmeißel von der Sohle gezogen ist und frei im Bohrloch rotiert, entspricht der gemessene Pumpendruck der Summe aller dynamischen Druckverluste, die im Bohrstrang und im Ringraum der Bohrung auftreten. Dieser Off-bottom-Pumpendruck wird als Referenzdruck notiert.

Wenn der Bohrmeißel nun bei konstant gehaltenem Volumenstrom auf die Sohle gefahren wird, nimmt er Drehmoment auf, welches der angeschlossene Bohrmotor bereitstellen muss. Die Bereitstellung von Drehmoment resultiert in einem Anstieg des Arbeitsdruckverlusts über den Motor. An den übertägigen Spülpumpen ist also ein Druckanstieg zu erkennen. Die Differenz zwischen dem On-bottom-Pumpendruck und dem notierten Off-bottom-Referenzdruck entspricht immer genau dem Arbeitsdruckverlust des Bohrmotors.

Mit dem aktuellen Arbeitsdruckverlust über den Bohrmotor und dem aktuellen Volumenstrom geht man nun in das zutreffende Leistungsdiagramm des Motors (Abb. 4.24).

◘ Abb. 4.25 Beispiel für ein Datenblatt eines Bohrmotors. (Motorhandbuch Baker Hughes)

General Tool Specifications	
Length:	35.4 ft (10.8 m)
Weight:	2,980 lbs (1,350 kg)
Top Connection:	NC 50
Bit Connection:	4-1/2" API Reg. Box
Max. OD (at Wear Pad):	7.3 inch (186 mm)
Bearing Type:	Mud lubricated Bearing Section (Diamond Bearings available on request)
Drive Mechanism:	Mud Flow

Performance Data	
Lobe Configuration:	5/6
Flow Rate:	265 - 660 gpm (1,000 - 2,500 l/min)
Speed:	90 - 220 RPM
Operating Differential Pressure:	1,305 psi (90 bar)
Operating Torque:	8,670 ft-lbs (11,760 Nm)
Maximum Differential Pressure:	1,740 psi (120 bar)
Maximum Torque:	11,560 ft-lbs (15,675 Nm)
Power Output:	363 HP (270 kW)
No Load Pressure:	348 psi (24 bar)
Rotor Nozzle:	No
Maximum Flow Rate w/ Nozzle:	-

Operational Data	
Maximum WOB:	54,000 lbs (240 kN)
Operating WOB:	36,000 lbs (160 kN)
Defl. Device Type:	adjustable
Defl. Angle:	0° - 2,75°
Maximum DLS and String Rotation:	Depends on AKO setting, stabilization, hole size
Mud Type Limitation:	No general limitation (in case of uncommon mud system a rubber/mud compatibility test is recommended)
Temperature (Stator System D):	320°F (160°C)
Temperature (Stator System F):	375°F (190°C)
Maximum Sand Content:	1 %

Zunächst wählt man am oberen Rand des Diagramms die Kurve mit dem passenden Volumenstrom aus. Im Beispiel soll dies die rote Kurve sein, die einer Pumprate von 2200 l/min entspricht. Dann sucht man auf der linken Seite des Diagramms die Isobare für den beobachteten Arbeitsdruckverlust des Motors auf. Hier im Beispiel soll diese die rote Kurve bei 20 bar sein. Nun ermittelt man den Schnittpunkt der beiden roten Kurven. Von dort ausgehend findet man senkrecht nach unten auf der unteren Achse des Diagramms die aktuelle Drehzahl des Bohrmeißels und vom Schnittpunkt waagerecht nach links gehend auf der linken Achse des Diagramms das aktuelle Drehmoment am Bohrmeißel. Im gezeigten Beispiel erkennen wir, dass der Bohrmeißel im Bohrloch mit etwa 205 Umdrehungen pro Minute und mit einem Drehmoment von ca. 2300 Nm auf der Sohle rotiert.

Im Leistungsdiagramm sind auch noch weitere, dünne parabelförmige Kurven zu erkennen. Wenn man vom Schnittpunkt der rot dargestellten Kurven ausgehend entlang einer solchen Parabel zur rechten Achse des Diagramms folgt (blau markierter Kurvenzug), kann man dort die aktuelle Leistung des Bohrmeißels auf der Sohle ablesen. In unserem Beispiel beträgt sie etwa 50 kW.

Manche Anbieter von Bohrmotoren verwenden in ihren Leistungsdiagrammen andere Darstellungsweisen mit anderen Achsen, grundsätzlich wird in solchen Diagrammen aber immer dargestellt, wie aus den übertägig verfügbaren Messwerten für den Pumpendruck und den Spülungsvolumenstrom die untertägige Leistung des Bohrmotors (Drehzahl und Drehmoment am Meißel) abgeleitet werden kann.

Neben den Leistungsdiagrammen werden für jeden Motortyp auch Datenblätter zur Verfügung gestellt (◘ Abb. 4.25).

4.1 · Bohrstrangelemente

In solchen Datenblättern findet man zunächst grundsätzliche Angaben wie Länge, Gewicht, Anschlussgewinde und Durchmesser des Motors, die zur praktischen Handhabung und zum Versand nützlich sind.

Dann folgen die Leistungsdaten des Motors. Hier findet man Angaben zur Gangzahl, die die Charakteristik des Motors (Schnell- oder Langsamläufer) repräsentiert, und zu den Einsatzgrenzen (maximale Pumprate, maximale Drehzahl, maximaler Differenzdruck, maximales Drehmoment).

Bei der Nutzung dieser Daten muss sich der Nutzer im Klaren sein, dass sie nicht unabhängig voneinander sind. Die Drehzahl des Motors ist eng mit dem Volumenstrom und das Drehmoment mit dem Druckverlust verknüpft. Die angegebene maximale Drehzahl wird also nur bei dem maximal angegebenen Volumenstrom und das maximale Drehmoment nur beim maximalen Druckverlust erreicht.

Generell sind einige Daten mit einer gewissen Vorsicht zu verwenden. Das maximale Drehmoment tritt beispielsweise dann am Motor auf, wenn dieser gerade abgewürgt wird (◉ Abb. 4.23). In diesem Zustand bohrt er aber nicht. Das maximale Drehmoment stellt somit keinen operativen Parameter dar, sondern nur eine hydraulisch-mechanische Belastungsgrenze des Motors.

Die im Datenblatt angegebene Leistung des Motors („power output") bezieht sich grundsätzlich auf die Nenndaten des Motors und wird dementsprechend aus dem angegebenen Nenndifferenzdruck („operating differential pressure") und dem Nenndrehmoment („operating torque") berechnet. Die angegebene Motorleistung ist folglich die maximal abrufbare Leistung am Bohrmeißel. Der Leerlaufdruckverlust („no-load pressure"), der zur Überwindung der inneren Reibung erforderlich ist, ist ebenfalls im Datenblatt angegeben. In ◉ Abb. 4.25 beträgt er immerhin 24 bar und ist somit keinesfalls vernachlässigbar gering.

Man findet im Datenblatt noch weitere Spezifikationen des Motors (maximale Einsatztemperatur, maximaler Andruck auf die Bohrlochsohle, maximaler Sandgehalt der Spülung, Spülungstyp), die er ertragen kann, ohne Schäden davonzutragen. Bei einem Einsatz außerhalb der Spezifikationen ist mit einem erhöhten Risiko eines Schadens bzw. Ausfalls zu rechnen.

Ob die Daten aus dem Datenblatt eines Bohrmotoranbieters plausibel sind, kann man durch eine einfache Berechnung des Wirkungsgrades abschätzen. Ein Bohrmotor wandelt ja die hydraulische Energie der Bohrspülung in mechanische Energie am Meißel um. Die Gleichungen zur Berechnung der hydraulischen Eingangs- und mechanischen Ausgangsenergie wurden bereits vorgestellt.

Der Wirkungsgrad η des Bohrmotors ergibt sich aus dem Quotienten aus der abgegebenen mechanischen Leistung und der aufgenommenen hydraulischen Leistung (◉ Abb. 4.26). Da in jedem realen Motor Verluste auftreten, ist die abgegebene mechanische Leistung immer geringer als die aufgenommene hydraulische Leistung. Der Wirkungsgrad des Motors ist daher immer kleiner als 1 (bzw. 100 %):

$$\eta = \frac{P_{\text{mech}}}{P_{\text{hydr}}} < 1$$

Die Gleichung zur Berechnung des Wirkungsgrades des Motors sieht auf den ersten Blick sehr einfach aus. Zur korrekten Berechnung unter Nutzung der Angaben in einem technischen Datenblatt sind aber verschiedene Dinge zu beachten:

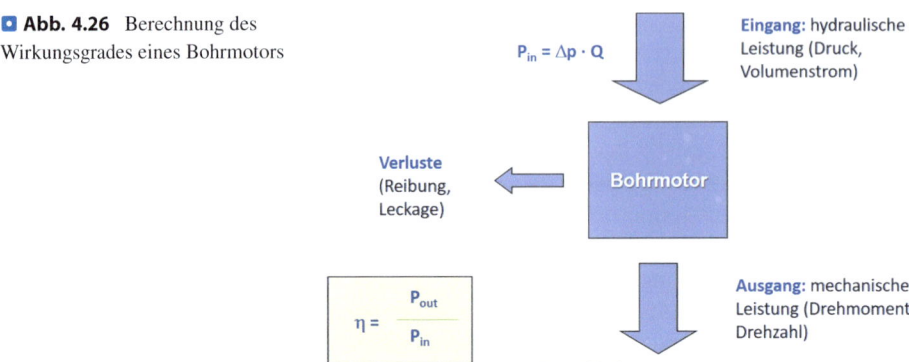

◘ **Abb. 4.26** Berechnung des Wirkungsgrades eines Bohrmotors

- Der Druckverlust Δp über den Motor muss als Gesamtdruckverlust angesetzt werden und sowohl den Arbeitsdruckverlust als auch den Leerlaufdruckverlust beinhalten.
- Die in der Gleichung verwendeten Werte für die Drehzahl n und den Volumenstrom Q sind miteinander verknüpft und müssen für die Berechnung passend verwendet werden. Wenn in die Formel zum Beispiel der maximale Volumenstrom des Motors aus dem Datenblatt eingesetzt wird, muss auch die maximale Drehzahl aus dem Datenblatt verwendet werden
- Die gewählten Werte für die Drehzahl n und den Volumenstrom Q, die der Wirkungsgradberechnung zugrunde gelegt werden, müssen außerdem in einem sinnvollen Verhältnis zu den Eingabewerten für den Druckverlust Δp und das Drehmoment M des Motors stehen. Wenn beispielsweise der maximale Druckverlust aus dem Datenblatt zur Berechnung angesetzt wird, muss darauf geachtet werden, dass beim Abwürgen des Motors, bei dem dieser Druckverlust auftritt, zwar auch das maximale Drehmoment auftritt, die Drehzahl des Motors in diesem Betriebspunkt aber null ist! Es bietet sich daher an, immer nur mit den Nennbetriebsdaten zu rechnen.

Wenn sich bei der Berechnung ein Wirkungsgrad von über 75 % ergibt, ist jedenfalls Skepsis angebracht! Oft wurden die Werte für n, Q, M und Δp dann aus ihrem sinnvollen Zusammenhang gerissen oder wichtige Daten wie etwa der Leerlaufdruckverlust des Motors vernachlässigt.

Bisher war nur vom Antriebsteil des Bohrmotors die Rede, aber ein Bohrmotor benötigt auch einen Lagerstuhl. In ◘ Abb. 4.27 ist ein Schnitt durch den Lagerstuhl eines Bohrmotors zu sehen. Auf der Längsachse des Lagerstuhles befindet sich die Abtriebswelle des Bohrmotors. In ihr unteres Ende wird der Bohrmeißel eingeschraubt. Die Welle muss im Lagerstuhl möglichst widerstandsfrei rotieren, dabei aber erhebliche Kräfte in Längs- und Querrichtung aufnehmen können. Zu diesem Zweck ist die Welle mit einem mittigen Axiallager und einem oberen und einem unteren Radiallager im Lagerstuhl abgestützt.

Das obere Ende der Abtriebswelle (◘ Abb. 4.27 links) wird über eine Ausgleichswelle mit dem Rotor im Antriebsteil des Motors verbunden. Die Ausgleichswelle (in der Abbildung nicht gezeigt) ist erforderlich, weil die Abtriebswelle zentrisch im Lagerstuhl rotiert, der Rotor im Stator aber eine exzentrische Abrollung vollzieht (◘ Abb. 4.21). Die Ausgleichswelle überträgt das Drehmoment vom exzentrisch rotierenden Rotor auf

4.1 · Bohrstrangelemente

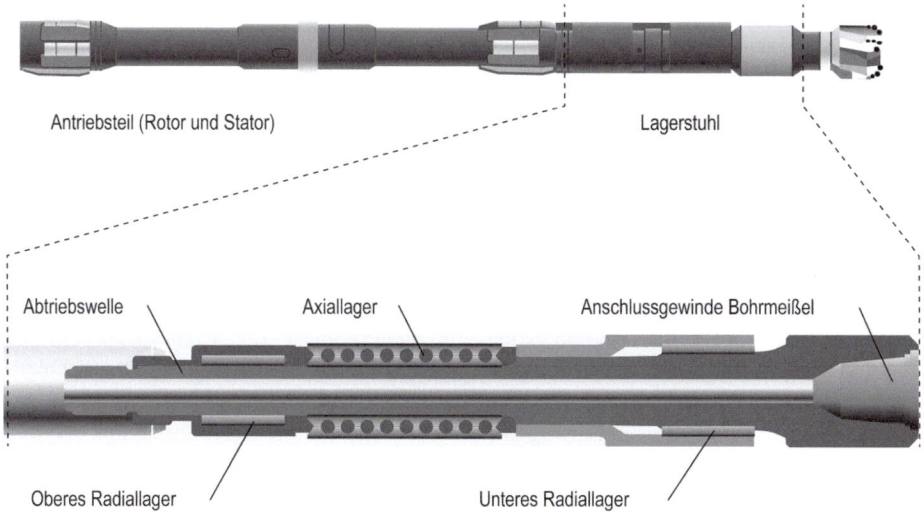

Abb. 4.27 Aufbau eines Bohrmotors

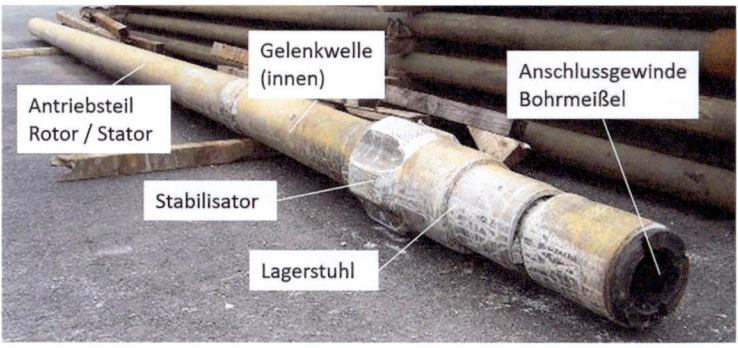

Abb. 4.28 Bohrmotor

die zentrisch rotierende Abtriebswelle. Oft wird eine schlanke Biegewelle aus Stahl oder Titan verwendet, die zwischen der Abtriebswelle und dem Rotor verschraubt wird.

Auf dem Gehäuse des Bohrmotors befindet sich im Bereich des Lagerstuhles meist ein Stabilisator (Abb. 4.28), der sich mit seinen Rippen an der Bohrlochwand abstützt und den Bohrmotor auf diese Weise in der Bohrung zentriert. Ein weiterer Stabilisator kann oben auf den Antriebsteil des Bohrmotors aufgeschraubt werden, um ihn noch wirksamer im Bohrloch zu zentrieren.

4.1.3 Steuerkopf

Die meisten Tiefbohrungen werden heutzutage als Richtbohrungen ausgeführt. Sie werden über geneigte, gekrümmte oder sogar horizontale Bohrungsabschnitte präzise in die Lagerstätte gelenkt. Auch wenn eine Bohrung gegen die natürliche Tendenz, zur Seite hin verlaufen zu wollen, gezielt geradlinig auf Kurs gehalten wird, muss Richtbohrtechnik eingesetzt werden.

Zur Beeinflussung des Verlaufs des Bohrpfades wird ein Steuerkopf benötigt. Dabei handelt es sich um eine Komponente, die direkt oberhalb des Bohrmeißels in den Bohrstrang integriert wird. Um eine Richtungskorrektur der Bohrung in eine bestimmte Richtung durchzuführen, übt der Steuerkopf eine entsprechende Seitenkraft auf den Bohrmeißel aus. Der Bohrmeißel wird dadurch nicht mehr nur in axialer Richtung mit einer Andruckkraft beaufschlagt, sondern erfährt auch einen Andruck seitlich an die Bohrlochwand. Die resultierende Kraft weist aus der bisherigen Bohrlochachse heraus; der Meißel bohrt deshalb eine Kurve in Richtung der Seitenkraft.

Es gibt mehrere gebräuchliche Arten von Steuerköpfen. Die wichtigsten sind der Richtbohrmotor und das Rotary-Richtbohrsystem. Beide Systeme stellen die zur Ablenkung der Bohrung erforderliche Seitenkraft am Meißel auf unterschiedliche Weise zur Verfügung. Aufgrund ihrer herausragenden Bedeutung für die Tiefbohrtechnik werden sie in ▶ Kap. 11 ausführlich behandelt.

4.1.4 Messgeräte im Bohrstrang (MWD- und LWD-Systeme)

Es steht eine Vielzahl an Sensoren zur Verfügung, die in den Bohrstrang integriert werden können, um der übertägigen Bohrmannschaft während des Bohrprozesses Informationen aus der Tiefe zu beschaffen, die benötigt werden, um sicher und effektiv durch den Untergrund und die Lagerstätte zu navigieren. Es ist üblich, die verfügbaren Sensorpakete in MWD- und LWD-Systeme zu unterteilen.

MWD-Systeme (MWD = Measuring While Drilling) werden eingesetzt, um Positionsbestimmungen durchzuführen. Sie messen entlang der Länge der Bohrung die Himmelsrichtung und die Neigung. Aus mehreren Messpunkten (Surveys) entlang der Bohrstrecke kann der gesamte Bohrpfad, also der räumliche Verlauf der Bohrung im Untergrund, berechnet werden. Daraus ergibt sich schließlich auch die aktuelle Position des Messgeräts im Untergrund. Oder anders ausgedrückt lässt sich mittels MWD bestimmen, wo im Untergrund sich der Bohrmeißel gerade befindet und in welche Richtung er bohrt.

Weitere Sensoren, die in den Bohrstrang integriert werden können und zu den MWD-Systemen gezählt werden, bewerten die dynamischen und hydraulischen Aspekte des Bohrprozesses und erlauben damit Aussagen darüber, ob der untertägige Bohrprozess wie vorgesehen abläuft. Anhand der Messwerte kann beispielsweise festgestellt werden, ob der Bohrstrang gleichmäßig im Untergrund rotiert oder zerstörerischen Schlägen und Vibrationen ausgesetzt ist. Auch die Effektivität der Bohrlochreinigung kann kontinuierlich überwacht werden, um zu verhindern, dass das Bohrloch verstopft und der Bohrstrang darin stecken bleibt. Selbst die Bohrlochstabilität kann kontinuierlich ermittelt und bewertet werden.

LWD-Systeme (LWD = Logging While Drilling) messen bestimmte Eigenschaften des umgebenden Gesteins. Durch die Messungen kann beispielsweise festgestellt werden, ob die gesuchte Lagerstätte bereits erreicht ist, wie porös das Lagerstättengestein ist, mit welchen Fluiden die Gesteinsporen gefüllt sind und ob die Fluide beweglich genug sind, um aus dem Porenraum im Gestein in die Bohrung fließen zu können.

Anhand der Messungen der MWD- und LWD-Systeme im Bohrstrang kann also jederzeit festgestellt werden, wie der Bohrpfad aussieht, in welche Richtung aktuell gebohrt wird, ob der untertägige Gesteinszerstörungsprozess wie geplant verläuft, welche Formation aktuell erbohrt wird und ob die aktuelle Positionierung der Bohrung im Untergrund eine gute Produktion verspricht. Falls Korrekturen des Bohrpfades erforderlich sind, wird der Bohrungsverlauf mithilfe des Steuerkopfes an die aktuelle Datenlage angepasst. Die Kombination aus MWD- und LWD-Systemen, dem Steuerkopf und dem Bohrmeißel bildet also eine funktionelle Einheit, die als Bohrgarnitur oder Bottom Hole Assembly (BHA) bezeichnet wird.

Der detaillierte Aufbau einer Bohrgarnitur und die spezifischen Funktionen und Messprinzipien der darin enthaltenen MWD- und LWD-Komponenten werden in ▶ Kap. 11 und 12 noch ausführlich beschrieben.

MWD- und LWD-Systeme sind modular aufgebaut. Der Auftraggeber einer Tiefbohrung kann entscheiden, welche konkreten Module in den Bohrstrang aufgenommen werden sollen. Mit steigender Anzahl an Komponenten kann die Bohrung immer effektiver in der Lagerstätte positioniert werden, allerdings steigen mit jedem Modul natürlich auch die Bohrkosten.

4.1.5 Schwerstangen

Der Bohrmeißel muss für eine optimale Gesteinszerstörung mit einer bestimmten Andruckkraft (WOB) auf die Sohle gedrückt werden. Die optimale Andruckkraft hängt in erster Linie vom spezifischen Bohrmeißeldesign, aber auch von den Bohrparametern und der Gesteinsart ab und wird einerseits durch den Hersteller des Bohrmeißels spezifiziert, kann aber andererseits auch durch Tests im Bohrbetrieb (Drill-off Tests) experimentell ermittelt werden.

Um einen ersten, sehr groben (!) Schätzwert für den optimalen Andruck von Rollenmeißeln zu erhalten, kann man den Durchmesser des Rollenmeißels in Zoll ($1'' = 25{,}4$ mm) messen und durch 2 dividieren. Das Ergebnis beschreibt den Andruck in der Einheit Tonnen. Ein $8\,1/2''$-Rollenmeißel benötigt danach also einen Andruck in der Größenordnung von gut 4 t.

Der Andruck von PDC-Meißeln wird entsprechend ihrer höheren Meißelaggressivität geringer als derjenige von Rollenmeißeln eingestellt.

In vertikalen und moderat geneigten Tiefbohrungen wird die Meißelandruckkraft durch das Eigengewicht der Komponenten erzeugt, die oberhalb des Bohrmeißels im Strang verbaut sind. Dabei muss allerdings berücksichtigt werden, dass alle Bohrstrangkomponenten, die sich in der Bohrspülung befinden, einen gewissen Auftrieb erfahren und dadurch leichter sind als in Luft. Zu den Komponenten, die den Meißelandruck bereitstellen, zählen zunächst einmal der Steuerkopf, der Meißeldirektantrieb und die MWD- und LWD-Systeme. Oft reicht das Gewicht dieser Komponenten allein aber noch nicht aus, und es müssen weitere schwere Bohrstrangelemente, die Schwerstangen (Drill Collars, DCs) in den Bohrstrang integriert werden.

Bei den Schwerstangen handelt es sich um dickwandige Bohrstangen mit entsprechend hohen Gewichten. Ihre Außendurchmesser müssen wie die Durchmesser der Meißeldirektantriebe, Steuerköpfe und MWD/LWD-Systeme geringer als derjenige des Bohrmeißels sein, damit im Ringraum zwischen dem Bohrstrang und der Bohrlochwand genügend offene Querschnittsfläche für den aufsteigenden, mit Bohrklein beladenen Spülungsstrom erhalten bleibt. Die Außendurchmesser von Schwerstangen sind standardisiert. Für typische Bohrmeißeldurchmesser gibt es auch typische Schwerstangendurchmesser. Im $8\,1/2''$ Bohrloch werden zum Beispiel meist $6\,3/4''$-Schwerstangen eingesetzt.

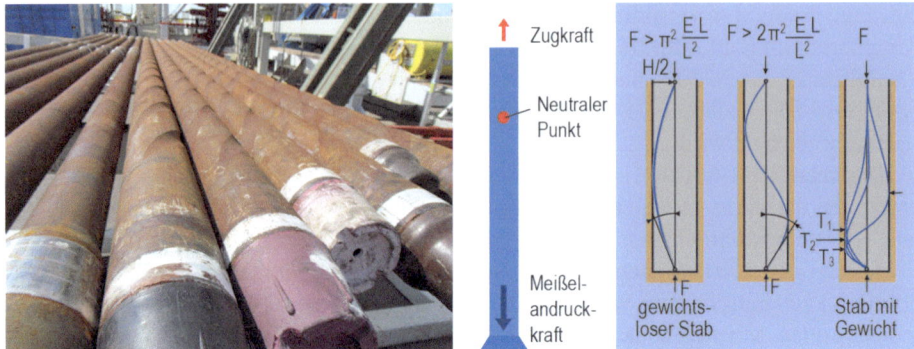

Abb. 4.29 *Links* Schwerstangen, *Mitte* neutraler Punkt, *rechts* Knickung unter Druck

Schwerstangen werden zunächst nach ihrem Außendurchmesser (Outer Diameter, OD) klassifiziert, allerdings sind alle Schwerstangen eines bestimmten Außendurchmessers immer auch in mehreren Wandstärken (Metergewichten) und Materialgüten und darüber hinaus mit jeweils mehreren Standardanschlussgewinden erhältlich. Aus der Kombination aller Parameter ergibt sich insgesamt eine große Anzahl standardisierter Ausführungen von Schwerstangen, die in Tabellenwerken, wie etwa dem *Drilling Data Handbook* von IFP Publications, Editions TECHNIP, aufgelistet sind.

In diesen Tabellen sind für jede Schwerstangenausführung auch die relevanten Festigkeitswerte (z. B. Zug-, Berst- und Kollapsfestigkeit) und alle zum Festigkeitsnachweis eines Bohrstranges erforderlichen Angaben (z. B. Materialquerschnittsfläche, polares Widerstandsmoment) zu finden. Ebenso ist das Gewicht der Schwerstangen in Luft angegeben.

Um zu berechnen, wie viele Schwerstangen in einem vertikalen Bohrloch benötigt werden, um den Bohrmeißel mit der vorgesehenen Andruckkraft auf die Sohle zu beaufschlagen, wird zunächst das Gesamtgewicht des Steuerkopfes, des Meißeldirektantriebs und der MWD/LWD-Systeme in Bohrspülung (also unter Berücksichtigung des Auftriebs) berechnet. Das fehlende Gewicht zur Bereitstellung des Meißelandruckes wird durch die Schwerstangen ergänzt. Man dividiert das fehlende Gewicht durch das Gewicht einer Einzelschwerstange, um die erforderliche Anzahl an Schwerstangen zu erhalten. Auch hier muss allerdings berücksichtigt werden, dass die Gewichtskraft in der Bohrspülung aufgrund des Auftriebs reduziert ist.

Im Prinzip steht damit genügend Gewichtskraft über dem Meißel bereit, um ihn mit der gewünschten Andruckkraft auf die Sohle zu pressen. In der Praxis verlässt man sich aber nicht darauf, sondern arbeitet lieber mit einem Sicherheitszuschlag. Meist fügt man so viele weitere Schwerstangen hinzu, dass das Gesamtgewicht der Garnitur in Spülung noch einmal um ca. 50 % erhöht wird.

Der untere Teil des Stranges aus Bohrmeißel, Steuerkopf, Meißeldirektantrieb, Messgeräten und Schwerstangen wiegt also ca. 50 % mehr, als zur Bereitstellung des vorgesehenen Meißelandruckes erforderlich ist. Damit der Meißel nicht überlastet wird, muss am oberen Ende des Schwerstangenstranges eine nach oben gerichtete Zugbelastung aufgebracht werden. Der Punkt, der den Druckbereich vom Zugbereich trennt, wird neutraler Punkt genannt (Abb. 4.29 Mitte). Unterhalb des neutralen Punktes sind alle Komponenten des Bohrstranges auf Druck, oberhalb auf Zug belastet.

4.1 · Bohrstrangelemente

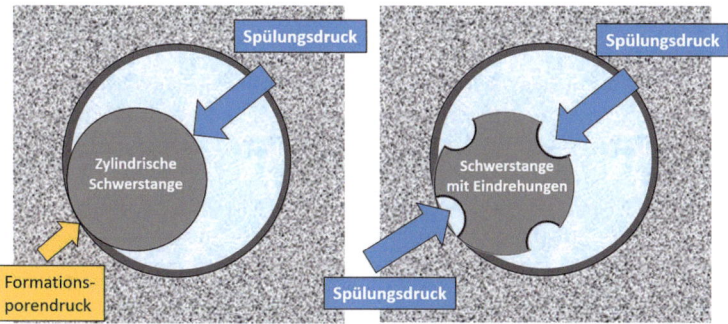

Abb. 4.30 Differential Sticking an Schwerstangen mit und ohne spiralförmige Eindrehungen

Aus der Mechanik ist bekannt, dass ein auf Druck belasteter Stab zum Ausknicken neigt (Abb. 4.29 rechts). Angesichts der beträchtlichen Gesamtlänge der Komponenten im Druckbereich des Bohrstranges unterhalb des neutralen Punktes verhält sich die Bohrgarnitur ebenfalls wie ein Biegestab. Unter Druckbelastung kann sie somit ausknicken. Um dies zu verhindern, werden im Bereich unterhalb des neutralen Punktes Stabilisatoren verbaut (▶ Abschn. 4.1.6).

In Abb. 4.29 links sind Schwerstangen zu sehen. Die Anschlussgewinde sind mit Schutzkappen vor mechanischen Beschädigungen und Korrosion geschützt und daher nicht sichtbar. Auffällig sind jedoch die spiralförmigen Eindrehungen am Außendurchmesser der Schwerstangen. Diese Eindrehungen sollen verhindern, dass sich die Schwerstangen im Bohrbetrieb an der Bohrlochwand festsetzen können.

Dieser Effekt des „Festklebens" an der Bohrlochwand, der als Differential Sticking bezeichnet wird, wird anhand von Abb. 4.30 erläutert.

Man erkennt ein Bohrloch, in dem sich ein Bohrstrang befindet. Das Bohrloch ist mit einer Bohrspülung gefüllt, die eine so hohe Dichte besitzt, dass der Druck im Bohrloch größer ist als der Druck der Fluide in den Poren des umgebenden Gesteins. Aufgrund dieses Überdruckes im Bohrloch, der auch als Overbalance bezeichnet wird, können während des Bohrprozesses keine Fluide aus dem Porenraum des Gesteins in die Bohrung eindringen. Stattdessen fließt aber ein Teil der Bohrspülung aus dem Bohrloch in die umgebende Formation. Da die Bohrspülung Feststoffe enthält, bildet sich dabei an der Bohrlochwandung ein Filterkuchen, der das Bohrloch schließlich wieder abdichtet und weitere Spülungsverluste verhindert.

Wenn sich der Bohrstrang im weiteren Verlauf der Bohrarbeiten in den Filterkuchen einbettet (Abb. 4.30 links), kann es zu einer Situation kommen, in der auf der einen Seite des Bohrstranges der hohe Spülungsdruck und auf der anderen Seite des Bohrstranges nur der geringere Formationsporendruck herrscht. Der resultierende Differenzdruck presst den Bohrstrang seitlich an die Bohrlochwand. Im Extremfall ist der Differenzdruck so groß, dass es nicht mehr möglich ist, den Strang auf oder ab zu bewegen – der Strang sitzt dann im Bohrloch fest.

Um das Differential Sticking zu unterdrücken, werden die Schwerstangen mit spiraligen Eindrehungen am Außendurchmesser versehen. Aufgrund der Eindrehungen kann die Bohrspülung nämlich immer auch an die Rückseite der Schwerstange gelangen und dort für einen entsprechenden Gegendruck sorgen, der das Differential Sticking verhindert (Abb. 4.30 rechts).

4.1.6 Stabilisatoren

Alle Bohrstrangkomponenten unterhalb des neutralen Punktes stehen unter Druckbelastung. Um zu verhindern, dass sich die Bohrgarnitur unterhalb des neutralen Punktes verbiegt oder sogar ausknickt, werden im Druckbereich des Bohrstranges mehrere Stabilisatoren platziert.

Ein Stabilisator ist im Prinzip ein Rohrstück, auf dessen Außendurchmesser Rippen angebracht sind, die sich an der Bohrlochwand abstützen. Die Kontaktflächen sind an ihrem Außendurchmesser mit Hartmetallplättchen gegen Verschleiß gepanzert sind (◘ Abb. 4.31).

Die Anzahl der Stabilisatorrippen beträgt meist drei bis fünf. Es werden gerade (in Richtung der Bohrlochachse ausgerichtete) oder geschwungene Rippen (◘ Abb. 4.31) eingesetzt. Bei den geschwungenen Rippen unterscheidet man außerdem noch zwischen rechts- und linksgeschwungenen Ausführungen.

Der Ausführungsform der Rippen werden manchmal besondere Attribute zugesprochen. So wird beispielsweise oft angeführt, dass Stabilisatoren mit wenigen geraden Rippen beim Abrollen an der Bohrlochwand mehr Erschütterungen und Vibrationen in den Bohrstrang induzieren als solche mit vielen geschwungenen Rippen.

Tatsächlich kann man beobachten, dass ein Stabilisator mit geraden Rippen beim Abrollen auf einer Ebene mit einer signifikanten Exzentrizität e „hüpft" (◘ Abb. 4.32 links).

◘ **Abb. 4.31** *Links* Stabilisator, *rechts* Stabilisatorplatzierung im Strang. (Foto: Würker)

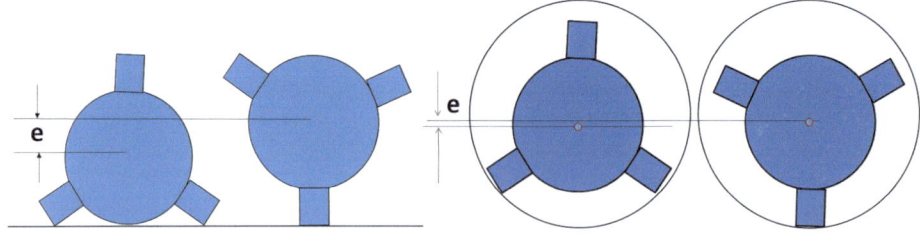

◘ **Abb. 4.32** Exzentrizität von Stabilisatoren. *Links* auf gerader Fläche, *rechts* im runden Bohrloch

4.1 · Bohrstrangelemente

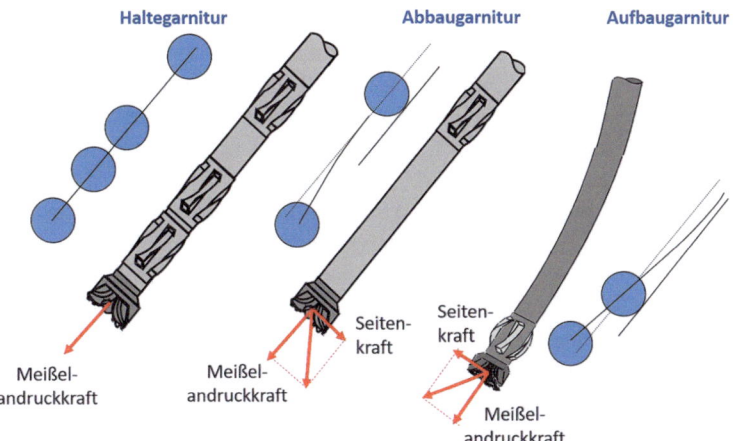

Abb. 4.33 Stabilisatorplatzierung im Bohrstrang

In einem Bohrloch verringert sich diese Exzentrizität beim Abrollen aber stark (Abb. 4.32 rechts) und wird umso geringer, je kleiner der Unterschied zwischen dem Außendurchmesser des Stabilisators und dem Innendurchmesser des Bohrloches ist.

Der Außendurchmesser des Stabilisators muss immer geringer als der des Bohrmeißels sein, damit der Stabilisator im Bohrloch nicht verklemmt. Für Bohrlochdurchmesser bis ca. $12\,1/4''$ werden meist Stabilisatoren mit $1/8''$ Untermaß eingesetzt, das heißt, dass der Außendurchmesser der Rippen des Stabilisators 3,2 mm geringer ist als der Außendurchmesser des verwendeten Bohrmeißels.

Wenn man die Exzentrizität e der Abrollbewegung eines solchen Stabilisators im Bohrloch berechnet, ergibt sich, dass sie im Bereich der Fertigungstoleranzen und tolerierbaren Verschleißgrenzen des Stabilisators liegt und somit vernachlässigbar ist. Bei größeren Bohrlochdurchmessern werden Stabilisatoren mit $1/4''$ Untermaß verwendet, aber auch hier ist die Exzentrizität im Bohrloch sehr gering. Deshalb ist insgesamt festzustellen, dass gerade Rippen im praktischen Bohrbetrieb keine stärkeren Schwingungen anregen sollten als geschwungene.

Auch die oft getroffene Aussage, dass linksgeschwungene Rippen bei einer Rechtsdrehung des Bohrstranges eine gewisse Pumpwirkung auf die Spülung ausüben würden, durch die der Bohrkleinaustrag verbessert werden könnte, lässt sich bei detaillierterer hydraulischer Betrachtung kaum aufrechterhalten.

Die Länge der Stabilisatorrippen kann dagegen durchaus eine gewisse Charakteristik des Bohrstranges unterstützen. Stabilisatoren mit längeren Rippen bieten eine bessere Führung des Bohrstranges im geradlinigen Bohrloch, während kürzere Rippen ein besseres Richtbohrverhalten (Kurvenbohrverhalten) bewirken.

Durch die Platzierung der Stabilisatoren im unteren Bereich des Bohrstranges kann das Richtbohrverhalten einer Bohrgarnitur ebenfalls in gewissem Maße beeinflusst werden (Abb. 4.33).

Eine dichte Bestückung mit Stabilisatoren mit geringem Untermaß (Haltegarnitur in Abb. 4.33 links) erlaubt der Garnitur nur wenig Biegung. Die Bohrgarnitur bohrt deshalb tendenziell geradeaus und behält die aktuelle Neigung der Bohrung bei.

Wenn eine Bohrung unbeabsichtigt aus dem vertikalen Verlauf herausläuft und Neigung aufbaut, kann die Bohrung mit einer Abbaugarnitur wie in ◘ Abb. 4.33 Mitte gezeigt wieder zur Vertikalen hin bewegt werden. Der einzige Stabilisator ist hier in einer gewissen Entfernung zum Bohrmeißel angeordnet, sodass der vordere Teil des Bohrstranges unterhalb des Stabilisators durch die Schwerkraft in Richtung Erdmittelpunkt hin ausgelenkt und Neigung abgebaut wird.

Mit einer Aufbaugarnitur wie in ◘ Abb. 4.33 rechts gezeigt, kann der Winkel zwischen der Bohrungsachse und der Vertikalen vergrößert, also Neigung aufgebaut werden. Hierzu wird ein Stabilisator mit größerem Untermaß dicht oberhalb des Meißels in den Strang integriert. Der lange, freie Strang oberhalb des Stabilisators legt sich dadurch an der Unterseite der Bohrlochwand an, was bewirkt, dass der Meißel aus der Bohrlochachse abgelenkt wird und beim Weiterbohren Neigung aufbaut.

Gelegentlich werden oberhalb des Bohrmeißels (annähernd) vollmaßige Stabilisatoren installiert, deren Rippen mit Schneidelementen ausgestattet sind. Solche Spezialstabilisatoren werden Räumer oder Räumwerkzeuge genannt. Sie werden im Bohrstrang platziert, wenn die Bohrlochqualität beispielsweise aufgrund schwieriger geologischer Bedingungen nicht den Anforderungen entspricht. Zuweilen werden auf den Rippen auch mit Schneidwerkzeugen bestückte Walzen angebracht, die bei Strangrotation an der Bohrlochwand abrollen und diese dadurch mechanisch bearbeiten und glätten. Durch den Einsatz von Räumwerkzeugen kann die Reibung zwischen dem Bohrstrang und dem Bohrloch oft deutlich reduziert werden.

4.1.7 Schlagschere und Akzelerator

Im Verlauf der Tiefbohrarbeiten kann es immer wieder vorkommen, dass der Bohrstrang im Bohrloch festsitzt und sich durch übertägiges Ziehen, Drehen und Pumpen nicht freiziehen lässt. Um dann trotzdem noch eine Chance zu haben, den Strang frei zu bekommen, werden Schlagscheren verwendet. Der englische Begriff für eine Schlagschere ist „jar" bzw. „drilling jar".

Das grundsätzliche Funktionsprinzip ist einfach: Eine Schlagschere sammelt mechanische Energie und gibt diese plötzlich in Form eines Schlages wieder frei. Die von der Schlagschere ausgehende Schlagenergie läuft stoßwellenartig durch den Bohrstrang und reißt diesen im Erfolgsfall aus seiner Verklemmung. Oft wird eine Schlagschere in Kombination mit einem Akzelerator eingesetzt. Ein Akzelerator ist ein Federpaket, das in einer gewissen Entfernung zur Schlagschere in den Strang integriert wird. Er absorbiert die eintreffende Schlagenergie von der Schlagschere kurzfristig und induziert sie in entgegengesetzter Richtung wieder zurück in den Strang. Auf diese Weise wandert eine von der Schlagschere erzeugte Stoßwelle nicht nur einmal, sondern in abklingenden Zyklen mehrfach durch den Bohrstrang. Die Wahrscheinlichkeit, den festsitzenden Strang zu lösen, wird dadurch erhöht.

In ◘ Abb. 4.34 links sind zwei Schlagscheren mit unterschiedlichen Durchmessern zu sehen – wenn sie sich nicht im Einsatz im Bohrloch befinden, werden sie auf dem Gestängelager in der Regel durch Manschetten vor unbeabsichtigtem Schlagen gesichert. An der Schlagschere in der Mitte des Bildes ist die Sicherungsmanschette gut zu erkennen.

Es gibt mechanische und hydraulische Ausführungen von Schlagscheren. Die hydraulischen sind gebräuchlicher. Wenn ein festsitzender Bohrstrang im Bohrloch freigeschlagen werden soll, wird die Schlagschere im Bohrstrang zunächst entsichert. Dies erfolgt

4.1 · Bohrstrangelemente

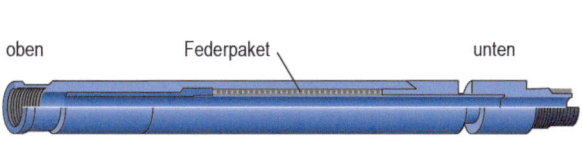

Abb. 4.34 *Links* Schlagscheren auf dem Bohrplatz, *rechts* Akzelerator

je nach Bauart durch eine bestimmte Kombination aus Zug oder Druck und Drehmoment oder auch durch Überpumpen mit einem besonders hohen Volumenstrom.

Die hydraulische Schlagschere besteht aus einem zylindrischen Außengehäuse und einem darin befindlichen beweglichen Kolben. Der Ringraum zwischen dem Außenrohr und dem innen liegenden Kolben ist mit Hydrauliköl gefüllt (Abb. 4.35).

Zum Schlagen nach oben wird die Schlagschere zunächst gespannt, indem am übertägigen Bohrmast der Kloben des Hebewerks um einige Meter nach oben gefahren wird. Aufgrund der anliegenden Zugspannung will die Schlagschere sich öffnen, das heißt, dass sich die dunkelblau dargestellten inneren Bauteile in Abb. 4.35 (Hammer mit Schaft) gegenüber den hellblauen Bauteilen (Außenrohr) nach oben bewegen müssen, denn der untere Teil des Bohrstranges, der mit dem Außenrohr der Schlagschere verschraubt ist, sitzt ja im Bohrloch fest und kann sich nicht bewegen.

Zur Aufwärtsbewegung des Hammers muss sich aber Hydrauliköl aus dem Bereich oberhalb des Hammers in den Bereich unterhalb des Hammers bewegen. Zwischen dem Hammer und dem Drosselring steht der Strömung dafür aber nur ein sehr schmaler Ringspalt zur Verfügung. Der Ölvolumenstrom, der durch diesen engen Ringspalt fließen

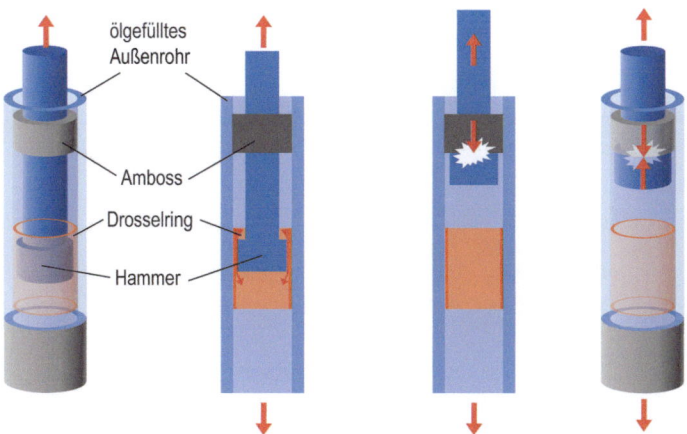

Abb. 4.35 Funktionsprinzip einer hydraulischen Schlagschere

kann, ist sehr gering. Deshalb bewegt sich der Hammer in der Schlagschere zunächst nur sehr langsam nach oben.

Wenn der Hammer den Engpass im Drosselring schließlich überwunden hat (◘ Abb. 4.35 rechts), kann sich der Hammer im großkalibrigen Außenrohr frei bewegen. Aufgrund der hohen anliegenden Zugspannung im Strang wird er maximal beschleunigt, bis er schließlich auf den Amboss im oberen Teil der Schlagschere aufprallt. Zum Schlagen nach unten findet im Prinzip derselbe Vorgang statt, nur wird die Schlagschere dabei zum Vorspannen zusammengedrückt.

Schlagscheren werden in der Nähe des neutralen Punktes in den Bohrstrang integriert. Der Akzelerator (◘ Abb. 4.34 rechts), der häufig in Kombination mit der Schlagschere eingesetzt wird, wird in einiger Entfernung von der Schlagschere am oberen Ende der Schwerstangensektion in den Bohrstrang integriert.

4.1.8 Bohrstangen

Die Bohrstangen stellen die Verbindung der untertägigen Bohrgarnitur (Bohrmeißel, Steuerkopf, Meißeldirektantrieb, Messgeräte, Schlagschere usw.) mit der übertägigen Tiefbohranlage dar. Bohrstangen sind wie die meisten Bohrstrangelemente üblicherweise 30 Fuß (ca. 10 m) lang, es gibt aber auch kürzere und längere Sondergrößen. Die kürzeren Bohrstangen dienen meist als Längenausgleichselemente, die längeren werden meist auf Anlagen eingesetzt, die ein vollautomatisches Trippen erlauben. Bohrstangen werden im Englischen als Drill Pipes (DPs) bezeichnet.

Der Nenndurchmesser (Outer diameter, OD) einer Bohrstange bezieht sich auf den Außendurchmesser des Rohrkörpers (◘ Abb. 4.36). Die Außendurchmesser von Bohrstangen sind (wie alle weiteren typischen Abmaße und Eigenschaften) nach dem American Petroleum Institute (API) standardisiert. Ähnlich wie bei Schwerstangen wird bei Bohrstangen jeder Außendurchmesser mit unterschiedlichen Wandstärken und Materialgüten sowie mit verschiedenen Anschlussgewinden angeboten.

Am oberen und unteren Ende des Rohrkörpers einer Bohrstange befindet sich je ein Gewindeverbinder. Das obere Gewinde ist als Muffe (box) ausgeführt, das untere als Zapfen (pin). Auf den Verbindern (tool joints), die größere Außendurchmesser als der

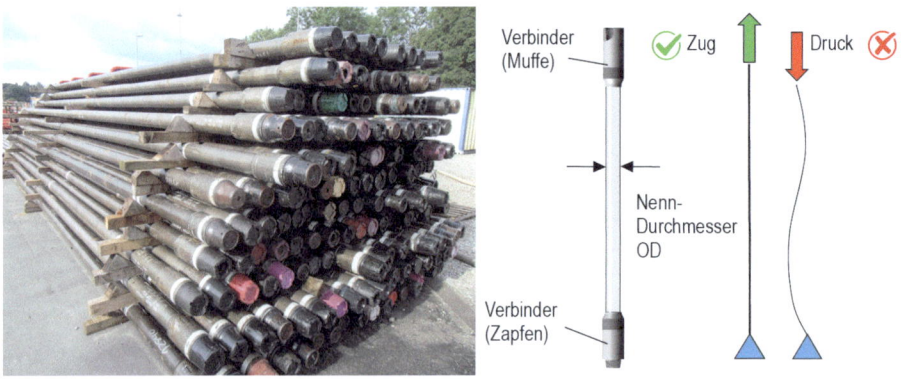

◘ **Abb. 4.36** Bohrstangen

4.1 · Bohrstrangelemente

Rohrkörper besitzen, werden die Zangen zum Verkontern oder Brechen der Gewindeverbindungen angesetzt.

Da die Bohrstangen hauptsächlich mit ihren dicken, aber kurzen Verbindern in Kontakt mit der Bohrlochwand stehen, ist das Risiko des Anhaftens an die Bohrlochwand (Differential Sticking) deutlich geringer als bei Schwerstangen. Deshalb kann auf Eindrehungen am Außendurchmesser der Rohrkörper verzichtet werden.

Bohrstangen sollten nicht auf Druck beansprucht werden, da sie sehr flexibel sind und unter Axialdruckbelastung leicht ausknicken können. In vertikalen Bohrungen platziert man Bohrstangen deshalb grundsätzlich oberhalb des neutralen Punktes im Bohrstrang, wo sie nur durch Zugkräfte belastet werden können.

4.1.9 Heavy Weight Drill Pipes

Es wurde bereits dargestellt, dass die biegesteifen Schwerstangen den Meißelandruck auf die Bohrlochsohle bereitstellen müssen, während die flexiblen Bohrstangen die Verbindung der Bohrgarnitur mit der übertägigen Bohranlage gewährleisten. Eine direkte Verbindung biegesteifer Schwerstangen mit flexiblen Bohrstangen würde allerdings aufgrund des Steifigkeitssprunges unerwünschte Spannungsspitzen bewirken und im schlimmsten Fall zu Gestängebrüchen führen.

Um dies zu vermeiden, werden an den Übergängen von Bohr- zu Schwerstangen Übergangsstangen eingesetzt, die nicht so steif wie Schwerstangen, aber auch nicht so flexibel wie Bohrstangen sind (◘ Abb. 4.37). Diese Heavy Weight Drill Pipes (HWDPs) werden in verschiedenen Ausführungen angeboten. Einige sehen aus wie Bohrstangen, besitzen aber dickwandigere Rohrkörper, andere sehen dagegen aus wie Schwerstangen mit reduzierten Durchmessern auf dem Rohrkörper.

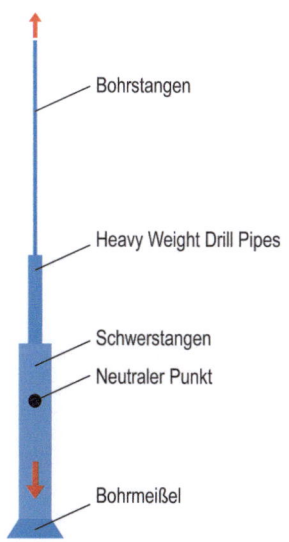

◘ **Abb. 4.37** Heavy Weight Drill Pipes (HWDPs)

4.1.10 Non-Mag Drill Pipes

Schwerstangen, HWDPs und Bohrstangen werden zum Teil auch als Non-Mag Drill Pipes, also aus nicht magnetisierbarem Stahl eingesetzt. Der Hauptgrund hierfür ist, dass manche Komponenten des Bohrstranges, insbesondere das MWD-Werkzeug mit seinem magnetischen Kompass, von magnetischen Bauteilen abgeschirmt sein müssen, um präzise Messergebnisse liefern zu können. Magnetisierte Komponenten oder Eisen in der Umgebung des Kompasses würden diese Messung in unzulässigem Maße stören.

Bohrstrangelemente, die magnetisch sensible Sonsoren enthalten, werden deshalb so in die Bohrgarnitur integriert, dass sich unter- und oberhalb von ihnen Non-Mag Drill Pipes als Abstandshalter befinden.

4.1.11 Protektoren

Der im Bohrloch rotierende Bohrstrang reibt an der Bohrlochwand und erfährt deshalb im Betrieb Verschleiß, der sich darin äußert, dass der Außendurchmesser abgetragen wird. Das betrifft insbesondere die Gewindeverbinder der Bohrstangen. Wenn der Außendurchmesser der Verbinder zu klein wird und die mechanische Festigkeit dadurch nicht mehr den Anforderungen entspricht, muss die betreffende Bohrstange aus dem Verkehr gezogen werden.

Um den Verschleiß an den Verbindern des Bohrgestänges zu minimieren, können Protektoren aus Kunststoff eingesetzt werden (◘ Abb. 4.38). Diese werden jeweils in Verbindernähe auf den Rohrkörpern der Bohrstangen befestigt. Da die Protektoren größere Außendurchmesser als die Verbinder besitzen, findet der Verschleiß auf den billigeren und leicht auswechselbaren Protektoren, aber nicht auf den wesentlich teureren Bohrstangen statt.

4.1.12 Gewindeübergänge

Die meisten Bohrstrangelemente sind nach dem API standardisiert und besitzen bestimmte Außendurchmesser, Wandstärken und Materialgüten. Auch die Anschlussgewinde der

◘ **Abb. 4.38** Bohrstrangprotektor

4.1 · Bohrstrangelemente

◘ **Abb. 4.39** Gewindeübergänge

meisten Bohrstrangelemente sind nach API standardisiert. Allerdings sind im Laufe der Zeit immer neue Gewindetypen in die Norm aufgenommen worden, ohne die älteren aus dem Standard zu entfernen. Deshalb sind für jeden Nominaldurchmesser immer gleich mehrere API-Standardgewindetypen verfügbar. Aus diesem Grund kann es durchaus passieren, dass Standardbohrstangen desselben Nominaldurchmessers verschiedene Anschlussgewinde besitzen, die sich nicht miteinander verschrauben lassen.

Um diesem Problem zu begegnen, gibt es auf jeder Tiefbohranlage entsprechende Gewindeübergänge (Crossover-Subs; ◘ Abb. 4.39).

4.1.13 Gestängerückschlagventile

In Tiefbohrungen kann es zu unerwarteten Zuflüssen (Kicks) von Wasser, Öl oder Gas in die Bohrung kommen. In diesem Fall muss das Bohrloch jederzeit sicher verschließbar sein, damit keine brennbaren, giftigen oder explosiven Stoffe an der Oberfläche austreten können.

Zum Verschluss der Bohrung dient an der obertägigen Tiefbohranlage der Blowout-Preventer (BOP). Wenn er die Bohrung an der Oberfläche verschließt, steht die Bohrung unter Druck.

In vielen Kicksituationen befindet sich ein Bohrstrang in der Bohrung. Der BOP kann dann lediglich den Ringraum zwischen der Bohrung und dem Bohrgestänge verschließen. Der im BOP eingespannte Bohrstrang ist in seinem Inneren hohl, und aufgrund des Überdruckes im Bohrloch könnten die Fluide in der Bohrung folglich grundsätzlich auch durch den Bohrstrang hindurch an die Oberfläche gelangen und dort austreten.

Um dies zu verhindern, wird der Bohrstrang mit Rückschlagventilen ausgestattet. Diese werden entweder wie in ◘ Abb. 4.40 links dargestellt als Kartuschen (Float Valves) in dafür vorgesehene Taschen der Gewindeverbindung zweier benachbarter Bohrstangen eingesteckt oder wie in ◘ Abb. 4.40 rechts gezeigt als eigenständige Bohrstrangelemente (Float Subs) zwischen zwei benachbarten Bohrstangen verschraubt und somit in den Strang integriert.

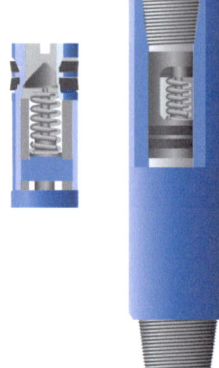

◘ **Abb. 4.40** Gestängerückschlagventile. *Links* Float Valve, *rechts* Float Sub

4.1.14 Gewindeverbinder

Die Gewindeverbinder des Bohrstranges sind in der Regel mit konischen (kegelförmigen) Gewinden ausgestattet (◘ Abb. 4.41). Konische Gewinde besitzen im Vergleich zu zylindrischen mehrere wesentliche Vorteile.

Ein konischer Zapfen lässt sich auch dann in eine konische Muffe einführen, wenn die Längsachsen beider Elemente nicht genau parallel zueinander ausgerichtet sind. Das ist ein großer Vorteil beim Verschrauben von Bohrstrangelementen im eher rauen Praxisbetrieb einer Tiefbohranlage.

Außerdem lässt sich ein beschädigtes konisches Gewinde mit deutlich weniger Material- bzw. Längenverlust nachschneiden als ein zylindrisches. Dadurch wird die Lebensdauer der Bohrstrangkomponente erhöht (◘ Abb. 4.42). Schließlich lässt sich ein

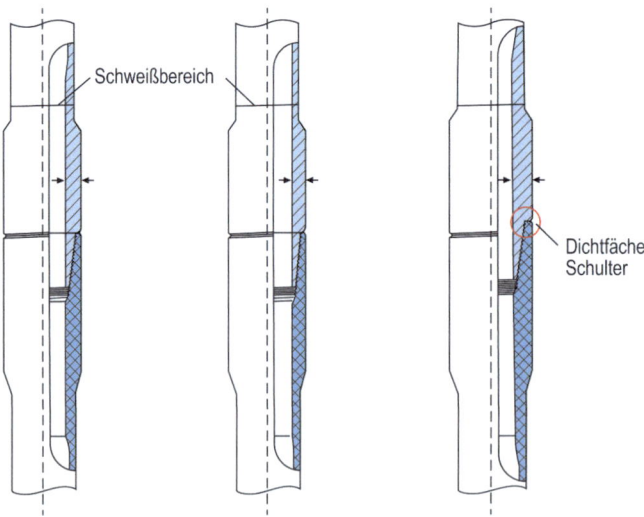

◘ **Abb. 4.41** API-Gewindeverbinder. *Links* Internal Upset, *Mitte* External Upset, *rechts* Internal/External Upset

4.1 · Bohrstrangelemente

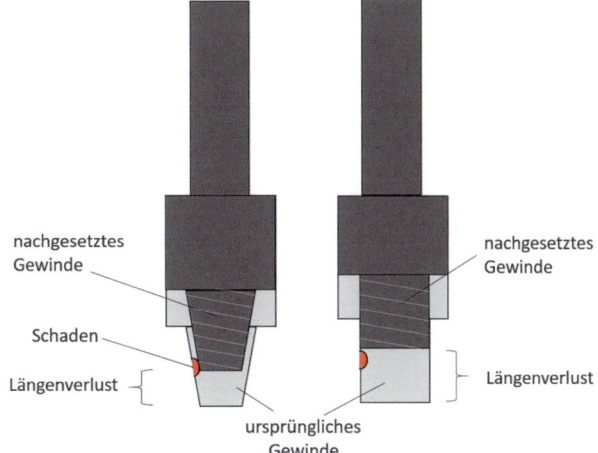

Abb. 4.42 Nachsetzen beschädigter Gewinde. *Links* konischer Gewindezapfen, *rechts* zylindrischer Gewindezapfen

konisches Gewinde mit weniger Umdrehungen auf das End-Kontermoment verschrauben als ein zylindrisches. Dadurch ist die praktische Handhabung auf der Tiefbohranlage nochmals deutlich vereinfacht.

Ein robustes Gewinde benötigt einen gewissen Bauraum. Andererseits ist der verfügbare Bauraum in den filigranen Bohrstrangelementen aber immer auch sehr begrenzt. Es müssen also immer Kompromisse zwischen der Gewindefestigkeit und dem Platzbedarf für das Gewinde gefunden werden.

Bei dem Gewindeverbinder in ◘ Abb. 4.41 links erkennt man, dass der Innendurchmesser des Verbinders etwas kleiner als der Innendurchmesser des Rohrkörpers ist (Internal Upset, IU). Dieses Design bietet viel Platz für ein robustes Gewinde. Dafür stellt aber jede Gewindeverbindung einen Engpass im inneren Strömungskanal des Bohrstranges dar.

Oft ist das kein Problem, denn durch die lokalen Engpässe wird ja lediglich der Strömungswiderstand der Bohrspülung etwas erhöht. Einige Arbeitsgänge beim Bohren erfordern es aber, dass zum Beispiel Stahlkugeln oder Gummistopfen durch das Gestänge hindurch nach unten in die Bohrgarnitur gepumpt werden müssen, die dort dann mechanische Schaltvorgänge bewirken. Wenn diese Schaltelemente auf die Engpässe in den Verbindern treffen, bleiben sie dort hängen und kommen nicht weiter voran.

Es wurden deshalb auch Gewindeverbinder eingeführt, deren innerer Durchmesser mit dem der Rohrkörper identisch ist. Um trotzdem genug Material zum Schneiden leistungsfähiger Gewinde zur Verfügung zu haben, wurde der Außendurchmesser der Verbinder vergrößert. Bei diesem External-Upset-Design (◘ Abb. 4.41 Mitte) wird allerdings der Ringraum im Bohrloch verengt. Das führt zu entsprechend erhöhten Strömungsdruckverlusten im Ringraum und erhöht die Wahrscheinlichkeit, dass das Bohrloch durch Bohrkleinpfropfen verstopft wird.

Moderne Hochleistungsgewinde für stark gekrümmte oder besonders lange Bohrungen werden im Internal/External-Upset-Design (IEU-Design) ausgeführt und besitzen im Verbinderbereich verkleinerte Innen- und vergrößerte Außendurchmesser (◘ Abb. 4.41 rechts).

In ◘ Abb. 4.43 ist beispielhaft ein Auszug aus der API-Norm zu finden. Farblich herausgehoben ist eine Bohrstange mit $3\frac{1}{2}''$ Nominalaußendurchmesser auf dem Rohrkörper („nominal diameter").

**API DRILL PIPE LIST
AND BODY AND UPSET GEOMETRY
(API Spec 5D, 5th edition, October 2001)**

Nominal diameter		Nominal weight	Wall thickness of pipe body	Inside diameter of pipe body	Steel grade	Upset					
						IU		EU		IEU	
(in)	(mm)	(lb/ft)	(mm)	(mm)		OD (mm)	ID (mm)	OD (mm)	ID (mm)	OD (mm)	ID (mm)
2 3/8	60.3	6.65	7.11	46.1	E X-G-S			67.5 67.5	46.1 39.7		
2 7/8	73.0	10.40	9.19	54.6	E X-G-S	73.0 73.0	33.3 41.4	81.8 82.6	54.6 49.2		
3 1/2	88.9	9.50	6.45	76.0	E	88.9	57.2	97.1	76.0		
3 1/2	88.9	13.30	9.35	70.2	E X-G-S	88.9 88.9	49.2 49.2	97.1 101.6	66.1 63.5		
3 1/2	88.9	15.50	11.40	66.1	E X-G-S	88.9 –	49.2 –	97.1 101.6	66.1 63.5	– 96.0	– 49.2
4	101.6	14.00	8.38	84.8	E X-G-S	101.6 101.6	69.8 66.8	114.3 117.5	84.8 77.8		
4 1/2	114.3	13.75	6.88	100.5	E	114.3	85.7	127.0	100.5		

Abb. 4.43 Auszug aus dem API-Standard für Gewindeverbinder

Bohrstangen mit $3\,1/2''$ Nominalaußendurchmesser werden in drei verschiedenen Wandstärken angeboten. In der Tiefbohrtechnik ist es aber üblich, anstelle der Wandstärke das Metergewicht („nominal weight") anzugeben. Im amerikanischen Sprachgebrauch wird anstelle des Metergewichts in Kilogramm pro Meter oft die Einheit Pfund pro Fuß (lb/ft) verwendet. Die in Abb. 4.43 hervorgehobene Stange besitzt aufgrund ihrer größten Wandstärke von allen $3\,1/2''$-Bohrstangen auch das größte Metergewicht.

Aus der Tabelle in Abb. 4.43 ist ersichtlich, dass die markierte Bohrstange wahlweise in den Materialgüten E, X, G und S verfügbar ist. Das Material mit der Bezeichnung S ist das hochwertigste, aber auch teuerste.

Bei den für die Bohrstange verfügbaren Designs der Gewindeverbinder erkennt man die oben erwähnten Designs IU, EU und IEU wieder. In den entsprechenden Spalten kann man die konkreten Außen- und Innendurchmesser (OD, ID) der Gewindeverbinder ablesen. Der Gewindeverbinder des Typs EU wird in der Materialgüte E mit anderen Abmaßen hergestellt als in den Materialgüten X, G und S.

Alle Gewindetypen müssen für Gase und Flüssigkeiten unter hohen Drücken dicht sein. Die Gewindegänge selbst besitzen aber keine abdichtende Wirkung. Vielmehr wird die gesamte Druckdifferenz zwischen dem Inneren und dem Äußeren des Bohrstranges über die Schultern der Gewindeverbinder abgebaut, so wie es in Abb. 4.41 rechts angedeutet ist.

Die Flächenpressung zwischen der Schulter des Gewindezapfens und der Schulter der zugehörigen Gewindemuffe ist konstruktiv so dimensioniert, dass auch bei Umlaufbiegung des rotierenden Stranges in einer gekrümmten Bohrlochsektion weder plastische Verformungen der Schulter aufgrund zu hoher Flächenpressung noch Durchspüler aufgrund von Schulterseparationen auftreten können.

4.1 · Bohrstrangelemente

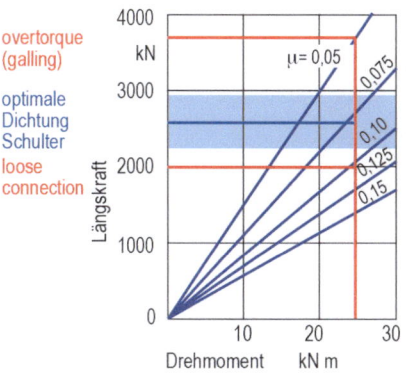

Abb. 4.44 Gewindefett auf der Arbeitsbühne

Das gelingt allerdings nur, wenn die Gewinde exakt nach den Vorgaben des Herstellers verkontert werden und dabei das richtige Gewindefett zum Einsatz kommt. Das Gewindefett ist entscheidend für den Reibbeiwert zwischen dem Zapfen und der Muffe und bestimmt damit die Reibungsverluste, die beim Verkontern im Bereich der Gewindegänge auftritt.

In ◘ Abb. 4.44 ist ein Konterdiagramm für ein konkretes Gewinde zu sehen. Auf der horizontalen Achse unten ist das Drehmoment aufgetragen, mit dem die Verbindung verkontert wird. Von diesem Drehmoment ausgehend bewegt man sich im Diagramm senkrecht nach oben, bis man die Gerade erreicht, die dem Reibbeiwert des verwendeten Gewindefettes entspricht. In unserem Beispiel soll der Reibbeiwert $\mu = 0{,}075$ betragen.

Vom Schnittpunkt der Senkrechten mit der passenden Reibwertlinie bewegt man sich nun waagerecht nach links zur y-Achse. Dort liest man die Längskraft ab, die zwischen den Schultern des Gewindes wirkt. Diese Längskraft ist der Flächenpressung proportional. Der grün markierte Bereich zeigt an, für welche Längskraft das konkrete Gewinde spezifiziert ist. Im vorliegenden Beispiel wird sie bei Aufbringung des angenommenen Kontermoments genau erreicht.

Wird ein anderes Gewindefett mit einem geringeren Reibbeiwert, zum Beispiel 0,05, verwendet, so wird der Gewindezapfen bei Aufbringung desselben Kontermoments deutlich stärker in die Gewindemuffe hineingepresst. Diese wird dadurch verformt und aufgeweitet, und die Schultern der Gewindeverbindung werden plastisch verformt (overtorque/galling). Dadurch kann sich die Verbindung im Bohrbetrieb lösen.

Im Fall der Verwendung eines Fettes mit einem zu hohen Reibbeiwert ist bei dem vorgegebenen Kontermoment auf der Schulter eine zu geringe Flächenpressung zu erwarten, was in einer zu lockeren Verbindung resultiert, die sich ebenfalls im Betrieb lösen kann (loose connection).

4.1.15 Inspektion von Gewindeverbindern

Beim Verkontern einer Gewindeverbindung wird der Gewindezapfen gestreckt und die Gewindemuffe gestaucht. Ein zu hohes Kontermoment bzw. ein Nachkontern im Bohrbetrieb kann zu plastischen Verformungen im Material und zu Rissen in den Gewindegängen führen.

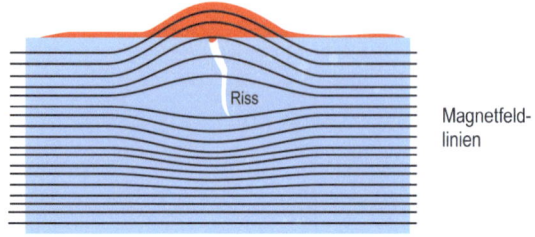

Abb. 4.45 Funktionsprinzip der Magnaflux-Inspektion

Um Entschraubern und Schäden im Bohrbetrieb vorzubeugen, müssen die Gewindeverbinder aller Bohrstrangelemente regelmäßig inspiziert werden, insbesondere wenn beim Strangausbau festgestellt wird, dass die Gewinde im Einsatz nachgekontert haben und die Brechmomente beim Ausbau größer als die ursprünglich aufgebrachten Kontermomente beim Einbau sind.

Mikroskopisch kleine Risse im Gewinde erkennt man am besten durch eine Magnaflux-Inspektion, einer zerstörungsfreien Materialprüfmethode. Beim Fluxen wird das zu untersuchende Bauteil mit einer fluoreszierenden Eisenspänesuspension eingesprüht. Wenn dann ein elektromagnetisches Feld in das Bauteil induziert wird, werden die Feldlinien durch eventuell vorhandene Haarrisse im Material gestört, was die Verteilung der fluoreszierenden Partikel in der Suspension auf dem Bauteil beeinflusst (Abb. 4.45). Unter einer Schwarzlichtlampe sind die Risse dann deutlich als leuchtende Punkte bzw. Linien auf der Materialoberfläche zu erkennen.

Gewinde sind im Bohrbetrieb grundsätzlich sehr sorgfältig und mit Vorsicht zu handhaben, damit sie keine mechanischen Schäden bekommen. Wenn die Gewinde nicht im Einsatz sind, sollten die Gewindeschutzkappen jederzeit aufgeschraubt sein. Außerdem müssen alle Gewinde zum Schutz vor Korrosion immer eingefettet sein und frei von Verunreinigungen gehalten werden.

Weiterhin müssen die Konterzangen auf der Arbeitsbühne der Tiefbohranlage regelmäßig kalibriert werden, damit die vorgegebenen Kontermomente exakt aufgebracht werden können.

4.2 Dynamische Fehlfunktionen

Beim bohrtechnischen Einsatz eines kilometerlangen Bohrstranges ist immer damit zu rechnen, dass an seinem unteren Ende dynamische Fehlfunktionen auftreten, die an der Oberfläche nicht bemerkt werden können. Der Top Drive an der übertägigen Anlage dreht sich beispielsweise gleichmäßig und ohne Drehmomentschwankungen, während die Bohrgarnitur unten am Meißel heftige und destruktive Vibrationen und Schläge erleidet. In den folgenden Absätzen sollen die wichtigsten dynamischen Fehlfunktionen kurz erwähnt und beschrieben werden.

4.2 · Dynamische Fehlfunktionen

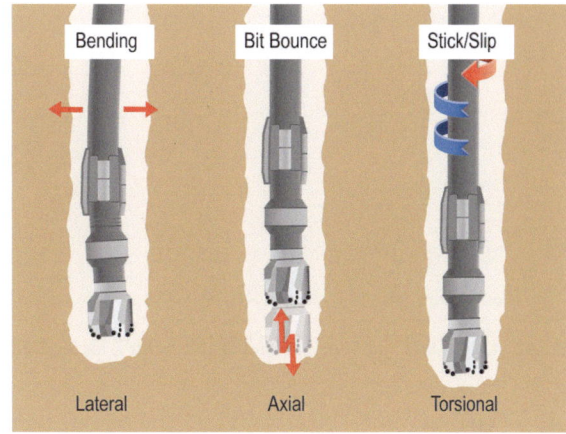

Abb. 4.46 Dynamische Fehlfunktionen. *Links* Bending, *Mitte* Bit Bouncing, *rechts* Stick Slip

4.2.1 Bending

Beim Bending schwingt der rotierende Bohrstrang im Bohrloch in der horizontalen Ebene hin und her und verbiegt sich dabei entsprechend (Abb. 4.46 links). Der Strang ist dann lateralen Schwingungen ausgesetzt.

4.2.2 Bit Bouncing

Beim Bit Bouncing beginnt der Bohrstrang, auf der Sohle auf und ab zu springen. Dieser Effekt kann beispielsweise durch die axiale Anregung der Rollen eines Rollenmeißels eingeleitet werden, der auf der Bohrlochsohle abrollt (Abb. 4.46 Mitte). Die resultierenden Schwingungen laufen in axialer Richtung durch den Bohrstrang und können diesen in Resonanz versetzen.

4.2.3 Stick Slip

Beim Stick Slip bleibt der Bohrmeißel immer wieder kurzfristig unten auf der Sohle stehen, während der Top Drive am oberen Ende des Stranges weiter rotiert. Schließlich reißt die aufgespeicherte Rotationsenergie den Meißel wieder los, worauf er mit erhöhter Geschwindigkeit die verlorenen Umdrehungen aufholt – und den oberen Teil des Bohrstranges aufgrund seiner Massenträgheit im Extremfall sogar überholt. Dann bleibt der Meißel wieder stehen, und ein neuer Zyklus beginnt.

In ganz extremen Fällen kann der Meißel nach dem Überholen des Stranges und einem vorübergehenden Stehenbleiben sogar kurzfristig wieder rückwärts rotieren. Die Rückwärtsrotation eines Bohrmeißels auf der Sohle stellt einen besonders destruktiven Belastungsfall für den eingesetzten Bohrmeißel dar, insbesondere dann, wenn es sich um einen PDC-Meißel handelt. Durch die rückwärtsgerichtete Kraft am Diamant-Cutter kann dieser aus seiner Verankerung gehebelt werden und aus dem Flügel brechen.

Der Stick-Slip-Effekt induziert torsionale Schwingungen in den Bohrstrang.

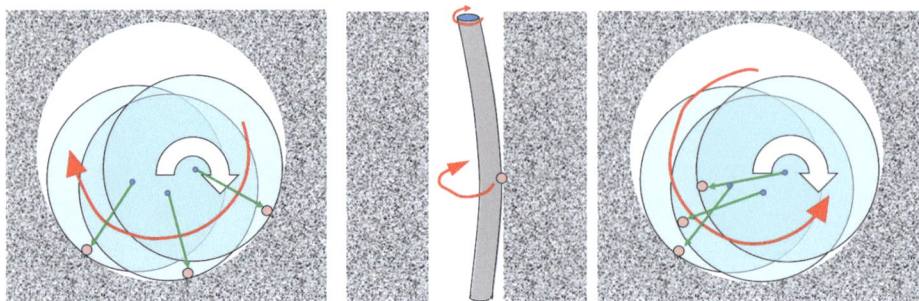

□ Abb. 4.47 *Links* und *Mitte* Forward Whirl, *rechts* Backward Whirl

4.2.4 Whirl

Das Whirling zählt zu den torsionalen Schwingungen am Bohrstrang. Man unterscheidet zwischen Forward Whirl und Backward Whirl.

Der Bohrstrang wird immer rechtsherum, also in Bohrrichtung gesehen im Uhrzeigersinn rotiert (weißer Pfeil auf dem Bohrgestänge). Beim Forward Whirl erfährt der rotierende Bohrstrang so starke Fliehkräfte, dass aufgrund einer Unwucht eine Seite des Bohrstranges bis an die Bohrlochwand ausgelenkt wird und an dieser zu reiben beginnt (□ Abb. 4.47 links und Mitte). Der immer gleich bleibende Kontaktpunkt schleift ebenfalls im Uhrzeigersinn an der Bohrlochwand entlang und fährt bei jeder Strangumdrehung einmal den gesamten Umfang der Bohrlochwand ab. Durch den Forward Whirl entsteht somit ein punktförmiger Verschleiß an einer bestimmten Stelle am Außenumfang der betreffenden Bohrstrangkomponente. Da die Unwucht mit Strangdrehzahl rotiert, ist der Forward Whirl eine torsionale Schwingung, deren Frequenz der Strangdrehzahl entspricht.

Beim Backward Whirl berührt der Bohrstrang ebenfalls punktuell die Bohrlochwand, weil das Bohrloch geneigt ist und der Bohrstrang an der Unterseite der Bohrung anliegt. Aufgrund der Reibung zwischen dem Bohrstrang und der Bohrlochwand beginnt der im Uhrzeigersinn rotierende Bohrstrang an der Innenseite der Bohrlochwand abzurollen, ähnlich wie ein Reifen auf der Straße abrollt (□ Abb. 4.47 rechts). Der Verschleiß, der beim Backward Whirl auftritt, ist deutlich geringer als derjenige beim Forward Whirl, da der Kontaktpunkt an der Bohrlochwand abrollt, aber nicht schleift. Dafür ist aber die Frequenz der Schwingung beim Backward Whirl deutlich höher als die Strangdrehzahl, und es entstehen erhebliche Beschleunigungskräfte, die insbesondere die empfindlichen elektronischen Bauteile der Messgeräte im Bohrstrang erheblich belasten und zerstören können.

4.2.5 Messung dynamischer Fehlfunktionen im Bohrbetrieb

Die meisten der genannten dynamischen Fehlfunktionen sind durch den Anlagenführer an der Oberfläche nur schwer oder gar nicht zu erkennen. In Meißelnähe tief im Untergrund entwickeln sie dagegen oft destruktive Kräfte, die zu Werkzeugausfällen und Verschleiß führen können.

4.3 · Bohrstrang-Design

Um solche Schäden an der teuren Bohrgarnitur zu vermeiden, wurden Dynamikmodule entwickelt, die in den Bohrstrang integriert werden können, um laterale, axiale und torsionale Schwingungen und Schläge in der Bohrgarnitur kontinuierlich erfassen und bewerten zu können. Übertägig zeigt zum Beispiel ein Ampelsystem den dynamischen Zustand der untertägigen Bohrgarnitur an. Der Driller kann jederzeit sehen, ob sich an der untertägigen Bohrgarnitur kritische Schwingungen aufbauen. Falls erforderlich, kann er die Bohrparameter (insbesondere die Strangdrehzahl und den Meißelandruck) verändern und beobachten, ob diese Maßnahmen zu einer Beruhigung der Bohrgarnitur führen, bevor Schäden auftreten.

Die Schwingungsdaten, die die Dynamiksensoren in Meißelnähe erfassen, erlauben bei entsprechender Aufbereitung sogar Rückschlüsse zum Beispiel über den Zustand des Bohrmeißels oder des Bohrmotors. Damit helfen sie, Werkzeugausfälle zu vermeiden und den Zeitpunkt zum Auswechseln kritischer Komponenten zu optimieren. Meist erfassen Dynamikmodule auch die Drücke im Bohrstrang und im Ringraum der Bohrung. Aus diesen Daten kann man Rückschlüsse auf die Bohrlochqualität und die Bohrlochreinigung ziehen. Dynamikmodule werden also eingesetzt, um zu bewerten, *wie* die Bohrgarnitur auf der Bohrlochsohle arbeitet. Meist werden sie zu den MWD-Systemen gerechnet.

4.3 Bohrstrang-Design

4.3.1 Vertikalbohrung

Die Grundlagen des Bohrstrangdesigns für ein vertikales Bohrloch werden anhand von ◘ Abb. 4.48 erläutert. In Abhängigkeit von der zu bohrenden Formation wird zunächst der Bohrmeißel ausgewählt.

Je nachdem, wie viel Meißelandruckkraft für den ausgewählten Meißel vorgesehen ist, kann nun die Länge des Schwerstangenstranges festgelegt werden, indem die Meißelandruckkraft mit einem Zuschlag von ca. 50 % versehen und die Anzahl der Schwer-

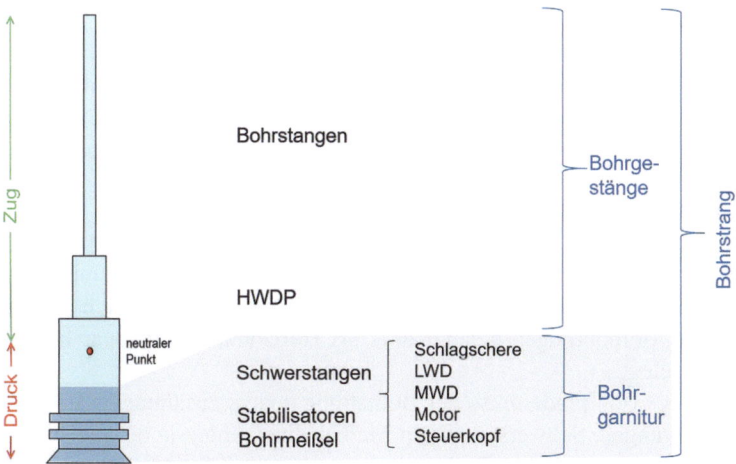

◘ **Abb. 4.48** Grundlagen des Bohrstrangdesigns

stangen anhand eines API-Katalogs so gewählt wird, dass ihr Gesamtgewicht in Spülung dieser Andruckkraft entspricht.

In Abhängigkeit von den richtbohr- und messtechnischen Anforderungen des Bohrprogramms werden die unteren Schwerstangen durch einen Meißeldirektantrieb, einen Steuerkopf, die vorgesehenen MWD- und LWD-Module, eine Schlagschere usw. ersetzt. Außerdem werden im Druckbereich unterhalb des neutralen Punktes zwei oder drei Stabilisatoren platziert, die das Ausknicken des Bohrstranges im Bohrloch verhindern sollen. Oberhalb des Schwerstangenstranges schließen sich einige HWDPs an. Die weitere Verbindung bis zur übertägigen Bohranlage wird durch Bohrstangen hergestellt.

Die Bohrstangen, HWDPs und Schwerstangen werden in der Regel von der Bohrfirma bereitgestellt und gehören somit im Prinzip mit zur Tiefbohranlage. Der untere Bereich des Bohrstranges, in dem die komplexeren Komponenten untergebracht sind, wird als Bohrgarnitur bezeichnet. Die meisten Komponenten der Bohrgarnitur sind mit elektronischen Bauteilen bestückt und müssen deshalb an eine zentrale Stromversorgung angeschlossen und über Datenleitungen miteinander verbunden werden.

Die Komponenten der Bohrgarnitur werden von Servicefirmen bereitgestellt. Der Auftraggeber (beispielsweise eine Ölfirma) wählt die Komponenten aus, die er für den Einsatz verwenden möchte, die Servicefirma liefert diese auf Basis von Tagesraten (Mietpreis) und stellt in der Regel auch das Personal zur Verfügung, das einen bestimmungsgemäßen und fehlerfreien Betrieb der Bohrgarnitur sicherstellt. Üblicherweise sind alle Module der Bohrgarnitur zweifach auf der Bohranlage vorhanden. Ein Modul (meist werden die Module als Werkzeuge oder Tools bezeichnet) befindet sich im Bohrloch im Einsatz, das andere liegt übertägig als Ersatzwerkzeug (Backup-Tool) bereit. Falls das erste Werkzeug ausfällt, kann es ausgebaut und das Ersatzwerkzeug in die Bohrung eingebaut werden, ohne dass Wartezeiten auf Ersatzwerkzeuge anfallen.

Nach jedem Einsatz wird jedes Modul der Bohrgarnitur in eine Werkstatt der Servicefirma geschickt, um dort einer umfangreichen Inspektion und Wartung unterzogen zu werden. Das Backup-Tool wird in den Strang eingebaut und ein frisch gewartetes Werkzeug aus der Werkstatt als neues Backup-Tool auf die Lokation gebracht. Insofern hält die Servicefirma auf einem Praxiseinsatz jede Komponente der Bohrgarnitur dreifach vor: eine befindet sich im Bohrloch, eine als Ersatz auf dem Bohrplatz und eine zur Wartung in der Werkstatt.

Die Komponenten oberhalb der Bohrgarnitur werden als Bohrgestänge bezeichnet. Das Bohrgestänge und die Bohrgarnitur zusammengenommen werden als Bohrstrang bezeichnet.

4.3.2 Horizontalbohrung

Die bisher dargestellten groben Grundregeln zur Zusammenstellung eines Bohrstranges beziehen sich auf das Bohren vertikaler Bohrlochsektionen. Tatsächlich werden heutzutage aber viele Tiefbohrungen geneigt oder als Horizontal- oder sogar komplexe 3-D-Bohrungen angelegt.

Für komplexe Bohrpfade muss der Bohrstrang anders zusammengestellt werden als für Vertikalbohrungen. Schwerstangen in Meißelnähe würden ja beispielsweise in einer Horizontalbohrung nur unnötige Reibung erzeugen, anstatt den Meißel mit Andruckkraft zu versorgen.

4.3 · Bohrstrang-Design

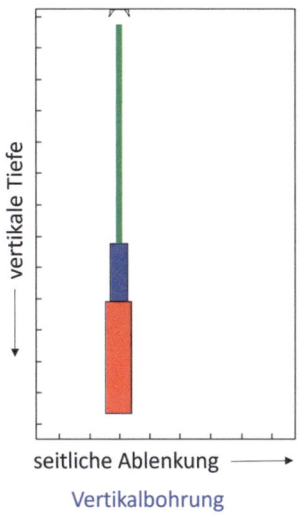 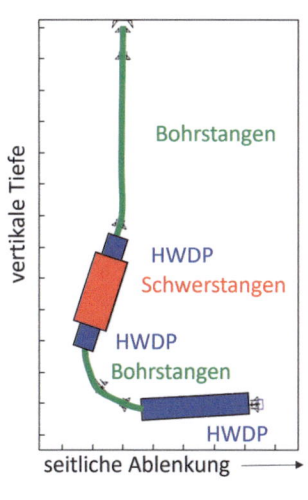

Abb. 4.49 Vergleich des Bohrstrangdesigns

Beim Design für eine komplexe Richtbohrung geht man so vor, dass die Schwerstangen vorzugsweise dort eingesetzt werden, wo die Neigung der Bohrung weniger als 45° beträgt, denn nur dort überwiegt die Hangabtriebskraft, die den Vorschub für die darunter befindlichen Bohrstrangelemente bereitstellt. In engen Radien werden Bohrstangen im Bohrstrang platziert, denn sie sind flexibel genug, um die Belastung durch Umlaufbiegung schadlos zu ertragen, die durch die Strangrotation im gekrümmten Bohrloch verursacht wird. In der Horizontalstrecke bietet es sich möglicherweise an, HWDPs einsetzen, denn sie sind einerseits biegesteif genug, um die erforderliche Vorschubkraft ohne Ausknickung an den Bohrmeißel weiterzuleiten, andererseits aber auch noch leicht genug, um die Reibung zwischen dem Bohrstrang und der Bohrlochwand in einem akzeptablen Rahmen zu halten. An den Übergängen von Schwer- zu Bohrstangen werden HWDPs integriert, um drastische Steifigkeitssprünge zu vermeiden. In ◘ Abb. 4.49 rechts ist beispielhaft dargestellt, wie man Bohrstangen, HWDPs und Schwerstangen in stark geneigten oder horizontalen Bohrungen grundsätzlich anordnen könnte. Links ist zum Vergleich eine Vertikalbohrung zu sehen.

Da die Elemente des Bohrstranges beim Weiterbohren ihre Positionen verändern, sodass beispielsweise die Schwerstangen von einer geneigten Tangente in einen Radius gelangen können, muss der Bohrstrang ab und zu wieder neu konfiguriert werden. Dazu bietet sich ein ohnehin fälliger Roundtrip an. Beim Wiedereinbau des Stranges wird die Reihenfolge der Gestängezüge so verändert, dass sich bei der Wiederaufnahme der Bohrarbeiten alle Bohrstrangelemente wieder in ihrer optimalen Position im Bohrloch befinden.

Die Zusammenstellung eines Bohrstranges für eine komplexe Bohrung ist eine durchaus anspruchsvolle Aufgabe. In der Praxis nutzen die Bohrungsplaner (Well Planner) dazu spezielle Softwarepakete, mit denen verschiedene Bohrstrangvarianten am Computer erprobt und miteinander verglichen werden können. Torque-and-Drag-Module der Software berechnen für einen bestimmten Bohrstrang entlang des Bohrpfades die Schleiflas-

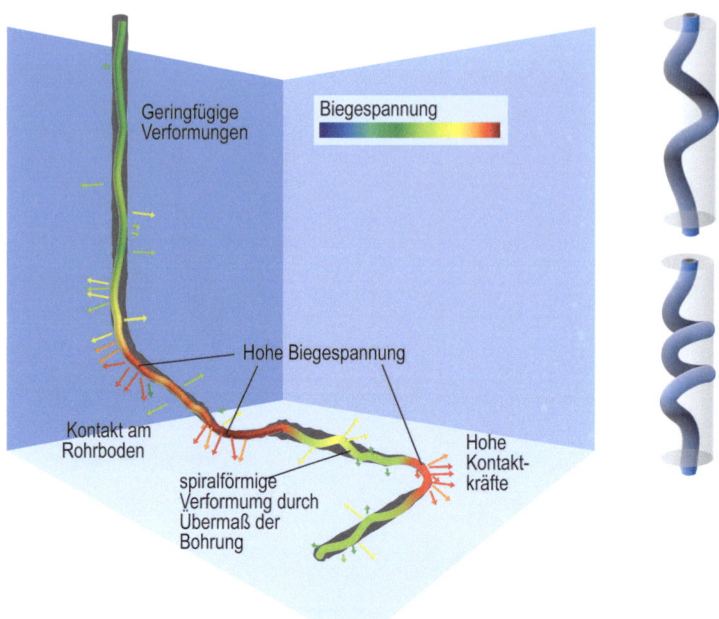

Abb. 4.50 Beispiel für eine Software zum Bohrstrangdesign

ten, die durch die Reibung hervorgerufen werden, und prüfen, ob sich der Bohrstrang unter den getroffenen Annahmen vor- und zurückbewegen lässt (Abb. 4.50).

Dabei wird insbesondere untersucht, ob genügend Vorschub bereitsteht, um die gewünschte Andruckkraft ganz vorn am Bohrmeißel erzeugen zu können, ohne dass der darüber befindliche Bohrstrang ausknickt. Man unterscheidet zwischen einem sinusförmigen Ausknicken des Bohrstranges (Sinusoidal Buckling) und einem schraubenförmigen (Helical Buckling).

Unter zunehmender Axialbelastung (Vorschub) neigt ein Bohrstrang immer stärker zum Ausknicken. Zunächst verbiegt er sich nur so, dass er sich an mehreren Stellen punktförmig an die Bohrlochwand anlegt und dadurch eine erhöhte Reibung zwischen dem Strang und der Bohrlochwand bewirkt. Bei diesem als Sinusoidal Buckling bezeichneten Effekt lässt sich der Bohrstrang aber noch relativ problemlos im Bohrloch vor- oder zurückschieben. In Abb. 4.50 rechts oben ist das sinusförmige Ausknicken schematisch und stark übertrieben dargestellt.

Bei weiter steigendem axialem Andruck tritt allerdings ein schraubenförmiges Ausknicken auf, bei dem der Bohrstrang über eine größere Länge in einer Helix vollständig an der Bohrlochwand anliegt. Die Reibung zwischen dem Bohrstrang und dem Bohrloch steigt hierbei so stark an, dass es im Extremfall zu einer Selbsthemmung des Stranges in der Bohrung kommen, bei der sich der Strang weder weiter vorschieben noch wieder zurückziehen lässt. In Abb. 4.50 rechts unten ist das Helical Buckling schematisch dargestellt.

Die Planungssoftware berechnet weiterhin den Drehmomentverlauf entlang des Bohrstranges, um sicherzustellen, dass im Bohreinsatz keine der vielen involvierten Gewindeverbindungen nachkontert und überlastet wird. Ebenso muss geprüft werden, ob die

Antriebe am Hebewerk und dem Drehantrieb der übertägigen Tiefbohranlage für den gesamten Bohreinsatz ausreichend dimensioniert sind, um alle erforderlichen Strangbewegungen (Heben, Senken, Rotieren) trotz der Reibung im Bohrloch sicher auszuführen.

Die Hydraulikmodule der Bohrloch-Planungssoftware prüfen, ob das Bohrklein mit der vorgesehenen Bohrspülung jederzeit und an jeder Stelle des Bohrloches sicher ausgetragen werden kann und ob die vorhandene Leistung der Spülpumpen auf dem Bohrplatz für den Einsatz ausreichend ist.

4.4 Festigkeitsnachweis für einen Bohrstrang

Ein Bohrstrang erfährt bei seinem Einsatz mechanische Belastungen durch Zug- und Druckkräfte, Biegung, Innen- und Außendruck sowie Torsion.

Ein Festigkeitsnachweis dient dem Zweck sicherzustellen, dass der Bohrstrang unter den konkreten Bedingungen des Einsatzes weder abreißt noch abschert oder sich entschraubt. In der Praxis werden Festigkeitsnachweise mit spezieller Software durchgeführt. Hier soll aber das generelle Vorgehen beim Festigkeitsnachweis kurz vorgestellt werden. Das Bohrgestänge wird dabei als dickwandiges Rohr betrachtet, das in verschiedenen Materialgüten (Stahllegierungen) verfügbar ist.

4.4.1 Untere Streckgrenze $\sigma_{S,u}$

Um die Belastbarkeit eines Materials zu bewerten, werden im Labor Zugversuche durchgeführt. Beim Zugversuch wird eine polierte zylindrische Probe des zu testenden Materials in eine Zugmaschine eingespannt und mit einer ständig wachsenden Zugkraft beaufschlagt, bis die Probe schließlich zerreißt. Im Verlauf des Zugversuchs wird die Dehnung der Probe kontinuierlich gemessen und in einem Diagramm mit der angreifenden Zugspannung korreliert (Abb. 4.51).

Die in der Tiefbohrtechnik eingesetzten Legierungen zeigen im Zugversuch ein Verhalten, das als ausgeprägte Streckgrenze bezeichnet wird. Die Dehnung ε nimmt zunächst proportional zur anliegenden Zugspannung σ zu. Das Material verhält sich in diesem Be-

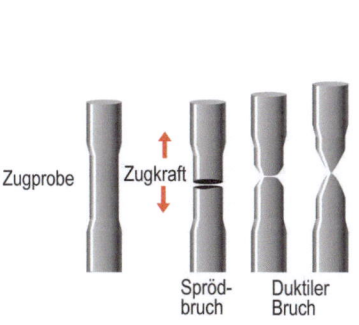 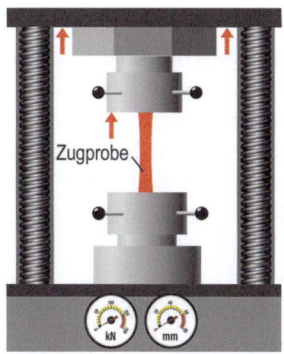

Abb. 4.51 Zugversuch

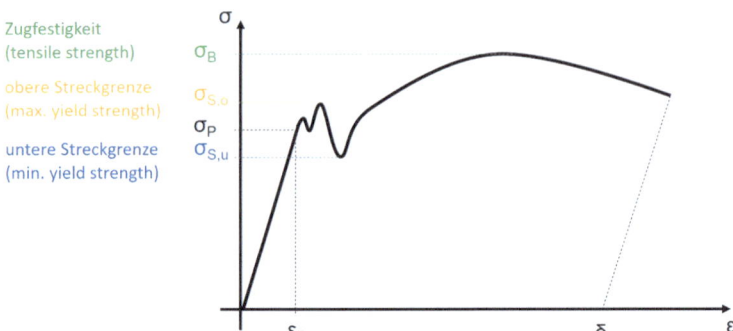

Abb. 4.52 Ergebnis eines Zugversuchs für einen Werkstoff mit ausgeprägter Streckgrenze

reich elastisch; wenn die Zugspannung wieder reduziert wird, geht auch die Dehnung wieder zurück (geradliniger Verlauf in Abb. 4.52).

Wenn die Zugspannung über den elastischen Bereich hinaus gesteigert wird und das Material in den Bereich der plastischen (dauerhaften) Verformung übergeht, durchläuft es zunächst einen chaotischen Bereich, in dem die Probe mehrfach unvorhersehbar mit kleinen Längenzunahmen und entsprechenden Spannungseinbrüchen reagiert. Die waagerechten Tangenten an diesen Übergangsbereich definieren die untere ($\sigma_{S,u}$) bzw. obere Streckgrenze ($\sigma_{S,o}$) des Materials.

Wenn im Verlauf des Zugversuchs der Übergangsbereich verlassen wird, befindet sich die Zugprobe im Bereich der plastischen Verformung. Mit weiter steigender Zugkraft wird die Probe immer weiter gedehnt, und die Spannung im Material nimmt immer weiter zu. Dann schnürt die Probe jedoch immer weiter ein und wird dadurch immer nachgiebiger. Die Zugspannung, die ja der Quotient aus Zugkraft und Materialquerschnitt ist, nimmt dabei ab. Schließlich reißt die Probe. Der Zugversuch ist damit beendet. Das Maximum der Messkurve stellt die Zugfestigkeit (auch Bruchfestigkeit genannt) σ_B des Materials dar.

In der Tiefbohrtechnik dürfen sich alle Bauteile grundsätzlich nur im elastischen Bereich der Verformung bewegen. Plastische Verformungen sind auszuschließen. Um sicherzugehen, dass der elastische Bereich nicht verlassen wird, darf das Material folglich immer nur bis zur unteren Streckgrenze $\sigma_{S,u}$ belastet werden.

In Abb. 4.53 ist ein Auszug aus der API-Norm zu sehen. Die untere Streckgrenze ist für die vier Materialgüten E, X, G und S grün hinterlegt. Man erkennt, dass der dargestellte Tabellenwert in der US-üblichen Ölfeldeinheit „pounds per square inch" (psi) als Zahl hinter dem Buchstaben verwendet wird. Das Material E-75 besitzt folglich eine untere Streckgrenze von 75.000 psi, was einer Spannung von 515 N/mm² entspricht.

Die weiteren Angaben in der Tabelle (obere Streckgrenze und Zugfestigkeit) dienen eher der Vollständigkeit und sind für den Festigkeitsnachweis eines Bohrstranges ohne Belang.

In Abb. 4.53 unten sind Angaben zur Streckgrenze eines Gewindeverbinders zu finden. Man erkennt beim Vergleich mit den Angaben oben (Rohrkörper), dass Gewindeverbinder höhere Festigkeiten als die zugehörigen Rohrkörper aufweisen. Ordnungsgemäß verschraubte (!) Gewindeverbinder sind also immer belastbarer als die Rohrkörper des Bohrgestänges. Deshalb wird der Festigkeitsnachweis von Bohrsträngen üblicherweise anhand der Festigkeiten der beteiligten Rohrkörper durchgeführt.

4.4 · Festigkeitsnachweis für einen Bohrstrang

API STEEL GRADES AND PROPERTIES
(API Spec 5D, 5th edition, October 2001)
(API Spec 7, 40th edition, November 2001)

	Yield strength				Minimum tensile strength		
	Minimum		Maximum				
	(psi)	(MPa)	(psi)	(MPa)	(psi)	(MPa)	
Drill pipe Steel grade							
E75	75 000	517	105 000	724	100 000	689	
X95	95 000	655	125 000	862	105 000	724	Box minimum
G105	105 000	724	135 000	931	115 000	793	hardness
S135	135 000	931	165 000	1138	145 000	1000	(Brinnel)
Tool joints	120 000	827	–	–	140 000	965	285
Drill collars and cross-over sub Outside diameter (in)							
3 1/8 to 6 7/8	110 000	758	–	–	140 000	965	285
7 to 11	100 000	689	–	–	135 000	931	285

Abb. 4.53 Festigkeitskennwerte für Bohrstangen

4.4.2 Belastung eines Volumenelements

Um einen Festigkeitsnachweis für einen Bohrstrang zu erbringen, wird gedanklich ein Volumenelement an der äußeren Oberfläche einer Bohrstange betrachtet und mit den Koordinaten l (in Längsrichtung), t (in tangentialer Richtung) und r (in radialer Richtung) ausgestattet (Abb. 4.54).

Für dieses Volumenelement wird nun untersucht, welche Belastungen es im Bohrbetrieb erfährt.

Zugspannung durch Axiallast σ_z

Der weitaus größte Teil des Bohrstranges steht unter Zugbelastung. Die Zugkraft F_z wird durch das Eigengewicht des Stranges oder zusätzlich angreifende Zugkräfte hervorgerufen (Abb. 4.55). Zur Berechnung der Zugspannung σ_Z wird die angreifende Gesamtzugkraft auf die Querschnittsfläche der betrachteten Bohrstrangkomponente A bezogen.

Abb. 4.54 Volumenelement im Bohrstrang

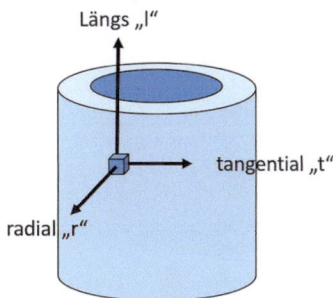

□ **Abb. 4.55** Zugspannung am Volumenelement

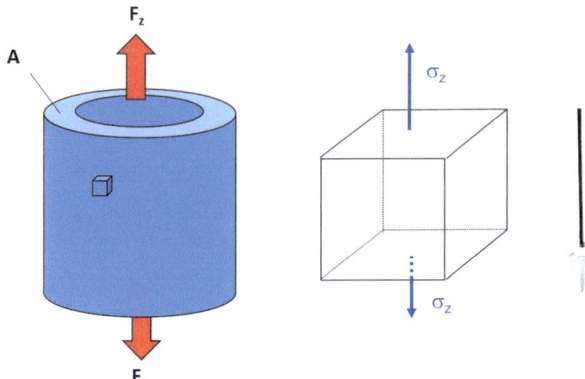

Bei einer möglichen Druckbelastung würde sich lediglich das Vorzeichen dieser Spannung verändern:

$$\sigma_z = \frac{F_z}{A}$$

Die Zugspannung σ_Z wirkt in Längsrichtung.

Biegespannung σ_b

Die Biegespannung σ_b am Volumenelement ist der der Zugspannung durch Axialkraft sehr ähnlich. Biegung verursacht nach □ Abb. 4.56 nämlich an der Außenfaser der Bohrstange Zugkräfte (Dehnung) und an der Innenfaser Druckkräfte (Stauchung). Diese überlagern sich mit den bereits behandelten Zug- bzw. Druckkräften durch Axiallast.

Betrachtet wird im Festigkeitsnachweis der kritische Fall, bei dem sich Zugspannungen durch Axiallast mit zusätzlichen Zugspannungen aufgrund von Biegung überlagern. Es wird also ein Volumenelement auf der Außenfaser der Bohrstange betrachtet, welches durch Biegung gedehnt wird.

Die maximale Biegespannung hängt in diesem Fall vom Außendurchmesser D_a der betrachteten Bohrstange, dem Krümmungsradius der verbogenen Komponente r und dem

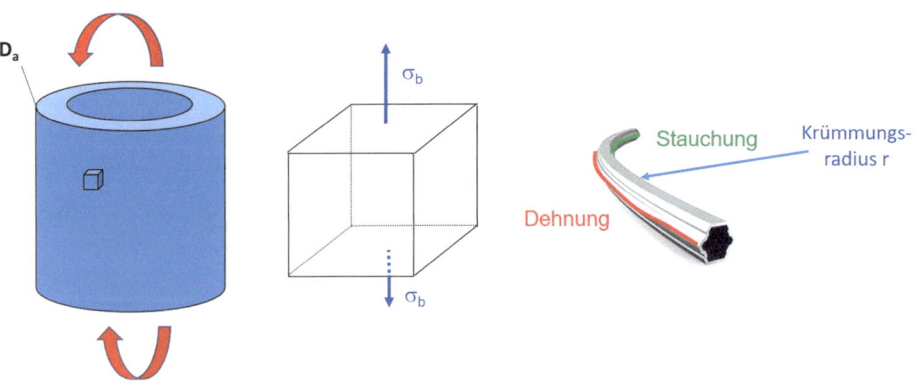

□ **Abb. 4.56** Biegespannung am Volumenelement

4.4 · Festigkeitsnachweis für einen Bohrstrang

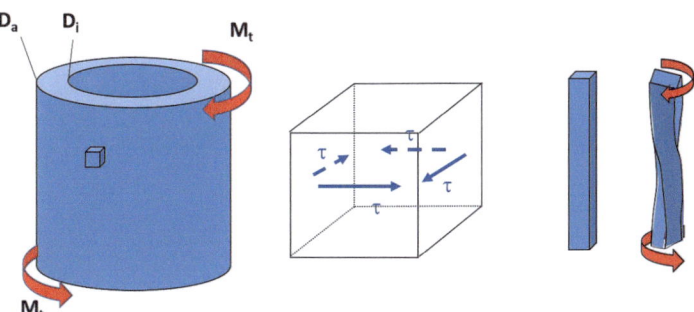

Abb. 4.57 Torsionsspannung am Volumenelement

E-Modul des Materials der Komponente ab. In der Regel handelt es sich um Stahl mit einem E-Modul von etwa $210.000\,\text{N/mm}^2$:

$$\sigma_b = \frac{D_a E}{2r}$$

Schubspannung τ

Aufgrund der Übertragung von Drehmoment (vom Top Drive zum Bohrmeißel) steht der Bohrstrang unter Torsionsbelastung.

Die resultierende Schubspannung wirkt in den vier dargestellten Oberflächen des ausgewählten Volumenelements (Abb. 4.57). Sie lässt sich berechnen, indem man das im betreffenden Querschnitt angreifende Torsionsmoment M_t durch das polare Widerstandsmoment W_p dividiert, das sich aus dem Außen- und dem Innendurchmesser der betrachteten Bohrstange ergibt:

$$\tau = \frac{M_t}{W_p}$$

$$W_p = \frac{\pi (D_a^4 D_i^4)}{16 D_a}$$

Spannungen durch Innendruck σ_{pi}

Ein Bohrstrang steht im Bohrbetrieb unter dem erheblichen Innendruck der Bohrspülung. Ähnlich wie bei einem Luftballon bewirkt ein hoher Innendruck, dass der Bohrstrang in Längs-, Tangential- und Radialrichtung gedehnt wird (Abb. 4.58). Deshalb entstehen durch Innendruck entsprechende Spannungen in allen drei Richtungen des Koordinatensystems. Die Spannungen werden im Folgenden näher beschrieben.

Zugspannung durch Innendruck $\sigma_{z,pi}$

Betrachtet wird eine Bohrstange mit dem Außendurchmesser D und dem Innendurchmesser d. Es wird angenommen, dass die Stange an ihren Stirnseiten geschlossen ist und in ihrem Inneren ein Innendruck p_i herrscht.

Der Innendruck in der Bohrstange p_i wirkt auf die Kreisfläche mit dem Durchmesser d. Diese Fläche ist in Abb. 4.59 als A_i bezeichnet.

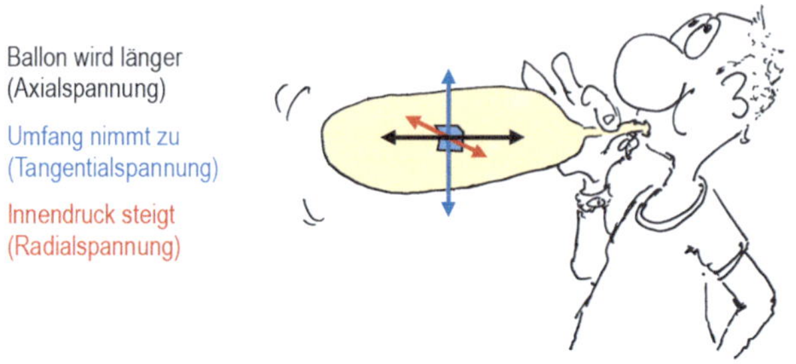

Abb. 4.58 Wirkung von Innendruck

Ballon wird länger
(Axialspannung)

Umfang nimmt zu
(Tangentialspannung)

Innendruck steigt
(Radialspannung)

Abb. 4.59 Zugspannung durch Innendruck

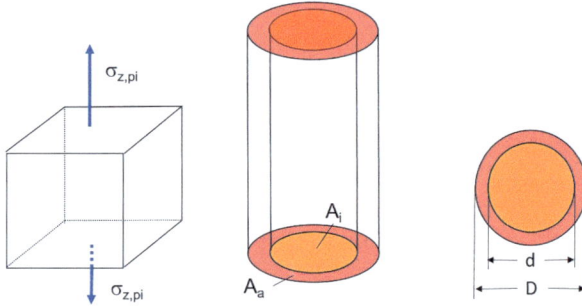

Die aus dem Innendruck resultierende und auf die Fläche A_i wirkende Axialkraft führt zu einer Zugbelastung der Außenwand des Rohrstückes. Die Längsspannung in der Außenwand berechnet sich aus der durch den Druck hervorgerufenen Druckkraft auf die Fläche A_i und der Querschnittsfläche der Rohrwandung A_a.

Man erhält die Beziehung

$$\sigma_{z,pi} = \frac{p_i A_i}{A_a}$$

bzw. nach Umformung

$$\sigma_{z,pi} = \frac{p_i}{\left(\frac{D}{d}\right)^2 - 1}.$$

Tangentialspannung durch Innendruck σ_t

Durch den Innendruck gewinnt die betrachtete Bohrstange an Durchmesser. Der auf der Innenseite der Rohrwandung wirkende Druck p_i dehnt also das Rohrmaterial in Umfangsrichtung, sodass im Rohrkörper eine tangentiale Kraft entsteht, die auf den in **Abb. 4.60** rot dargestellten Längsquerschnitt der Rohrwandung bezogen werden muss, um die resultierende Spannung zu ermitteln.

Man erhält für die Tangentialspannung durch Innendruck die Gleichung

$$\sigma_{z,pi} = \frac{2 p_i}{\left(\frac{D}{d}\right)^2 - 1}.$$

Ein Vergleich mit der Gleichung für die axiale Zugspannung durch Innendruck $\sigma_{z,pi}$ (s. oben) ergibt, dass die Tangentialspannung durch Innendruck σ_t immer doppelt so groß ist wie die Zugspannung durch Innendruck $\sigma_{z,pi}$.

Abb. 4.60 Tangentialspannung durch Innendruck

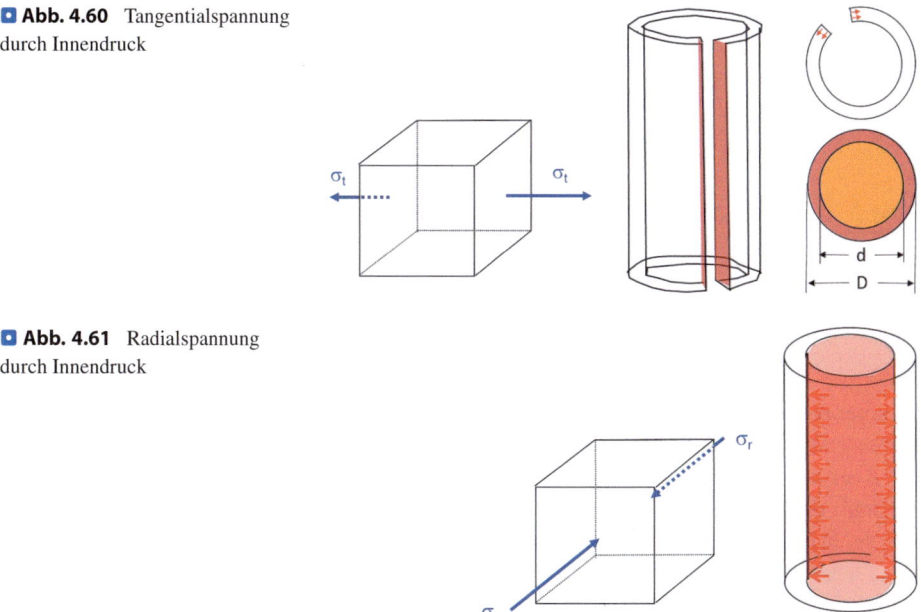

Abb. 4.61 Radialspannung durch Innendruck

Einen praktischen Beweis für die Richtigkeit dieses Sachverhalts bietet jedes Würstchen, das in kochendes Wasser geworfen in seinem Inneren Dampf bildet, welcher den Druck im Inneren des Würstchens erhöht, bis es schließlich in Längsrichtung, aber nie in Querrichtung aufplatzt.

Radialspannung durch Innendruck σ_r

Der Innendruck, der in der Bohrstange herrscht, erzeugt am Innenradius der Rohrwandung eine Spannung σ_r, die in radialer Richtung wirkt und dem anliegenden Innendruck p_i entspricht (Abb. 4.61):

$$\sigma_r = -p_i$$

An der Außenseite der betrachteten Bohrstange führt der anstehende Außendruck zu einer radial wirkenden Spannung, die dem Außendruck entspricht:

$$\sigma_r = p_a$$

Da der Innendruck radial nach außen, der Außendruck aber radial nach innen wirkt, besitzen die resultierenden Radialspannungen unterschiedliche Vorzeichen.

Dreidimensionale Gesamtbelastung des Volumenelements

Würde man alle vorgestellten Spannungen und Schubspannungen am betrachteten Volumenelement des Rohrkörpers in einem Bild zusammentragen, ergäbe sich ein recht komplexes Bild. Um zu einer einfacheren Darstellung zu gelangen, werden alle in Längsrichtung wirkenden Spannungen, also die axial wirkende Zugspannunge σ_z, die durch Biegung hervorgerufene Zugspannung σ_b und die Zugspannung durch Innendruck $\sigma_{z,pi}$,

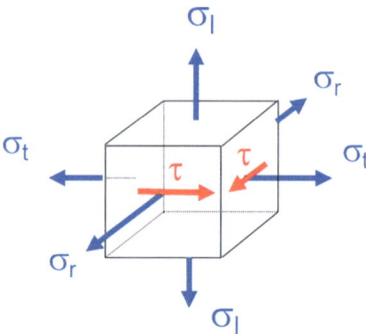

◘ **Abb. 4.62** Dreidimensionaler Lastfall am Volumenelement

zu einer einzigen Zugspannung in Längsrichtung σ_l zusammengefasst. Damit ergibt sich für unser Volumenelement der in ◘ Abb. 4.62 gezeigte dreidimensionale Lastfall.

Aber auch dieser Lastfall erscheint für eine weitere Behandlung noch zu komplex. Deshalb wird eine nächste Vereinfachung vorgenommen, indem aus den in ◘ Abb. 4.62 gezeigten Größen, die in drei Dimensionen wirken, eine eindimensionale Vergleichsspannung berechnet wird (◘ Abb. 4.63).

Die Vergleichsspannung σ_v ist eine eindimensionale Spannung, die den dreidimensionalen Lastfall am betrachteten Volumenelement repräsentiert. Sie stellt also eine imaginäre eindimensionale Spannung dar, bei der die Festigkeit des Materials im selben Maße ausgeschöpft wird, wie es im komplexen und realen dreidimensionalen Lastfall der Fall ist.

Wenn ein Material die Vergleichsspannung σ_v ertragen kann, kann es auch den dreidimensionalen Lastfall mit seinen Längs-, Radial-, Tangential- und Schubspannungen ertragen.

Zur Berechnung einer Vergleichsspannung gibt es mehrere Ansätze, die in den Vorlesungen zur technischen Mechanik behandelt werden. Einer davon ist die Berechnung der Vergleichsspannung nach der Gestaltänderungshypothese nach Mises, der insbesondere für nicht allzu spröde Materialien, die mit wechselnder, aber nicht stoßendender Belastung beansprucht werden, zum Einsatz kommt. Die Vergleichsspannung σ_v errechnet sich

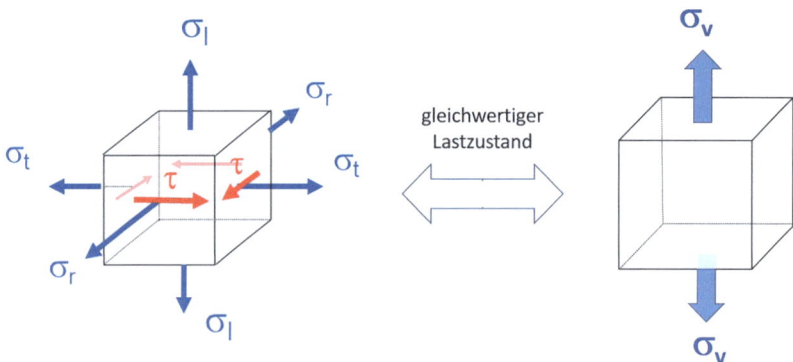

◘ **Abb. 4.63** Vergleichsspannung für das Volumenelement

4.4 · Festigkeitsnachweis für einen Bohrstrang

in diesem Fall nach der folgenden Gleichung:

$$\sigma_v^2 = \sigma_l^2 + \sigma_t^2 + \sigma_r^2 - \sigma_l\sigma_t - \sigma_l\sigma_r - \sigma_t\sigma_r + 3\tau^2$$

Eine Analyse der Terme der Gleichung zur Berechnung der Vergleichsspannung ergibt in der Regel, dass die durch Druckspannungen verursachten Anteile der Gesamtbelastung deutlich geringer sind als die Belastungen durch Zug, Eigengewicht, Biegung und Drehmoment. Deshalb werden die durch Innendruck hervorgerufenen Spannungen oft vernachlässigt. Die Gleichung vereinfacht sich in diesem Fall zu

$$\sigma_v^2 = \sigma_l^2 + 3\tau^2$$

bzw. zu

$$\sigma_v = \sqrt{\sigma_l^2 + 3\tau^2}.$$

Der Festigkeitsnachweis für ein Bauteil ist dann erbracht, wenn die Vergleichsspannung σ_v kleiner als die in ◘ Abb. 4.52 vorgestellte untere Streckgrenze $\sigma_{S,u}$ ist. Da im Laufe der vorgestellten Berechnungen aber einige Vereinfachungen vorgenommen und beispielsweise Verschleiß, Korrosion, Schläge usw. nicht berücksichtigt wurden, verlässt man sich in der Praxis nicht auf dieses Ergebnis, sondern führt noch einen Sicherheitsbeiwert S in die Betrachtung ein. Dieser wird meist zu 1,5 bis 2 angesetzt. Damit ist das Kriterium für einen ersten groben Festigkeitsnachweis wie folgt definiert:

$$\sigma_v S \leqq \sigma_{S,u}$$

Die untere Streckgrenze des Materials der betrachteten Bohrstange muss also die berechnete Vergleichsspannung um das 1,5- bis 2-Fache übertreffen, damit ein sicherer Einsatz im Bohrbetrieb gewährleistet ist.

Im Rahmen des Festigkeitsnachweises ist grundsätzlich von den Maximalbelastungen auszugehen, die auf den Bohrstrang einwirken können. Beispielsweise müssen bei den Axiallasten nicht nur Gewichtskräfte, sondern auch Überlasten (Overpulls) berücksichtigt werden, die beim potenziellen Versuch, einen in der Bohrung festsitzenden Bohrstrang wieder frei zu ziehen, auftreten können. Oft wird dieser Overpull durch einen 30 %igen Zuschlag auf das Stranggewicht in Luft angesetzt.

Bei der Betrachtung der Spannungen durch Umlaufbiegung ist darauf zu achten, dass diese an keiner Stelle des Bohrstranges die Dauerfestigkeit des Materials überschreiten. Je stärker ein Bauteil durch eine statische Axiallast (Zug oder Druck) vorbelastet ist, desto geringere überlagernde Wechsellasten kann es darüber hinaus noch ertragen. In ◘ Abb. 4.64 links ist zu sehen, wie die maximal zulässige Wechsellast (Schwellfestigkeit) mit zunehmender statischer Grundbelastung (Zug- oder Druckbelastung) des Bohrstranges abnimmt.

Beim Einsatz in aggressiven Medien nimmt die Zeitfestigkeit des Materials gegenüber dem Einsatz in Luft ebenfalls merklich ab (◘ Abb. 4.64 rechts).

In der Praxis können nicht alle Einflussgrößen kontinuierlich überwacht und bewertet werden. Deshalb werden alle Bohrstrangelemente regelmäßigen gründlichen Inspektionen unterzogen.

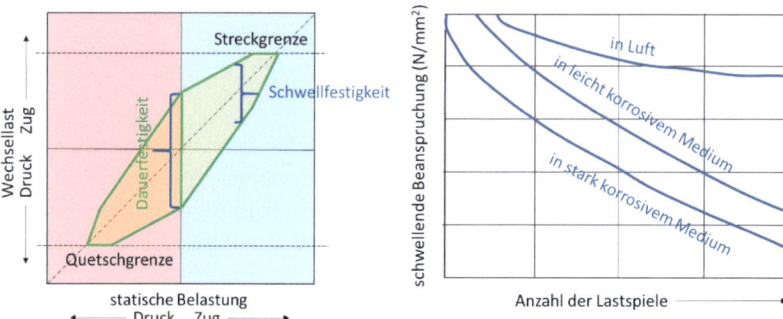

Abb. 4.64 Dauerfestigkeit und Zeitfestigkeit in aggressiven Medien

4.4.3 Rechenübungen zum Festigkeitsnachweis

In diesem Kapitel wird ein einfaches Beispiel für einen Festigkeitsnachweis vorgestellt. Er soll die vorab beschriebene generelle Vorgehensweise verdeutlichen, ersetzt aber nicht den umfassenden Festigkeitsnachweis mit üblichen Softwarepaketen und ihren entsprechend tiefergehenden Betrachtungen.

▶ **Übungsaufgabe 1**

Gegeben (Abb. 4.65):
  Bohrgarnitur
- 3½″-Bohrgestänge
  – 24 kg/m (inkl. Verbinder)
  – Verdrängung: 3 l/m
  – $D_a = 88{,}9$ mm, $D_i = 66$ mm
- 96 m 3½″-Schwerstangen
  – 70 kg/m
  – Verdrängung: 9,4 l/m
  Endteufe: 3790 m
  Spülungsdichte: 1,2 kg/l
  Drehmoment am Top Drive: 11.000 Nm
  Meißelandruckkraft: 30.000 N

Abb. 4.65 Beispiel 1

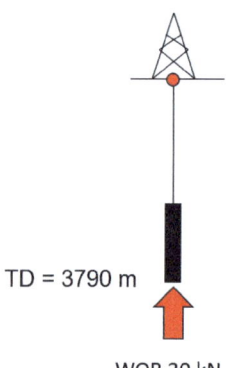

TD = 3790 m

WOB 30 kN

4.4 · Festigkeitsnachweis für einen Bohrstrang

Gesucht sind die Beanspruchung der oberen Bohrstange (roter Punkt) und eine Entscheidung darüber, welche Materialgüte für die Bohrstangen des Bohrstranges ausgewählt werden soll.

Lösungsweg: Zunächst wird die Zugspannung am oberen Ende des Stranges berechnet:
- Gewichtskraft der **Schwerstangen**:
  - 96 m Schwerstangen à 70 kg/m → 66 kN
  - Auftriebskraft: 9,4 l/m á 1,2 kg/l → 10,6 kN
  - Gewichtskraft **in Spülung** → **55,4 kN**
- Gewichtskraft der **Bohrstangen**:
  - 3694 m Gestänge á 24 kg/m → 870 kN
  - Auftriebskraft: 3 l/m á 1,2 kg/l → 130 kN
  - Gewichtskraft **in Spülung** → **740 kN**
- Gesamtgewichtskraft des **Stranges in Spülung** → **795,4 kN**
- **Hakenlast** (Gewichtskraft minus Meißelandruckkraft (30 kN)) → **765,4 kN**
- Berechnung der **Querschnittsfläche des Bohrgestänges**:

$$A = \frac{\pi}{4}(D_a^2 - D_i^2) = 2786 \text{ mm}^2$$

- **Obertägige Zugspannung**:

$$\sigma_z = \frac{765 \text{ kN}}{2786 \text{ mm}^2} = 275 \text{ N/mm}^2$$

- **Biegespannung**:
  - Die Biegespannung in einer Vertikalbohrung ist null!
- **Torsionsspannung**:
  - Polares Widerstandsmoment:

$$W_p = \frac{\pi(D_a^4 - D_i^4)}{16 D_a} = 96{,}046 \text{ mm}^3$$

  - Torsionsspannung:

$$\tau_{max} = \frac{11 \text{ kNm}}{96{,}046 \text{ mm}^3} = 114{,}6 \text{ N/mm}^2$$

- **Vergleichsspannung**:

$$\sigma_v^2 = \sigma_l^2 + 3\tau^2$$

$$\sigma_{v,max} = \sqrt{(275 \text{ N/mm}^2)^2 + 0 + 3(114{,}6 \text{ N/mm}^2)^2} = 339{,}2 \text{ N/mm}^2$$

Die Vergleichsspannung muss größer als die untere Streckgrenze des Rohrmaterials sein. In der Praxis wird noch eine Sicherheit von 1,5 angenommen.

Unter Berücksichtigung des Sicherheitsfaktors von $S = 1{,}5$ muss das Gestänge eine untere Streckgrenze von mindestens $339{,}2 \text{ N/mm}^2 \cdot 1{,}5 = 508{,}8 \text{ N/mm}^2$ aufweisen.

Gestänge mit dem Gütegrad E besitzt eine untere Streckgrenze von 515 N/mm^2, Gestänge mit Gütegrad X eine von 655 N/mm^2.

Theoretisch wäre Gestänge mit Gütegrad E für den Einsatz also ausreichend dimensioniert. Allerdings fällt das Ergebnis recht knapp aus; die errechnete Belastung im Bohreinsatz liegt nur etwa 1 % oberhalb der Festigkeit des Materials.

Deshalb sollte man sich durchaus auch für die Verwendung eines Stranges mit dem Gütegrad X entscheiden. Die daraus resultierenden Zusatzkosten für den Einsatz würden mit einer erhöhten Sicherheit gegen ein Bohrstrangversagen aufgewogen. ◄

► Übungsaufgabe 2

Im Unterschied zur ersten Übungsaufgabe soll nun ein Bohrprofil betrachtet werden, bei dem in einer Tiefe von 170 m ein (geringer) Neigungsaufbau stattfinden soll.

Gegeben (◘ Abb. 4.66):
- $3\,1/2''$-Bohrgestänge
  - 24 kg/m (inkl. Verbinder)
  - Verdrängung: 3 l/m
  - $D_a = 88{,}9$ mm, $D_i = 66$ mm
- 96 m $3\,1/2''$-Schwerstangen
  - 70 kg/m
  - Verdrängung: 9,4 l/m
- Beginn der Ablenkung bei einer Tiefe von 170 m
- Innerhalb einer Bohrstrecke von 25 m Neigungsaufbau auf 2,5°
- Danach Tangente bis 3790 m Teufe
- Spülungsdichte: 1,2 kg/l
- Drehmoment am Top Drive: 11.000 Nm
- Meißelandruckkraft: 30.000 N

Gesucht ist die Beanspruchung des Gestänges im oberen Bereich der Krümmung (bei 170 m Tiefe).

◘ **Abb. 4.66** Beispiel 2

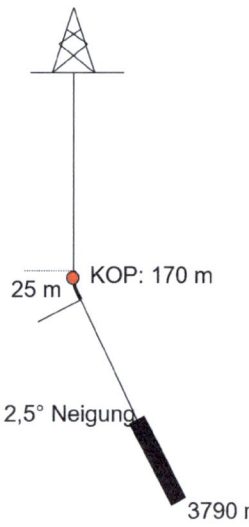

4.4 · Festigkeitsnachweis für einen Bohrstrang

Lösungsweg:

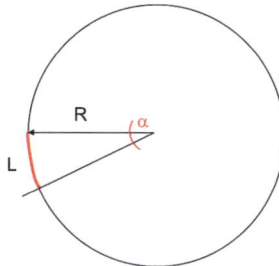

Zunächst wird der Radius des gekrümmten Teiles der Bohrung berechnet:

$$\frac{\alpha}{L} = \frac{360°}{2\pi R}$$

$a = 2{,}5°, L = 25\,\text{m}$

$$R = \frac{360° \cdot 25\,\text{m}}{2\pi \cdot 2{,}5°} = 573\,\text{m}$$

Nun wird die Beanspruchung des Bohrstranges am oberen Ende der Krümmung berechnet. Aufgrund der geringen Neigung soll die Reibung vernachlässigt werden.

Zugspannung
- Gewichtskraft des kompletten Bohrstranges in Spülung (s. oben): 795,4 kN
- Abzüglich Meißelandruck: 795,4 kN − 30 kN = 765,4 kN
- Gewichtskraft der oberen 170 m Bohrgestänge:
  - Gewichtskraft in Luft: 170 m · 24 kg/m = 40 kN
  - Auftriebskraft: 170 m · 3 l/m · 1200 kg/m³ · 9,81 m/s² = 6 kN
  - Gewichtskraft in Spülung: 40 kN − 6 kN = 34 kN
  - Gewichtskraft in 170 m Tiefe:
  - 765,4 kN − 34 kN = 731,4 kN
  - **Zugspannung in 170 m Tiefe**:

$$\sigma_z = \frac{731{,}4\,\text{kN}}{2786\,\text{mm}^2} = 263\,\text{N/mm}^2$$

Biegespannung:

$$\sigma_B = \frac{D_a E}{2R}$$

$E = 210.000\,\text{N/mm}^2$ (Stahl)

$\sigma_B = 0{,}5 \cdot 88{,}9\,\text{mm} \cdot 210.000\,\text{N/mm}^2 / 573.000\,\text{mm} = 16{,}3\,\text{N/mm}^2$

Aus der Zug- und der Biegespannung ergibt sich die Gesamtlängsspannung:

$$\sigma_l = 263\,\text{N/mm}^2 + 16{,}3\,\text{N/mm}^2 = 279{,}3\,\text{N/mm}^2$$

Die Schubspannung beträgt wie in der ersten Übungsaufgabe 1 $\tau = 114{,}6\,\text{N/mm}^2$.
Damit berechnet sich die Vergleichsspannung zu:
Maximale Vergleichsspannung:

$$\sigma_{v,\text{max}} = \sqrt{\sigma_l^2 + 3\tau^2}$$

$$\sigma_{v,\text{max}} = \sqrt{(279{,}3\,\text{N/mm}^2)^2 + 3(114{,}6\,\text{N/mm}^2)^2} = 357\,\text{N/mm}^2$$

Gestänge mit dem Gütegrad E besitzt eine untere Streckgrenze von 515 N/mm², Gestänge mit Gütegrad X eine von 655 N/mm².

Im Gegensatz zur ersten Übungsaufgabe ist diesmal unter Berücksichtigung des Sicherheitsfaktors von 1,5 zwingend ein Gestänge der Güte X einzusetzen. ◄

Bohrspülung

Inhaltsverzeichnis

5.1 Eigenschaften der Bohrspülung – 112
5.1.1 Viskosität – 112
5.1.2 Thixotropie – 114
5.1.3 Dichte – 115
5.1.4 Filterkuchenbildung – 118

5.2 Anforderungen an die Bohrspülung – 119
5.2.1 Vermeidung von Reaktionen mit der Formation – 119
5.2.2 Vermeidung von Schädigungen der Lagerstätte – 120
5.2.3 Sonstige Anforderungen an die Bohrspülung – 120

5.3 Anpassung der Eigenschaften der Bohrspülung im Bohrbetrieb – 121

© Der/die Autor(en), exklusiv lizenziert an Springer-Verlag GmbH, DE, ein Teil von Springer Nature 2025
M. Reich, *Tiefbohrtechnik*, https://doi.org/10.1007/978-3-662-70635-0_5

Eine Tiefbohrung muss immer mit Bohrspülung befüllt bzw. von Bohrspülung durchströmt sein. Nur so ist sicherzustellen, dass das Bohrloch stabil bleibt und der Bohrprozess sicher und ohne Zwischenfälle vonstattengehen kann. Bohrspülungen werden fälschlicherweise gelegentlich als Bohrschlamm bezeichnet, vermutlich weil man sie auf Englisch als „drilling muds" bezeichnet. Tatsächlich handelt es sich bei einer Bohrspülung aber um eine komplexe Spezialflüssigkeit, die detailliert auf den jeweiligen Einsatz abgestimmt ist und im Bohrbetrieb laufend überprüft und an die anspruchsvollen und veränderlichen untertägigen Bedingungen angepasst wird. In diesem Kapitel werden die wichtigsten Zutaten und Eigenschaften von Bohrspülungen vorgestellt.

Zum Thema Bohrspülungen gibt es im Rahmen des Studiengangs Geo-Energiesysteme an der TU Bergakademie Freiberg eine ausführliche separate Lehrveranstaltung, zu der auch eigenständige Literatur vorliegt.

In diesem Buch sollen nur diejenigen Eigenschaften der Bohrspülung behandelt werden, die für die Tiefbohrtechnik eine direkte Bedeutung besitzen. Die Spülungschemie, die zur Herstellung der Bohrspülungen und zur detaillierten Beschreibung ihrer Wirkungsweise sehr wichtig ist, wird hier nicht behandelt. Ebenso werden die rheologischen Aspekte nicht ausführlich betrachtet.

5.1 Eigenschaften der Bohrspülung

Die meisten Bohrspülungen sind wasserbasische Spülungen, das heißt, dass sie auf Basis von Wasser hergestellt werden. Wasser ist umweltfreundlich, kostengünstig und praktisch überall verfügbar. Allerdings müssen dem Wasser für Anwendungen in der Tiefbohrtechnik verschiedene Zusätze beigemischt werden, damit die Bohrspülung die vielfältigen Anforderungen an einen reibungslosen Bohrbetrieb erfüllen kann.

Im Folgenden werden die wichtigsten Eigenschaften einer Bohrspülung beschrieben und die Zusätze erläutert, mit denen man diese Eigenschaften beeinflussen kann.

5.1.1 Viskosität

Um das am Meißel entstehende Bohrklein aus der Bohrung austragen zu können, muss die Bohrspülung eine gewisse Viskosität (Zähflüssigkeit) aufweisen. Zur Quantifizierung der Viskosität wird das zu testende Fluid zwischen zwei parallelen Platten positioniert, die einen definierten Abstand voneinander besitzen. Die Kraft, die dann benötigt wird, um eine der Platten gegenüber der anderen mit einer bestimmten Geschwindigkeit parallel zu verschieben, bezeichnet man als dynamische Viskosität η. Sie wird in der Einheit Kraft pro Meter Abstand und Geschwindigkeit, also $N\,s/m^2 = Pas$ (Pascalsekunden) angegeben. In ◘ Abb. 5.1 rechts ist die Größenordnung der dynamischen Viskosität von Wasser, Olivenöl und Honig gegenübergestellt.

Ein in der Spülungstechnik sehr gebräuchliches Andickungsmittel ist Ton. Meist wird Bentonit, ein spezielles Gemisch aus verschiedenen Tonmineralien, verwendet, um die Viskosität der Bohrspülung zu steigern.

Zur laborativen Bestimmung der Viskosität einer Bohrspülung wird das Rotationsviskosimeter verwendet (◘ Abb. 5.1). Die zu testende Bohrspülung wird in einen Behälter gefüllt, der in das Messgerät eingesetzt wird. Ein Rotationszylinder, der in die Spülung

5.1 · Eigenschaften der Bohrspülung

Abb. 5.1 Rotationsviskosimeter

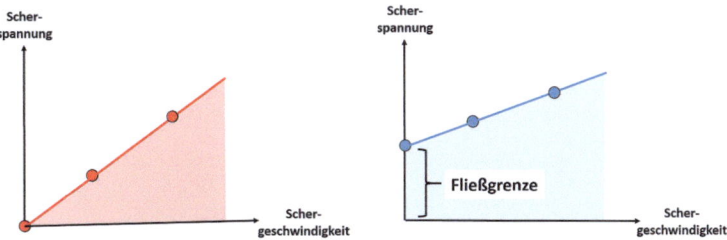

Abb. 5.2 Fließkurven. *Links* Newton'sche Flüssigkeit, *rechts* Bingham-Fluid

eintaucht, wird nun über den Antriebsmotor des Messgeräts mit verschiedenen Drehzahlen beaufschlagt. Bei jeder Drehzahl wird die erforderliche Antriebsleistung für die Rotation gemessen. Da die Spaltbreite zwischen dem Rotationszylinder und dem Spülungsbehälter bekannt ist, kann die ermittelte Antriebsleistung in eine Scherspannung im untersuchten Fluid umgerechnet werden. Der Durchmesser des Rotationszylinders ist ebenfalls bekannt und kann über die Drehzahl des Zylinders in eine Schergeschwindigkeit umgerechnet werden.

Wenn die Scherspannung in einem Diagramm über der Schergeschwindigkeit aufgetragen wird, ergibt sich für Newton'sche Flüssigkeiten (dazu gehört z. B. Wasser) eine Gerade, die mit einer bestimmten Steigung durch den Ursprung des Diagramms verläuft. Die Steigung der Geraden stellt die dynamische Viskosität η dar. Sie wird in der Einheit mPas (Millipascalsekunden) angegeben.

In ■ Abb. 5.2 links ist die Fließkurve eines Newton'schen Fluids dargestellt. Vereinfacht gesagt ist es so, dass sich das Fluid umso intensiver bewegt, je mehr Kraft aufgewendet wird. Man kann sich das anhand eines Bootes verdeutlichen, das im Wasser liegt. Je stärker man an dem Boot zieht, desto schneller bewegt es sich durch das Wasser. Ganz ohne Zugkraft bleibt das Boot stehen, bei Aufbringung einer kleinen Kraft setzt es sich aber bereits in Bewegung.

In ■ Abb. 5.2 rechts sieht man dagegen die Fließkurve eines Bingham-Fluids. Die meisten Bohrspülungen verhalten sich wie Bingham-Fluide. Sie bilden im Ruhezustand eine Gelstruktur, die man im weitesten Sinne mit einem Wackelpudding vergleichen kann. Um die Gelstruktur zu brechen und die Spülung zum Fließen zu bringen, muss erst eine gewisse Mindestkraft (Fließgrenze) überwunden werden. Die Steigung der Geraden im Diagramm ist wieder ein Maß für die Viskosität der Flüssigkeit; da die Fließkurve aber nicht durch den Ursprung des Diagramms verläuft, spricht man hier von einer scheinbaren Viskosität. Ein Bingham-Fluid aus dem Alltag ist zum Beispiel Ketchup. Wenn man die

Abb. 5.3 Marsh-Trichter

Flasche vorsichtig auf den Kopf stellt, fließt noch kein Ketchup heraus. Erst wenn man die Flasche schüttelt, wird der Inhalt flüssig.

Im Feldeinsatz auf der Tiefbohranlage steht zwar jederzeit ein Rotationsviskosimeter zur Verfügung, jedoch befindet sich dieses im Spülungslabor und ist von der Tankanlage aus nicht direkt erreichbar. Zur schnelleren und einfacheren Abschätzung der Viskosität direkt auf der Tankanlage wird im Feld oft der Marsh-Trichter verwendet (Abb. 5.3). Es handelt sich um einen einfachen Trichter, der unten eine kleine Öffnung besitzt.

Der Marsh-Trichter wird mit 1,5 l Bohrspülung befüllt, während der Auslauf an der Unterseite mit einem Finger verschlossen gehalten wird. Dann wird der Trichter über einen Messbecher gehalten und der Finger weggezogen. Nun wird die Zeit gemessen, die verstreicht, bis der Messbecher unter dem Trichter mit genau 1 l der Testflüssigkeit gefüllt ist.

Das Auslaufen von 1 l Wasser aus dem Marsh-Trichter dauert exakt 25 s. Bei höherviskosen Flüssigkeiten dauert der Messvorgang entsprechend länger.

5.1.2 Thixotropie

Im praktischen Bohrbetrieb kommt es immer wieder vor, dass die Spülpumpen der Anlage abgestellt werden müssen, beispielsweise um auf der Arbeitsbühne eine neue Bohrstange nachzusetzen. Wenn die Bohrspülung im Ringraum eine Newton'sche Flüssigkeit wäre, würde sich das darin enthaltene Bohrklein nach unten hin absetzen. Im schlimmsten Fall könnte es sich an Engstellen des Ringraumes so weit ansammeln, dass schließlich der Bohrstrang im Bohrloch blockiert wird.

5.1 · Eigenschaften der Bohrspülung

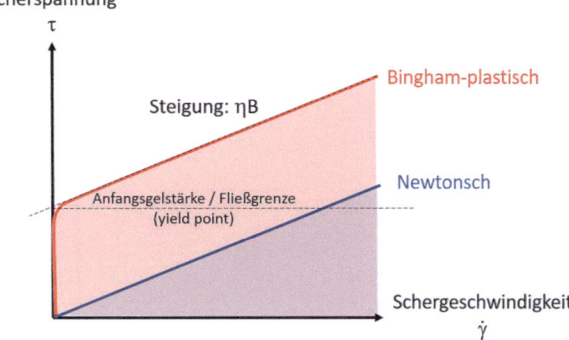

Abb. 5.4 Fließkurven verschiedener Flüssigkeiten

Um das Absetzen des Bohrkleins in der stillstehenden Spülung zu unterbinden, muss die Bohrspülung eine gewisse Thixotropie besitzen. Eine thixotrope Flüssigkeit ist dadurch gekennzeichnet, dass sie im Stillstand eine Gelstruktur bildet, die sie erstarren lässt. Das Bohrklein bleibt folglich in der ruhenden Spülung stecken und sedimentiert nicht aus. Erst unter Einwirkung einer Scherkraft, also beim Wiederanfahren der Pumpen, wird die Gelstruktur gebrochen und das Fluid wieder dünnflüssig.

Die Bohrspülung wird so zubereitet, dass die Gewichtskraft der Bohrkleinpartikel nicht ausreicht, um durch die ruhende vergelte Bohrspülung hindurch nach unten hin auszusedimentieren.

Zu den üblichen Strukturbildnern, mit denen das thixotrope Verhalten der Bohrspülung eingestellt wird, zählen Ton, aber auch Polymere wie zum Beispiel Stärke. Die Thixotropie einer Bohrspülung wird wie die Viskosität mittels Rotationsviskosimeter ermittelt (Abb. 5.1). Im Gegensatz zu einer Newton'schen Flüssigkeit wie Wasser sind die resultierenden Fließkurven aber keine Geraden, die durch den Ursprung verlaufen, sondern Kurven, wie sie in Abb. 5.4 dargestellt sind.

Viele Bohrspülungen verhalten sich Bingham-plastisch, das heißt, dass die Fließkurve im Prinzip eine Gerade ist, die oberhalb des Nullpunktes auf der Scherspannungsachse beginnt und dann mit steigender Schergeschwindigkeit geradlinig verläuft. Der Achsabschnitt auf der Scherspannungsachse wird Anfangsgelstärke oder Yield Point (Einheit: Pa) genannt, die Steigung der Geraden für eine Bingham-Flüssigkeit im Diagramm wird als scheinbare Viskosität η_B bezeichnet.

5.1.3 Dichte

Während der Bohrarbeiten dürfen keine Zuflüsse aus dem Porenraum des umgebenden Gesteins in die Bohrung hinein auftreten. Die Dichte der Bohrspülung wird deshalb so eingestellt, dass der Druck im Bohrloch immer etwas größer ist als der Druck der Fluide in den Poren des umgebenden Gesteins. Man spricht in diesem Fall von Overbalance. Je größer der Überdruck im Bohrloch ist, desto größer ist die Sicherheit gegen Zuflüsse (Kicks).

Ein zu hoher Druck in der Bohrung kann allerdings dazu führen, dass das Gestein aufbricht und Risse bekommt. Diesen Vorgang bezeichnet man oft als Fracking, die korrekte Bezeichnung ist aber Hydraulic Fracturing.

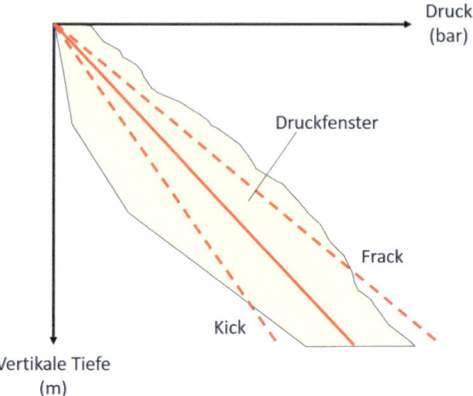

Abb. 5.5 Stark vereinfachtes Druckfenster einer Bohrung

Für den sicheren Bohrbetrieb ist es also wichtig, den Druck im Bohrloch immer innerhalb eines gewissen Druckfensters zu halten, in dem weder Kick- noch Frackgefahr besteht und das Bohrloch stabil ist. In ◘ Abb. 5.5 ist beispielhaft solch ein Druckfenster zu sehen. Da die Bohrung immer vollständig mit Bohrspülung gefüllt sein muss, beginnt die Druckkurve der Spülung im Ursprung des Diagramms bei der Tiefe 0 m und verläuft dann mit zunehmender Tiefe linear nach unten rechts. Die Steigung der Spülungsgeraden im Diagramm hängt nur von der Dichte der Bohrspülung ab. Die Dichte gibt an, welche Masse ein bestimmtes Volumen der zu untersuchenden Substanz besitzt. Trinkwasser besitzt eine Dichte von 1 kg/l.

Um die Dichte der Bohrspülung zu erhöhen, werden ihr feingemahlene Beschwerungsmittel wie zum Beispiel Salz (doppelte Dichte von Wasser), Kreide (dreifache Dichte von Wasser) oder Schwerspat (vierfache Dichte von Wasser) zugesetzt.

Die Dichte der Spülung muss im Bohrbetrieb laufend überwacht werden. Dazu verwendet man eine Spülungswaage (◘ Abb. 5.6). Die Spülungswaage besteht aus einem Zylinder, der ein definiertes Volumen an Spülung aufnehmen kann, einem Deckel mit einer mittigen Bohrung und einem an den Messzylinder angebrachten Hebelarm, auf dem sich ein verschiebbares Gewicht befindet.

Zur Messung der Dichte wird der Messzylinder mit der Bohrspülung befüllt. Dann wird der Deckel auf den Zylinder aufgesetzt, wobei ein Teil der Spülung aus dem Zylinder verdrängt wird. Die überschüssige Spülung tritt aus der mittigen Bohrung im Deckel aus und wird dort mit einem Tuch abgewischt. Diese Prozedur stellt sicher, dass sich hinterher im Messzylinder ein genau definiertes Volumen der Bohrspülung befindet.

Nun wird die Spülungswaage auf das in der Aufbewahrungsbox befindliche Lager gesetzt (das ist der runde Knopf in der linken Hälfte des gelben Aufbewahrungsbehälters) und das Gewicht am Hebelarm der Waage so weit verschoben, bis die Waage im Gleichgewicht steht. Auf einer Skala auf dem Hebelarm der Waage kann nun direkt neben dem Gewicht die Dichte der Spülung im Messzylinder abgelesen werden.

Die Dichtemessung mit der Spülungswaage ist sehr einfach und praxistauglich und kann problemlos auf der Tankanlage durchgeführt werden. Im Labor werden Dichtemessungen auch mit einem Aräometer durchgeführt. Die zu untersuchende Bohrspülung wird dazu in den in ◘ Abb. 5.7 gezeigten rot hervorgehobenen Messbecher gefüllt. Der Mess-

5.1 · Eigenschaften der Bohrspülung

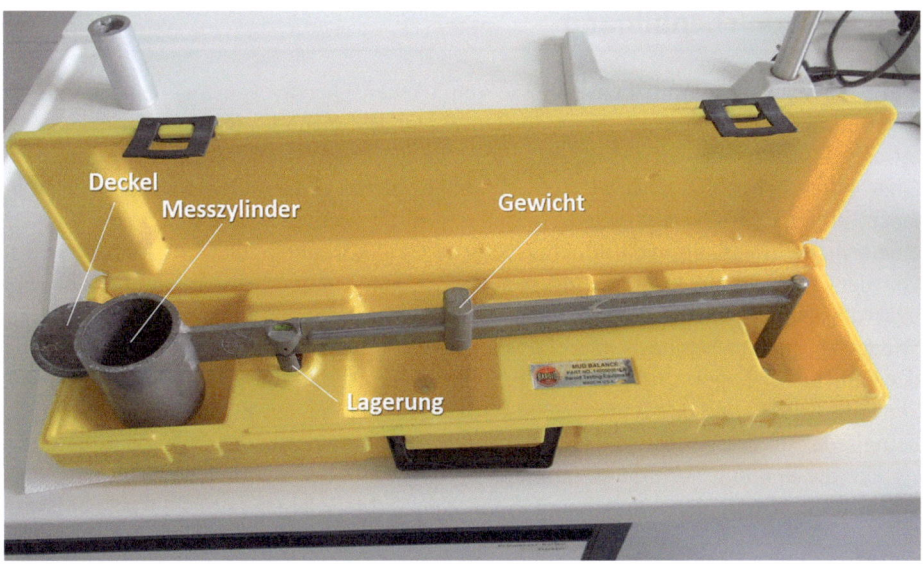

Abb. 5.6 Spülungswaage

becher wird anschließend mit dem restlichen Teil des Aräometers, dem Schwimmkörper, verschraubt. Dann wird das Aräometer in den mit Wasser gefüllten Standzylinder eingetaucht. Je nach Dichte der Bohrspülung im Messvolumen ragt die Skala des Schwimmkörpers mehr oder weniger weit aus der Wasseroberfläche heraus. Die Dichte der Spülung wird dort an der Skala des Schwimmkörpers abgelesen, wo der Wasserspiegel im Standzylinder ansteht.

Abb. 5.7 Aräometer

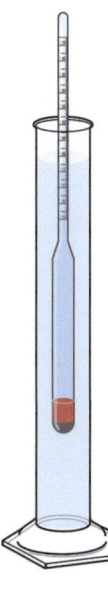

5.1.4 Filterkuchenbildung

Um während der Bohrarbeiten Zuflüsse von Wasser, Öl oder Gas aus dem Gestein in das Bohrloch zu verhindern, muss der Druck der Bohrspülung in der Bohrung immer etwas größer sein als der Druck der Fluide in den Poren der umgebenden Formation. Ohne Filterkuchenbildner in der Spülung würde aufgrund dieses Überdruckes (Overbalance) in der Bohrung kontinuierlich Spülung in die Formation verloren gehen. Das ist einerseits nicht günstig, weil Spülungsverluste Geld kosten, andererseits führt der Kontakt der Bohrspülung mit der umgebenden Formation unter Umständen aber auch zu unerwünschten Reaktionen. Zum Beispiel könnte die Formation durch den Kontakt mit Wasser zu quellen beginnen oder aufweichen. Das ist insbesondere in Tonformationen der Fall. In der Lagerstätte könnten die feinen Poren durch die Partikel in der Spülung verstopft werden und damit die spätere Produktion von Wasser, Erdöl oder Erdgas nachhaltig reduzieren.

Um die Spülungsverluste zu minimieren, obwohl in der Bohrung ein Überdruck angelegt wird, werden der Bohrspülung Filterkuchenbildner zugesetzt. Filterkuchenbildner bauen an der Bohrlochwand einen abdichtenden Filterkuchen auf. Als Filterkuchenbildner für Bohrspülungen verwendet man meist Tone oder Begleitmineralien wie Quarz, Glimmer oder Feldspat, deren Korngrößenverteilungen so aufeinander abgestimmt werden, dass sich bei Spülungsverlusten an der Bohrlochwand schnell ein abdichtender Filterkuchen entsteht (Abb. 5.8 links oben).

Die Fähigkeit der Spülung, einen effektiven Filterkuchen zu bilden, muss im Bohrbetrieb laufend überwacht werden. Dazu verwendet man die API-Filterpresse (Abb. 5.8). Zunächst wird auf der Siebplatte ein spezielles Filterpapier platziert. Dann wird auf der Siebplatte ein nach unten offener Zylinder installiert und mit der zu testenden Spülung befüllt. Anschließend wird der Zylinder mit dem Deckel verschlossen und über einen

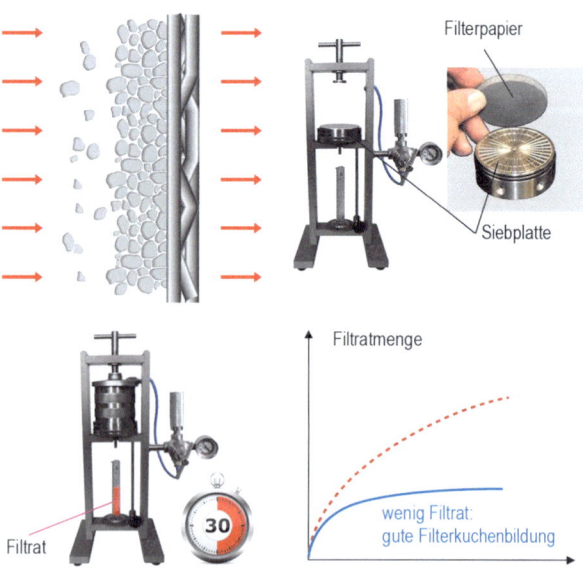

Abb. 5.8 API-Filterpresse

Druckschlauch an eine Kohlenstoffdioxidflasche angeschlossen. Der Druck des CO_2 beaufschlagt die Spülung mit einem Druck von exakt 100 psi (7 bar). Aufgrund des Druckes wird ein Teil der Spülung durch das Filterpapier hindurchgepresst. Die in der Spülung befindlichen Filterkuchenbildner passen nicht durch die Maschen des Filters. Sie bleiben auf dem Filter liegen und bilden allmählich einen dichten Filterkuchen.

Die Filtratmenge, die in dem Messbehälter unterhalb des Filterpapiers aufgefangen wird, wird über einen Zeitraum von 30 min beobachtet und in gewissen Zeitabständen notiert.

Der zeitliche Verlauf der Filtratmenge wird schließlich in einem Diagramm dargestellt (◘ Abb. 5.8 rechts unten). Je weniger Filtrat sich im 30-minütigen Beobachtungszeitraum im Messbehälter ansammelt, desto effektiver ist die Filterkuchenbildung der verwendeten Spülung. Nach der Messung wird die Filterpresse wieder zerlegt und der Filterkuchen hinsichtlich seiner Dicke und Konsistenz untersucht und bewertet.

5.2 Anforderungen an die Bohrspülung

5.2.1 Vermeidung von Reaktionen mit der Formation

Um das Bohrloch stabil zu halten, darf die Bohrspülung keine Reaktion mit der umgebenden Formation eingehen, das heißt, das Gestein darf unter Einwirkung der Spülung zum Beispiel nicht quellen, kleben oder sich auflösen.

Salz löst sich beispielsweise in ungesättigtem Wasser auf. Der Kontakt mit wasserbasischer Bohrspülung kann also zu Auskesselungen der Bohrlochwand führen. In einem übergroßen Bohrloch kann der Bohrstrang ausknicken. Das hat große Belastungen des Bohrgestänges durch Biegung zur Folge. Das Auflösen der Formation durch die Bohrspülung muss also verhindert werden.

Eine Lösung dieses Problems könnte darin bestehen, die Salzformation mit einer gesättigten Salzspülung zu durchbohren. Gesättigte Lösungen können ja kein weiteres Salz mehr aufnehmen. Allerdings ist bei Einsatz einer stark salzhaltigen Bohrspülung sofort eine erheblich gesteigerte Korrosion an den Komponenten des Bohrstranges und der Spülungsaufbereitungsanlage zu beobachten.

Eine andere Lösung könnte darin bestehen, in Salzformationen das Wasser der Spülung durch Öl zu ersetzen und somit mit einer ölbasischen Bohrspülung zu bohren, denn Öl reagiert nicht mit Salz.

Ähnliche Überlegungen müssen beim Durchbohren von Tonen angestellt werden, denn Ton quillt bei Kontakt mit Wasser auf, wird klebrig und schließlich sogar instabil. Dieses Problem kann durch Zusatz spezieller Toninhibitoren zumindest so weit reduziert werden, dass der Bohrungsabschnitt so lange stabil bleibt, dass er im Nachgang der Bohrarbeiten verrohrt und zementiert werden kann. Oder es muss auch hier auf eine ölbasische Bohrspülung zurückgegriffen werden, die nicht mit dem Ton reagiert. Ölbasische Spülungen sind jedoch deutlich teurer als wasserbasische und stellen eine größere Belastung der Umwelt dar.

Ob eine Bohrspülung mit einer bestimmten Formation kompatibel ist, kann durch einen Rolltest untersucht werden. Hierbei werden Proben der Formation (Partikel, Pel-

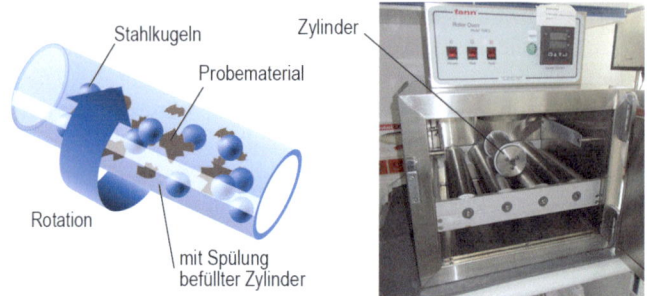

Abb. 5.9 Rolltest im Ofen

lets) in einem mit Spülung gefüllten Glaszylinder waagerecht liegend für einen längeren Zeitraum in Rotation versetzt, damit ein möglichst intensiver Kontakt der Spülung mit der Formationsprobe ermöglicht wird. Während des Tests wird beobachtet, wie sich die Eigenschaften der Probe über die Versuchsdauer verändern (Abb. 5.9).

5.2.2 Vermeidung von Schädigungen der Lagerstätte

Im Trägergestein der Lagerstätte darf die Bohrspülung die Gesteinsporen nicht irreversibel verstopfen, da die spätere Förderung von Erdöl, Erdgas oder Thermalwasser dadurch gestört würde. Deshalb werden in der Lagerstätte oft spezielle Drill-in-Fluids eingesetzt. Diese bilden zwar wie andere Bohrspülungen im überbalancierten Bohrbetrieb zunächst einen Filterkuchen an der Bohrlochwand aus, der sich aber nach Abschluss der Bohrarbeiten in Vorbereitung des Förderbetriebs relativ einfach wieder entfernen lässt.

Der Filterkuchen einer Kreidespülung kann beispielsweise durch eine Säuerung der Bohrung wieder entfernt werden, bei der die eingebrachte Salzsäure mit der Kreide des Filterkuchens zu Kohlendioxid und Wasser reagiert.

5.2.3 Sonstige Anforderungen an die Bohrspülung

Die Bohrspülung wird oft als Übertragungskanal für Daten und Befehle verwendet, die zwischen der untertägigen Bohrgarnitur und der Bohrmannschaft an der Oberfläche ausgetauscht werden müssen. Das Prinzip dieser Datenübertragung wird in späteren Kapiteln dieses Buches noch eingehend erläutert. Jedenfalls dient die Bohrspülung im Bohrstrang als Übertragungskanal für die Daten. Für eine Reichweite von mehreren Kilometern ist für dieses Verfahren eine möglichst geringe Kompressibilität der Bohrspülung von Vorteil. Deshalb muss die Spülung im Bohrstrang frei von Gasblasen gehalten werden. Ölbasische Bohrspülungen sind aufgrund ihrer höheren Kompressibilität generell weniger gut für die hydraulische Datenübertragung geeignet als wasserbasische.

Die Bohrgarnitur enthält elektrische und hydraulische Komponenten, die mit Energie versorgt werden müssen. Die Bohrspülung hat in diesem Zusammenhang die Aufgabe, die untertägige Turbine des Stromgenerators oder der Hydraulikpumpe anzutreiben, die

Abb. 5.10 Spülungslabor am Institut für Bohrtechnik und Fluidbergbau der TU Bergakademie Freiberg

sich in Meißelnähe in der Bohrgarnitur befindet. Auch diese Komponenten werden im weiteren Verlauf des Buches noch ausführlich behandelt. Die Zusätze in der Bohrspülung dürfen in diesen Komponenten jedenfalls keine Dichtungen oder andere Bauteile aus Gummi oder Kunststoff angreifen.

In mehreren Kilometern Tiefe herrschen sehr hohe Temperaturen. Unter hohen Temperaturen versteht man in der Tiefbohrtechnik insbesondere Temperaturen oberhalb von 150 °C. Die Bohrspülung muss entsprechend temperaturbeständig sein. Insbesondere Polymere neigen aber bei hohen Temperaturen dazu, auseinanderzufallen und instabil zu werden.

Schließlich soll eine Bohrspülung natürlich grundsätzlich kostengünstig und umweltfreundlich sein. Die Einhaltung aller Vorgaben bei der Vorbereitung einer Bohrspülung für einen konkreten Einsatz stellt sehr oft eine komplexe Aufgabe dar. Der Spülungsingenieur ist deshalb ein Spezialist, der über ein umfangreiches chemisches und prozesstechnisches Wissen verfügen muss. Das Studium der Tiefbohrtechnik beinhaltet deshalb intensive Vorlesungen über mehrere Semester und Praktika im speziell ausgerüsteten Spülungslabor (Abb. 5.10).

5.3 Anpassung der Eigenschaften der Bohrspülung im Bohrbetrieb

Um alle Eigenschaften der Bohrspülung kontinuierlich auf den Bohrprozess und die dabei ständig wechselnden geologischen Bedingungen abzustimmen, gibt es auf jeder Tiefbohrung ein Spülungslabor, in dem das an den Schüttelsieben anfallende Bohrklein kontinuierlich analysiert wird. Die Beschaffenheit der Bohrspülung wird ebenfalls kontinuierlich überwacht und nach Bedarf an den Bohrprozess angepasst.

Üblicherweise wird der Betrieb des Spülungslabors und das damit verbundene Management der Spülungsaufbereitungsanlage auf dem Bohrplatz einer darauf spezialisierten Servicefirma übertragen (Abb. 5.11).

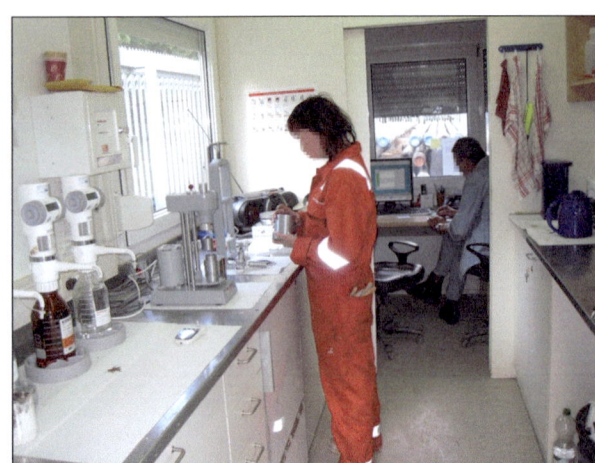

Abb. 5.11 Spülungslabor im Feld

Vorgehensweise beim Abteufen einer Tiefbohrung

Inhaltsverzeichnis

6.1 Setzen des Standrohres – 124

6.2 Bau des Bohrplatzes – 125

6.3 Erster Bohrabschnitt und Setzen der Ankerrohrtour – 126

6.4 Setzen der technischen Rohrtouren – 127

6.5 Setzen der Produktionsrohrtour – 128

6.6 Einbau eines Förderstranges – 129

© Der/die Autor(en), exklusiv lizenziert an Springer-Verlag GmbH, DE, ein Teil von Springer Nature 2025
M. Reich, *Tiefbohrtechnik*, https://doi.org/10.1007/978-3-662-70635-0_6

Die Erstellung einer Tiefbohrung ist im Prinzip mit der Errichtung eines Wolkenkratzers vergleichbar, nur dass das gesamte Bauwerk in den Untergrund hinein- und nicht in die Luft hinaufgebaut wird. Eine Tiefbohrung ist genauso wenig ein Loch in der Erde, wie ein Wolkenkratzer kein hoher Haufen Steine ist. In beiden Fällen muss ein tragfähiges Fundament errichtet werden, auf dem sich das Bauwerk abstützen kann. Von dort aus wird die Bohrlochkonstruktion quasi Stockwerk für Stockwerk in den Untergrund vorangetrieben und dabei immer wieder ausgebaut und abgestützt. Im vorliegenden Kapitel wird der generelle Ablauf einer Tiefbohrung beschrieben.

In diesem Kapitel wird erläutert, wie eine Tiefbohrung prinzipiell hergestellt wird und welche generellen Arbeitsschritte dazu erforderlich sind. Diese Betrachtung soll einen allgemeinen Überblick über das Thema vermitteln. In ▶ Kap. 7 werden die relevanten Arbeitsschritte nochmals im Detail behandelt.

6.1 Setzen des Standrohres

Zu Beginn aller Planungen für die Erstellung einer Tiefbohrung muss ein geologisches Profil vorliegen. In ◘ Abb. 6.1 ist ein stark vereinfachtes geologisches Profil zu sehen, das aus „lockeren", „standfesten" und „anspruchsvollen" Schichten besteht. Die lockere obere Schicht enthält Trinkwasser.

Das Trinkwasser darf durch den Bohrprozess nicht verunreinigt werden. Deshalb besteht der erste Schritt einer Tiefbohrung darin, den Trinkwasserhorizont gegenüber der zu erstellenden Bohrung durch das Setzen eines Standrohres abzuschirmen. Das Standrohr hat außerdem die Aufgabe, einen sicheren Bohransatzpunkt zu bieten und zu verhindern, dass die lockeren Erd- und Gesteinsschichten von den Seiten her in das zu bohrende Bohrloch fallen.

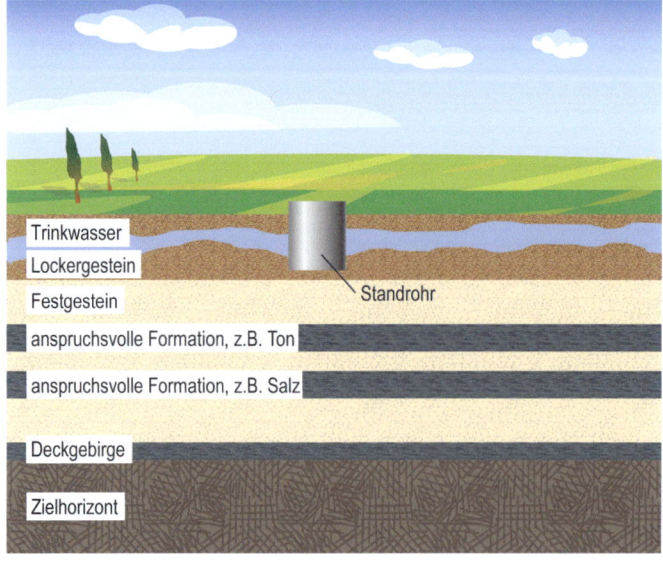

◘ **Abb. 6.1** Standrohr

Das Setzen des Standrohres wird je nach Bodenbeschaffenheit von einem Spezialtiefbauunternehmen durchgeführt. Die eigentliche Tiefbohrfirma ist zu diesem Zeitpunkt noch nicht involviert. Je nach Bodenbeschaffenheit wird das Standrohr beispielsweise entweder eingerammt oder mit einem Schneckenbohrgerät in den Boden eingebracht. Entsprechende Bohrgeräte findet man an jeder größeren Baustelle.

Details zum Einbringen von Standrohren werden in den Vorlesungen und in der Literatur zur Flachbohrtechnik behandelt, die alle Bohrverfahren behandelt, in deren Verlauf ein Antreffen von Kohlenwasserstoffen ausgeschlossen werden kann. Im vorliegenden Buch zur Tiefbohrtechnik sollen die Flachbohrverfahren nicht weiter vertieft werden.

6.2 Bau des Bohrplatzes

Nachdem das Standrohr in den Boden eingebracht worden ist, beginnt der Bau des ca. 1 ha großen Bohrplatzes (◘ Abb. 6.2). Der Mutterboden wird abgetragen und für den späteren Rückbau des Bohrplatzes aufbewahrt.

Um das Standrohr herum wird ein Bohrkeller ausgehoben. Der Bohrkeller ist später der tiefste Punkt des Bohrplatzes. Für die Tiefbohranlage und weitere schwere Aggregate (z. B. Spülpumpen) werden Fundamente aus Beton angelegt.

Schließlich wird der gesamte Bohrplatz durch Beton und Asphalt versiegelt. Die Versiegelung wird mit einem leichten Gefälle angelegt, aufgrund dessen alle Flüssigkeiten, die auf den Bohrplatz gelangen, zum Bohrkeller fließen. Zusätzliche Auffangrinnen am äußeren Rand des versiegelten Bohrplatzes stellen sicher, dass keine Flüssigkeiten vom Bohrplatz aus in den angrenzenden Boden gelangen können. Im Bohrkeller befindet sich das Standrohr, über dem anschließend die Tiefbohranlage errichtet wird (◘ Abb. 6.3).

Im Fall von Geothermiebohrungen wird außerdem ein Becken angelegt, in dem das im Rahmen von Produktionstests geförderte Tiefenwasser zwischengespeichert werden kann. In ◘ Abb. 6.3 ist ein solches Sammelbecken oben rechts zu sehen.

Wenn der Bohrplatz fertig vorbereitet ist, kann die Tiefbohranlage über dem Bohrkeller aufgebaut und der Bohrplatz mit Aggregaten, Büros usw. bestückt werden.

◘ **Abb. 6.2** Bau des Bohrplatzes. (*Links*: Biedorf, *rechts*: Stumpf)

Abb. 6.3 Standrohr im Bohrkeller, Bohrplatz mit Tiefbohranlage. (*Links*: Biedorf, *rechts*: Herrenknecht)

6.3 Erster Bohrabschnitt und Setzen der Ankerrohrtour

Nach der Errichtung des Bohrplatzes und dem Aufbau der Bohranlage kann der erste Bohrabschnitt abgebohrt werden. Falls das Standrohr eingerammt wurde und sich in seinem Inneren noch Boden bzw. Gestein befindet, wird es zunächst aufgebohrt. Dann wird aus dem Standrohr heraus weitergebohrt, bis es eine feste und tragfähige Festgesteinsschicht erreicht hat. Die dazu erforderliche Bohrtiefe ist von der regionalen Geologie abhängig. Wichtig ist, dass die Bohrung ein Stück weit im Festgestein verläuft.

Wenn eine Strecke von einigen Zehn Metern im tragfähigen Gestein erbohrt ist, wird die Bohrgarnitur ausgebaut und der Bohrungsabschnitt vermessen. Anschließend wird ein Stahlrohr (eine Rohrtour bzw. ein Casing) in den Bohrungsabschnitt eingefahren. Der Ringraum zwischen dem Casing und dem Gestein wird mit Zement aufgefüllt. Nach dem Abbinden des Zements ist die Rohrtour im Untergrund fest verankert (Abb. 6.4). Man nennt diese Rohrtour deshalb Ankerrohrtour.

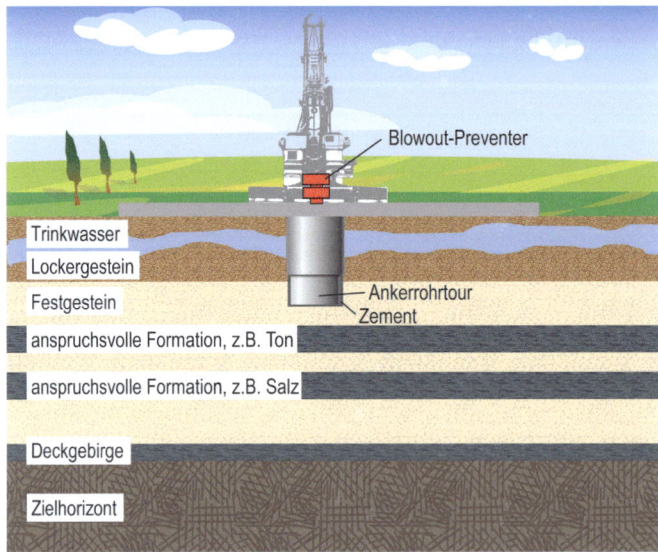

Abb. 6.4 Ankerrohrtour mit Blowout-Preventer (BOP)

Die feste Verankerung im Untergrund ist wichtig, weil auf das obere Ende der Ankerrohrtour der BOP aufgeflanscht wird. Durch den BOP kann das Bohrloch jederzeit fest verschlossen werden, beispielsweise wenn ein Gaskick in die Bohrung eingedrungen ist und an der Oberfläche auszutreten droht. Beim Einschluss eines Gaskicks in der Bohrung kann sich im Bohrloch ein sehr hoher Druck entwickeln. Wenn der BOP und die Ankerrohrtour nicht fest im Gebirge verankert wären, könnten sie durch den hohen Druck aus der Bohrung herausgedrückt werden – im Prinzip genauso, wie ein Sektkorken aus einer nicht gesicherten Flasche schießen kann. Die sichere Verankerung der ersten Rohrtour im tragfähigen Gestein ist auch deshalb erforderlich, weil die Ankerrohrtour die Gewichte aller folgenden Rohrtouren aufnehmen muss (s. unten).

6.4 Setzen der technischen Rohrtouren

Aus der zementierten Ankerrohrtour heraus wird mit einem Bohrmeißel kleineren Durchmessers weitergebohrt, bis die Bohrung instabil zu werden droht, beispielsweise, weil eine Tonschicht durchörtert wurde, die aufgrund des Kontakts mit der Bohrspülung quellen oder aufweichen könnte.

Auch Schluckhorizonte, in denen große Mengen Spülung verloren gehen, oder hartnäckige Zuflusshorizonte, aus denen Formationsfluide in die Bohrung eindringen, stellen anspruchsvolle Formationen dar, die nach dem Durchbohren durch Stahlrohre und Zement zum Bohrloch hin versiegelt werden müssen.

Die Bohrgarnitur wird folglich nach jeder Durchörterung einer schwer handhabbaren Gesteinsschicht aus der Bohrung ausgebaut, und anschließend wird jeweils eine weitere Rohrtour in die Bohrung eingebaut und zementiert (◘ Abb. 6.5).

Rohrtouren, die aufgrund geologischer Schwierigkeiten in die Bohrung eingebaut werden müssen, nennt man technische Rohrtouren. Da normalerweise mehrere technische

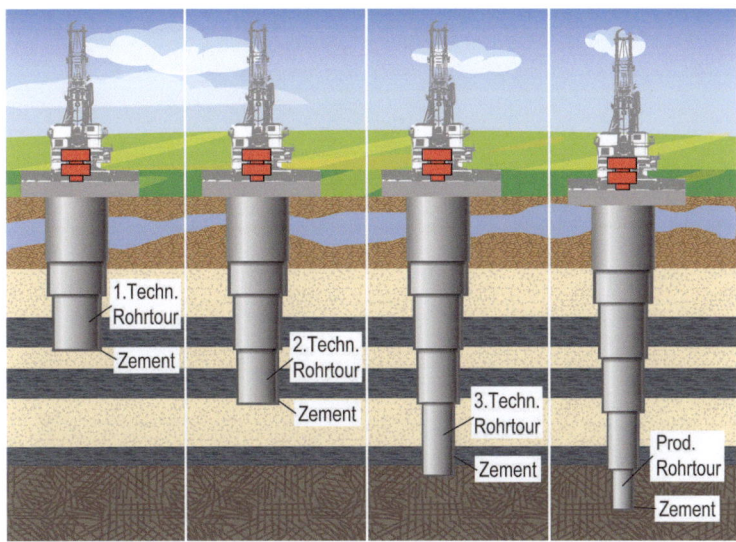

◘ **Abb. 6.5** Technische Rohrtouren und Produktionsrohrtour

Rohrtouren erforderlich sind, um bis hinunter in den Zielhorizont zu gelangen, werden sie von oben nach unten durchnummeriert. In ◘ Abb. 6.5 wird der Zielhorizont mit der dritten technischen Rohrtour erreicht. Der teleskopartige Aufbau der verrohrten und zementierten Bohrlochkonstruktion, die mit größerer Tiefe immer schlanker wird, ist gut zu erkennen.

6.5 Setzen der Produktionsrohrtour

Der letzte Teil der Bohrung verläuft im Zielhorizont, also in der Gesteinsschicht, in der die erhofften Kohlenwasserstoffe oder Thermalwässer angetroffen werden. Nachdem die gewünschte Strecke in der Trägerschicht abgebohrt worden ist, wird auch dieser Bohrungsabschnitt verrohrt und zementiert (◘ Abb. 6.5 rechts). Diese letzte Rohrtour wird als Produktionsrohrtour bezeichnet.

Das Verrohren und Zementieren des letzten Abschnitts haben natürlich zunächst zur Folge, dass kein Erdöl, Erdgas oder Thermalwasser aus der Lagerstätte in die Bohrung fließen kann. Allerdings wird die Produktionsrohrtour zur Inbetriebnahme der Bohrung noch perforiert (◘ Abb. 6.6).

Zum Anlegen der Perforation schickt eine Servicefirma einen Wireline Truck zur Bohrung, an dessen Drahtseil eine Perforationskanone (Perforating Gun) in die Bohrung eingefahren wird. Eine Perforationskanone besteht aus einer Anordnung von Sprengladungen, die von der Oberfläche aus gezündet werden können, wenn sie sich in der gewünschten Position in der Bohrung, in diesem Fall im Bereich der Lagerstätte, befinden. Die Sprengladungen perforieren das Casing, den Zementmantel und den bohrlochnahen Bereich des Gesteins der Lagerstätte und erzeugen damit die erforderlichen Fließwege für den zu fördernden Rohstoff.

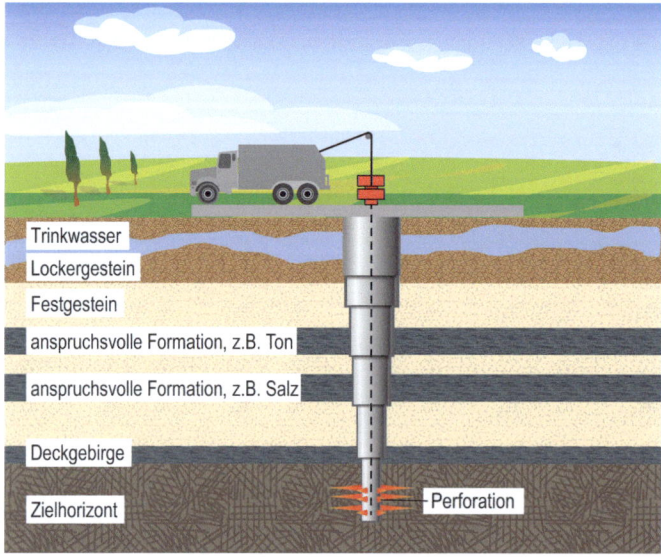

◘ **Abb. 6.6** Perforation der Produktionsrohrtour

◘ **Abb. 6.7** Perforierte Rohre.
(Foto: Würker)

Anstelle des Setzens, Zementierens und Perforierens der Produktionsrohrtour kann man auch Rohre einbauen, die fertigungsseitig bereits mit Schlitzen oder anderen Fließöffnungen ausgestattet sind (◘ Abb. 6.7). Die Ringräume solcher Rohrtouren werden in der Lagerstätte mit speziellem Sand (Gravel Pack) hinterfüllt.

Wenn es die Festigkeit des Gesteins erlaubt, kann der Bereich in der Lagerstätte unter Umständen sogar komplett unverrohrt bleiben. Die Entscheidung für einen der genannten Fälle hängt von den geologischen Bedingungen auf der konkreten Lokation und dem Nutzungszweck der Bohrung ab.

6.6 Einbau eines Förderstranges

Oft wird in die Bohrlochkonstruktion aus Standrohr, Ankerrohrtour, technischen Rohrtouren und Produktionsrohrtour noch ein zusätzlicher Förderstrang eingebaut, durch den eine sichere und kontrollierte Produktion der Lagerstättenfluide zur Oberfläche gewährleistet ist. Ein solcher Förderstrang wird als Bohrungskomplettierung bezeichnet. Er enthält Sicherheits- und Absperrventile und lässt sich im Gegensatz zu der Permanentinstallation der Rohrtouren im Fall von beispielsweise Korrosion oder Undichtigkeiten relativ einfach auswechseln oder reparieren (◘ Abb. 6.8). Wartungs- und Reparaturarbeiten an Tiefbohrungen werden als Workover Operations bezeichnet.

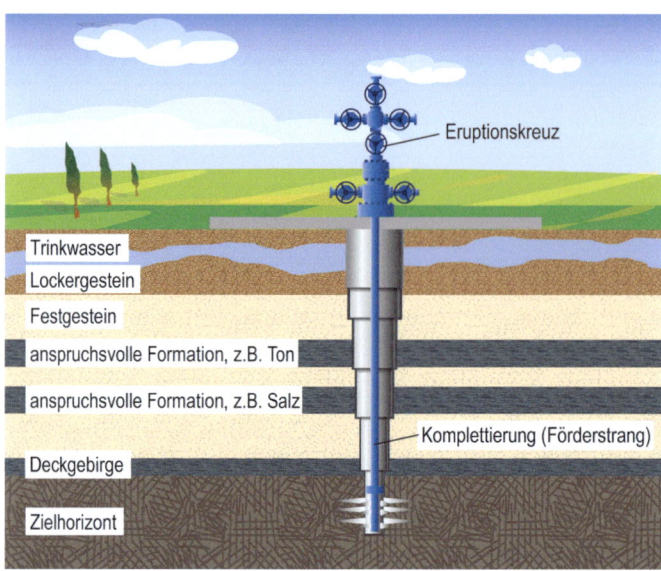

Abb. 6.8 Komplettierung der Bohrung

Bohrlochkonstruktion

Inhaltsverzeichnis

7.1 Absetzteufen der Rohrtouren – 133

7.2 Durchmesser der Rohrtouren – 134

7.3 Bohrlochkopf und Ringräume der Bohrung – 137

7.4 Einbau und Zementation der Futterrohre – 140
7.4.1 Kalibermessung – 140
7.4.2 Einbau der Rohre – 142
7.4.3 Zweistopfenzementation des Ringraumes – 144
7.4.4 Qualitätskontrolle der Zementation – 146
7.4.5 Nachbesserungen der Zementation – 151
7.4.6 Sonderzementationsverfahren – 152

© Der/die Autor(en), exklusiv lizenziert an Springer-Verlag GmbH, DE, ein Teil von Springer Nature 2025
M. Reich, *Tiefbohrtechnik*, https://doi.org/10.1007/978-3-662-70635-0_7

Die in ▶ Kap. 6 beschriebenen Arbeitsschritte bei der Erstellung einer Tiefbohrung werden in diesem Kapitel noch einmal im Detail vorgestellt. Um das Risiko von Fehlern während der Bohrarbeiten zu minimieren, sind die meisten Prozeduren und Ausrüstungen standardisiert worden. Ausführliche Qualitätskontrollen helfen dabei, die Integrität (Haltbarkeit, Sicherheit und Umweltverträglichkeit) der Bohrung laufend zu überwachen und zu bewerten. Insofern kann davon ausgegangen werden, dass von einer fachgerecht angelegten Tiefbohrung keine Gefahr für Lebewesen und die Umwelt ausgeht.

Eine Tiefbohrung darf im Laufe der Bohrarbeiten weder instabil werden noch jemals eine Gefahr für die Mannschaft, Menschen, Tiere oder die Umwelt darstellen. Deshalb wird eine Tiefbohrung zur Umgebung hin durch Stahlrohre und Zement und spezielle Absperrventile abgedichtet. Das Gebilde aus Stahlrohren und Zement, mit denen die Bohrung zum Gebirge hin abgedichtet wird, wird als Bohrlochkonstruktion bezeichnet. Wie es der Name bereits suggeriert, ist eine Bohrlochkonstruktion ein komplexes Gebilde im Untergrund.

Um eine Bohrlochkonstruktion vorbereiten zu können, benötigt der Bohrungsplaner drei Vorgaben (◘ Abb. 7.1):
- Geologisches Profil
- Koordinaten von Start- und Endpunkt der Bohrung
- Durchmesser der Produktionsrohrtour

Aus diesen drei Vorgaben ergeben sich alle weiteren Details der Bohrlochkonstruktion.

◘ **Abb. 7.1** Vorgaben für die Planung der Bohrlochkonstruktion (schematisch)

7.1 Absetzteufen der Rohrtouren

Bei einer ersten Erkundungsbohrung in einem neuen Feld ist das geologische Profil naturgemäß noch nicht genau bekannt. Die Bohrungsplanung ist hier mit erheblichen Unsicherheiten verbunden. Deshalb plant man bei Erkundungsbohrungen oft Notfalloptionen („contingency plans") ein, mit denen man auf unerwartete Schwierigkeiten reagieren kann. So eine Notfalloption kann zum Beispiel darin bestehen, dass man die Bohrung an der Oberfläche mit einem größeren Durchmesser beginnt, damit im Bedarfsfall ein ungeplantes zusätzliches Casing eingebaut werden kann, ohne dass der vorgegebene Enddurchmesser im Zielhorizont aufgegeben werden muss.

Mit jeder weiteren Bestätigungs- und Produktionsbohrung, die in dem Feld angelegt wird, wird das geologische Modell aber immer präziser, und die Bohrplanung kann immer effizienter durchgeführt werden.

Aus dem geologischen Profil bzw. aus der Tiefe des Zielhorizonts im geologischen Modell ergibt sich zunächst einmal die vertikale Endteufe der Tiefbohrung. Da der Bohrplatz aus verschiedensten Gründen meist nicht direkt vertikal über dem vorgegebenen Zielpunkt der Bohrung angelegt werden kann, ergeben sich aus den Vorgaben der Koordinaten von Start- und Zielpunkt der Bohrung und dem geologischen Profil die Planungsgrundlage für die Festlegung des Bohrpfades (räumlicher Verlauf der Bohrung im Untergrund), der Umfang der daraus resultierenden Richtbohrarbeiten und die Berechnung der Länge (gemessene Teufe) der Bohrung.

Der Durchmesser der letzten Rohrtour, die im Fall einer Produktionsbohrung die Produktionsrohrtour ist, wird auf die von den Lagerstätteningenieuren angestrebte Förderrate abgestimmt. Die Abschätzung der zu erwartenden Förderrate basiert auf den vorangehenden Untersuchungen von Bohrkernen, Fördertests sowie dem daraus abgeleiteten Lagerstättenmodell und Lagerstättensimulationen.

Die richtige Wahl des Durchmessers der Produktionsrohrtour ist sehr wichtig. Wenn der Durchmesser zu groß festgelegt wird, steigen die Kosten für die gesamte Bohrung überproportional stark an, ein zu geringer Durchmesser der Produktionsrohrtour hat für die gesamte Lebensdauer der Bohrung eine reduzierte Förderrate und damit ebenfalls finanzielle Verluste zur Folge.

Bei Erkundungsbohrungen spielt bei der Festlegung des Enddurchmessers der Bohrung das geplante Messprogramm eine große Rolle. Es muss sichergestellt werden, dass die erforderlichen Messgeräte, mit denen die Qualität der Lagerstätte nach Beendigung der Bohrarbeiten überprüft werden soll, in die Bohrung eingefahren werden können. Nicht jedes Messgerät ist auch in jedem Durchmesser verfügbar.

Die Planung der Bohrlochkonstruktion beginnt also mit der Festlegung der Endteufe und des Enddurchmessers im geologischen Profil. Wenn die Endteufe und der Enddurchmesser festgelegt sind, wird das geologische Profil nach potenziellen Problemformationen abgesucht, die sich zwischen der Zielteufe und der Erdoberfläche befinden. Dabei werden nach Möglichkeit auch Unterlagen bereits bestehender Bohrungen in der Umgebung (Offset-Bohrungen) gesichtet und ausgewertet. Jede Formation, die erhebliche bohrtechnische Schwierigkeiten bewirken könnte, muss nach ihrem Durchbohren hinter die Rohre gebracht, also verrohrt und zementiert werden. Somit ergeben sich aus dem geologischen Profil die Absetzteufen (die vertikalen Tiefen der unteren Enden) und die erforderliche Anzahl an technischen Rohrtouren.

Die Lage der oberen tragfähigen Formation im geologischen Profil definiert schließlich die Absetzteufe der Ankerrohrtour und die Tiefe des Trinkwasserhorizonts unterhalb der Erdoberfläche die Absetzteufe des Standrohres.

Die Bohrlochkonstruktion einer Tiefbohrung wird also von unten nach oben geplant, indem zuerst die letzte Rohrtour vorgegeben und dann untersucht wird, wie viele Rohrtouren zwischen dem Zielhorizont und der Erdoberfläche erforderlich sind, um das Bohrloch jederzeit stabil zu halten.

7.2 Durchmesser der Rohrtouren

Die Planung einer Bohrlochkonstruktion basiert auf der Vorgabe der Endteufe und des Enddurchmessers der Bohrung sowie eines geologischen Profils. Der Durchmesser der letzten Rohrtour (im Allgemeinen handelt es sich um die Produktionsrohrtour) ist damit also bereits festgelegt.

In ▶ Kap. 6 wurde beschrieben, wie die Anzahl der weiteren Rohrtouren und deren Absetzteufen ermittelt bzw. festgelegt werden. Nun müssen aber noch deren Durchmesser vorgegeben werden. Der Nominaldurchmesser von Rohrtouren bezieht sich grundsätzlich auf deren Außendurchmesser (Outer Diameter, OD).

Es ist sehr empfehlenswert, bei der Festlegung der Außendurchmesser der technischen Rohrtouren, der Ankerrohrtour und des Standrohres nach API-Standards vorzugehen. Das hat sich in der Tiefbohrtechnik seit vielen Jahrzehnten bewährt. In ◘ Abb. 7.2 ist ein Auszug aus der API-Durchmesserreihe dargestellt. Die Außendurchmesser von Rohrtouren werden in der Tiefbohrtechnik praktisch immer in der Einheit Zoll (1″ = 25,4 mm) angegeben. Die Angaben in den blauen Kreisen der Abbildung entsprechen den genormten Außendurchmessern der API-Norm.

Um eine Rohrtour einbauen und zementieren zu können, muss die entsprechende Bohrlochsektion natürlich zunächst gebohrt werden. Damit sich die Rohrtour problem-

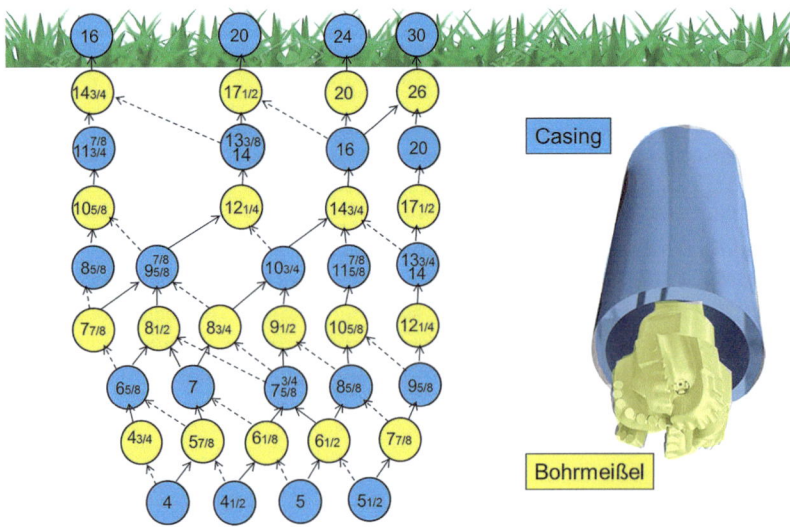

◘ **Abb. 7.2** API-Durchmesserreihe

7.2 · Durchmesser der Rohrtouren

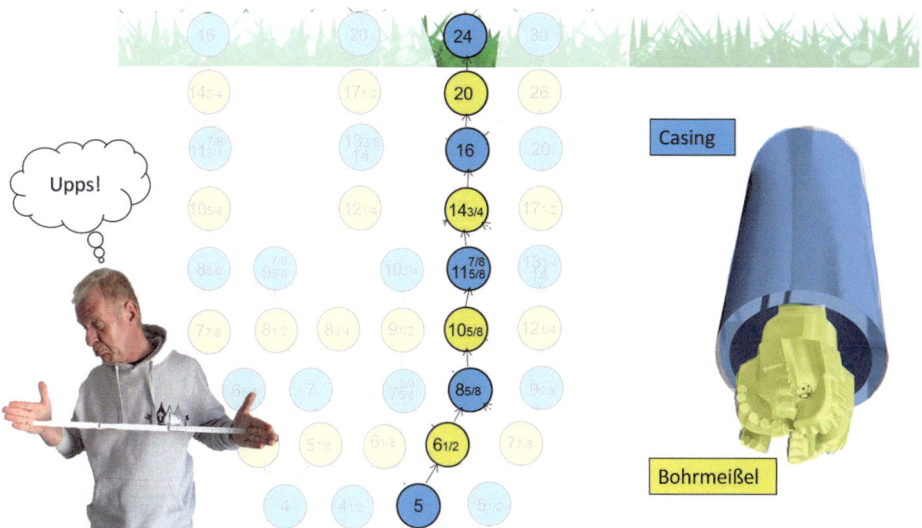

Abb. 7.3 Standard-Bohrlochkonstruktion

los einfahren lässt, muss das Bohrloch einen größeren Durchmesser als die einzubauende Rohrtour besitzen. Außerdem muss im Ringraum zwischen dem Außendurchmesser der Rohrtour und dem Innendurchmesser der Bohrung genügend viel Spiel vorhanden sein, um den Zement einbringen zu können, mit dem die Rohrtour im Gebirge verankert werden soll.

Der Bohrmeißel, mit dem eine Sektion abgebohrt wird, muss also einen größeren Durchmesser als die später einzubauende Rohrtour besitzen. Natürlich müssen die Meißeldurchmesser und die Rohrdurchmesser sinnvoll aufeinander abgestimmt sein. Die API-Durchmesserreihe in ◘ Abb. 7.2 enthält deshalb nicht nur die Außendurchmesser der Casings, sondern auch typische Durchmesser von Bohrmeißeln. Die Durchmesser der Bohrmeißel werden ebenfalls in der Einheit Zoll angegeben. Man findet sie in den gelben Kreisen der Darstellung.

Zur Festlegung der Außendurchmesser der Rohrtouren bewegt man sich zunächst entlang der durchgezogenen Linien im Diagramm von unten nach oben. Die Vorgehensweise soll anhand von ◘ Abb. 7.3 beispielhaft näher erläutert werden. Es soll davon ausgegangen werden, dass die Produktionsrohrtour der zu planenden Bohrlochkonstruktion einen Durchmesser von 5″ aufweist. Die Planung beginnt also im blauen 5″-Kreis unten im Bild.

Vom blauen 5″-Kreis aus gelangt man entlang des durchgezogenen Pfeiles zum gelben 6 1/2″-Kreis. Die Sektion, in die die 5″-Produktionsrohrtour eingebaut werden soll, muss also mit einem 6 1/2″-Bohrmeißel abgeteuft werden. Entsprechend der durchgezogenen Pfeile bewegt man sich nun immer weiter in Richtung der Oberfläche. Man erkennt, dass der 6 1/2″-Bohrmeißel aus einer Bohrlochsektion erfolgt, die mit einer technischen Rohrtour von 8 5/8″ (blauer Kreis) verrohrt wurde usw.

Die durchgezogenen Pfeile im API-Durchmesserschema repräsentieren bewährte Praktiken der Öl- und Gasindustrie. Bei Einhaltung dieser Durchmesser von Bohrmeißeln und Rohrtouren sind erfahrungsgemäß keine Probleme beim Einbau der Rohre

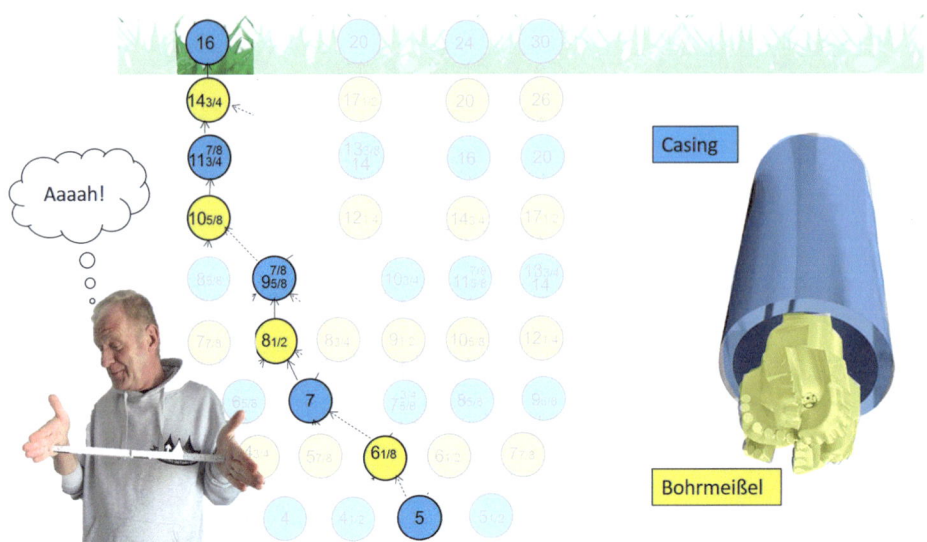

Abb. 7.4 Lean-Casing-Bohrlochkonstruktion

und bei den nachfolgenden Zementationsarbeiten zu erwarten. Das Spiel zwischen den Rohren und der Bohrlochwand ist groß genug, um der flüssigen Zementsuspension beim Verpumpen genügend Platz zu bieten, sich gleichmäßig zu verteilen und den Ringraum vollständig auszufüllen.

Allerdings resultiert die Planung entlang der durchgezogenen Pfeile im Diagramm in relativ großen Durchmessern der oberen Rohrtouren. Großkalibrige Rohre sind teurer als solche mit kleineren Durchmessern und auch besonders schwer. Der Einbau großkalibriger Rohre erfordert deshalb den Einsatz einer Tiefbohranlage mit großer Hakenlast, für die entsprechend hohe Tagesraten aufzubringen sind. Auch das Bohren großkalibriger Bohrungsabschnitte ist aufwendiger und teurer als das Bohren mit kleineren Durchmessern, denn es muss mehr Gestein zerstört werden, man braucht mehr Bohrspülung, um die Bohrung zu füllen, usw.

Deshalb versucht man bei der Planung gelegentlich, auch die gestrichelt dargestellten Planungswege im API-Durchmesserschema zu nutzen. Die Verwendung dieser Durchmesser führt im oberen Bereich der Bohrung zu deutlich geringeren Rohrdurchmessern. In Abb. 7.4 führt die Planung entlang der gestrichelten Pfeile zu einem Durchmesser des obertägigen Standrohres von 16″, während bei der Planung anhand von Abb. 7.3 ein 24″-Standrohr zu setzen ist.

Ein engeres Lean-Casing-Design bietet aber nicht nur Vorteile. Die Verwendung engerer Abstände in den Durchmessern der Rohre hat zur Folge, dass auch die Ringräume zwischen den Bohrlochwänden und den Rohren enger werden. In den wesentlich engeren Ringräumen kann sich aber unter Umständen der Zement nicht mehr gleichmäßig verteilen (Abb. 7.5 rechts). Angesichts dieser Gefahr muss bei Lean-Casing-Designs eine besonders sorgfältige Zementation und eine intensivere Qualitätsüberwachung der Zementation erfolgen. Unter Umständen ergibt sich daraus die Notwendigkeit kostspieliger Nachbesserungen der Zementation.

7.3 · Bohrlochkopf und Ringräume der Bohrung

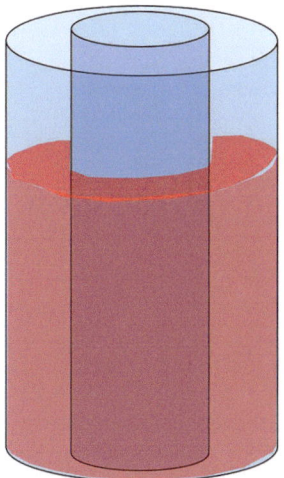
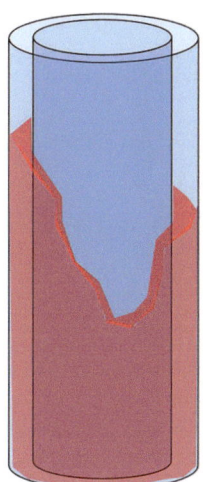

- gute Zementverteilung
- sehr große, teure Rohre im oberen Bereich

- kostengünstig
- schlechte Verteilung des Zements
- Undichtigkeiten

Abb. 7.5 Verteilung der Zementsuspension in Standardringräumen (*links*) und in Lean-Casing-Ringräumen (*rechts*)

Eine Bohrungsplanung, die sich ausschließlich am Lean-Casing-Konzept (Verwendung kleinstmöglicher Ringräume) orientiert, ist deshalb nur in Ausnahmefällen zu empfehlen, in denen extrem komplexe Bohrlochkonstruktionen unvermeidbar sind.

7.3 Bohrlochkopf und Ringräume der Bohrung

Der teleskopartige Aufbau einer Tiefbohrung ist in ◘ Abb. 7.6 nochmals zu sehen. Man erkennt die verschiedenen Rohrtouren und die dazwischen befindlichen Ringräume. Die Ankerrohrtour wird grundsätzlich bis zur Oberfläche zementiert. Bei den technischen Rohrtouren erkennt man aber, dass der Zementkopf jeweils nur ca. 50–100 m in die vorangehende Rohrtour hineinreicht (rot). Die Ringräume oberhalb der Zementköpfe sind dagegen mit einer Ringraumschutzflüssigkeit gefüllt (gelb).

Die Produktionsrohrtour ist in ◘ Abb. 7.6 als Liner ausgeführt, das heißt, dass sie im Gegensatz zu einem Casing nicht bis zur Oberfläche reicht, sondern in der vorangehenden letzten technischen Rohrtour abgesetzt ist. Die Verwendung von Linern kann Kosten sparen, da hier weniger Stahl und Zement und keine Ringraumflüssigkeit benötigt werden.

Technische Rohrtouren werden selten als Liner ausgeführt. Sie dienen ja nur als Zwischen-Verrohrung, die Bohrarbeiten werden nach dem Setzen fortgeführt. Wenn ein Liner als technische Rohrtour eingesetzt wird, erweitert sich oberhalb des Liners der Strömungsquerschnitt für die aufsteigende, mit Bohrklein beladene Bohrspülung. Die reduzierte Aufstiegsgeschwindigkeit oberhalb des Liners reicht dann unter Umständen nicht aus, um das Bohrklein weiter in Richtung Oberfläche auszutragen. Produktions-

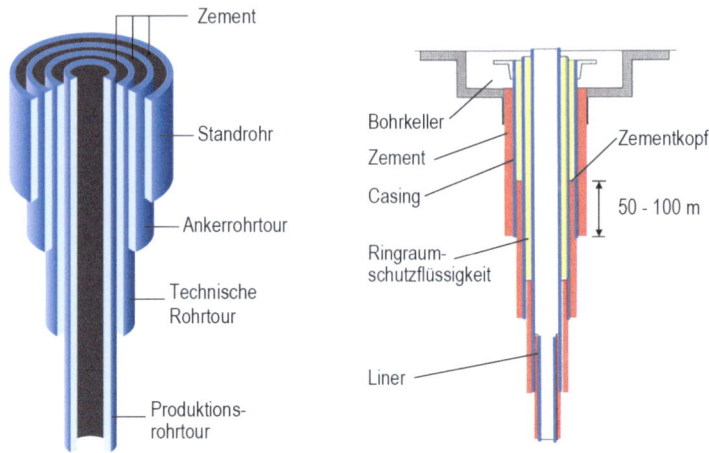

Abb. 7.6 Ringräume einer Tiefbohrung. *Rot* Zement, *gelb* Ringraumschutzflüssigkeit

rohrtouren werden dagegen relativ häufig als Liner ausgeführt, denn nach dem Setzen finden keine weiteren Bohrarbeiten mehr statt.

Die bis zur Oberfläche zementierte Ankerrohrtour ist an ihrem oberen Ende im Bohrkeller mit einem Landeflansch ausgestattet, auf den der Bohrlochkopf aufgeschraubt wird (Abb. 7.7). Der Bohrlochkopf nimmt die oberen Enden aller weiteren Rohrtouren auf und dichtet die Ringräume gegeneinander ab.

Die technischen Rohrtouren müssen vorgespannt werden, bevor ihre oberen Enden im Bohrlochkopf fixiert werden. Wenn die Bohrung nach Abschluss der Bohrarbeiten in Betrieb genommen wird und heiße Fluide aus dem Untergrund produziert, erhitzt sich nämlich die gesamte Bohrlochkonstruktion, und die Rohre dehnen sich aus. Da sie aber an ihrem unteren Ende zementiert und fest mit dem umgebenden Gebirge verbunden sind, können sich die Rohre nur nach oben hin ausdehnen. Ohne Vorspannung würden sie sich deshalb aus dem Bohrlochkopf herausdrücken. Um dies zu verhindern, werden sie vorgespannt. Die Vorspannung muss so dimensioniert werden, dass die Casings selbst

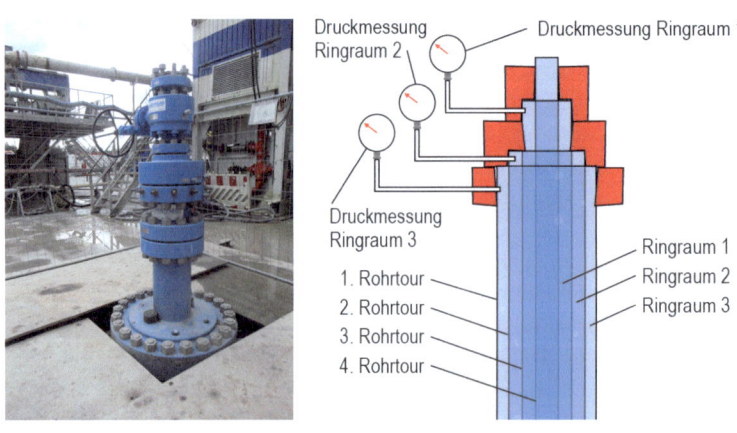

Abb. 7.7 Bohrlochkopf

7.3 · Bohrlochkopf und Ringräume der Bohrung

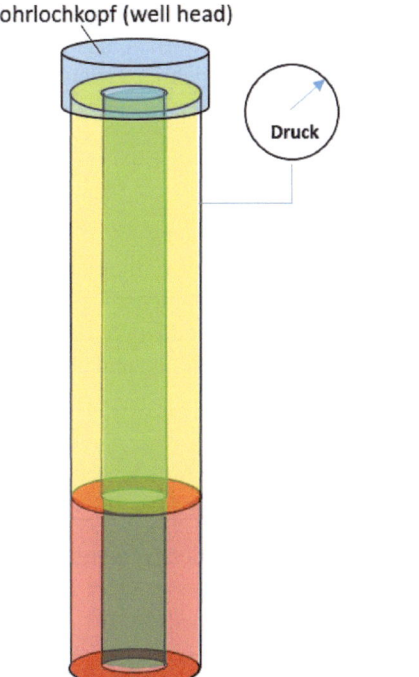
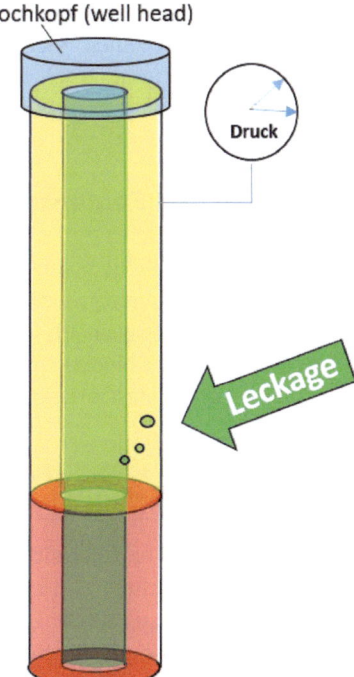

Abb. 7.8 Erkennen einer Leckage

bei maximaler Wärmedehnung immer noch unter Zugspannung stehen und nicht nach oben hin aus der Bohrung herausgedrückt werden können.

Der Bohrlochkopf nimmt somit nicht nur die Gewichtskräfte der einzelnen Rohrtouren, sondern auch deren Vorspannkräfte auf und leitet sie über die Ankerrohrtour in den Untergrund ab. Er ist so konstruiert, dass alle Ringräume, die üblicherweise von innen nach außen durchnummeriert werden, gegeneinander abgedichtet sind. Weiterhin ist jeder Ringraum mit einer Druckmessstelle ausgestattet (Abb. 7.7).

Die Befüllung der Ringräume mit der Ringraumschutzflüssigkeit und die Ausstattung mit Druckmessstellen ermöglichen es, kontinuierlich die Dichtheit der Bohrlochkonstruktion zu überwachen. Wenn es in einem der Casings zu einer Leckage käme, würde nämlich der Druck im nächstäußeren Ringraum ansteigen. In Abb. 7.8 strömt Gas aus dem inneren, undichten grünen Strang in den benachbarten Ringraum aus. Daraufhin steigt in der Ringraumschutzflüssigkeit (gelb dargestellt) der Druck an.

Da es in einer Tiefbohrung immer mehrere Ringräume gibt, stellt die Undichtigkeit einer einzelnen Rohrtour noch kein ernstes Problem dar, denn die anderen Barrieren sind ja noch intakt. Aufgrund der kontinuierlichen Drucküberwachung aller Ringräume wird die Leckage aber sofort erkannt und kann dann durch eine Messung präzise lokalisiert werden. Zur Ortung der Leckage eignet sich beispielsweise eine akustische Sonde, die das Zischen, welches das in den Ringraum einströmende Gas an der Undichtigkeit erzeugt, im Vorbeifahren erkennt. Oder man verwendet eine Temperatursonde, die die örtliche Abkühlung der Ringraumschutzflüssigkeit aufgrund des einströmenden Gases wahrnimmt.

Wenn eine Undichtigkeit in der Bohrlochkonstruktion erkannt und lokalisiert worden ist, können im Rahmen einer Workover-Aktion gezielte Reparaturarbeiten eingeleitet werden. Die Ringräume einer Tiefbohrung stellen somit einen wichtigen Beitrag zur Bohrlochintegrität, also zu ihrer Dichtheit und Sicherheit, dar.

7.4 Einbau und Zementation der Futterrohre

In ◘ Abb. 7.9 sind Futterrohre (Casings) vor ihrem Einbau in die Bohrung zu sehen. Futterrohre sind auf ihren großen Durchmesser bezogen meist sehr dünnwandig. Wenn sie nicht sehr vorsichtig behandelt werden, verlieren sie ihre Rundheit und werden oval. Die filigranen Gewindeverbindungen verlieren dann ihre abdichtende Wirkung und außerdem Tragfähigkeit und Belastbarkeit.

7.4.1 Kalibermessung

Bevor die Rohre in die Bohrung eingebaut werden, muss diese vermessen werden, denn ähnlich wie beim Bohren zu Hause in einer Wand fällt der Durchmesser einer Bohrung in der Regel größer aus als der Durchmesser des eingesetzten Bohrmeißels.

Um den Durchmesser der Bohrung entlang ihres Bohrpfades zu ermitteln, wird eine Kalibersonde an einem Drahtseil in die Bohrung eingefahren. In ◘ Abb. 7.10 links ist der Wireline Truck der Servicefirma zu sehen, die mit der Messung beauftragt wurde. Auf dem LKW befindet sich eine Winde, auf deren Trommel ein Messkabel aufgespult ist. Zur Messung wird das Messkabel von der Spule abgerollt und über eine Umlenkrolle über dem Drehtisch auf der Arbeitsbühne hinunter in das Bohrloch geführt.

Am unteren Ende des Messkabels befindet sich die Kalibersonde (◘ Abb. 7.11 links). Diese besteht aus mehreren Paaren von Tastarmen, die durch Federkraft nach außen an die Bohrlochwand gedrückt werden. Wenn die Sonde durch das Bohrloch gezogen wird, werden die Tastarme je nach lokalem Durchmesser mehr oder weniger weit zusammengedrückt. Ein Sensor im Gerät erfasst kontinuierlich den Durchmesser jedes Ärmchenpaares entlang des Bohrpfades. Das entstehende Kaliberlog (◘ Abb. 7.12) erlaubt nicht nur die Berechnung des Volumens des vermessenen Bohrlochabschnitts, sondern auch Rückschlüsse auf die Qualität und den Zustand der Bohrung.

◘ **Abb. 7.9** Futterrohre vor dem Einbau

7.4 · Einbau und Zementation der Futterrohre

Abb. 7.10 *Links* Wireline Truck auf dem Bohrplatz, *rechts* Umlenkrolle über dem Drehtisch

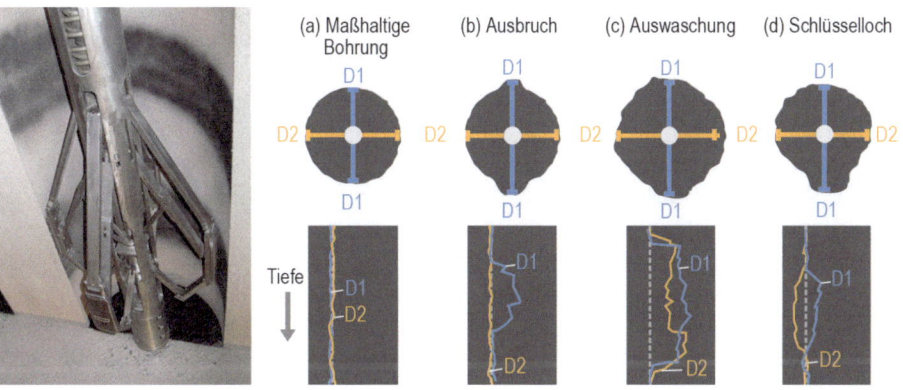

Abb. 7.11 Kalibermessung

Abb. 7.12 Kaliberlog einer Tiefbohrung

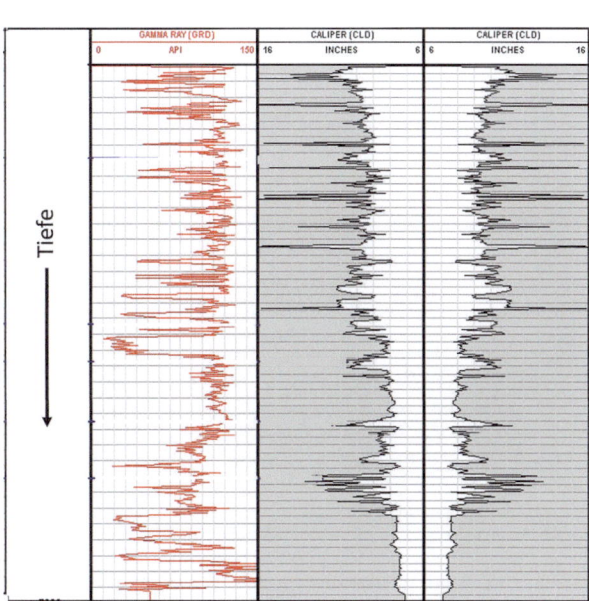

Wie in ◘ Abb. 7.11 rechts zu sehen ist, kann zwischen maßhaltigen (a) und übermäßigen (c) Bohrungen unterschieden werden. Außerdem erkennt man, wenn ein Bohrloch beispielsweise durch Verwendung einer zu leichten Spülung instabil zu werden droht und Ausbrüche bekommt (b) oder wenn sich Schlüssellöcher bilden, weil sich der rotierende Bohrstrang am Innenradius einer gekrümmten Bohrlochsektion in die Seitenwand einarbeitet (d).

Wenn das Volumen des zu verrohrenden Bohrungsabschnitts anhand der Kalibermessung bekannt und eine konkrete Zementkopfhöhe vorgegeben worden ist, kann unter Beachtung des Außendurchmessers des einzubauenden Casings die Zementmenge berechnet werden, die zur Auffüllung des Ringraumes bis zur gewünschten Höhe benötigt wird.

7.4.2 Einbau der Rohre

Der Einbau der Rohre wird üblicherweise durch spezielle Servicefirmen vorgenommen. Im Rahmen dieses Tubular Running Service werden auf dem Bohrplatz zunächst die Gewindeschutzkappen der Rohre entfernt und alle Gewinde gründlich gereinigt und inspiziert. Weiterhin wird die Rundheit der Rohre nochmals überprüft. Sie darf maximal 1,5 % des Außendurchmessers der Rohre betragen.

Zum Einbau und Verschrauben der einzelnen Rohre werden spezielle Werkzeuge eingesetzt, die die Rohre besonders schonend belasten, damit sie nicht verformt werden. Meistens sind die Casing-Rohre an beiden Enden mit Gewindezapfen ausgestattet; benachbarte Rohre werden über jeweils eine Doppelmuffe miteinander verschraubt (◘ Abb. 7.13 rechts).

Jeder Verschraubvorgang wird umfassend dokumentiert und in einem Diagramm dargestellt (◘ Abb. 7.14). Dabei muss das aufgebrachte Drehmoment entlang des Verschraubungsweges einem charakteristischen Verlauf in drei Phasen entsprechen.

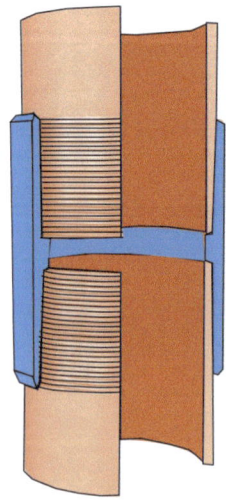

◘ **Abb. 7.13** *Links* Tubular Running Service, *rechts* Doppelmuffe mit Casing-Rohren

7.4 · Einbau und Zementation der Futterrohre

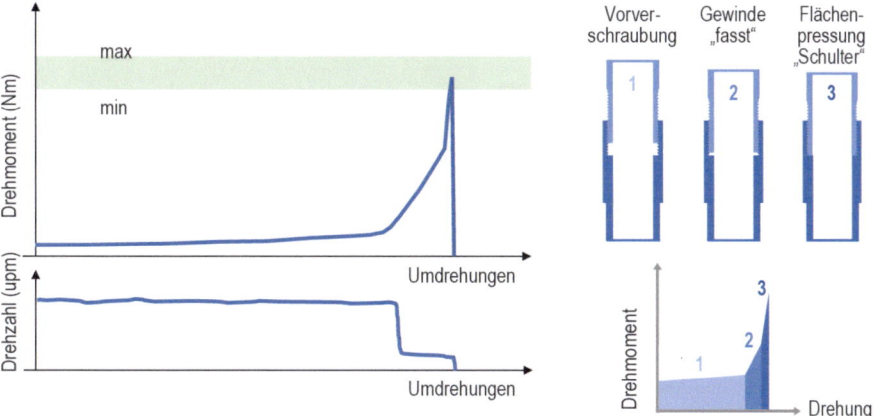

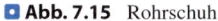

Abb. 7.14 Verschraubprotokoll einer Casing-Verbindung

Abb. 7.15 Rohrschuh

In Phase 1 laufen die Gewindegänge nur locker ineinander, bis das Gewinde schließlich fasst (Phase 2). In der abschließenden Phase 3 wird die für die Dichtwirkung erforderliche Flächenpressung auf den Schultern des Gewindes aufgebaut. Der Kontervorgang ist beendet, wenn das Drehmoment einen vorgegebenen Toleranzbereich erreicht hat.

Das untere Ende der Rohrtour wird vor dem Einbau mit einem Rohrschuh (casing shoe) verschraubt. Der Rohrschuh dient im Wesentlichen als Führungsnase, die den Einbau der Rohrtour in das Bohrloch erleichtern soll (Abb. 7.15). Darüber hinaus enthält der Rohrschuh aber auch einen Anschlagring und ein Rückschlagventil, deren Funktionen später noch behandelt werden.

Reale Bohrungen verlaufen nie genau vertikal, sondern immer etwas geneigt. In einem geneigten Bohrloch legt sich die Rohrtour im Bohrloch aber an die Unterseite der Bohrung an. Der Ringraum zwischen der Rohrtour und der Bohrlochwand, der nach dem Einbau der Rohrtour mit Zement aufgefüllt werden soll, ist dann exzentrisch.

In einem exzentrischen Ringraum besteht die Gefahr, dass sich die zähflüssige Zementsuspension nicht gleichmäßig verteilt, sondern sich nur durch die weiteren Strö-

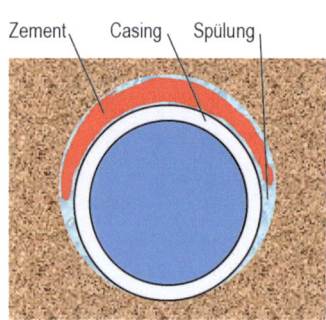 

Abb. 7.16 Zentralisation der Rohrtour im Bohrloch

mungswege bewegt. Dadurch können während des Zementationsvorgangs Spülungstaschen hinter den Rohren bestehen bleiben (Abb. 7.16 links). Der Ringraum wird dann nicht vollständig abgedichtet, und es können sich später Lagerstättenfluide durch den undichten Ringraum hindurch in Richtung Erdoberfläche bewegen.

Um die Verteilung der Zementsuspension im Ringraum zu verbessern, wurden die Rohrtouren früher während des Verpumpens der Zementbrühe mit geringer Drehgeschwindigkeit rotiert. Da heutzutage die meisten Bohrungen aber als geneigte oder sogar horizontale Richtbohrungen ausgeführt werden, kann die Rohrtour nicht mehr rotiert werden, denn die Belastung aufgrund der Umlaufbiegung wäre zu groß. Die Rohrtour muss also auch in geneigten Bohrungsabschnitten immer möglichst mittig im Bohrloch platziert werden. Zu diesem Zweck werden auf den Rohren Zentralisatoren angebracht (Abb. 7.16 rechts).

Mit spezieller Software lässt sich berechnen, wie viele Zentralisatoren in welchen Abständen entlang des Rohrstranges platziert werden müssen, um eine gute Positionierung der Rohrtour im Bohrloch zu erzielen. Mit zunehmender Neigung und Länge der Bohrung sowie einem größeren Gewicht (Wandstärke) der Rohre steigt die erforderliche Anzahl an Zentralisatoren.

7.4.3 Zweistopfenzementation des Ringraumes

Vor Beginn der Zementationsarbeiten sind der Ringraum und das Casing zunächst noch mit Bohrspülung gefüllt. Der Zement soll die Spülung im Ringraum möglichst vollständig verdrängen.

Wenn man sich die API-Durchmesserreihe der Tiefbohrtechnik (Abb. 7.2) ansieht, stellt man fest, dass der Ringraum zwischen einer ins Bohrloch eingefahrenen Rohrtour und der Bohrlochwand oft nur ca. 1″ (25,4 mm, eine Daumenbreite) weit ist. Ein so enger Ringraum ist offensichtlich nicht geeignet, um die Zementsuspension dort direkt hineinzupumpen. Die Zementbrühe muss deshalb auf einem anderen Weg verpumpt werden. Die Zementsuspension wird durch das Casing hindurch zur Bohrlochsohle verpumpt. An seinem unteren Ende tritt sie aus dem Casing aus und steigt dann im Ringraum auf. Die leichtere Bohrspülung wird dabei von der schwereren Zementsuspension verdrängt (Abb. 7.17).

7.4 · Einbau und Zementation der Futterrohre

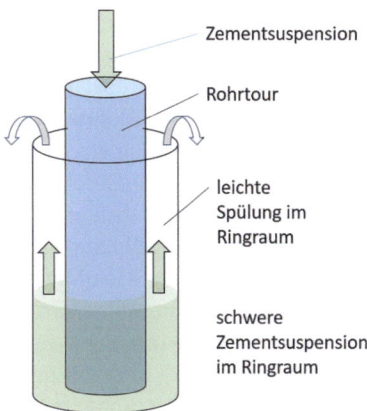

Abb. 7.17 Grundprinzip der Ringraumzementation

Die Durchführung der Zementationsarbeiten wird erfahrenen Servicefirmen übertragen, die die nötigen Silos, Tanks und Pumpen für den Einsatz mit auf die Lokation bringen.

Die Zemente, die zur Ringraumzementation verwendet werden, sind nach API standardisiert. Sie unterscheiden sich im Wesentlichen in ihren Abbindezeiten bei bestimmten Temperaturen und Drücken. Ein „guter" Zement ist zunächst so fließfähig, dass er sich gut verpumpen lässt, und bindet schnell ab und härtet aus, sobald er sich an seinem Bestimmungsort im Ringraum befindet. Details zu den Rezepturen und zur Zementchemie werden in den Vorlesungen zum Lehrgebiet Spülung und Zementation behandelt, für die es separate Literatur gibt.

Damit sich die Zementsuspension auf ihrem langen Weg durch die Rohrtour in den Ringraum nicht mit der Bohrspülung vermischt und dadurch kontaminiert wird, wird sie im Rohr durch spezielle Gummistopfen von der Bohrspülung abgeschirmt. In ◘ Abb. 7.18 ist zu sehen, wie das benötigte Volumen an Zementsuspension zwischen zwei Gummistopfen eingeschlossen wird.

Zunächst wird der Vorstopfen in das Casing eingebracht. Dann wird die Zementbrühe durch die Pumpen der Zementiereinheit in das Casing verpumpt. Wenn das erforderliche

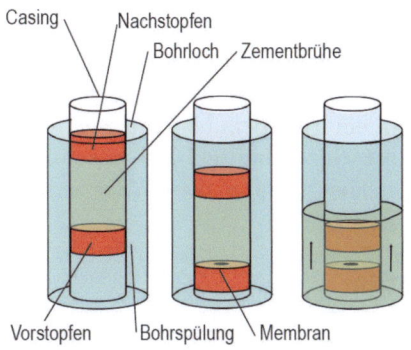

Abb. 7.18 *Links* Prinzip der Zweistopfenzementation, *rechts* Vor- und Nachstopfen

Volumen an Zementbrühe verpumpt ist, wird der Nachstopfen in das Casing eingebracht. Die Spülpumpen der Bohranlage pumpen nun Bohrspülung in das Casing.

Die Bohrspülung drückt die zwischen den beiden Gummistopfen eingeschlossene Zementbrühe durch die Rohrtour nach unten zum Rohrschuh an der Bohrlochsohle. Im Rohrschuh befindet sich ein in ◘ Abb. 7.18 nicht dargestellter Anschlagring, durch den der Vorstopfen nicht hindurch passt. Der Vorstopfen bleibt deshalb an dem Anschlagring stecken und blockiert dadurch kurzfristig den Strömungsweg. Deshalb steigt der Druck an der übertägigen Spülpumpe an. Der Vorstopfen ist jedoch hohl und an seiner Oberseite nur durch eine dünne Membran verschlossen (roter Stopfen in ◘ Abb. 7.18 rechts). Der Überdruck im Casing führt dazu, dass diese Membran aufreißt (◘ Abb. 7.18 links Mitte). Somit ist der Strömungsweg wieder frei, und die Zementsuspension kann durch den Vorstopfen hindurch in den Ringraum fließen.

Wenn der Nachstopfen schließlich den Vorstopfen erreicht und auf diesem aufsitzt, ist das Verpumpen der Zementsuspension in den Ringraum abgeschlossen. Der Nachstopfen ist massiv (schwarzer Stopfen in ◘ Abb. 7.18 rechts). Wenn er auf dem Vorstopfen aufsitzt, ist der Strömungsweg im Casing wieder verschlossen, und es wird ein weiterer Druckanstieg an der übertägigen Pumpe registriert. Die gesamte Zementsuspension befindet sich nun im Ringraum der Bohrung. Der Zementiervorgang ist damit beendet, und die Pumpen können abgeschaltet werden. Ein Rückschlagventil im Rohrschuh verhindert, dass die schwere Zementbrühe, die im Ringraum ansteht, wieder ins Innere der Rohrtour zurückschwappt. Die im Ringraum befindliche Zementbrühe muss nun abbinden und aushärten. Die dazu erforderliche Zeit wird in den Protokollen mit der Abkürzung WOC (Waiting on Cement) dokumentiert.

In der Praxis verläuft eine Zweistopfenzementation meistens noch ein wenig komplexer ab als bisher beschrieben. Beispielsweise wird vor dem Vorstopfen oft noch ein Spacer verpumpt. Der Spacer ist eine spezielle Flüssigkeit, welche die Aufgabe hat, den Filterkuchen an den Wänden des Bohrloches zu beseitigen und die Bohrlochwand zur besseren Zementanbindung anzufeuchten.

Außerdem wird die Zementbrühe häufig in zwei Chargen mit unterschiedlichen Dichten verpumpt. Zunächst wird ein leichterer Lead Cement verpumpt. Er soll nach dem Verpumpen in den höher gelegenen Bereichen des Ringraumes, wo ein geringerer Druck und eine geringere Temperatur herrschen, aushärten. Der schwerere und stabilere Tail Cement soll den unteren Bereich des zu zementierenden Ringraumes ausfüllen, in dem höhere Drücke und Temperaturen herrschen und festere Formationen zu finden sind.

Nach dem Aushärten des Zements muss der nächste Bohrungsabschnitt abgebohrt werden. In diesem Zusammenhang könnte sich die Frage stellen, wie die Gummistopfen, das Rückschlagventil und der Rohrschuh aus dem Casing entfernt werden können. Allerdings sind alle drei aus Materialien gefertigt, die mit jedem üblichen Bohrmeißel durchbohrt werden können. Die Stopfen, das Rückschlagventil und alle weiteren Bestandteile des Rohrschuhes werden also einfach durchbohrt und auf diese Weise zerspant.

7.4.4 Qualitätskontrolle der Zementation

Die Zementation ist entscheidend für die Bohrungsintegrität. Sie dichtet die Bohrung gegenüber der Umgebung ab, verhindert den Austausch von Fluiden unterschiedlicher Formationen und verhindert, dass Formationsfluide die Verrohrung angreifen und Kor-

7.4 · Einbau und Zementation der Futterrohre

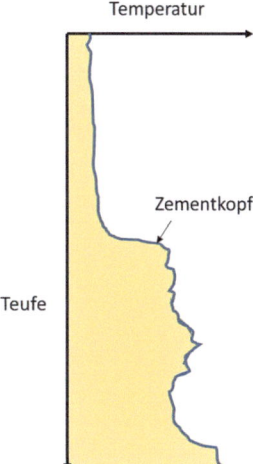

Abb. 7.19 Temperaturlog (schematisch)

rosion auftritt. Deshalb muss die Qualität der erfolgten Zementation unbedingt durch Messungen nachgewiesen werden.

Im Folgenden werden die wichtigsten Methoden zur Qualitätskontrolle kurz vorgestellt. Details zu Bohrlochmessungen werden in den Vorlesungen zur Bohrlochgeophysik behandelt, zu denen es auch spezielle Literatur gibt.

Temperaturlog

Zement setzt beim Abbinden Wärme frei. Wenn ein Temperatursensor an einem Messkabel in das Bohrloch eingefahren wird, kann anhand des Temperatur-Logs festgestellt werden, an welchen Stellen des Ringraumes Zement abbindet – und an welchen nicht.

In ◘ Abb. 7.19 ist ein entsprechendes Temperaturlog zu sehen. Der Zementkopf ist sehr deutlich als Temperaturanomalie in der Mitte des Logs zu erkennen. Oberhalb des Zementkopfes findet man den ungestörten Temperaturgradienten, mit dem die Temperatur in der Tiefe alle 100 m um ca. 3 °C zunimmt. Im Bereich des abbindenden Zementes ist die Temperatur deutlich erhöht.

Cement Bond Log

Um die Zementanbindung an die Rohre und das umgebende Gestein zu bewerten, wird ein Cement Bond Log (CBL) aufgenommen. Ein Sensor, der durch die Rohrtour läuft, sendet Schallwellen bestimmter Frequenzen und Energien aus. In einer gewissen Distanz vom Sender befindet sich ein Empfänger, der die Schallwellen empfängt und analysiert.

Wenn die Zementanbindung an das Casing und das Gestein gut ist, breitet sich ein großer Anteil der ausgesendeten Schallenergie im umgebenden Gestein aus und geht dadurch für die Messung verloren. Am Empfänger wird das Signal somit erst relativ spät und mit geringer Energie (Amplitude) wahrgenommen.

Ist die Anbindung des Zements an das Rohr und das Gestein dagegen schlecht, so läuft der größte Teil der ausgesendeten Schallenergie auf kürzestem Weg und mit wenig Verlusten durch das Casing-Rohr zum Empfänger, wo kurze Laufzeiten und hohe Energien registriert werden. In ◘ Abb. 7.20 ist ein CBL zu sehen. Die Auswertung und Interpretation der Messkurven erfolgen durch die Servicefirmen, die die Messungen durchführen.

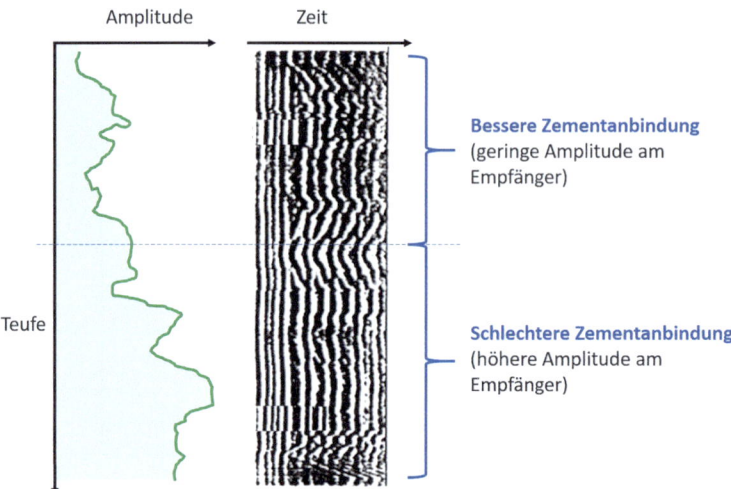

Abb. 7.20 Cement Bond Log (schematisch)

Sie erfordern eine gewisse Erfahrung, der Unterschied zwischen dem oberen und dem unteren Teil des Logs in Abb. 7.20 ist aber auch für Laien bereits deutlich zu erkennen.

Ultra Sonic Imaging Tool

Das CBL erlaubt nur eine Aussage darüber, ob die Zementanbindung in einer bestimmten Tiefe der Bohrung „besser" oder „schlechter" ist, aber nicht darüber, an welcher konkreten Stelle auf dem Umfang des betrachteten Rohrquerschnitts ein eventuelles Problem besteht.

Das Ultra Sonic Imaging Tool (USIT) erlaubt eine detailliertere Untersuchung. Es erzeugt ein Abbild der Innenwand der Rohrtour und erlaubt eine pixelartige Auflösung und Bewertung dieser Fläche bezüglich der Qualität der Zementanbindung im Ringraum.

Eine USIT-Sonde verfügt über einen rotierenden Transducer (Sender plus Empfänger), der beim Ein- bzw. Ausfahren aus der Bohrung sequenziell die gesamte Innenfläche der Bohrung mit Schallwellen bestrahlt. Schallwellen mit höheren Frequenzen erlauben höhere Auflösungen, haben aber nur geringere Reichweiten. Geringere Frequenzen durchdringen die Rohre und den Zement besser, erzielen aber eine schlechtere Auflösung. In der Praxis wird deshalb oft mit Sweeps gearbeitet, bei denen ein Spektrum verschiedener Frequenzen für die Messung durchfahren wird.

In Abb. 7.21 ist das Messprinzip einer USIT-Messung schematisch dargestellt. Die roten Pfeile geben den Verlauf der Schallwellen wieder. An den Schichtgrenzen zwischen der Spülung und dem Casing, dem Casing und dem Zement sowie dem Zement und dem Gebirge wird jeweils ein Teil der Schallenergie reflektiert. Deshalb treffen am Empfänger nacheinander verschiedene Echos des ausgesendeten Signals ein, die sich in ihrer Laufzeit und Intensität voneinander unterscheiden. Die Analyse der empfangenen Signale erlaubt mehrere Aussagen zum Zustand des jeweils betrachteten Messpunktes.

Zunächst einmal ist der Verlust von Schallenergie ein Maß für die Zementanbindung am Rohrmaterial. Je besser die Zementanbindung an das Casing und das Gebirge ist, desto mehr Schallenergie kann dem Prozess entweichen. Ein schwaches Signal am Empfänger bedeutet folglich eine gute Zementanbindung. Die Zeitabstände zwischen den

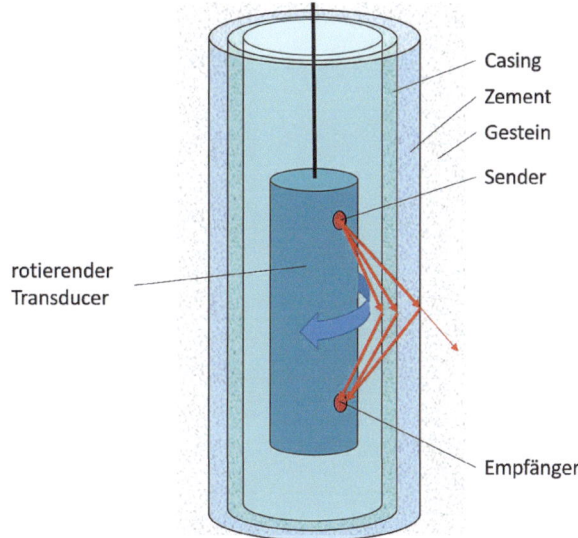

◘ **Abb. 7.21** Prinzip der USIT-Messung

Echos des Signals am Empfänger sind ein Maß für die Wandstärke der Rohrtour und somit über deren Verschleißzustand. Je dünner die Wandstärker ist, desto kürzer sind die Zeitabstände zwischen den Echos. Je länger der Weg ist, den eine Schallwelle vom Sender bis zur Rohrinnenwand zurücklegen muss, desto länger dauert es, bis das reflektierte Signal wieder am Empfänger eintrifft. Wenn der rotierende Transducer bei der Abtastung der inneren Oberfläche des Casings lokal unterschiedliche Laufzeiten der Schallwellen registriert, ist dies ein Indiz dafür, dass die Rohrtour nicht ganz rund, sondern oval ist. Eine starke Abschwächung des Signals am Empfänger kann außerdem auch ein Indiz für Ablagerungen an der Rohrwandung sein.

Aufgrund der hohen Aussagekraft der USIT-Messung werden USIT-Logs von den Bergämtern als Beleg für die Dichtheit einer Tiefbohrung verlangt. Wenn in einer Barriereformation (z. B. Salz oder Ton) über eine Distanz von insgesamt mindestens 30 m eine „gute" Anbindung des Zements nachgewiesen werden kann, darf die Bohrung als dicht betrachtet werden.

Druckteste

Nachdem ein Bohrungsabschnitt abgebohrt, verrohrt und zementiert und der Zement ausgehärtet ist, kann der nächste Bohrungsabschnitt gebohrt werden. Dazu werden zunächst die Gummistopfen und der Rohrschuh mit dem Rückschlagventil weggebohrt. Die Fragmente der Gummistopfen und des Rohrschuhes sind meistens deutlich zu erkennen, wenn sie auf den Schüttelsieben der übertägigen Spülungsaufbereitungsanlage ankommen (◘ Abb. 7.22).

Danach wird durch den Zement auf der Bohrlochsohle und in das unverritzte Gebirge hinein weitergebohrt. Wenn das ungestörte Gestein unterhalb der Zementation erreicht ist, wird der Bohrvorgang noch einmal unterbrochen, um Druckteste durchzuführen, mit denen die Dichtheit des gesetzten Zementmantels nachgewiesen werden soll.

Zu diesem Zweck wird der Ringraum der Bohrung übertage durch Betätigung des Blowout-Preventers (BOP) verschlossen und dann vorsichtig Bohrspülung in die verschlossene Bohrung gepumpt. Der Druck in der Bohrung steigt dadurch mit der Zeit

Abb. 7.22 Von den Schüttelsieben gewonnene Reste der Gummistopfen

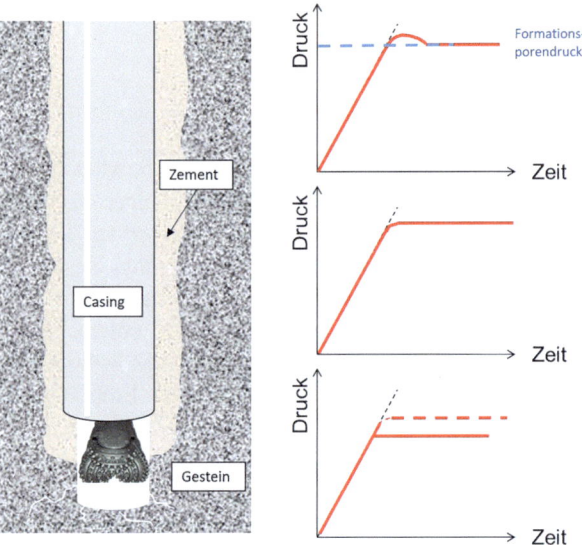

Abb. 7.23 Druckteste

zunächst linear an (◘ Abb. 7.23). Sobald der angestrebte Testdruck erreicht ist, wird die Pumpe abgestellt. Dann wird beobachtet, ob die Bohrung diesen Überdruck halten kann. Wenn der Druck konstant bleibt, ist die Bohrung dicht. Je nach Testverfahren werden verschiedene Testdrücke eingesetzt.

Beim früher üblichen Leak-off Test (LOT) wurde der Druck in die eingeschlossene Bohrung bewusst bis oberhalb der Gesteinsfestigkeit gesteigert (◘ Abb. 7.23 rechts oben). Beim Überschreiten des Frackdrucks entstehen Risse (Fracs) im Gestein. Wenn die Pumpen abgestellt werden, treten im Bohrloch zunächst Spülungsverluste auf. Der Druck in der Bohrung fällt dadurch ab, bis er mit dem Formationsporendruck des umgebenden Gesteins im Gleichgewicht steht. Das Fracken des Gesteins am Rohrschuh stört die Bohrlochintegrität natürlich signifikant.

Um das Bohrloch zu schonen, wird beim Formation Integrity Test (FIT) der Druck in der eingeschlossenen Bohrung langsamer gesteigert. Die Pumpe wird abgestellt, sobald die Druckkurve vom linearen Verlauf abzuweichen beginnt (◘ Abb. 7.23 rechts Mitte).

7.4 · Einbau und Zementation der Futterrohre

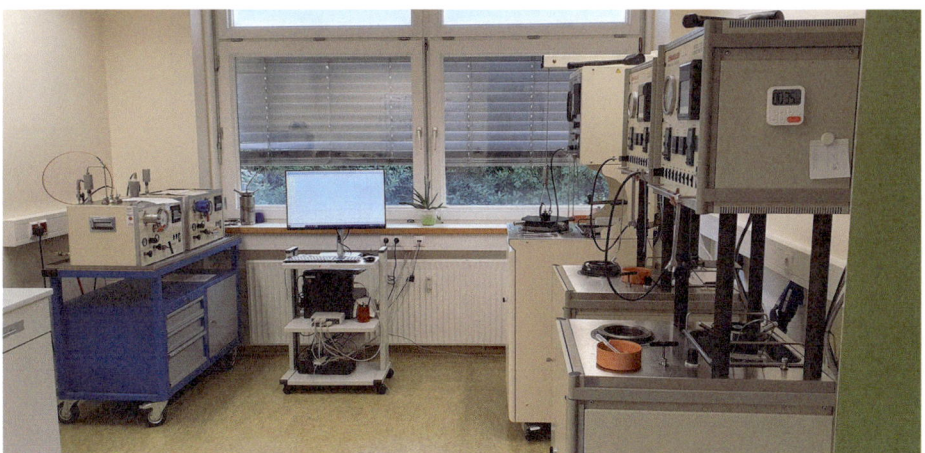

Abb. 7.24 Zementlabor (Fangmann Energy)

Diese vorsichtigere Herangehensweise bewirkt, dass sich nur erste Mini-Fracs im Gestein bilden können und das Gestein nicht so stark wie beim LOT gestört und überlastet wird.

Heute steigert man den Druck in der Bohrung im Rahmen des Pressure Integrity Test (PIT) nur noch bis zum maximal zu erwartenden Druck im Bohrbetrieb der nachfolgenden Sektion (Abb. 7.23 rechts unten). Man bleibt also bewusst unterhalb des Frackdruckes. Dieses Vorgehen stellt sicher, dass das Gebirge am Rohrschuh nicht geschädigt wird und die maximale Bohrungsintegrität erhalten bleibt.

Laborteste

Wenn die Zementation einer gesetzten Rohrtour beginnt, wird eine Probe der zu verpumpenden Zementsuspension gezogen und in einem Autoklav im Zementlabor unter denselben Druck- und Temperaturverhältnissen, wie sie im Bohrloch herrschen, zum Aushärten aufbewahrt.

Nach dem Aushärten wird die Probe entnommen und in einem Labor einem Festigkeitstest unterzogen (Abb. 7.24). Die Festigkeit der Zementprobe muss höher als die Festigkeit des Gesteins am Rohrschuh sein, denn nur so ist sichergestellt, dass die Zementation kein Schwachpunkt im Gesamtsystem Bohrung darstellt.

7.4.5 Nachbesserungen der Zementation

Falls die Qualitätsprüfung Mängel an der Zementation belegt, muss nachgebessert werden. In Abb. 7.25 links ist eine unvollständige Zementation des Ringraumes zu sehen, zwischen zwei zementierten Abschnitten ist eine Spülungsbrücke erhalten geblieben. Diese muss im Rahmen der Nachbesserung mit Zement aufgefüllt werden.

Zunächst wird die Bohrung im Bereich des zu reparierenden Abschnitts perforiert. Der Ablauf einer Perforation wurde bereits in ▶ Kap. 6 behandelt. Dann wird ein Zementiergestänge in die Bohrung eingefahren und im Casing im Bereich der Perforation ein flüssiger Stopfen Zementsuspension abgesetzt. Dazu wird das Zementiergestänge im

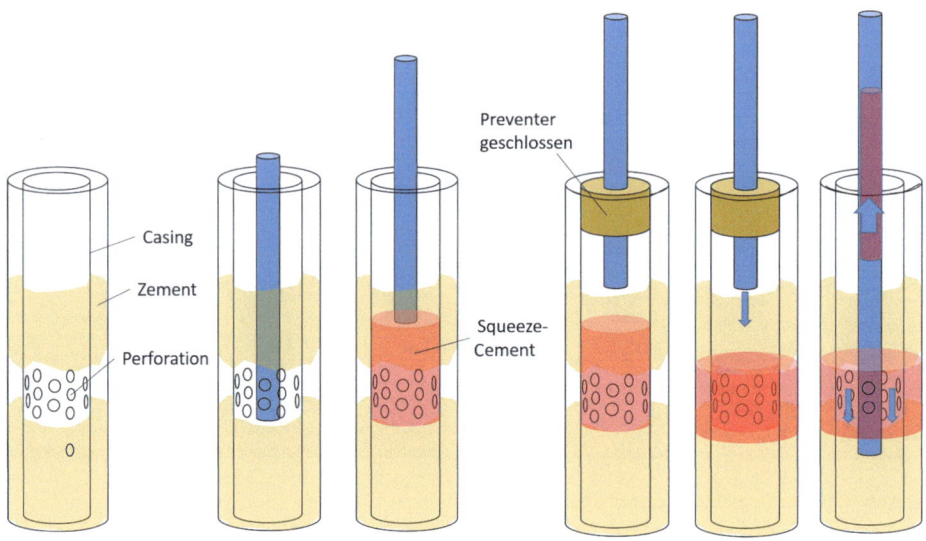

Abb. 7.25 Vorgehen bei der Nachbesserung der Zementation

Casing langsam nach oben gezogen, während der spezielle dünnflüssige Squeeze Cement verpumpt wird.

Wenn der Squeeze Cement platziert ist, wird der Ringraum zwischen dem Casing und dem Zementierstrang mittels BOP verschlossen. Wenn nun oberhalb des Squeeze Cement Spülung in die Bohrung eingepumpt wird, steigt der Druck im Casing an, und der Squeeze Cement wird durch die Perforation hindurch in die Tasche im Ringraum verpresst.

Durch anschließendes Öffnen des BOP und „Linkszirkulation" (Einpumpen von Spülung in den Ringraum und Austrag durch den Zementierstrang) wird die überschüssige Zementsuspension aus dem Casing ausgetragen.

7.4.6 Sonderzementationsverfahren

Stinger-Zementation

Die Stinger-Zementation kommt zum Einsatz, wenn Rohrtouren mit sehr großen Durchmessern zementiert werden sollen. In ◘ Abb. 7.26 ist die Vorgehensweise dargestellt. Zunächst wird die großkalibrige Rohrtour in die Bohrung eingefahren. Die schwarze Scheibe am unteren Ende der Rohrtour soll den Rohrschuh darstellen. Die Rohrtour und die Bohrung sind zu diesem Zeitpunkt vollständig mit Bohrspülung gefüllt.

Nach dem Setzen der Rohrtour wird ein Zementiergestänge in die Rohrtour eingefahren. Das Zementiergestänge ist an seinem unteren Ende mit einem speziellen Adapter ausgestattet, der im Rohrschuh in eine Landevorrichtung einrastet und dort eine dichte Verbindung herstellt. Im System gibt es nun zwei Ringräume: den inneren Ringraum zwischen dem Zementierstrang und der Rohrtour sowie den äußeren Ringraum zwischen der Rohrtour und der Bohrlochwand. Beide Ringräume sind mit Bohrspülung gefüllt (◘ Abb. 7.27).

7.4 · Einbau und Zementation der Futterrohre

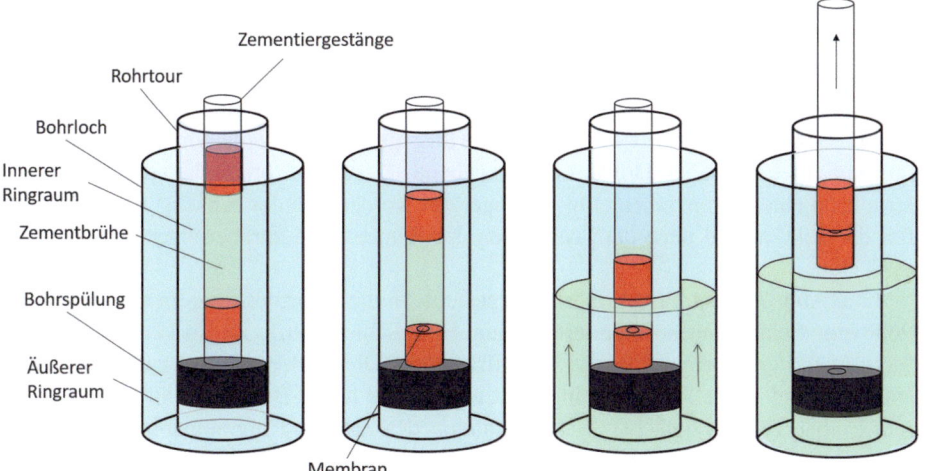

Abb. 7.26 Stinger-Zementation

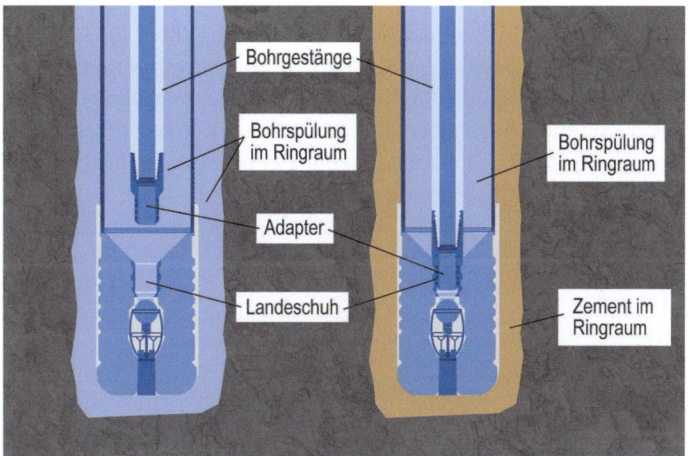

Abb. 7.27 Landeadapter bei der Stinger-Zementation

Nun beginnt das Verpumpen der Zementbrühe durch den Zementierstrang (Abb. 7.26). Man geht dabei wie bei der Zweistopfenzementation so vor, dass das Zementvolumen zwischen einem Vor- und einem Nachstopfen durch den Zementierstrang nach unten gepumpt wird. Wenn der Vorstopfen am Rohrschuh ankommt, reißt eine Membran im Stopfen und gibt den Strömungsweg frei, durch den die Zementsuspension in den äußeren Ringraum verpresst wird. Wenn der Nachstopfen auf dem Vorstopfen ankommt, ist die Zementation beendet. Im äußeren Ringraum befindet sich nun die Zementsuspension, im inneren Ringraum und im Zementiergestänge befindet sich Bohrspülung.

Der Zementierstrang mit den Stopfen wird nun zunächst vorsichtig aus dem Rohrschuh gezogen und dann ausgebaut. Das Rückschlagventil im Rohrschuh verhindert das Rückschwappen der Zementbrühe aus dem äußeren Ringraum in die Rohrtour.

Stufenzementation

Flüssige Zementsuspension hat eine hohe Dichte. Deshalb erreicht der statische Druck im Ringraum während der Zementation höhere Spitzenwerte als beim Bohren mit Bohrspülung. Insbesondere wenn sich die zu zementierende Sektion über einen großen vertikalen Bereich erstreckt, kann es sein, dass die noch flüssige schwere Zementbrühe im Ringraum aufgrund ihres statischen Druckes das umgebende Gestein aufbricht. Um dies zu verhindern, kann eine Stufenzementation durchgeführt werden, bei der zunächst nur der untere Teil der Sektion und nach dem Aushärten des Zements die darüberliegende zementiert wird.

In ◘ Abb. 7.28 ist das Verfahren dargestellt. In die Rohrtour muss in der passenden Höhe eine Schiebemuffe integriert werden. Eine Schiebemuffe ist ein Fenster, das sich durch Aufbringung eines Überdruckes öffnen lässt. Die Schiebemuffe wird im geschlossenen Zustand in die Rohrtour eingebaut und mit ihr in die Bohrung eingefahren. Nach dem Einbau erfolgt zunächst die Zementation des unteren Ringraumabschnitts. Dabei geht man wie bei einer normalen Zweistufenzementation vor. In ◘ Abb. 7.28 sieht man in der zweiten Skizze von links den Zement der Primärzementation, wie er im Ringraum steht. Er überdeckt zu diesem Zeitpunkt die Schiebemuffe, die noch geschlossen ist.

Zum Öffnen der Schiebemuffe wird ein Dart (Gummipfeil) in der Rohrtour nach unten gepumpt. In der Schiebemuffe befindet sich eine Hülse, die einen so kleinen Durchmesser besitzt, dass der Dart nicht durch sie passt. Der Dart landet folglich auf der Hülse und verschließt den Strömungsquerschnitt (◘ Abb. 7.29). Durch den resultierenden Druckanstieg wird die Hülse nach unten verschoben und gibt damit die Fenster frei. Die Bohrspülung aus dem Inneren der Rohrtour fließt nun durch die Fenster in den Ringraum und spült die überschüssige Zementsuspension aus dem Ringraum aus.

Nach dem Aushärten des Zements im unteren Bereich der Bohrung wird der darüberliegende Abschnitt zementiert (Sekundärzementation in ◘ Abb. 7.28 rechts).

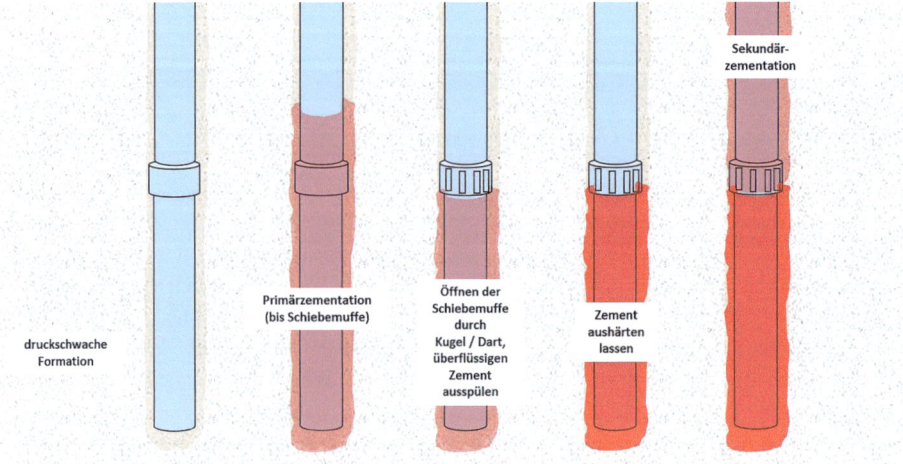

◘ **Abb. 7.28** Vorgehensweise bei der Stufenzementation

7.4 · Einbau und Zementation der Futterrohre

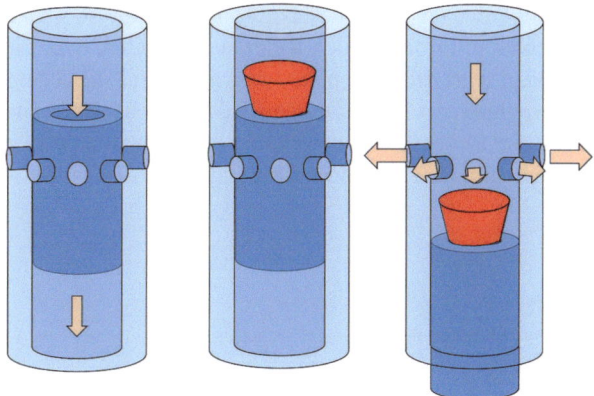

Abb. 7.29 Funktionsprinzip einer Schiebemuffe

Liner-Zementation

Ein Liner ist eine Rohrtour, die nicht bis zur Oberfläche hinaufgeführt, sondern in der vorangehenden Rohrtour abgehängt wird. Das Werkzeug, das die Verankerung in der größeren Rohrtour ausführt, wird Liner Hanger genannt.

Zum Setzen und Zementieren eines Liners geht man wie in Abb. 7.30 dargestellt vor. Zunächst wird der Liner an einem Bohrgestänge in Position gebracht und dort mechanisch verankert. Dazu wird eine Stahlkugel durch das Gestänge bis zum Liner Hanger gepumpt. Dort verschließt die Kugel den Strömungsquerschnitt und bewirkt einen Druckanstieg im Gestänge. Dieser Druckanstieg presst Haltekrallen aus dem Liner Hanger heraus nach außen gegen die Innenwand des Casings und verriegelt den Liner Hanger auf diese Weise mechanisch in der vorangehenden Rohrtour.

Durch weiteres Pumpen von Bohrspülung mit erhöhter Spülrate wird der Druck im System noch weiter erhöht und eine Schiebehülse aktiviert, die den Bohrstrang vom Liner Hanger entkoppelt. Er könnte nun aus dem Liner Hanger herausgezogen werden.

Zunächst lässt man den Strang aber noch im Liner Hanger stecken und beginnt damit, den Zement zu verpumpen. Die Zementsuspension wird durch den Hanger und den Liner zur Bohrlochsohle gepumpt und füllt dann den Ringraum um den Liner herum von unten

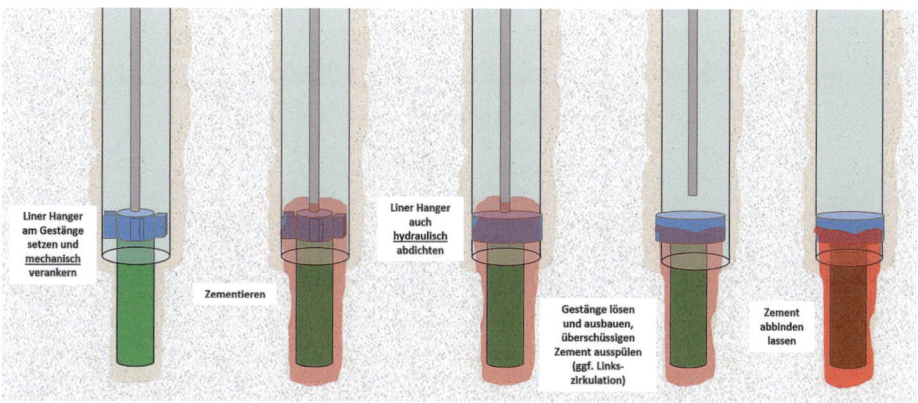

Abb. 7.30 Liner-Zementation

her auf. Wenn die Zementsuspension verpumpt ist, wird ein Gummibalg am Liner Hanger aufgeblasen. Er dichtet den Ringraum zwischen dem Liner und dem Casing hydraulisch ab. Dann wird der Zementierstrang aus dem Liner Hanger gezogen. Durch Pumpen von Bohrspülung wird die überschüssige Zementsuspension aus der Bohrung ausgetragen. Der Liner ist damit zementiert, und das Zementiergestänge kann ausgebaut werden. Dem Zement wird Zeit zum Abbinden gegeben.

Bohrungskomplettierung

Inhaltsverzeichnis

8.1 Komplettierungsarten – 159

8.2 Fördertubing – 160

8.3 Packer – 161

8.4 Eruptionskreuz („Xmas Tree") – 162

8.5 Untertagesicherheitsventil – 163

8.6 Zirkulationsschiebestück – 164

8.7 Landenippel – 165

© Der/die Autor(en), exklusiv lizenziert an Springer-Verlag GmbH, DE, ein Teil von Springer Nature 2025
M. Reich, *Tiefbohrtechnik*, https://doi.org/10.1007/978-3-662-70635-0_8

In ▶ Kap. 6 wurde erläutert, wie eine Tiefbohrung vollständig und zuverlässig von der Umgebung isoliert wird. Ein Austausch von Flüssigkeiten oder Gasen zwischen einer intakten Bohrung und der Umwelt ist insofern praktisch ausgeschlossen. Zur Förderung von Kohlenwasserstoffen aus der Tiefe wird aber trotzdem noch eine weitere Sicherheitsbarriere hinzugefügt. Der Förderstrang, der in die Bohrlochkonstruktion eingebaut wird, wird als Bohrungskomplettierung bezeichnet. Er enthält alle Komponenten, die für eine reibungslose und sichere Produktion der Lagerstättenfluide an die Oberfläche erforderlich sind. Außerdem ist er so konzipiert, dass er bei Bedarf mit geringem Aufwand repariert oder sogar ausgetauscht werden kann.

Mit dem Setzen und Zementieren der letzten Rohrtour ist der Rohbau der Tiefbohrung abgeschlossen. Die Bohrlochkonstruktion, die in ▶ Kap. 6 behandelt wurde, ist eine Permanentinstallation, die bei potenziellen Beschädigungen, Undichtigkeiten oder Korrosion nicht ohne Weiteres repariert werden kann. Wenn die Bohrlochkonstruktion Temperaturschwankungen ausgesetzt wird, die im Produktionsbetrieb auftreten, kann sie Schäden erleiden. Unter Temperaturschwankungen dehnen sich Stahl, Zement und Gestein unterschiedlich stark aus. Dies führt zu Spannungen im Material und schließlich zu Rissen und Schäden im Zementmantel.

Es bietet sich deshalb an, die Bohrlochkonstruktion durch den Einbau eines zusätzlichen Produktionsstranges von schädlichen Einflüssen wie Druck- und Temperaturschwankungen, Kontakt mit korrosiven Medien oder mechanischen Beanspruchungen abzuschirmen. Dieser Produktionsstrang wird Komplettierung genannt. Neben dem mechanischen und chemischen Schutz der Bohrlochkonstruktion muss die Komplettierung auch weitere Aufgaben erfüllen, die mit der angestrebten Förderung zusammenhängen.

Der Nutzer einer Tiefbohrung möchte natürlich die Produktion maximieren, das heißt, dass möglichst große Mengen an Fluiden aus der Lagerstätte in die Bohrung gelangen sollen. Allerdings darf die Förderrate nicht so weit erhöht werden, dass Feststoffpartikel, zum Beispiel Sandkörner, aus der Umgebung der Bohrung in diese hineingespült werden. Eine Sandproduktion würde dazu führen, dass die Produktionsrohrtour ihre Verankerung in der Lagerstätte verlöre.

Die Förderung der Fluide muss bedarfsgerecht und kontrollierbar erfolgen. Die Förderrate muss also durch Regelarmaturen präzise eingestellt werden können. Unter Umständen soll es sogar möglich sein, abwechselnd aus verschiedenen Bohrungsabschnitten zu fördern, um dadurch die Lagerstätte zu schonen. Bei Unfällen und Havarien muss die Förderung sicher unterbrochen werden können. Der Förderstrang muss also mit entsprechenden Regel- und Absperrventilen ausgestattet sein. Weiterhin muss der Förderstrang so konstruiert sein, dass es die Möglichkeit gibt, die Bohrung jederzeit zu befahren, um beispielsweise Reinigungs- und Reparaturarbeiten durchführen zu können. Und schließlich muss es auch möglich sein, bei Bedarf durch den Produktionsstrang hindurch gezielte Stimulationsmaßnahmen zur Steigerung der Produktion durchzuführen.

Durch den Einbau der Bohrungskomplettierung wird eine Tiefbohrung also für die spezifischen Anforderungen ihrer geplanten Nutzung vorbereitet. Die Bohrungskomplettierung wird im Rahmen der universitären Lehre meist dem Fachbereich Fördertechnik zugeschlagen, der eigene Lehrveranstaltungen zum Thema anbietet und über spezielle Literatur verfügt. Sie ist also kein Kernbestandteil des vorliegenden Buches über die Tiefbohrtechnik. Aus Gründen der Vollständigkeit soll hier trotzdem kurz auf die wichtigsten Komponenten einer Bohrungskomplettierung eingegangen werden.

8.1 Komplettierungsarten

Man unterscheidet zwischen Cased-Hole- und Open-Hole-Komplettierungen. Cased-Hole-Komplettierungen, das heißt verrohrten Komplettierungen, zeichnen sich dadurch aus, dass der letzte Bohrungsabschnitt im Zielhorizont durch eine Produktionsrohrtour stabilisiert wird (Abb. 8.1 links).

In den vorangehenden Kapiteln wurde der Fall beschrieben, dass die Produktionsrohrtour einer Tiefbohrung oft als Liner ausgeführt wird. Der Liner wird nach dem Setzen zementiert und nach dem Abbinden des Zements perforiert. Dieser Fall ist in Abb. 8.1 links zu erkennen. Anstelle des Zements kann der Ringraum um die Produktionsrohrtour herum aber auch mit einem speziellen Sand verfüllt werden. Diese Sandpackung wird als Gravel Pack bezeichnet (Abb. 8.1, zweite Skizze von links). Die Körnung des Sandes ist so optimiert, dass eine maximale Förderrate bei minimaler Sandproduktion erreicht wird.

Bei Cased-Hole-Komplettierungen wird die Lagerstätte weitestgehend geschont, und die Sandproduktion ist minimiert. Gleichzeitig erlaubt eine Cased-Hole-Komplettierung gezielte lokale Eingriffe in die Lagerstätte. Durch Packer (diese werden im Folgenden noch behandelt) kann zum Beispiel ein bestimmter Bereich der Lagerstätte isoliert und stimuliert werden. Nachteilig ist dagegen bei einer Verrohrung im Zielbereich der Bohrung, dass der Zufluss zur Bohrung durch die relativ kleinen Löcher einer Perforation immer geringer ist, als es in einer unverrohrten Bohrung der Fall wäre.

Wenn der Bereich der Bohrung in der Lagerstätte nicht verrohrt, also offen, spricht man von einer Open-Hole-Komplettierung. Hier wird der letzte Abschnitt der Bohrung entweder gar nicht oder mit Screens (durchlässigen Filterrohren) stabilisiert. Diese Variante setzt natürlich eine gewisse Standfestigkeit der Formation voraus. Bei den Screens handelt es sich um Rohre, die bereits vor ihrem Einbau mit Zuflussöffnungen ausgestattet sind. In Abb. 8.2 links sind Elemente eines Produktionsliners zu sehen, die viele kreisrunde Öffnungen auf ihrer Wandung besitzen. Je nach Einsatz werden aber auch Rohre mit Längsschlitzen, sogenannte Slotted Liner, oder sehr komplexe Filterroh-

Cased Hole Komplettierung

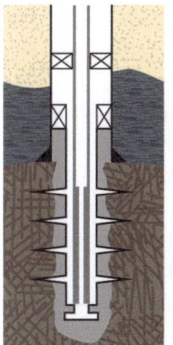
verrohrte Bohrung (zementiert und perforiert)

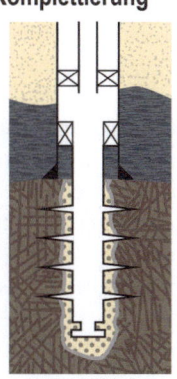
verrohrte Bohrung (perforiert und Gravel Pack)

Open Hole Komplettierung

unverrohrte Bohrung

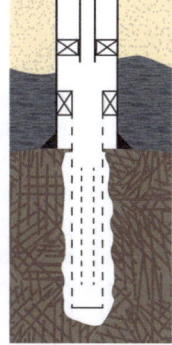
unverrohrte Bohrung mit geschlitztem Liner

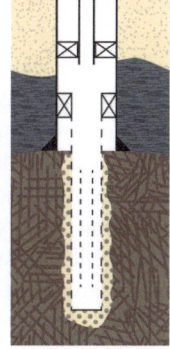
unverrohrte Bohrung mit geschlitztem Liner und Gravel Pack

Abb. 8.1 Komplettierungsarten

Abb. 8.2 Offene Produktionsrohrtouren (Screens)

re (Abb. 8.2) eingesetzt. Ähnlich wie bei Casings können die Ringräume hinter den Rohren offen gelassen oder mit speziellen Sandmischungen (Gravel Packs) hinterfüllt werden.

Eine Open-Hole-Komplettierung bietet gegenüber einer Cased-Hole-Komplettierung den Vorteil, dass die Formationsfluide auf ihrem Weg in die Bohrung hinein nur sehr geringe Fließwiderstände erfahren. Dadurch wird die Förderung maximiert. Allerdings sind mit einer Open-Hole-Komplettierung keine gezielten lokalen Eingriffe in die Produktionszone möglich.

8.2 Fördertubing

Der überwiegende Teil der Komplettierung besteht aus verschraubten Rohren, den Tubings (Abb. 8.3). Sie bilden den eigentlichen Förderstrang.

Der Förderstrang wird oberhalb der Lagerstätte mittels eines Packers in der Produktionsrohrtour verankert. Der Packer fixiert das Tubing in der letzten technischen Rohrtour und dichtet den Ringraum zwischen dem Produktionsstrang und der Bohrlochkonstruktion hydraulisch ab.

Oberhalb des Packers wird der Ringraum zwischen dem Förderstrang und der Bohrlochkonstruktion mit einer Ringraumschutzflüssigkeit befüllt, die Korrosion verhindert. Die Befüllung des Ringraumes mit Ringraumschutzflüssigkeit erlaubt es aber auch, die Dichtheit der Installation zu überwachen. Wenn der Förderstrang undicht wird und Fluide aus dem Förderstrang in den umgebenden Ringraum austreten, ändert sich nämlich der Druck im Ringraum. Da dieser jedoch mit einer Druckmessstelle ausgestattet ist, werden Undichtigkeiten sofort erkannt.

An seinem oberen Ende wird der Förderstrang im Tubing Hanger fixiert. Dabei wird der Förderstrang (wie die technischen Rohrtouren) so weit vorgespannt, dass er selbst bei maximaler Erwärmung und Wärmedehnung im Förderbetrieb immer noch unter Zugbelastung verbleibt und sich nicht aus der Bohrung herausschieben kann. Der Förderstrang kann im Schadensfall im Rahmen einer Workover-Maßnahme relativ einfach ausgewechselt werden.

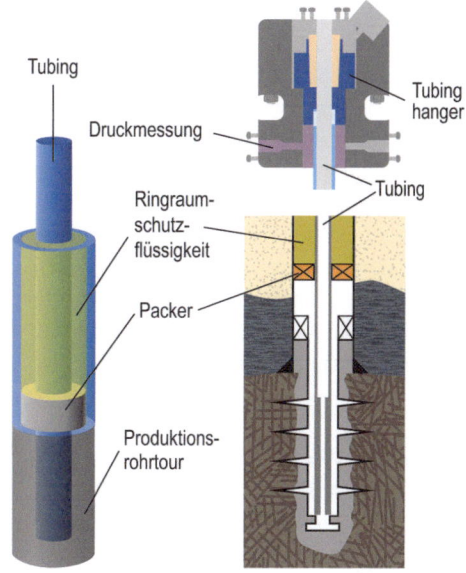

◻ **Abb. 8.3** Förderstrang in einer Produktionsbohrung

8.3 Packer

Packer sind Elemente, die den Ringraum zwischen dem Förderstrang und der Bohrlochkonstruktion abdichten können. Ein Beispiel für eine Anwendung von Packern wurde bereits in ◻ Abb. 8.3 gezeigt. In diesem Beispiel stellt der Packer die Abdichtung zwischen den Lagerstättenfluiden und der Ringraumschutzflüssigkeit her. Generell werden Packer dazu genutzt, einen Ringraum, ein Rohr oder einen Bohrungsabschnitt permanent oder vorübergehend zu verschließen und abzudichten. In ◻ Abb. 8.4 ist die prinzipielle Funktionsweise eines Packers zu sehen.

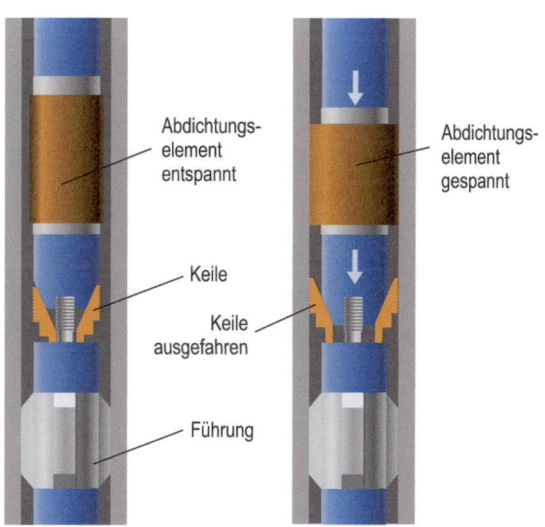

◻ **Abb. 8.4** Funktionsweise eines Packers

Cased-Hole-Packer werden in verrohrten Bohrungsabschnitten eingesetzt. Sie besitzen Keile, die zur Fixierung in ihrer Bestimmungsposition ausgefahren werden. Die Keile krallen sich beim Ausfahren in der Wandung der umgebenden Rohrtour mechanisch fest. Aufgrund dieser Verankerung können sie größere Druckdifferenzen aushalten als Open-Hole-Packer, die in unverrohrten Bohrungsabschnitten verwendet werden und ohne Keile auskommen müssen, weil die Bohrlochwandung nicht die erforderliche Festigkeit zur Fixierung des Packers besitzt.

Der eigentliche Packer ist ein flexibles Gummielement, das nach der Positionierung und Fixierung in der Endposition hydraulisch aufgepumpt wird, sodass es sich fest an die umgebende Wandung anlegt und den Querschnitt sicher abdichtet. Einige Packertypen sind als Permanentinstallation vorgesehen, andere können nach ihrem Einsatz aber auch wieder entfernt (gezogen) werden.

8.4 Eruptionskreuz („Xmas Tree")

Wenn eine Tiefbohrung von den Bohrarbeiten in die Produktion überführt wird, wird die Bohranlage abgebaut, gegebenenfalls der Bohrplatz rückgebaut und der Blowout-Preventer auf der Bohrung durch das Eruptionskreuz ersetzt (◘ Abb. 8.5). Das Eruptionskreuz (im Englischen aufgrund seiner Form auch Xmas Tree genannt) stellt die Schleuse zwischen der übertägigen Installation (Öl- und Gasreinigung, Pipelines) und der Bohrung (Bohrlochkonstruktion und der Komplettierung) dar.

Die Ventile und Anschlüsse am Eruptionskreuz dienen der Regelung der Förderrate und der Absperrung der Bohrung. Außerdem ermöglichen sie den Zugang zur Bohrung, um zum Beispiel Mess- oder Hilfsgeräte in die unter Druck stehende Komplettierung ein- oder auszuschleusen.

◘ **Abb. 8.5** Eruptionskreuze. (*Links*: Grottendieck, *rechts*: Themann)

8.5 Untertagesicherheitsventil

Ein Untertagesicherheitsventil (Subsurface Safety Valve, SSSV) ist für alle Öl- und Gasbohrungen zwingend vorgeschrieben. Es hat die Aufgabe, die Bohrung sicher zu verschließen, wenn an der Oberfläche ein gefährlicher Unfall passiert, Schäden auftreten oder Sabotage betrieben wird. Das Ventil wird so weit unterhalb der Erdoberfläche positioniert, dass es von übertägigen Einflüssen unbeeinflusst bleibt. Meist wird es in ca. 100 m Tiefe in den Förderstrang integriert.

In ◘ Abb. 8.6 ist ein aktives Sicherheitsventil zu sehen. Es ist im entspannten Ruhezustand geschlossen. Um eine Förderung aus der Lagerstätte zur Oberfläche zu ermöglichen, muss es durch Aufbringung von Öldruck von einer Hydraulik an der Erdoberfläche aktiv offen gehalten werden. Wenn das übertägige Hydraulikaggregat ausfällt, schließt das Ventil und fällt in seinen Ruhezustand zurück.

Passive Sicherheitsventile werden dagegen durch eine Feder im offenen Zustand gehalten. Das strömende Fluid aus der Lagerstätte erzeugt an der Ventilklappe eine entgegengesetzte Kraft. Wenn der Volumenstrom im Produktionsstrang zu groß wird, weil zum Beispiel das übertägige Eruptionskreuz durch Gewalteinwirkung entfernt oder beschädigt wurde, erzeugt der hohe Volumenstrom aus der Lagerstätte so große Strömungskräfte, dass das Ventil in die geschlossene Position schlägt – ähnlich einer Tür, die durch Zugluft zugeschlagen wird.

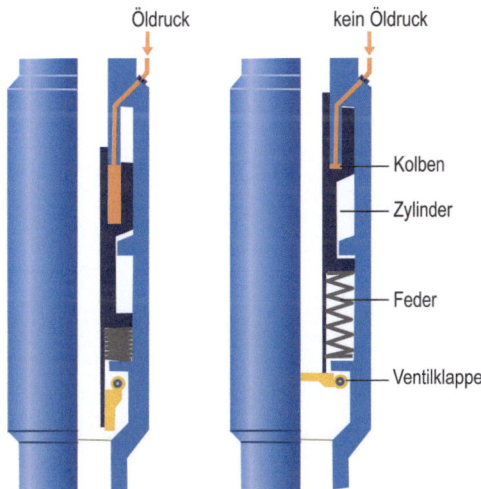

◘ **Abb. 8.6** Untertagesicherheitsventil

8.6 Zirkulationsschiebestück

Bei vielen Bohrungen, die sich in der Produktionsphase befinden, reicht der Lagerstättendruck aus, um die Fluide aus dem Zielhorizont ohne Zuhilfenahme von Pumpen an die Oberfläche zu pressen – es findet eine eruptive Förderung statt. Wenn das Eruptionskreuz einer solchen Bohrung verschlossen und die Produktion gestoppt wird, steht die Bohrung unter Druck. Man spricht von einer lebendigen Bohrung. Wenn das obertägige Ventil geöffnet wird, strömt das eingeschlossene Fluid sofort wieder aus.

Wenn man eine lebendige Bohrung befahren möchte, beispielsweise mit Messgeräten oder zu Wartungs- oder Reparaturzwecken, muss die Bohrung in den meisten Fällen erst einmal totgepumpt, also druckfrei gemacht werden. Aus einer toten Bohrung fließt nichts aus, wenn sie übertägig geöffnet wird.

Zum Totpumpen wird eine schwere Bohrspülung (Totpumpspülung) in den Förderstrang der Bohrung eingepumpt. Die Totpumpspülung drückt durch ihre Gewichtskraft nach unten und verhindert auf diese Weise, dass die Fluide der Lagerstätte gegen diesen Druck zur Oberfläche fließen können.

Wenn die Totpumpspülung in den Förderstrang eingepresst wird, müssen die Lagerstättenfluide, die sich zuvor im Förderstrang befunden haben, irgendwohin entweichen können. Wenn sie zurück in die Lagerstätte gepresst werden, wird die Lagerstätte dadurch möglicherweise beschädigt.

Besser ist es, die Fluide aus dem Förderstrang in den Ringraum zwischen dem Förderstrang und der Bohrlochkonstruktion und dort zur Oberfläche strömen zu lassen (◘ Abb. 8.7). Um die hydraulische Verbindung zwischen dem Inneren des Förderstranges und dem Ringraum herstellen zu können, wird ein Zirkulationsschiebestück in den Förderstrang integriert. Durch eine Druckbeaufschlagung im Tubing kann das Fens-

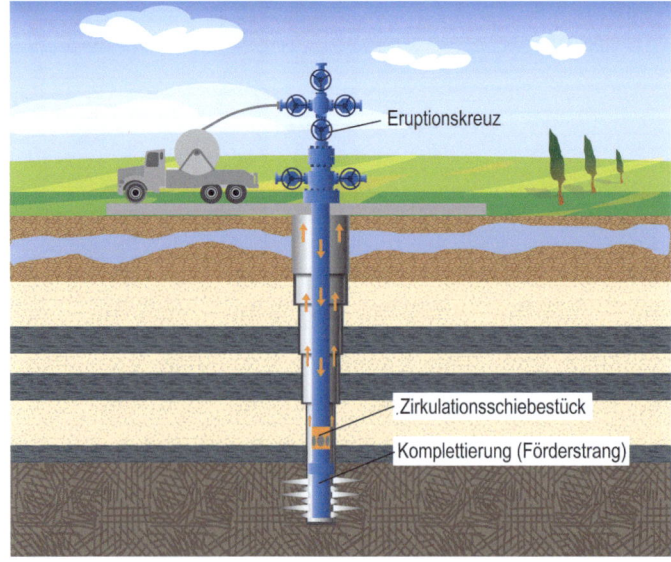

◘ **Abb. 8.7** Zirkulationsschiebestück

ter im Zirkulationsschiebestück geöffnet werden, durch eine Druckbeaufschlagung des Ringraumes kann das Fenster dagegen wieder verschlossen werden.

Zum Totpumpen wird das Zirkulationsschiebestück also zunächst geöffnet. Dann wird Totpumpspülung durch das Produktionstubing hindurch nach unten gepumpt. Die Fluide, die sich vorher im Produktionsstrang befanden, treten durch das Zirkulationsschiebestück aus dem Förderstrang in den Ringraum aus und werden dort zur Oberfläche transportiert und ausgetragen.

Nach Beendigung des Totpumpens ist der ganze Förderstrang mit Totpumpspülung gefüllt. An der Oberfläche ist das Tubing druckfrei und kann am Eruptionskreuz gefahrlos geöffnet werden, ohne dass Flüssigkeiten oder Gase austreten. Nun können Mess- und Reinigungsgeräte in die Bohrung eingefahren werden.

Zum Wiederanfahren der Produktion wird das Zirkulationsschiebestück zunächst durch Druckbeaufschlagung des Ringraumes wieder verschlossen. Dann wird eine Rohrleitung in den Produktionsstrang eingefahren, durch den Stickstoff in die dort vorhandene Totpumpspülung gepumpt wird. Der Stickstoff verringert die Dichte der Totpumpspülung so weit, dass der Lagerstättendruck schließlich wieder ausreicht, um die verdünnte Spülung vor sich her zur Oberfläche zu schieben und aus dem Förderstrang auszutragen. Wenn die gesamte Totpumpspülung ausgetragen ist, ist die Bohrung wieder lebendig und befindet sich im Produktionsmodus.

8.7 Landenippel

Landenippel haben die Aufgabe, Werkzeuge für bestimmte Arbeitsschritte vorübergehend im Produktionsstrang zu fixieren. Ein Beispiel hierfür könnte ein Absperrventil sein, mit dem der Produktionsstrang vorübergehend sicher verschlossen werden kann, damit oberhalb der Absperrung Reinigungs- oder Reparaturarbeiten durchgeführt werden können, ohne dass die Bohrung dafür totgepumpt werden muss.

Der Landenippel ist so konstruiert, dass Finger an seinem Außendurchmesser in eine entsprechende Nut im Landenippel eingreifen und beide Teile somit sicher verbindet (◘ Abb. 8.8).

◘ **Abb. 8.8** Fixierung eines Absperrventils im Landenippel

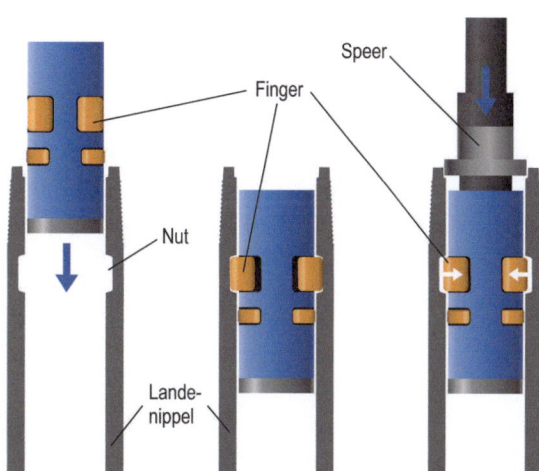

Um das Werkzeug wieder aus dem Landenippel zu lösen, wird ein spezieller Speer von oben in das Werkzeug gefahren. Dadurch werden die Finger der Landevorrichtung wieder eingefahren, und das Werkzeug kann aus dem Sitz gezogen werden.

Bohrlochkontrolle

Inhaltsverzeichnis

9.1 Druckfenster einer Bohrung – 170
9.1.1 Rechnerische Grobabschätzung – 172
9.1.2 Abschätzung aus Offset-Bohrungen – 172
9.1.3 Messtechnische Erfassung – 173

9.2 Dichtefenster einer Bohrung – 175

9.3 Dynamischer Druckanteil der Bohrspülung – 178

9.4 Equivalent Circulation Density – 181

9.5 Druck- und Dichtefenster von Horizontalbohrungen – 182

9.6 Auslegung von Rohrtouren – 185
9.6.1 Beispielhafte Lastfälle – 189

9.7 Kicks und Blowouts – 194
9.7.1 Kickentstehung – 195
9.7.2 Kickerkennung – 199
9.7.3 Kickidentifizierung – 201
9.7.4 Vorbereitung der Totpumpspülung – 205

9.8 Blowout-Preventer – 207
9.8.1 Backenpreventer – 208
9.8.2 Universalpreventer – 209
9.8.3 Schließanlage – 210
9.8.4 Spool – 211
9.8.5 Preventer-Kombinationen – 212
9.8.6 Choke Manifold – 213

© Der/die Autor(en), exklusiv lizenziert an Springer-Verlag GmbH, DE, ein Teil von Springer Nature 2025
M. Reich, *Tiefbohrtechnik*, https://doi.org/10.1007/978-3-662-70635-0_9

9.8.7	Sonderpreventer – 213
9.8.8	Gestängepreventer – 214

9.9 Totpumpverfahren – 215

9.9.1 Gedankenexperiment zur Druckentwicklung in Kicksituationen – 216
9.9.2 Abschätzung der Aufstiegsgeschwindigkeit des Kicks – 218
9.9.3 Konventionelle Totpumpverfahren – 218
9.9.4 Unkonventionelle Totpumpverfahren – 227

Kapitel 9 · Bohrlochkontrolle

Unter einem Blowout versteht man eine Bohrung, die völlig außer Kontrolle geraten ist und womöglich sogar Feuer gefangen hat. Die Bohrlochkontrolle besteht darin, Blowouts zu verhindern. Um eine sichere Bohrlochkontrolle gewährleisten zu können, muss zunächst ein tieferes Verständnis für Druckentwicklungen im Bohrloch unter verschiedenen bohrtechnischen Szenarien entwickelt werden. Diesem Thema ist ein großer Teil dieses Kapitels gewidmet. Darauf aufbauend wird dargestellt, wie die Bohrmannschaft bereits im Frühstadium potenzielle Gefahrensituationen erkennen, bewerten und bekämpfen kann.

Die Tiefbohrtechnik ist dadurch gekennzeichnet, dass man beim Bohren jederzeit mit dem unerwarteten Antreffen von Kohlenwasserstoffen rechnen muss. Die Bohrlochkontrolle besteht zunächst einmal darin, den Bohrbetrieb so zu gestalten, dass Gefahrensituationen vermieden werden. Sollte sich aber trotz aller Vorsicht doch eine Gefahrsituation anbahnen, so muss das Problem schon im Vorfeld ernsthafter Probleme erkannt werden, damit die Situation durch bewährte Maßnahmen sicher unter Kontrolle gehalten und die Ursache des Problems behoben werden kann. Ohne eine effektive Bohrlochkontrolle besteht in der Tiefbohrtechnik immer das Risiko eines Blowouts (◘ Abb. 9.1).

Ein Blowout ist eine außer Kontrolle geratene Tiefbohrung, bei der brennbare und explosive Substanzen, insbesondere Erdöl oder Erdgas, unkontrolliert entweichen und schlimmstenfalls sogar Feuer fangen.

◘ **Abb. 9.1** Blowouts. (*Links*: Reuters, *rechts*: Grottendieck)

9.1 Druckfenster einer Bohrung

Betrachtungen zur Bohrlochkontrolle können sehr komplex sein. Im Rahmen des vorliegenden Buches soll jedoch von einigen Vereinfachungen ausgegangen werden, um den Kern der Problematik so verständlich wie möglich darzustellen.

Eine Tiefbohrung muss immer vollständig mit Bohrspülung gefüllt sein. Wenn die Dichte der Bohrspülung überall in der Bohrung gleich ist, nimmt der statische Druck p_{stat} in der Bohrung linear mit der vertikalen Tiefe der Bohrung zu:

$$p_{\text{stat}} = \rho g h$$

Dabei ist g die Erdbeschleunigung ($9{,}81\,\text{m/s}^2$) und ρ die Dichte der Bohrspülung (kg/m^3).

In ◘ Abb. 9.2 stellt die schwarze Gerade den Druckverlauf in einer Bohrung in Abhängigkeit von ihrer vertikalen Tiefe (Teufe) dar. Wenn die Dichte der Bohrspülung gesteigert wird, nimmt die Steigung der Geraden im Diagramm ab, und ihr unterer Endpunkt bewegt sich im Diagramm nach rechts. Wenn die Dichte der Bohrspülung reduziert wird, nimmt die Steigung der Geraden zu, und der untere Endpunkt bewegt sich im Diagramm nach links.

Tiefbohrungen findet meist in Sedimentgesteinen statt. Sedimentgesteine sind porös, das heißt, dass sich zwischen den Gesteinspartikeln Hohlräume befinden. In ◘ Abb. 9.3 links ist ein poröser Aluminiumwürfel zu sehen, der als Anschauungsmodell für ein Volumenelement eines Sedimentgesteins angesehen werden kann. Man erkennt deutlich die Poren im Material. Das Gesamtvolumen aller Poren im Gestein im Verhältnis zum betrachteten Gesteinsvolumen wird als Porosität bezeichnet. Sedimentgesteine besitzen oft Porositäten in der Größenordnung von 20–30 %; ein Fünftel bis ein Drittel einer Gesteinsprobe besteht also immer aus Hohlräumen.

Deshalb ist es auch nicht verwunderlich, dass Regenwasser in der Erde versickert. Die Poren des Gesteins füllen sich dabei mit Wasser. Grundsätzlich können sich aber auch andere Fluide, zum Beispiel Erdöl oder Erdgas, in den Poren befinden. Die unterirdischen „Öl- und Gasseen", die in der Vorstellung vieler Menschen existieren, gibt es nicht – die Fluide befinden sich in den mikroskopisch kleinen Poren der Gesteine.

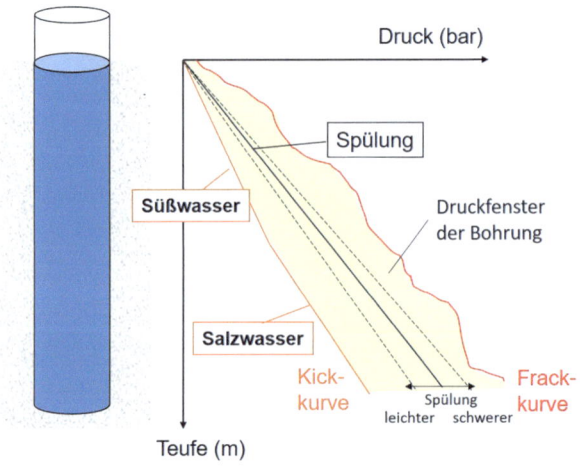

◘ **Abb. 9.2** Druckfenster einer Bohrung

9.1 · Druckfenster einer Bohrung

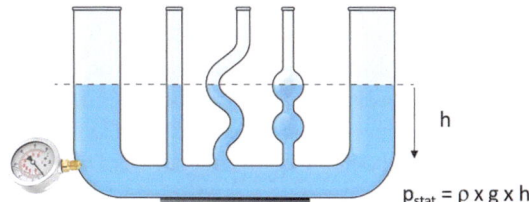

Annahmen:
- alle Poren mit Fluiden gefüllt
- alle Poren miteinander verbunden
- keine Kapillarwirkungen und sonstige Effekte
- Druck entsprechend kommunizierender Gefäße

$p_{stat} = \rho \times g \times h$

Abb. 9.3 Vereinfachende Annahmen zur Druckverteilung im Untergrund

Wir wollen bei unseren Betrachtungen davon ausgehen, dass alle Poren miteinander verbunden sind und sich die Fluide frei im verfügbaren Porenraum bewegen können. Das Gestein soll also permeabel (durchlässig) sein. Weiterhin gehen wir davon aus, dass die Poren groß genug sind, um Kapillarkräfte vernachlässigen zu können.

Unter den getroffenen Vereinfachungen kann der gesamte Porenraum als ein kommunizierendes Gefäß angesehen werden, wie es in ■ Abb. 9.3 rechts dargestellt ist. Die Flüssigkeitsspiegel stehen im Porenraum überall gleich hoch. Je tiefer man in den Porenraum vordringt, desto höher ist der statische Druck der Fluide in den Poren des Gesteins, der auch als statischer Formationsporendruck bezeichnet wird.

In ■ Abb. 9.2 ist der gelb dargestellte Bereich nach links durch die Kickkurve begrenzt. Sie stellt den Verlauf des Formationsporendruckes dar. In den oberen Lagen des Gesteins sind die Poren mit Süßwasser (Trinkwasser) gefüllt, welches eine Dichte von 1 kg/l besitzt. Mit zunehmender Tiefe wird das Wasser im Porenraum aber immer stärker aufmineralisiert. Mit steigendem Salzgehalt steigt auch die Dichte des Wassers im Porenraum. Die Formationsporendruckkurve in der Abbildung besitzt deshalb einen Knick, der den Süßwasserbereich vom Salzwasserbereich trennt.

Auch in der Tiefbohrung nimmt der statische Druck der Bohrspülung mit zunehmender vertikaler Tiefe zu. Der Druckanstieg ist proportional zur Dichte der Spülung. Da angenommen wird, dass die Dichte der Spülung überall die gleiche ist, verläuft der statische Druck in der Spülung im Bohrloch in ■ Abb. 9.2 linear.

Der unverrohrte Teil einer Tiefbohrung steht in direktem hydraulischen Kontakt mit dem Porenraum des umgebenden Gesteins. Wenn die Dichte der Bohrspülung gering ist und dadurch der Spülungsdruck im Bohrloch geringer als der Formationsporendruck ist, können Fluide aus dem Porenraum des Gesteins in die Bohrung hereinfließen. Man bezeichnet einen solchen Zufluss als Kick. Kicks stören den Ablauf der Bohrarbeiten und können beim Bohren ein Sicherheitsrisiko darstellen, speziell wenn es sich um explosive oder giftige Gaskicks handelt. Um Kicks beim Bohren zu verhindern, stellt man die Dichte der Bohrspülung immer so ein, dass der Spülungsdruck größer ist als der Formationsporendruck des umgebenden Gesteins.

Natürlich könnte man annehmen, dass die Sicherheit gegen Kicks umso ausgeprägter ist, je schwerer die Spülung im Bohrloch und je größer der Überdruck im Bohrloch ist. Wenn die Dichte der Bohrspülung allerdings zu groß ist, überschreitet der Druck im Bohrloch die Gesteinsfestigkeit, und die Formation bekommt Risse und platzt auf – sie wird gefrackt. In ◉ Abb. 9.2 ist die Frackkurve als rechte Begrenzung des gelb eingefärbten Bereichs dargestellt.

Ein zu geringer Druck im Bohrloch hat einen Kick zur Folge, ein zu hoher einen Frack. Nur im Bereich zwischen der Kick- und der Frackkurve bleibt das offene Bohrloch stabil und unter Kontrolle. Man bezeichnet den Bereich zwischen den beiden Kurven als Druckfenster der Bohrung. In ◉ Abb. 9.2 ist das Druckfenster der Bohrung gelb markiert. Für die Bohrlochkontrolle ist es von essenzieller Bedeutung, dass sich der Druck im Bohrloch während der Bohrarbeiten immer im Druckfenster bewegt. Nur dann ist sichergestellt, dass weder Kicks noch Fracks auftreten.

Im Vorfeld einer Tiefbohrung ist das Druckfenster in der Regel noch nicht im Detail bekannt. Es gibt aber mehrere Möglichkeiten, mit denen das Druckfenster im Verlauf der Planungsphase zunächst abgeschätzt und dann im Bohrbetrieb immer weiter verifiziert und an die Realität angepasst werden kann.

9.1.1 Rechnerische Grobabschätzung

Wenn keine Information zum Druckfenster der Bohrung vorliegt, kann der Frackdruck anhand der folgenden Gleichung grob abgeschätzt werden:

$$p_{\text{frac}} = \rho_{\text{overburden}} g h$$

Dabei ist $\rho_{\text{overburden}}$ die Dichte der Gesteinsformation und h die vertikale Tiefe. Die Gleichung sagt somit aus, dass man zum Fracken der Formation mindestens den Druck aufbringen muss, der dem Gebirgsdruck aufgrund des Eigengewichts des überlagernden Gesteins entspricht. Wenn man von typischen Gesteinsdichten von 2000–2300 kg/m^3 ausgeht, beträgt der Frackdruck in 2000 m Tiefe also etwa 400–460 bar.

Für eine erste Grobabschätzung des Formationsporendruckes kann man von einer Süßwasserdichte von 1000 kg/m^3 und einer Salzwasserdichte von zum Beispiel 1150 kg/m^3 ausgehen und annehmen, dass das Süßwasser maximal bis in eine Tiefe von 200 m reicht. Der Formationsporendruck berechnet sich dann nach der Gleichung

$$p_{\text{poren}} = g(\rho_{\text{süß}} h_{\text{süß}} + \rho_{\text{salz}} h_{\text{salz}}).$$

Dabei ist $h_{\text{süß}}$ die Mächtigkeit (vertikale Ausdehnung) des Süßwasserbereichs und h_{salz} die Mächtigkeit des Salzwasserbereichs.

Wenn man den Verlauf des Frackdruckes und des Formationsporendruckes über die Tiefe aufzeichnet, hat man ein erstes grobes Modell zum Druckfenster zur Hand.

9.1.2 Abschätzung aus Offset-Bohrungen

Oft gibt es in der Nähe einer neu anzulegenden Bohrung bereits bestehende Bohrungen. Wenn beispielsweise eine Produktionsbohrung nach Kohlenwasserstoffen erstellt werden soll, sind in dem betreffenden Feld ja bereits Erkundungs- und Bestätigungsbohrungen abgeteuft worden. Die Bohrberichte von diesen Offset-Bohrungen können sehr nützliche Informationen zur weiteren Detaillierung des Druckfensters liefern. In ◉ Abb. 9.4 ist dazu ein Beispiel zu sehen, das mehrere Hinweise zur Lage der Frackdruckkurve und des Formationsporendruckes enthält.

9.1 · Druckfenster einer Bohrung

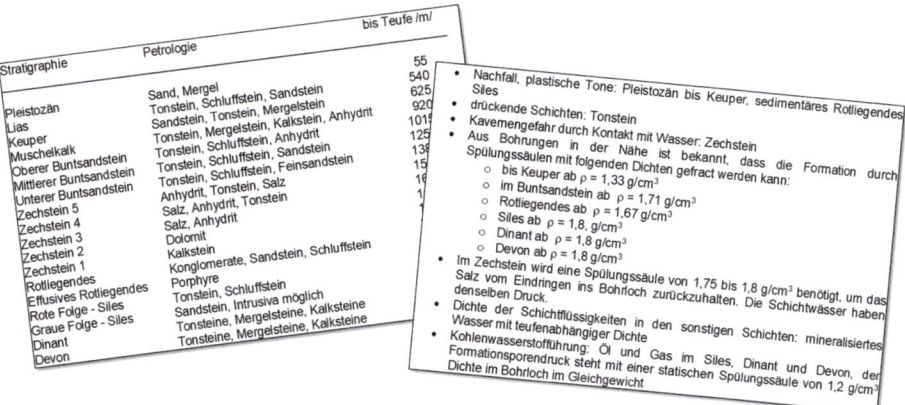

Abb. 9.4 Berichte aus Offset-Bohrungen

Auch die bereits beschriebenen Druckteste, die nach dem Setzen und Zementieren jeder Rohrtour durchgeführt werden, geben wichtige Hinweise auf die Druckfestigkeit (Frackkurve) des Gebirges.

Unter Hinzunahme weiterer Bohrungen wird das einzuhaltende Druckfenster immer präziser bekannt, es wird aber nie vollständig und perfekt sein. Deshalb gibt es auf jeder Bohrung Experten, die Mud Logger, die kontinuierlich das Bohrklein und die Bohrspülung beproben und untersuchen sowie alle relevanten Daten aus dem Bohrprozess sammeln und analysieren, um Zuflüsse in die Bohrung (Kicks), Verluste an Bohrspülung in die Formation (Fracks) oder weitere Probleme wie Bohrlochinstabilitäten schnell zu erkennen und Gegenmaßnahmen einzuleiten. Das geologische Modell wird anhand der Untersuchungsergebnisse immer wieder aktualisiert und verbessert.

9.1.3 Messtechnische Erfassung

Das Druckfenster einer Tiefbohrung kann durch Messungen während des Bohrprozesses kontinuierlich präzisiert und aktualisiert werden. Immer wenn eine Rohrtour abgesetzt und zementiert worden ist, werden zu Beginn der weiterführenden Bohrarbeiten der nachfolgenden Sektion zunächst Druckteste durchgeführt. Bei jedem Leak-off Test (LOT) oder Formation Integrity Test (FIT) ergibt sich auf diese Weise ein neuer Punkt der Frackdruckkurve.

Der Formationsporendruck kann mittels Formation Pressure Tester (FPT) direkt während des Bohrens bestimmt werden. Dazu muss ein entsprechendes Messgerät in den Bohrstrang integriert werden.

In ◘ Abb. 9.5 ist das Herzstück des FPT zu sehen. Es handelt sich um eine Probenahmestelle, mit der Formationsfluide aus der Bohrlochwand gewonnen und dabei verschiedene Druckmessungen durchgeführt werden können.

Zum Messen des Formationsporendruckes in einer bestimmten Tiefe wird der Bohrprozess unterbrochen, der Bohrmeißel von der Sohle abgehoben und die Strangrotation gestoppt. Dann fährt der gezeigte Rüssel aus dem FPT-Modul aus und wird an die Bohrlochwand gedrückt (◘ Abb. 9.6 links). Ein Anschlagkissen dichtet den Saugrüssel ge-

Abb. 9.5 Formation Pressure Tester (FPT). (Baker Hughes)

genüber der Bohrung ab. Da sich zu diesem Zeitpunkt noch Bohrspülung im Saugrüssel befindet, registriert der Drucksensor im Rüssel noch den Spülungsdruck in der Bohrung (linker Teil des Diagramms unten in ◘ Abb. 9.6). Dieser Messwert hat keine Bedeutung, denn es soll ja der Formationsporendruck bestimmt werden.

Eine im Messgerät befindliche Pumpe saugt nun die Spülung im Rüssel an und erzeugt dadurch im Rüssel einen Unterdruck. Dann wird die Pumpe wieder abgeschaltet. Das abdichtende Kissen verhindert, dass Spülung aus der Bohrung in den Rüssel gelangt; es können nur Fluide aus dem Porenraum des umgebenden Gesteins in den Rüssel nachfließen. Der Druck, der sich dabei im Rüssel einstellt, entspricht schließlich dem Lagerstätten- bzw. Formationsporendruck.

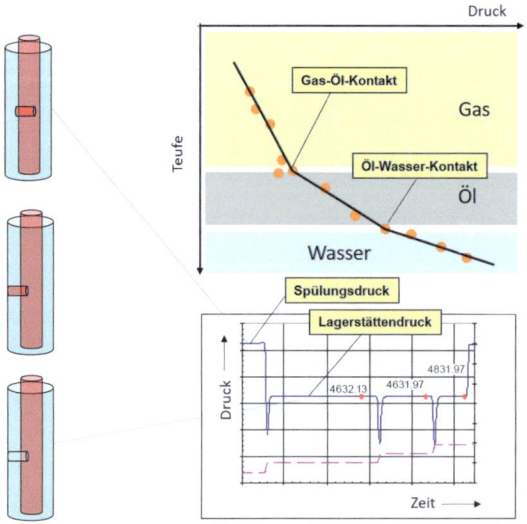

Abb. 9.6 Messprinzip des Formation Pressure Tester (FPT)

Die Messung wird mehrfach wiederholt, um das Messergebnis statistisch abzusichern. Im unteren Diagramm in ◘ Abb. 9.6 sind die insgesamt drei Ansaugphasen als nach unten weisende Peaks der Druckkurve deutlich zu erkennen.

Nach Abschluss der Messungen des Formationsporendruckes wird der Saugrüssel wieder in das Messgerät eingefahren. Sobald sich der Rüssel von der Bohrlochwand löst, befindet er sich wieder vollständig in der Bohrspülung. Der Drucksensor misst folglich wieder den Spülungsdruck in der Bohrung, der oberhalb des Formationsporendruckes liegt. Damit ist die Messung abgeschlossen, und der Bohrprozess kann fortgesetzt werden.

Durch kontinuierliche Messungen des Formationsporendruckes entlang des Bohrpfades wird nicht nur das Druckfenster der Bohrung immer weiter präzisiert, sondern es lassen sich aus den Messungen auch die Positionen des Gas-Öl-Kontakts und des Öl-Wasser-Kontakts von Kohlenwasserstofflagerstätten bestimmen. Zu diesem Zweck werden die Messwerte für den Formationsporendruck auf der x-Achse und die vertikale Tiefe der Bohrung auf der y-Achse eines Diagramms dargestellt (◘ Abb. 9.6 Mitte oben). Dabei zeigt sich, dass sich die Messwerte in bestimmten Bereichen des Diagramms durch Ausgleichsgeraden unterschiedlicher Steigungen verbinden lassen. Die unterschiedlichen Steigungen entsprechen den unterschiedlichen Dichten von Wasser, Erdöl und Erdgas. Die Schnittpunkte der Geraden entsprechen dem Gas-Öl-Kontakt bzw. dem Öl-Wasser-Kontakt der Lagerstätte.

9.2 Dichtefenster einer Bohrung

Der statische Druck eines Fluids berechnet sich nach der Gleichung

$$p_{\text{stat}} = \rho g h.$$

Bei einer Schichtung mehrerer Fluide (z. B. Süß- und Salzwasser) wird die Gleichung erweitert zu

$$p_{\text{stat}} = g(\rho_1 h_1 + \rho_2 h_2 + \rho_3 h_3 + \ldots).$$

Dabei sind ρ_1, ρ_2, ρ_3, ... die Dichten und h_1, h_2, h_3, ... die (vertikalen) Schichthöhen der unterschiedlichen Fluide.

Man kann nun eine äquivalente Dichte $\rho_{\text{äqui}}$ definieren, die in einer bestimmten Tiefe h der Bohrung denselben Druck ergäbe wie die Schichtung der Fluide 1, 2, 3, ...:

$$p_{\text{stat}} = g(\rho_1 h_1 + \rho_2 h_2 + \rho_3 h_3 + \ldots) = \rho_{\text{äqui}} g h$$

Daraus ergibt sich

$$\rho_{\text{ägui}} = g(\rho_1 h_1 + \rho_2 h_2 + \rho_3 h_3 + \ldots)/h$$

oder

$$p_{\text{stat}} = \rho_{\text{ägui}} g h \quad \text{bzw.} \quad \rho_{\text{ägui}} = p_{\text{stat}}/(gh).$$

Das Druckfenster einer Bohrung kann also in ein Dichtefenster umgerechnet werden, indem man für jede Tiefe h aus dem Druck p_{stat} die äquivalente Dichte $\rho_{\text{äqui}}$ berechnet. In

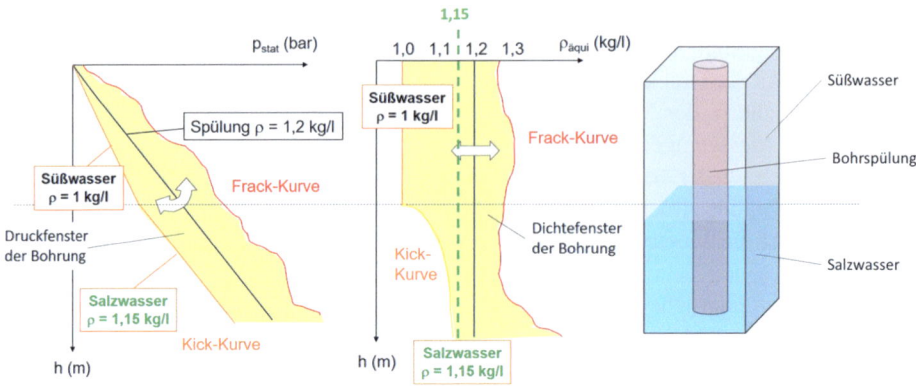

Abb. 9.7 Äquivalenz von Druck- und Dichtefenster einer Bohrung

In ◘ Abb. 9.7 ist links das Druckfenster und rechts das daraus abgeleitete Dichtefenster zu sehen.

Der Verlauf der Kickkurve im Dichtefenster ergibt sich aus der Berechnung der äquivalenten Dichte der Flüssigkeitssäule im Porenraum des Gesteins, die je nach betrachteter Vertikaltiefe einen Anteil Süßwasser und einen Anteil Salzwasser besitzt (Skizze rechts in ◘ Abb. 9.7).

Wenn man im Druckfenster für eine bestimmte Teufe h den Frackdruck p_{frac} abliest (rote Frackkurve), kann man diesen über die Gleichung

$$\rho_{frac} = p_{frac}/(gh)$$

in die Dichte der Spülung umrechnen, mit der die Bohrung gefüllt sein müsste, um das Gestein in der Tiefe h zu fracken (Frackkurve des Dichtefensters).

Die senkrechte schwarze Linie im Dichte-Teufe-Diagramm entspricht der Dichte der (statischen) Spülung im Bohrloch. Wenn die Dichte der Bohrspülung im Bohrloch reduziert würde, verschöbe sich die vertikale Linie im Dichte-Teufe-Diagramm nach links, bei Erhöhung nach rechts. In ◘ Abb. 9.7 entspricht die grün gestrichelte Linie einer Bohrspülung von 1,15 kg/l und die durchgezogene schwarze Linie derjenigen einer Dichte von 1,2 kg/l.

An der linken Begrenzung des gelb gefärbten Dichtefensters, der Kickkurve, kann man ablesen, welche Spülungsdichte im Bohrloch in einer betrachteten Tiefe h mindestens erforderlich ist, um Zuflüsse in die Bohrung zu unterbinden. An der rechts dargestellten Frackkurve des Dichtefensters kann für eine bestimmte Teufe h abgelesen werden, welche (statische) Spülungsdichte in der Bohrung zum Aufbrechen der Formation führen würde.

Das Druckfenster im Druck-Teufe-Diagramm ist einfacher zu erklären und zu erfassen, das Dichtefenster im Dichte-Teufe-Diagramm ist aber praxisnäher und somit im Feld weiter verbreitet. Grundsätzlich haben aber beide Diagramme denselben Informationsgehalt und sind insofern gleichberechtigt.

Das in ◘ Abb. 9.7 gezeigte Druckfenster ist als idealisierte Darstellung zu verstehen. Es dient zum einfachen Verständnis der Problematik. In der Realität sind die Druck- bzw. Dichtefenster von Tiefbohrungen oft komplexer.

9.2 · Dichtefenster einer Bohrung

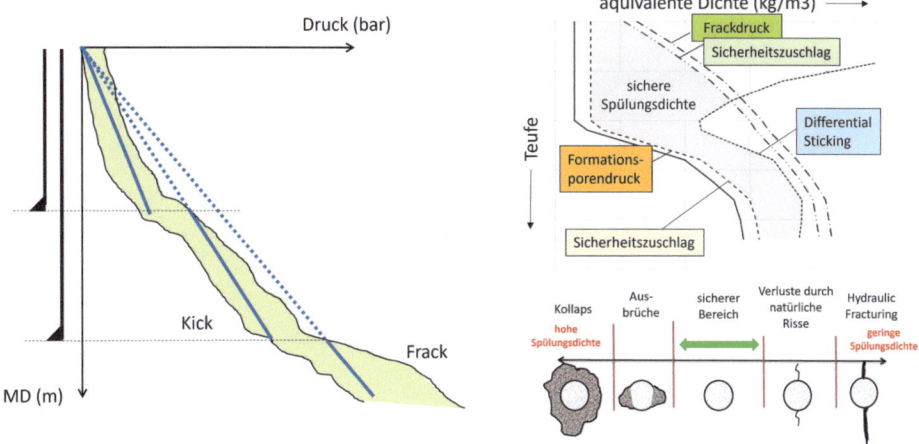

Abb. 9.8 Komplexere Druckfenster

In **Abb. 9.8** links ist ein Druckfenster zu sehen, welches nicht mit einer einzigen Spülungsdichte durchbohrt werden kann; es gibt keine Gerade, die vom Ursprung des Diagramms bis zur Endteufe verläuft, ohne das Druckfenster zwischendurch zu verlassen. Deshalb muss der erste Bohrabschnitt zunächst mit einer leichten Spülung (obere durchgezogene blaue Linie) gebohrt und dann durch das Setzen und Zementieren einer Rohrtour stabilisiert werden. Aus der ersten Rohrtour heraus wird der nächste Bohrungsabschnitt mit einer schwereren Bohrspülung abgebohrt, verrohrt und zementiert. Dann erfolgt eine weitere Beschwerung der Bohrspülung usw.

Im Rahmen der Bohrlochkonstruktion ist bei der Festlegung der Anzahl der erforderlichen Rohrtouren also nicht nur die geologische Schichtenfolge, sondern auch das Druckfenster der Bohrung zu berücksichtigen.

In **Abb. 9.8** rechts oben ist ein Dichtefenster einer realen Tiefbohrung zu sehen. In der Darstellung ist erkennbar, dass in der Praxis nicht nur die Kick- und die Frackkurve zu beachten, sondern bereits bei Annäherung an diese Grenzen des Dichtefensters mit potenziellen Problemen zu rechnen ist. Bevor Kicks auftreten, kann das Bohrloch aufgrund eines zu geringen Druckes der Spülung bereits instabil (zusammengedrückt) werden und Ausbrüche bekommen. Und bereits vor Erreichen der Frackkurve können erste Spülungsverluste aufgrund von Mikrorissen im Gestein auftreten. Man nähert sich deshalb in der Praxis immer nur mit einem gewissen Sicherheitsabstand („safety margin") an die Frack- und die Kickkurve an.

Mit steigender Spülungsdichte im Bohrloch wächst aber auch die Gefahr, dass sich Bohrstrangelemente an der Bohrlochwand „festsaugen" können. Dieser Effekt, der als Differential Sticking bezeichnet wird, zählt zu den häufigsten Ursachen für festsitzendes Gestänge im Bohrloch. In **Abb. 9.9** ist das Prinzip des Differential Sticking schematisch dargestellt.

Differential Sticking tritt auf, wenn sich der Bohrstrang so an die Bohrlochwand anlehnt, dass er sich in den abdichtenden Filterkuchen einarbeiten kann. Formationsseitig wirkt nun der Formationsporendruck, bohrungsseitig jedoch der höhere Spülungsdruck. Die entstehende Druckdifferenz presst den Bohrstrang seitlich an die Bohrlochwand, so wie ein Saugnapf an eine glatte Fläche gepresst und dort festgehalten wird.

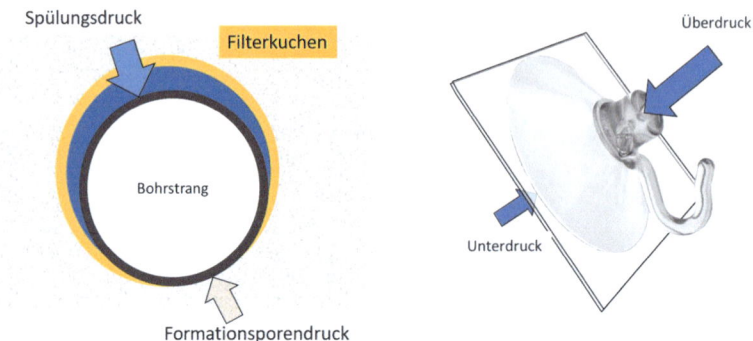

Abb. 9.9 Differential Sticking

9.3 Dynamischer Druckanteil der Bohrspülung

Die bisherigen Betrachtungen zum Druck- und Dichtefenster einer Tiefbohrung bezogen sich auf statische Zustände. Tatsächlich wird die Bohrung während des Bohrvorgangs aber von der Spülung durchströmt.

Um ein Fluid gegen den unvermeidbaren Reibungswiderstand in Bewegung zu bringen bzw. zu halten, muss eine Kraft auf das Fluid ausgeübt werden. Diese wird durch den Druck der Pumpe bereitgestellt (Abb. 9.10). Der Pumpendruck entspricht also immer den dynamischen Druckverlusten, die im durchströmten System auftreten.

Je länger eine Rohrleitung ist, desto größer sind auch die Reibungsverluste, und desto höher ist der erforderliche Pumpendruck bzw. der dynamische Druckanteil.

Der dynamische Druck ist also an der Pumpe am größten. Je näher das Fluid an den Auslauf gelangt, desto weniger Strecke ist noch zu überwinden und desto geringer ist auch der erforderliche dynamische Druck, um die Strömung in Bewegung zu halten (Abb. 9.10). Am Auslauf ist schließlich gar kein Druck mehr erforderlich, um das Fluid auszutragen, das Fluid strömt drucklos aus. Diese Erkenntnisse lassen sich natürlich auch auf eine Tiefbohrung übertragen.

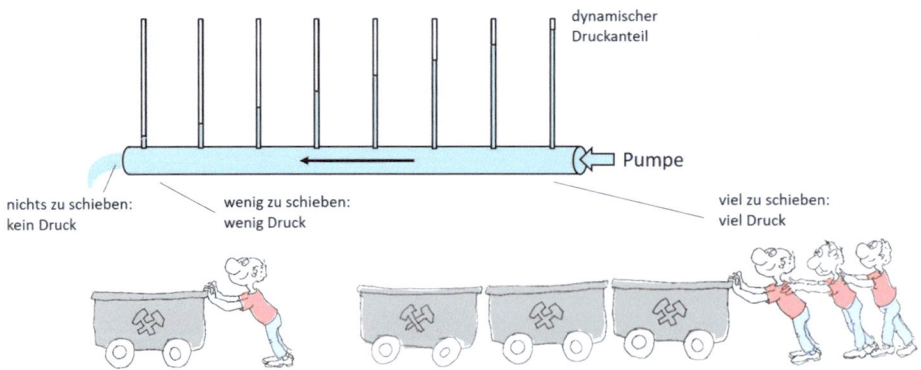

Abb. 9.10 Genereller Verlauf des dynamischen Druckes

9.3 · Dynamischer Druckanteil der Bohrspülung

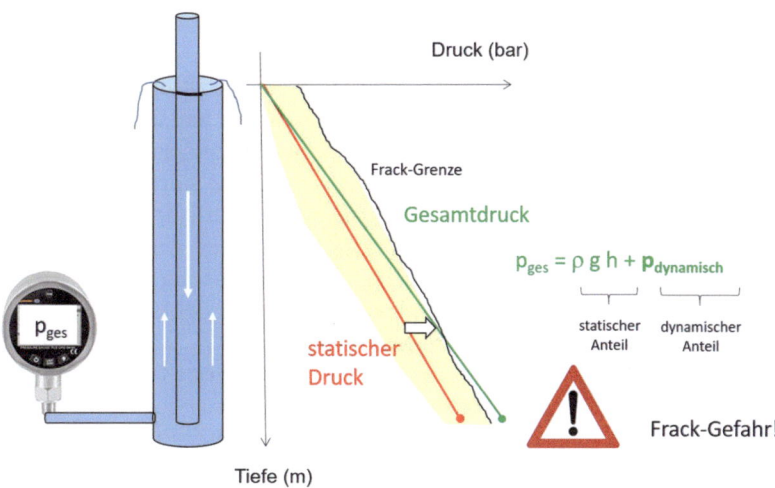

Abb. 9.11 Statischer und dynamischer Druck in einer Tiefbohrung

In ◘ Abb. 9.11 ist eine Tiefbohrung dargestellt. Die Spülung fließt von der Pumpe ausgehend zunächst durch das Bohrgestänge hindurch zur Bohrlochsohle. Dort tritt sie aus dem Bohrmeißel aus und strömt durch den Ringraum zurück zur Oberfläche. Im Rahmen der Bohrlochkontrolle spielen die Strömungsbedingungen im Bohrstrang keine signifikante Rolle. Deshalb sollen hier nur die Druckverhältnisse im Ringraum betrachtet werden.

Wenn die Pumpe ausgeschaltet wäre, herrschte im Ringraum der Bohrung der in ◘ Abb. 9.11 rot dargestellte statische Druckverlauf

$$p_{\text{stat}} = \rho g h.$$

Da die Spülpumpe aber läuft, addieren sich der dynamische Druckanteil im Ringraum und der statische Druck zum Gesamtdruck. Am übertägigen Auslauf der Bohrung ist der dynamische Druckanteil null, entgegen der Strömungsrichtung nimmt er aber kontinuierlich immer weiter zu und erreicht an der Bohrlochsohle den größten Wert. Der resultierende Druckverlauf im Ringraum der Bohrung bei eingeschalteter Spülpumpe ist in ◘ Abb. 9.11 grün dargestellt:

$$p_{\text{ges}} = p_{\text{stat}} + p_{\text{dyn}} = \rho g h + \Delta p_{\text{Verlust}}$$

Es ist also, wie in der Abbildung gezeigt, durchaus möglich, dass der statische Druck der Bohrspülung sicher im Druckfenster verläuft, das Einschalten der Pumpe aber aufgrund des zusätzlichen dynamischen Druckanteils dazu führen kann, dass der Frackdruck überschritten wird. Um sicherzustellen, dass ein vorgegebenes Druckfenster sowohl bei ab- als auch eingeschalteten Spülpumpen (statisch und dynamisch) eingehalten wird, muss der Verlauf des dynamischen Druckes der Bohrspülung im Ringraum bekannt sein.

Die Berechnung des dynamischen Druckes eines klar definierten Fluids in einer eindeutig beschriebenen Rohrleitung ist natürlich möglich. Die Rohrrauigkeit der vorliegenden Leitung kann ermittelt werden. Dann wird die Reynoldszahl der Strömung berechnet, um deren Strömungszustand zu charakterisieren. Mit diesen Angaben kann über ein

Moody-Diagramm der Widerstandsbeiwert der Strömung ermittelt und schließlich der dynamische Druckverlust berechnet werden.

Auf Einzelheiten hierzu oder Berechnungsbeispiele soll an dieser Stelle verzichtet werden, denn einerseits wird das Thema ja eingehend in den separaten Vorlesungen zur Fluiddynamik und der zugehörigen Literatur behandelt, und andererseits ist eine zuverlässige Prognose des dynamischen Druckanteils über eine solche Berechnung in der Tiefbohrtechnik ohnehin viel zu ungenau. Das hat mehrere Gründe.

Zunächst einmal ist der tatsächliche Bohrlochdurchmesser meist deutlich größer als der Durchmesser des eingesetzten Bohrmeißels. Das liegt daran, dass der Meißel auf der Sohle vibriert und schwingt. Zuweilen können so entlang der Bohrstrecke erhebliche Auskesselungen oder nachfallendes Gebirge auftreten.

Es gibt aber nicht nur Mechanismen, die zu einer übermäßigen Bohrung führen. Manche Formationen neigen bei Kontakt mit der Bohrspülung zum Quellen. Der Bohrungsdurchmesser wird dadurch verringert. Allerdings ist dieser Effekt rechnerisch nicht zu erfassen. Andere Formationen, zum Beispiel Salze, neigen zum Kriechen und dringen in das offene Bohrloch ein, wenn der Spülungsdruck nicht hoch genug ist. Auch die Filterkuchenbildung an der Innenwand der Bohrung reduziert den Bohrungsdurchmesser. Seine Dicke ist aber von vielen Parametern abhängig, die rechnerisch kaum zu erfassen sind. Der effektive Strömungsquerschnitt des Ringraumes ist also weder konstant noch exakt bekannt.

Auch die Dichte der Bohrspülung im Ringraum der Bohrung ist nicht genau bekannt. Sie ist ja mit Bohrklein und eventuell auch mit Gasblasen beladen, deren Konzentration örtlich unterschiedlich und vor allem messtechnisch nicht zu erfassen ist. Die Dichte der Spülung im Ringraum ist somit lokal unterschiedlich und kann durch die Verunreinigungen sowohl erhöht als auch reduziert werden.

Der Bohrstrang in der Bohrung besteht aus Elementen unterschiedlicher Durchmesser. Dadurch ändern sich die Strömungsbedingungen im engen Ringraum lokal erheblich. Erschwerend kommt hinzu, dass sich der Bohrstrang in der Regel in einer exzentrischen Position im Bohrloch befindet und der Ringraum somit entlang des Umfangs unterschiedlich weit ist. Die Spülung bewegt sich vorzugsweise entlang der weiten Querschnitte, während sich in den engen Passagen des Ringraumes eventuell Bohrkleinbetten ausbilden und ablagern können. Dies ist insbesondere in stark geneigten Bohrungsabschnitten der Fall.

Und schließlich sind Bohrspülungen keine Newton'schen Fluide, sondern zählen aufgrund ihrer Thixotropie zu den Bingham-Fluiden. Die Viskosität der Spülung ist deshalb vom Schergefälle in der Strömung abhängig und entsprechend schwierig mathematisch zu erfassen.

Trotz der genannten Herausforderungen ist natürlich eine rechnerische Abschätzung der Druckverluste im Ringraum der Bohrung möglich. Sie kann eine gute Hilfestellung bei der Planung einer Tiefbohrung bieten. Für anspruchsvolle praktische Anwendungen ist so eine Berechnung aber oft nicht exakt genug. Stattdessen platziert man in der Bohrgarnitur einen Druckaufnehmer, der den Gesamtdruck im Ringraum der Bohrung kontinuierlich überwacht.

9.4 Equivalent Circulation Density

Die Messung und Überwachung des Druckes im Ringraum einer Tiefbohrung ist zur Einhaltung eines vorgegebenen Druckfensters von großer Bedeutung.

Allerdings ist der statische Druck im Bohrloch nicht sicher berechenbar, da die Spülung im Ringraum mit Bohrklein beladen und die Bohrkleinkonzentration nicht überall im Ringraum dieselbe ist. Wie in den vorangehenden Betrachtungen erkenntlich wurde, ist die Berechnung des dynamischen Druckanteils sogar noch viel komplexer und mit noch mehr Unsicherheiten behaftet. Die präzise Berechnung des Druckes im Ringraum einer Tiefbohrung während der Bohrphase ist also schwierig. Deshalb misst man den Druck im Ringraum lieber direkt, indem man in Bohrmeißelnähe einen Drucksensor in der Bohrgarnitur platziert. Ein solcher Drucksensor misst den Gesamtdruck der Bohrspülung im Ringraum, der sich aus dem statischen und dem dynamischen Druckanteil zusammensetzt.

Für die Stabilität der Bohrung ist es ohne Belang, wie sich der Gesamtdruck im Ringraum zusammensetzt – Hauptsache, der Gesamtdruck befindet sich innerhalb des Druckfensters. In der Praxis der Tiefbohrtechnik ignoriert man deshalb den Unterschied zwischen dem statischen und dem dynamischen Druckanteil und definiert den Druck der ruhenden oder fließenden Spülung in der Bohrung in Analogie zur Berechnung eines rein statischen Druckes als

$$p_{ges} = \text{ECD} g h.$$

Der Term p_{ges} steht dabei für den gemessenen Gesamtdruck, der in der Tiefe h vorliegt, der Term g ist die Erdbeschleunigung von $9{,}81\,\text{m/s}^2$.

Die Tiefe h in der Gleichung ist die vertikale Tiefe (True Vertical Depth, TVD) der Bohrung. Sie darf nicht mit der gemessenen Tiefe (Measured Depth, MD) der Bohrung verwechselt werden. Die gemessene Tiefe der Bohrung entspricht der aufsummierten Länge aller Bohrstrangkomponenten, die in die Bohrung eingebaut wurden. Die vertikale Tiefe gibt dagegen die vertikale Strecke von der Erdoberfläche bis zum Messpunkt an (◘ Abb. 9.12).

Beim Bohren wird nur die gemessene Tiefe der Bohrung direkt gemessen. Die vertikale Tiefe der Bohrung wird daraus berechnet. Wie dabei vorgegangen wird, wird in

◘ **Abb. 9.12** Gemessene und vertikale Tiefe einer Bohrung

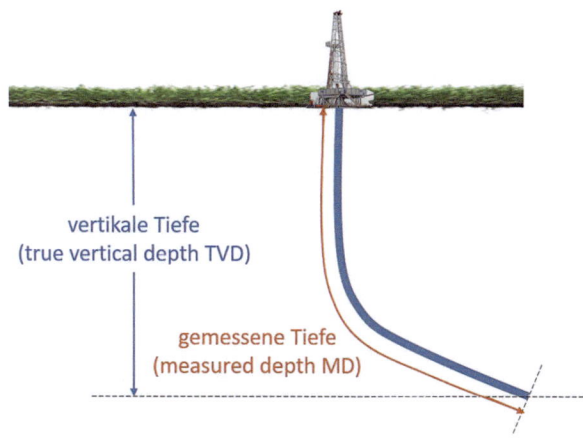

▶ Kap. 11 erläutert. Hier an dieser Stelle soll zunächst davon ausgegangen werden, dass die vertikale Tiefe einer Bohrung jederzeit bekannt ist.

Aus dem gemessenen Gesamtdruck in der vertikalen Tiefe h wird durch Umstellung der Gleichung der ECD-Wert berechnet:

$$\text{ECD} = p_{\text{ges}}/(gh)$$

Das Akronym ECD steht für Equivalent Circulating Density, kann also als eine Art Spülungsdichte verstanden werden. Der ECD-Wert wird deshalb auch in derselben Einheit wie eine Dichte, nämlich in kg/m^3, angegeben.

Der ECD-Wert ist in der Praxis auf der Bohranlage in vielerlei Hinsicht von großem Nutzen. Wenn die Spülpumpen abgeschaltet sind und in der Bohrspülung keine Verunreinigungen durch Bohrklein oder Gasblasen enthalten sind, entspricht der ECD-Wert der Dichte der Spülung, die auch in der übertägigen Tankanlage gemessen werden kann. Wenn die Spülpumpen eingeschaltet werden, steigt der Druck im Bohrloch aufgrund des dynamischen Druckanteils an. Der ECD-Wert steigt dadurch gegenüber dem statischen Zustand ebenfalls an. Auch eine größer werdende Beladung der Spülung durch Bohrklein oder zum Beispiel ein sich durch quellende Tone verengendes Bohrloch führen zu Druckanstiegen im Ringraum und damit zu einem Anstieg des ECD-Wertes.

Bei Gaseinbrüchen in den Ringraum fällt der ECD-Wert dagegen ab. Gas in der Bohrspülung verringert deren Dichte und reduziert dadurch den statischen Druckanteil im Ringraum. Aufgrund der geringeren Viskosität von Gas wird auch der dynamische Druckanteil im Ringraum verringert. Spülungsverluste in die Formation beeinflussen ebenfalls den ECD-Wert. Wenn aufgrund von Verlusten in die Formation weniger Spülung durch den Ringraum fließt, treten auch weniger dynamische Druckverluste im Ringraum auf, und der ECD-Wert sinkt.

Die kontinuierliche Überwachung des ECD-Wertes erlaubt also im Bohrbetrieb eine umfassende Beurteilung der Druckentwicklung im Bohrloch. Die ECD muss sich immer innerhalb des Druckfensters bewegen, das durch das Dichte-Tiefe-Diagramm vorgegeben ist (◘ Abb. 9.7 rechts).

9.5 Druck- und Dichtefenster von Horizontalbohrungen

Alle bisher durchgeführten Betrachtungen zur Druckentwicklung in Tiefbohrungen bezogen sich auf vertikale Bohrungen. In der Praxis werden aber heute die meisten Bohrungen als Richt- oder Horizontalbohrungen ausgeführt.

In ◘ Abb. 9.13 links ist eine Horizontalbohrung schematisch dargestellt. Der hydrostatische Druck der Spülung in dieser Bohrung ist nur eine Funktion der TVD (rote Linie in ◘ Abb. 9.13 rechts). Da diese sich entlang der Horizontalsektion der Bohrung nicht ändert, ist der hydrostatische Druck an jeder Stelle der Horizontalstrecke gleich. Der rote Punkt am unteren Ende der roten Kurve repräsentiert also den hydrostatischen Druck, der in der gesamten Horizontalbohrstrecke herrscht.

Wird nun die Spülpumpe eingeschaltet, so beginnt die Spülung zu fließen, und es entsteht ein zusätzlicher dynamischer Druckanteil, der umso größer wird, je weiter man sich vom Auslauf am oberen Ende der Bohrung entfernt. Der dynamische Druck (blaue Kurve in ◘ Abb. 9.13 rechts) steigt also entgegen der Strömungsrichtung nicht nur in der Vertikalen kontinuierlich an, sondern auch in der horizontalen Sektion. Er ist somit

9.5 · Druck- und Dichtefenster von Horizontalbohrungen

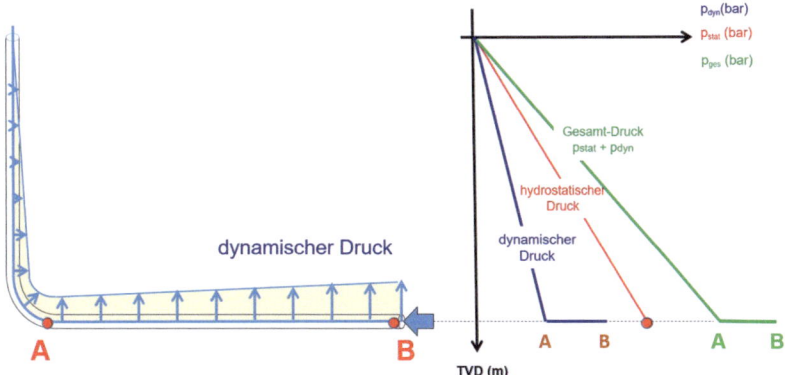

Abb. 9.13 Druckverläufe in einer Horizontalbohrung (TVD-Darstellung)

am Endpunkt der Horizontalstrecke B größer als an ihrem Startpunkt A. Beide Punkte A und B befinden sich jedoch in derselben Vertikaltiefe.

Der Gesamtdruck in der Bohrung setzt sich aus dem statischen und dem dynamischen Druckanteil zusammen. In ◘ Abb. 9.13 rechts ist er in Grün dargestellt.

Meist wird für die Darstellung der Druckverläufe in Richt- oder Horizontalbohrungen nicht die Vertikalteufe der Bohrung (TVD), sondern die Bohrungslänge (MD) auf der y-Achse dargestellt (◘ Abb. 9.14 Mitte). Der hydrostatische Druck nimmt in der Vertikalen linear zu, bleibt dann aber entlang des weiteren horizontalen Verlaufs der Bohrung konstant. Dagegen nimmt der dynamische Druck entgegen der Strömungsrichtung kontinuierlich zu, sowohl in der Vertikalen als auch in der Horizontalen.

Der Gesamtdruck aus statischem plus dynamischem Anteil steigt folglich in der Vertikalen schneller an als in der Horizontalen. Ebenfalls in ◘ Abb. 9.14 dargestellt ist das Druckfenster der Bohrung (gelb). Für die Vertikalsektion wurde sein charakteristischer

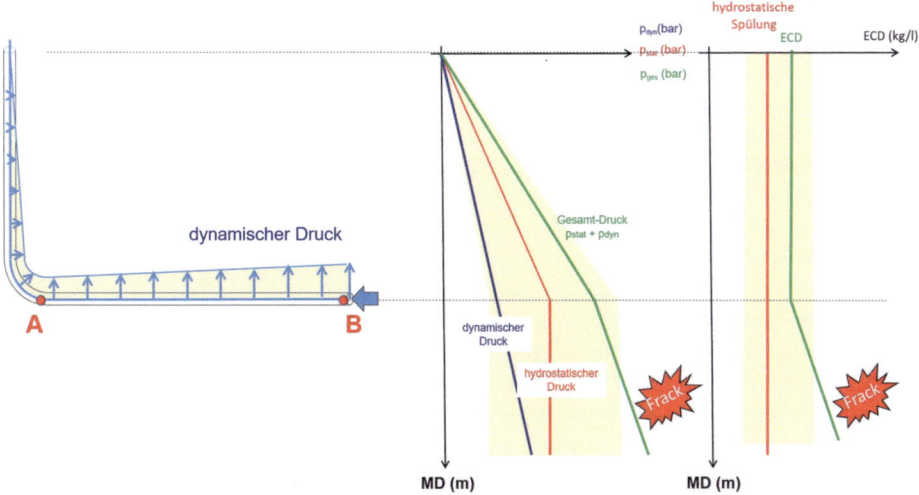

Abb. 9.14 Druck- und Dichteverläufe in einer Horizontalbohrung (MD-Darstellung)

Verlauf ja bereits ausführlich behandelt. In der Horizontalsektion ändert sich dagegen weder der Kick- noch der Frackdruck, weil zur Vereinfachung eine horizontale Schichtenanordnung vorausgesetzt wird und sich die Eigenschaften der Formation in der Horizontalstrecke folglich nicht ändern.

Aus der Druck-Tiefen-Darstellung lässt sich analog zu den vorangehenden Ausführungen wieder das Dichte-Tiefen-Fenster ableiten (◘ Abb. 9.14 rechts). Man erkennt deutlich, dass es mit zunehmender Länger der Horizontalsektion immer schwieriger wird, das Druckfenster einzuhalten, weil der Unterschied zwischen dem statischen und dem dynamischen Druck immer größer wird, während das Druckfenster entlang der Horizontalstrecke aber überall dieselbe Breite aufweist.

In der Praxis bedeutet das, dass das Einschalten der Spülpumpen nach einem Stillstand mit zunehmender Länge der Horizontalstrecke immer vorsichtiger erfolgen muss, um ein Fracken der Formation zu verhindern. Je ausgeprägter die Anfangsgelstärke der Spülung ist, desto kritischer wird die Situation. Je komplexer der Bohrpfad ist, desto wichtiger wird es deshalb, den Druck in der Bohrung kontinuierlich zu überwachen. Die in Extended-Reach-Bohrungen eingesetzten Bohrgarnituren sind deshalb meist mit Drucksensoren ausgestattet. Aus dem gemessenen Gesamtdruck im Ringraum wird der ECD-Wert ermittelt und als ECD-Log entlang der Bohrstrecke dargestellt.

Oft wird zusätzlich auch ein FPT in die Bohrgarnitur integriert, mit dem der Formationsporendruck entlang der Bohrstrecke kontinuierlich gemessen wird. Das Druckfenster der Bohrung wird auf diese Weise kontinuierlich an die realen geologischen Bedingungen im Bohrloch angepasst.

Im ECD-Log in ◘ Abb. 9.15 ist links in Blau der Formationsporendruck, in der Mitte in Rot die Spülungsdichte und rechts in Grün die ECD-Kurve zu sehen. Ganz rechts in Grau erkennt man den Frackdruck. Die ECD-Kurve verläuft meist oberhalb der Spülungsdichte, da sie neben dem statischen Druck auch den dynamischen Druck im Ringraum und die Bohrlochreinigung (Beladung der Spülung mit Bohrklein) berücksichtigt. Lediglich bei einem hohen Gasanteil oder hohen Spülungsverlusten im Ringraum kann die ECD auch auf Werte unterhalb der Spülungsdichte abfallen.

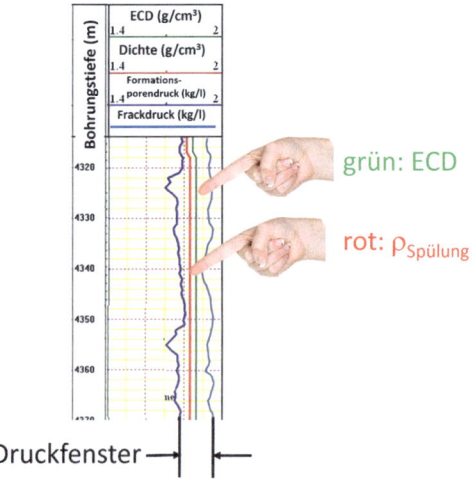

◘ **Abb. 9.15** Bohrgarnitur für lange Horizontalsektionen, ECD-Log

9.6 Auslegung von Rohrtouren

Zur Bohrlochsicherheit gehört neben vielen anderen Aspekten unbedingt auch eine gute Bohrlochkonstruktion! Wie die Bohrung durch Stahlrohre und Zement ausgekleidet wird und wie die Qualität der Bohrlochkonstruktion überprüft und sichergestellt werden kann, wurde bereits behandelt. Die Auslegung der Rohre, also die Auswahl der Wandstärke und des Materials, wurde bisher aber noch nicht angesprochen.

Im Gegensatz zu Bohrstrangelementen, die als „dickwandige" Rohre unter dynamischen Belastungen anzusehen sind, sind die Rohrtouren, mit denen eine Bohrlochsektion stabilisiert und abgedichtet wird, dünnwandige Rohre, die überwiegend statischen Belastungen ausgesetzt werden. Insofern ist bei der Auslegung von Rohrtouren anders vorzugehen als bei der Auslegung von Bohrstrangelementen.

Grundsätzlich dürfen Rohrtouren im Laufe ihrer Lebensdauer weder bersten noch abreißen oder kollabieren (◘ Abb. 9.16).

Zu Beginn der Auslegung einer Rohrtour wird deren Außendurchmesser festgelegt. Diese Festlegung erfolgt anhand der API-Durchmesserreihe, die bereits vorgestellt wurde.

Die Festlegung der Absetzteufen (bzw. Längen) der Rohrtouren erfolgt anhand des geologischen Profils. Auch diese Vorgehensweise wurde bereits vorgestellt.

Im weiteren Verlauf der Auslegung müssen nun die Wandstärke, das Material und der Gewindetyp spezifiziert werden.

Die Rohre werden so ausgesucht, dass sie so stabil wie nötig, aber so kostengünstig wie möglich sind.

Die Wandstärken, Materialgüten und Gewindearten von Casing-Rohren sind wie die Außendurchmesser nach dem API standardisiert. In den üblichen Tabellenwerken (z. B. im handelsüblich verfügbaren *Drilling Data Handbook*) sind die Standardrohre in Tabellen aufgelistet (◘ Abb. 9.17).

Ganz links in der ausklappbaren Fahne des Tabellenwerkes sind die wichtigsten Eigenschaften der Rohre aufgelistet (◘ Abb. 9.18). Oben unter Punkt 1 findet man zunächst den Nominal-(Außen-)durchmesser des Rohres.

Unter Punkt 2 ist das Metergewicht („nominal weight") zu finden. Das Metergewicht gibt an, wie schwer ein Casing-Rohr pro Meter Länge ist. Es wird folglich in Kilogramm pro Meter bzw. in den weit verbreiteten „oil field units" in „pound per foot" angegeben. Letztlich repräsentiert das Metergewicht die unter Punkt 3 gelistete Wandstärke („wall thickness") des betrachteten Rohres. Ein Rohr mit größerer Wandstärke besitzt auch ein

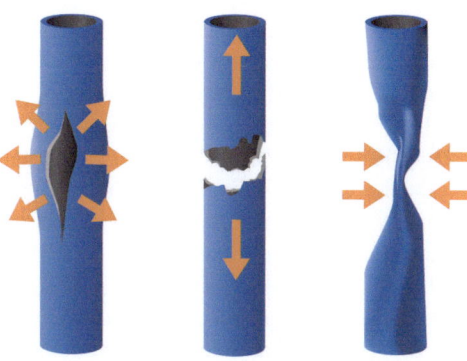

◘ **Abb. 9.16** Schadensszenarien von Casing-Rohren

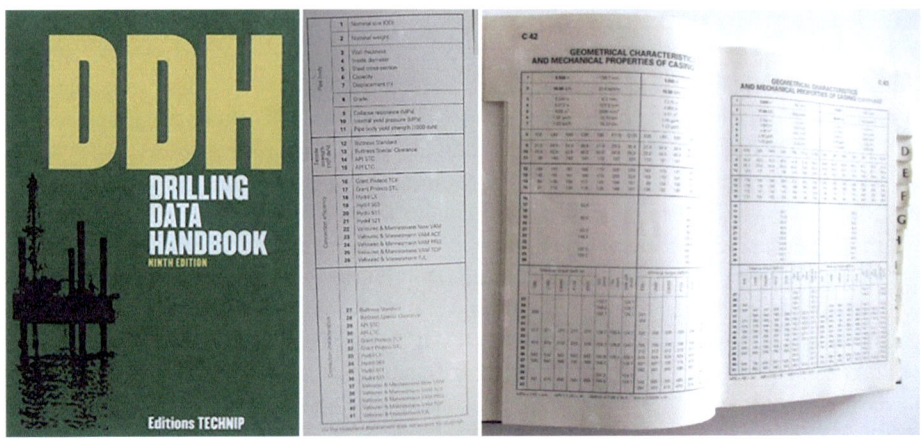

☐ **Abb. 9.17** *Drilling Data Handbook*

größeres Metergewicht. Das Metergewicht von Casing-Rohren ist in der Praxis eine sehr anschauliche Größe, denn wenn man das Metergewicht mit der Länge der einzubauenden Rohrtour multipliziert, erhält man (grob) das Gewicht der Rohrtour und damit die Hakenlast, die die Tiefbohranlage sicher handhaben können muss.

Aus dem Außendurchmesser und der Wandstärke ergibt sich der Innendurchmesser des Rohres (Punkt 4) sowie die Querschnittsfläche des Rohrmaterials (Punkt 5). Die Angabe der Querschnittsfläche des Rohrmaterials ist nützlich, weil sie im Rahmen des Festigkeitsnachweises zur Berechnung von Spannungen benötigt wird. Wenn man sie aus der Tabelle ablesen kann, braucht man sie nicht zu berechnen.

Unter Punkt 6 der Tabelle in ☐ Abb. 9.18 ist das Innenvolumen des Rohres („capacity") in der Einheit Liter pro Meter Rohrlänge zu finden und unter Punkt 7 die Verdrängung („displacement") ebenfalls in Liter pro Meter. Diese beiden Angaben sind erforderlich, um zu berechnen, wie groß die Auftriebskraft ist, die auf den Rohrstrang wirkt, wenn er in die Spülung im Bohrloch eintaucht.

Wenn ein Festkörper mit dem Volumen V_f in ein Fluid der Dichte ρ_{fluid} eintaucht, erfährt er eine Auftriebskraft F_a, die der Gewichtskraft des verdrängten Fluids F_a entspricht:

$$F_a = V_f \rho_{fluid} g$$

Wenn eine Rohrtour in ein mit Bohrspülung gefülltes Bohrloch eingefahren wird, entspricht der Auftrieb dem Gewicht der Bohrspülung, die an der Oberseite der Bohrung überläuft, weil sie durch die Rohre verdrängt wurde. Wenn das Casing in seinem Inneren mit Luft befüllt wäre, entspräche das verdrängte Spülungsvolumen der Verdrängung des Casing-Rohres, wie es in der Tabelle aufgelistet ist.

Da die Casings beim Einbau aber regelmäßig mit Spülung aufgefüllt werden, verdrängt das Casing nur das Volumen, das sich als Differenz der Verdrängung und des Innenvolumens des Rohres ergibt.

Unter Punkt 8 ist schließlich die Materialgüte („grade") der verwendeten Rohre aufgelistet. Unterschiedliche Materialien können unterschiedliche Spannungen (Belastungen) ertragen. Im amerikanischen Sprachraum werden Spannungen in der Einheit psi („pounds

9.6 · Auslegung von Rohrtouren

GEOMETRICAL CHARACTERISTICS AND MECHANICAL PROPERTIES OF CASING (continued)

Pipe body	1	Nominal size (OD)	1	5.500 in				139.7 mm			5.500 in			139.7 mm		
	2	Nominal weight	2	14.00 lb/ft				20.4 daN/m			15.50 lb/ft			22.6 daN/m		
	3	Wall thickness	3	0.244 in				6.2 mm			0.275 in			7.0 mm		
	4	Inside diameter	4	5.012 in				127.3 mm			4.950 in			125.7 mm		
	5	Steel cross-section	5	4.03 in²				2599 mm²			4.51 in²			2912 mm²		
	6	Capacity	6	1.02 gal/ft				12.73 l/m			1.00 gal/ft			12.42 l/m		
	7	Displacement (1)	7	1.23 gal/ft				15.33 l/m			1.23 gal/ft			15.33 l/m		
	8	Grade	8	K55	L80	N80	C90	T95	P110	Q125	K55	L80	N80	C90	T95	P110	Q125
	9	Collapse resistance (MPa)	9	21.5	24.9	24.9	26.6	27.3	29.2	30.4	27.9	34.4	34.4	36.3	37.1	38.6	40.6
	10	Internal yield pressure (MPa)	10	29.4	42.8	42.8	48.2	50.9	58.9	66.9	33.2	48.3	48.3	54.3	57.3	66.4	75.4
	11	Pipe body yield strength (1000 daN)	11	99	143	143	161	170	197	224	110	161	161	181	191	221	251
Tensile strength (10³ daN)	12	Buttress Standard	12	145	155	161	165	173	205	224	163	173	181	185	194	230	251
	13	Buttress Special Clearance	13	145	155	161	165	173	205	224	163	173	181	185	194	230	251
	14	API STC	14	84	106	108	117	123	144	161	99	124	126	137	144	168	188
	15	API LTC	15	91	113	116	119	125	149	161	106	132	136	139	146	174	188
Connection efficiency	16	Grant Prideco TCII	16														
	17	Grant Prideco STL	17					53.5							49.3		
	18	Hydril LX	18														
	19	Hydril 563	19					88.5							89.7		
	20	Hydril 511	20													60.4		
	21	Hydril 521	21					63.3							66.9		
	22	Vallourec & Mannesmann New VAM	22					148.3							132.4		
	23	Vallourec & Mannesmann VAM ACE	23													128.5		
	24	Vallourec & Mannesmann VAM PRO	24					100.0							100.0		
	25	Vallourec & Mannesmann VAM TOP	25					100.0							102.1		
	26	Vallourec & Mannesmann FJL	26													55.1		
				Make-up torque (daN.m)					OD (mm)	ID (mm)	Drift API (mm)	Make-up torque (daN.m)				OD (mm)	ID (mm)	Drift API (mm)
				K55	LN80	C90/95	P110	Q125				K55	LN80	C90/95	P110	Q125			
Connection characteristics	27	Buttress Standard	27						153.7	124.1						153.7	122.6	
	28	Buttress Special Clearance	28						149.2	124.1						149.2	122.6	
	29	API STC	29	256					153.7	124.1	301					153.7	122.6	
	30	API LTC	30								324					153.7	122.6	
	31	Grant Prideco TCII	31													149.8	124.2	122.6
	32	Grant Prideco STL	32	217	271	271	271	271	139.7	125.5	124.1	230	339	339	339	339	139.7	124.2	122.6
	33	Hydril LX	33																
	34	Hydril 563	34	610	610	610	610	610	153.7	126.0	124.1	705	705	705	705	705	153.7	124.5	122.6
	35	Hydril 511	35									312	312	312	312	312	139.7	123.4	122.6
	36	Hydril 521	36	542	542	542	542	542	143.8	125.7	124.1	624	624	624	624	624	145.1	124.5	122.8
	37	Vallourec & Mannesmann New VAM	37	540	647	686	725	765	154.3		124.1	637	697	735	774	813	154.3		122.6
	38	Vallourec & Mannesmann VAM ACE	38									392	491	540	588	637	153.7		122.6
	39	Vallourec & Mannesmann VAM PRO	39						154.2		124.1						154.2		122.6
	40	Vallourec & Mannesmann VAM TOP	40	481	610	690	760	850	149.3		124.1	540	686	765	883	980	150.6		122.6
	41	Vallourec & Mannesmann FJL	41									284	363	412	470	519	139.7	123.8	122.6

(1) The closed-end displacement does not account for couplings. MPa × 145 = psi; daN × 2.25 = lb; daN.m × 7.38 = lb.ft; mm × 0.0394 = in

Abb. 9.18 Auszug aus den aufgelisteten Rohreigenschaften

per square inch") angegeben. Deshalb bezieht man sich in der Beschreibung der Materialgüte auf eine spezielle Spannung, nämlich die Streckgrenze, die das Material ertragen kann.

Das kostengünstigere Material K55 besitzt eine untere Streckgrenze von 55 k-psi (380 N/mm²), das teurere Q125 eine von 125 k-psi (862 N/mm²). Ein Rohr der Materialgüte Q ist somit etwa doppelt so stark belastbar wie eines der Materialgüte K.

Unter Punkt 9, 10 und 11 der Tabelle sind schließlich die besonders relevanten Daten für die Außendruckfestigkeit („collapse resistance"), Innendruckfestigkeit („internal yield pressure") und Zugfestigkeit („pipe body yield strength") des betrachteten Rohres zu finden.

Die Außendruckfestigkeit beschreibt den Außendruck, den das Rohr ertragen kann, ohne zu kollabieren. Die Innendruckfestigkeit beschreibt den Druck, bei dem das Rohr in den Bereich plastischer Verformungen gelangt, die einem Bersten vorausgeht. Bei der Zugfestigkeit handelt es sich um diejenige Zugkraft, die der Rohrkörper ertragen kann, ohne abzureißen. Es wird davon ausgegangen, dass die dickeren Gewindeverbinder normalerweise größere Lasten als die dünneren Rohrkörper ertragen können. Der Festigkeitsnachweis ist somit lediglich für den Rohrkörper zu erbringen.

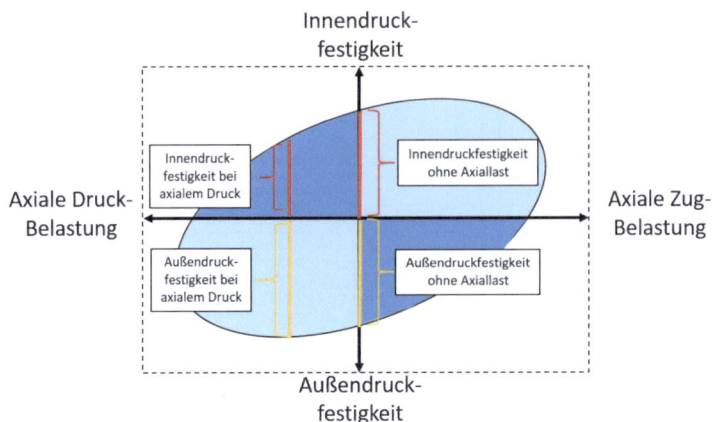

Abb. 9.19 Hencky-von-Mises-Theorie

Bei der Betrachtung der Tabellenwerte ist zu beachten, dass es sich jeweils um Festigkeitswerte für reine Außen-, Innendruck- oder Zugbelastungen handelt. Bei kombinierten Belastungen muss berücksichtigt werden, dass beispielsweise eine vorliegende Zugkraft am Rohr in Längsrichtung die Innendruckfestigkeit des Rohres erhöht, eine axiale Druckkraft aber die Innendruckfestigkeit reduziert.

Die Auswirkung kombinierter Belastungen auf die Gesamtfestigkeit wird durch die Ellipsen nach der Hencky-von-Mises-Theorie dargestellt (Abb. 9.19). Auf der horizontalen Achse ist nach rechts eine axiale Zugspannung und nach links eine axiale Druckspannung auf das Rohr aufgetragen. Im Ursprung des Diagramms (keine Axialbelastung des Rohres) kann auf der y-Achse nach oben die Innendruckfestigkeit und nach unten die Außendruckfestigkeit des betrachteten Rohres abgelesen werden, wie sie auch in den API-Tabellen angegeben ist.

Im linken Teil der Ellipse erkennt man, dass die Innendruckfestigkeit eines Casing-Rohres unter axialer Druckbelastung abnimmt, die Außendruckfestigkeit unter axialer Zugbelastung aber zunimmt.

Axiale Zugkräfte am Rohr steigern dessen Innendruckfestigkeit, während axiale Druckkräfte sie verringert (rechter Teil der Ellipse). In den üblichen Softwarepaketen zur Auslegung von Rohrtouren sind die Festigkeitsellipsen hinterlegt und werden im Rahmen des Festigkeitsnachweises automatisch berücksichtigt.

Zur Auslegung einer Rohrtour muss darüber nachgedacht werden, welche Belastungen sie im Laufe ihrer Lebensdauer erfahren wird. Für jeden dieser Belastungsfälle muss individuell geprüft werden, ob die vorgesehene Rohrtour den Axiallasten sowie den Außen- und Innendruckbelastungen standhalten kann. Um diese Vorgehensweise zu verdeutlichen, sollen nun einige (vereinfachte) Beispiele diskutiert werden. Die komplette Übersicht über alle zu betrachtenden Lastfälle findet man im „Leitfaden Futterrohrberechnung", den der Bundesverband Erdgas, Erdöl und Geoenergie e. V. (BVEG) herausgegeben hat. Er ist im Internet zu finden und kann dort kostenlos heruntergeladen werden.

9.6.1 Beispielhafte Lastfälle

Im Folgenden werden einige ausgewählte Lastfälle vorgestellt, anhand derer demonstriert werden soll, dass unterschiedliche Arbeitsschritte im Verlauf des Bohrprozesses sehr unterschiedliche Belastungen der Rohrtour zur Folge haben können.

Leerlaufteufe beim Einbau der Rohrtour

Eine Rohrtour ist an ihrem unteren Ende mit einem Rückschlagventil ausgestattet. Dieses Rückschlagventil verhindert ein Einfließen von Fluiden aus der Bohrung ins Innere der Rohrtour.

Wenn die Rohrtour in ein spülungsgefülltes Bohrloch eingefahren wird, kann aufgrund des verschlossenen Rückschlagventils keine Spülung aus dem Ringraum in die Rohrtour fließen. Deshalb stellt sich in der Rohrtour eine gewisse Leerlaufteufe ein, das heißt, dass der Spülungsspiegel im Inneren der Rohrtour tiefer liegt als im umgebenden Ringraum (◘ Abb. 9.20). Die Leerlaufteufe darf nicht zu groß werden, denn erstens erzeugt eine luftgefüllte Rohrtour einen erheblichen Auftrieb, bei dem die Rohrtour unter Umständen sogar im Bohrloch aufschwimmt, und zweitens kann der außen anstehende Spülungsdruck zu einem Kollaps der Rohrtour führen. Üblicherweise wird der Bohrmannschaft für den Einbau der Rohrtour eine maximale Leerlaufteufe vorgegeben. Immer, wenn diese erreicht ist, muss die Rohrtour von oben her mit Spülung aufgefüllt werden.

In ◘ Abb. 9.20 ist der Fall des Erreichens der maximalen Leerlaufteufe dargestellt. Außen an der Rohrtour wirkt der Druck der Spülung, die im Ringraum ansteht. Das rot gezeichnete Druckprofil beginnt im Ursprung des Diagramms und verläuft mit einer Steigung, die der Dichte der Spülung entspricht, bis zum Rohrschuh.

Im Inneren der Rohrtour befindet sich Spülung derselben Dichte, allerdings steht der Spiegel hier tiefer als im Ringraum. Das gelb gezeichnete Druckprofil beginnt also unterhalb des Ursprungs, besitzt aber im weiteren Verlauf dieselbe Steigung wie das Druckprofil des Ringraumes.

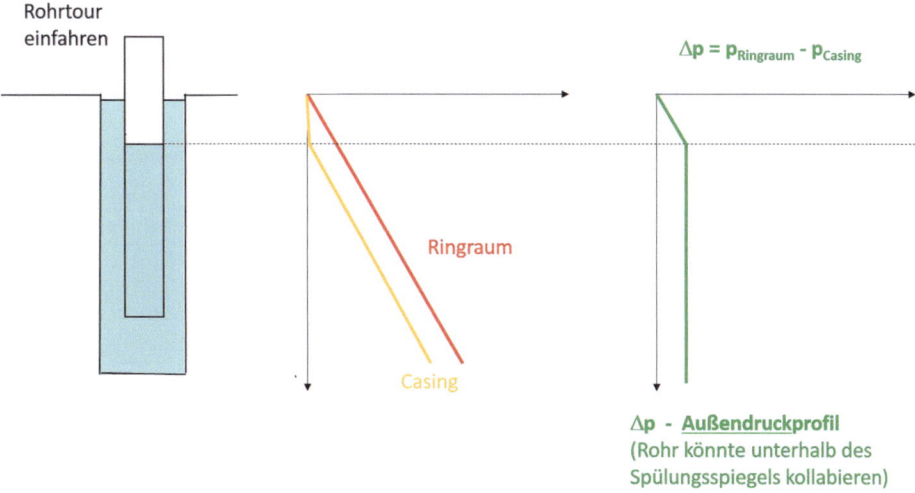

◘ **Abb. 9.20** Leerlaufteufe beim Einbau der Rohrtour

Die Rohrtour muss nicht die Absolutdrücke von Innenraum und Ringraum ertragen, sondern lediglich den Differenzdruck, der sich aus der Belastung durch Außendruck und derjenigen durch Innendruck ergibt. Aus den in ◘ Abb. 9.20 Mitte dargestellten Druckprofilen muss nun also das in ◘ Abb. 9.20 rechts gezeigte Differenzdruckprofil abgeleitet werden. Man erkennt, dass der Differenzdruck vom Spiegel der Oberfläche im Ringraum bis zum Spiegel der Spülung im Inneren der Rohrtour ansteigt und dann bis zum Rohrschuh einen konstanten Wert behält.

Da der Druck im Ringraum größer als im Inneren der Rohrtour ist, besteht in diesem Beispiel die grundsätzliche Gefahr eines Kollapses, ein Bersten der Rohrtour ist ausgeschlossen. Für den Belastungsfall einer Leerlaufteufe muss also aus den Tabellenwerken eine Rohrtour ausgewählt werden, deren Kollapsfestigkeit größer ist als der in ◘ Abb. 9.20 ermittelte maximale Differenzdruck.

Da der maximale Differenzdruck von der Leerlaufteufe bis zum Rohrschuh überall gleich groß ist, gibt es auf den ersten Blick keinen bevorzugten Punkt, an dem ein potenzieller Kollaps der Rohrtour beginnen würde.

Allerdings hängt die Rohrtour beim Einbau ja mit ihrem Eigengewicht am Kloben des Hebewerks. Ganz oben herrscht dabei die größte Zugspannung. Aus der Festigkeitsellipse in ◘ Abb. 9.19 könnte man daher ableiten, dass die Außendruckfestigkeit umso geringer ist, je weiter man sich an der Rohrtour nach oben bewegt. Insofern würde die Rohrtour im Extremfall genau dort kollabieren, wo die grüne Kurve in ◘ Abb. 9.20 den Knickpunkt besitzt, also auf Höhe des Spiegels der Spülung im Inneren der Rohrtour.

Verpumpen des Zements im Rohrstrang

Wenn der Rohrstrang in die Bohrung eingefahren worden ist, wird die flüssige Zementsuspension durch die Rohrtour nach unten verpumpt. Die Vorgehensweise bei der Zweistopfenzementation wurde bereits behandelt.

In ◘ Abb. 9.21 links ist zu sehen, wie der in Grün dargestellte Vorstopfen gerade den Strömungsquerschnitt am Rohrschuh verschließt und die noch flüssige Zementsuspension in der Rohrtour steht. Auch für diesen Belastungsfall werden zunächst wieder die Druckprofile für den Ringraum und das Innere des Rohrstranges einzeln hergeleitet. Im Ringraum steht wie im vorangehenden Beispiel außen an der Rohrtour die Bohrspülung

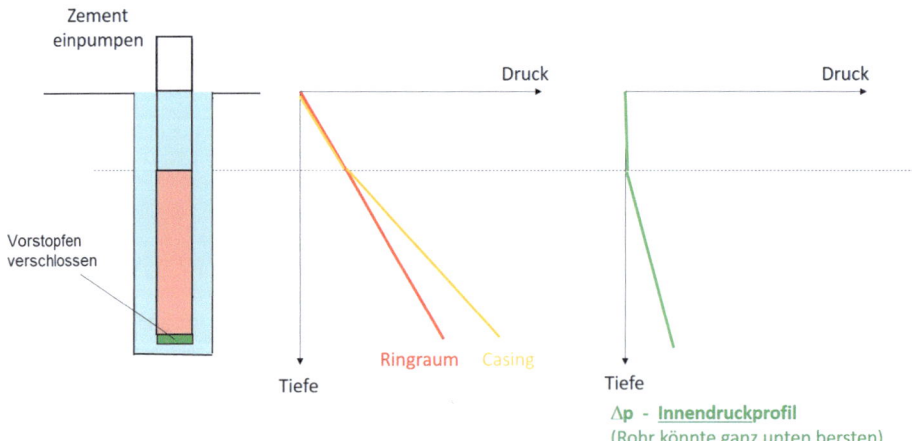

◘ **Abb. 9.21** Verpumpen der Zementsuspension in der Rohrtour

9.6 · Auslegung von Rohrtouren

an. Im Inneren der Rohrtour steht im oberen Bereich ebenfalls Spülung an, deshalb laufen beide Druckprofile zunächst bis zum Spiegel der Zementsuspension deckungsgleich. Da die Zementsuspension aber eine höhere Dichte als die Bohrspülung hat, steigt der Druck im Casing mit zunehmender Tiefe stärker an als derjenige im Ringraum.

Auch in diesem Belastungsfall sind letztlich aber nicht die Absolutdrücke im Ringraum und im Inneren der Rohrtour von Bedeutung, sondern das Differenzdruckprofil, das in ◘ Abb. 9.21 rechts zu sehen ist. Oberhalb des Spiegels der Zementsuspension herrscht an der Rohrtour kein Differenzdruck, unterhalb wird der Differenzdruck mit zunehmender Teufe kontinuierlich immer größer. Im Gegensatz zum vorangehenden Beispiel besteht hier somit die Gefahr des Berstens der Rohrtour. Das größte Risiko des Berstens besteht diesmal am unteren Ende der Rohrtour, also am Rohrschuh, wo der Differenzdruck am größten ist. Die ausgewählte Rohrtour muss diesen Differenzdruck ertragen können, das heißt, sie muss eine Kollapsfestigkeit aufweisen, die größer als der maximale Differenzdruck ist.

Verpressen des Zements in den Ringraum

Nach der Ankunft der Zementsuspension am Rohrschuh wird sie durch den Rohrschuh hindurch in den Ringraum der Bohrung verpresst, wo sie anschließend aushärten soll. Zunächst ist sie aber noch flüssig. Diese Situation ist in ◘ Abb. 9.22 dargestellt. Die Druckprofile sehen ähnlich aus wie im vorangehenden Fall, jedoch herrscht diesmal im Ringraum der höhere Druck. Für die Rohrtour besteht also eine Kollapsgefahr, die am unteren Ende der Rohrtour am größten ist. Hier ist eine Rohrtour mit einer entsprechenden Kollapsfestigkeit auszuwählen.

Vorspannen der Rohrtour

Nachdem der Zement ausgehärtet ist, kann die Rohrtour vorgespannt und in den Bohrlochkopf eingehängt werden. Das Vorspannen stellt keine Gefahr eines Kollapses oder des Berstens der Rohrtour dar, weil oberhalb des Zementkopfes überall an der Rohrwandung Bohrspülung ansteht und der Differenzdruck folglich überall null beträgt (◘ Abb. 9.23).

Allerdings treten beim Vorspannen der Rohrtour sehr große axial wirkende Zugspannungen auf. Es muss sichergestellt werden, dass die Rohrtour eine ausreichende Zugfestigkeit besitzt und diese Axiallasten aushält.

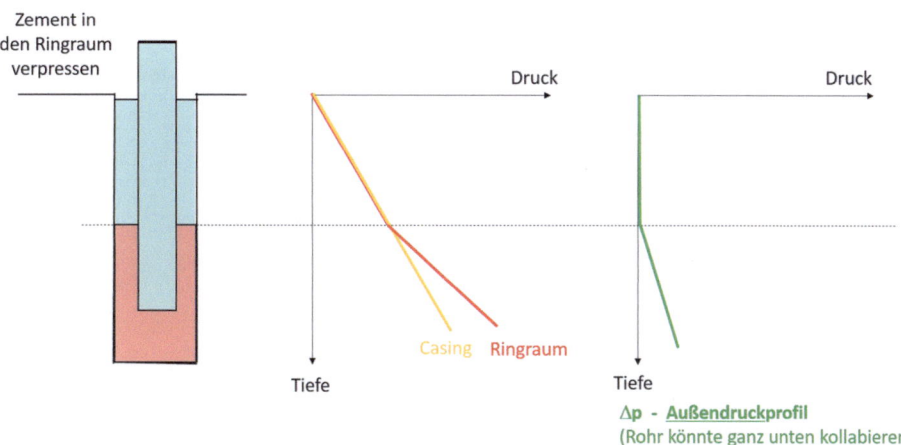

◘ **Abb. 9.22** Abbinden der Zementsuspension im Ringraum

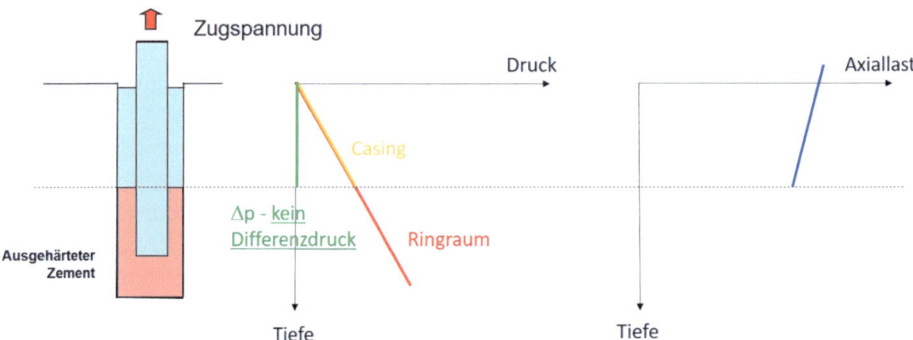

Abb. 9.23 Vorspannen der Rohrtour

Die Zugspannung ist an der Oberfläche am größten, weil hier zusätzlich zur Vorspannkraft auch noch das Eigengewicht der Rohrtour wirkt. Die Gefahr des Abreißens der Rohrtour durch Vorspannen ist also am oberen Ende der Rohrtour am größten.

Weiterbohren aus einer zementierten Rohrtour

Oft wird davon ausgegangen, dass eine Bohrlochsektion mit dem Setzen der Verrohrung, der Zementation und der nachfolgenden Qualitätskontrolle aller Arbeiten abgeschlossen ist und keine weiteren Festigkeitsnachweise zu erbringen sind.

Tatsächlich wird aber aus einer bestehenden Rohrtour die nächste Bohrlochsektion abgebohrt (Abb. 9.24). Falls es dort Probleme geben sollte (Spülungsverluste, Zuflüsse, eingeschlossener Gaskick usw.), muss die Verrohrung der vorangehenden Sektion auch alle dadurch entstehenden Lasten zuverlässig ertragen können.

Weitere Belastungsfälle

In der WEG Richtlinie Futterrohrberechnung aus dem Jahr 2006, die der BVEG herausgibt, werden auf insgesamt 66 Seiten viele weitere signifikante Belastungsfälle für Rohrtouren vorgestellt und behandelt (Abb. 9.25).

Es würde den Rahmen dieses Buches deutlich sprengen, auf alle diese Fälle einzugehen. Deshalb soll hier nur auf die Existenz dieser Richtlinie hingewiesen werden. Man findet sie durch eine einfache Suche im Internet und kann sie sich herunterladen.

Abb. 9.24 Weiterbohren aus einer zementierten Rohrtour

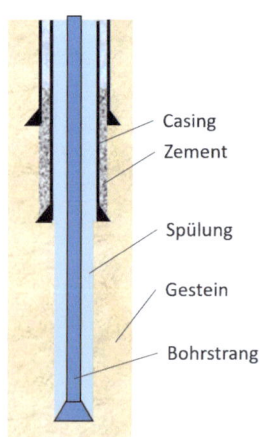

9.6 · Auslegung von Rohrtouren

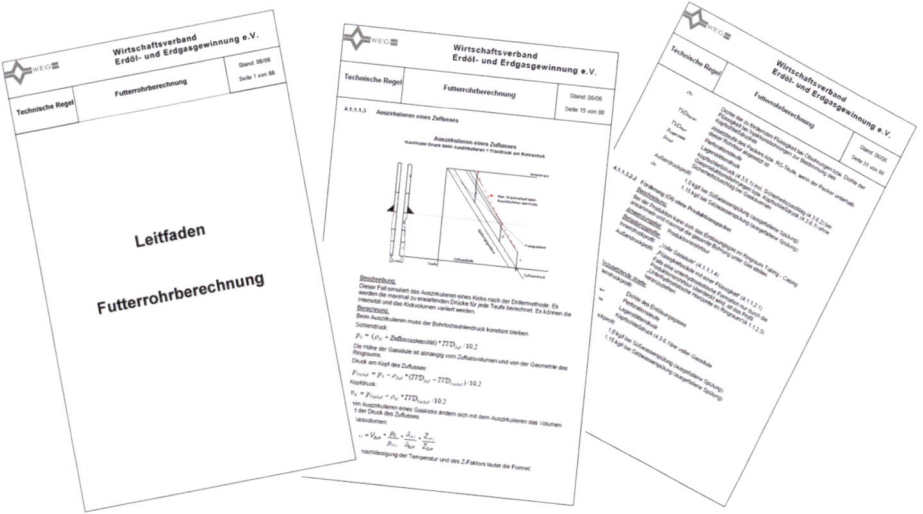

Abb. 9.25 Leitfaden Futterrohrberechnung des BVEG

Heute werden die Festigkeitsnachweise für Rohrtouren nicht mehr händisch durchgeführt, sondern unter Zuhilfenahme spezieller Software. In den üblichen Softwarepaketen sind alle signifikanten Belastungsfälle von Rohrtouren hinterlegt und werden in den Festigkeitsberechnungen berücksichtigt.

Wenn alle relevanten Belastungsfälle berechnet worden sind, werden sämtliche hergeleiteten Außendruck- und Innendruck-Differenzdruckprofile sowie alle Axiallastprofile in jeweils einem Diagramm zusammengefasst und übereinandergelegt. Meist erkennt man dann, dass im oberen Teil der Rohrtour die Zugbelastungen und im unteren Teil die Außendruckbelastungen dominieren (Abb. 9.26). Im mittleren Bereich der Rohrtour haben im Rahmen des Festigkeitsnachweises oft die Innendruckprofile die größte Bedeutung.

Die Rohrtour muss so zusammengestellt werden, dass sie alle denkbaren Lastfälle sicher durch ihre Außendruckfestigkeit („collapse resistance"), ihre Innendruckfestigkeit

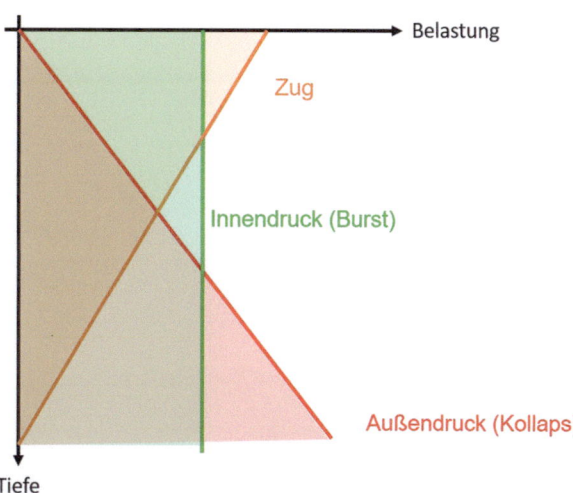

Abb. 9.26 Beispiel für kombinierte Lastfälle an einer Rohrtour

("internal yield pressure") und ihre Zugfestigkeit ("pipe body yield strength") abdecken kann.

9.7 Kicks und Blowouts

Als Blowout wird eine unkontrollierbare Eruption von Erdöl, Erdgas (oder Wasser) bezeichnet, die im Rahmen der Bohrarbeiten oder der Förderung auftritt. Zu Beginn des Erdölzeitalters wurden Blowouts noch nicht als Problem angesehen, sondern die Höhe der Fontäne, die aus der Bohrung schoss, war ein Maß für den Erfolg der Bohrung. Mit der Zeit setzte sich aber die Erkenntnis durch, dass Öl- und Gasausbrüche verheerende Folgen für Lebewesen und die Umwelt mit sich führten, und so wurden schließlich weltweit einheitliche Standards, Schulungen und Zertifizierungssysteme zur Bohrlochkontrolle eingeführt, die seitdem in den Bohrmeisterschulen angeboten und gelehrt werden. Die Deutsche Bohrmeisterschule befindet sich in Celle in Niedersachsen.

Meist werden Blowouts mit Kohlenwasserstoffbohrungen in Verbindung gebracht, aber auch bei tiefen Geothermiebohrungen muss jederzeit damit gerechnet werden, unerwartet auf Erdöl oder Erdgas zu stoßen. Deshalb sind auch hier gefährliche Situationen und im schlimmsten Fall Blowouts grundsätzlich nicht auszuschließen.

Ein Blowout stellt den katastrophalen Endpunkt einer problematischen Entwicklung der Bohrarbeiten dar. Hier ist bereits alles außer Kontrolle geraten. Jedem Blowout geht aber ein Kick voraus, den man umso effektiver bekämpfen kann, je eher man ihn erkennt.

Ein Kick ist ein Fluidvolumen (Wasser, Erdöl, Erdgas), das während der Bohrarbeiten unplanmäßig aus der umgebenden Formation in die Bohrung eindringt (◘ Abb. 9.27).

Ein Kick kann durch entsprechende Ausrüstung und Qualifikation des Personals auf der Tiefbohranlage so frühzeitig erkannt, analysiert und bekämpft werden, dass es nicht zu einem Blowout kommt. Man unterscheidet zwischen primärer und sekundärer Bohrlochkontrolle. Im Rahmen der primären Bohrlochkontrolle werden Voraussetzungen geschaffen, unter denen ein Kick nicht erfolgen sollte. Die sekundäre Bohrlochkontrolle greift ein, wenn trotz sogfältiger primärer Bohrlochkontrolle doch ein Kick auftritt und erkannt wird. Im Rahmen der sekundären Bohrlochkontrolle wird der Kick sicher wieder aus der Bohrung entfernt, und es werden Maßnahmen ergriffen, mit denen ein neuer Kick ausgeschlossen werden kann.

◘ **Abb. 9.27** Vorstufe eines Blowouts: Kick

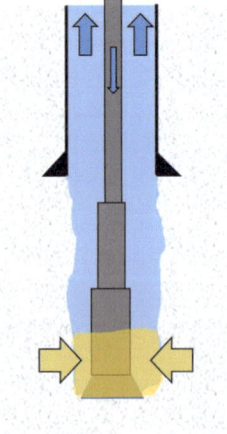

Kick: ungewollter Zufluss aus der Formation

9.7 · Kicks und Blowouts

Bevor auf die Einzelheiten der primären und sekundären Bohrlochkontrolle eingegangen wird, müssen einige Grundlagen zum Thema behandelt werden.

9.7.1 Kickentstehung

Die folgenden Betrachtungen werden zugunsten der Verständlichkeit unter den eingangs dargelegten Vereinfachungen durchgeführt, wonach der Porenraum des Gesteins als kommunizierendes Gefäß betrachtet wird und Kapillarkräfte vernachlässigt werden (◘ Abb. 9.3).

Es gibt viele Szenarien, in denen während der Bohrarbeiten trotz sorgfältiger Vorgehensweise Kicks entstehen können. Im Folgenden werden nur einige prägnante Beispiele hierfür vorgestellt. Weitere Ausführungen zur Kickentstehung können zum Beispiel in den Bohrlochkontrollhandbüchern gefunden werden, die von der Deutschen Bohrmeisterschule in Celle herausgegeben werden.

Eintritt in eine Öl- und Gaslagerstätte

In ◘ Abb. 9.28 ist die schematische und stark vereinfachte und idealisierte Darstellung einer konventionellen Kohlenwasserstofflagerstätte zu sehen. Sie ist dadurch gekennzeichnet, dass sich die Kohlenwasserstoffe bei ihrem Aufstieg aus dem tiefer gelegenen Muttergestein im Porenraum des Lagerstättengesteins unterhalb einer undurchlässigen Deckschicht (Caprock) angesammelt haben.

Aufgrund ihrer unterschiedlichen Dichte befindet sich im oberen Teil des Porenraumes der Lagerstätte das Gas und im darunter befindlichen Porenraum das Erdöl. Ansonsten ist der gesamte Porenraum um die Lagerstätte herum mit Lagerstättenwasser gefüllt.

Die rot dargestellte Bohrung hat gerade den undurchlässigen Caprock oberhalb der Lagerstätte erreicht, steht aber noch nicht in hydraulischem Kontakt mit der Lagerstätte.

Man erkennt im Druck-Teufe-Diagramm in Gelb das Druckfenster der Bohrung. Der Druckverlauf der eingesetzten Bohrspülung ist in Rot dargestellt. Die Bohrspülung ist in

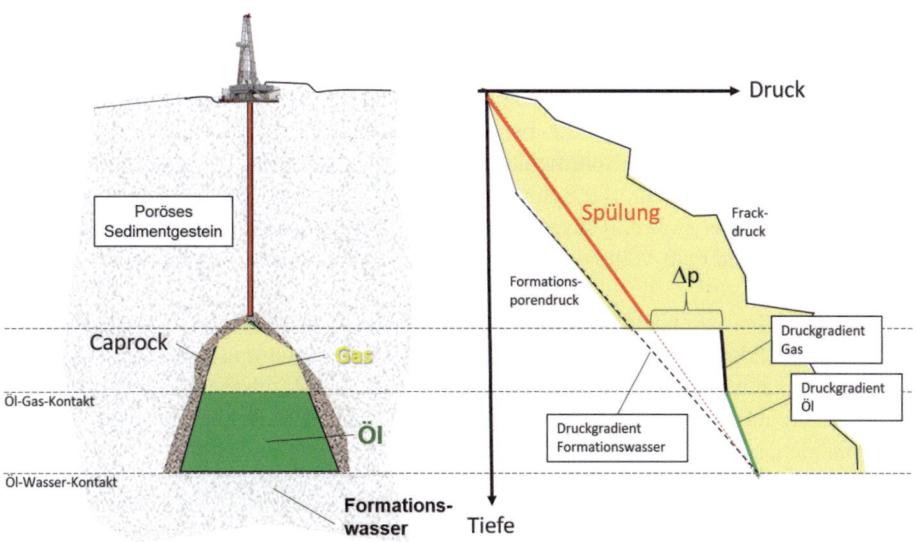

◘ **Abb. 9.28** Druckverlauf in einer konventionellen Öl- und Gaslagerstätte

diesem Beispiel so konfiguriert, dass im gesamten oberen Bereich des Bohrlochs (oberhalb des Caprocks) überbalancierte Bedingungen herrschen, dass also der Druck im Bohrloch überall größer ist als der dort herrschende Formationsporendruck. Die Dichte der Bohrspülung wurde im Beispiel willkürlich so gewählt, dass die Bohrspülung am Öl-Wasser-Kontakt unterhalb der Lagerstätte mit den Formationsfluiden genau im Gleichgewicht stünde; die gestrichelte rote Linie trifft am Öl-Wasser-Kontakt auf die Linie des Formationsporendruckes.

Da das Gestein in ◘ Abb. 9.28 mit Ausnahme des impermeablen Caprocks wieder als porös und permeabel betrachtet wird, herrscht auf der gestrichelten horizontalen Linie, die den Öl-Wasser-Kontakt markiert, überall derselbe statische Formationsporendruck.

Oberhalb des Öl-Wasser-Kontakts ist die Lagerstätte zu den Seiten und nach oben hin durch den Caprock vom äußeren Sedimentgestein isoliert. Da die Dichte des Öles in der Lagerstätte geringer als die Dichte des Formationswassers im äußeren Porenraum ist, verläuft der Druckgradient in der Ölschicht in ◘ Abb. 9.28 rechts steiler als der Druckgradient der außerhalb der Lagerstätte befindlichen Formationswässer. Auf der horizontalen Linie, die den Öl-Gas-Kontakt repräsentiert, herrscht also im Porenraum der Lagerstätte bereits ein höherer Druck als im Porenraum des Sedimentgesteins außerhalb der Lagerstätte.

In der Gaskappe verläuft der Druckgradient aufgrund der noch geringeren Dichte des Gases noch steiler. Im Porenraum an der Spitze der Lagerstätte, direkt unterhalb des Caprocks, herrscht folglich ein erheblich höherer Formationsporendruck als im Sedimentgestein oberhalb des Caprocks. In ◘ Abb. 9.28 ist dieser Differenzdruck als Δp markiert.

Beim Durchbohren des Caprocks einer Kohlenwasserstofflagerstätte ist also immer damit zu rechnen, dass der Formationsporendruck unterhalb des Caprocks deutlich größer als der Formationsporendruck oberhalb des Caprocks ist. Wenn die Bohrspülung nicht rechtzeitig entsprechend beschwert wird, ist beim Eintritt in die Lagerstätte ein Gaskick zu erwarten.

Der Druckanstieg, der beim Durchbohren des Caprocks beobachtet wird, ist nur durch die unterschiedlichen Dichten von Formationswasser, Erdöl und Erdgas bedingt, es handelt sich also keinesfalls um einen abnormalen Überdruck.

Ausbauen des Bohrstranges (Trippen)

Ein Bohrloch muss im Bohrbetrieb immer vollständig mit Bohrspülung gefüllt sein. Das trifft auch für Roundtrips zu, bei denen der Bohrstrang aus- und wieder eingebaut wird, um z. B. einen Bohrmeißel auszutauschen. Die Spülpumpen laufen beim Trippen in der Regel nicht, die Spülung zirkuliert dann also nicht im Bohrloch. Wenn Bohrstangen aus der Bohrung ausgebaut werden, fällt der Spülungsspiegel im Bohrloch daher entsprechend dem Volumen der ausgebauten Bohrstrangelemente immer weiter ab (◘ Abb. 9.29).

Aufgrund des fallenden Spülungsspiegels im Bohrloch findet eine Parallelverschiebung der Druckkurve der Spülung im Druckfenster der Bohrung statt, die schließlich dazu führen kann, dass die Kickkurve überquert wird und Zuflüsse aus der Formation in die Bohrung auftreten (◘ Abb. 9.29 rechts). Um Kicks beim Ausbau des Bohrstranges zu vermeiden, ist es also unbedingt erforderlich, die Bohrung in regelmäßigen Abständen mit Spülung aufzufüllen.

9.7 · Kicks und Blowouts

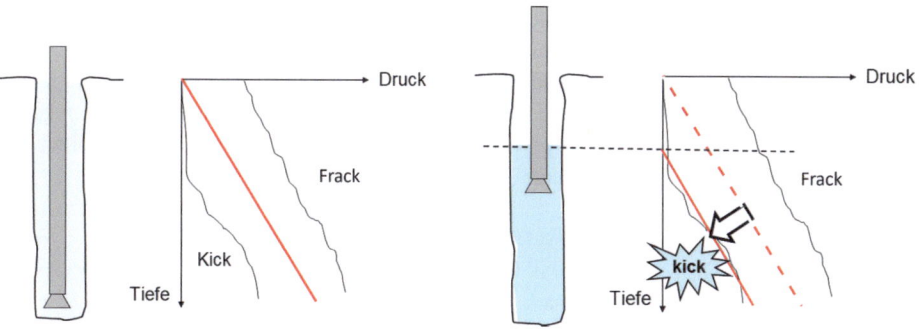

Abb. 9.29 Ausbau des Bohrstranges ohne Nachfüllen des Bohrloches

Abb. 9.30 Ankolben

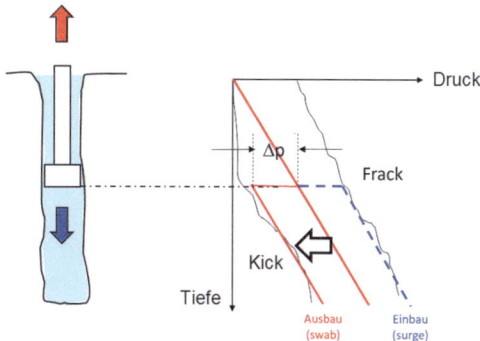

Zu schnelles Trippen (Ankolben)

Das Trippen wird als Non-Productive Time, NPT (Ausfallzeit) betrachtet, denn es wird nicht gebohrt. Die Mietkosten für die Bohranlage, die Bohrgarnitur und das Personal sind aber trotzdem weiter zu entrichten. Die NPT muss auf teuren Tiefbohranlagen grundsätzlich minimiert werden. Deshalb ist man beim Trippen oft bestrebt, die Aus- bzw. Einbaugeschwindigkeit des Bohrstranges zu maximieren.

Eine zu hohe Tripgeschwindigkeit kann aber sowohl beim Ausbau des Gestänges als auch beim Einbau zu einer Kicksituation führen. Besonders ausgeprägt ist diese Gefahr im unverrohrten Bereich des Bohrloches, in dem der Bohrmeißel den Bohrungsquerschnitt fast vollständig ausfüllt. Dieses Szenario ist in Abb. 9.30 dargestellt.

Zwischen dem Bohrmeißel und der Bohrlochwand ist nicht viel Platz. Wenn der Meißel zu schnell nach oben gezogen wird (roter Pfeil in Abb. 9.30), kann die Spülung nicht schnell genug am Meißel vorbeiströmen, weshalb unterhalb des Meißels ein Unterdruck entsteht. Im Druck-Tiefe-Diagramm ist die Druckreduzierung unterhalb des Meißels als Parallelverschiebung der Spülungsgeraden nach links zu sehen. Die Steigung der Geraden bleibt konstant, da ja die Dichte der Spülung unterhalb des Meißels ebenfalls konstant bleibt.

Je schneller der Bohrstrang nach oben gezogen wird, desto weiter wird die Spülungslinie unterhalb des Bohrmeißels im Diagramm nach links verschoben. Wenn die Spülungslinie die Formationsporendruckkurve überquert, kann in der entsprechenden Tiefe ein Kick entstehen. Die Parallelverschiebung der Spülungsdruckkurve nach links wird als Ankolben (swab) bezeichnet.

Ebenso kann auch ein zu schneller Einbau des Bohrstranges (blauer Pfeil in
■ Abb. 9.30) indirekt zu einem Kick führen. Der Überdruck unter dem Bohrmeißel
(surge) führt in diesem Szenario zunächst zum Fracken des Gesteins und in der Folge der
Fracks zu Spülungsverlusten. Das daraus resultierende Absinken des Spülungsspiegels
im Bohrloch hat einen Abfall des hydrostatischen Druckes in der Bohrung zur Folge, der
wiederum zu einem Kick führen kann (ähnlich ■ Abb. 9.29).

Antreffen vorgespannten Wassers

In ■ Abb. 9.31 ist dargestellt, wie das Anbohren eines vorgespannten Grundwasserleiters
(arthesischer Brunnen) zu einem Kick führen kann.

Im gezeigten Beispiel wird eine Bohrung in einer Geologie angelegt, in der keine
Kohlenwasserstoffe zu erwarten sind. In den Poren des Gesteins befindet sich also nur
Wasser. Deshalb erwartet man in einer bestimmten Vertikaltiefe $h_{Bohrung}$ einen Formationsporendruck von $p_f = \rho g h_{Bohrung}$. Die Bohrung ist mit einer Spülung gefüllt, die eine
höhere Dichte als Wasser besitzt. Deshalb ist zu erwarten, dass während der Bohrarbeiten
keine Zuflüsse in die Bohrung auftreten.

Allerdings steht der untertägige Aquifer (Grundwasserleiter), der angebohrt wird, in
hydraulischem Kontakt mit einem höher gelegenen See. Der hydrostatische Druck im
Aquifer muss deshalb nach der Gleichung $p_f = \rho g h_{Aquifer}$ berechnet werden. Im gezeigten
Beispiel ist der Formationsporendruck im Aquifer deshalb größer als der hydrostatische
Druck der Bohrspülung auf der Sohle der Bohrung. Beim Anbohren eines vorgespannten
Grundwasserleiters tritt deshalb an der Oberfläche eine Eruption auf.

Beim Anbohren eines Aquifers mit vorgespanntem Wasser muss die Bohrspülung
folglich so weit beschwert werden, dass die statische Druckdifferenz Δp zwischen dem
Aquifer und der Bohrspülung zumindest ausgeglichen wird.

Abnormaler Lagerstättendruck

Zuweilen kommt es vor, dass permeable und poröse Formationen vollständig von impermeablen Gesteinen umschlossen sind (■ Abb. 9.32). In diesem Fall können die eingeschlossenen Fluide durch das Gewicht der überlagernden Gesteinsschichten (Overburden) bis auf den petrostatischen Druck komprimiert werden. Der petrostatische Druck
berechnet sich analog zum hydrostatischen Druck nach der Gleichung

$$p_{petrostat} = \rho_{Gestein} g h,$$

wobei allerdings die Dichte des Gesteins anstelle der Dichte der Porenfluide eingesetzt
wird. Da sich die üblichen Gesteinsdichten meist um den Faktor 2 bis 3 oberhalb der

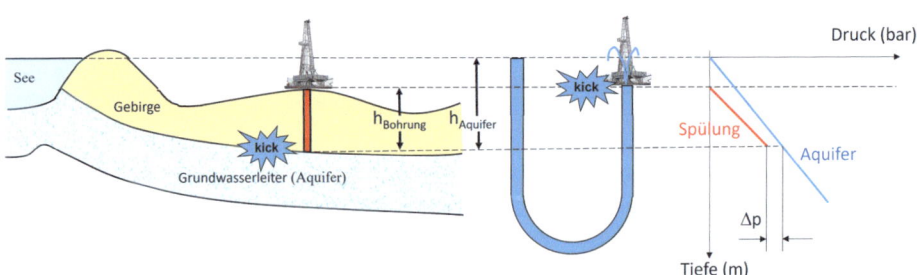

■ **Abb. 9.31** Vorgespannter Grundwasserleiter

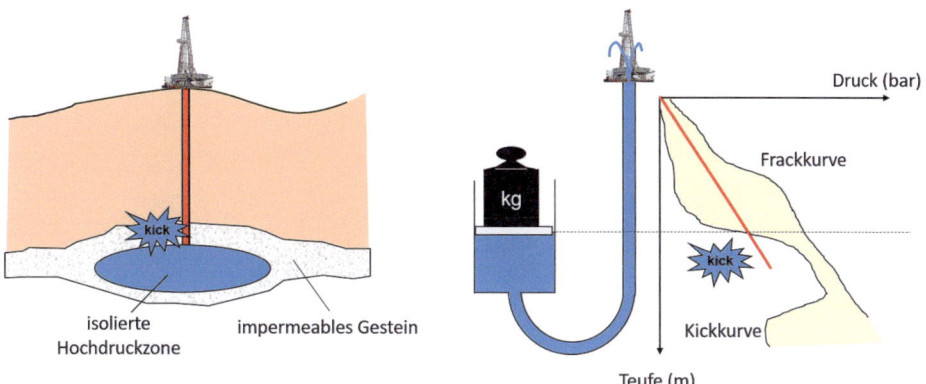

Abb. 9.32 Abnormaler Lagerstättendruck

Dichte der Formationswässer bewegen, kann der Formationsporendruck in einer solchen Hochdruckzone entsprechend ansteigen.

Beim Anbohren isolierter Hochdruckzonen treten Kicks auf, wenn die Dichte der Bohrspülung nicht angemessen erhöht wurde.

Fazit zur Kickentstehung

Kicks können praktisch jederzeit während der Bohrarbeiten oder während des Trippens auftreten. Es ist wichtig, dass das Bohrloch immer vollständig mit Bohrspülung gefüllt ist und die Tripgeschwindigkeit im offenen Bohrloch nicht zu hoch angesetzt wird. Generell sollten alle Aktionen vermieden werden, bei denen übermäßige Druckschwankungen im Bohrloch auftreten können. In jedem Fall müssen Kicks so früh wie möglich erkannt werden, denn je eher ein Kick erkannt wird, desto einfacher ist es, ihn zu bekämpfen.

9.7.2 Kickerkennung

Auf einer Tiefbohranlage werden ständig die Volumenströme überwacht, die in das Bohrloch hineingepumpt werden und aus dem Bohrloch wieder austreten (Abb. 9.33). Der Volumenstrom an den Spülpumpen wird bestimmt, indem die gemessene Anzahl der Pumpenhübe pro Zeiteinheit mit dem Hubvolumen der Zylinder multipliziert wird. Die Anzahl der Pumpenhübe wird in der Einheit SPM (Strokes per Minute) angegeben. Das Hubvolumen der Zylinder hängt davon ab, welche Liner in der Pumpe installiert sind. Der Volumenstrom wird in der Tiefbohrtechnik meist in der Einheit Liter pro Minute (l/min) oder in Ölfeldeinheiten in GPM (Gallons per Minute) angegeben. 1 GPM entspricht 3,785 l/min.

Die Messung des Volumenstromes, der die Spülpumpen verlässt, ist nicht sehr exakt, da beispielsweise der volumetrische Wirkungsgrad der Pumpe, der vom Verschleiß zwischen den Kolben und den Zylindern abhängt, nicht berücksichtigt wird.

In der Auslaufrinne, durch welche die Spülung die Bohrung verlässt, ist ein Spülungspaddel angebracht, das je nach Volumenstrom weniger oder mehr seitlich ausgelenkt wird (Abb. 9.33 rechts oben). Auch diese Messung ist relativ ungenau.

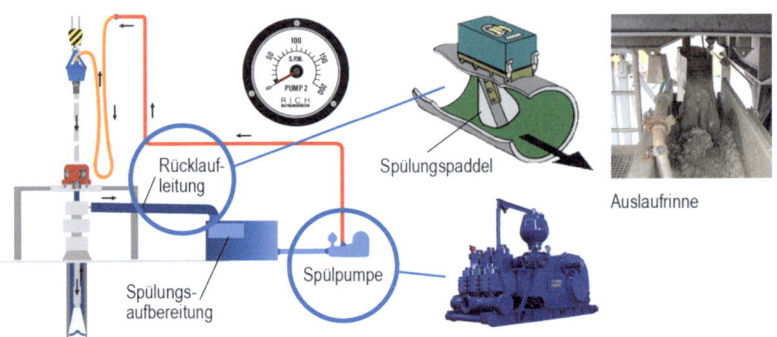

Abb. 9.33 Kickerkennung durch Volumenstrommessung

Deshalb werden zusätzlich kontinuierlich die Pegel der Tanks der Tankanlage auf der Bohranlage gemessen und überwacht. Aufgrund der Wellen- und Schaumbildung in der Tankanlage ist auch diese Messung allein nicht ausreichend präzise.

Aber selbst, wenn die Absolutmessungen der Volumenströme und Tankstände relativ ungenau sind, kann die Betrachtung der Messwerte wichtige Aussagen zur Kickgefahr erbringen. Solange beispielsweise die Volumenstrommesskurven von Pumpe und Spülungspaddel parallel zueinander verlaufen und die Pegel der Tankanlage stabil sind, ist zunächst einmal davon auszugehen, dass die Situation unter Kontrolle ist.

Wenn die Messkurven der Volumenströme allerdings nicht mehr parallel verlaufen (Abb. 9.34 rechts) oder die Tankstände nicht stabil sind, ist eine nähere Überprüfung der Situation dringend erforderlich, und es wird ein Flow Check durchgeführt.

Im Rahmen eines Flow Check wird das Bohrloch (falls nicht schon geschehen) zunächst vollständig mit Bohrspülung aufgefüllt und an den Triptank angeschlossen. Dann werden die Spülpumpen abgeschaltet, und das Niveau der Spülung im Triptank wird beobachtet. Wenn der Pegel im Triptank trotz abgeschalteter Pumpen steigt, liegt eindeutig eine Kicksituation vor, das heißt, es gibt Zuflüsse aus der Formation in die Bohrung. Um die Höhe des Zuflusses abzuschätzen, wird der Pegel des Triptanks über einen Zeitraum von 5–10 min überwacht und laufend notiert.

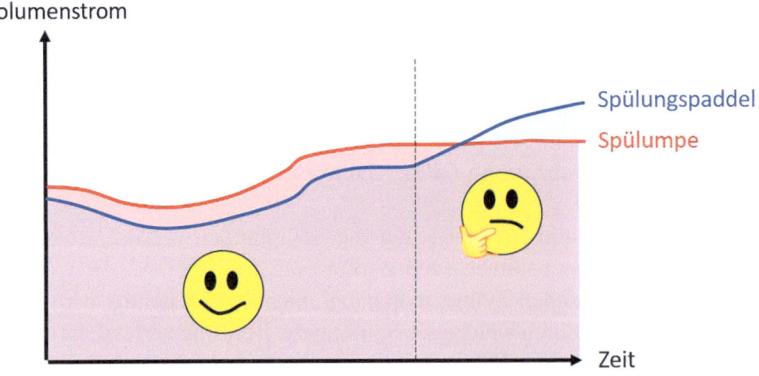

Abb. 9.34 Messung der Volumenströme an der Spülpumpe und am Auslauf der Bohrung

9.7.3 Kickidentifizierung

Wenn der Flow Check ergeben hat, dass Zuflüsse aus der Formation in die Bohrung stattfinden, ist es wichtig, den Kick zu identifizieren, also zu ermitteln, um welches Fluid es sich bei dem Zufluss handelt. Zumindest sollte erkannt werden, ob es sich bei dem Kick um eine Flüssigkeit (Wasser oder Öl) oder um ein Gas handelt. Gase sind besonders gefährlich, weil sie kompressibel und meist explosiv oder sogar giftig sind.

Im Folgenden wird eine rechnerische Abschätzung hergeleitet, mit der die Kickidentifizierung anhand von Beobachtungen an der Bohranlage durchgeführt werden kann.

Der statische Druck in einem Fluid p_{stat} lässt sich nach der Gleichung

$$p_{stat} = \rho g h$$

berechnen. Dabei ist ρ die Dichte des Fluids, g die Erdbeschleunigung und h die vertikale Tiefe unterhalb des Spiegels des Fluids.

Bei einer Schichtung mehrerer Fluide setzt sich der statische Gesamtdruck aus den Einzeldrücken der Fluidschichten zusammen (◘ Abb. 9.35). Es gilt:

$$p_{Ges} = g\rho_1 h_1 + g\rho_2 h_2 + g\rho_3 h_3$$

Im Druck-Tiefe-Diagramm (◘ Abb. 9.35 rechts) erkennt man die einzelnen Schichten an den unterschiedlichen Steigungen der beteiligten Geraden (Druckgradienten), die den Dichten der Fluide entsprechen.

Der Druckgradient gibt an, um welchen Betrag der Druck ansteigt, wenn man sich in dem Fluid um eine bestimmte Strecke vertikal nach unten bewegt.

Um den Druckgradienten G eines Fluids darzustellen, wird die Gleichung für den statischen Druck wie folgt umgestellt:

$$p_{stat} = \rho g h \rightarrow \frac{p_{stat}}{h} = \rho g = G \text{ (Einheit: bar/m)}$$

◘ **Abb. 9.35** Schichtung von Fluiden unterschiedlicher Dichte

Fluid	Dichte (kg/l)	Druckgradient (bar/m)
Salzwasser	1,16	0,114
Erdöl	0,84	0,083
Erdgas	0,093	0,00914

Abb. 9.36 Typische Dichten und Druckgradienten verschiedener Fluide

Der Druckgradient G von Wasser beträgt 0,0981 bar/m. Der Druck in Wasser steigt also pro 10 m Tauchtiefe jeweils um etwa 1 bar (präzise 0,98 bar) an.

Da der Druckgradient G das Produkt aus Erdbeschleunigung g und Dichte ρ ist, kann die Gleichung zur Berechnung des statischen Druckes in einer geschichteten Flüssigkeit umgeschrieben werden zu

$$p_{\text{stat}} = G_1 h_1 + G_2 h_2 + G_3 h_3.$$

Tiefbohrungen sind mit einer Bohrspülung gefüllt, die in der Regel eine höhere Dichte als Wasser besitzt. Bei einer Spülungsdichte von beispielsweise 1,2 kg/l ergibt sich ein Druckgradient von 0,118 bar/m.

Im Fall eines Kicks tritt in die Bohrung entweder Formationswasser (Salzwasser), Erdöl oder Erdgas ein. Diese drei Fluide unterscheiden sich recht deutlich in ihrer Dichte bzw. in ihrem Druckgradienten, selbst wenn die Komprimierung des Erdgases in großer Tiefe berücksichtigt wird. In Abb. 9.36 sind typische Druckgradienten gegenübergestellt.

Bei der Kickidentifizierung geht es darum, die Art des Kicks und damit seine Gefährlichkeit festzustellen und daraus ableitend die beste Methode der Kickbekämpfung festzulegen.

Die gefährlichste Art eines Kicks ist der Gaskick, denn Gas ist kompressibel. Eine kleine Gasblase, die unter dem hohen Lagerstättendruck tief unten in die Bohrung eintritt, expandiert auf ihrem Weg zur Oberfläche, weil der statische Druck in Richtung Oberfläche immer weiter abnimmt, und kann deshalb als großes Gasvolumen an der Oberfläche austreten. Dieses austretende Gas ist dann in der Regel auch noch explosiv und toxisch. Flüssigkeiten wie Öl oder Wasser sind dagegen praktisch inkompressibel und deutlich weniger (oder gar nicht) explosiv und somit auch deutlich einfacher zu handhaben.

Es ist also von großem Interesse, in einer Kicksituation schon frühzeitig zu wissen, ob es sich bei dem Kick in der Bohrung um einen Gas- oder einen Flüssigkeitskick handelt, damit man sich in angemessener Weise auf die Situation einstellen kann.

Wenn ein Kick in die Bohrung eintritt, ist der Formationsporendruck größer als der Spülungsdruck in der Bohrung. Deshalb stoppt der Zufluss auch nicht, wenn die Spülpumpen abgeschaltet sind; es fließt weiterhin Formationsfluid in die Bohrung, und die Bohrung läuft an der Oberfläche über (Abb. 9.37 links).

Nach dem Erkennen des Kicks wird die Bohrung zunächst verschlossen, indem der Blowout-Preventer (BOP) geschlossen wird (Abb. 9.37 Mitte). Die Bohrung läuft nun nicht mehr über. Dafür steigt der Druck im gesamten System aber so weit an, bis der Druck in der Bohrung im Gleichgewicht mit dem Formationsporendruck an der Bohr-

9.7 · Kicks und Blowouts

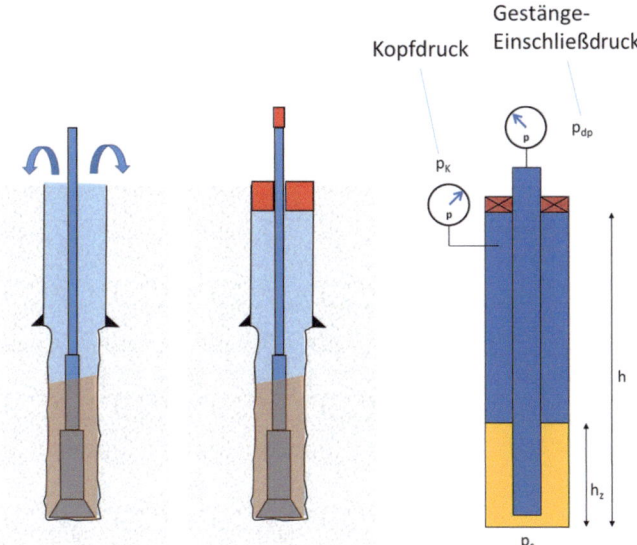

Abb. 9.37 Kicksituation in einem Bohrloch

lochsohle p_s steht und der Zufluss stoppt. Im Ringraum der Bohrung befinden sich nun der eingeschlossene Kick und die darüber befindliche Bohrspülung. Im Bohrgestänge befindet sich dagegen nur Bohrspülung (Abb. 9.37 rechts). Unten an der Bohrlochsohle herrscht sowohl im Ringraum der Bohrung als auch im Bohrgestänge der Bohrlochsohlendruck p_s. Da aber der Ringraum mit anderen Fluiden gefüllt ist als das Bohrgestänge, stellen sich an der Oberfläche der Bohrung unterschiedliche Einschließdrücke ein.

Von allen Fluiden in der Bohrung besitzt die Bohrspülung üblicherweise die größte Dichte. Die abwärts gerichtete Gewichtskraft der Bohrspülung wirkt der aufwärts gerichteten Druckkraft des Bohrlochsohlendruckes entgegen. Je mehr Bohrspülung sich im Ringraum bzw. im Bohrstrang befindet, desto geringer ist der Einschließdruck an seinem oberen Ende. Deshalb ist der Einschließdruck am spülungsgefüllten Bohrstrang geringer als derjenige am Ringraum, in dem sich auch leichtere Fluide (Gas, Öl oder Formationswasser) befinden.

Am Bedienpult des BOP (Abb. 9.38) sind Druckanzeigen für den Kopfdruck am Ringraum und den Gestängeeinschließdruck angebracht. Die Drücke können also unmittelbar nach dem Schließen des BOP abgelesen und notiert werden. Das ist wichtig, denn aus diesen Drücken kann anschließend die Art des Kicks im Bohrloch abgeschätzt werden.

Für den Ringraum gilt gemäß Abb. 9.37 rechts folgende Beziehung:

$$p_s = p_k + G_{sp}(h - h_2) + G_z h_z$$

- p_s Bohrlochsohlendruck
- p_k Kopfdruck am Ringraum
- G_{sp} Druckgradient der Bohrspülung
- G_z Druckgradient des Zuflusses

Abb. 9.38 Bedienpult des Blowout-Preventers (BOP)

h vertikale Tiefe der Bohrung
h_z Höhe des Zuflusses im Ringraum der Bohrung

Die Höhe des Zuflusses im Ringraum der Bohrung muss aus den Beobachtungen abgeschätzt werden, die während des Flow Check notiert wurden. Das im Triptank gemessene Zuflussvolumen wird auf die Dimensionen des Ringraumes der Bohrung (Innendurchmesser der Bohrung und Außendurchmesser der Bohrgarnitur) projiziert, und daraus wird die Höhe des Kicks im Ringraum berechnet.

Wenn die Kicksituation früh erkannt und der Flow Check umgehend durchgeführt wurde, entspricht das Volumen des Zuflusses im Bohrloch relativ exakt der Spülungsmenge, die im Rahmen des Flow Check aus der Bohrung ausgetreten ist. Je später der Flow Check allerdings durchgeführt wird, desto ungenauer ist auch die Abschätzung der Höhe des Kickvolumens in der Bohrung.

Die Höhe des Kicks in der Bohrung berechnet man aus dem geschätzten Zuflussvolumen wie folgt:

$$V_{\text{zufluss}} = \frac{\pi}{4}\left(d_{\text{bl}^2} - d_{\text{gest}^2}\right)h_z \rightarrow h_z = \frac{\frac{4}{\pi}V_{\text{zufluss}}}{\left(d_{\text{bl}^2} - d_{\text{bl}^2}\right)}$$

d_{bl} Durchmesser des Bohrloches bzw. Bohrmeißels
d_{gest} Außendurchmesser des Bohrgestänges

Für das Bohrgestänge gilt:

$$p_s = p_{\text{gest}} + G_{\text{sp}}h$$

p_{gest} Gestängeeinschließdruck

Man kann die beiden Gleichungen für den Ringraum und das Bohrgestänge nun gleichsetzen und nach dem Druckgradienten des Zuflusses auflösen.

Man erhält:

$$G_z = \frac{p_{\text{gest}} - p_k}{h_z + G_{\text{sp}}}$$

Der Druckgradient des Zuflusses lässt sich also aus den Einschließdrücken von Ringraum und Gestänge sowie dem bekannten Druckgradienten der Bohrspülung und dem beobachteten Zuflussvolumen abschätzen. Das Zuflussvolumen und damit die Höhe des Zuflusses h_z ist dabei eine relativ unsichere Größe. Grundsätzlich sollte es aber in den meisten Fällen trotzdem möglich sein, aus der Berechnung zumindest abzuleiten, ob es sich um einen flüssigen Zufluss oder einen deutlich gefährlicheren Gaskick handelt, denn die Gradienten von Flüssigkeiten und Gasen unterscheiden sich ja, wie oben gezeigt, signifikant voneinander.

Ganz grob kann bei einem ermittelten Druckgradienten des Zuflusses von mehr als 0,5 bar/10 m von einem Flüssigkeitskick ausgegangen werden, unterhalb von 0,5 bar/10 m ist eher mit einem Gaskick zu rechnen.

9.7.4 Vorbereitung der Totpumpspülung

Ein Kick kann nur auftreten, wenn der Druck im Bohrloch geringer als der umgebende Formationsporendruck ist. Wenn ein Kick in die Bohrung eingetreten ist, war das Bohrloch entweder nicht vollständig mit Spülung gefüllt, oder die Dichte der eingesetzten Bohrspülung war zu gering. Um das Bohrloch wieder unter Kontrolle zu bekommen, muss einerseits der Kick sicher aus der Bohrung entfernt und andererseits auch die zu leichte Spülung im Bohrloch durch eine schwerere, die sogenannte Totpumpspülung ersetzt werden.

Die erforderliche Dichte der Totpumpspülung kann sehr einfach aus dem Gestängeeinschließdruck abgeleitet werden, der im Rahmen der Kickidentifizierung bereits ermittelt wurde. Die dazu erforderliche Vorgehensweise soll anhand von ◘ Abb. 9.39 erläutert werden.

Es wird angenommen, dass beim Bohren mit einer Bohrspülung der Dichte von 1,23 kg/l in einer vertikalen Tiefe von 3500 m ein Kick festgestellt wurde. Nach dem Einschluss der Bohrung wurde ein Gestängeeinschließdruck von 15 bar registriert. Nun soll die Dichte der erforderlichen Totpumpspülung ermittelt werden.

Die Dichte der Totpumpspülung in der 3500 m tiefen Bohrung muss einen statischen Druck erzeugen, der 15 bar größer ist als der statische Druck der aktuell im Bohrloch befindlichen Bohrspülung.

Die folgende Rechnung zeigt, dass die Totpumpspülung dafür gegenüber der ursprünglichen Spülung um $\Delta p = 43{,}7 \text{ kg/m}^3$ beschwert werden muss:

$$\Delta p = 15 \text{ bar} = \Delta p g h = \Delta p \cdot 9{,}81 \text{ m/s}^2 \cdot 3500 \text{ m} \rightarrow \Delta p = 43{,}7 \text{ kg/m}^3$$

$$\Delta p = \Delta p_{\text{alt}} + \Delta p = 1230 \text{ kg/m}^3 + 43{,}7 \text{ kg/m}^3 = 1273{,}7 \text{ kg/m}^3$$

Die Totpumpspülung muss folglich eine Dichte von 1273,7 kg/m³ besitzen.

In der Praxis ergibt sich aus dieser Berechnung unmittelbar die Frage, wie viel Beschwerungsmittel der ursprünglichen Bohrspülung zugemischt werden muss, um sie als Totpumpspülung einsetzen zu können. Auch diese Frage soll anhand eines konkreten Beispiels verdeutlicht werden.

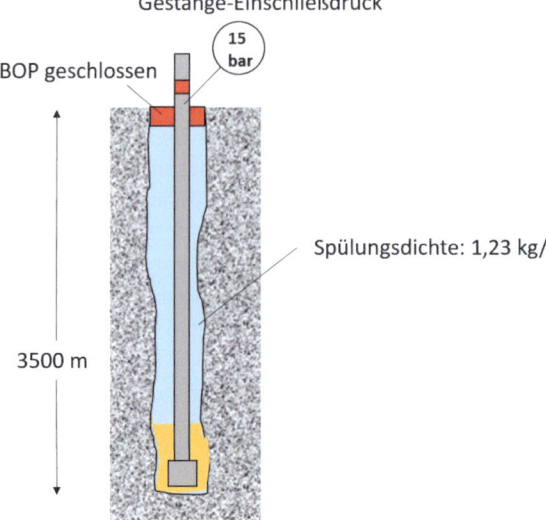

Abb. 9.39 Beispiel zur Berechnung der Dichte der Totpumpspülung

Die aktuelle Bohrspülung im System besitzt die Masse m_1, die Dichte ρ_1 und das Volumen V_1. Diese Daten sind auf einer Tiefbohrung grundsätzlich immer bekannt.

Das einzusetzende Beschwerungsmittel soll durch seine Masse m_b, seine Dichte ρ_b und sein Volumen V_b charakterisiert werden. Die anzumischende Totpumpspülung soll die Masse m_2, die Dichte ρ_2 und das Volumen V_2 aufweisen.

Die Massen der alten Spülung plus die Masse des zugefügten Beschwerungsmittels ergibt die Masse der Totpumpspülung:

$$m_1 + m_b = m_2$$

Für das Beschwerungsmittel gilt:

$$m_b = \rho_b V_b$$

Für die beschwerte Bohrspülung gilt schließlich:

$$m_2 = \rho_2 (V_1 + V_2)$$

Aus diesen drei Gleichungen erhält man durch Umformen und Einsetzen:

$$V_B = \frac{V_1 \rho_2 - m_1}{\rho_B - \rho_2}$$

$$m_B = \frac{V_1 \rho_2 - m_1}{\rho_B - \rho_2} \quad \text{bzw.} \quad m_B = \frac{\frac{\rho_2}{\rho_1} m_1 - m_1}{\rho_B - \rho_2} \rho_B$$

Die erforderliche Masse an Beschwerungsmittel zur Zubereitung der Totpumpspülung m_b kann also sehr einfach aus den Eigenschaften der Masse und der Dichte der alten Bohrspülung, der Dichte des Beschwerungsmittels und der angestrebten Dichte der Totpumpspülung berechnet werden.

9.8 Blowout-Preventer

Bei der Herstellung von Tiefbohrungen ist grundsätzlich immer mit Kicksituationen zu rechnen. Deshalb ist es vorgeschrieben, dass der Bohrlochkopf mit einer Absperrvorrichtung ausgestattet sein muss, die jederzeit einen vollständigen Verschluss der Bohrung ermöglicht. Der vollständige Verschluss muss mittels zweier redundanter Systeme möglich sein, die nach unterschiedlichen Funktionsmechanismen arbeiten. Diese Schließfunktion wird durch den Blowout-Preventer (BOP) erfüllt.

Der BOP wird auf den Landeflasch am oberen Ende des Bohrlochkopfes aufgeschraubt. Er muss für den maximalen Druck ausgelegt sein, dem er im Laufe der Bohrarbeiten ausgesetzt sein kann. Dies ist in der Regel derjenige Formationsporendruck, der in der Endteufe der abzubohrenden Bohrungssektion herrscht.

Die Druckstufe eines konkreten Preventers – so bezeichnet man den maximalen Druck, für den der Preventer ausgelegt ist – ist auf seinem Typenschild vermerkt. Laut API (American Petroleum Institute) wird die Druckstufe eines Preventer-Moduls mit einer Zahl und dem nachfolgenden Buchstaben M angegeben. Die Zahl gibt den zulässigen Arbeitsdruck des Moduls in der Einheit k-psi („kilo-pounds per square inch") an. Ein Preventer-Modul mit der Bezeichnung 3M ist also für Drücke bis 3000 psi (210 bar) einsetzbar.

Üblicherweise werden mehrere verschiedene Preventer-Module zu einem Preventer Stack verschraubt, der sich unterhalb der Arbeitsbühne im Bohrkeller befindet. In ◘ Abb. 9.40 links ist ein einzelnes Preventer-Modul zu sehen, rechts befindet sich unterhalb der Arbeitsbühne der Tiefbohranlage ein aus mehreren Modulen zusammengesetzter Preventer Stack. Im Folgenden werden die typischen Preventer-Module näher beschrieben.

◘ **Abb. 9.40** *Links* Preventer-Modul, *rechts* Preventer Stack

9.8.1 Backenpreventer

Backenpreventer werden auf Englisch als Ram-Type Preventer bezeichnet. Zum Schließen des Preventers werden die Backen von zwei gegenüberliegenden Seiten aus mithilfe einer Hydraulik in das Bohrloch hineingeschoben. Die Backen treffen sich in der Mitte des Bohrloches und verschließen es auf diese Weise. Je nach Einsatzbedingungen werden drei verschiedene Backenarten eingesetzt: Gestängebacken, Blindbacken und Scherbacken (◘ Abb. 9.41).

Gestängebacken

Wenn sich ein Bohrstrang im Bohrloch befindet, wird der Ringraum, der um den Bohrstrang herum vorliegt, mit Gestängebacken abgedichtet (◘ Abb. 9.41 links und ◘ Abb. 9.42 links).

Oft sind die Gestängebacken auf einen bestimmten Gestängedurchmesser abgestimmt, es gibt aber auch Gestängebacken, die so flexibel sind, dass sie sich innerhalb eines bestimmten Bereichs an unterschiedliche Außendurchmesser von Bohrstrangkomponenten anpassen können.

Blindbacken

Natürlich können Kicks auch dann auftreten, wenn sich gerade kein Gestänge in der Bohrung befindet. Zu diesem Zweck werden Preventer-Module mit Blindbacken eingesetzt

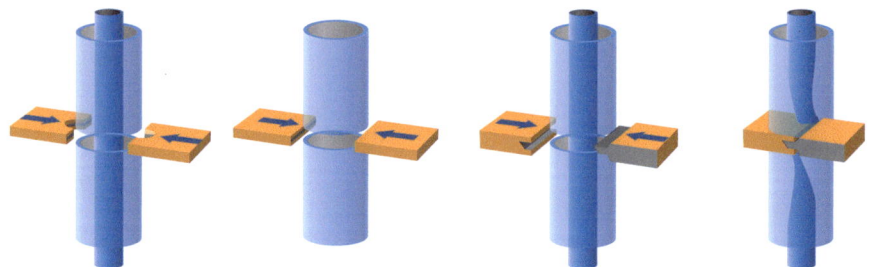

◘ **Abb. 9.41** Backenpreventer: *von links* Gestängebacken, Blindbacken, Scherbacken offen, Scherbacken geschlossen

◘ **Abb. 9.42** *Links* Gestängebacken mit Schließhydraulik, *rechts* Blind- und Gestängebacken im Vergleich. (Fotos: Würker)

9.8 · Blowout-Preventer

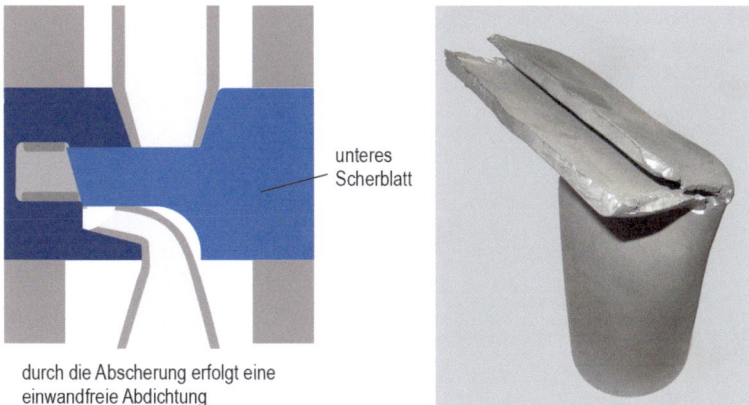

Abb. 9.43 *Links* Funktion der Scherbacken, *rechts* abgetrennte Bohrstange

(Abb. 9.41 zweite Abbildung von links). Blindbacken besitzen im Gegensatz zu Gestängebacken keine Aussparung in der Mitte und verschließen den Bohrlochquerschnitt beim Zusammenfahren der Backen komplett. In Abb. 9.42 rechts sind Blind- und Gestängebacken zum Vergleich gegenübergestellt.

Scherbacken

Wenn die Bohrung eingeschlossen werden muss, während sich im Bereich des Preventers Bohrstrangelemente befinden, die beispielsweise weder rund sind noch Durchmesser aufweisen, die durch die Gestängebacken abgedeckt werden können, kann die Bohrung mit Scherbacken verschlossen werden (rechte Darstellungen in Abb. 9.41). Scherbacken durchtrennen das im Strömungsquerschnitt befindliche Hindernis zunächst und verschließen die Bohrung dann. Dabei werden die Scherblätter konstruktiv so ausgeführt, dass das untere, abgetrennte Bohrstrangsegment nicht in die Bohrung fällt, sondern im BOP festgehalten wird. Dort kann es später relativ einfach geborgen werden.

Der Schnitt wird so ausgeführt, dass der Strömungsquerschnitt im Bohrstrang an den Schnittenden nicht verschlossen wird, sondern ein Strömungskanal erhalten bleibt, durch den beim nachfolgenden Totpumpen der Bohrung Bohrspülung hindurchgepumpt werden kann (Abb. 9.43).

9.8.2 Universalpreventer

Die bereits vorgestellten Gestänge-, Blind- und Scherbacken ermöglichen im Prinzip für jede Situation einen Vollverschluss der Bohrung. Die Bergverordnung für Tiefbohrungen verlangt aber darüber hinaus noch ein weiteres redundantes Verfahren, mit dem die Bohrung nach einem anderen Funktionsprinzip ebenfalls jederzeit sicher verschlossen werden kann. Diese Funktion wird im Preventer Stack durch den Universalpreventer (auch Ringpreventer genannt) erfüllt. Der Universalpreventer ist ein großer Topf, der den oberen Abschluss des Preventer Stack bildet (Abb. 9.40 rechts).

Wie in Abb. 9.44 zu sehen ist, befindet sich im Universalpreventer ein massiver Gummiring, der in seiner Ruheposition den Ringraum freigibt. Mittels der Hydraulik der Schließanlage können die blau dargestellten Keile in den Topf hineingedrückt wer-

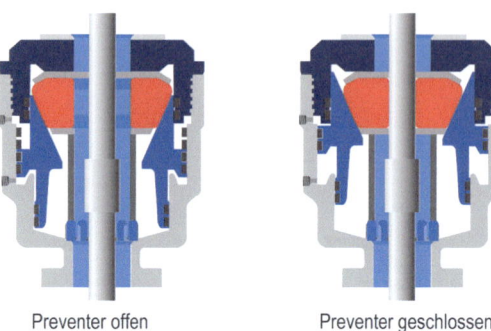

Abb. 9.44 Funktionsprinzip des Universalpreventers

den. Der Gummiring wird dadurch aus seiner Ruheposition heraus in den Ringraum hineingepresst, wo er beliebig geformte Hindernisse umfließen kann und dadurch den Strömungsquerschnitt abdichtet (Abb. 9.44 rechts). Auch ein offenes Bohrloch ohne darin befindliches Bohrgestänge kann auf diese Weise zuverlässig abgedichtet werden.

9.8.3 Schließanlage

Der Preventer muss die Bohrung in einer Gefahrsituation jederzeit sicher und zügig verschließen können, selbst dann, wenn beispielsweise gerade kein elektrischer Strom vorhanden sein sollte. Deshalb gehört zu jedem Preventer auch eine Schließanlage mit Energiespeichern, die einen autarken Betrieb ermöglichen.

Auf der Tiefbohranlage besteht der Energiespeicher aus einer Batterie Flaschen, die mit einer Hydraulikflüssigkeit gefüllt sind (Abb. 9.45 rechts). Oberhalb des Spiegels der Hydraulikflüssigkeit steht in den Flaschen ein Polster aus Stickstoff an, welches auf einen sehr hohen Druck (ca. 200 bar) vorgespannt ist. Der Druck des Stickstoffpolsters presst die Hydraulikflüssigkeit in die entsprechenden Hochdruckschläuche, die zu den Preventer-Modulen führen. Die Anzahl der Flaschen der Schließanlage ist so dimensioniert, dass auch bei Ausfall der angeschlossenen Ladepumpen genügend Energie für mehrere Schließ- und Öffnungsvorgänge des Preventers zur Verfügung steht.

Abb. 9.45 Preventer-Schließanlage

9.8 · Blowout-Preventer

Die Hydraulikflüssigkeit wird über Ventile am Bedienfeld der Schließanlage (Abb. 9.45 links) aus den Flaschen auf die entsprechenden Module des Preventer Stack geleitet.

9.8.4 Spool

Wenn ein Kick in einer Bohrung erkannt und identifiziert worden ist, wird die Bohrung zunächst mit dem BOP verschlossen, damit keine Fluide unkontrolliert aus der Bohrung entweichen können.

Der alleinige Verschluss der Bohrung beseitigt allerdings nicht das Problem, dass sich ein Kick in der Bohrung befindet. Dieser muss sicher wieder aus der Bohrung entfernt werden. Danach muss die Bohrung mit einer schwereren Bohrspülung wieder aufgefüllt werden, um das Auftreten weiterer Kicks auszuschließen. Es müssen im Rahmen einer solchen Totpumpaktion also aus einem eingeschlossenen Bohrloch sowohl Fluide aus der Bohrung entfernt als auch andere in die Bohrung eingebracht werden können.

Zu diesem Zweck werden in den Preventer Stack Spools integriert (Abb. 9.46). Ein Spool ist im Prinzip ein kurzes Rohrstück, das mit seitlichen Flanschen ausgestattet ist, an die Rohrleitungen angeschlossen werden können. Um die Flexibilität des Preventer Stack im praktischen Einsatz zu erhöhen, werden oft mehrere Spools in den Preventer Stack integriert.

Die beiden Rohrleitungen zum Entlassen des Kicks aus der Bohrung und zum Befüllen der Bohrung mit schwererer Spülung werden als Kill Line und als Choke Line bezeichnet. Die Kill Line verbinden die Bohrung mit den Spülpumpen. Über diese Leitungen kann die Totpumpspülung in die Bohrung eingepumpt werden. Die Choke Line stellt dagegen einen Ausgang aus der Bohrung dar, über die ein eingedrungener Kick sicher wieder aus dem System entlassen werden kann.

Abb. 9.46 Spool

9.8.5 Preventer-Kombinationen

Grundsätzlich können die Module des Preventer Stack beliebig miteinander kombiniert werden. Im praktischen Einsatz im Feld ist jedoch zu beachten, dass als Minimalanforderung ein Backenpreventer für den Totalabschluss (Blindbacken), ein Backenpreventer für den Strangeinschluss (Gestängebacken) und ein Universalpreventer vorhanden sein müssen. In der Praxis werden oft noch weitere Backenpreventer und Spools in den Stack integriert, um flexibler auf verschiedene Situationen reagieren zu können.

Im Sinne einer einfachen Dokumentation werden durch das API bestimmte Buchstaben verwendet, um einzelne Module zu beschreiben. Der Buchstabe A steht beispielsweise für einen Universalpreventer (annular type blowout preventer), R bezeichnet ein Backenpreventer-Modul (ram-type preventer) und S einen Flanschanschluss für die Choke und Kill Line (drilling spool). Die Verwendung dieser Bezeichnungen erlaubt eine einfache Beschreibung des Aufbaus eines Preventer Stack.

In ◘ Abb. 9.47 ist dargestellt, wie ein SRSRRA Preventer Stack (Bezeichnung der Module von unten nach oben) im Praxisbetrieb eingesetzt werden könnte. Rot markierte Elemente stellen Preventer-Module im geschlossenen Zustand dar.

Um einen Kick aus der Bohrung auszuzirkulieren, kann der Ringraum um den Bohrstrang herum durch den Universalpreventer verschlossen werden. Durch das Bohrgestänge kann Spülung in die Bohrung eingepumpt werden, um den im Ringraum befindlichen Kick zur Oberfläche hin auszuspülen. Der Kick verlässt die Bohrung durch das Casing Spool und gelangt durch die angeschlossene Rohrleitung zum Gasseparator.

Wenn der Bohrstrang bereits mittels Scherbacken abgetrennt wurde, kann die Spülung über das obere Spool in den offenen Strömungsquerschnitt des im Bohrloch verbliebenen Gestängeabschnitts eingeleitet werden. Dazu muss der untere Gestängepreventer den Ringraum abdichten. Zur Wartung oder Reparatur oder zum Austausch der Backen der oberen Backenpreventer in einer Kicksituation kann der Ringraum durch den unteren Gestängepreventer abgedichtet werden.

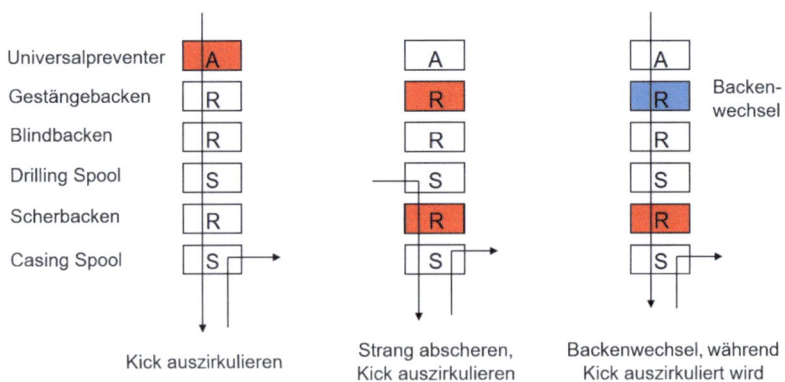

◘ **Abb. 9.47** Beispiele für Einsatzmöglichkeiten eines SRSRRA Preventer Stack

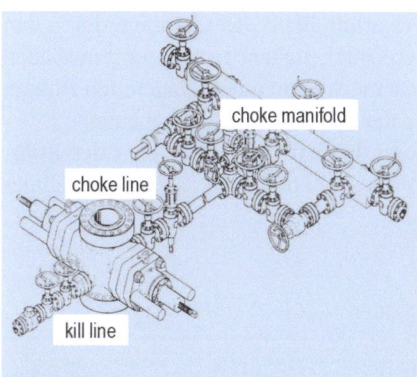 

Abb. 9.48 Choke Manifold

9.8.6 Choke Manifold

An das Spool im Preventer Stack werden die Kill Line und die Choke Line angeschlossen (Abb. 9.48 links). Die Kill Line verbindet die Bohrung mit den Spülpumpen. Über sie kann Spülung auch dann in die Bohrung eingepumpt werden, wenn der normale Zugang über den Spülkopf der Bohranlage nicht zum Einpumpen zur Verfügung steht. Über die Choke Line kann ein eingeschlossener und unter Druck stehender Kick sicher von der Bohrung auf die Gasseparatoren überführt werden. Die dabei austretenden Fluide stehen oft unter erheblichem Druck und enthalten meist auch abrasive Partikel, zum Beispiel Sand, die die durchströmten Anlagenteile beschädigen (erodieren) können. Um dies zu verhindern, wird die Choke Line mit einem Choke Manifold ausgestattet (Abb. 9.48).

Das Choke Manifold ist eine Anordnung von Drosselventilen, die eingesetzt werden, um die destruktive Strömungsenergie des austretenden Kicks in mehreren Stufen abzubauen. Da die sichere Funktion des Choke Manifold im Notfall unbedingt gegeben sein muss, sind redundante Ventile vorhanden, die gegebenenfalls die Aufgabe versagender Ventile übernehmen können. Deshalb sind Choke Manifolds meist symmetrisch aufgebaut. Oft enthält die eine Hälfte fernsteuerbare Ventile und die andere manuell bedienbare.

9.8.7 Sonderpreventer

Im oberen Bereich von Tiefbohrungen besitzen die Bohrungen große Durchmesser, und die Formation ist oft noch wenig stabil. Der Einschluss eines Kicks könnte hier zu so hohen Druckkräften führen, dass die Formation gefrackt oder das Standrohr aus seinem Sitz gepresst wird.

Um diese Situation zu verhindern, kann ein Diverter eingesetzt werden. Ein Diverter verschließt die Bohrung nicht, sondern leitet die aus der Bohrung austretenden Fluide in geschlossenen Leitungen zu Separatoren, in denen das Gemisch nach Phasen getrennt (Gas, Öl, Wasser) und anschließend unschädlich gemacht wird. Diverter werden häufig bei Offshore-Bohrungen eingesetzt, wo dicht unter dem Meeresboden Gashydrate und darunter befindliche Shallow-Gas-Vorkommen anzutreffen sind.

Ein Stripper ist ein spezieller Preventer, der es ermöglicht, das Gestänge durch den geschlossenen Preventer hindurch aus einer unter Druck stehenden Bohrung ausbauen oder es in sie einbauen zu können. Stripper kommen meist beim unterbalancierten Bohren zum Einsatz. Dieses Sonderbohrverfahren wird später noch ausführlich behandelt.

Bei Rotationspreventern ist die Gummidichtung drehbar gelagert, sodass der Bohrstrang bei geschlossenem Preventer rotiert werden kann, ohne dass dabei übermäßiger Verschleiß auftritt.

9.8.8 Gestängepreventer

Ein in der Bohrung eingeschlossener Kick führt in der gesamten Bohrung zu einer Erhöhung des Druckes. Wenn der Ringraum der Bohrung durch den Preventer verschlossen ist, besteht grundsätzlich auch die Möglichkeit, dass sich die Bohrspülung und der Kick durch den Bohrstrang hindurch zur Oberfläche bewegen und dort austreten. Um dies zu verhindern, werden Rückschlagventile in das Bohrgestänge eingebaut.

Die Rückschlagventile werden entweder als Float Subs in den Bohrstrang integriert (Abb. 9.49 Mitte) oder als Kartusche in speziell dafür vorgesehene Ausdrehungen (Float Bores) in den Gewindeverbindern der Standardbohrstangen eingeschoben (Abb. 9.49 links). Am oberen Ende des Bohrstranges, der von der Arbeitsbühne aus für die Bohrmannschaft zugänglich ist, befindet sich noch ein weiteres Sicherheitsventil, der Kellyhahn (Abb. 9.49 rechts). Der Kellyhahn enthält ein Kugelventil, welches durch einen entsprechenden Schlüssel manuell bedient werden kann, um den Bohrstrang sicher zu verschließen.

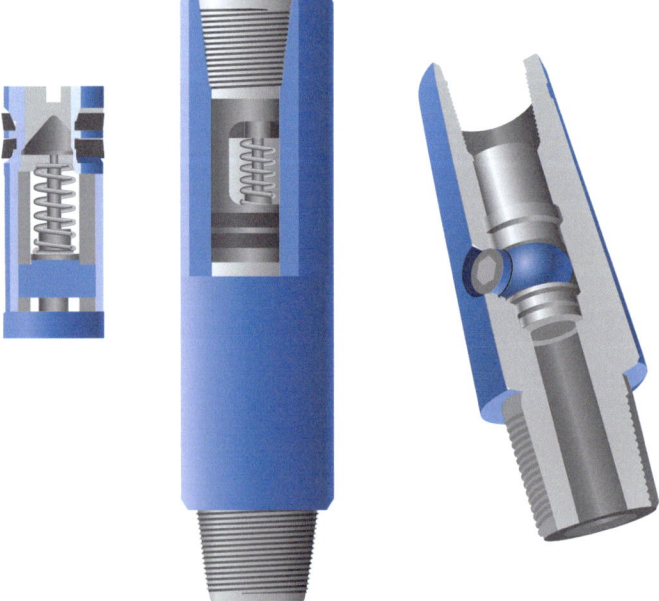

Abb. 9.49 *Von links:* Rückschlagventile (Kartusche und Float Sub) und Kellyhahn

9.9 Totpumpverfahren

Die primäre Bohrlochkontrolle besteht darin, Kicks, die eine erste Vorstufe von Blowouts darstellen können, nach besten Möglichkeiten zu verhindern. Wenn kein Kick auftritt, kann auch kein Blowout entstehen. Die sekundäre Bohrlochkontrolle greift ein, wenn trotz sorgfältiger primärer Bohrlochkontrolle eine Kicksituation eingetreten ist. Sie besteht darin, den Kick so früh wie möglich zu erkennen und zu identifizieren, sein Gefahrpotenzial zu bewerten und das Bohrloch nach standardisierten und bewährten Methoden wieder totzupumpen und damit unter Kontrolle zu bekommen.

Beim Totpumpen wird einerseits der Kick sicher aus der Bohrung entfernt und andererseits das Bohrloch mit einer schwereren Totpumpspülung befüllt, um weitere Kicks zu verhindern. Wenn die sekundäre Bohrlochkontrolle eingreifen muss, besteht bereits eine Gefahrensituation. Als erste Reaktion wird das Bohrloch zunächst verschlossen. Aus der Beobachtung des resultierenden Druckaufbaus in der Bohrung kann abgeschätzt werden, ob es sich um einen flüssigen oder einen gefährlicheren Gaskick handelt.

Aufgrund des Verschlusses der Bohrung können zwar keine Fluide mehr aus der Bohrung an die Oberfläche entweichen, aber das Problem ist damit noch nicht beseitigt, denn der Kick befindet sich ja immer noch im Bohrloch.

Die Kickfluide Wasser, Öl und Gas besitzen in der Regel eine geringere Dichte als die im Bohrloch befindliche Bohrspülung. Deshalb steigt ein Kick allmählich in der Bohrspülung im Ringraum der Bohrung auf und bewegt sich in Richtung der Erdoberfläche. Wenn es sich um einen Gaskick handelt, ist dieser Aufstieg mit einem erheblichen Druckanstieg in der Bohrung verbunden. Je länger mit dem Beginn der Totpumpaktion gewartet wird, desto größere Probleme kann es im Verlauf der Totpumpaktion geben.

Es ist also wichtig, direkt nach der Kickerkennung und -identifizierung mit dem Totpumpen zu beginnen und dabei keine Fehler zu machen. Die Bohrlochkontrolle erfordert ein tiefes Verständnis der Vorgänge im Bohrloch und wiederholtes Praxistraining an der Hardware an der Bohranlage. Das hat die Tiefbohrindustrie erkannt und Bohrmeisterschulen eingerichtet, in denen gelehrt und simuliert wird, wie in Gefahrensituation vorgegangen werden muss. Die Trainingskurse an den Bohrmeisterschulen sind weltweit einheitlich und standardisiert. Das theoretisch Erlernte wird anschließend an sehr realistischen Bohrsimulatoren auch praktisch vertieft (Abb. 9.50). Mit Bestehen der in regelmäßigen Abständen zu belegenden Bohrlochkontrollschulungen wird den Kandidaten das IWCF-Zertifikat überreicht. Es belegt, dass die Personen in der Lage sind, in Gefahrsituationen Verantwortung zu übernehmen und Entscheidungen zu treffen und auszuführen.

Man unterscheidet zwischen konventionellen und unkonventionellen Totpumpverfahren. Konventionelle Totpumpverfahren werden eingesetzt, wenn die Kicksituation noch sicher unter Kontrolle ist. Erst wenn der Einsatz konventioneller Methoden aus verschiedensten Gründen fraglich erscheint, kommen die unkonventionellen Methoden zum Einsatz. Bei ihnen kann der Erfolg nicht garantiert werden, aber der Versuch, die Bohrung durch unkonventionelle Verfahren wieder unter Kontrolle zu bekommen, ist immer noch besser, als die Bohrung widerstandslos aufzugeben.

Grundsätzlich sind flüssige Kicks wesentlich einfacher zu beherrschen als gasförmige. Das liegt in erster Linie daran, dass Gase im Gegensatz zu Flüssigkeiten stark kompressibel sind und sich deshalb beim Aufsteigen aus großen Tiefen aufgrund des abnehmenden Druckes ausdehnen können. Wenn man Gaskicks beherrschen kann, kann

Abb. 9.50 Bohrsimulator zur IWCF-Zertifikation. (Foto: IBF)

man auch flüssige Kicks beherrschen. Die folgenden Betrachtungen beziehen sich deshalb ausschließlich auf die kritischeren Gaskicks.

Bevor die wichtigsten Totpumpverfahren im Detail vorgestellt werden, soll zum allgemeinen Verständnis ein Gedankenexperiment durchgeführt werden.

9.9.1 Gedankenexperiment zur Druckentwicklung in Kicksituationen

Betrachtet werden soll ein stark idealisiertes Bohrloch, das vertikal verläuft, zylinderförmig ist, vollständig mit Bohrspülung gefüllt ist und dichte, nicht verformbare Außenwände besitzt (Abb. 9.51 links). An ihrem oberen offenen Ende ist die Bohrung druckfrei, am unteren Ende herrscht der statische Bohrlochsohlendruck p_s.

In dieses Bohrloch wird nun am unteren Ende ein Gaskick injiziert (Abb. 9.51 rechts). Das Gas hat dabei zunächst noch den Bohrlochsohlendruck p_s. Weil am unteren Ende der Bohrung Gas injiziert wird, läuft an ihrem oberen Ende natürlich eine entsprechende Menge Bohrspülung über.

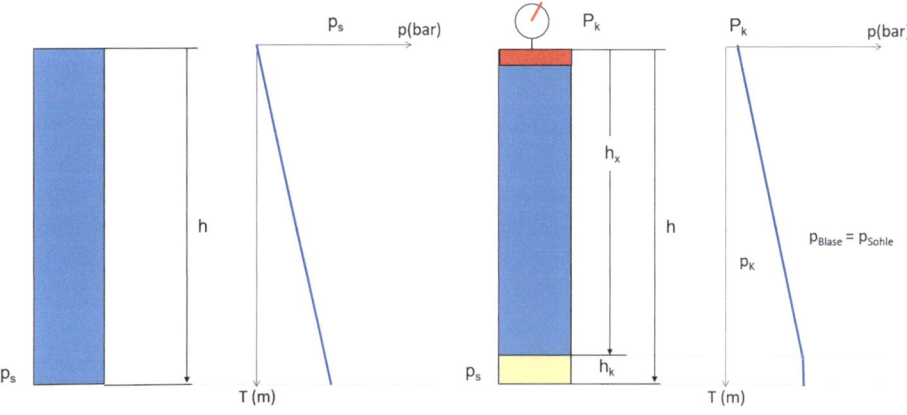

Abb. 9.51 Statischer Druckverlauf in einer idealisierten Bohrung, Teil 1

9.9 · Totpumpverfahren

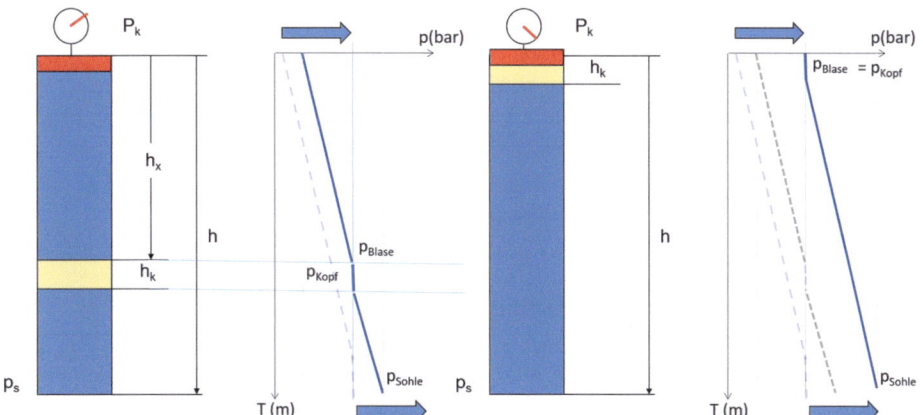

Abb. 9.52 Statischer Druckverlauf in einer idealisierten Bohrung, Teil 2

Das Überlaufen der Bohrung signalisiert der Mannschaft an der Oberfläche, dass ein Kick stattfindet. Die Bohrung wird also durch Betätigung des BOP verschlossen (roter Balken oben in ◘ Abb. 9.51 rechts). Die Bohrung kann nun an der Oberfläche nicht mehr überlaufen. In die verschlossene Bohrung strömt nun so lange weiter Gas hinein, bis der Bohrlochsohlendruck dem Formationsporendruck an der Bohrlochsohle entspricht. Der Druck in der gesamten Bohrung steigt dabei an. Auch der Bohrlochkopf steht nun unter Druck, der Kopfdruck wird als p_k bezeichnet (◘ Abb. 9.51 rechts).

Eine Bohrung, die im verschlossenen Zustand unter Druck steht, wird als Life Well (lebendige Bohrung) bezeichnet. Beim Öffnen des Preventers würde sofort wieder Spülung austreten.

Da der eingeschlossene Gaskick eine geringere Dichte als die Bohrspülung besitzt, beginnt er, in der Bohrung aufzusteigen (◘ Abb. 9.52 links). Da die Bohrung in diesem Gedankenexperiment aber als dichter und nach allen Seiten geschlossener Zylinder angenommen wird, kann der Gaskick bei seinem Aufstieg nicht expandieren und behält folglich seinen ursprünglichen Druck, nämlich den anfänglichen Sohlendruck zur Zeit der Injektion, bei. Da die Steigung der Druckgeraden im Druck-Teufe-Diagramm nur von der Dichte der Spülung abhängt, welche nicht verändert wurde, ergeben sich gegenüber der Darstellung in ◘ Abb. 9.51 rechts nun sowohl ein höherer Kopfdruck also auch ein höherer Bohrlochsohlendruck. Der Druck in der Bohrung steigt umso weiter an, je höher der Gaskick aufsteigt.

Wenn der eingeschlossene Gaskick an der Oberfläche ankommt, erreicht der Druck in der gesamten Bohrung sein Maximum (◘ Abb. 9.52 rechts). An der Oberfläche herrscht dann derjenige Kopfdruck, der zu Beginn der Gasinjektion auf der Bohrlochsohle herrschte. Auf der Bohrlochsohle hat sich der Druck während der Aufstiegsphase verdoppelt.

Natürlich stellen die bisherigen Betrachtungen nur ein Gedankenexperiment dar. Reale Tiefbohrungen sind in der Regel nicht für solche dramatischen Druckanstiege ausgelegt. Weder das anstehende Gestein noch die verbauten Rohrtouren würden die Belastungen eines vollständigen Aufstiegs einer nicht expandierenden Gasblase schadlos überstehen.

Das Gedankenexperiment ist also nicht wirklich praxisrelevant. Trotzdem lassen sich aus ihm die folgenden Schlüsse ziehen:
- Je mehr Zeit einem Kick gegeben wird, in einer verschlossenen Bohrung aufzusteigen, desto kritischer werden die Druckverhältnisse in der Bohrung. Es muss also in einer Kicksituation schnell und zielgerichtet gehandelt werden.
- Einem Gaskick muss beim Aufsteigen in der Bohrung die Möglichkeit zur Expansion gegeben werden, um die auftretenden Maximaldrücke zu begrenzen.

9.9.2 Abschätzung der Aufstiegsgeschwindigkeit des Kicks

Wenn eine Kicksituation festgestellt wird, muss zügig gehandelt werden, weil der aufsteigende Kick zu einer kontinuierlichen Druckerhöhung in der Bohrung führt. Die folgende Betrachtung zeigt allerdings, dass in der Regel genug Zeit ist, um alle Arbeitsschritte mit der nötigen Ruhe auszuführen.

Um die Zeit grob abzuschätzen, die ein Gaskick benötigt, um in einer Bohrung aufzusteigen, wird im Feld oft die folgende Praxisformel verwenden:

$$\text{Kick-Aufstiegs-Geschw. (m/h)} = \frac{\text{Anstieg Gestängedruck (bar/h)}}{\text{Spülungsdichte (kg/l)}}$$

Wenn also beispielsweise nach Einschluss des Kicks festgestellt wird, dass der Gestängeeinschließdruck pro Stunde um etwa 30 bar ansteigt und die Spülungsdichte 1,2 kg/l beträgt, ergibt sich aus dieser Formel eine Aufstiegsgeschwindigkeit von 225 m/h.

Diese Abschätzung ist sicher nicht sehr genau, aber zumindest demonstriert sie, dass in einer Kicksituation trotz der gebotenen Dringlichkeit einer Reaktion in aller Regel keine Hektik oder sogar Panik angebracht ist.

9.9.3 Konventionelle Totpumpverfahren

Alle konventionellen Totpumpverfahren haben die Gemeinsamkeit, dass einerseits ein in die Bohrung eingedrungener Kick auszirkuliert und sicher entsorgt und andererseits das Bohrloch mit schwererer Spülung aufgefüllt werden muss, um weitere Kicks zu verhindern. Die konventionellen Totpumpverfahren unterscheiden sich im zeitlichen Ablauf und in der Komplexität der dazu erforderlichen Arbeitsschritte. Die Totpumpverfahren, die am einfachsten und übersichtlichsten abgewickelt werden, nehmen die längste Zeit in Anspruch und können zu besonders hohen Maximaldrücken in der Bohrung führen. Methoden, die schneller zum Ziel führen, sind dagegen komplexer in der Handhabung, erreichen aber nicht so hohe Maximaldrücke. Der Bohrmeister auf der Tiefbohranlage wählt anhand der vorangehenden Kickerkennung und -identifizierung das passende Verfahren für den konkreten Einsatz aus und führt es dann strikt nach den weltweit einheitlichen und standardisierten Vorgaben durch.

Die Vorgehensweise nach standardisierten und oft geprobten Arbeitsabläufen hat sich sehr bewährt, denn sie hilft dabei, bei der Bekämpfung kritischer Situationen besonnen und routiniert vorzugehen. Im Folgenden werden die wichtigsten konventionellen Totpumpmethoden vorgestellt.

9.9 · Totpumpverfahren

Bohrmeistermethode

Die Bohrmeistermethode ist das übersichtlichste Totpumpverfahren, da das Auszirkulieren des Kicks und das Befüllen der Bohrung mit Totpumpspülung in separaten Arbeitsschritten nacheinander stattfinden. Zunächst wird mit der zu leichten Bohrspülung der Kick auszirkuliert, und erst dann wird das Bohrloch mit der schwereren Totpumpspülung aufgefüllt.

Die Vorgehensweise wird im Folgenden schrittweise vorgestellt. In ◘ Abb. 9.53 links ist die Situation zu sehen, bei der eine Tiefbohrung unerwartet auf eine gastragende Hochdruckzone trifft. Zunächst befindet sich der Spülungsdruck noch im sicheren Druckfenster. In ◘ Abb. 9.53 rechts ist aber zu sehen, dass der Caprock durchbohrt ist und der Spülungsdruck im Bereich der Lagerstätte nun geringer als der Formationsporendruck ist. Infolgedessen erfolgt ein Gaskick in das untere Ende der Bohrung. An der übertägigen Bohranlage wird diese Kicksituation durch das Überlaufen der Bohrung beim Flow Check bestätigt. An der Bohrlochsohle tritt derweil noch immer Gas in die Bohrung ein, der Kick wird dadurch immer größer.

Da nun sicher eine Kicksituation vorliegt, wird der BOP geschlossen. Der Druck in der gesamten Bohrung steigt dadurch so weit an, dass der Druck auf der Sohle wieder dem Formationsporendruck entspricht und der Gaszufluss von der Formation in die Bohrung stoppt. Der Bohrlochkopf der eingeschlossenen Bohrung steht nun also unter Druck (◘ Abb. 9.53 links).

Aus den gemessenen Einschließdrücken am Bohrlochkopf und am Gestänge wird der Kick nun identifiziert, wie es in den vorangehenden Ausführungen beschrieben wurde. Im vorliegenden Fall soll es sich um einen Gaskick handeln. Weiterhin wird aus dem gemessenen Gestängeeinschließdruck die Dichte der benötigten Totpumpspülung ermittelt, mit der die Bohrung wieder in einen drucklosen Zustand überführt werden kann. Die Bohrmannschaft kann mit dieser Information bereits die erforderlichen Beschwerungsmittel bereitlegen und die Beschwerung der Bohrspülung vorbereiten.

Der leichte Gaskick steigt inzwischen in der Spülungssäule im Ringraum der Bohrung auf. Mit zunehmender Aufstiegshöhe des Kicks steigt in der gesamten Bohrung auch der Druck an (◘ Abb. 9.54 rechts).

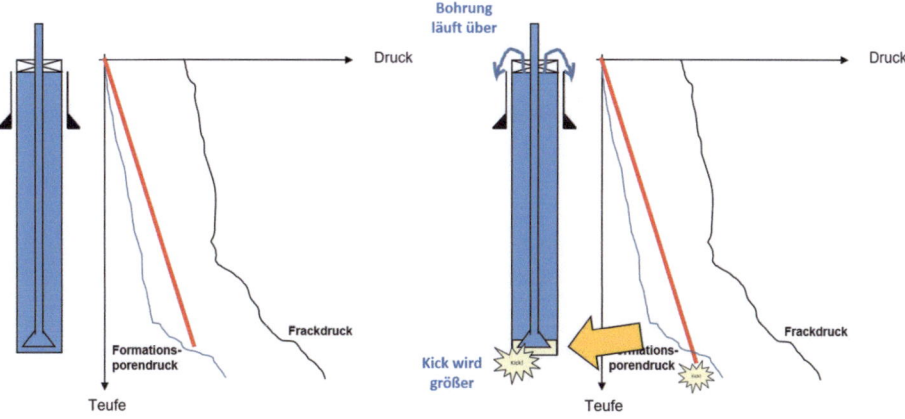

◘ **Abb. 9.53** Vorgehensweise bei der Bohrmeistermethode, Teil 1

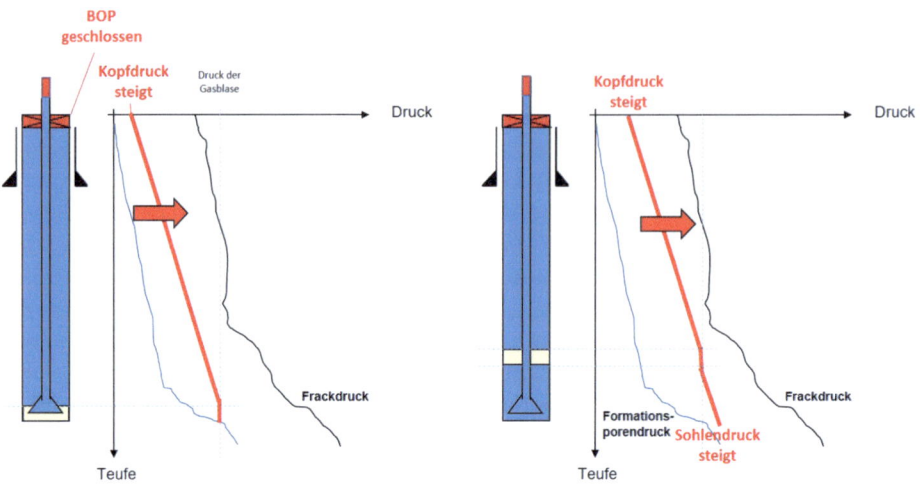

Abb. 9.54 Vorgehensweise bei der Bohrmeistermethode, Teil 2

Spätestens wenn an einer Stelle des unverrohrten Bohrlochbereichs der Frackdruck oder im verrohrten Bereich die Innendruckfestigkeit der Verrohrung erreicht wird, muss dem Gaskick die Gelegenheit zur Expansion gegeben werden, um dadurch den Druck in der Bohrung wieder zu reduzieren (Abb. 9.55 links).

Deshalb wird am BOP die Choke Line geöffnet (Abb. 9.55 rechts). Damit strömt nun Bohrspülung unter hohem Druck aus der Choke Line der Bohrung aus. Mittels des Choke Manifold wird der Druck so weit abgebaut, dass die Spülung dem Gasseparator zugeführt werden kann.

Das durch die entweichende Bohrspülung freiwerdende Volumen im Bohrloch wird von dem Gaskick eingenommen, der dadurch expandiert und an Druck verliert. In Abb. 9.55 rechts ist zu sehen, dass der Gaskick bereits deutlich an Höhe zugenommen

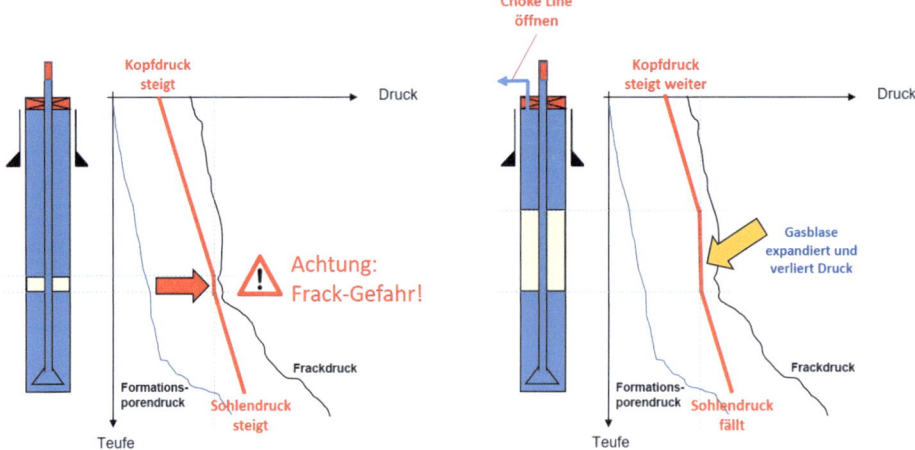

Abb. 9.55 Vorgehensweise bei der Bohrmeistermethode, Teil 3

9.9 · Totpumpverfahren

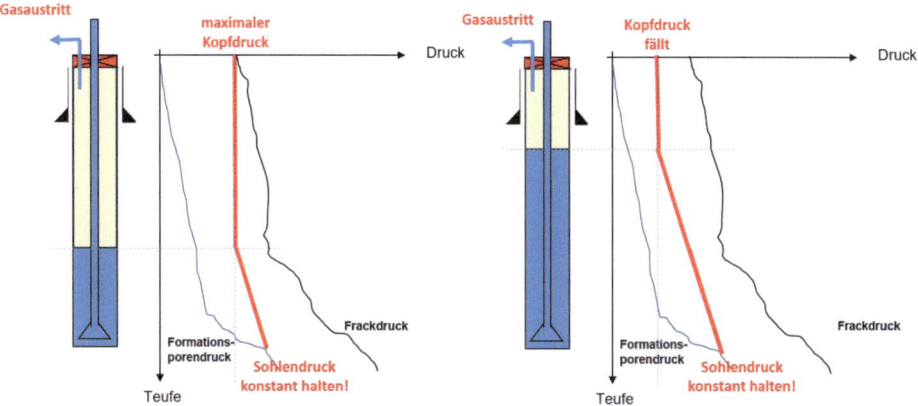

◻ **Abb. 9.56** Vorgehensweise bei der Bohrmeistermethode, Teil 4

hat. Im kritischen Bereich der Bohrung, in dem zuvor eine Frackgefahr bestand, ist der Druck nun wieder etwas geringer. Auch der Druck auf der Bohrlochsohle fällt durch die Expansionsmaßnahme ab. Da nun aber weniger Bohrspülung im Ringraum der Bohrung vorhanden ist, stellt sich an der Oberfläche ein höherer Kopfdruck ein.

Der Druck oberhalb des Kicks und damit auch der Kopfdruck steigen umso schneller weiter an, je weiter die Choke Line geöffnet wird, je weiter der Gaskick expandiert und je mehr Bohrspülung aus dem Ringraum aus der Bohrung entweicht. Die Rohrtouren im oberen Bereich der Bohrung müssen für diesen Belastungsfall ausgelegt sein, sonst besteht hier die Gefahr des Berstens der Rohre.

Noch kritischer ist aber die Druckentwicklung an der Bohrlochsohle, denn je weiter der Kick expandiert, desto weiter fällt der Druck an der Bohrlochsohle ab. In ◻ Abb. 9.55 rechts ist dieser Druckabfall an der Bohrlochsohle im Vergleich mit ◻ Abb. 9.55 links deutlich zu erkennen. Wenn an der Choke Line zu viel Bohrspülung aus der Bohrung abgelassen wird, kann der Bohrlochsohlendruck sogar unterhalb des Formationsporendruckes abfallen. In diesem Fall tritt an der Sohle ein weiterer Gaskick in die Bohrung ein und verschlimmert die Situation. Es ist also wichtig, die Ventile an der Choke Line immer so zu bedienen, dass beim Expandieren eines Gaskicks einerseits keine Schäden an den verbauten Rohrtouren und im unverrohrten Bereich der Bohrung keine Fracks entstehen, andererseits aber auch keine neuen Kicks an der Bohrlochsohle in das Bohrloch eintreten.

Der maximale Kopfdruck tritt in dem Moment auf, in dem der Gaskick die Oberfläche erreicht und das erste Gas an der Choke Line austritt (◻ Abb. 9.56 links). Wenn die Bohrlochkonstruktion diesen Punkt schadlos überstanden hat, ist hier auch im Verlauf des weiteren Vorgehens beim Totpumpen kein Problem mehr zu erwarten. In der Praxis wird der maximal zulässige Kopfdruck als MAASP (Maximum Allowable Annular Surface Pressure) bezeichnet. Er ist aus den Planungen, den Ausführungsdetails der Verrohrungs- und Zementationsarbeiten und den anschließend durchgeführten Drucktests bekannt.

Spätestens jetzt müssen die Spülpumpen eingeschaltet werden, um das austretende Gasvolumen durch Bohrspülung zu ersetzen (◻ Abb. 9.56 rechts). Der Kick wird also aktiv auszirkuliert und nicht nur passiv aus der Bohrung entlassen. Details hierzu werden noch erläutert.

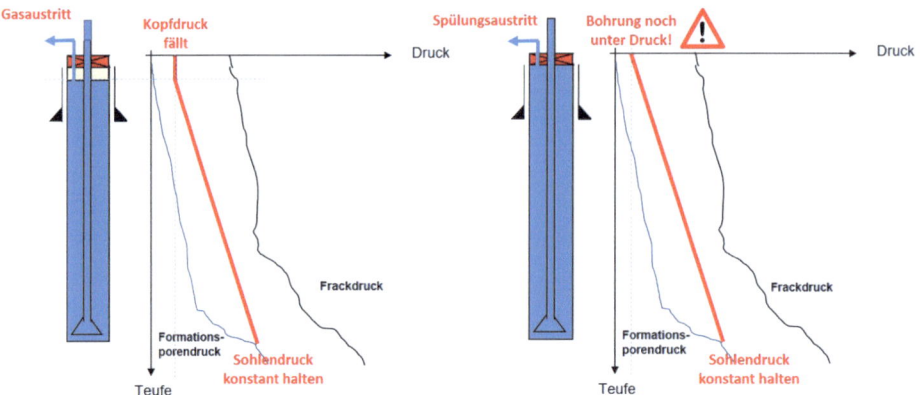

Abb. 9.57 Vorgehensweise bei der Bohrmeistermethode, Teil 5

Beim Auszirkulieren des Kicks muss nun weiterhin strikt darauf geachtet werden, dass der Sohlendruck konstant gehalten wird und nicht weiter abfällt, da sonst neue Kicks auftreten können. In ◘ Abb. 9.57 links ist zu sehen, wie der Kopfdruck im Verlauf des Auszirkulierens des Kicks immer weiter abfällt.

Wenn der Gaskick vollständig aus der Bohrung auszirkuliert ist (◘ Abb. 9.57 rechts), tritt aus der Choke Line an der Oberfläche Spülung aus. Auf der Sohle steht der statische Druck der Bohrspülung nun im Gleichgewicht mit dem Formationsporendruck, aber da die bisher im System befindliche Bohrspülung eine zu geringe Dichte besitzt, bleibt am Bohrlochkopf ein gewisser Kopfdruck erhalten.

Sobald die schwerere Totpumpspülung zubereitet ist, wird sie durch das Bohrgestänge hindurch in die Bohrung einzirkuliert. Solange die Totpumpspülung sich durch das Bohrgestänge hin nach unten bewegt, verändert sich der Druck im Ringraum der Bohrung noch nicht (◘ Abb. 9.58 links). Erst wenn die Totpumpspülung im Ringraum der

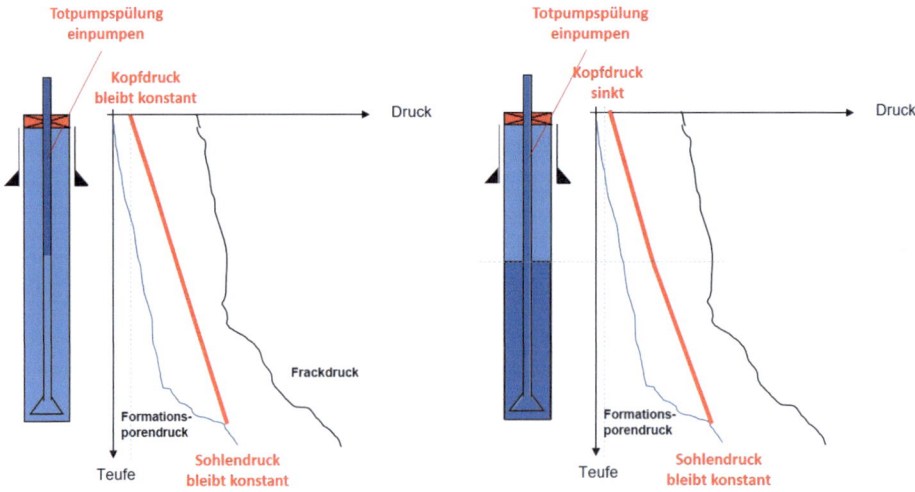

Abb. 9.58 Vorgehensweise bei der Bohrmeistermethode, Teil 6

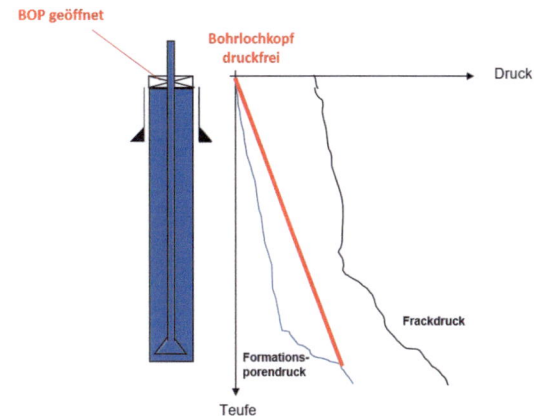

Abb. 9.59 Vorgehensweise bei der Bohrmeistermethode, Teil 7

Bohrung aufsteigt, fällt der Kopfdruck immer weiter ab. In **Abb. 9.58** rechts ist bei genauem Hinsehen der Knick in der Druckkurve der Spülung zu erkennen, der durch die unterschiedlichen Dichten der Spülungssäulen im Ringraum verursacht wird.

Wenn der gesamte Ringraum der Bohrung mit der Totpumpspülung gefüllt ist und deren Dichte richtig bestimmt und angemischt wurde, ist die Bohrung bei abgeschalteten Spülpumpen druckfrei, und der Preventer kann geöffnet werden, ohne dass Spülung austritt (**Abb. 9.59**). Die Bohrung ist dann totgepumpt und nicht mehr „lebendig".

Die bisherigen Ausführungen zur Anwendung der Bohrmeistermethode lassen sich wie folgt zusammenfassen:
- Nach Einschluss und Identifizierung eines Kicks sollte zügig mit dem Auszirkulieren des Kicks begonnen werden, denn unnötige Verzögerungen führen zu einer Vergrößerung des Kicks und zu einer Erhöhung der Maximaldrücke im System
- Die Ventile an der Choke Line müssen zum Auszirkulieren eines Kicks so bedient werden, dass die Innendruckfestigkeit der verbauten Rohrtouren und im offenen Bohrungsbereich die Gesteinsfestigkeit durch den Druck im Ringraum an keiner Stelle überschritten werden.
- Gleichzeitig muss sichergestellt werden, dass der Bohrlochsohlendruck während des Auszirkulierens des Kicks konstant gehalten wird, damit keine zusätzlichen Kicks in die Bohrung eintreten können. Dazu darf der Kick nicht zu schnell auszirkuliert werden.

Bisher wurde allerdings noch nicht darüber gesprochen, wie der Bohrlochsohlendruck während des Auszirkulierens ermittelt und vor allem konstant gehalten werden kann.

In **Abb. 9.60** links ist eine Bohrung dargestellt, in deren Ringraum sich ein Kick befindet. Zur besseren Anschaulichkeit wurde dasselbe System rechts als U-Rohr dargestellt. Der linke Schenkel des U-Rohres repräsentiert den Ringraum und der rechte den in der Bohrung befindlichen Bohrstrang.

Der Kopfdruck im Ringraum der Bohrung hängt von der Höhe und der Dichte des Zuflusses im Ringraum ab. Wie ausgeführt wurde, können beide Größen zwar grob abgeschätzt, aber nicht exakt gemessen werden. Im Gegensatz dazu liegen im Bohrstrang klar definierte Verhältnisse vor. Der komplette Bohrstrang ist ja mit einer Bohrspülung konstanter Dichte gefüllt und der statische Druck der Spülungssäule somit bekannt.

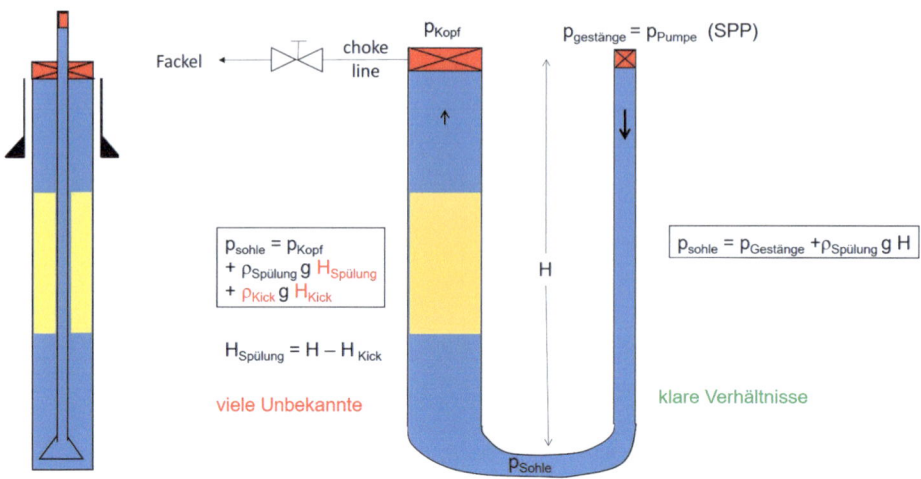

Abb. 9.60 *Links* Ringraum der Bohrung, *rechts* Bohrgestänge als U-Rohr

Zum Auszirkulieren des Kicks muss die Spülpumpe eingeschaltet werden. Eine reine Betrachtung der statischen Drücke im System ist dann streng genommen nicht zulässig, sondern es müssen auch die dynamischen Druckanteile berücksichtigt werden. Wenn zum Auszirkulieren allerdings nur eine geringe Spülungsrate eingesetzt wird, kann der dynamische Druckanteil im Bohrstrang großzügig vernachlässigt werden. Außerdem ist es ja auch nicht erforderlich, den exakten Druck auf der Bohrlochsohle zu kennen, sondern es muss während des Auszirkulierens des Kicks lediglich ein konstanter Bohrlochsohlendruck eingehalten werden.

Gemäß der Gleichung in ◻ Abb. 9.60 rechts ist unter Annahme einer geringen und konstanten Spülrate der Bohrlochsohlendruck konstant, wenn der Gestängeeinschließdruck, der ja beim Zirkulieren dem Pumpendruck entspricht, konstant gehalten wird. Beim Auszirkulieren eines Kicks nach der Bohrmeistermethode muss das Ventil an der Choke Line des Preventers folglich so bedient werden, dass der Pumpendruck an den Spülpumpen konstant gehalten wird. Oder anders ausgedrückt: Die Ventile am Auslass des Ringraumes der Bohrung werden so bedient, dass der Pumpendruck am Gestänge konstant bleibt. Diese Feststellung ist von zentraler Bedeutung für die richtige Anwendung der Bohrmeistermethode.

Zusammenfassend wird beim Totpumpen nach der Bohrmeistermethode also wie folgt vorgegangen:

- Das Anbohren einer Hochdruckzone mit zu leichter Spülung verursacht einen Kick.
- Wenn der Preventer nach Erkennen des Kicks geschlossen wird, steigt der Kopfdruck am Ringraum und der Gestängeeinschließdruck an. Aus dem initialen Gestängeeinschließdruck kann der Formationsporendruck abgeschätzt werden:

$$p_{\text{Sohle}} = p_{\text{Gestänge}} + \rho g H$$

- Aus der Gleichung kann weiterhin die erforderliche Dichte der Totpumpspülung berechnet werden:

$$\rho_{\text{Sohle}} = \frac{\rho_{\text{alt}} + p_{\text{Gestänge}}}{gH}$$

9.9 · Totpumpverfahren

- Aus den initialen Einschließdrücken am Ringraum und am Gestänge und den Beobachtungen aus dem Flow Check kann abgeschätzt werden, ob es sich um einen Gas- oder Flüssigkeitskick handelt. Besonders gefährlich ist ein Gaskick.
- Der aufsteigende eingeschlossene Gaskick lässt den Druck in der gesamten Bohrung (Gestänge und Ringraum) weiter ansteigen. Dadurch könnte schließlich das Gebirge im offenen Bereich der Bohrung gefrackt werden.
- Um die Frackgefahr zu reduzieren, muss dem aufsteigenden Gaskick die Gelegenheit zur Expansion gegeben werden.
- Zum Auszirkulieren des Kicks werden die Spülpumpen mit geringer Spülrate angefahren.
- Beim Öffnen der Choke Line am Preventer steigt der Kopfdruck des Ringraumes weiter an! Gleichzeitig sinkt der Druck auf der Sohle (Achtung: erneute Kickgefahr!). Durch Konstanthalten des Pumpendruckes beim Auszirkulieren des Kicks kann der Bohrlochsohlendruck konstant gehalten werden.
- Wenn der Gaskick an der Choke Line an der Oberfläche austritt, ist der maximale Kopfdruck an der Bohrung erreicht. Danach sinkt der Kopfdruck wieder, geht aber nicht auf null zurück (die Spülung ist ja immer noch zu leicht für das überbalancierte Erbohren der Hochdruckzone). Deshalb muss im nächsten Schritt die schwerere Totpumpspülung in die Bohrung einzirkuliert werden.

In ◘ Abb. 9.61 sind die detaillierten Druckverläufe im Ringraum und an der Pumpe bei Anwendung der Bohrmeistermethode zu sehen.

Die Bohrmeistermethode bietet einige praxisrelevante Vorteile. Beim kritischen Auszirkulieren des Kicks wird der Gestänge- bzw. Pumpendruck konstant gehalten. Das ist sehr übersichtlich und klar und bietet wenig Fehlermöglichkeiten. Weiterhin braucht die

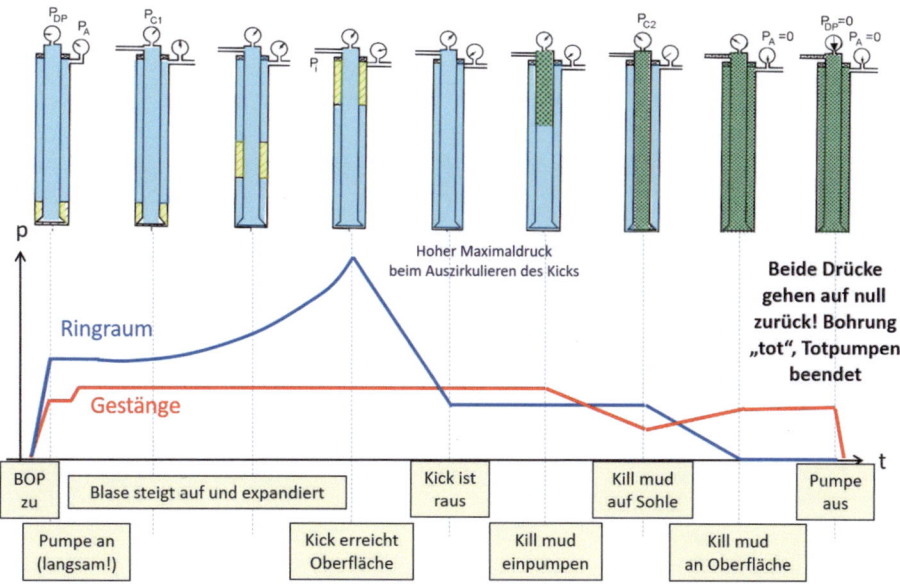

◘ **Abb. 9.61** Druckverläufe bei Anwendung der Bohrmeistermethode

Totpumpspülung nicht unter Zeitdruck angemischt zu werden, denn sie wird erst in das System eingepumpt, wenn der Kick auszirkuliert worden ist.

Nachteilig ist bei der Bohrmeistermethode aber, dass sie relativ lange dauert, da zwei komplette Spülungsumläufe mit geringer Pumprate erforderlich sind, bis die Bohrung wieder unter Kontrolle steht. Außerdem treten sehr hohe Spitzendrücke auf, da die leichte Spülung im Ringraum dem hohen Bohrlochsohlendruck nur wenig Gegenkraft bietet und daher ein hoher Kopfdruck anliegt.

Warte- und Beschweremethode

Bei der Warte- und Beschweremethode wird im Gegensatz zur Bohrmeistermethode nach dem Erkennen und Einschließen des Kicks zunächst abgewartet, bis die Totpumpspülung angemischt ist. Dann wird der Kick mit der Totpumpspülung aus der Bohrung auszirkuliert. Der Einsatz der Warte- und Beschweremethode kommt also mit nur einem Spülungsumlauf aus und spart somit gegenüber der Bohrmeistermethode viel Zeit. Außerdem resultiert sie beim Auszirkulieren des Kicks aufgrund der nach unten gerichteten Gewichtskraft der schwereren Totpumpspülung im Ringraum in geringeren Spitzendrücken.

Nachteilig im Vergleich mit der Bohrmeistermethode ist bei der Warte- und Beschweremethode allerdings, dass der Gestängedruck beim Auszirkulieren des Kicks nicht einfach konstant gehalten werden kann, sondern mit einem zuvor berechneten Gradienten kontinuierlich abfallen muss, bis die Totpumpspülung an der Bohrlochsohle angekommen ist. Erst danach wird der Gestängedruck konstant gehalten, bis der Kick die Oberfläche erreicht. In ◘ Abb. 9.62 ist der detaillierte Druckverlauf der Warte- und Beschweremethode am Kopf des Ringraumes und an der Spülpumpe (Gestänge) im Detail dargestellt. Die Warte- und Beschweremethode bietet aufgrund ihrer höheren Komplexität beim Totpumpen mehr Fehlermöglichkeiten als die Bohrmeistermethode.

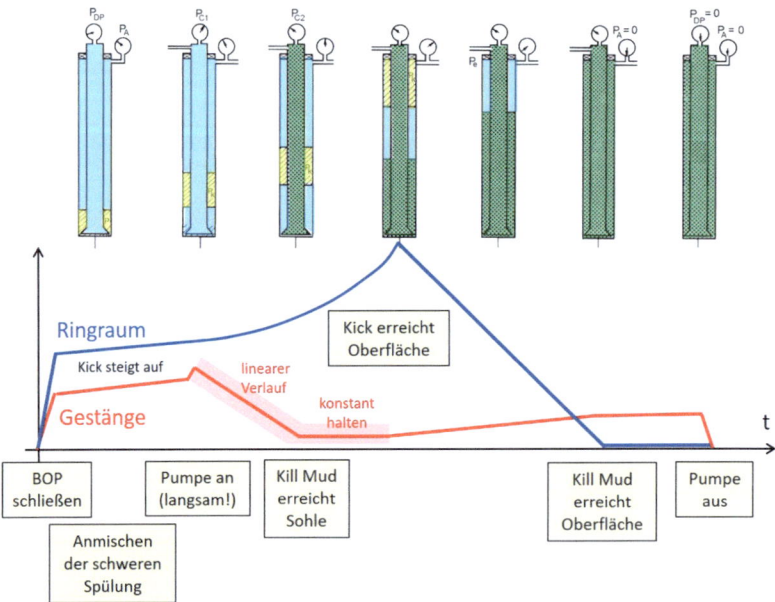

◘ **Abb. 9.62** Druckverluste bei Anwendung der Warte- und Beschweremethode

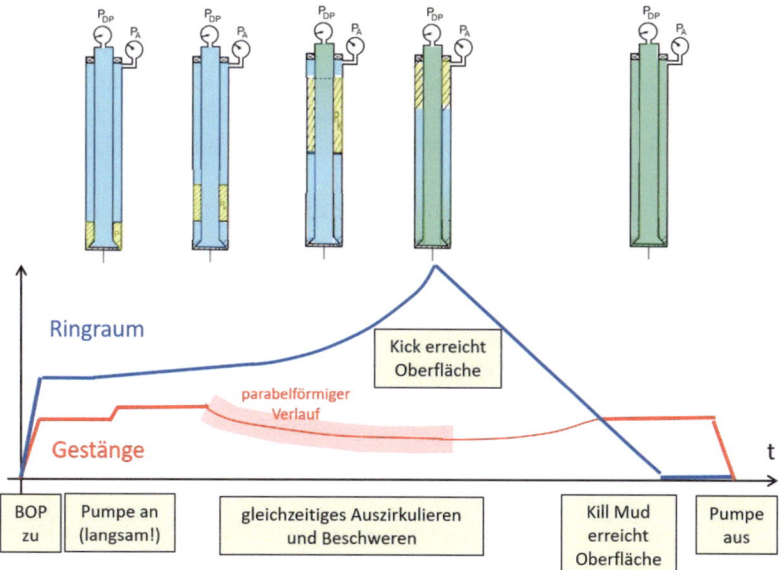

◻ **Abb. 9.63** Druckverläufe bei Anwendung der gleichzeitigen Methode

Gleichzeitige Methode

Die gleichzeitige Methode ist ein Totpumpverfahren, bei dem alle erforderlichen Arbeitsschritte gleichzeitig durchgeführt werden. Unmittelbar nach dem Erkennen und Einschließen des Kicks wird mit dem Auszirkulieren begonnen. Zunächst wird die alte Bohrspülung verpumpt, die aber nach und nach kontinuierlich immer weiter beschwert wird, bis sie die angestrebte Totpumpdichte erreicht hat (◻ Abb. 9.63). Die Dichteänderung von der ursprünglichen Bohrspülung bis hin zur Totpumpspülung erfolgt also graduell. Dadurch befindet sich zweitweise überall in der Bohrung Spülung anderer Dichte.

Der Vorteil der gleichzeitigen Methode liegt darin, dass keinerlei Zeitverlust auftritt, sondern sofort nach dem Erkennen des Kicks und dem Einschließen der Bohrung mit dem Totpumpen begonnen wird und der Kick dadurch nur eine minimale Aufstiegschance im Ringraum bekommt, bevor das Totpumpen beginnt. Als nachteilig ist allerdings der erhöhte Rechenaufwand bei der Durchführung zu bewerten. Der Pumpendruck während des Auszirkulierens des Kicks muss einem spezifischen parabelförmigen Verlauf folgen. Außerdem muss das Beschweren der Spülung durch die Bohrmannschaft sehr gleichmäßig und kontinuierlich erfolgen.

9.9.4 Unkonventionelle Totpumpverfahren

In den bisherigen Ausführungen wurde von idealen Bedingungen beim Totpumpen ausgegangen. Beispielsweise wurde immer vorausgesetzt, dass sich ein Bohrstrang im Bohrloch befindet, der bis zur Bohrlochsohle hinunterreicht und zudem intakt ist. Weiterhin wurde davon ausgegangen, dass die Verrohrung den Belastungen beim Totpumpen gewachsen ist, die Spülpumpen bestimmungsgemäß funktionieren und über genügend Leistung verfügen, im Bohrloch keine (Total-)Verluste der Bohrspülung auftreten, genug

Beschwerungsmittel auf der Bohranlage vorrätig ist, um die Bohrspülung zu beschweren, usw.

In der Praxis ist aber nicht zwingend davon auszugehen, dass Kicks nur unter idealen Bedingungen auftreten. In diesem Fall sind die konventionellen Totpumpmethoden nicht mehr anwendbar, und es muss stattdessen auf unkonventionelle Totpumpverfahren zurückgegriffen werden.

Im Folgenden werden die wichtigsten unkonventionellen Totpumpmethoden kurz vorgestellt. Zur detaillierten Vorgehensweise wird auf die Trainingsmodule an der Deutschen Bohrmeisterschule in Celle verwiesen, die auch entsprechende Literatur anbietet.

Die volumetrische Methode

Die volumetrische Methode wird eingesetzt, wenn der Kick während des Trippens auftritt, der Bohrstrang schon teilweise ausgebaut ist und sich der Meißel nicht mehr auf der Sohle befindet. In diesem Fall kann der Bohrlochsohlendruck nicht mehr wie bei den konventionellen Verfahren über den Pumpendruck am Gestänge abgeschätzt und konstant gehalten werden.

Ein weiterer Anwendungsfall ist gegeben, wenn die Spülpumpen ausgefallen sind, ein Durchspüler im Bohrstrang aufgetreten ist oder die Meißeldüsen verstopft sind. In allen diesen Fällen steht der Strangdruck nicht zur Verfügung, um den Bohrlochsohlendruck zu überwachen. Außerdem ist bei einem Bohrstrang, der nicht bis zur Bohrlochsohle hinunterreicht, kein effektiver Austausch der Bohrspülung im Bohrloch möglich.

Bei der volumetrischen Methode wird der Bohrlochsohlendruck aus Beobachtungen am Kopf des Ringraumes der Bohrung abgeschätzt, während der Kick aus eigener Auftriebskraft in der Bohrung aufsteigt.

In ◘ Abb. 9.64 ist der linke Teil von ◘ Abb. 9.60 abgebildet, der rechte Teil wurde entfernt, weil bei der volumetrischen Methode der Bohrstrang nicht zur Verfügung steht. Die eingeschlossene Bohrung wird über die Choke Line an den Triptank angeschlossen. Während dem Gaskick in der Bohrung durch Ablassen von Spülung über die

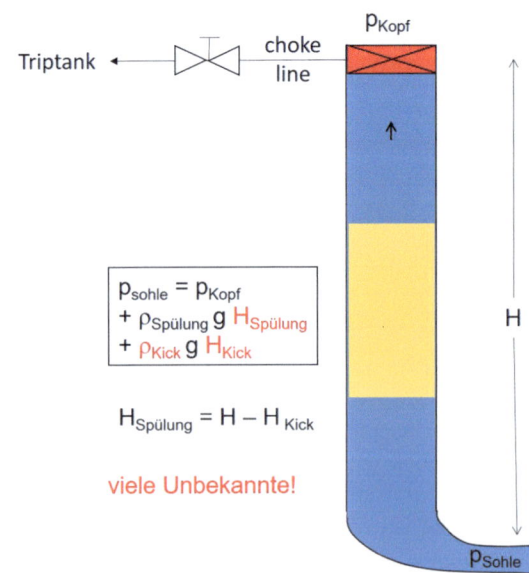

◘ **Abb. 9.64** Volumetrische Methode

Choke Line die Gelegenheit zum Expandieren und zum Druckabbau gegeben wird, wird das austretende Spülungsvolumen über die Skala am Triptank kontinuierlich überwacht und dokumentiert. Aus diesem Volumen kann dann die aktuelle Kickhöhe in der Bohrung berechnet bzw. abgeschätzt werden. Auf Basis dieser Schätzung kann schließlich anhand der Formel in ◘ Abb. 9.64 der aktuelle Bohrlochsohlendruck abgeschätzt werden. Wenn der Gaskick an der Oberfläche austritt, werden die austretenden Fluide auf den Gasseparator und die Fackel umgeleitet.

Die Herausforderung bei diesem Verfahren liegt darin, dass die Dichte und die Anfangshöhe des Kicks nicht exakt bekannt sind und alle nachfolgenden Berechnungen ebenfalls mit der entsprechenden Ungenauigkeit durchgeführt werden müssen. Die Ergebnisse sind deshalb mit der angemessenen Vorsicht zu betrachten und kritisch zu bewerten.

Low-Choke-Methode

Die Low-Choke-Methode kann angewandt werden, wenn vor dem Totpumpen bereits abzusehen ist, dass die Formation oder die Bohrlochkonstruktion die Spitzendrücke, die beim Einsatz einer der konventionellen Methoden auftreten würden, nicht ertragen kann.

In diesem Fall muss aus der Bohrung so viel Spülung abgelassen werden, dass der Gaskick viel Raum zum Expandieren zur Verfügung gestellt bekommt. Allerdings kann bei dieser Prozedur der Bohrlochsohlendruck nicht konstant gehalten werden, sondern er fällt auf einen Wert unterhalb des Formationsporendruckes ab. Das hat zur Folge, dass an der Sohle ein neuer Kick in die Bohrung eintritt, während man gerade damit beschäftigt ist, den vorangehenden Kick aus der Bohrung auszuzirkulieren.

Ob die Low-Choke-Methode zum Erfolg führt oder nicht, hängt unter anderem von der Permeabilität des Zuflusshorizonts ab. Ist die Permeabilität der Formation, aus welcher der Zufluss erfolgt, gering, so ist der neu entstehende Kick jeweils etwas kleiner als der vorangehende, und die Situation kann nach und nach unter Kontrolle gebracht werden (◘ Abb. 9.65 links).

Ist die Permeabilität des Kickhorizonts dagegen hoch, so ist jeder neue Zufluss größer als der vorangehende, und deshalb kann die Low-Choke-Methode hier nur einen Zeitgewinn bis zum sicheren Blowout ermöglichen (◘ Abb. 9.65 rechts).

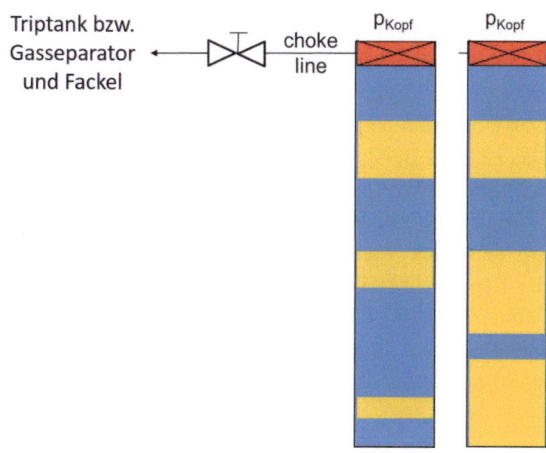

◘ **Abb. 9.65** Low-Choke-Methode bei Zufluss aus gering- (*links*) und hochpermeabler Formation (*rechts*)

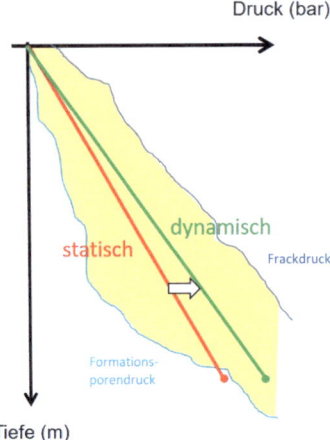

Abb. 9.66 Dynamische Methode

Dynamische Totpumpmethode

Bei allen bisher vorgestellten Verfahren wird die Bohrung im Fall eines Kicks zunächst verschlossen. Es gibt aber auch Situationen, in denen ein Einschluss der Bohrung nicht möglich ist. Das ist beispielsweise dann der Fall, wenn der Kick erkannt wird, wenn gerade Arbeiten am Bohrlochkopf oder am BOP vorgenommen werden.

Wenn die Bohrung an der Oberfläche nicht verschlossen werden kann, steigt der statische Druck in der Bohrung nicht an, und der Zufluss strömt ungehindert weiter in die Bohrung. Um den Zufluss zu stoppen, nutzt man bei der dynamischen Totpumpmethode den dynamischen Druck der Bohrspülung. Der Ringraum der Bohrung wird dazu mit einer sehr hohen Spülrate durchströmt (Abb. 9.66). Das setzt allerdings voraus, dass sich ein Bohrstrang in der Bohrung befindet.

Beim Auszirkulieren des Kicks wird also mit einer möglichst hohen Spülrate gearbeitet, um auf diese Weise einen möglichst hohen dynamischen Druckanteil in der Bohrung zu erzeugen. Ob das in der Praxis gelingt, muss in den meisten Fällen schlicht ausprobiert werden. Die Spülpumpen werden ja im normalen Bohrbetrieb meist schon mit hoher Leistung gefahren. Wenn dabei ein Kick entsteht, der mit der dynamischen Methode auszirkuliert werden soll, kann der Volumenstrom oft gar nicht mehr weit genug gesteigert werden, um den erforderlichen Druckanstieg im Ringraum zu bewirken, aufgrund dessen der Zufluss gestoppt werden kann.

Überkopf-Totpumpen

Das Überkopf-Totpumpen kann eingesetzt werden, wenn keine Zirkulation möglich ist. Das ist zum Beispiel dann der Fall, wenn sich kein Bohrstrang in der Bohrung befindet oder der Strang verstopft oder defekt ist.

Beim Überkopf-Totpumpen wird Spülung von oben her die Bohrung eingepumpt, um den Kick wieder in die Formation zurückzupressen (Abb. 9.67). Dazu sind in der Regel sehr hohe Drücke und Volumenströme erforderlich, und die Spülpumpen und deren Antriebe müssen für einen solchen Einsatz dimensioniert sein. Das Überkopf-Totpumpen ist eine recht ruppige Methode des Totpumpens. Es kann deshalb relativ leicht passieren, dass geringfeste unverrohrte Horizonte gefrackt werden, was zu wei-

9.9 · Totpumpverfahren

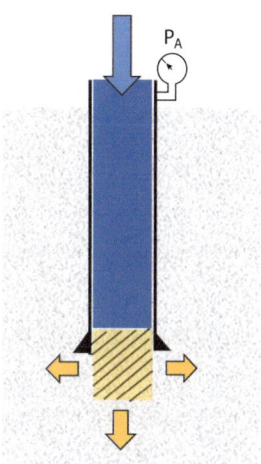

Abb. 9.67 Überkopf-Totpumpen

teren Probleme führen kann. Beispielsweise kann sich der ursprüngliche Kick dann zu einem Untertage-Blowout entwickeln, bei dem der Kick unkontrollierbar in die darüberliegenden gefrackten Horizonte entweicht.

Durch das Überkopf-Totpumpen werden außerdem große Mengen Spülung und ggf. auch Bohrklein in den Porenraum des umgebenden Gesteins verpresst. Wenn dies im Trägerhorizont der Bohrung stattfindet, kann dadurch die angestrebte Förderung von Erdöl, Erdgas oder Thermalwasser nachhaltig beeinträchtigen. Die Lagerstätte wird durch das Überkopf-Totpumpen also nachhaltig geschädigt.

Aber selbst, wenn das Überkopf-Totpumpen gelingt und der Kick wieder in die Formation zurückgepresst werden kann, ist es nicht ohne Weiteres möglich, die zu leichte Spülung im Bohrloch anschließend durch die schwerere Totpumpspülung zu ersetzen. Entweder muss dazu wiederum die gesamte leichtere Bohrspülung in die Formation eingepresst werden, oder es muss in die unter Druck stehende Bohrung ein Bohrstrang in die Bohrung eingebaut werden, über den dann eine Zirkulation erfolgen kann. Das Überkopf-Totpumpen wird deshalb im Verlauf von Bohrarbeiten nur eingesetzt, wenn alle anderen Verfahren ausscheiden.

Totpumpen mit Linkszirkulation

Wenn sich ein Bohrstrang in der Bohrung befindet, die zu erwartenden Spitzendrücke beim Totpumpen mit einer der bisher behandelten Totpumpverfahren jedoch oberhalb der Festigkeiten der Formation oder der Verrohrungen liegen, kann versucht werden, den Kick entgegen der üblichen Strömungsrichtung „linksherum" durch das Bohrgestänge auszuzirkulieren. Das Bohrgestänge besitzt nämlich in der Regel eine wesentlich höhere Innendruckfestigkeit als das Bohrloch.

Zum Totpumpen mit Linkszirkulation wird die Bohrspülung gemäß Abb. 9.68 über die Kill Line in den nach oben hin verschlossenen Ringraum der Bohrung eingepumpt, sodass der Kick durch die Meißeldüsen hindurch ins Innere des Bohrstranges gepresst wird. Dort kann der Kick mit deutlich geringerem Risiko expandieren und auszirkuliert werden als im Ringraum der Bohrung.

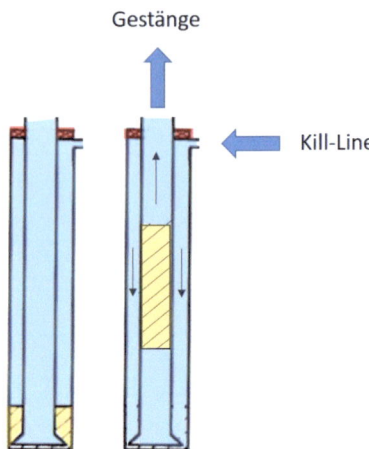

● **Abb. 9.68** Totpumpen mit Linkszirkulation

Allerdings ist zu bedenken, dass bei dieser Prozedur nicht nur der Kick und Bohrspülung, sondern auch das Bohrklein aus dem Ringraum in die engen Meißeldüsen und einige weitere Komponenten der komplexen MWD/LWD-Systeme im Bohrstrang eingepresst werden. Dadurch besteht ein signifikantes Risiko, dass der Bohrstrang verstopft und das Totpumpen mit Linkszirkulation abgebrochen werden muss.

Bohrlochhydraulik

Inhaltsverzeichnis

10.1 Dynamischer Druckverlust im Bohrgestänge – 234

10.2 Dynamischer Druckverlust im Ringraum – 238

10.3 Druckverluste an speziellen Bohrstrangkomponenten – 241
10.3.1 Bohrmeißel – 241
10.3.2 Bohrmotor – 242
10.3.3 MWD-/LWD-Komponenten, Schlagscheren, Stoßdämpfer usw. – 244

10.4 Statische und dynamische Druckverläufe in Bohrstrang und Ringraum – 245

10.5 Pumpenkennlinie – 246

10.6 Anlagenkennlinie – 247

10.7 Betriebspunkt bei der Kombination einer Anlage mit einer Pumpe – 248

© Der/die Autor(en), exklusiv lizenziert an Springer-Verlag GmbH, DE, ein Teil von Springer Nature 2025
M. Reich, *Tiefbohrtechnik*, https://doi.org/10.1007/978-3-662-70635-0_10

Die Ausführungen zur Bohrlochkontrolle in ▶ Kap. 9 erfolgten unter rein qualitativen Betrachtungen und zur Vereinfachung des Verständnisses nur unter Berücksichtigung statischer Drücke. Tatsächlich dürfen die dynamischen Druckanteile der Bohrspülung aber nicht vernachlässigt werden. In diesem Kapitel wird deshalb beschrieben, wie man die dynamischen Druckanteile in einer Tiefbohrung und in einem Bohrstrang für eine Tiefbohrung abschätzen kann und welche Parameter dabei die größte Bedeutung haben.

In den vorangehenden Kapiteln zur Bohrlochkontrolle war mehrfach die Rede von dynamischen Drücken. Je nach konkretem Bezug sollten diese möglichst „gering" oder möglichst „groß" sein. Weiterhin wurde bereits ausgeführt, dass man den Druck im Bohrloch in Meißelnähe messen und in Form von ECD-Logs darstellen und überwachen kann, anstatt ihn theoretisch zu berechnen. Trotzdem sollen hier der Vollständigkeit halber noch einige grundlegende theoretische Ansätze zur Berechnung von dynamischen Drücken im Bohrgestänge und im Ringraum der Bohrung vorgestellt werden.

Es gibt verschiedene Softwarepakete (z. B. die Landmark-Software der Firma Halliburton), die für alle Belange der Bohrungsplanung eingesetzt werden können und auch umfassende Hydraulikmodule beinhalten, mit denen zum Beispiel der Druckverlauf im Bohrstrang und im Bohrloch oder die Effektivität der Bohrlochreinigung berechnet werden können. Der Bediener bekommt nach Eingabe der erforderlichen Daten Ergebnisse in Form übersichtlicher Diagramme geliefert. Wie bei jedem Softwarepaket ist es aber wichtig, dass der Bediener weiß, welche theoretischen Ansätze hinter der Software stehen! In den nachfolgenden Ausführungen soll verdeutlicht werden, dass in vielen Fällen Vereinfachungen vorgenommen oder Annahmen getroffen werden, um die Berechnungen ausführen zu können. Welche konkreten Annahmen und Vereinfachungen jedoch in eine bestimmte Software eingearbeitet wurden, ist für den Nutzer oft nicht direkt zu erkennen.

Da die Ergebnisse von Druckverlustberechnungen im Zusammenhang mit der Bohrlochkontrolle von signifikanter Bedeutung sind, sollte sich der regelmäßige Bediener einer Software grundsätzlich auch ausführlich mit der dahinterstehenden Theorie auseinandersetzen, um die Ergebnisse seiner Berechnungen anschließend kritisch interpretieren und bewerten zu können.

Im Rahmen des Studiums von Ingenieuren werden separate Vorlesungen zur Strömungsmechanik und zu Strömungsmaschinen angeboten. Das vorliegende Buch soll und kann diese Lehrinhalte nicht abdecken. Vielmehr soll im Folgenden nur ein gewisses Grundverständnis zu den spezifischen Strömungsvorgängen in Tiefbohrungen vermittelt werden.

10.1 Dynamischer Druckverlust im Bohrgestänge

Um den Druckverlust eines strömenden Fluids berechnen zu können, müssen zunächst die Eigenschaften des Fluids und diejenigen der durchströmten Rohrleitung bekannt sein. Zu den wichtigsten Eigenschaften des Fluids zählen
- die Dichte ρ (kg/l) und
- die dynamische Viskosität (mPas).

10.1 · Dynamischer Druckverlust im Bohrgestänge

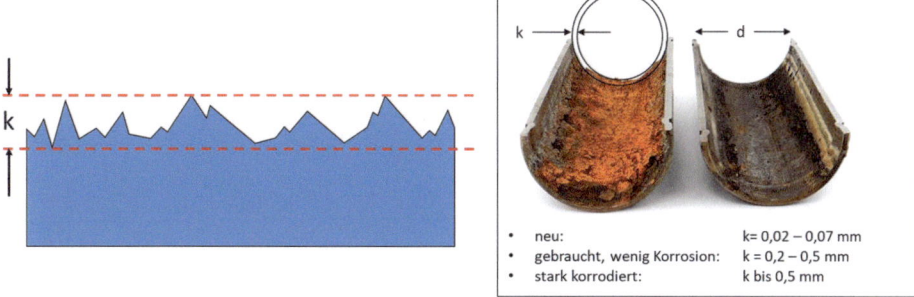

◘ **Abb. 10.1** Rauigkeit von Rohren

Weiterhin muss zur Berechnung ein Volumenstrom (l/min) vorgegeben werden. Bezüglich der Rohrleitung muss deren
- Durchmesser (m),
- Länge (m) und
- Rauigkeit (–)

definiert werden.

Reale Rohre und Bohrstrangkomponenten sind an ihrer Innenwand nicht ideal glatt. Vielmehr weist ihre Oberfläche Unebenheiten auf, wie sie in ◘ Abb. 10.1 links dargestellt sind.

Der Abstand von den höchsten Spitzen bis zu den tiefsten Senken wird als k-Wert bezeichnet. In ◘ Abb. 10.1 rechts werden typische k-Werte für die innere Oberfläche neuer, gebrauchter und stark korrodierter Bohrstangen angegeben.

Um die Rauigkeit eines Rohres zu quantifizieren, muss der Innendurchmesser des Rohres d ins Verhältnis zum k-Wert gesetzt werden. Man betrachtet also das Verhältnis d/k.

Aus dem Volumenstrom Q und dem Innendurchmesser d des Rohres lässt sich die mittlere Strömungsgeschwindigkeit des Fluids berechnen:

$$v = \frac{Q}{A}$$

mit

$$A = \frac{\pi}{4} d^2$$

Im weiteren Verlauf wird überprüft, ob eine laminare oder turbulente Strömung vorliegt. Dazu wird die Reynoldszahl Re der Strömung berechnet:

$$Re = \frac{vd\rho}{\eta}$$

Die Reynoldszahl ist dimensionslos. Bei einer Reynoldszahl oberhalb von 2300 liegt eine turbulente Strömung vor.

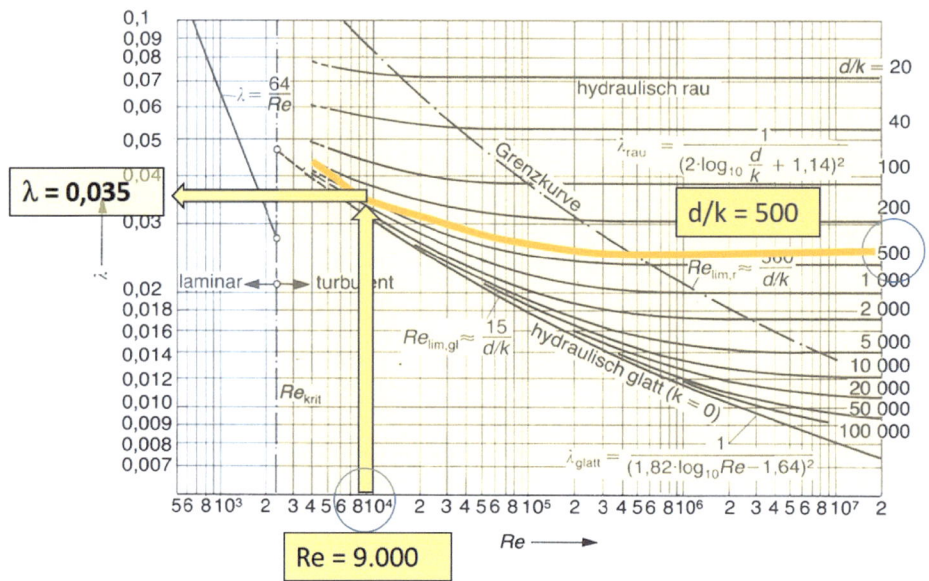

Abb. 10.2 Moody-Diagramm

Anhand eines Moody-Diagramms, das man z. B. im Internet findet (Abb. 10.2), lässt sich aus der berechneten Reynoldszahl Re der Strömung und der vorliegenden Rohrrauigkeit d/k der Widerstandsbeiwert λ ablesen. In der Abbildung ist beispielsweise gezeigt, dass sich für eine Reynoldszahl von 9000 und eine Rohrrauigkeit von $d/k = 500$ ein Widerstandsbeiwert λ von 0,035 ergibt.

Wenn nun noch die Länge der Rohrleitung L (m) vorgegeben wird, kann der dynamische Druckverlust Δp_{dyn} der Rohrströmung berechnet werden:

$$\Delta p_{dyn} = \frac{\rho v^2}{2} \frac{\lambda L}{d}$$

Die hydraulische Leistung, welche die Pumpe zur Überwindung dieses dynamischen Druckverlusts bereitstellen muss, berechnet sich nach der Gleichung

$$p_{hydr} = \Delta p_{dyn} Q.$$

Zur Verdeutlichung soll ein Beispiel durchgerechnet werden. Gegeben:
- 3000 m 5″-Bohrgestänge mit einem Innendurchmesser von 4″, gebraucht, wenig Korrosion
- Spülrate $Q = 2300\,l/min$
- Spülung: Newton'sches Fluid mit einer Dichte von $\rho = 1200\,kg/m^3$
- Dynamische Viskosität des Fluids: $\eta = 60\,mPas$

Gesucht: Δp_{dyn}, P_{hydr}.

Rechenweg: Der kreisförmige Strömungsquerschnitt im Bohrgestänge besitzt einen Durchmesser von 4″, das entspricht 0,1016 m. Daraus ergibt sich als Querschnittsfläche

10.1 · Dynamischer Druckverlust im Bohrgestänge

für die Strömung:

$$A = \frac{\pi}{4}d^2 = \frac{\pi}{4}(0{,}1016\,\text{m})^2 = 0{,}0081\,\text{m}^2$$

Die mittlere Strömungsgeschwindigkeit im Rohr berechnet sich zu

$$v = \frac{Q}{A} = \frac{2{,}3\,\text{m}^3}{60\,\text{s} \cdot 0{,}0081\,\text{m}^2} = 4{,}73\,\text{m/s}.$$

Die Reynoldszahl beträgt:

$$Re = \frac{vd\rho}{\eta} = \frac{4{,}73\,\text{m/s} \cdot 0{,}1016\,\text{m} \cdot 1200\,\text{kg/m}^3}{0{,}06\,\text{Ns/m}^2} = 9616$$

Die Strömung im Rohr ist somit turbulent.

Da die eingesetzten Bohrstangen mit 4″ Innendurchmesser gebraucht, aber wenig korrodiert sein sollen, wird in Anlehnung an ◘ Abb. 10.1 ein d/k-Wert von 500 gewählt.

Der Widerstandsbeiwert λ ergibt sich damit aus dem Moody-Diagramm (◘ Abb. 10.2) zu

$$\lambda = 0{,}035.$$

Mit diesen Werten kann nun der Druckverlust über den 3000 m langen Bohrstrang berechnet werden:

$$\Delta p_{\text{dyn}} = \frac{\rho v^2}{2}\frac{\lambda L}{d} = \frac{1200\,\text{kg/m}^3 \cdot (4{,}73\,\text{m/s})^2}{2}\frac{0{,}035 \cdot 3000\,\text{m}}{0{,}1016\,\text{m}} = 139\,\text{bar}$$

Die Leistung, die die Spülpumpen dafür aufbringen müssen, berechnet sich nach:

$$P_{\text{hydr}} = Q\Delta p = 2{,}3\,\text{m}^3/60\,\text{s} \cdot 139\,\text{bar} \approx 530\,\text{kW (ca. 700 PS)}$$

Dieses kleine Rechenbeispiel, in dem lediglich 3-km-Bohrstangen betrachtet wurden, veranschaulicht bereits, warum die Spülpumpen auf einer Tiefbohranlage üblicherweise Drücke von mehreren Hundert bar und einigen Tausend PS Leistung bereitstellen müssen.

Das Rechenbeispiel ist aber mit einer gewissen Vorsicht zu betrachten, denn es entspricht in einigen Aspekten nicht der Realität auf einer Tiefbohranlage. Bisher wurde beispielsweise angenommen, dass es sich beim eingesetzten Fluid um ein Newton'sches Fluid handelt. Newton'sche Fluide setzen einer erzwungenen Bewegung einen Widerstand entgegen, welcher der Schergeschwindigkeit im Fluid proportional ist.

Real eingesetzte Bohrspülungen sind aber keine Newton'schen Fluide, sondern verhalten sich thixotrop. Im Ruhezustand bilden sie eine Gelstruktur und erstarren (▶ Kap. 5). Um die Spülung nach einem Stillstand wieder in Bewegung zu versetzen, muss die Gelstruktur erst wieder gebrochen werden. Dazu ist eine gewisse Kraft, genauer gesagt eine Scherspannung erforderlich, die als Fließgrenze τ_B bezeichnet wird (◘ Abb. 10.3).

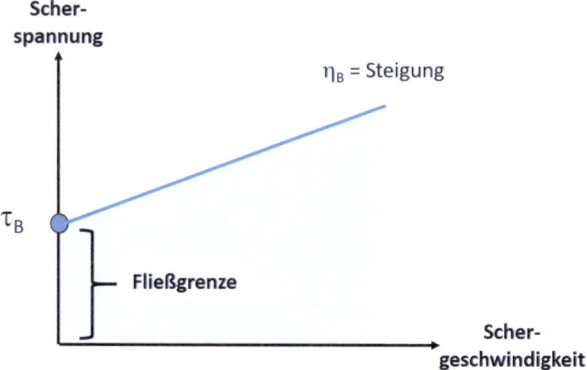

Abb. 10.3 Thixotropie von Bohrspülungen

Die thixotropischen Eigenschaften der Bohrspülung müssen in den Berechnungen in Form einer modifizierten Reynoldszahl Re_B berücksichtigt werden:

$$Re_B = \frac{vd\rho}{\eta_s}$$

Dabei ist η_s die „scheinbare Viskosität":

$$\eta_s = \eta_B + \frac{\tau_{Bd}}{6v}$$

Für thixotrope Bohrspülungen ergeben die Berechnungen höhere dynamische Druckverluste, als es für Newton'sche Fluide der Fall ist.

10.2 Dynamischer Druckverlust im Ringraum

Bisher wurde nur die Rohrströmung im Bohrstrang betrachtet. Die Bohrspülung strömt nach dem Verlassen der Bohrmeißeldüsen aber im Ringraum zwischen dem Bohrstrang und der Bohrlochwand wieder nach oben zur Oberfläche. Auch hier kann man die dynamischen Druckverluste rechnerisch abschätzen. Die folgenden Ausführungen lehnen sich eng an die Ausführungen im Buch *Flachbohrtechnik* von Werner Arnold an.

Der dynamische Druckverlust in einem Ringraum, wie er in ◘ Abb. 10.4 dargestellt ist, kann auf ähnliche Weise berechnet werden wie der dynamische Druckverlust in einer Rohrleitung. Es muss lediglich anstelle des Rohrinnendurchmessers der hydraulische (oder „gleichwertige") Durchmesser des Ringraumes d_{gl} in die Berechnungsgleichungen eingesetzt werden:

$$d_{gl} = d_{i,Bohrloch} - d_{a,Bohrstrang} = 2s$$

Für die Bestimmung des Widerstandsbeiwertes λ kann in verrohrten Abschnitten der Bohrung wiederum das Moody-Diagramm (◘ Abb. 10.2) verwendet werden.

Die hydraulischen Eigenschaften des unverrohrten Bereichs der Bohrung, des offenen Bohrloches, weichen in der Praxis jedoch deutlich von denen einer Rohrleitung ab. Die Oberfläche der Außenwand der Bohrung ist viel rauer als eine Rohrleitung, und

10.2 · Dynamischer Druckverlust im Ringraum

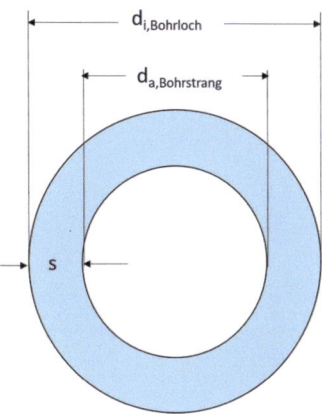

Abb. 10.4 Idealisierter Ringraum

Bohrungen sind auch oft nicht rund, sondern leicht oval. Deshalb verwendet man zur Bestimmung des Widerstandsbeiwertes im unverrohrten Bereich des Ringraumes oft die folgenden empirischen Näherungsgleichungen:

— Turbulente Strömung:

$$\lambda = 0{,}02 \frac{1{,}7}{\sqrt{Re_{\text{Ringraum}}}}$$

— Laminare Strömung:

$$\lambda = \varphi \frac{64}{Re_{\text{Ringraum}}}$$

Der Beiwert φ bewegt sich in einer Größenordnung von ca. 1 bis 1,5.

Damit ist ein theoretischer Ansatz zur Abschätzung des dynamischen Druckverlusts im Ringraum gegeben. Allerdings stellt man in der Praxis immer wieder fest, dass der tatsächliche Druckverlust um teilweise 50 % oder sogar noch größer als der berechnete ist. Das liegt beispielsweise daran, dass der tatsächliche Durchmesser einer Bohrung zunächst gar nicht exakt bekannt ist. Einerseits erzeugt ein Bohrmeißel in der Regel ein übermäßiges Bohrloch, andererseits verkleinert der Filterkuchen an der Bohrlochwand den Bohrungsdurchmesser aber auch wieder. Ohnehin ist eine typische Bohrlochwand auch nicht glatt und der Querschnitt der Bohrung nicht unbedingt rund. In ◘ Abb. 10.5 ist ein Screenshot von Bohrlochbefahrungen mit einer Kamera zu sehen. Weiterhin ignorieren die vorgestellten Gleichungen auch die Feststoffbeladung durch Bohrklein im Ringraum, deren Konzentration örtlich unterschiedlich und generell nicht genau bekannt ist.

Und schließlich ist jede Bohrung mehr oder weniger geneigt, sodass der Bohrstrang sich nicht mittig, sondern in einer exzentrischen Position an der Unterseite des Bohrloches befindet.

Führt man dennoch eine Berechnung des dynamischen Druckverlusts für den Ringraum durch, der dem vorangehenden Berechnungsbeispiel für einen Bohrstrang in einer $8\,{}^{1}\!/_{2}''$-Bohrung entspricht, so erhält man:

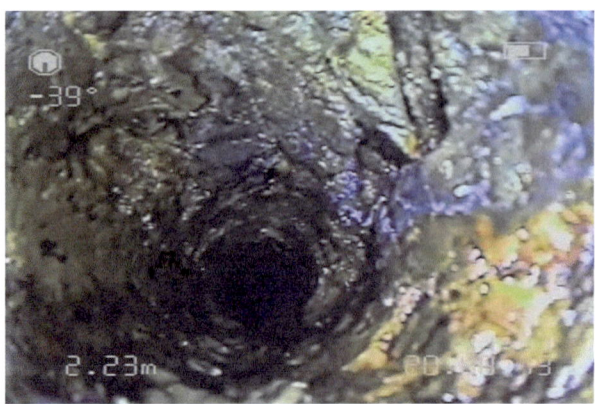

Abb. 10.5 Kamerabefahrung einer Bohrung

- Strömungsquerschnitt:

$$A = \frac{\pi}{4}\left(d_a^2 - d_i^2\right) = \frac{\pi}{4}\left[(0{,}215\,\text{m})^2 - (0{,}127\,\text{m})^2\right] = 0{,}035\,\text{m}^2$$

- Strömungsgeschwindigkeit:

$$v = \frac{Q}{A} = \frac{2{,}3\,\text{m}^3}{60\,\text{s} \cdot 0{,}035\,\text{m}^2} = 1{,}19\,\text{m/s}$$

- Reynoldszahl:

$$Re = \frac{v d_{\text{gl}} \rho}{\eta} = \frac{1{,}19\,\text{m/s} \cdot 0{,}088\,\text{m} \cdot 1200\,\text{kg/m}^3}{0{,}06\,\text{Ns/m}^2} = 21.158$$

Die Strömung ist somit turbulent.
  - Widerstandsbeiwert:
    - Annahme: $d/k = 500$ (ähnlich einem stark korrodierten Rohr)
    - Aus Moody-Diagramm: $\lambda = 0{,}03$
- Druckverlust:

$$\Delta p = \frac{\rho v^2}{2} \frac{\lambda L}{d} = \frac{1200\,\text{kg/m}^3 \cdot (1{,}19\,\text{m/s})^2}{2} \frac{0{,}035 \cdot 3000\,\text{m}}{0{,}088\,\text{m}} = 10{,}14\,\text{bar}$$

Trotz aller Vereinfachungen belegt dieses Beispiel zumindest, dass der dynamische Druckverlust im Ringraum einer Bohrung meist deutlich geringer ist als der dynamische Druckverlust im Bohrgestänge.

10.3 Druckverluste an speziellen Bohrstrangkomponenten

10.3.1 Bohrmeißel

Der Druckverlust über den Bohrmeißel wird durch den Druckverlust in den Meißeldüsen dominiert. Für den Druckverlust einer idealisierten Meißeldüse gilt:

$$\Delta p = \frac{\rho v^2}{2}$$

Der Term v steht dabei für die mittlere Strömungsgeschwindigkeit in der Düse. Da ein Bohrmeißel üblicherweise mit mehreren Meißeldüsen ausgestattet ist, teilt sich der Gesamtvolumenstrom, der durch den Strang gepumpt wird, auf die Anzahl der Meißeldüsen auf. Dividiert man den Volumenstrom, der durch eine Einzeldüse fließt, durch den engsten Strömungsquerschnitt der Einzeldüse, so erhält man die Strömungsgeschwindigkeit in der Düse.

Der Druckverlust in einer realen Bohrmeißeldüse ist üblicherweise etwas größer als der einer idealen Düse. Dieser Unterschied wird durch einen Druckverlustbeiwert ζ berücksichtigt. Man findet Druckverlustbeiwerte für verschiedene Düsenformen in Tabellenwerken der Strömungsmechanik.

Druckverlustbeiwerte können grundsätzlich in den Zähler oder in den Nenner der obigen Druckverlustgleichung aufgenommen werden. Wenn der Druckverlustbeiwert im Nenner der Gleichung steht, muss er Werte größer als 1 annehmen, um das Realverhalten der Düse zu charakterisieren. Nach oben hin ist der Wert prinzipiell nicht begrenzt. Insofern ist der Wertebereich für ζ hier nicht klar begrenzt. Deswegen wird der Druckverlustbeiwert oft in den Nenner der Druckverlustgleichung aufgenommen. Hier kann er sich theoretisch nur zwischen den Werten 0 und 1 bewegen, was allgemein als angenehmer aufgefasst wird.

Bei einer genaueren Betrachtung stellt man aber fest, dass der Druckverlustbeiwert ζ sich für praxisrelevante Düsen meist sehr nahe am Wert 1 bewegt und verschiedene Düsenformen trotzdem sehr ähnliche Werte aufweisen. Aus diesem Grund wird der Druckverlustbeiwert in vielen Formelwerken quadratisch im Nenner der Gleichung platziert:

$$\Delta p = \frac{\rho v^2}{2\,\zeta^2}$$

Durch die Quadrierung bewegt sich der ζ-Wert meist in einem etwas weiter gespreizten Bereich von 0,9 bis 0,95.

Bei der Verwendung von Druckverlustbeiwerten aus Tabellen muss also immer darauf geachtet werden, wie diese definiert sind bzw. wie sie in der Druckverlustformel verwendet werden müssen.

Auch hierzu soll ein kleines Rechenbeispiel angeführt werden: Ein Bohrmeißel ist mit vier Düsen zu je $14/32''$ Durchmesser ausgestattet. Welcher Druckverlust ergibt sich, wenn er mit einem Volumenstrom von 2500 l/min durchströmt wird und die Dichte der Spülung 1,2 kg/l beträgt?

Zunächst wird der Durchmesser der Düse in die Einheit Meter umgerechnet. Ein Zoll entspricht 25,4 mm. Daraus folgt:

$$d_{\text{Düse}} = 0{,}0111\,\text{m}^2$$

Dann wird die Gesamtquerschnittsfläche der vier Düsen berechnet. Im Englischen wird diese Fläche TFA (Total Flow Area) genannt:

$$\text{TFA} = \frac{\pi}{4} d^2 4 = \pi (0{,}0111\,\text{m})^2 = 0{,}000388\,\text{m}^2$$

Die Fließgeschwindigkeit in den Düsen ergibt sich wie folgt:

$$v = \frac{Q}{\text{TFA}} = \frac{2{,}5\,\text{m}^3/60\,\text{s}}{0{,}000388\,\text{m}^2} = 108\,\text{m/s}$$

Der Druckverlust über den Meißel berechnet sich schließlich unter Verwendung der obigen Gleichung und mit einem Druckverlustbeiwert ζ von 0,95 wie folgt:

$$\Delta p = \frac{1200\,\text{kg/m}^3 \cdot (108\,\text{m/s})^2}{2 \cdot 0{,}95^2} = 77{,}5\,\text{bar}$$

Aus diesem Beispiel wird deutlich, dass der Bohrmeißel einen signifikanten Anteil am Gesamtdruckverlust des Spülungskreislaufs liefert.

10.3.2 Bohrmotor

In vielen Softwarepaketen wird der Druckverlust über den Bohrmotor in der Eingabemaske als konkreter Eingabewert abgefragt. Hier soll dann beispielsweise ein Wert von 20 bar eingegeben werden.

Tatsächlich ist der Druckverlust über einen Bohrmotor aber nicht konstant, sondern hängt ganz erheblich von seinem Lastzustand ab. In ▶ Kap. 4 wurde diese Abhängigkeit bereits detailliert erläutert. In ◘ Abb. 10.6 ist nochmals zu sehen, dass der Bohrmotor grundsätzlich immer einen Mindestdruckverlust (Leerlaufdruckverlust) beansprucht, um die innere Reibung zwischen dem Rotor und dem Stator zu überwinden.

Der zusätzlich Arbeitsdruckverlust über den Bohrmotor hängt davon ab, wie viel Drehmoment am Bohrmeißel abgenommen wird. Je höher die Meißelandruckkraft und

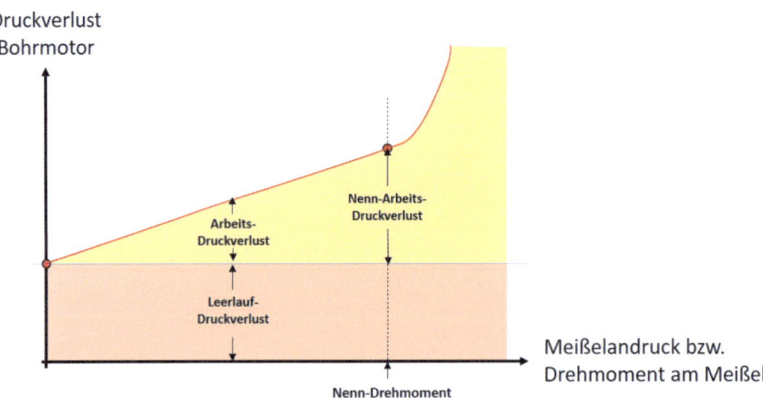

◘ **Abb. 10.6** Druckverlust über einen Bohrmotor

10.3 · Druckverluste an speziellen Bohrstrangkomponenten

Abb. 10.7 Technisches Datenblatt eines Bohrmotors. (Baker Hughes)

General Tool Specifications	
Length:	35.4 ft (10.8 m)
Weight:	2.980 lbs (1.350 kg)
Top Connection:	NC 50
Bit Connection:	4-1/2" API Reg. Box
Max. OD (at Wear Pad):	7.3 inch (186 mm)
Bearing Type:	Mud lubricated Bearing Section (Diamond Bearings available on request)
Drive Mechanism:	Mud Flow

Performance Data	
Lobe Configuration:	5/6
Flow Rate:	265 - 660 gpm (1.000 - 2.500 l/min)
Speed:	90 - 220 RPM
Operating Differential Pressure:	1.305 psi (90 bar)
Operating Torque:	8.670 ft-lbs (11.760 Nm)
Maximum Differential Pressure:	1.740 psi (120 bar)
Maximum Torque:	11.560 ft-lbs (15.675 Nm)
Power Output:	363 HP (270 kW)
No Load Pressure:	348 psi (24 bar)
Rotor Nozzle:	No
Maximum Flow Rate w/ Nozzle:	-

Operational Data	
Maximum WOB:	54.000 lbs (240 kN)
Operating WOB:	36.000 lbs (160 kN)
Defl. Device Type:	adjustable
Defl. Angle:	0° - 2,75°
Maximum DLS and String Rotation:	Depends on AKO setting, stabilization, hole size
Mud Type Limitation:	No general limitation (in case of uncommon mud system a rubber/mud compatibility test is recommended)
Temperature (Stator System D):	320°F (160°C)
Temperature (Stator System F):	375°F (190°C)
Maximum Sand Content:	1 %

(Motor-Nenndaten (Moment und Druckverlust))

(Noload Pressure (Leerlauf-Druckverlust))

je aggressiver der eingesetzte Bohrmeißel ist, desto größer ist auch der Arbeitsdruckverlust über den Motor. Der Gesamtdruckverlust über den Bohrmotor setzt sich folglich aus dem Leerlaufdruckverlust und dem Arbeitsdruckverlust zusammen.

Beide Daten sind in den Datenblättern eines Bohrmotors zu finden. In Abb. 10.7 ist ein solches Datenblatt zu sehen. Der Leerlaufdruckverlust des Bohrmotors ist in diesem Beispiel mit 24 bar angegeben.

Der Nennarbeitsdruckverlust wird auch als Operating Differential Pressure bezeichnet. Im vorliegenden Beispiel ist er mit 90 bar angegeben. Er ist mit dem Nenndrehmoment („operating torque") verknüpft, welches zu 11.760 Nm angegeben ist.

Wenn man wie meist üblich zwischen dem Leerlaufbetriebspunkt und dem Nennbetriebspunkt einen linearen Verlauf annimmt, lässt sich das Druckverlustdiagramm eines Bohrmotors sehr einfach aus den Angaben im Datenblatt erstellen.

Für eine exakte Berechnung des Druckverlusts über einen Bohrmotor für einen konkreten Einsatzfall geht man wie folgt vor: Zunächst muss festgelegt werden, welcher Bohrmeißel (Rollen- oder PDC-Meißel) unterhalb des Bohrmotors eingesetzt werden soll. Für diesen Meißel wird eine optimale Meißelandruckkraft (Weight on Bit, WOB) festgelegt. Anhand der Meißelaggressivität und der Meißelandruckkraft wird das erforderliche Drehmoment am Meißel ermittelt. Die detaillierte Vorgehensweise dazu wurde bereits in ▸ Kap. 4 beschrieben. Mit dem berechneten Drehmoment ermittelt man aus dem Druck-Drehmoment-Diagramm des Bohrmotors, das sich aus den technischen Daten des Bohrmotors ableiten lässt, den Druckverlust, der sich aus dem Leerlaufdruckverlust und dem Arbeitsdruckverlust zusammensetzt.

Folgendes Beispiel soll diesen Vorgang verdeutlichen. Gegeben:
- $8\frac{1}{2}''$-PDC-Bohrmeißel ($A = 0{,}35$)
- WOB = 5 t
- Bohrmotor: siehe Datenblatt in Abb. 10.7

Zunächst wird das Drehmoment am Bohrmeißel berechnet. Die Meißelandruckkraft muss dazu von der Masse (t) in eine Kraft (N) umgerechnet werden:

$$F_{\text{Bit}} = \text{WOB} 9{,}81\,\text{m/s}^2 = 49\,\text{kN}$$

Der Durchmesser des Bohrmeißels beträgt $8\,1/2''$, das entspricht 215,9 mm oder 0,216 m.
Nun kann das Drehmoment am Meißel berechnet werden:

$$M = F_{\text{Bit}} A d_{\text{Meißel}} = 49\,\text{kN} \cdot 0{,}35 \cdot 0{,}216\,\text{m} = 3704\,\text{Nm}$$

Der Motor muss dieses Drehmoment bereitstellen. Aus dem Datenblatt liegt der Betriebspunkt des Motors bei einem Nenndrehmoment von 11.760 Nm und einem zugehörigen Nennbetriebsdruckverlust von 90 bar. Durch eine Dreisatzberechnung ergibt sich, dass der Arbeitsdruckverlust bei einem Drehmoment von 3704 Nm folglich 28,3 bar beträgt.

Um den Gesamtdruckverlust über den Bohrmotor zu ermitteln, muss der Leerlaufdruckverlust von 24 bar noch zu dem Arbeitsdruckverlust von 28,3 bar hinzuaddiert werden:

$$\Delta p_{\text{ges}} = 28{,}3\,\text{bar} + 24\,\text{bar} = 52{,}3\,\text{bar}$$

Man erkennt, dass der Druckverlust über den Bohrmotor einen signifikanten Teil am Gesamtdruckverlust im Bohrstrang ausmacht.

10.3.3 MWD-/LWD-Komponenten, Schlagscheren, Stoßdämpfer usw.

Der dynamische Druckverlust, der durch Bohrstrangkomponenten wie MWD-/LWD-Systeme, Schlagscheren, Stoßdämpfer usw. verursacht wird, ist rechnerisch schwer abzuschätzen. Meist liegen sehr komplexe Geometrien für die Strömungswege der Spülung vor. Unter Umständen befinden sich auch noch Turbinen zum Antrieb von Stromgeneratoren, Drosselringe, Düsen, bewegliche Bauteile usw. im Strömungskanal.

Der praktische Ansatz zur Abschätzung des Druckabfalls in solchen Komponenten besteht deshalb darin, experimentell ermittelte Diagramme zu erstellen, in denen der Druckverlust als Funktion des Volumenstromes dargestellt ist (◘ Abb. 10.8).

Die Druckverlustkurven verlaufen in der Regel parabelförmig, ihre Steigung wird durch die konstruktiven Details der Strömungsführung und die Eigenschaften der Bohrspülung bestimmt.

◘ **Abb. 10.8** Beispiel für eine experimentell ermittelte Druckverlustkurve

10.4 Statische und dynamische Druckverläufe in Bohrstrang und Ringraum

Der Bohrstrang und der Ringraum einer Bohrung bilden (unter Vernachlässigung des Bohrmotors) ein System kommunizierender Röhren, da die Bohrspülung im Bohrstrang mit der im Ringraum über die Meißeldüsen verbunden ist. Der statische Druckverlauf in diesem System ist nur von der Dichte der Bohrspülung ρ und der vertikalen Tiefe unterhalb des Spülungsspiegels H abhängig. Der statische Druck ist deshalb in jeder Tiefe im Bohrstrang und im Ringraum gleich (◘ Abb. 10.9).

Wenn die Spülpumpen eingeschaltet werden und die Spülung zirkuliert, erhöht sich der Gesamtdruck im System um den bereits erläuterten dynamischen Druckanteil. Grundsätzlich nimmt der dynamische Druckanteil entgegen der Strömungsrichtung kontinuierlich immer weiter zu. Am Spülungsauslauf am oberen Ende des Ringraumes ist er null, an der Spülpumpe ist er am größten.

In ◘ Abb. 10.10 ist der statischen Druckverlauf, der im Ringraum der Bohrung und im Bohrstrang herrscht, als gestrichelte Linie dargestellt. Der dynamische Druckanteil, der mit dem Einschalten der Spülpumpen hinzukommt, wird im Diagramm als waagerechte Strecke zum statischen Druck addiert (s. blaue Pfeile). Am Auslauf am Bohrlochkopf ist der dynamische Druckanteil null; entgegen der Strömungsrichtung im Ringraum nimmt der dynamische Druckanteil immer weiter zu. Die durchgezogene rote Linie des Gesamtdruckes entfernt sich folglich immer weiter von der gestrichelten Linie des statischen Druckes.

Im unteren Bereich der Bohrung, wo der Ringraum zwischen den Schwerstangen und der Bohrlochwand am engsten ist, nimmt der dynamische Druckanteil pro Tiefeneinheit am stärksten zu, was in einer flacheren Steigung der roten Linie resultiert.

Bevor die Bohrspülung in den Ringraum gelangen kann, muss sie die Meißeldüsen passieren. In ◘ Abb. 10.11 ist der Druckverlust in den Meißeldüsen als waagerechte blaue Linie zu sehen.

Da die Bohrspülung von der Oberfläche bis zu den Meißeldüsen durch den Bohrstrang fließt, muss der dynamische Druckanteil in Richtung der Oberfläche immer größer

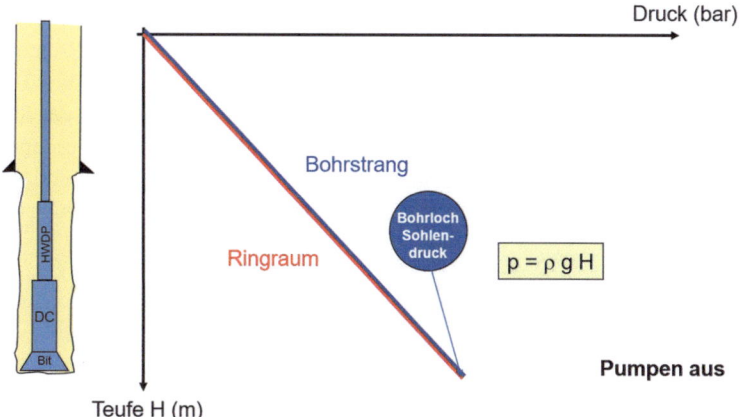

◘ **Abb. 10.9** Statischer Druckverlauf in Bohrstrang und Ringraum

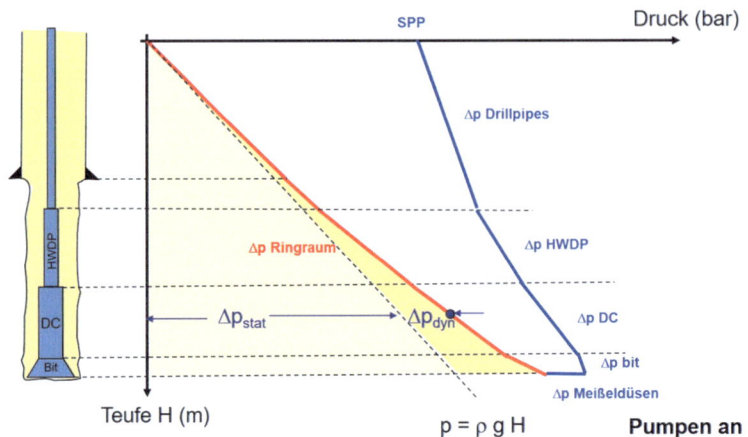

Abb. 10.10 Gesamtdruckverlauf im Ringraum

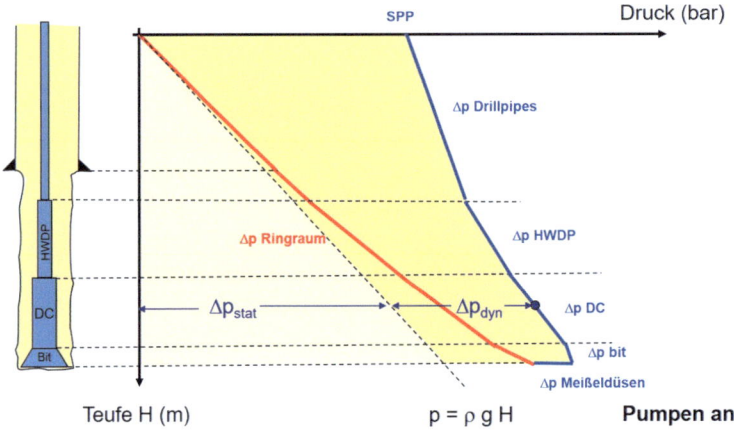

Abb. 10.11 Gesamtdruckverlauf im Bohrgestänge

werden. Der horizontale Abstand der blauen Linie (Gesamtdruck im Bohrstrang) von der gestrichelten Linie (statischer Druckverlauf im Bohrstrang) in Abb. 10.11 muss also von der Bohrlochsohle bis zur Oberfläche immer größer werden. Da der Strömungsquerschnitt im Inneren der Bohrstangen kleiner als der der Schwerstangen und HWDPs angenommen wurde, ist der Druckverlust pro Tiefeneinheit hier größer und die Druckkurve steiler. An der Oberfläche endet die blaue Kurve mit dem Pumpendruck (Standpipe Pressure, SPP).

10.5 Pumpenkennlinie

Zu jeder Pumpe gibt es eine Pumpenkennlinie, in der dargestellt ist, wie sich der geförderte Volumenstrom mit dem Druck verändert, gegen den die Pumpe arbeiten muss. Je höher die Pumpe fördert, desto weniger Volumenstrom kann sie liefern.

10.6 · Anlagenkennlinie

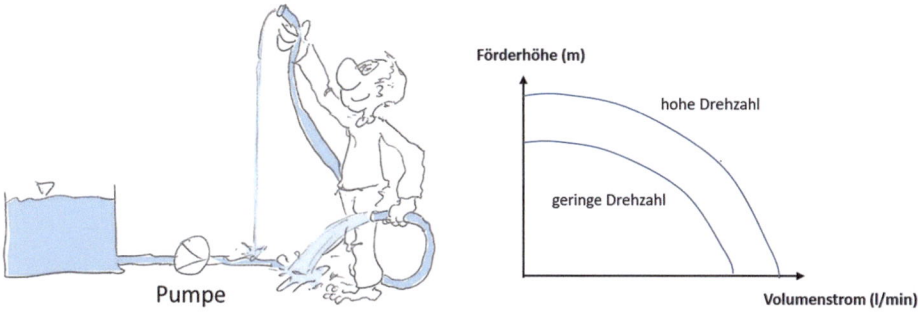

Abb. 10.12 Ermittlung einer Pumpenkennlinie

Die Pumpenkennlinie wird experimentell ermittelt. Dazu schließt man die Pumpe an einen Vorratstank an und lässt sie mit einer bestimmten konstanten Drehzahl arbeiten (Abb. 10.12). Die Pumpe stellt jetzt eine konstante hydraulische Leistung bereit, die sich nach der Gleichung

$$p_{\text{hydr}} = Q \Delta p = \text{const.}$$

berechnen lässt. Je höher der Druck am Pumpenausgang Δp ist, desto geringer ist folglich der Volumenstrom Q. Im Versuch wird also bei konstanter Förderleistung der Pumpe die Förderhöhe variiert und dabei der Volumenstrom gemessen. Bei einer bestimmten Förderhöhe tritt schließlich gar kein Fluid mehr aus dem Auslass aus.

Der Versuch wird mit verschiedenen Drehzahlen der Pumpe durchgeführt; bei jeder Drehzahl ergibt sich eine andere Pumpenkennlinie (Abb. 10.12 rechts).

10.6 Anlagenkennlinie

Für jede Rohrleitung (Anlage) besteht ein charakteristischer Zusammenhang zwischen dem Volumenstrom, der durch sie hindurchfließt, und dem Druckgefälle, das zwischen dem Strömungseintritt und dem Strömungsaustritt der Rohrleitung herrscht. Je höher das angelegte Druckgefälle ist, desto größer ist auch der Volumenstrom, der die Anlage durchströmt. Der Zusammenhang zwischen den beiden Größen wird als Anlagenkennlinie bezeichnet.

Anlagenkennlinien können ebenfalls experimentell ermittelt werden. Dazu installiert man an der zu testenden Anlage eine beliebige Pumpe, an der man verschiedene Volumenströme einstellt und dabei den resultierenden Druck an der Pumpe ermittelt. Im gezeigten Beispiel in Abb. 10.13 besteht die Anlage aus der Rohrleitung und einem Ventil. Weiterhin befindet sich der Flüssigkeitsspiegel des rechten Behälters, in den die Pumpe fördert, um den Betrag Δh oberhalb des Spiegels des linken Behälters.

Die Versuchsergebnisse werden in einem Diagramm dargestellt (Abb. 10.13 rechts). Man erkennt an den Kurven im Diagramm deutlich den konstanten Druckanteil, der zur Überwindung der statischen Höhendifferenz Δh erforderlich ist, sowie den vom Volumenstrom abhängigen dynamischen Druckanteil.

Wenn man das Ventil in der Anlage etwas weiter schließt und den Versuch nochmals durchführt, stellt man fest, dass der Druckanteil aufgrund der statischen Höhendifferenz

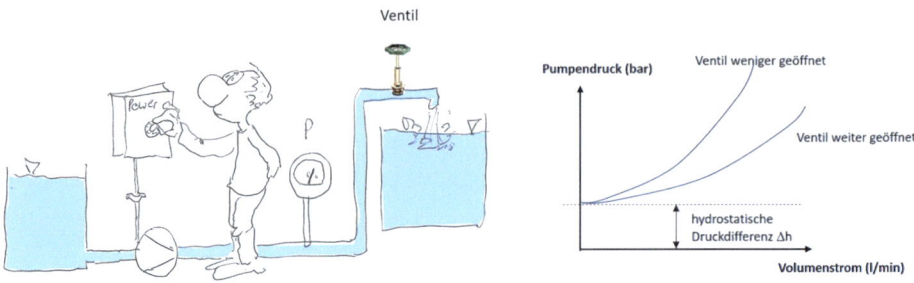

Abb. 10.13 Ermittlung einer Anlagenkennlinie

Δh immer noch derselbe ist, jedoch zur Steigerung des Volumenstromes ein höherer Pumpendruck erforderlich ist.

Der Pumpendruck kann auch als Förderhöhe angegeben werden. Mit 1 bar Druck kann man den Spiegel einer Wassersäule bis in eine Höhe von 9,81 m hochpumpen. 1 bar entspricht also einer Förderhöhe von 9,81 m. Die Anlagenkennlinie wird deshalb in der Praxis meist mit der Förderhöhe H auf der y-Achse beschriftet.

10.7 Betriebspunkt bei der Kombination einer Anlage mit einer Pumpe

Wenn man eine beliebige Pumpe mit einer beliebigen Anlage (Rohrleitung) verbindet, ergibt sich der Betriebspunkt des Systems (Volumenstrom und Druck) als Schnittpunkt von Anlagen- und Pumpenkennlinie.

Auf der Tiefbohranlage werden die Spülpumpen mit der aus dem Bohrstrang und dem Ringraum bestehenden Anlage kombiniert. Falls die Bohrung eingeschlossen ist, wirkt das Choke Manifold als Ventil, das in die Anlage integriert ist. Wenn man die Pumpenkennlinie der Spülpumpe und die Anlagenkennlinie des Bohrstranges und des

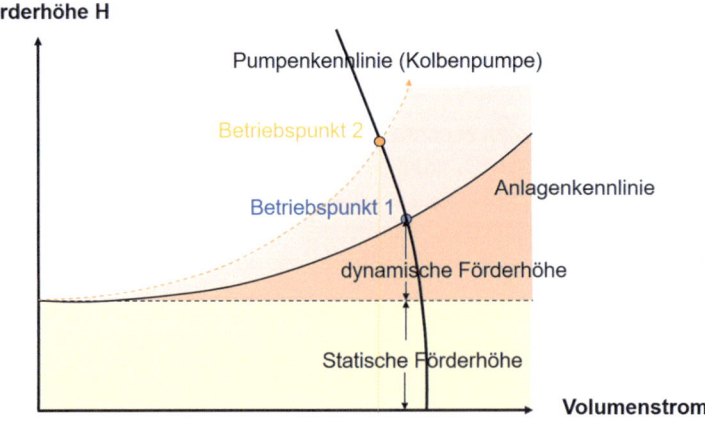

Abb. 10.14 Ermittlung des Betriebspunktes aus Anlagen- und Pumpenkennline

Ringraumes der Bohrung in einem gemeinsamen Diagramm darstellt, ergibt sich ein Schnittpunkt der beiden Kurven (blauer Punkt in ◘ Abb. 10.14). Dieser Punkt ist der Betriebspunkt des Systems, das heißt, es stellen sich der auf der x-Achse abzulesende Volumenstrom Q und die auf der y-Achse abzulesende Förderhöhe H ein.

Wenn die Anlage verändert wird, beispielsweise dadurch, dass der Bohrstrang im Laufe der Bohrarbeiten immer länger wird, dass sich aufgrund einer ungenügenden Bohrlochreinigung immer mehr Bohrklein im Ringraum ansammelt oder dass eine Meißeldüse verstopft, dann ändert sich die Steigung der Anlagenkennlinie (orange gestrichelte Parabel), und der Betriebspunkt verschiebt sich in den orange markierten Betriebspunkt 2. Dieser neue Betriebspunkt zeichnet sich durch einen höheren Pumpendruck und eine reduzierte Spülrate aus.

Umgekehrt resultiert eine Reduktion des Druckverlusts in der Anlage (beispielsweise durch einen Durchspüler im Strang oder das Stumpfwerden des Bohrmeißels und damit ein verringerter Differenzdruck über den Bohrmotor) in einem erhöhten Volumenstrom und einem verringerten Pumpendruck.

Richtbohrtechnik

Inhaltsverzeichnis

11.1 Anfänge der Richtbohrtechnik – 253

11.2 Die moderne Richtbohrtechnik – 258
11.2.1 Richtbohrmotor – 258
11.2.2 MWD-System – 263
11.2.3 Kombination von MWD und Richtbohrmotor zu einem Richtbohrsystem – 266

11.3 Reservoir Navigation/Geosteering – 267
11.3.1 Beispiele für LWD-Komponenten – 268
11.3.2 Rotary-Richtbohrsystem (RSS) – 272

11.4 Grundbegriffe der Richtbohrtechnik – 279
11.4.1 Gemessene und vertikale Tiefe (MD und TVD) – 279
11.4.2 Neigung (Inklination) – 280
11.4.3 Himmelsrichtung (Azimut) – 281
11.4.4 Tool Face Orientation – 283
11.4.5 Bohrlochkrümmung (Kurvenradius) – 285
11.4.6 Korrelation von Krümmung und Radius – 286

11.5 Berechnung des Bohrpfades aus Survey-Daten – 287

11.6 Berechnungsmodelle zur Bestimmung des Bohrpfades – 291

11.7 Directional Driller's Display – 295

11.8 Dokumentation von Richtbohreinsätzen – 297

© Der/die Autor(en), exklusiv lizenziert an Springer-Verlag GmbH, DE, ein Teil von Springer Nature 2025
M. Reich, *Tiefbohrtechnik*, https://doi.org/10.1007/978-3-662-70635-0_11

11.9	Praktisches Vorgehen beim Bohren mit Richtbohrmotor und MWD	– 297
11.10	Dreipunktgeometrie	– 300
11.11	Planung des Bohrpfades	– 305
11.12	Fehlerbetrachtungen/Unsicherheitsellipsen und -ellipsoide	– 308
11.12.1	Systematische und zufällige Fehler	– 308
11.12.2	Statistische Grundlagen der Fehlerbetrachtung	– 310
11.12.3	Geologisches Zielgebiet und Driller's Target	– 317
11.13	Kollisionsbetrachtungen	– 319
11.13.1	Anti-Collision-Software	– 321
11.13.2	Beabsichtigte Kollisionen von Bohrungen (Relief Wells, Geothermal Loops)	– 322

Gerade Bohrungen oder Bohrungen, die selbstständig entlang des vorgegebenen Bohrpfades verlaufen, gibt es in der Praxis nicht! Deshalb wird in praktisch allen Tiefbohrungen der Bohrungsverlauf kontinuierlich vermessen und bei Bedarf auch korrigiert. In diesem Kapitel wird erläutert, warum und wie die Richtbohrtechnik erfunden wurde und wie sie sich bis heute weiterentwickelt hat. Insbesondere werden auch die komplexen Steuerköpfe und Messsysteme vorgestellt, die in modernen Bohrgarnituren zur Lagerstättennavigation eingesetzt werden. Mit ihrer Hilfe können auch die Eigenschaften des erbohrten Gesteins und seine Poreninhalte während des Bohrens detailliert erfasst werden. Das Kapitel endet mit Betrachtungen zum Umgang mit Messfehlern und den daraus resultierenden Herausforderungen beim Richtbohren.

Unter dem Begriff „Richtbohrtechnik" versteht man die Kunst, einen Bohrungsverlauf räumlich so im Untergrund zu platzieren, dass er sich mit einem zuvor erstellten Plan möglichst genau deckt und das definierte Zielgebiet trifft.

11.1 Anfänge der Richtbohrtechnik

Die moderne Tiefbohrtechnik mit rotierendem Bohrgestänge und Umlaufspülung begann im Jahr 1901 mit der Spindletop-Bohrung an der Grenze zwischen Texas und Louisiana. Mit der neuen Technologie des Rotary-Bohrens nahm das Erdölzeitalter erheblich an Fahrt auf. Bereits in den 1920er-Jahren standen die Bohranlagen in den bekannten Ölfeldern dicht gedrängt, und nicht selten beschuldigten sich die Betreiber der Bohranlagen gegenseitig, dass benachbarte Bohrungen ihr Lizenzgebiet berührten und dadurch die eigene Ölproduktion beeinträchtigten (Abb. 11.1).

Um zu klären, ob eine Bohrung vertikal verlief oder zur Seite abgelenkt war, entwickelte John Eastman im Jahr 1929 den Acid Bottle Test. Bei diesem Test wurde ein mit Säure gefüllter Glasbehälter in einem Bohrstrang in die Bohrung heruntergelassen und nach einer gewissen Ruhezeit auf der Sohle wieder ausgebaut. Wenn das Glas des Säurebehälters über den gesamten Umfang des Glases bis zur selben Höhe getrübt war, musste die Bohrung senkrecht gewesen sein (Abb. 11.2 links).

War das Glas entlang des Umfangs des Säurebehälters jedoch unterschiedlich hoch angeätzt, so musste die Bohrung an ihrem unteren Ende geneigt sein (Abb. 11.2 rechts).

Diese erste Art der Bohrlochvermessung, bei der lediglich die Bohrlochneigung (Inklination) am unteren Endpunkt der Bohrung ermittelt wurde, war aber noch nicht aussa-

Abb. 11.1 Historisches Ölfeld (1920er-Jahre). (Adobe Stock)

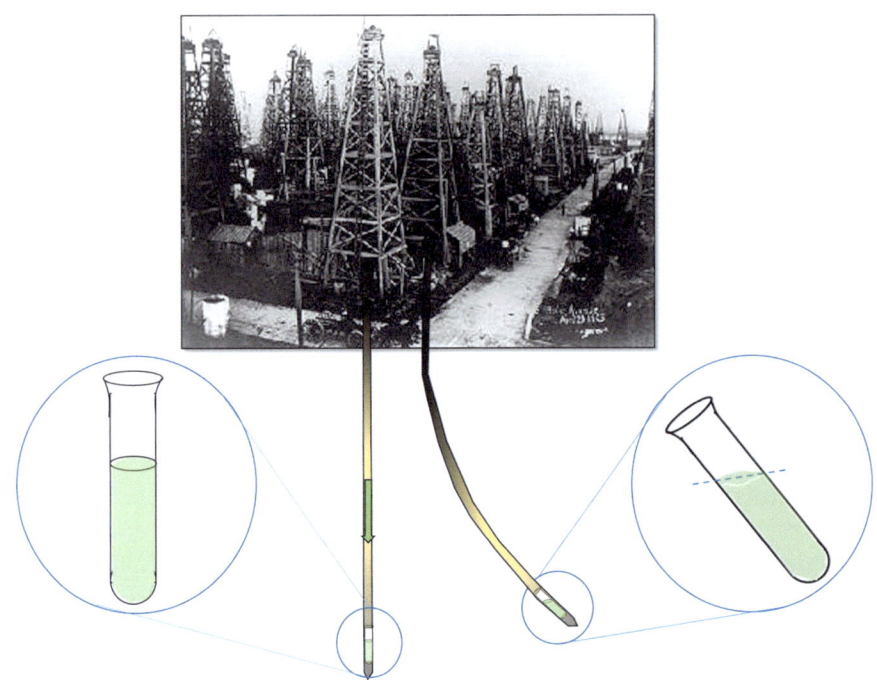

Abb. 11.2 Acid Bottle Test, 1929

gekräftig genug. Wie in Abb. 11.3 links zu sehen ist, fehlt bei einer puren Neigungsmessung die Information, in welche Himmelsrichtung die Bohrung beim Neigungsaufbau verläuft. Beide gezeigten Bohrpfade weisen dieselbe Endneigung auf.

Es musste also eine Möglichkeit gefunden werden, mit der auch die Himmelsrichtung (Azimut) am Messpunkt ermittelt werden konnte.

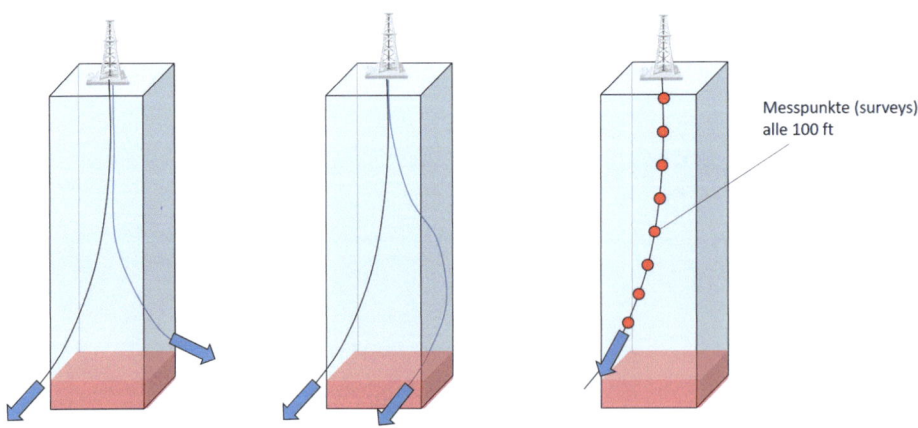

Abb. 11.3 *Links* Acid Bottle Test, *Mitte* Single-Shot-Messung, *rechts* Multi-Shot-Messung

11.1 · Anfänge der Richtbohrtechnik

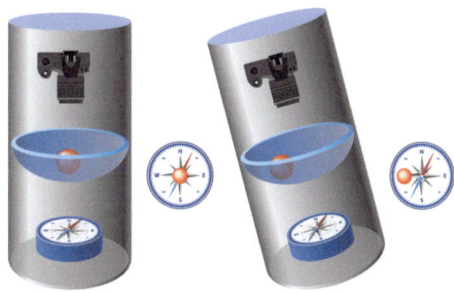

◘ **Abb. 11.4** Prinzip der Single-Shot-Messung

Im Jahr 1930 erfand John Eastman ein Messgerät, das einen Kompass, eine sphärische Schale mit einer darauf liegenden Kugel, eine Fotokamera, einen Selbstauslöser mit Zeitschaltuhr und eine Glühlampe mit Batterie enthielt (◘ Abb. 11.4). Dieses Messgerät wurde nach Beendigung der Bohrarbeiten in den Bohrstrang eingeworfen, wo es bis zum Bohrmeißel heruntersank und dort landete. Die Zeitschaltuhr war so programmiert, dass das Messgerät kurz nach seiner Ankunft an der Bohrlochsohle die Messung ausführte. Dazu wurde die Glühlampe eingeschaltet, und die Kamera nahm ein Foto von der Kugel über dem Kompass auf. Dann wurde der Bohrstrang aus der Bohrung ausgebaut und das Messgerät geborgen. Schließlich wurde der belichtete Film in einer Dunkelkammer entnommen und entwickelt. Dann konnte das Negativ der Aufnahme mittels einer Lupe betrachtet und ausgewertet werden.

Je größer die Neigung der Bohrung am Messpunkt ist, desto weiter ist die Kugel auf dem Foto vom Zentrum der sphärischen Schale entfernt (◘ Abb. 11.5). Die seitliche Auslenkung der Kugel aus dem Zentrum des Fotos ist also ein Maß für die Neigung der Bohrung. Die unterhalb der Kugel befindliche Kompassnadel ist auf dem Foto ebenfalls zu sehen. Da diese immer in Nord-Süd-Richtung ausgerichtet ist, kann aus der Lage der Kugel relativ zur Ausrichtung der Kompassnadel die Himmelsrichtung der Bohrung am Messpunkt, der Azimut, abgeleitet werden.

Da mit der beschriebenen Messanordnung immer nur ein einzelnes Foto aufgenommen werden konnte, wurde das Messverfahren Single-Shot-Messung genannt. Gegenüber dem Acid Bottle Test konnte zwar nicht nur die Neigung der Bohrung, sondern auch die Himmelsrichtung im Messpunkt festgestellt werden, aber, wie in ◘ Abb. 11.3 Mitte zu sehen ist, reicht die Messung der Neigung und der Himmelsrichtung am unteren Endpunkt der Bohrung immer noch nicht aus, um sicher beurteilen zu können, ob der gesamte

◘ **Abb. 11.5** Auswertung einer Single-Shot-Messung

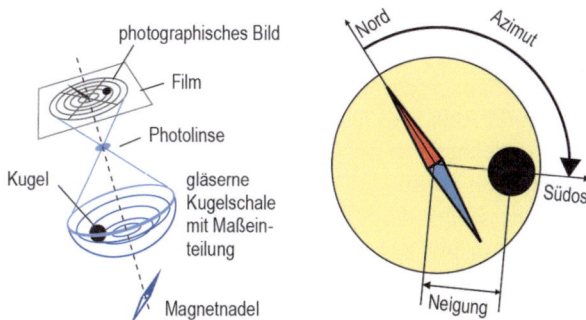

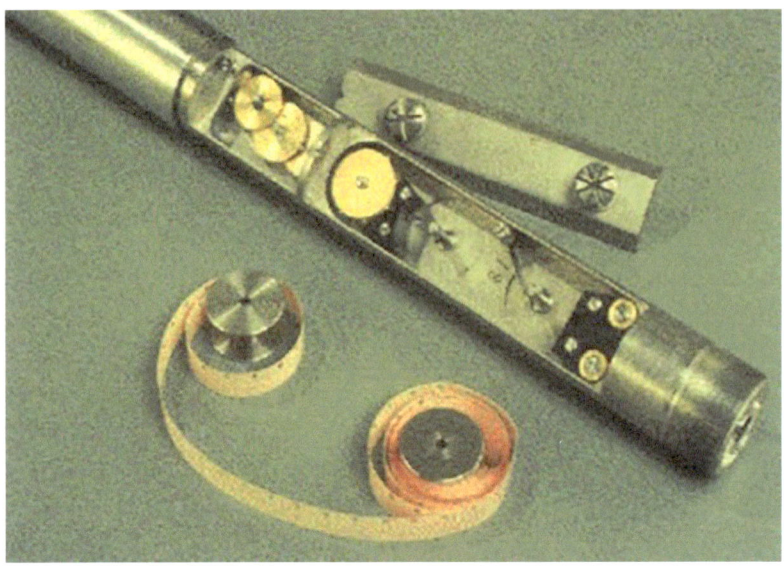

Abb. 11.6 Multi-Shot-Messgerät, 1931

Bohrpfad im Lizenzgebiet oder außerhalb verläuft. Beide gezeigten Bohrpfade besitzen an ihrem Endpunkt dieselbe Inklination und denselben Azimut, doch während der linke Bohrpfad außerhalb des Lizenzgebiets verläuft, verläuft der rechte Bohrpfad vollständig innerhalb des vorgegebenen Quaders.

Um den Bohrpfad vollständig abzubilden, müssen offensichtlich Messungen von Azimut und Inklination entlang der gesamten Bohrstrecke gemessen werden. Im Jahr 1931 präsentierte John Eastman deshalb eine Weiterentwicklung seines Messgeräts, das Multi-Shot-Messgerät (Abb. 11.6). In der neuen Messanordnung kam eine Kamera zum Einsatz, in der ein Film eingelegt werden konnte, der eine ganze Serie von Aufnahme von Fotos erlaubte.

Das Multi-Shot-Messgerät wurde nach Beendigung der Bohrarbeiten in den Bohrstrang eingeworfen und dann zusammen mit dem Bohrstrang wieder ausgebaut. Der Selbstauslöser der Kamera wurde so programmiert, dass zwischen jeweils zwei Fotos genügend Zeit zur Verfügung stand, um jeweils einen Gestängezug aus der Bohrung auszubauen. Da die Länge eines Gestängezuges etwa 100 Fuß beträgt, wurden entlang des Bohrpfades alle 100 Fuß die Neigung und die Himmelsrichtung der Bohrung gemessen. Ein Datensatz bestehend aus der Messtiefe im Bohrloch, dem Azimut und der Inklination wird Survey genannt. Aus den Surveys entlang des Bohrpfades konnte dann durch Einsatz trigonometrischer Formeln der vollständige Verlauf des Bohrpfades abgeleitet werden (Abb. 11.3 rechts).

In Anlehnung an die Durchführungsweise von Multi-Shot-Messungen werden Krümmungen von Bohrungen bis heute in der Einheit Grad pro 100 Fuß (°/100 ft) angegeben. Die Ausprägung einer Bohrlochkrümmung wird also dadurch quantifiziert, dass angegeben wird, um wie viel Grad sich die Neigung und die Himmelsrichtung auf einer abgebohrten Distanz von 100 Fuß geändert hat.

11.1 · Anfänge der Richtbohrtechnik

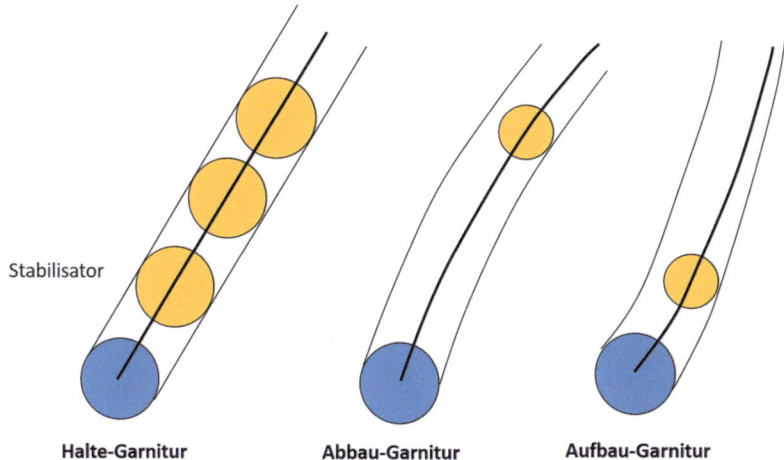

Abb. 11.7 Beeinflussung der Bohrlochneigung durch die Platzierung von Stabilisatoren

Mit der Möglichkeit, den Bohrpfad vermessen zu können, ergab sich die Notwendigkeit, diesen gegebenenfalls auch korrigieren zu können, beispielsweise, wenn der bisherige Bohrpfad aus dem vorgegebenen Lizenzgebiet auszubrechen drohte.

Die Tiefbohrer hatten bereits festgestellt, dass man die Neigung einer Bohrung durch die Platzierung der Stabilisatoren auf dem Bohrstrang beeinflussen kann (Abb. 11.7; vgl. auch Abb. 4.33).

Um die Neigung der Bohrung konstant zu halten, sie also möglichst geradeaus weiterzuführen, wird eine Haltegarnitur zusammengestellt, in der mehrere annähernd vollmaßige Stabilisatoren in Meißelnähe in den Strang integriert werden. Der untere Teil der Bohrgarnitur wird dadurch so eng in der Bohrung geführt, dass er nicht seitlich ausbrechen kann und folglich geradeaus bohrt (Abb. 11.7 links).

Um Neigung abzubauen, wird nur ein Stabilisator in der Bohrgarnitur platziert. Er wird in größerer Entfernung vom Bohrmeißel im Strang positioniert. Der Stabilisator hat keine seitlichen Schneideigenschaften und verbleibt trotz Strangrotation in der Bohrlochachse. Das Gewicht des Bohrmeißels und der Bohrstange(n) darunter zieht die Bohrgarnitur unterhalb des Stabilisators in Richtung Erdmittelpunkt. Der Bohrmeißel, der gewisse Seitenschneideigenschaften besitzt, baut aufgrund der resultierenden Seitenkraft am Meißel Neigung ab und lenkt die Bohrung in Richtung der Vertikalen ab (Abb. 11.7 Mitte).

Zum Neigungsaufbau wird eine Aufbaugarnitur zusammengestellt, in der in Meißelnähe ein untermaßiger Stabilisator platziert ist. Der Bohrmeißel und der untermaßige Stabilisator legen sich im Bohrbetrieb an die Unterseite der Bohrung an. Da der Stabilisator einen geringeren Durchmesser besitzt, ist die Längsachse der Bohrgarnitur gegenüber der Längsachse der Bohrung aus der Vertikalen hinaus angewinkelt, und es wird beim Weiterbohren Neigung aufgebaut (Abb. 11.7 rechts).

Durch den Einsatz von Halte, Abbau- und Aufbaugarnituren kann allerdings nur die Neigung, nicht aber die Himmelsrichtung der Bohrung beeinflusst werden. Etwa zeitgleich mit der Erfindung der Multi-Shot-Vermessung von Bohrungen wurde aber ein Verfahren entwickelt, bei dem ein Ablenkkeil eingesetzt wurde, um die Bohrung in eine neue gewünschte Richtung hin abzulenken.

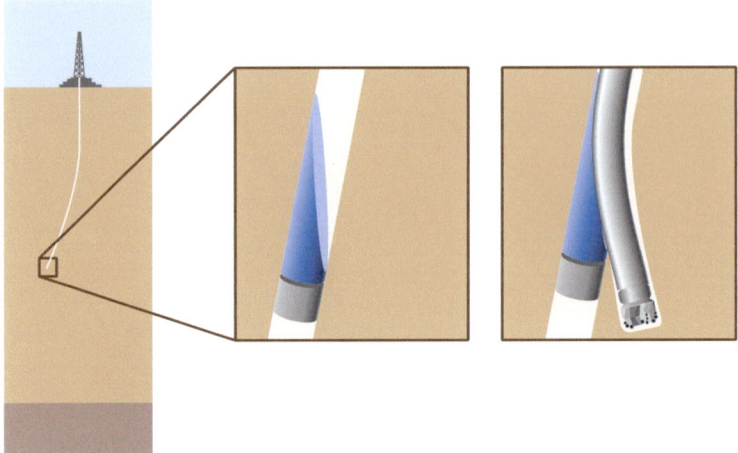

Abb. 11.8 Ablenkkeil (Whipstock)

Der Ablenkkeil, der nach seinem Erfinder meist Whipstock genannt wird, wird so im Bohrloch platziert und ausgerichtet, dass eine nachfolgende Bohrgarnitur daran zur Seite hin abgelenkt und der Bohrpfad in einer neuen Richtung fortgeführt wird (Abb. 11.8).

Die Verwendung von Ablenkkeilen gestattete es, den Bohrpfad mit einer gewissen Krümmung in eine beliebige Richtung hin abzulenken. Man konnte mit dieser Technologie also den Azimut und die Inklination der Bohrung beeinflussen. Nachteilig an dieser Methode war jedoch der hohe Zeitaufwand. Zunächst musste eine gewisse Strecke gebohrt werden, dann wurde eine Single- oder Multi-Shot-Messung durchgeführt. Aus den Messungen wurde der aktuelle Bohrpfad berechnet. Falls Korrekturen nötig waren, wurde der Whipstock an einem Bohrstrang in die Bohrung eingefahren, im Bohrloch anhand eines Surveys ausgerichtet und in dieser Position fixiert. Dann wurde die Setzgarnitur ausgebaut und eine Bohrgarnitur in die Bohrung eingebaut, um damit wieder einen Abschnitt zu bohren, worauf die ganze Prozedur erneut durchlaufen wurde.

Heutzutage gibt es wesentlich effektivere Richtbohrmethoden. Whipstocks werden fast nur noch für Side-Tracking-Operationen eingesetzt, bei denen aus einer bestehenden Bohrung heraus ein neuer Seitenarm angelegt wird. Diese Prozedur wird in ▶ Kap. 16 detailliert beschrieben.

11.2 Die moderne Richtbohrtechnik

Die moderne Richtbohrtechnik konnte sich etwa in den 1970er-Jahren mit der Entwicklung von Richtbohrmotoren und MWD-Systemen sehr erfolgreich in der Tiefbohrtechnik durchsetzen.

11.2.1 Richtbohrmotor

Die grundsätzliche Funktion eines Bohrmotors wurde in den vorangehenden Kapiteln bereits ausführlich behandelt. Ein Bohrmotor wandelt hydraulische Energie der Bohrspülung in mechanische Energie zum Antrieb des Bohrmeißels um. Er erzeugt also extra Antriebsenergie direkt am Bohrmeißel, indem er die Drehzahl des Bohrmeißels gegenüber der Strangdrehzahl erhöht. Für die Meißeldrehzahl $n_{meißel}$ gilt:

$$n_{meißel} = n_{strang} + n_{motor}$$

Dabei ist n_{strang} die Drehzahl des Bohrstranges und n_{motor} die Drehzahl des Bohrmotors. Eine höhere Meißeldrehzahl erhöht die mechanische Leistung am Bohrmeißel und führt dadurch zu einer erhöhten Bohrgeschwindigkeit. Die Drehzahl des Bohrmotors n_{motor} hängt nur vom Volumenstrom ab, der durch den Bohrmotor hindurchgepumpt wird. Je höher der Volumenstrom ist, desto schneller rotiert der an den Bohrmotor angeschraubte Bohrmeißel. Die Strangdrehzahl n_{strang} kann dabei beliebig variiert werden. Grundsätzlich kann auch ganz ohne Strangrotation gebohrt werden, denn der Meißel rotiert auch dann noch mit der Motordrehzahl n_{motor} auf der Bohrlochsohle. Diese Erkenntnis wurde bei der Entwicklung von Richtbohrmotoren genutzt.

Ein Richtbohrmotor ist mit einem Knickstück ausgestattet, das den Bohrmeißel aus der Bohrlochachse heraus seitlich anstellt. Wenn man mit dem Richtbohrmotor bohrt, ohne dabei den Bohrstrang zu rotieren, wirkt die Seitenkraft am Meißel immer in dieselbe Richtung, und deshalb wird die Bohrung beim Weiterbohren in Richtung des Knickstückes abgelenkt.

In ■ Abb. 11.9 sieht man, wie solche Knickstücke zu Beginn der modernen Richtbohrtechnik in die Bohrgarnitur integriert wurden. Zunächst wurde das Knickstück als separates Bohrstrangelement (Bent Sub) oberhalb des Bohrmotors im Strang platziert, später verlagerte man es als integrales Bestandteil des Motorgehäuses immer weiter in Richtung Bohrmeißel (Kick-off Sub). Je näher das Knickstück am Bohrmeißel platziert wird, desto geringer ist nämlich auch die seitliche Auslenkung des Meißels aus der Bohrlochachse (das Bit Offset), und desto geringere Biegemomente und -belastungen wirken auf den Bohrmotor ein.

Mit den in ■ Abb. 11.9 gezeigten Anordnungen ließen sich Bohrlochkrümmungen von bis zu ca. 3°/100 ft erzielen. Allerdings konnten die damaligen Richtbohrmotoren ausschließlich ohne Strangrotation eingesetzt werden; die Gewinde der Konstruktionen waren zu schwach, um die Umlaufbiegung bei rotierendem Gestänge zu ertragen. Die damaligen Richtbohrmotoren konnten deshalb nur verwendet werden, um einem Bohrpfad kurzfristig eine neue Richtung zu aufzuzwingen. Ihr Einsatz war deshalb auf wenige

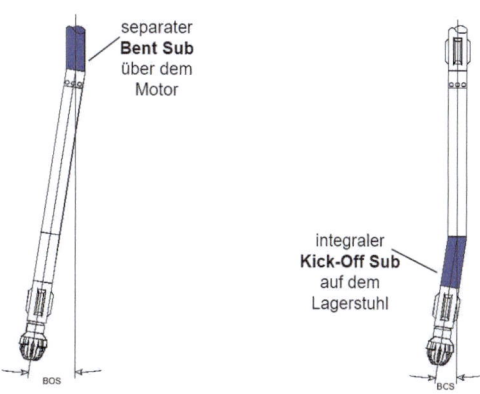

■ **Abb. 11.9** Nicht steuerbare Richtbohrmotoren

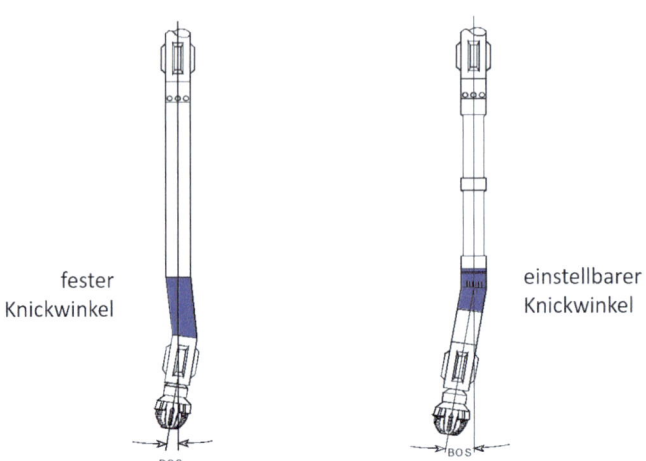

Abb. 11.10 Steuerbare Richtbohrmotoren

Anwendungen beschränkt, beispielsweise auf das Umbohren eines „Fisches" (z. B. eines abgerissenen Stückes des Bohrstranges), der im Bohrloch steckte und nicht wieder geborgen werden konnte. Anstatt die Bohrung aufgeben zu müssen, konnte man durch einen Einsatz eines Richtbohrmotors die Bohrung oberhalb des Fisches aus dem ursprünglichen Verlauf ablenken und dann mit einer konventionellen Bohrgarnitur seitlich am Fisch vorbei bohren.

Das Potenzial der Richtbohrtechnik änderte sich allerdings dramatisch, als in den späteren 1980er-Jahren steuerbare Bohrmotoren entwickelt wurden (Abb. 11.10).

Steuerbare Richtbohrmotoren verfügen über sehr robuste Gewinde und können deshalb sowohl mit als auch ohne Strangrotation eingesetzt werden. Die ersten steuerbaren Richtbohrmotoren besaßen noch Knickstücke mit festen Knickwinkeln (Abb. 11.10 links), später setzten sich aber Richtbohrmotoren mit Knickstücken durch, deren Knickwinkel auf der Bohranlage je nach zu bohrendem Radius zwischen null und einem Maximalwinkel eingestellt werden konnten (Abb. 11.10 rechts).

Das Funktionsprinzip eines solchen einstellbaren Knickstücks ist schematisch in Abb. 11.11 zu sehen. Das blaue Bauteil ist mit einem zylindrischen Gewindezapfen ausgestattet, das orange mit einer entsprechenden Gewindemuffe. Sowohl der Zapfen als auch die Bohrung sind jeweils um einen Winkel α zur Längsachse ihres Bauteiles ausgelenkt. Wenn die beiden Bauteile gegeneinander verdreht werden, verändert sich der Knickwinkel zwischen ihnen kontinuierlich zwischen einem Minimalwinkel von 0° und einem Maximalwinkel, der dem Doppelten des Winkels α entspricht.

Bei einem realen Richtbohrmotor beträgt der maximale Knickwinkel meist lediglich wenige Grad und fällt nur bei genauerem Hinsehen auf. Typische maximale Knickwinkel liegen in einer Größenordnung von 2–3°. Am Richtbohrmotor in Abb. 11.12 befindet sich am rechten Ende das Gewinde, in das der Bohrmeißel eingeschraubt wird. Das Knickstück befindet sich etwas oberhalb des auf dem Lagerstuhl befindlichen Stabilisators. Die rote gestrichelte Linie im Bild repräsentiert die Längsachse des Richtbohrmotors unterhalb, die grüne die Längsachse oberhalb des Knickstückes.

Moderne Richtbohrmotoren können trotz ihres Knickwinkels im Bohrloch rotiert werden. Beim Bohren mit Strangrotation (Rotary-Bohren) rotiert der untere seitlich angestell-

11.2 · Die moderne Richtbohrtechnik

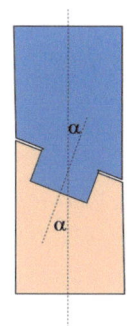
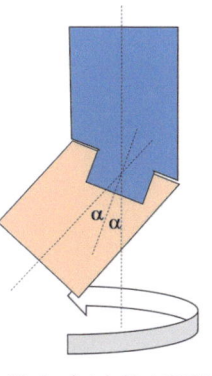

Knickwinkel von Gewindezapfen und Gewindemuffe kompensieren sich

Knickwinkel von Gewindezapfen und Gewindemuffe addieren sich

Maximalwinkel bei 180° Verdrehung

Abb. 11.11 Funktionsprinzip des einstellbaren Knickwinkels auf einem Richtbohrmotor

Abb. 11.12 Richtbohrmotor auf dem Bohrplatz. (Foto: Würker)

te Teil des Richtbohrmotors entsprechend der Strangdrehzahl im Bohrloch mit. Da der mit Strangdrehzahl umlaufende Knick keine Vorzugsrichtung aufweist, bohrt der Richtbohrmotor im Rotary-Modus geradeaus (● Abb. 11.13 links).

Wenn die Strangrotation dagegen gestoppt wird, so weist der Knick auf dem Richtbohrmotor dauerhaft in eine bestimmte Richtung. Der mit Motordrehzahl rotierende Bohrmeißel erfährt dadurch eine Seitenkraft, und die Bohrgarnitur bohrt deshalb eine Kurve (● Abb. 11.13 Mitte). Das Bohren ohne Strangrotation wird als gerichtetes Bohren bezeichnet.

Beim Rotary-Bohren entsteht durch den umlaufenden Knick und den seitlich ausgelenkten Bohrmeißel ein etwas übermäßiges Bohrloch, beim gerichteten Bohren bleibt das Bohrloch dagegen maßhaltig. Im Extremfall kann durch die Absätze zwischen den einzelnen Bohrungsabschnitten die Reibung zwischen dem Bohrstrang und der Bohrlochwand erhöht werden.

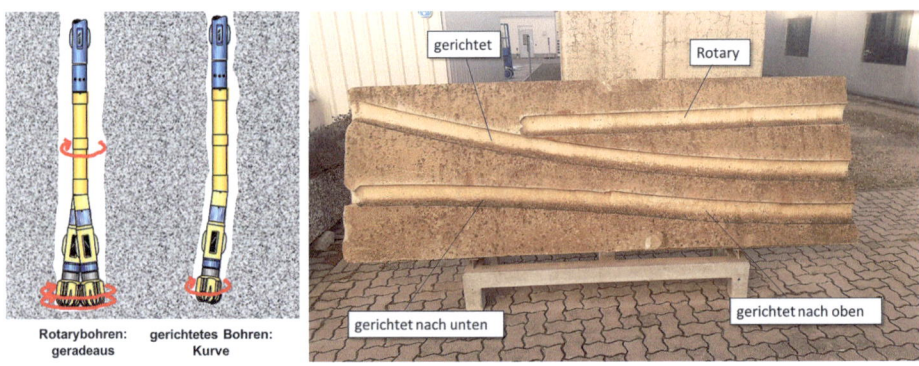

Abb. 11.13 Funktionsweise eines steuerbaren Richtbohrmotors

Abb. 11.14 Bohren mit einem Richtbohrmotor

In dem in ■ Abb. 11.13 rechts gezeigten Betonblock wurden drei Bohrversuche mit einem Richtbohrmotor durchgeführt, bevor er in Längsrichtung aufgesägt wurde. Der Bohrabschnitt im oberen Teil des Blockes wurde von rechts her im Rotary-Betrieb, also mit Strangrotation, abgebohrt. Man erkennt deutlich den geradlinigen Bohrungsverlauf. Die Bohrung in der Mitte des Blockes erfolgte durchgehend im gerichteten Bohrbetrieb ohne Strangrotation. Das Knickstück auf dem Motor war dabei nach oben ausgerichtet. Man erkennt klar die nach oben gerichtete Krümmung der Sektion. Beim unteren Bohrversuch wurde von rechts beginnend bis zur Mitte orientiert gebohrt, wobei das Knickstück auf dem Richtbohrmotor zunächst nach oben ausgerichtet war. Dann wurde das Knickstück nach unten hin ausgerichtet und im orientierten Modus weitergebohrt. Im Betonblock ist deutlich zu erkennen, dass zunächst Neigung auf- und dann wieder abgebaut wurde. Beim Übergang zwischen dem Neigungsauf- und dem nachfolgenden Neigungsabbau ist ein deutlicher Absatz in der Bohrung zu sehen.

Durch Aneinanderfügen von Rotary- und gerichteten Bohrabschnitten kann im Prinzip jeder beliebige Bohrpfad abgebohrt werden, ähnlich wie mit einer Spielzeugeisenbahn durch Kombination von geraden und gekrümmten Schienensegmenten beliebige Strecken zusammengestellt werden können. Der Vergleich mit einer Eisenbahn ist übrigens durchaus sinnvoll, weil typische Kurven, die mit einem Richtbohrmotor gebohrt werden, ähnliche Krümmungsradien aufweisen wie Eisenbahnschienen (■ Abb. 11.14). Details hierzu folgen in den weiteren Ausführungen zur Richtbohrtechnik.

11.2.2 MWD-System

Um mit einem Richtbohrmotor eine Kurve in eine bestimmte Richtung zu bohren, muss die Bohrstrangrotation gestoppt und orientiert weitergebohrt werden. Dazu muss aber das Knickstück auf dem Richtbohrmotor zunächst im Bohrloch in die gewünschte Richtung ausgerichtet werden.

Der Knick auf dem Bohrmotor wird als Tool Face bezeichnet, die Ausrichtung des Knickes in eine bestimmte Richtung nennt man Tool Face Orientation. Ein deutscher Begriff hierfür, der allerdings selten verwendet wird, ist Verrollung.

Natürlich braucht man zur Ausrichtung des Tool Face zunächst einen klar definierten Bezugspunkt. Üblicherweise benutzt man dazu die Oberseite der Bohrung, also denjenigen Punkt am Umfang der Bohrung, welcher der Oberfläche am nächsten ist. Dieser Punkt wird High Side genannt. Entsprechend wird die Unterseite einer Bohrung als Low Side bezeichnet.

Der Richtbohrmotor selbst besitzt keine Sensoren, mit denen er die Ausrichtung seines Knickes, das Tool Face, in Bezug zur High Side der Bohrung bestimmen könnte. Deshalb muss der Bohrmotor mit einem geeigneten Messsystem, dem MWD, kombiniert werden (◘ Abb. 11.15). MWD ist das Akronym für Measuring While Drilling und steht für das Messen beim Bohren. Grundsätzlich liefert das MWD-System die erforderlichen Daten, aus denen der aktuelle Bohrpfad berechnet werden kann. Es misst die Neigung (Inklination) und die Himmelsrichtung (Azimut) der Bohrung kontinuierlich, ohne dabei den Bohrprozess unterbrechen zu müssen. Das ist ein immenser Vorteil gegenüber den bereits vorgestellten Single- und Multi-Shot-Messgeräten, die erst im Nachgang der Bohrarbeiten zur Vermessung in die Bohrung hinuntergelassen werden konnten.

Zur Bestimmung der Neigung (Inklination) der Bohrung verfügt das MWD-System über ein elektronisches Lot. Die Neigung wird als Winkel zwischen dem Erdbeschleunigungsvektor und der Längsachse des MWD-Systems definiert. Eine vertikale Bohrung besitzt somit eine Neigung von 0°, eine horizontale eine von 90° usw. Die Himmelsrichtung (Azimut) der Bohrung wird mittels eines elektronischen Kompasses gemessen. Ein Kompass funktioniert grundsätzlich auch unterhalb der Erdoberfläche, allerdings muss

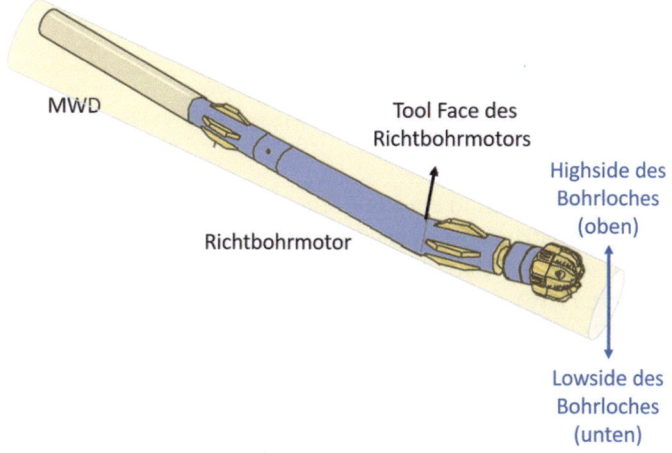

◘ **Abb. 11.15** Kombination von Richtbohrmotor und MWD-System

Abb. 11.16 MWD auf dem Bohrplatz

Ausrichtung der inneren Hülse:
Tool Face Orientation / Verrollung

Kompassnadel

Kontakte zur Abnahme des Signals

Schwerelot (Neigung)

Abb. 11.17 Grundsätzliches Funktionsprinzip eines MWD-Systems

sichergestellt sein, dass er sich in einer eisenfreien Umgebung befindet. MWD-Systeme besitzen deshalb grundsätzlich ein Gehäuse aus nichtmagnetischem Stahl und sind schon allein aufgrund dieser Eigenschaft deutlich von anderen Bohrstrangkomponenten zu unterscheiden (Abb. 11.16).

In Abb. 11.17 ist ein Vorläufermodell eines MWD-Systems zu sehen, bei dem noch elektromechanische Sensoren eingesetzt wurden. Rechts oben im Bild erkennt man die Kompassnadel zur Bestimmung des Azimuts. Rechts unten ist das Schwerelot zur Messung der Inklination zu erkennen.

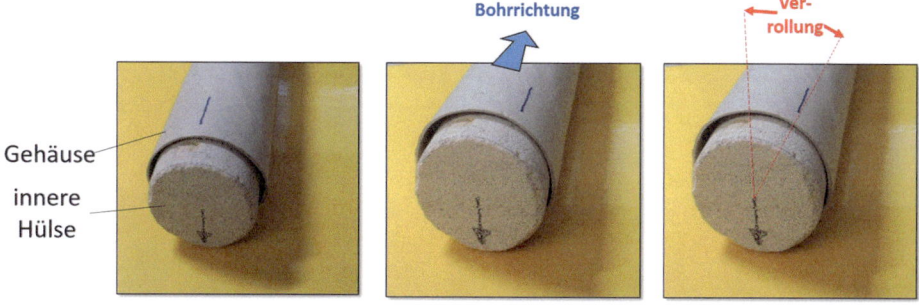

Abb. 11.18 Verrollung des MWD

Der Kompass und das Schwerelot sind bei diesem System in einer Hülse untergebracht, die frei drehbar im Gehäuse des Messgeräts gelagert ist. In ◘ Abb. 11.17 links ist diese Hülse bei verschiedenen Verdrehwinkeln zum Gehäuse zu sehen.

An einer Seite der drehbar gelagerten Hülse ist ein Gewicht angebracht. Aufgrund dieses Gewichts verdreht sich die Hülse im Messgerät immer so, dass das Gewicht in Richtung des Erdschwerevektors, also zur Unterseite der Bohrung, der Low Side, weist. Das Gehäuse des Messgeräts besitzt ebenfalls einen ausgewiesenen Referenzpunkt. Der Verdrehwinkel des Referenzpunktes am Gehäuse gegenüber der Position des Gewichts auf der Hülse kann messtechnisch erfasst werden. Somit ist es in einer geneigten Bohrung immer möglich festzustellen, um welchen Winkel die Markierung auf dem Gehäuse des Messgeräts zur Vertikalen verdreht ist. Dieser Verdrehwinkel wird als Verrollung bezeichnet.

In ◘ Abb. 11.18 ist das Messprinzip schematisch dargestellt. Man erkennt das äußere Gehäuse mit der Referenzmarke und die darin befindliche drehbar gelagerte Hülse, deren eine Seite kontinuierlich in Richtung Erdmittelpunkt weist. Das Messgerät erfasst den Winkel zwischen der High Side der beweglichen Hülse und der Referenzmarke auf dem Gehäuse. Dieser Winkel wird als Verrollung bezeichnet. Sie wird in Grad gemessen und in Bohrrichtung gesehen im Uhrzeigersinn von der Vertikalen abgetragen.

Moderne MWD-Systeme sind mit elektronischen Komponenten zur Messung von Azimut, Inklination und Verrollung ausgestattet. Die Magentometer und Beschleunigungsaufnehmer, die die Messungen ausführen, befinden sich auf dicht bestückten elektronischen Platinen.

MWD-Systeme müssen vor ihrem Einsatz sorgfältig kalibriert werden. Zu diesem Zweck wird das MWD-System in eine spezielle Kalibriereinrichtung eingesetzt, die sich in einer Umgebung befinden muss, die frei von magnetischen Störeinflüssen ist (◘ Abb. 11.19). Meist befinden sich die Kalibrierstationen in speziellen abseits gelegenen Gebäuden, in denen keine eisenhaltigen Baumaterialien verwendet wurden. An der Kalibriereinrichtung werden zur Kalibrierung der MWD-Systeme bestimmte Neigungen und Himmelsrichtungen eingestellt und die Sensoren so kalibriert, dass sie diese exakt wiedergeben.

Die Kalibrierung des Verrollungssensors erfolgt mittels Rolltest. Beim Rolltest wird das montierte MWD-System waagerecht auf Böcken platziert (◘ Abb. 11.20). Der Sensor im MWD-System erfasst seine Ausrichtung zum Erdbeschleunigungsvektor.

Abb. 11.19 Kalibriereinrichtung für Azimut und Inklination. (Compass Directional Guidance INC)

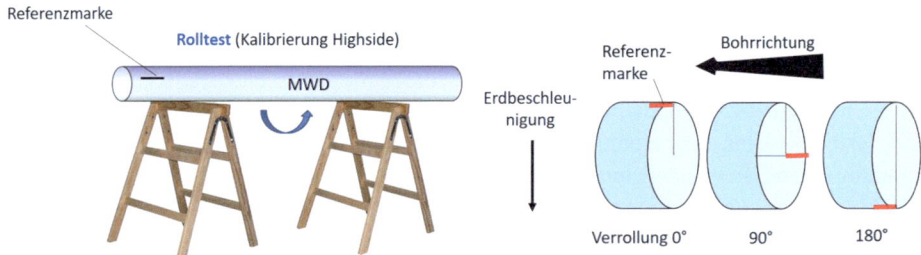

Abb. 11.20 Prinzip des Rolltests

Bei der Kalibrierung wird das MWD-System zunächst so auf den Böcken positioniert, dass die Markierung auf seinem Außengehäuse, die Referenzmarke, genau nach oben zeigt. Der Verrollungssensor im Inneren des MWD-Systems wird dann so kalibriert, dass er in dieser Position einen Wert von 0° anzeigt. Bei einer weiteren Verrollung des MWD-Systems auf den Böcken sollte der Sensor nun jeweils den exakten Verdrehwinkel der Referenzmarke zum Erdschwerevektor anzeigen.

11.2.3 Kombination von MWD und Richtbohrmotor zu einem Richtbohrsystem

Auf der Bohranlage muss der Richtbohrmotor mit dem MWD-System zu einem Richtbohrsystem kombiniert werden. Nach dem Verschrauben beider Komponenten sind die Referenzmarken auf dem MWD-Gehäuse und die Ausrichtung des Knickes auf dem Motor, die Motor High Side, zufällig zueinander angeordnet (Abb. 11.21 links).

Der Richtbohrer auf der Bohranlage identifiziert zunächst die High Side des Richtbohrmotors und projiziert diese entlang der Bohrgarnitur auf den Umfang des Gehäuses des MWD-Systems (Abb. 11.21 rechts). Dann ermittelt er auf dem Umfang des MWD-

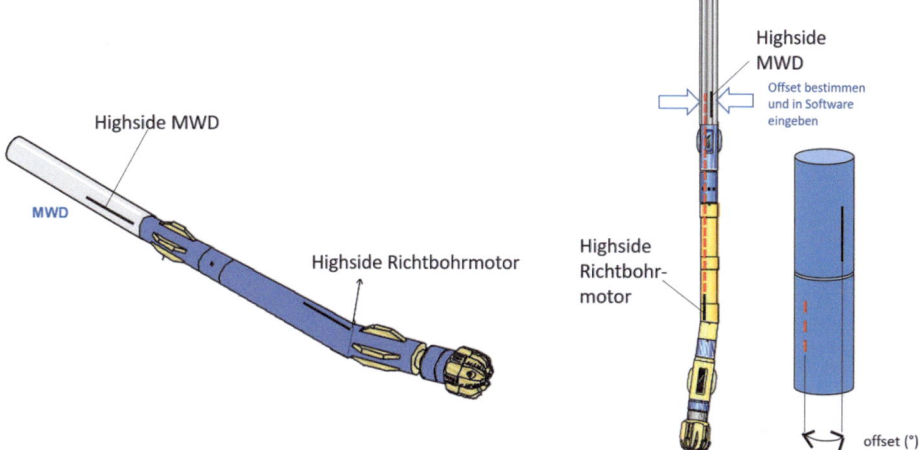

Abb. 11.21 Kombination von MWD und Richtbohrmotor

Systems den Abstand (das Offset) zwischen der projizierten High Side des Richtbohrmotors und der Referenzmarke auf dem MWD.

Der Richtbohrer verbindet seinen Computer nun mit der Elektronik des MWD-Systems und gibt das gemessene Offset in die MWD-Software ein. Das MWD ist dann so programmiert, dass es eine Verrollung von 0° anzeigt, wenn die High Side des daran angeschraubten Richtbohrmotors vertikal nach oben zeigt. Das MWD-System zeigt somit an, wie das Knickstück auf dem Richtbohrmotor im Bohrloch orientiert ist. Dadurch kann jederzeit eine wunschgemäße Tool Face Orientation des Richtbohrmotors im Bohrloch vorgenommen werden.

Voraussetzung dafür ist allerdings, dass das MWD-System die Inklination, den Azimut und die Tool Face Orientation nicht nur kontinuierlich während des Bohrens misst, sondern die Messwerte auch kontinuierlich in Echtzeit zur Oberfläche überträgt. Dieser Vorgang der Datenübertragung in Bohrsträngen der Tiefbohrtechnik in Echtzeit ist möglich, aber relativ komplex. Details dazu werden in ▶ Kap. 12 behandelt.

11.3 Reservoir Navigation/Geosteering

Die klassische Richtbohrtechnik hat zum Ziel, einen zuvor erstellten Plan für einen Bohrpfad möglichst präzise abzubohren. Das MWD-System liefert durch seine kontinuierlichen Messungen von Inklination und Azimut entlang des Bohrpfades die erforderliche Information, um festzustellen, wo sich die Bohrgarnitur gerade befindet. Über die Tool Face Orientation des Richtbohrmotors, die ebenfalls kontinuierlich vom MWD-System gemessen wird, kann der weitere Bohrungsverlauf in beliebige Richtungen gesteuert, also beeinflusst werden, wohin die Bohrung weitergeführt wird. Nach diesem klassischen Richtbohransatz ist eine Richtbohrung dann erfolgreich, wenn sie exakt entlang des zuvor erstellten Planes in das ebenfalls zuvor festgelegte Zielgebiet geführt worden ist. Da die Bohrplanung jedoch anhand eines geologischen Modells erstellt wird, das nicht unbedingt den tatsächlichen Gegebenheiten im Untergrund entsprechen muss, trifft eine solche klas-

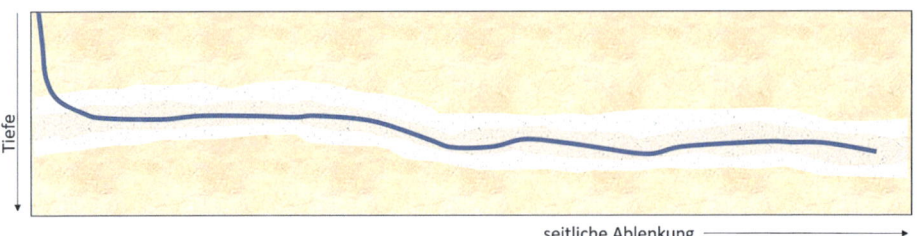

• **Abb. 11.22** Schematische Darstellung des Bohrpfades der längsten Bohrung der Welt (15.245 m)

sische Richtbohrung nicht zwingend auch den Bereich der Lagerstätte, der eine optimale Produktion von Erdöl, Erdgas oder Thermalwasser verspricht.

Beim sogenannten Geosteering (auch Reservoir Navigation genannt) findet eine bewusste Abkehr vom Abbohren eines zuvor festgelegten Bohrpfades statt. Stattdessen werden die Eigenschaften des Gesteins in der Umgebung der Bohrung während des Bohrvorgangs kontinuierlich untersucht und analysiert, um den Bohrpfad auf Basis dieser in Echtzeit gewonnenen Daten zu aktualisieren und so zu optimieren, dass eine maximale Produktion fluider Rohstoffe gewährleistet werden kann.

Der aktuelle Weltrekord für die längste Bohrung der Welt wurde im Oktober 2022 in Abu Dhabi in den Vereinigten Arabischen Emiraten abgebohrt. Bei einer maximalen vertikalen Tiefe von nur ca. 4000 m beträgt ihre Gesamtlänge 15.245 m. In • Abb. 11.22 ist schematisch dargestellt worden, wie die Bohrung dem Zielkorridor in der Trägerschicht durch den Untergrund folgt.

Für die kontinuierliche Analyse der Eigenschaften des erbohrten Gesteins während des Bohrprozesses steht eine Vielzahl von Messystemen zur Verfügung, die in die Bohrgarnitur integriert werden können. Sie werden mit der Abkürzung LWD bezeichnet, die für Logging While Drilling steht.

Grundsätzlich stehen zwei verschiedene Gruppen von Messkomponenten zur Verfügung, die für die Reservoir Navigation eingesetzt werden können: Komponenten, die den Bohrpfad vermessen und Auskunft darüber geben, ob der Bohrprozess störungsfrei abläuft, werden als MWD-Systeme bezeichnet. Komponenten, die die Eigenschaften der erbohrten Gesteinsschichten analysieren, nennt man dagegen LWD-Systeme.

Die wichtigsten MWD-Systeme wurden bereits ausführlich vorgestellt. Im Folgenden sollen nun auch einige der wichtigsten LWD-Komponenten sowie ihre Funktionen und Einsatzmöglichkeiten kurz beschrieben werden. Es wird aber ausdrücklich darauf hingewiesen, dass es separate Vorlesungen und Literatur zum Thema Bohrlochgeophysik gibt, in denen die technischen und naturwissenschaftlichen Details zu den eingesetzten Messprinzipien vermittelt werden, die für eine effektive Nutzung der LWD-Komponenten und zur komplexen Interpretation ihrer Messergebnisse unabdingbar sind.

Die nachfolgende Übersicht stellt nur eine erste Grobinformation zu diesem umfassenden Thema dar.

11.3.1 Beispiele für LWD-Komponenten

(Natural) Gamma – Der Gammasensor misst die natürliche Gammastrahlung der umgebenden Formation. Da Ton aufgrund der darin enthaltenen radioaktiven Nuklide eine messbare radioaktive Strahlung aussendet, andere typische Sedimentgesteine, wie zum Beispiel Sandstein oder Kalkstein aber nicht, kann der Gammasensor zwischen Tonen und anderen Gesteinen unterscheiden. Das ist besonders nützlich bei der Suche nach Kohlenwasserstofflagerstätten, da diese nach oben hin häufig durch eine Tonschicht, den Caprock, begrenzt sind. Die Gammamessung zeigt deutlich an, wann der Caprock erreicht wird und wann er durchbohrt ist.

Resistivity – Der Resistivity-Sensor misst den elektrischen Widerstand der Formation. Der Porenraum des Gesteins ist entweder mit Gas, mit Öl oder mit Formationswasser gefüllt. Da Öl ein Isolator ist, weist ölhaltiges Gestein einen deutlich höheren elektrischen Widerstand auf als (salz)wasserhaltiges Gestein. Deshalb kann mittels Resistivity-Messung der Öl-Wasser-Kontakt einer Kohlenwasserstofflagerstätte identifiziert werden, der die Lagerstätte nach unten hin begrenzt.

Neutron Porosity – Durch eine Bestrahlung der Formation mit einer Neutronenstrahlungsquelle und eine Messung der Strahlungsintensität in einer gewissen Distanz von der Strahlungsquelle kann eine Aussage zur Porosität der Formation gemacht werden. Die Neutronenstrahlung wird nämlich durch die Anwesenheit von Wasserstoffatomen gedämpft. Wenn die Neutronenstrahlung auf ihrem Weg vom Emitter zum Empfänger stärker gedämpft wird, befinden sich mehr Wasserstoffatome in der Messstrecke. Gesteinsmoleküle enthalten keine oder nur wenige Wasserstoffatome, die Porenfluide Wasser, Erdöl oder Erdgas enthalten dagegen sehr viele Wasserstoffatome in unterschiedlichen Konzentrationen. Eine starke Abschwächung der Strahlung auf dem Weg vom Emitter zum Empfänger lässt deshalb auf eine hohe Porosität und/oder ein stark wasserstoffhaltiges Porenfluid schließen.

Bulk Density – Durch eine Bestrahlung der Formation mit einer Gammastrahlungsquelle kann ebenfalls eine Aussage zur Porosität des Gesteins getroffen werden. Die Gammastrahlung wird umso stärker gedämpft, je mehr Elektronen sich zwischen dem Sender und dem Empfänger befinden. Da die Gesteinsmoleküle deutlich dichter besetzte Elektronenschalen besitzen als die Moleküle der Porenfluide, nimmt die Dämpfung umso stärker ab, je kompakter das Gestein bzw. je geringer die Porosität ist.

Ultrasonic Caliper – Die Bohrspülung zwischen dem Sensor in der Bohrgarnitur und der Bohrlochwand verfälscht die Messung vieler LWD-Komponenten. Es ist deshalb wichtig, den Abstand zwischen dem Sensor und der Bohrlochwand exakt zu messen, denn mit Kenntnis dieses Abstands kann der störende Einfluss der Bohrspülung auf die Messung zu einem großen Teil kompensiert und herausgerechnet werden.

Accoustic – Die Schallgeschwindigkeit (bzw. ihr Kehrwert, die Langsamkeit) in der Formation erlaubt gewisse Rückschlüsse auf deren Härte. Je härter und kompakter ein Gestein ist, desto höher ist die Geschwindigkeit von Schallwellen, die das Gestein durchlaufen. Der Einsatz des Accoustic-Tools erlaubt somit Rückschlüsse auf die Härte des durchbohrten Gesteins.

Nuclear Magnetic Resonance – Bei diesem Messverfahren wird das umgebende Gestein einem starken magnetischen Wechselfeld ausgesetzt. Die in den Porenfluiden enthaltenen Wasserstoffatome sind magnetische Dipole und reagieren auf magnetische Wechselfelder mit der Aussendung elektromagnetischer Wellen, deren Frequenz und Abklingkurve davon abhängt, wie kompakt die Wasserstoffatome in der betrachteten Atomstruktur angeordnet sind. Somit kann mittels einer Analyse der Wellenlängen aus dem beobachteten Volumen zwischen unterschiedlichen Fluiden (Öl, Gas oder Wasser), aber auch zwischen gebundenen oder frei beweglichen Fluiden unterschieden werden. Selbst die Porengrößenverteilung im Gestein kann aus dem Messergebnis abgeschätzt werden.

Formation Pressure Tester – Mit dem Formation Pressure Tester kann eine direkte Messung des Formationsporendruckes in der erbohrten Formation vorgenommen werden. Aus mehreren Einzelmessungen in unterschiedlichen Teufen können die Druckgradienten der Porenfluide ermittelt und daraus die Teufe des Gas-Öl-Kontakts und des Öl-Wasser-Kontakts abgeleitet werden. Außerdem kann in komplexeren Lagerstätten zwischen zusammenhängenden und hydraulisch getrennten Trägerhorizonten unterschieden werden.

Seismic While Drilling – Durch die Aussendung von Schallwellen von einer Schallquelle in der Nähe des Bohrmeißels in die Formation und den Empfang der resultierenden Echos aus dem umgebenden Gestein können Formationsübergänge und zum Teil auch Klüfte und Verwerfungen im Umfeld des Bohrmeißels erkannt und gegebenenfalls aktiv angesteuert werden. Die Seismik in Meißelnähe bietet eine viel bessere Auflösung als eine seismische Kampagne von der Erdoberfläche aus. Allerdings ist die untertägige Auswertung der gewaltigen anfallenden Datenmengen in Echtzeit bisher noch problematisch.

Die obige Auflistung von LWD-Komponenten ist nur beispielhaft zu verstehen, denn tatsächlich gibt es noch eine Vielzahl weiterer Module. Der Kunde entscheidet im Einzelfall darüber, welche Module er für seinen spezifischen Einsatz verwenden (und bezahlen) möchte.

Grundsätzlich ist in den letzten Jahrzehnten bei allen LWD-Verfahren ein Trend weg von pauschalen Einzelmessungen hin zu azimutalen Messungen festzustellen, bei denen der gesamte Umfang des Bohrloches gescannt wird, um daraus ein detailliertes Abbild der Bohrlochwand zu erstellen. In ◘ Abb. 11.23 ist das Prinzip einer azimutalen Messung dargestellt. Am Außendurchmesser des rotierenden Bohrstranges sind mehrere Sensoren (z. B. Gammastrahler und -empfänger) angebracht, die die Bohrlochwand in verschiedenen Richtungen vermessen. Wenn die rotierende Messgarnitur durch das Bohrloch geschoben bzw. gezogen wird, tastet jeder Sensor einen helixförmigen Bereich der Bohrlochwand ab. Die Steigung der Helix ist umso größer, je schneller die Sonde axial durch das Bohrloch bewegt wird und je geringer die Strangdrehzahl ist. Der Einsatz mehre-

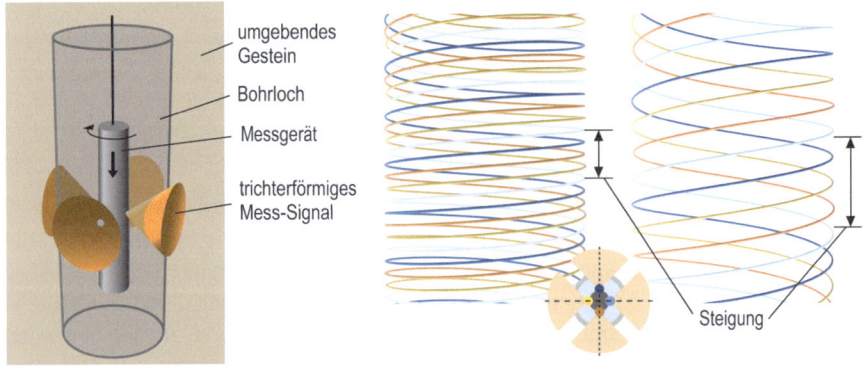

◘ **Abb. 11.23** Prinzip der azimutalen Messung

11.3 · Reservoir Navigation/Geosteering

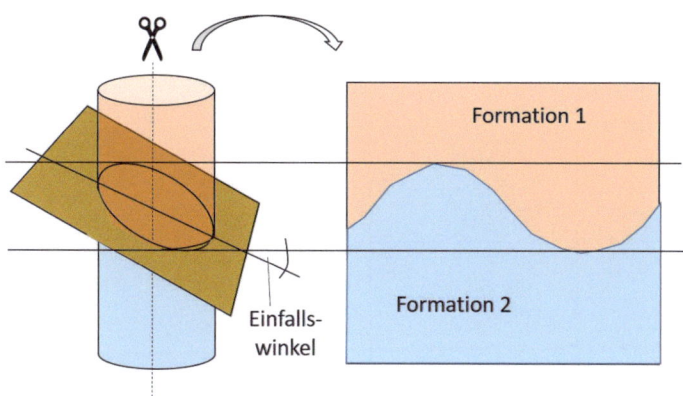

Abb. 11.24 Schematisches Beispiel für ein Image Log

rer Sensoren am Umfang des Messgeräts verdichtet die Messpunkte und trägt zu einer besseren Auflösung des Verfahrens bei.

Das resultierende Abbild der Bohrlochinnenwand wird als Image oder Image Log bezeichnet. Images erlauben beispielsweise das Erkennen unterschiedlicher Gesteinsschichten und deren Einfallswinkel zur Bohrlochachse. Es lässt sich also nicht nur erkennen, dass sich bestimmte Messwerte (z. B. die Gamma-Readings) ändern, sondern auch, aus welcher konkreten Richtung sich beispielsweise eine Tonschicht an die Bohrung annähert (Abb. 11.24).

Im Ergebnis erhält man detaillierte LWD-Logs. Solche Logs sind natürlich wesentlich komplexer als die schematische Darstellung in Abb. 11.24 und für Laien üblicherweise nicht ohne Weiteres erschließbar. Das liegt insbesondere auch daran, dass es sich bei allen Messverfahren um indirekte Messungen handelt, bei denen die eigentlich interessierenden Eigenschaften der Formation, also beispielsweise die Porosität, nicht explizit dargestellt werden, sondern nur aus einem Vergleich mehrerer indirekt ermittelter Messkurven (z. B. Bulk Density und Neutron Porosity) herausinterpretiert werden können. Es gibt speziell ausgebildete und erfahrene Log Interpreter, die in der Lage sind, aus den komplexen Logs quasi in Echtzeit richtbohrtechnische Empfehlungen zum Weiterbohren der Richtbohrgarnitur in der Trägerschicht abzuleiten. Die Log Interpreter empfehlen aufgrund der laufend aktualisierten Messwerte beispielsweise, den Bohrpfad etwas höher oder tiefer, weiter links oder rechts usw. fortzuführen, weil dort eine bessere Produktion der Lagerstättenfluide erwartet werden kann.

In Abb. 11.25 ist ein einfaches Beispiel für einen Interpretationsansatz eines LWD-Logs zu sehen. Links ist der bereits erwähnte Unterschied zwischen der natürlichen Radioaktivität von Ton und derjenigen von Sandstein deutlich zu erkennen. Ein hoher Gammaausschlag deutet auf Ton in der umgebenden Formation hin.

In der Mitte ist ein Resistivity Log zu sehen. In dem Bereich der Lagerstätte, der Kohlenwasserstoffe enthält, ist der elektrische Widerstand des Gesteins deutlich höher als im Bereich des aufgesalzenen Lagerstättenwassers.

Rechts sind die Logs einer Kombination von Neutron Porosity (Neutronenstrahlung) und Bulk Density (Gammastrahlung) zu sehen. Hier ist die Interpretation bereits etwas komplexer. Eine Abfolge aus gas-, öl- und formationswasserhaltigen Gesteinsschichten

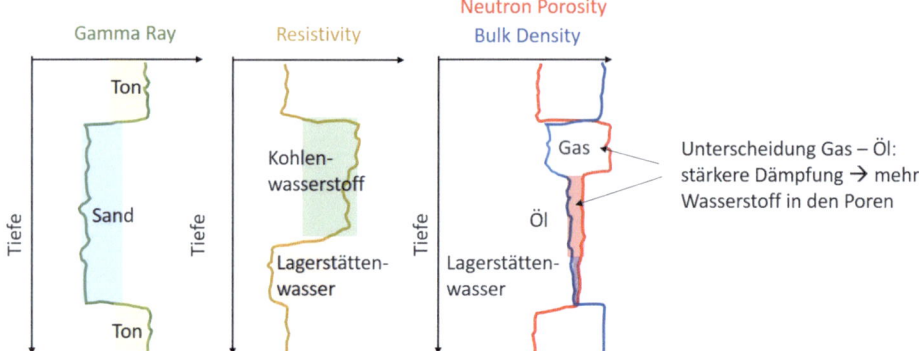

Abb. 11.25 Beispiel für die Interpretation von LWD-Logs. (Schlumberger)

erzeugt gegenläufige Logs, deren Abstände zueinander auf den Poreninhalt schließen lassen.

Log Interpreter, die einen komplexen Datensatz aus MWD-/LWD-Logs interpretieren und darauf aufbauend Echtzeitentscheidungen zur Steuerung einer Bohrung in der Lagerstätte treffen können, sind rar. Anstatt einen solchen Spezialisten auf einer Bohrinsel einzusetzen, lässt man ihn heute verstärkt in Teams in Datenzentren arbeiten, in denen Daten von Bohrungen aus ganzen Feldern zusammenkommen. Die Experten im Datenzentrum steuern gemeinsam viele Bohrungen anhand der Echtzeitdaten der MWD- und LWD-Systeme durch die Lagerstätte.

Beim Betrachten von Bildern von Offshore-Bohrlochclustern fällt auf, dass praktisch alle modernen Produktionsbohrungen zunächst recht geradlinig in die Lagerstätte geführt werden, dann aber auf relativ unregelmäßigen Bahnen in der Lagerstätte weiterverlaufen. Diese vermeintlich krummen Bohrungsverläufe resultieren in der kontinuierlichen Analyse der von der Bohrgarnitur gewonnenen Daten und der daraus abgeleiteten Lagerstättennavigation, die auf eine maximale Produktion der Formationsfluide ausgerichtet ist.

Der Prozess der Lagerstättennavigation kann durch den Einsatz komplexer Lagerstättensimulationssoftware noch weiter optimiert werden. Beispielsweise kann der Bohrpfad durch Simulationen mit aktualisierten Lagerstättenparametern so in der Lagerstätte platziert werden, dass Wassereinbrüche in der Produktionsphase von Öl oder Gas so weit wie möglich in die Zukunft verschoben werden und dadurch der Wasseranteil der Produktion minimiert wird.

11.3.2 Rotary-Richtbohrsystem (RSS)

Mit der Integration von Richtbohrmotoren und MWD-/LWD-Komponenten in den Bohrstrang wurde die Voraussetzung geschaffen, Kohlenwasserstofflagerstätten durch immer längere Horizontalbohrungen zu erschließen. Die Lagerstättennavigation ermöglichte es, den Bohrungsverlauf kontinuierlich an die wechselnden geologischen Gegebenheiten der Lagerstätte anzupassen.

Mit zunehmender Länge der Horizontalstrecken und Komplexität der Bohrungen wurde aber auch die Reibung zwischen dem Bohrstrang und dem Bohrloch immer größer.

Unter Aufrechterhaltung der Strangrotation konnte der Bohrstrang in einer Horizontalbohrung meistens noch relativ problemlos vorwärtsgeschoben werden, aber wenn Richtungskorrekturen erforderlich waren und der Richtbohrmotor in den orientierten Modus ohne Strangrotation versetzt wurde, wurde der Vorschub aufgrund der nun wirkenden Haftreibung zwischen dem Strang und der Bohrlochwand mit zunehmender Länge der Horizontalsektion immer problematischer. Der Einsatz von Richtbohrmotoren stieß hier offensichtlich an seine Grenzen. Offensichtlich musste eine technische Lösung zur Überwindung dieses Problems gefunden werden.

Bevor diese vorgestellt wird, soll noch einmal etwas detaillierter auf das Reibungsproblem in langen Horizontalsektionen einer Bohrung eingegangen werden.

Reibung im Bohrloch

In ◘ Abb. 11.26 ist ein Klotz auf einer schiefen Ebene zu sehen. Seine Gewichtskraft, die in Richtung der Schwerkraft wirkt, lässt sich in eine Komponente, die senkrecht zur Ebene wirkt (Normalkraft F_N und eine Komponente, die parallel zur Ebene wirkt (Hangabtriebskraft F_H), zerlegen.

Für den Betrag der Reibung zwischen dem Klotz und der Ebene ist die Normalkraft entscheidend, die senkrecht zur Ebene wirkt. Die Reibkraft F_r zwischen dem Klotz und der Ebene ergibt sich als Produkt dieser Normalkraft F_N und einem Reibfaktor μ:

$$F_r = \mu F_N$$

Die Reibkraft F_r wirkt grundsätzlich der Bewegungsrichtung entgegen. Wenn der Klotz auf der schiefen Ebene nach unten gleitet, wirkt die Reibkraft entgegen dieser Bewegungsrichtung parallel zur Ebene nach oben. Dieselben Gesetze gelten natürlich auch für Bohrstrangkomponenten, beispielsweise Stabilisatoren oder Gewindeverbinder, die in Kontakt mit der Bohrlochwand stehen.

Der dimensionslose Reibfaktor zwischen dem Gestein einer unverrohrten Bohrlochwand und dem Bohrgestänge bewegt sich meist in einer Größenordnung von etwa 0,3. Im verrohrten Bereich der Bohrung ist die Reibung deutlich geringer, der Reibfaktor beträgt hier meist nur etwa 0,1. Natürlich hängen die Reibfaktoren im konkreten Einsatzfall aber unter anderem auch von der Art der eingesetzten Bohrspülung (wasser- oder ölbasisch), dem Einsatz von Zusatzstoffen (z. B. Reibminderern), der Bohrlochqualität oder der Beschaffenheit des Filterkuchens ab.

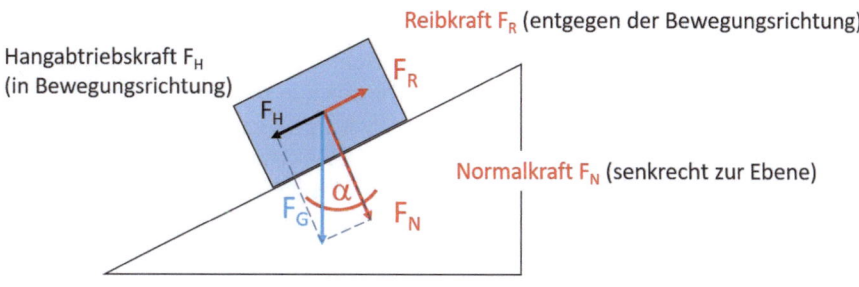

◘ **Abb. 11.26** Grundlagen der Reibung

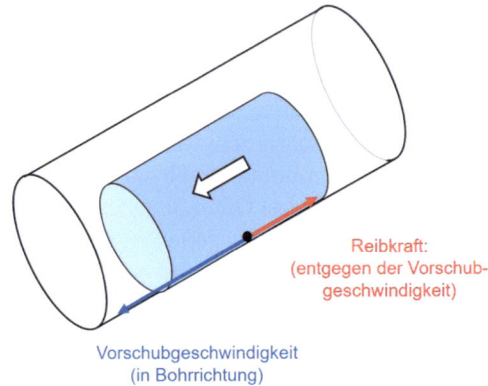

Abb. 11.27 Reibung im Bohrloch ohne Strangrotation

Reibkraft: (entgegen der Vorschubgeschwindigkeit)

Vorschubgeschwindigkeit (in Bohrrichtung)

Die genannten Reibfaktoren gelten nur für die Gleitreibung, also den bewegten Zustand. Wenn keine Bewegung stattfindet, der Klotz also noch an der Ebene haftet, ist der Reibfaktor deutlich höher und kann sogar den Wert 1 überschreiten. Die Haftreibung ist somit immer deutlich größer als die Gleitreibung.

Für einen nicht rotierenden Bohrstrang in einem Bohrloch (Abb. 11.27) bedeutet das, dass die Reibung mit zunehmender Horizontalbohrstrecke immer größer wird, weil das Gewicht des Stranges (Normalkraft) mit zunehmender Länge immer weiter zunimmt und es immer mehr Kontaktpunkte gibt, an denen der Strang mit der Wandung des Bohrloches in Kontakt steht. Um den Strang vorwärtszuschieben, muss zunächst die Haftreibung zwischen dem Strang und dem Bohrloch überwunden werden. Aufgrund des hohen Haftreibungskoeffizienten ist dazu ist eine signifikante axiale Vorschubkraft erforderlich. Je länger die Horizontalbohrstrecke ist, desto mehr Vorschubkraft ist zum Brechen der Haftreibung erforderlich.

Wenn die Haftreibung überwunden ist und sich der Bohrstrang im Bohrloch vorwärtsbewegt, wirkt der deutlich geringere Gleitreibungskoffizient. Der Strang rutscht also mit deutlich weniger Widerstand vorwärts und bewegt sich folglich ruckartig nach vorn. Die Reibkraft wirkt dabei in Richtung der Bohrlochachse nach oben, also genau entgegengesetzt der Bewegungsrichtung.

Die Bedingungen ändern sich signifikant, wenn der Bohrstrang in Rotation versetzt wird (Abb. 11.28). Das Einschalten der Strangrotation bricht die Haftreibung, und der Strang rotiert in der Bohrung. Die Haftreibung wird hierbei also durch die Antriebsleistung des Top Drive gebrochen, nicht aber durch den Vorschub des Bohrstranges.

Sobald der Bohrstrang im Bohrloch rotiert, findet zwischen dem Strang und der Bohrlochwand nur noch Gleitreibung statt. Wenn der Bohrstrang vorwärtsgeschoben werden soll, ist somit keine Haftreibung mehr zu brechen, sondern die Vorwärtsbewegung kann unmittelbar erfolgen. Ein rotierender Bohrstrang lässt sich also aus der Ruheposition heraus grundsätzlich leichter vorwärtsschieben als ein nicht rotierender. Es ist aber darüber hinaus noch ein weiterer Sachverhalt zu betrachten. Da ein rotierender Bohrstrang dasselbe Gewicht wie ein nicht rotierender besitzt, wirken zwischen der Bohrlochwand und dem Bohrstrang auch dieselben Normalkräfte. Und da der Gleitreibbeiwert beim Vorwärtsschieben des Stranges ebenfalls derselbe ist wie beim Rotieren des Stranges, ist auch der Betrag der Reibkraft an einem rotierenden und einem nicht rotierenden Bohrstrang identisch. Allerdings wirkt die Reibkraft an einem rotierenden Bohrstrang in eine

11.3 · Reservoir Navigation/Geosteering

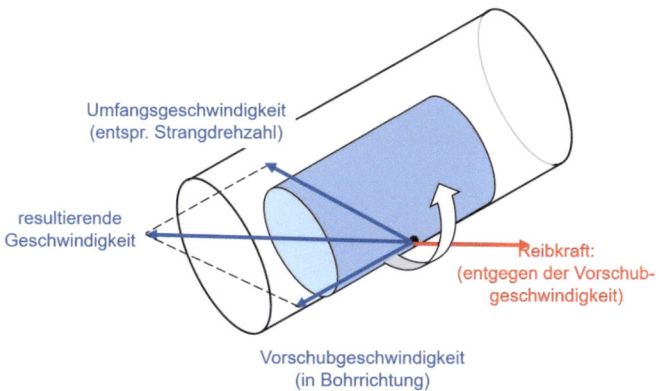

Abb. 11.28 Reibung im Bohrloch mit Strangrotation

andere Richtung als diejenige an einem nicht rotierenden Bohrstrang. Bei einem vorwärts bewegten, nicht rotierenden Bohrstrang wirkt die Reibkraft entgegen der Vorschubbewegung in axialer Bohrlochrichtung nach oben. Die Reibkraft erschwert somit den Vorschub des nicht rotierenden Bohrstranges.

An einem rotierenden Bohrstrang liegt am Kontaktpunkt mit der Bohrlochwand dagegen ein resultierender Geschwindigkeitsvektor vor, der sich aus der axial wirkenden Vorschubgeschwindigkeit und der radial wirkenden Umfangsgeschwindigkeit zusammensetzt. Der resultierende Geschwindigkeitsvektor am Kontaktpunkt weist deshalb seitlich aus der Bohrung heraus (Abb. 11.28). Die Reibkraft wirkt somit ebenfalls nicht mehr in Richtung der Bohrlochachse, sondern in rückwärtiger Richtung des resultierenden Geschwindigkeitsvektors.

Typische Strangdrehzahlen bewegen sich in einer Größenordnung von ca. 60 bis 80 Umdrehungen pro Minute. Ein $6\,3/4''$-Gewindeverbinder reibt folglich mit einer Umfangsgeschwindigkeit von etwa 1400–1800 m/h an der Bohrlochwand. Typische Bohrgeschwindigkeiten bewegen sich dagegen in einer Größenordnung von nur 10–20 m/h. Die Umfangsgeschwindigkeit des rotierenden Bohrstranges ist also ca. 200-mal größer als die axial gerichtete Bohrgeschwindigkeit. Die resultierende Geschwindigkeit am Kontaktpunkt des Bohrstranges mit der Bohrlochwand weist also fast vollständig in Umfangsrichtung. Daraus folgt, dass auch die Reibkraft nahezu vollständig in Umfangsrichtung wirkt.

Die Reibung an einem rotierenden Bohrstrang führt also nur zu einer Erhöhung des Drehmoments am Top Drive, behindert aber nur unwesentlich den Vorschub beim Bohren. Ein rotierender Bohrstrang lässt sich deshalb deutlich einfacher vorwärtsschieben als ein nicht rotierender.

Steuerprinzip von Rotary-Richtbohrsystemen

In ▶ Kap. 9 wurde erläutert, dass komplexe Extended-Reach-Bohrungen, also Bohrungen mit sehr langen Horizontalbohrstrecken, nur mit kontinuierlich rotierenden Bohrsträngen und Bohrgarnituren hergestellt werden können. Bei den bisher behandelten Richtbohrmotoren muss die Strangrotation für Richtungskorrekturen aber abgeschaltet werden.

Es musste also ein neues Bohrsystem entwickelt werden, mit dem das Bohren gerader und gekrümmter Bohrungsabschnitte unter Beibehaltung der Strangrotation möglich

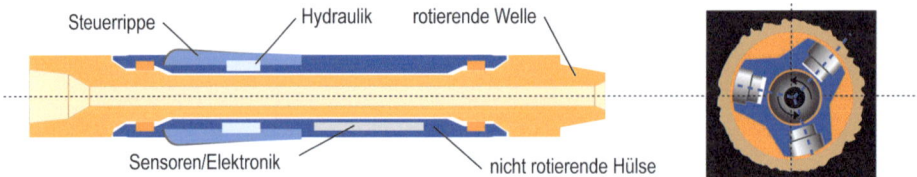

Abb. 11.29 Funktionsprinzip der Steuerhülse eines Rotary-Richtbohrsystems (RSS)

ist. Ein solches Richtbohrsystem wird als Rotary Steerable System (RSS) oder als Rotary-Richtbohrsystem bezeichnet. Beim Einsatz eines RSS rotiert der gesamte Bohrstrang vom Top Drive bis zum Bohrmeißel kontinuierlich und ermöglicht damit den Vorschub selbst in sehr komplexen Horizontalbohrungen. Das RSS ist direkt oberhalb des Bohrmeißels im Strang integriert. Es kann nach Bedarf eine Seitenkraft auf den Bohrmeißel ausüben, um ihn aus dem bisherigen Bohrungsverlauf heraus in eine vorgegebene Richtung hin abzulenken. Zur Erzeugung der Seitenkraft kommen viele verschiedene Funktionsprinzipien in Betracht.

Der Klassiker unter den Rotary-Richtbohrsystemen verfügt über eine Steuerhülse, die auf dem rotierenden Bohrstrang platziert ist. In ◘ Abb. 11.29 links ist ein Längsschnitt durch einen solchen Steuerkopf zu sehen. Rechts am gezeigten RSS ist der Bohrstrang angeschraubt, der bis zur Oberfläche reicht. In das Gewinde am linken Ende der gelben Welle wird der Bohrmeißel angeschraubt.

Auf der rotierenden Welle befindet sich die blau dargestellte Steuerhülse. Sie ist so auf der Welle gelagert, dass sie gegenüber der Welle in Umfangsrichtung frei verdreht werden kann. Auf der Steuerhülse befinden sich drei um jeweils 120° gegeneinander versetzte Steuerrippen (s. Querschnitt in ◘ Abb. 11.29 rechts). Jede Steuerrippe ist mit einer individuellen Ölhydraulik ausgestattet, welche die Steuerrippe mit einer frei wählbaren Kraft seitlich an die Bohrlochwand anpressen kann.

Um geradeaus zu bohren, drückt die Steuerhülse alle drei Steuerrippen mit derselben Kraft seitlich an die Bohrlochwand. Die Steuerrippen an der Bohrlochwand verhalten sich dabei ähnlich wie Schlittenkufen – sie lassen sich leicht in Richtung der Bohrlochachse vor- und zurückschieben, bieten aber gegenüber einer Bewegung in Umfangrichtung einen Widerstand. Deshalb dreht sich die Steuerhülse im Bohrloch nicht (oder nur sehr langsam) mit, wenn der Bohrstrang und mit ihm die Welle des RSS kontinuierlich rotiert.

Zum Ablenken der Bohrung aus der aktuellen Richtung werden die Steuerrippen mit unterschiedlichen Seitenkräften beaufschlagt. Die Elektronik in der Steuerhülse kennt die aktuelle Ausrichtung der Steuerrippen im Bohrloch und kann somit die Kräfte berechnen, mit der die einzelnen Steuerrippen an die Bohrlochwand angepresst werden müssen, um den vorgegebenen Steuervektor (Betrag und Richtung der resultierenden Seitenkraft) umzusetzen (◘ Abb. 11.30). Die Ausrichtung des Steuervektors entscheidet über die Änderung von Inklination und/oder Azimut, der Betrag des Steuervektors definiert den Kurvenradius, der gebohrt wird.

Das Prinzip eines rotierenden Bohrstranges, auf dem in Meißelnähe eine variable Seitenkraft in frei wählbarer Richtung erzeugt werden kann, lässt sich nicht nur durch den Einsatz einer nicht mitrotierenden Steuerhülse realisieren. Es gibt im Feld mehrere verschiedene konstruktiver Ausführungen von RSS von unterschiedlichen Anbietern. In ◘ Abb. 11.31 sind einige Beispiele schematisch dargestellt.

11.3 · Reservoir Navigation/Geosteering

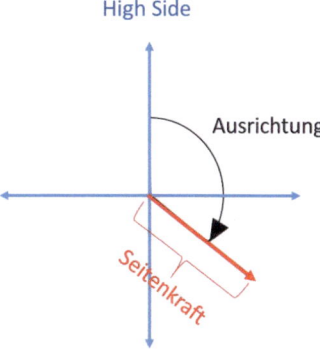

Abb. 11.30 Steuervektor eines Rotary-Richtbohrsystems (RSS)

Das System der mitrotierenden Steuerklappen verfügt über drei Steuerklappen, die fest mit dem Außengehäuse des RSS verbunden sind und mit dem Bohrstrang mitrotieren. Wenn eine Richtungskorrektur erfolgen soll, wird jede Steuerklappe bei jeder Umdrehung kurzfristig an die Bohrlochwand gedrückt, wenn sie sich gerade an der Außenseite der zu bohrenden Krümmung befindet. Soll die Bohrung beispielsweise nach links abgelenkt werden, drückt sich jede Steuerklappe genau dann an die Bohrlochwand an, wenn sie den rechten Teil der Bohrlochwand überstreicht. Der Meißel wird dadurch im Verlauf jeder Strangumdrehung dreimal seitlich in die gewünschte Richtung an die Bohrlochwand gedrückt und somit mit einer quasistatischen Seitenkraft beaufschlagt.

Bei der Variante abgewinkelter Drive Shaft vorn ragt am meißelseitigen Ende eine Welle aus dem RSS, die trotz kontinuierlicher Rotation des gesamten RSS konstant in die gewünschte Richtung weist. Der Meißel ist somit gegenüber der Längsachse des Bohrstranges mit einem konstanten Winkel in immer derselben Richtung angestellt. Der Anstellwinkel definiert den Kurvenradius, die Ausrichtung des Anstellwinkels die Änderung von Azimut und/oder Inklination.

Die Variante Durchbiegung Drive Shaft beaufschlagt die innen liegende Welle des rotierenden RSS mit einer Biegekraft, die in Betrag und Richtung frei einstellbar ist.

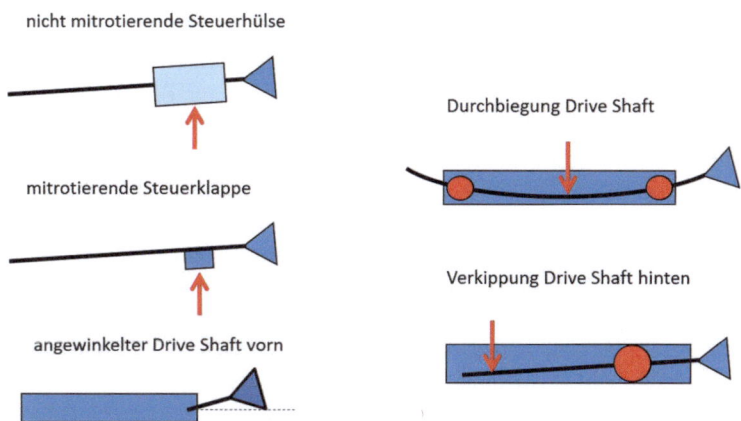

Abb. 11.31 Beispiele für konstruktive Ausführungen von Rotary-Richtbohrsystemen (RSS)

Dadurch kann die Auslenkung des Meißels in die gewünschte Richtung orientiert und über die Durchbiegung der Welle der Krümmungsradius der Bohrung eingestellt werden.

Bei der Variante Verkippung Drive Shaft hinten wird die innen liegende, rotierende Welle im hinteren Teil des RSS mit einer Seitenkraft beaufschlagt, die über die vorn liegende Lagerung der Welle zu der gewünschten Auslenkung des Bohrmeißels führt.

Alle Systeme konnten sich im Feld bewähren und befinden sich im kommerziellen Einsatz. Die Konstruktionen sind in allen Fällen sehr komplex. Es würde den Rahmen dieses Buches sprengen, sie im Detail zu beschreiben. Im Internet findet man aber zu allen Ausführungsformen sehr anschauliche Videos. Als Suchanfrage eignet sich zum Beispiel „rss video drilling".

Aufgrund ihrer Komplexität ist der Einsatz von RSS mit höheren Kosten verbunden als der Einsatz von Richtbohrmotoren. Extended-Reach-Bohrungen oder komplexe Designer Wells mit anspruchsvollen dreidimensionalen Verläufen lassen sich aber nur mit RSS herstellen. Insofern ist ihr Einsatz in komplexen Bohrungen alternativlos.

Aber auch in weniger komplexen Bohrungen kommen immer mehr RSS zum Einsatz. Da sie mit kontinuierlicher Strangrotation bohren, erzielen sie höhere Bohrgeschwindigkeiten als Richtbohrmotoren. Außerdem ist die Bohrlochqualität besser, da nicht zwischen Rotary und orientierten Abschnitten hin und her geschaltet wird und folglich keine Absätze im Bohrloch entstehen. Und schließlich kann ein RSS die Krümmungsradien der Bohrung frei verändern, ohne dabei den Bohrbetrieb zu unterbrechen.

Kommunikation mit Rotary-Richtbohrsystemen

Die MWD-/LWD-Systeme wurden ursprünglich für eine unidirektionale Datenübertragung von der Bohrlochsohle zur Erdoberfläche hin ausgerichtet. Die Daten werden untertage gemessen und aufbereitet und dann zur Oberfläche übertragen. Dort werden durch die Bohrmannschaft richtbohrtechnische Entscheidungen getroffen, die der Richtbohrer umsetzt, indem er den Richtbohrmotor entsprechend einsetzt.

RSS benötigen im Gegensatz zu den klassischen Richtbohrsystemen aber eine bidirektionale Kommunikation mit der übertägigen Bohrmannschaft. Einerseits müssen Messwerte von der untertägigen Bohrgarnitur zur Oberfläche übertragen und andererseits auch Steuerbefehle von der Oberfläche hinunter zur Bohrgarnitur gesendet werden. Die Befehle müssen von der Untertageeinheit empfangen und dann selbstständig ausgeführt werden.

Wie die bidirektionale Datenübertragung im Detail funktioniert, wird in ▶ Kap. 12 behandelt. Hier soll lediglich erwähnt werden, dass in einer RSS-Bohrgarnitur neben dem Steuerkopf und den üblichen MWD-/LWD-Modulen immer auch ein Kommunikationsmodul enthalten ist, das in ständiger Verbindung mit der übertägigen Mannschaft steht und Befehle entgegennimmt und bestätigt sowie Daten zur Oberfläche sendet (◘ Abb. 11.32).

Typische Befehle könnten z. B. darin bestehen, geradeaus zu bohren, eine Kurve in eine bestimmte Himmelsrichtung zu bohren, Neigung auf- oder abzubauen oder den Krümmungsradius der Bohrung zu verändern. Aber auch einige der LWD-Komponenten können Befehle empfangen, um beispielsweise eine Probenahme der Fluide aus der Bohrlochwand vorzunehmen. Das Kommunikationsmodul versorgt alle elektronischen Komponenten mit elektrischer Energie, leitet Befehle an die betreffenden Module weiter und wickelt den Datenstrom in der Bohrgarnitur ab.

11.4 · Grundbegriffe der Richtbohrtechnik

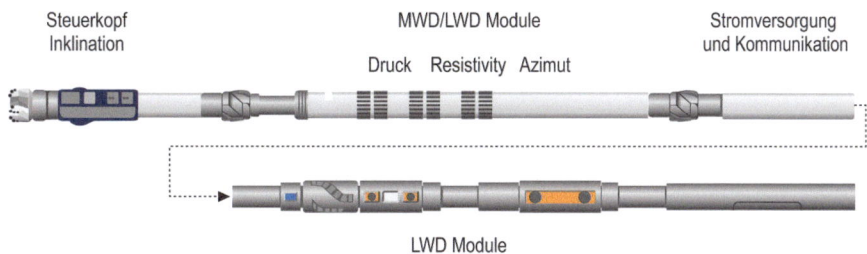

◘ **Abb. 11.32** Beispiel für eine RSS-Bohrgarnitur

11.4 Grundbegriffe der Richtbohrtechnik

In der Richtbohrtechnik werden viele Fachbegriffe verwendet, die im Folgenden kurz erläutert werden. Es hat sich in der Fachsprache eingebürgert, viele englische Begriffe einzudeutschen. Für einige Begriffe gibt es deshalb gar keine prägnanten deutschen Ausdrücke.

11.4.1 Gemessene und vertikale Tiefe (MD und TVD)

Um einen Bohrpfad berechnen zu können, muss in bestimmten Abständen entlang der Bohrstrecke immer wieder die Inklination (Neigung) und der Azimut (Himmelsrichtung) der Bohrung gemessen werden. Zu jedem Datensatz aus Inklination und Azimut (Survey) muss die Tiefe der Bohrung angegeben werden. Man verwendet dazu die gemessene Tiefe (Measured Depth, MD) der Bohrung. Die gemessene Tiefe entspricht der Länge der Bohrung von der Oberfläche bis zum Messpunkt.

Die Länge des Bohrpfades wird ermittelt, indem die Längen aller Bohrstrangelemente, die in das Bohrloch eingebaut werden, aufaddiert werden. Dazu müssen alle Bohrstrangelemente zunächst auf dem Bohrplatz vermessen und die Längen notiert werden (◘ Abb. 11.33).

◘ **Abb. 11.33** Bohrstangenvermessung auf dem Bohrplatz. (Foto: Herrenknecht)

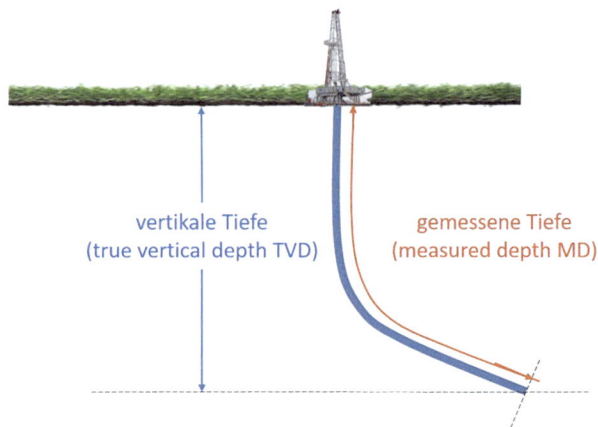

◨ **Abb. 11.34** Measured Depth (MD) und True Vertical Depth (TVD)

Die aufaddierte Länge aller Elemente des in der Bohrung befindlichen Bohrstranges, die Measured Depth, MD, darf nicht mit der Vertikalteufe (True Vertical Depth, TVD) der Bohrung verwechselt werden! In ◨ Abb. 11.34 ist der Unterschied zwischen den beiden Tiefenangaben deutlich zu sehen.

Die MD ist immer größer oder gleich der TVD. Der Quotient aus MD/TVD wird oft als Maß für die Komplexität eines Bohrpfades verwendet. Je größer das Verhältnis ist, desto komplexer ist das Bohrprofil. Ab einem Verhältnis MD/TVD > 3 spricht man von einer Extended-Reach-Bohrung.

11.4.2 Neigung (Inklination)

In der Tiefbohrtechnik ist die Neigung einer Bohrung als Winkel zwischen der Tangente der Bohrlochachse am Messpunkt und dem Gravitationsvektor definiert (◨ Abb. 11.35). Eine Bohrung weist folglich eine Neigung von 0° auf, wenn sie vertikal verläuft. Horizontalbohrungen besitzen Neigungen von 90°.

Es wurde bereits erwähnt, dass die Neigung zu Beginn der Richtbohrtechnik mit mechanischen Methoden (Flüssigkeitsspiegel, Schwerelot, Kompass, Kugel auf sphärischer Schale usw.) bestimmt wurde. Heute werden Inklinationsmessungen mittels elek-

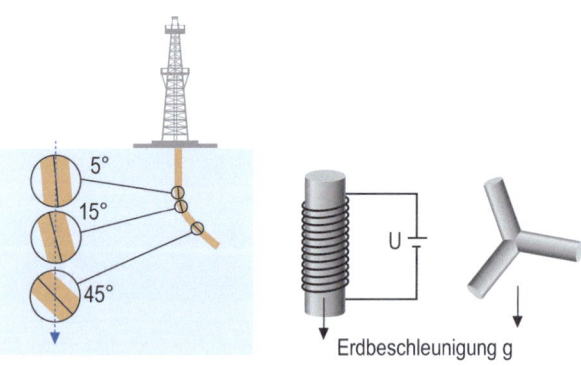

◨ **Abb. 11.35** Inklination (Neigung) einer Bohrung

11.4 · Grundbegriffe der Richtbohrtechnik

tronischer Beschleunigungsaufnehmer durchgeführt. Im Prinzip handelt es sich bei einem Beschleunigungsaufnehmer um einen Eisenkern, der in einer Spule angebracht ist (Abb. 11.35 rechts). Wenn an dieser Messanordnung eine Beschleunigung wirkt (z. B. die Erdbeschleunigung g), wird der Eisenkern aus seiner Ruhelage heraus beschleunigt – er fällt also gewissermaßen nach unten aus der Spule heraus. Durch das Anlegen einer elektrischen Spannung an die Spule kann die Beschleunigungskraft aber kompensiert und der Kern in seiner Ruhelage festgehalten werden. Die elektrische Spannung U an der Spule kann deshalb als Maß für die anliegende Beschleunigung verwendet werden.

In der Praxis wird die Bohrlochneigung nicht durch einen, sondern durch drei zueinander orthogonal angeordnete Beschleunigungsaufnehmer gemessen. Wenn die Messanordnung sich in Ruhe befindet, muss die vektorielle Summe der drei Einzelmessungen der orthogonal zueinander angeordneten Sensoren die Erdbeschleunigung von $9{,}81\,\mathrm{m/s^2}$ ergeben, sonst ist die Messeinrichtung fehlerhaft.

Die vektorielle Aufteilung der Erdbeschleunigung auf die drei orthogonal zueinander ausgerichteten Beschleunigungsaufnehmer erlaubt die exakte Bestimmung der Neigung des Messgeräts zum Zeitpunkt der Messung. Es wird üblicherweise davon ausgegangen, dass das Messgerät sich auf der Längsachse der Bohrung befindet und die Neigung des Messgeräts folglich der Neigung der Bohrung entspricht.

11.4.3 Himmelsrichtung (Azimut)

Der Azimut ist als der Winkel zwischen der Himmelsrichtung Nord und der horizontalen Projektion der Bohrlochachse definiert. In einer Draufsicht der Bohrung entspricht der Azimut also dem Winkel zwischen der Himmelsrichtung Nord und der aktuellen Himmelsrichtung der Bohrung. Meist wird er von Nord aus beginnend im Uhrzeigersinn aufsteigend gemessen und in Grad angegeben (Abb. 11.36 links).

Neben der 360°-Darstellung des Azimuts wird gelegentlich auch die Quadrantendarstellung verwendet, bei der die komplette Kompassrose in vier Quadranten aufgeteilt ist (Abb. 11.36 rechts). In jedem Quadranten wird ein Winkelbereich von 0–90° abgedeckt. Der erste Quadrant läuft dabei von Nord (0°) bis Ost (90°), der zweite von Süd (0°) nach Ost (90°), der dritte von Süd (0°) nach West (−90°) und der vierte von Nord (0°) nach West (−90°). Die in Abb. 11.36 links markierte Angabe des Azimuts von 122,5° entspricht einer Darstellung in Quadrantendarstellung von 32,5°ES.

Bei der Messung des Azimuts ist zu beachten, dass sich eine Kompassnadel in Richtung des magnetischen Nordpols (magnetic north) ausrichtet, die Richtung Nord auf

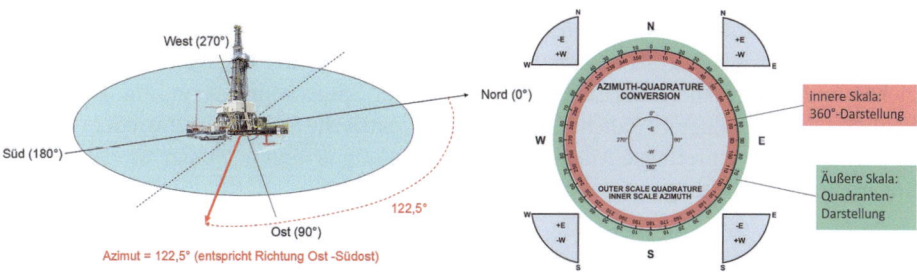

Abb. 11.36 Azimut

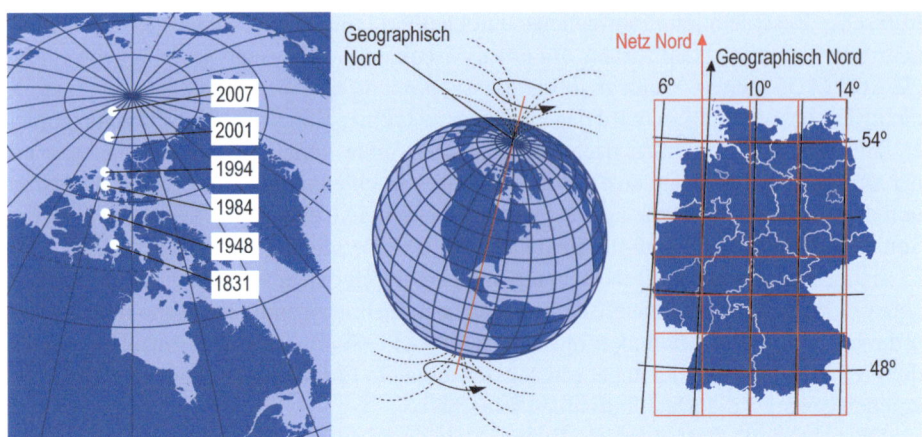

Abb. 11.37 *Links* magnetischer Nordpol, *Mitte* geografischer Nordpol, *rechts* Gitter-Nord

Karten aber üblicherweise anhand des geografischen Nordpols (true north) definiert wird. Erschwerend kommt hinzu, dass der magnetische Nordpol nicht ortsstabil ist, sondern im Laufe der Zeit seine Position verändert (◘ Abb. 11.37 links). Die Richtung „magnetic north", auf der die Messungen üblicherweise beruhen, ist also kein fester, sondern ein veränderlicher Bezugspunkt. Dieser Sachverhalt kann insbesondere dann problematisch werden, wenn in einem Feld die Positionen mehrere Jahrzehnte alter Bohrungen mit Plänen für Neubohrungen abgestimmt werden müssen.

Ein weiteres Problem bei der Bestimmung der Himmelsrichtung ist, dass die Erde eine Kugel ist, die üblichen Karten aber in eine Ebene projiziert werden. Dadurch findet eine Verzerrung der Nordrichtung statt (◘ Abb. 11.37 rechts). Wenn Karten verschiedener Länder (z. B. die schottische und die norwegische Nordsee) übereinandergelegt werden, sind die Nordrichtungen in den Überlappungsbereichen der Karten möglicherweise unterschiedlich definiert.

Letztlich wird die Messung der Himmelsrichtung auch durch Verzerrungen des Magnetfeldes der Erde beispielsweise durch Sonnenwinde, die wechselnde Stärke des Magnetfeldes, mögliche Eisenteile in der Umgebung des Messgeräts (z. B. Verrohrungen, eisenhaltige Bohrstrangelemente) und die überall auf der Erdoberfläche regional unterschiedlichen Einfallswinkel der Feldlinien beeinflusst.

Heute werden zur Messung der Himmelsrichtung anstelle einer Kompassnadel elektronische Magentometer verwendet. Diese funktionieren ähnlich wie die in ◘ Abb. 11.35 gezeigten Beschleunigungsaufnehmer, jedoch wird anstelle der Beschleunigungskraft die Kraft ermittelt, mit der ein äußeres Magnetfeld am Eisenkern zieht. Auch bei diesem Messprinzip wird die Kraft des magnetischen Feldes, die den Eisenkern aus der Spule ziehen will, durch eine elektrische Spannung an der Spule kompensiert, um den Eisenkern in seiner Ruhelage zu halten. Die angelegte elektrische Spannung ist wieder ein Maß für das am Kern angreifende Magnetfeld. Die Messung erfolgt auch hier wieder anhand dreier zueinander orthogonal angeordneter Einzelsensoren.

11.4.4 Tool Face Orientation

Die Ausrichtung des Tool Face auf einem Richtbohrmotor (bzw. des Vektors der Seitenkraft eines RSS) entscheidet über den weiteren Verlauf der Bohrung. Der sprachlichen Vereinfachung halber soll nur von der Ausrichtung des Knickes auf dem Richtbohrmotor, nicht aber von der Ausrichtung der Seitenkraft auf dem RSS die Rede sein (obwohl beide aus richtbohrtechnischer Sicht identisch sind).

Die Tool Face Orientation (TFO) ist als der Winkel definiert, den die High Side des Richtbohrmotors in Bohrrichtung gesehen mit der High Side des Bohrloches (höchster Punkt des Umfangs) bildet (◘ Abb. 11.38). Der Winkel wird dabei in Bohrrichtung gesehen im Uhrzeigersinn gemessen. Zeigt der Knick auf dem Richtbohrmotor in Bohrrichtung gesehen genau nach oben, so beträgt die TFO 0°. Bei einer Ausrichtung des Knickes nach rechts beträgt die TFO 90° usw. (◘ Abb. 11.39).

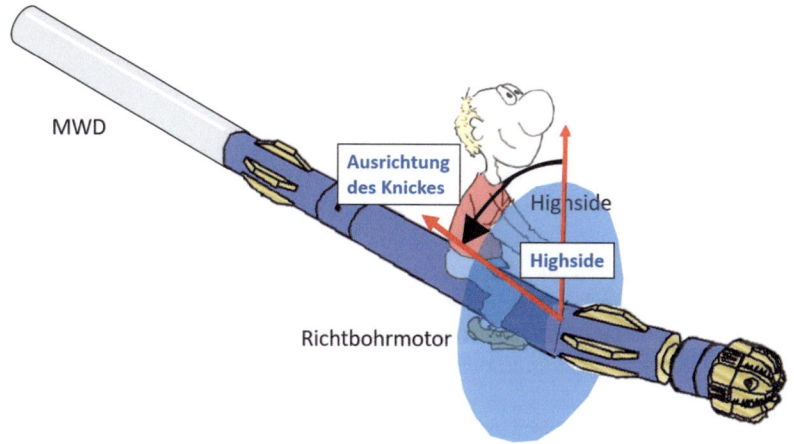

◘ **Abb. 11.38** Tool Face Orientation bzw. Steuervektor

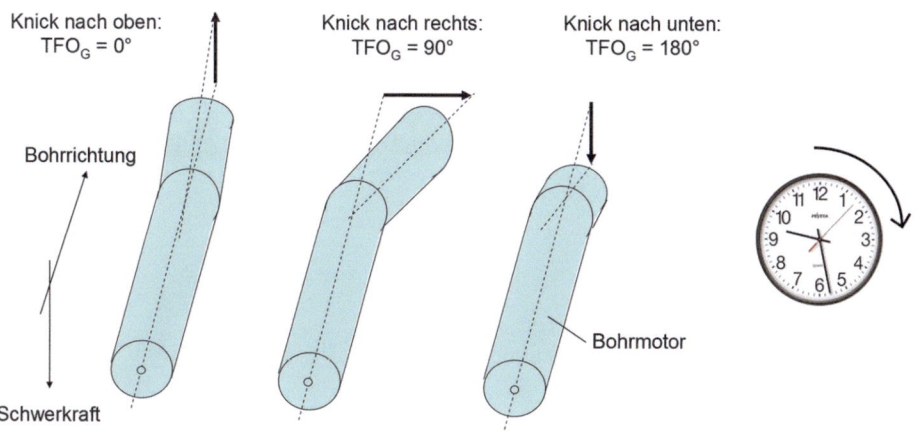

◘ **Abb. 11.39** Gravity Tool Face Orientation (TFO$_G$)

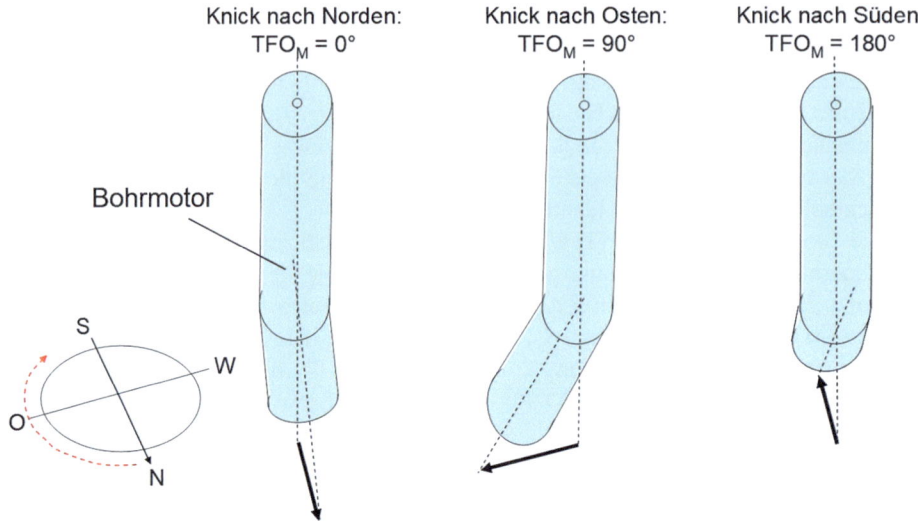

Abb. 11.40 Magnetic Tool Face Orientation (TFO$_M$)

Zur Messung der TFO werden wieder Beschleunigungsaufnehmer verwendet, wie sie bereits in den vorangehenden Ausführungen beschrieben wurden. Da diese das Erdschwerefeld als Bezugsgröße verwenden, wird die Messung als Gravity Tool Face Orientation bezeichnet und durch die Abkürzung TFO$_G$ dargestellt.

Die Verwendung der TFO$_G$ ist allerdings nicht immer möglich. Die meisten Richtbohrarbeiten beginnen ja in einem vertikalen Bohrungsabschnitt, in dem jeder Bohrungsquerschnitt in einer horizontalen Ebene liegt, in der die Begriffe „oben", „unten" usw. gar nicht definiert sind.

Deshalb verwendet man in vertikalen Bohrungsabschnitten zur Beschreibung der Ausrichtung des Knickes auf dem Richtbohrmotor die Magnetic Tool Face Orientation (TFO$_M$), welche die Kompassrose als Bezugsgröße verwendet und folglich über die Magnetometer des MWD-Systems ermittelt wird (Abb. 11.40). Unter Bezugnahme auf das Magnetfeld der Erde richtet man den Knick auf dem Richtbohrmotor also nach Norden, Süden, Osten, Westen usw. aus, um die Bohrung aus der Vertikalen abzulenken.

Die Messung im schwachen Magnetfeld der Erde ist wesentlich ungenauer als die Messung in ihrem ausgeprägten Gravitationsfeld. Deshalb wird die Magnetic-Tool-Face-

Abb. 11.41 Vergleich von TFO$_M$ und TFO$_G$

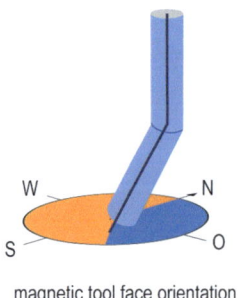
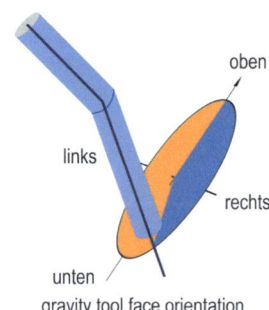

Messung nur bei Bohrlochneigungen bis ca. 5° verwendet. Bei größeren Bohrlochneigungen wird das Gravity Tool Face bevorzugt, da dieses dann genauer und stabiler ist (◘ Abb. 11.41).

In verrohrten Bohrlochabschnitten ist eine Messung der TFO$_M$ aufgrund der abschirmenden Wirkung der eisenhaltigen Rohre nicht möglich. Hier kann dann bei Bedarf auf Messungen mit einem Kreiselkompass (Gyro) zurückgegriffen werden.

11.4.5 Bohrlochkrümmung (Kurvenradius)

Geologische Einflüsse und bohrtechnische Richtungskorrekturen führen zu Krümmungen des Bohrpfades und damit zu vermehrten Kontaktpunkten zwischen Bohrstrang und Bohrloch, resultierenden Seitenkräften und damit verbundener Reibung, Biegung usw. Es ist deshalb wichtig, die Krümmung des Bohrpfades kontinuierlich zu überwachen.

Ein lokal auftretender gekrümmter Bohrungsabschnitt wird in der Praxis als Dogleg bezeichnet. So kann man beispielsweise in Dokumenten die Formulierung finden, dass ein empfindliches Messgerät in einer gewissen Tiefe ohne Strangrotation durch ein Dogleg hindurch in die Bohrung eingefahren wurde. Um die Ausprägung eines Doglegs zu quantifizieren, verwendet man den Begriff „Dogleg Severity" (DLS). Sie gibt die Krümmung des Bohrlochabschnitts in der Einheit °/100 ft an. Grundsätzlich kann man die DLS als Kehrwert des Krümmungsradius verstehen; je höher sie ist, desto geringer ist der Krümmungsradius des Bohrungsabschnitts. Die DLS beschreibt den Krümmungsradius eines Bohrungsabschnitts im dreidimensionalen Raum. Meist ändert sich zwischen zwei benachbarten Messpunkten sowohl die Inklination als auch der Azimut der Bohrung.

Oft fällt es uns Menschen nicht ganz leicht, uns im dreidimensionalen Raum zurechtzufinden, da wir es gewohnt sind, uns in der horizontalen Ebene (links – rechts) und in der vertikalen Ebene (auf – ab) zu orientieren. Deshalb wird auch die DLS im Sinne einer anschaulichen Darstellung meist in eine horizontale und eine vertikale Komponente zerlegt (◘ Abb. 11.42).

Die Auf- bzw. Abbaurate gibt an, wie stark sich die Inklination zwischen zwei benachbarten Messpunkten ändert. Sie wird wie die DLS in der Einheit °/100 ft angegeben.

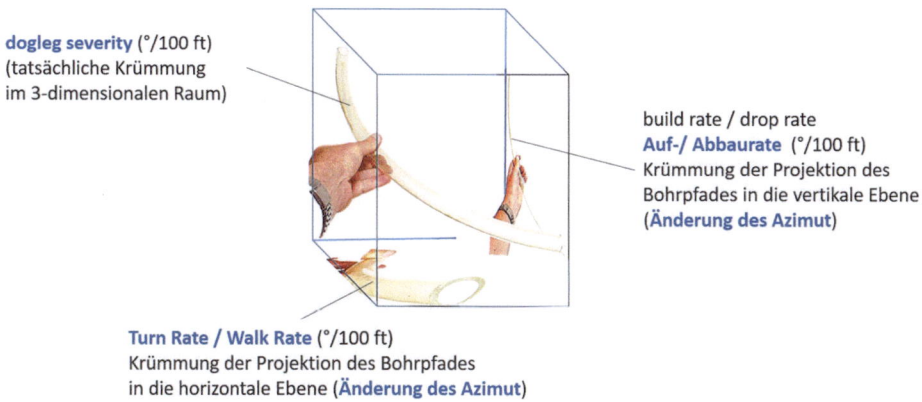

◘ **Abb. 11.42** Zusammenhang Dogleg Severity (DLS), Auf- bzw. Abbaurate und Turn Rate bzw. Walk Rate

Wenn die Neigung entlang des Bohrpfades größer wird, spricht man von einer Aufbaurate, wenn sie geringer wird von einer Abbaurate.

Analog dazu wird die Änderung des Azimuts der Bohrung zwischen zwei benachbarten Messpunkten als Turn Rate bzw. Walk Rate bezeichnet und ebenfalls in der Einheit °/100 ft angegeben.

11.4.6 Korrelation von Krümmung und Radius

Es ist in der Praxis oft nützlich, eine Bohrlochkrümmung in einen Radius umrechnen zu können. Dazu wird meist davon ausgegangen, dass der Bohrpfad zwischen zwei benachbarten Messpunkten entlang eines Kreisbogens verläuft (◘ Abb. 11.43).

Das folgende Beispiel soll die Umrechnung der Krümmung in einen Radius anhand eines zweidimensionalen Falles verdeutlichen. Es ändert sich zwischen den beiden benachbarten Messpunkten (Surveys) also nur die Neigung der Bohrung.

Gesucht wird nun der Zusammenhang zwischen der Aufbaurate des betrachteten Bohrungsabschnitts und dem entsprechenden Kreisradius r.

Die Neigung der Bohrung betrage beim ersten Survey α_1 und beim zweiten α_2. Die Neigung der Bohrung ändert sich auf der Bohrstrecke x also um den Winkel $\beta = \alpha_2 - \alpha_1$. Wenn man den links in ◘ Abb. 11.43 gezeigten Bohrungsabschnitt auf einen vollständigen Kreis projiziert, taucht der Winkel β als Öffnungswinkel des rechts gezeigten Kreissegments auf, das durch den Kreismittelpunkt und die beiden Survey-Punkte gekennzeichnet ist.

Der Winkel β verhält sich zum vollständigen Kreiswinkel von 360° so, wie sich die Teilstrecke x zum vollständigen Umfang des Kreises $U = 2\pi r$ verhält:

$$\text{BUR}\left[\frac{°}{100\,\text{ft}}\right] = \frac{\text{Bohrstrecke zwischen 2 Surveys } x}{\text{Änderung der Neigung } \Delta\alpha}$$

$$\text{BUR}\left[\frac{°}{\text{ft}}\right] = \frac{360°}{2\pi r} = \frac{360° \cdot 0{,}3048\,\text{m}}{2\pi r\,[\text{m}] \cdot 1\,\text{ft}}$$

$$\text{am Kreis: } \frac{\beta}{x} = \frac{360°}{U} = \frac{360°}{2\pi r}$$

$$\text{BUR}\left[\frac{°}{\text{ft}}\right] = \frac{17{,}464}{r\,[\text{m}]} \quad \text{BUR}\left[\frac{°}{100\,\text{ft}}\right] = \frac{1746{,}4}{r\,[\text{m}]}$$

Die entsprechende Gleichung kann so umgeformt werden, dass auf der linken Seite der Term β/x zu finden ist. Er stellt die Aufbaurate (Build-up Rate, BUR) im betrachteten

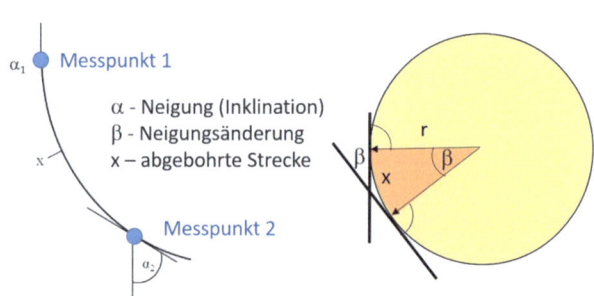

◘ Abb. 11.43 Krümmung und Radius an einem Kreis

α – Neigung (Inklination)
β – Neigungsänderung
x – abgebohrte Strecke

Bohrungsabschnitt in der Einheit °/m dar. Da die Aufbaurate in der Praxis aber in der Einheit °/100 ft angegeben wird, sind weitere Umformungen erforderlich.

Es ergibt sich schließlich die folgende Formel zur Umrechnung einer Bohrlochkrümmung in einen Krümmungsradius:

$$\text{BUR}\left[\frac{°}{100\,\text{ft}}\right] = \frac{1746{,}4}{r\,[\text{m}]}$$

In dieser Gleichung wird der Kehrwehrt des Radius r (angegeben in der Einheit Meter) mit der Konstanten 1746,3 multipliziert, um die Aufbaurate (BUR) in der Einheit °/100 ft zu erhalten. Analog dazu kann eine Aufbaurate natürlich auch in einen Radius umgerechnet werden.

Eine (typische) Aufbaurate von 6°/100 ft entspricht somit einem Radius von 291 m, eine (relativ hohe) Aufbaurate von 10°/100 ft einem Radius von 175 m.

11.5 Berechnung des Bohrpfades aus Survey-Daten

Aus den Messwerten die an den Messpunkten (Surveys) gewonnen werden, wird der Bohrpfad berechnet. Ein Survey besteht aus dem folgenden Datensatz:
- Länge der Bohrung bis zum Messpunkt (MD)
- Neigung der Bohrung am Messpunkt (INC)
- Himmelsrichtung der Bohrung am Messpunkt (AZI)

Die Berechnung des Bohrpfades ist schon allein deshalb erforderlich, weil die Bergämter ihn zur Dokumentation der Bohrarbeiten einfordern. Sie dient aber auch dazu, Kollisionen mit benachbarten Bohrungen zu vermeiden, gewünschte geologische Ziele zu finden und zu treffen, Lizenzbedingungen einzuhalten, eine Lagerstätte effizient zu erkunden oder die Bohrung so in einer Lagerstätte zu platzieren, dass eine maximale Produktion gewährleistet ist. Und schließlich ist im Fall eines Blowouts die genaue Kenntnis des Bohrpfades der havarierten Bohrung erforderlich, um eine Entlastungsbohrung präzise planen und durchführen zu können.

Die Berechnung des Bohrpfades aus Survey-Daten erfolgt anhand einfacher triogonometrischer Berechnungen und kann im Prinzip mit einem Taschenrechner durchgeführt werden. In der Praxis verwendet man dazu aber computerbasierte Worksheets (beispielsweise ein Excel-Arbeitsblatt). Die Formeln, die diesen Arbeitsblättern hinterlegt sind, kann man in älteren Büchern über die Tiefbohrtechnik finden (z. B. in *Applied Drilling Engineering* von Bourgoyne et al. oder in *Flachbohrtechnik* von Werner Arnold), sie werden hier nicht nochmals aufgelistet.

In die Tabelle des Arbeitsblattes werden zunächst die gemessenen Survey-Daten, also die gemessene Tiefe MD, die Neigung (INC) und die Himmelsrichtung (AZI) eingegeben (gelb dargestellte Werte in ◘ Abb. 11.44). Aus diesen Survey-Daten ermittelt die Software zunächst die Course Length (CL), die der abgebohrten Strecke zwischen den aufgeführten Surveys entspricht. Im nächsten Rechenschritt wird für jeden Messpunkt die Vertikalteufe (True Vertical Depth, TVD) berechnet (rote Spalte in ◘ Abb. 11.44).

Ein Bohrpfad sollte aus Gründen der Anschaulichkeit immer auch grafisch darstellbar sein. Moderne Computerprogramme erstellen deshalb dreidimensionale Abbildungen, die auf dem Bildschirm rotiert und von allen Seiten betrachtet werden können. In vielen

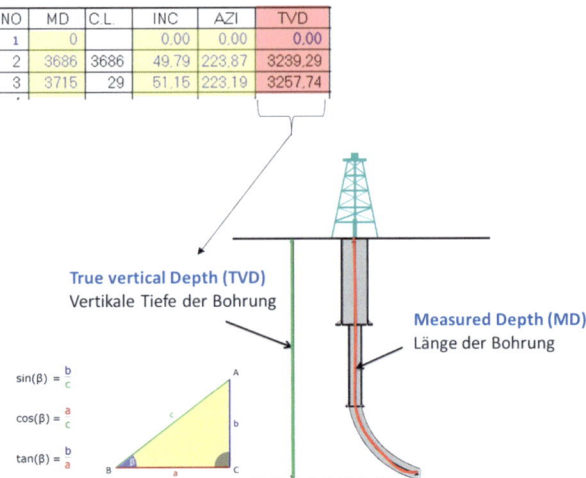

Abb. 11.44 Berechnung der Vertikalteufe (schematisch)

Fällen wird der Bohrungsverlauf aber immer noch in Form eines Ausdrucks auf einem Bogen Papier dargestellt, der zum Beispiel im Bürocontainer des Richtbohrers auf der Bohranlage an die Wand gehängt wird. Zur vollständigen Beschreibung einer dreidimensionalen Bohrung in einer Ebene ist eine Seitenansicht und eine Draufsicht erforderlich.

Man kann sich leicht ein dreidimensionales Modell einer Horizontalbohrung herstellen, indem man einen Draht entsprechend verbiegt. Wenn man dieses Modell von der Seite anschaut, stellt man fest, dass es aus jedem Blickwinkel anders aussieht. Um trotzdem eine eindeutige Abbildung der Bohrung in der Ebene zu erstellen, wird eine Abrollung der Bohrung erstellt. Man geht dabei im Prinzip so vor, wie es in ◘ Abb. 11.45 dargestellt ist. Das Drahtmodell wurde mit Farbe getränkt auf einem Bogen Papier abgerollt.

Die Abrollung muss noch mit einer vertikalen Achse versehen werden, auf der die TVD der Bohrung aufgetragen ist. Die horizontale Achse der Abrollkurve wird als Vertical Section (VS) der Bohrung beschriftet.

Im Excel-Arbeitsblatt wird die VS für jeden Survey-Punkt berechnet. In ◘ Abb. 11.46 ist die entsprechende Spalte der Tabelle rot markiert. Unter der Tabelle ist eine Seitenansicht einer Bohrung *schematisch* dargestellt, die in der darüber befindlichen Tabelle aufgelisteten Werte entsprechen nicht der im Diagramm gezeigten Kurve!

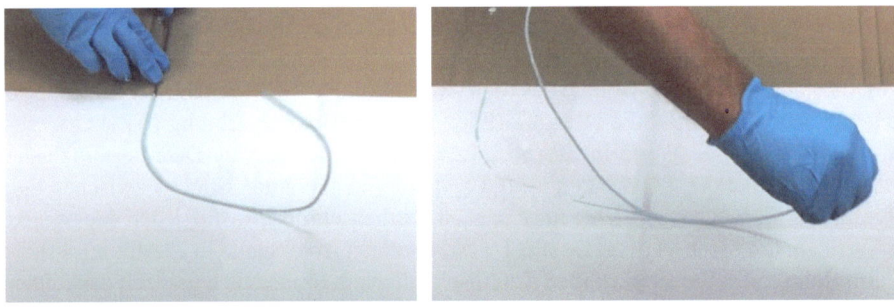

Abb. 11.45 Abrollung eines dreidimensionalen Bohrpfades in eine Ebene

11.5 · Berechnung des Bohrpfades aus Survey-Daten

NO	MD	C.L.	INC	AZI	TVD	VS
1	0		0,00	0,00	0,00	
2	3686	3686	49,79	223,87	3239,29	-1502,99
3	3715	29	51,15	223,19	3257,74	-1525,35

Länge der roten Linie entspricht MD (Länge der Bohrung)

Für jeden Punkt entlang der Bohrungslänge kann man die Vertikalteufe und die Neigung ablesen

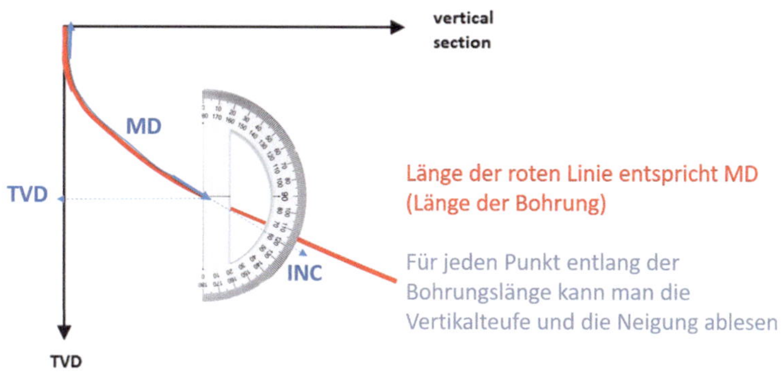

Abb. 11.46 Seitenansicht einer Bohrung (schematisch)

In der Seitenansicht des Bohrpfades entspricht die Länge der roten Kurve der tatsächlichen Länge (MD) der Bohrung. Der Winkel zwischen der roten Abrollkurve und der Vertikalen entspricht an jedem Punkt der roten Kurve der tatsächlichen Bohrlochneigung in der entsprechenden TVD.

Im nächsten Berechnungsschritt werden die Koordinaten für die Draufsicht der Bohrung berechnet. In ◘ Abb. 11.47 sind oben in der Tabelle für jeden Messpunkt die Nord-Süd- und die Ost-West-Koordinaten zu sehen. Sie werden ähnlich der Bestimmung der Vertikalteufe über trigonometrische Formeln aus den Survey-Daten berechnet. Die be-

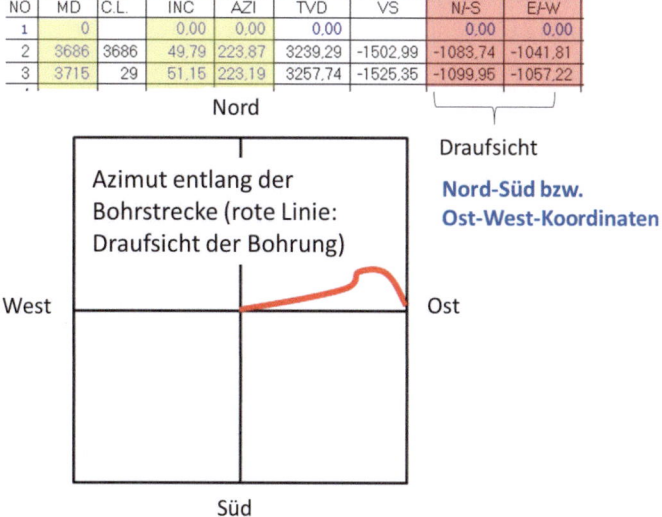

NO	MD	C.L.	INC	AZI	TVD	VS	N/-S	E/-W
1	0		0,00	0,00	0,00		0,00	0,00
2	3686	3686	49,79	223,87	3239,29	-1502,99	-1083,74	-1041,81
3	3715	29	51,15	223,19	3257,74	-1525,35	-1099,95	-1057,22

Abb. 11.47 Draufsicht der Bohrung (schematisch)

NO	MD	C.L.	INC	AZI	TVD	VS	N/-S	E/-W
1	0		0,00	0,00	0,00		0,00	0,00
2	3686	3686	49,79	223,87	3239,29	-1502,99	-1083,74	-1041,81
3	3715	29	51,15	223,19	3257,74	-1525,35	-1099,95	-1057,22

Bohrinsel
vertical section (m)
MD(m)
TVD (m)

Abb. 11.48 Dreidimensionale Darstellung des Bohrpfades (schematisch)

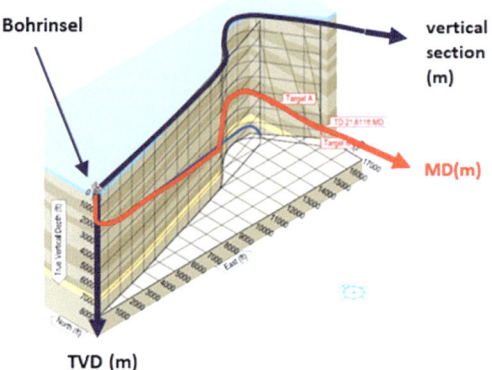

rechneten Koordinaten können in einem Diagramm dargestellt werden, auf dessen *x*-Achse die West-Ost-Richtung und auf dessen *y*-Achse die Nord-Süd-Richtung aufgetragen ist. Auch die Darstellung der Draufsicht in Abb. 11.47 unten ist *schematisch* zu verstehen, denn auch hier entsprechen die in der Tabelle aufgeführten Zahlen nicht der in der darunter befindlichen grafischen Darstellung.

In der Tabelle des Arbeitsblattes sind nun bereits alle Daten vorhanden, die benötigt werden, um den Verlauf des Bohrpfades auch in einer dreidimensionalen Abbildung darzustellen (Abb. 11.48). Dazu werden die Koordinaten der Survey-Punkte aus der Draufsicht mit der jeweiligen Vertikalteufe der Seitenansicht verknüpft.

NO	MD	C.L.	INC	AZI	TVD	VS	N/-S	E/-W	D.L.S.
1	0		0,00	0,00	0,00		0,00	0,00	
2	3686	3686	49,79	223,87	3239,29	-1502,99	-1083,74	-1041,81	0,41
3	3715	29	51,15	223,19	3257,74	-1525,35	-1099,95	-1057,22	1,51

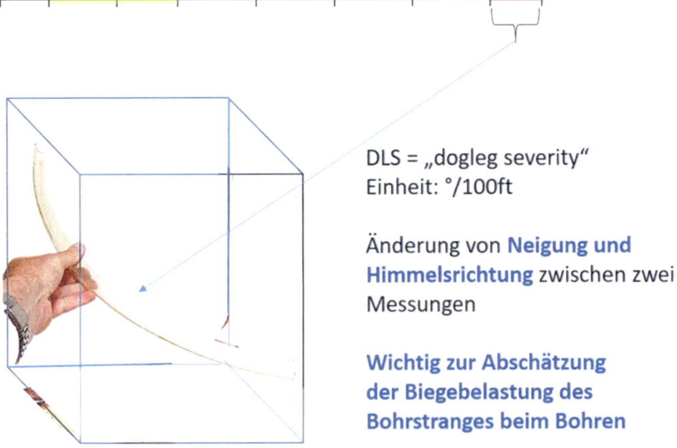

DLS = „dogleg severity“
Einheit: °/100ft
Änderung von Neigung und Himmelsrichtung zwischen zwei Messungen
Wichtig zur Abschätzung der Biegebelastung des Bohrstranges beim Bohren

Abb. 11.49 Berechnung der Bohrungskrümmung

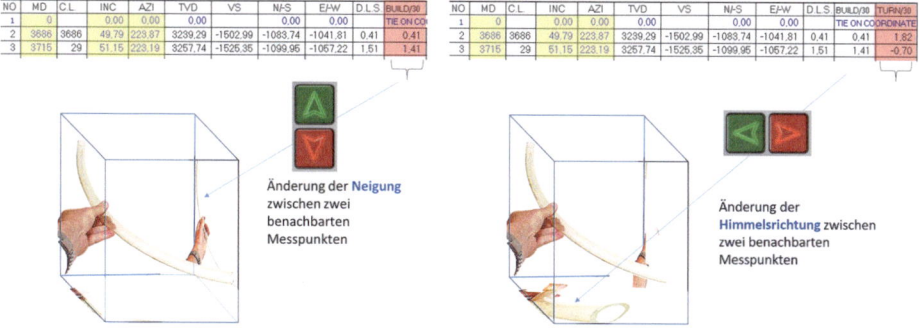

Abb. 11.50 *Links* Auf-/Abbaurate, *rechts* Walk Rate nach rechts und links (schematisch)

Im nächsten Berechnungsschritt wird die Krümmung der Bohrung (Dogleg Severity, DLS) für alle Bohrungsintervalle zwischen jeweils zwei benachbarten Surveys berechnet (Abb. 11.49). Es ist wichtig, die Krümmung an jeder Stelle des Bohrpfades zu kennen, denn viele der komplexen MWD-LWD-Komponenten im Bohrstrang können beschädigt werden, wenn sie rotierend durch eine stark gekrümmte Passage der Bohrung hindurchbewegt werden. In den Datenblättern der Komponenten sind daher maximale Krümmungen angegeben, die nicht überschritten werden sollten.

Abschließend wird die Krümmung der Bohrung in eine vertikale Komponente, die Auf- bzw. Abbaurate, sowie eine horizontale Komponente, die Walk Rate nach rechts bzw. nach links, berechnet (Abb. 11.50). Damit ist der Bohrpfad vollständig beschrieben.

11.6 Berechnungsmodelle zur Bestimmung des Bohrpfades

Die Verwendung von Software zur Berechnung des Bohrpfades suggeriert, dass der Bohrpfad aus den vorliegenden Survey-Daten eindeutig bestimmt werden kann. Auf dem Bildschirm ist ein klar definierter Bohrpfad zu sehen, auf dem man sich für jeden Punkt die exakten Koordinaten mit mehreren Dezimalstellen nach dem Komma angeben lassen kann. Tatsächlich kann der Verlauf einer Bohrung aber grundsätzlich nicht exakt berechnet werden.

Zunächst einmal sind alle Messungen fehlerbehaftet – natürlich auch die Messungen von Azimut (AZI), Inklination (INK) und Messtiefe (MD). Auf den Umgang mit Messfehlern wird im weiteren Verlauf noch detailliert eingegangen. Oft wird aber auch vergessen, dass die in einem Softwarepaket hinterlegten theoretischen Grundlagen einen erheblichen Einfluss auf das Ergebnis der Berechnung haben können.

Die Berechnung des Bohrpfades beruht auf der Messung der Neigung und der Richtung des Bohrpfades an jeweils zwei benachbarten Messpunkten (INC 1, INC 2, AZI 1, AZI 2) sowie der gemessenen Distanz zwischen den beiden Messpunkten ($\Delta MD = MD\ 2 - MD\ 1$).

In Abb. 11.51 stellen die beiden Kugeln die Messpunkte 1 und 2 dar, die gemäß dem gelb markierten Vektor durch jeweils einen Azimut und eine Inklination charakterisiert sind. Das Maßband zwischen den Kugeln symbolisiert die zwischen den Messpunkten abgebohrte Strecke ΔMD.

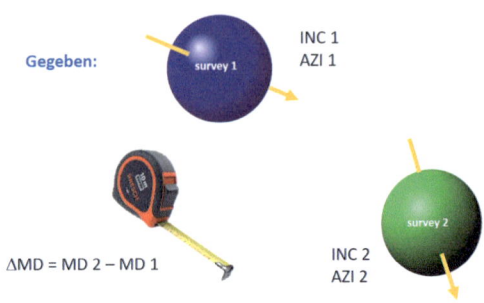

■ **Abb. 11.51** Eingabedaten für die Berechnung des Bohrpfades

Die Software hat nun die Aufgabe, einen Bohrpfad zu finden, der die Länge ΔMD besitzt, am ersten Messpunkt beginnt und in seinem Verlauf die Survey-Daten beider Messpunkte sinnvoll einbezieht. Für die Lösung dieser Aufgabe kommen verschiedene Ansätze in Betracht.

Wie in ■ Abb. 11.52 links dargestellt, könnte die Software beispielsweise davon ausgehen, dass der Bohrpfad zwischen zwei benachbarten Messpunkten geradlinig verläuft und dabei die mittlere Neigung und die mittlere Himmelsrichtung aus beiden Surveys besitzt. Dieses Modell ist mathematisch einfach zu handhaben und entsprechend leicht zu programmieren. Allerdings kann aber unterstellt werden, dass es nicht den tatsächlichen Verlauf der Bohrung wiedergeben kann, denn dazu müsste der Bohrpfad ja aus geradlinigen Bohrabschnitten zusammengesetzt sein, die an jedem Survey-Punkt durch abrupte Knicke unterbrochen wären.

Ein deutlich realistischeres Modell könnte davon ausgehen, dass der Bohrpfad der Länge ΔMD an beiden Messpunkten tangential zum jeweilig gezeigten Vektor (AZI 1 und INC 1 bzw. AZI 2 und INC 2) und zwischen beiden Messpunkten mit konstanter Krümmung, also entlang eines Kreisbogens, verläuft. Dieser Ansatz ist in ■ Abb. 11.52 Mitte zu sehen. Die programmiertechnische Umsetzung dieses Ansatzes erfordert allerdings einen deutlich größeren Rechenaufwand als das vorhergehende lineare Modell.

Grundsätzlich kann der tatsächliche Bohrungsverlauf zwischen zwei benachbarten Messpunkten aber auch ganz unerwartet verlaufen, weil beispielsweise ein harter Quarz-

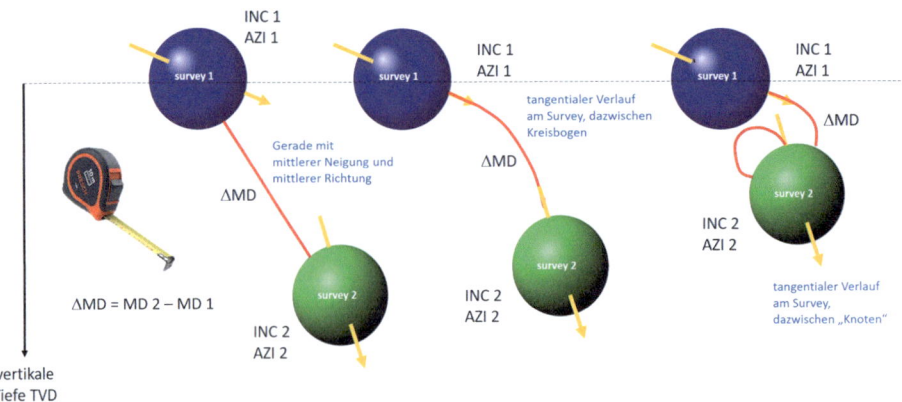

■ **Abb. 11.52** Prinzipielle Modelle zur Interpolation des Bohrpfades zwischen zwei Messpunkten

11.6 · Berechnungsmodelle zur Bestimmung des Bohrpfades

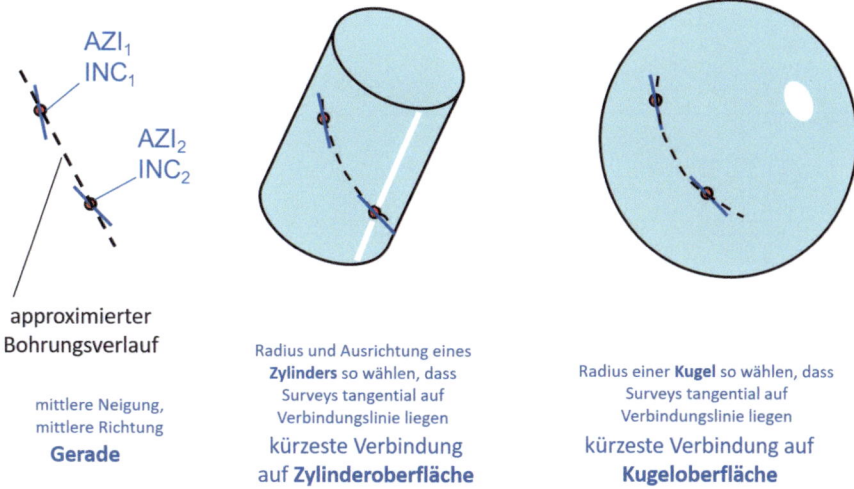

■ **Abb. 11.53** Praktisch eingesetzte Interpolationsmodelle zur Berechnung des Bohrpfades

einschluss im Gestein oder ein verlorenes Stück Schrott im Bohrloch den Meißel spontan zur Seite ablenkt. ■ Abb. 11.52 rechts soll symbolisieren, dass man nichts Konkretes über den tatsächlichen Verlauf des Bohrpfades zwischen zwei benachbarten Survey-Punkten weiß, weil dort ja keine weiteren Daten vorliegen.

Die Software muss also eine Annahme zum Bohrungsverlauf treffen und die Berechnungen dann entsprechend durchführen. Die Gegenüberstellung der drei verschiedenen Modelle in ■ Abb. 11.52 zeigt allerdings deutlich, dass die Verwendung unterschiedlicher Berechnungsmodelle jeweils zu anderen Koordinaten des zweiten Survey-Punktes führt. Die grüne Kugel im linken Modell in ■ Abb. 11.52 besitzt zum Beispiel von der blauen Kugel aus gemessen offensichtlich die größte und diejenige im rechten Modell die geringste Vertikalteufe. Da sich die Unterschiede zwischen den Berechnungsmodellen von Survey-Punkt zu Survey-Punkt aufaddieren, können für längere Bohrungen durchaus erhebliche Abweichungen zwischen Bohrpfaden entstehen, die nach verschiedenen theoretischen Modellen berechnet werden.

Die Unterschiede zwischen den Berechnungen nach verschiedenen Modellen lassen sich natürlich minimieren, beispielsweise indem die Bohrstrecke ΔMD zwischen benachbarten Surveys minimiert wird. So könnte man beispielsweise statt einer Messung aller 10 m Bohrstrecke eine Messung aller 5 m durchführen. Allerdings benötigt in der Praxis jede Messung eine gewisse Zeit, und mit einer Reduzierung der Abstände zwischen den Surveys steigen somit auch die Bohrkosten.

Die auf dem Markt verfügbaren Softwarepakete zur Berechnung des Bohrpfades aus Survey-Daten basieren tatsächlich auf verschiedenen unterschiedlichen theoretischen Modellen. Bei der Average-Angle-Methode wird die Bohrstrecke zwischen benachbarten Surveys als Gerade mit mittlerer Neigung und Richtung approximiert (■ Abb. 11.53 links).

Bei der Radius-of-Curvature-Methode wird ein Zylinder so im Raum platziert, dass die aus Azimut und Inklination gebildeten Richtungsvektoren zweier benachbarter Surveys tangential auf der Zylinderoberfläche liegen und die Bohrstrecke zwischen den

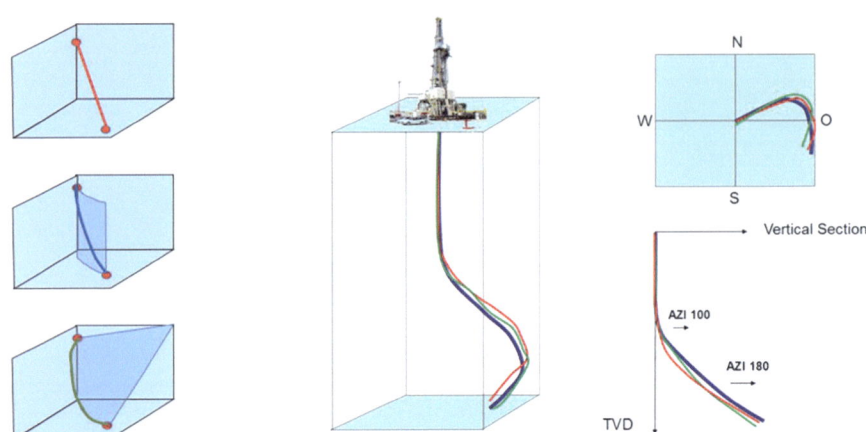

● **Abb. 11.54** Vergleich verschiedener Interpolationsmodelle (schematisch)

beiden Surveys der kürzesten Verbindung der Survey-Punkte entlang der Zylinderoberfläche entspricht (● Abb. 11.53 Mitte).

Die Minimum-Curvature-Methode schließlich geht davon aus, dass die Messpunkte tangential auf einer Kugeloberfläche liegen und die abgebohrte Strecke als kürzeste Distanz entlang der Kugeloberfläche dargestellt wird, deren Endpunkte den Neigungen und Richtungen der Survey-Punkte entsprechen (● Abb. 11.53 rechts).

In ● Abb. 11.54 ist schematisch dargestellt, wie die Verwendung unterschiedlicher Berechnungsmodelle bei Nutzung derselben Survey-Daten unterschiedliche Bohrpfade ergibt.

● **Abb. 11.55** Bohrungscluster unter einer Bohrinsel

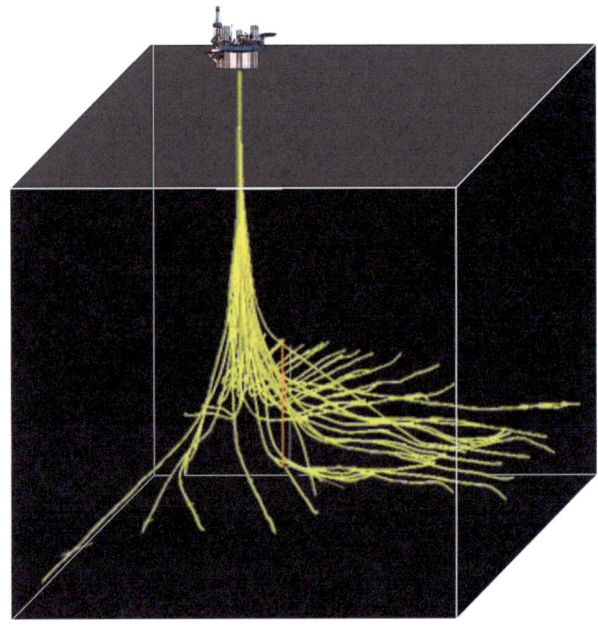

11.7 Directional Driller's Display

Bei einer Einzelbohrung mögen diese Abweichungen zunächst kein Problem darstellen, aber wenn in einem bestehenden Bohrungscluster wie in ◘ Abb. 11.55 skizziert neue zusätzliche Richtbohrungen angelegt werden sollen, muss sichergestellt sein, dass alle Bohrpfadberechnungen auf denselben theoretischen Modellen basieren – sonst kann es passieren, dass bestehende Bohrungen versehentlich getroffen und angebohrt werden.

11.7 Directional Driller's Display

Die Experten der Richtbohrfirma haben in ihren Büros, Datencentern und Bürocontainern auf dem Bohrplatz eine umfangreiche Ausstattung an Computern, Bildschirmen usw. zur Analyse der aus dem Bohrloch übertragenen Daten zur Verfügung (◘ Abb. 11.56).

Der Richtbohrer auf der Arbeitsbühne der Bohranlage ist dagegen hauptsächlich an Informationen interessiert, mit denen er die Bohrung auf dem gewünschten Kurs halten kann. Diese werden ihm auf einem speziellen Bildschirm, dem Directional Driller's Display (DDD) angezeigt.

Die wichtigsten Daten, die der Richtbohrer benötigt, sind die laufend aktualisierten Angaben zur Inklination, zum Azimut und zur Tool Face Orientation der Richtbohrgarnitur im Bohrloch. Die Neigung und die Richtung der Bohrung geben in Verbindung mit der ebenfalls auf der Arbeitsbühne verfügbaren Bohrungslänge MD Auskunft über den bisher erbohrten Bohrpfad. Über die TFO des Richtbohrmotors (bzw. den Steuervektor des RSS) wird die Richtung des weiteren Verlaufs der Bohrung festgelegt.

In ◘ Abb. 11.57 ist das Beispiel eines DDD zu sehen. Rechts daneben ist zur Verdeutlichung der angezeigten Daten die entsprechende Kombination aus Richtbohrmotor und MWD-System zu sehen, wie sie sich laut Anzeige im untertägigen Bohrloch befände.

Die Inklination wird auf dem Display mit 20,3° angezeigt. Das MWD im Bohrloch ist also zur Vertikalen hin nur gering geneigt. Der Azimut auf der Anzeige entspricht mit 181,7° fast genau der Himmelsrichtung Süd. In ◘ Abb. 11.57 rechts ist der angezeigte Azimut gestrichelt dargestellt; das MWD und der obere Teil des Richtbohrmotors bohren genau in diese Himmelsrichtung.

Sobald die Strangrotation gestoppt wird und sich die Bohrgarnitur im orientierten Modus befindet, zeigt die dominante runde Anzeige auf dem DDD die TFO des Richt-

◘ **Abb. 11.56** Bürocontainer der Richtbohrmannschaft. (Foto: Schlumberger)

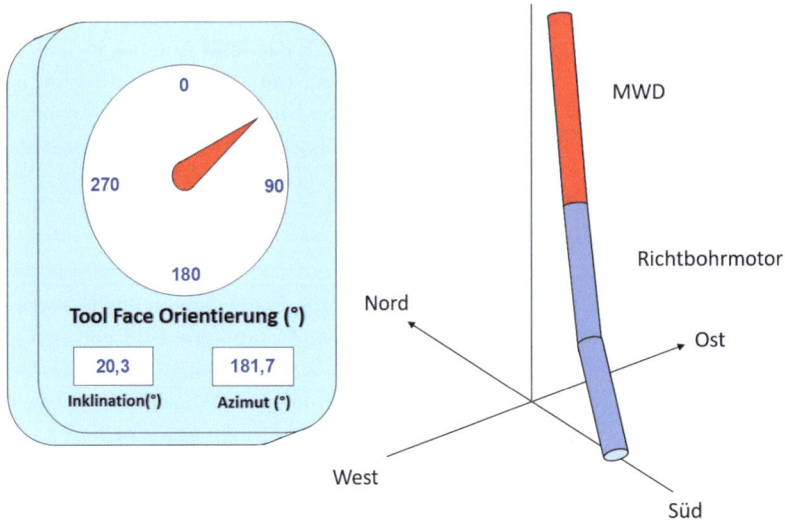

☐ **Abb. 11.57** Directional Driller's Display (DDD)

bohrmotors an. Im vorliegenden Fall ist der Knick auf dem Bohrmotor entsprechend dem roten Zeiger auf dem Display in Bohrrichtung gesehen nach rechts oben ausgerichtet, so wie es auch in ☐ Abb. 11.57 rechts dargestellt ist.

Moderne DDDs bieten unter Umständen auch komplexere Darstellungsweisen an, jedoch dominiert hier ebenfalls meist die große kreisförmige Darstellung, auf der die TFO abzulesen ist. Azimut und Inklination sind zuweilen als Punkte auf einer zielscheibenartigen Anzeige dargestellt, wobei der Abstand eines Messpunktes zum Mittelpunkt der Scheibe die Neigung und die Position des Messpunktes auf dem Umfang der Scheibe die Ausrichtung des Tool Face repräsentiert (☐ Abb. 11.58).

Die Darstellung mehrerer Messpunkte im selben Display ermöglicht sehr anschaulich die Erfassung zeitabhängiger Entwicklungen (Trends).

☐ **Abb. 11.58** Darstellung von Survey-Daten als Trend

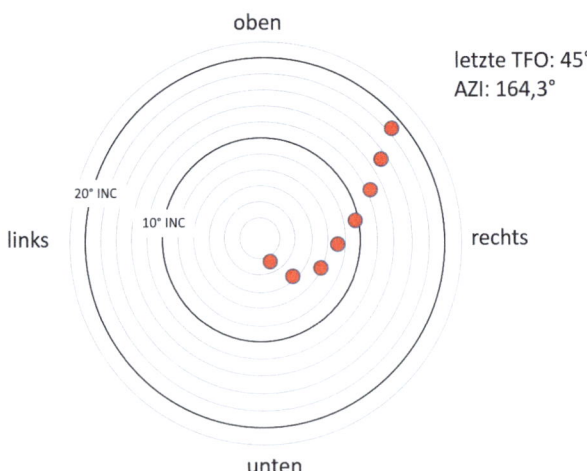

11.9 · Praktisches Vorgehen beim Bohren mit Richtbohrmotor und MWD

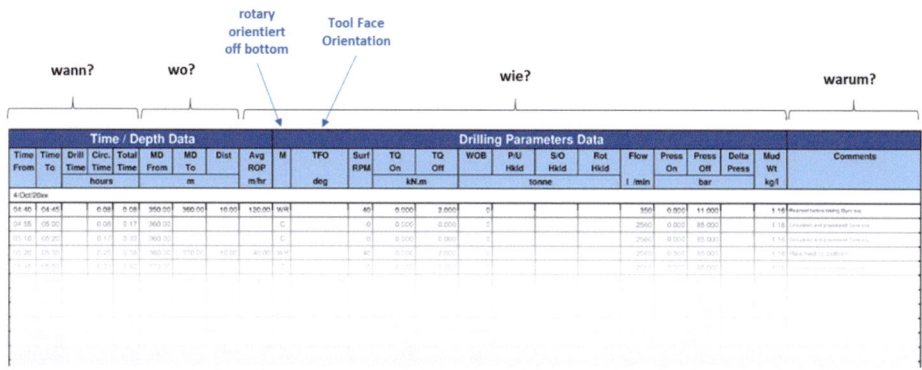

Abb. 11.59 Dokumentation eines Richtbohrmotoreinsatzes

11.8 Dokumentation von Richtbohreinsätzen

Alle Tätigkeiten, die während eines Richtbohreinsatzes ausgeführt werden, werden ausführlich dokumentiert. In ◘ Abb. 11.59 ist ein Beispiel eines solchen Einsatzblattes zu sehen; die spezifischen Einsatzdaten wurden unkenntlich gemacht.

In den Spalten sind folgende Eintragungen aufgelistet:

Zeitliche Einordnung – In welchem Zeitraum fand die Aktivität statt?

Räumliche Einordnung – In welcher Bohrlochtiefe (MD) fand die Aktivität statt?

Bohrtechnische Situation – Welche Aktivität fand statt? Wurde gebohrt, gespült, geräumt, …? Welche Bohrgeschwindigkeit wurde erreicht? Welche Meißelandruckkraft lag vor? Welches Drehmoment lag am Top Drive bzw. Drehtisch an? Wie groß war die Strangdrehzahl? Welche Spülrate wurde gepumpt? Welche Pumpendrücke lagen vor („on bottom" und „off bottom")? Welche Dichte hatte die Bohrspülung?

Richtbohrtechnische Situation – Wurde im Rotary- oder im orientierten Modus gebohrt? Wie war die Tool Face Orientation, bzw. welcher Seitenkraftvektor am RSS lag an?

Sonstiges – Gibt es besondere Beobachtungen oder Vorkommnisse?

11.9 Praktisches Vorgehen beim Bohren mit Richtbohrmotor und MWD

Auf der Tiefbohranlage ist der Richtbohrer (Directional Driller) für die Durchführung aller Richtbohrarbeiten zuständig. Er ist ein Mitarbeiter der Servicefirma, die auch den Richtbohrmotor und das MWD (und meist auch den Bohrmeißel) für den Einsatz bereitgestellt hat.

Zunächst entscheidet der Richtbohrer, welchen Knickwinkel er auf dem Richtbohrmotor einstellt, um das vorgegebene Bohrungsprofil bestmöglich abzubohren. Dazu verwendet er ein Aufbauratendiagramm, das für den speziellen Richtbohrmotor gültig ist. In dem in ◘ Abb. 11.60 gezeigten Beispiel soll eine Aufbaurate von 4°/100 ft (entspricht

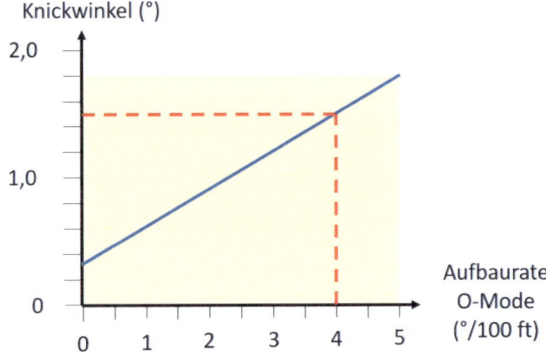

Abb. 11.60 Beispiel für ein Aufbauratendiagramm für einen Richtbohrmotor

einem Kurvenradius von 437 m) erzielt werden; der Knick auf dem Richtbohrmotor muss dafür auf einen Winkel von 1,5° eingestellt werden.

Die Einstellung des Knickwinkels auf dem Richtbohrmotor erfolgt auf der Arbeitsbühne der Bohranlage. Je nach konstruktiver Umsetzung des Knickstückes sind dazu einige spezielle Handgriffe erforderlich. Der Knickwinkel lässt sich nach dem Einfahren des Bohrmotors in die Bohrung nicht mehr verändern.

Die praktische Vorgehensweise beim Bohren mit einem Richtbohrmotor soll anhand eines einfachen Beispiels erläutert werden, in dem aus einer vertikalen Sektion heraus eine 90°-Neigung aufgebaut und dann horizontal weitergebohrt werden soll. Der Richtbohrmotor, dessen Knickstück bereits auf den erforderlichen Winkel für den Neigungsaufbau eingestellt wurde, wird in der Vertikalen bis zum Erreichen des Kick-off-Punktes (KOP) im Rotary-Modus, also mit Strangrotation, eingesetzt.

Beim Erreichen des KOP wird der Bohrmeißel von der Bohrlochsohle abgehoben und die Strangrotation bei laufenden Pumpen gestoppt. Die Spülpumpen dürfen nicht abgeschaltet werden, weil das MWD seinen Betriebsstrom aus einem Generator bezieht, der von einer spülungsgetriebenen Turbine angetrieben wird. Das MWD führt einen Survey durch und sendet die aktuellen Daten für die Inklination, den Azimut und die TFO zur Oberfläche. Dort wird die aktuelle TFO auf dem DDD angezeigt.

Beim Abschalten der Strangrotation hat sich untertage eine zufällige Ausrichtung des Knickes auf dem Bohrmotor ergeben. In der Regel wird die angezeigte TFO deshalb nicht mit der gewünschten Richtung übereinstimmen, in die der Neigungsaufbau erfolgen soll. Der Bohrstrang wird deshalb an der Oberfläche mittels Top Drive bzw. Drehtisch ein wenig rechtsherum (!) rotiert, mit dem Ziel, das Tool Face des Richtbohrmotors in die gewünschte Richtung auszurichten. Eine Linksdrehung des Gestänges ist grundsätzlich zu vermeiden, um ein Lösen oder Entschrauben der Gewinde im Bohrstrang zu verhindern!

Aufgrund der erheblichen Länge des Bohrstranges ist davon auszugehen, dass der Bohrmotor am unteren Ende träge auf eine Verdrehung am oberen Ende des Stranges reagiert. Der Richtbohrer muss deshalb den Top Drive um einen größeren Verdrehwinkel rechtsherum rotieren, als es zur TFO untertage erforderlich ist. Seitens des Richtbohrers ist hierbei eine gewisse Erfahrung nützlich. Der nächste an der Oberfläche eintreffende Survey zeigt jedenfalls, ob die Ausrichtung des Tool Face untertage erfolgreich war oder weitere Nachjustierungen erforderlich sind. Auch bei diesen Nachjustierungen ist der Bohrstrang grundsätzlich nur mit Rechtsdrehung zu beaufschlagen.

11.9 · Praktisches Vorgehen beim Bohren mit Richtbohrmotor und MWD

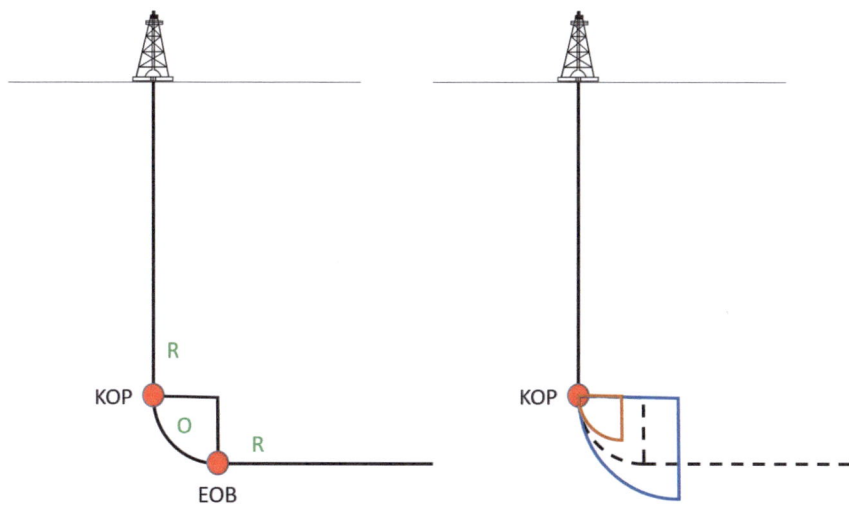

Abb. 11.61 Festlegung des Knickwinkels für einen Richtbohrmotoreinsatz

Wenn das Tool Face schließlich in die gewünschte Richtung weist, wird der Meißel ohne Strangrotation vorsichtig auf die Sohle gefahren. Dabei ist zu berücksichtigen, dass das Reaktivmoment des Bohrmotors bei Kontaktaufnahme des Meißels mit der Bohrlochsohle dazu führen kann, dass das Tool Face auf dem Richtbohrmotor entgegen der Meißelrotation, also linksherum, verdreht wird und somit die TFO wieder verstellt wird. Dieser Effekt ist beim Bohren mit einem aggressiven PDC-Meißel ausgeprägter als mit einem weniger aggressiven Rollenmeißel. Die TFO kann aber durch vorsichtige Rechtsdrehung des Bohrstranges nachjustiert werden. Erfahrene Richtbohrer orientieren das Tool Face im Vorhinein ein wenig rechts der angestrebten Kick-off-Richtung, damit es sich beim Kontakt des Meißels mit der Sohle aufgrund des Reaktivmoments in die gewünschte Richtung verdreht.

Wenn der Bohrmotor korrekt orientiert ist, wird im orientierten Modus (ohne Strangrotation) weitergebohrt. Die dabei erzielte Aufbaurate ist zunächst noch gering, sollte aber nach dem Abbohren einer Motorlänge den Wert erreichen, der dem eingestellten Knickwinkel entspricht.

Am Endpunkt der Aufbausektion, dem End of Build (EOB), wird der Meißel wieder von der Sohle gezogen (Abb. 11.61 links). Dann wird die Strangrotation wieder eingeschaltet. Wenn die Bohrgarnitur nun im Rotary-Modus wieder auf die Sohle gefahren wird, bohrt sie geradeaus weiter.

Die geschilderte Vorgehensweise funktioniert natürlich nur, wenn der Knickwinkel auf dem Richtbohrmotor so eingestellt ist, dass sich im orientierten Modus tatsächlich der gewünschte Kurvenradius einstellt.

Wenn ein zu hoher Knickwinkel auf dem Richtbohrmotor eingestellt ist, bohrt die Garnitur im orientierten Modus eine zu enge Kurve (oranger Verlauf in Abb. 11.61 rechts). Ein zu geringer Knickwinkel hat dagegen einen zu großen Kurvenradius zur Folge (blauer Verlauf in Abb. 11.61 rechts). In beiden Fällen wird die angestrebte Vertikalteufe der Horizontalstrecke der Bohrung verfehlt.

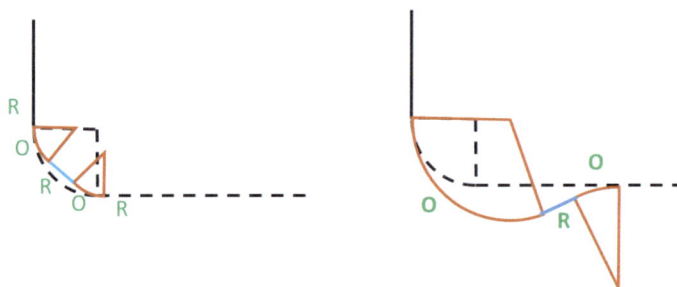

Abb. 11.62 Kombination von Kurven und Tangente

Ein zu enger Kurvenradius lässt sich in der Praxis relativ einfach kompensieren, indem man die Aufbausektion mit kurzen Tangenten unterbricht (Abb. 11.62 links). Zum Bohren einer Tangente wird einfach kurzfristig die Strangrotation wieder eingeschaltet und im Rotary-Modus weitergebohrt.

Ein zu weiter Kurvenradius ist dagegen deutlich schwieriger zu kompensieren. Man könnte beispielsweise die Aufbausektion bis zu einer Neigung oberhalb von 90° fortführen, im Rotary-Modus eine Tangente einfügen, um anschließend durch eine gerichtete Neigungsabbaustrecke den Zielhorizont zu erreichen (Abb. 11.62 rechts). Eine solche Korrektur kostet allerdings viel Zeit, und ein erheblicher Teil der Horizontalbohrstrecke wird außerhalb des angestrebten Zielhorizonts platziert.

Anstelle der aufwendigen Richtbohrarbeiten zur Korrektur eines ungünstig eingestellten Knickwinkels auf dem Bohrmotor könnte man die gesamte Bohrgarnitur nach dem Erkennen des Problems ausbauen, einen stärkeren Knickwinkel auf dem Richtbohrmotor einstellen und die Garnitur wieder in die Bohrung einbauen. Allerdings kostet ein solcher Roundtrip ebenfalls sehr viel Zeit und erhöht die Bohrkosten.

Insgesamt könnte man also schlussfolgern, dass auf einem Richtbohrmotor tendenziell lieber ein zu großer Knickwinkel eingestellt werden sollte als ein zu kleiner, da die Folgen einer zu großen Aufbaurate einfacher zu kompensieren sind als die einer zu geringen. Allerdings führt ein stärkerer Knickwinkel auf dem Bohrmotor zu einer erhöhten mechanischen Belastung der Gewindeverbindungen. Der Bohrmotor wird dadurch anfälliger für Schäden und Ausfälle. Generell tritt an einem stark gekrümmten Richtbohrmotor beim Bohren im Rotary-Modus ein erhöhter Verschleiß auf.

11.10 Dreipunktgeometrie

Das in Abb. 11.60 dargestellte Aufbauratendiagramm kann verwendet werden, um den Knickwinkel auf dem Richtbohrmotor auf eine gewünschte Aufbaurate einzustellen. Ein solches Diagramm kann für einen konkreten Richtbohrmotor berechnet werden. Man bedient sich dazu eines Berechnungsansatzes, der auf der Dreipunktgeometrie beruht.

Aus der Mathematik ist bekannt, dass drei klar definierte Punkte im Raum, die nicht auf einer Geraden liegen, sich immer durch einen Kreisbogen verbinden lassen, dessen Radius berechnet werden kann. Diese Erkenntnis kann zur Berechnung der Aufbaurate eines Richtbohrmotors genutzt werden. Die unteren drei Kontaktpunkte, an denen eine Richtbohrgarnitur die Bohrlochwand berührt, befinden sich üblicherweise am Bohr-

11.10 · Dreipunktgeometrie

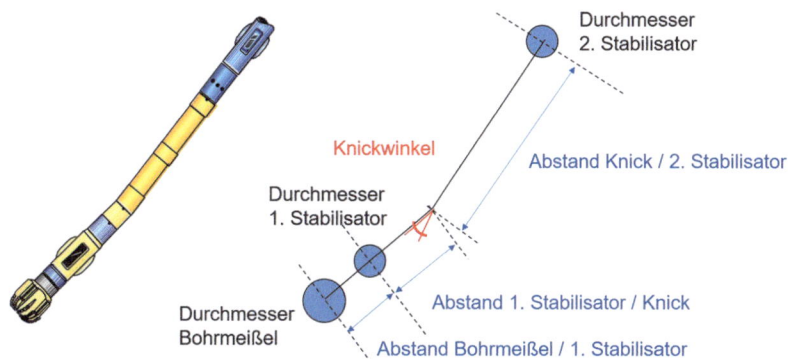

Abb. 11.63 Einfaches Modell einer Kombination aus Richtbohrmotor und Bohrmeißel

meißel, am Stabilisator auf dem Lagerstuhl des Richtbohrmotors und am Stabilisator, der auf den Richtbohrmotor aufgeschraubt wird. Die drei Kontaktpunkte liegen auf einem Kreisbogen. Im Rahmen der Theorie der Dreipunktgeometrie wird angenommen, dass dieser Kreisbogen dem Verlauf des Bohrpfades entspricht, der die Richtbohrgarnitur im orientierten Modus ohne Strangrotation abbohrt. Der Radius des Kreisbogens durch die drei Kontaktpunkte korreliert also mit der Aufbaurate des Richtbohrmotors.

Um diesen Sachverhalt zu verdeutlichen, wird das System aus Richtbohrmotor und Bohrmeißel grafisch zu einem Modell vereinfacht, das nur aus Geraden und Kreisen besteht (◘ Abb. 11.63). Die Kreise und ihre Durchmesser repräsentieren die Positionen und Durchmesser des Bohrmeißels und der Stabilisatoren auf dem Richtbohrmotor. Die Durchmesser der Stabilisatoren sind üblicherweise geringer als der Durchmesser des Bohrmeißels; in der Praxis beträgt ihr Untermaß meist $1/8''$ (3,2 mm), bei großen Bohrungsdurchmessern auch $1/4''$ (6,4 mm).

Die in ◘ Abb. 11.63 blau dargestellten Längen können für einen konkreten Richtbohrmotor als bekannt vorausgesetzt werden. Entweder kann man sie aus Konstruktionszeichnungen oder technischen Datenblättern ablesen, oder man misst sie mit einem Bandmaß oder Zollstock ab. Auch die schwarz bezeichneten Durchmesser sind bekannt. Man kann sie von den Typenschildern der Meißel bzw. Stabilisatoren ablesen oder ebenfalls ausmessen.

Erstellt man nun ein rechtwinkeliges Koordinatensystem, dessen Ursprung sich im Zentrum des Kreises befindet, der den Bohrmeißel repräsentiert und dessen x-Achse in Richtung des Mittelpunktes des ersten Stabilisators verläuft, so kann man die Koordinaten aller Punkte auf der Richtbohrgarnitur in Koordinatenschreibweise angeben. In ◘ Abb. 11.64 sind auf diese Weise sieben besonders markante Punkte der Anordnung hervorgehoben und ihre Koordinaten in die Tabelle eingetragen.

Die Punkte 1, 4 und 7 an der Unterseite der Richtbohrgarnitur sind besonders interessant, denn im Normalfall stehen sie in Kontakt mit der Bohrlochwand. Die drei Punkte werden durch einen Kreisbogen miteinander verbunden (rote Kurve in ◘ Abb. 11.65).

Der Radius des Kreises lässt sich aus den Koordinaten der drei Punkte relativ einfach berechnen. Die detaillierten Formeln dazu findet man in der Literatur zur Vektorrechnung, die ausführlich in den Vorlesungen zur Ingenieurmathematik behandelt werden und im Rahmen dieses Buches nicht nochmals aufgeführt werden. Die Umrechnung des

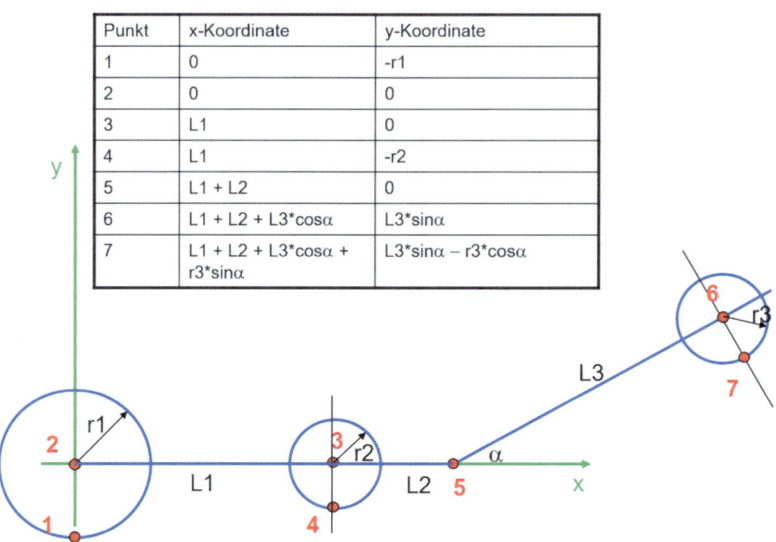

Abb. 11.64 Koordinaten der in der Skizze hervorgehobenen Punkte auf der Richtbohrgarnitur

Radius in eine Aufbaurate erfolgt nach der bereits bekannten Formel, die ebenfalls in ◘ Abb. 11.65 zu finden ist.

Die Berechnung einer Aufbaurate aus den Abmaßen des betrachteten Richtbohrmotors ist damit abgeschlossen. Natürlich bietet es sich an, die Berechnung mit einem Tabellenkalkulationsprogramm durchzuführen. Im Arbeitsblatt gibt man die erforderlichen Längen und Durchmesser des Meißels und des Richtbohrmotors ein und kann dann sehr leicht berechnen, wie sich die Aufbaurate des Systems bei Variation des Knickwinkels α verändert. Damit kann ein Knickwinkel-Einstell-Diagramm wie in ◘ Abb. 11.60 berechnet werden.

Das Arbeitsblatt kann natürlich auch noch weiter verfeinert werden. Beispielsweise kann es berücksichtigen, dass der Krümmungsradius des Bohrloches bei detaillierter Betrachtung nicht durch den Außenkreis der Bohrung definiert ist, der durch die Punkte 1, 4 und 7 des Modells verläuft, sondern durch die in ◘ Abb. 11.66 grün dargestellte Mittellinie der Bohrung, die durch den Mittelpunkt des Bohrmeißels (Punkt 2) verläuft. Da die Durchmesser der Stabilisatoren kleiner als derjenige des Bohrmeißels sind, verläuft

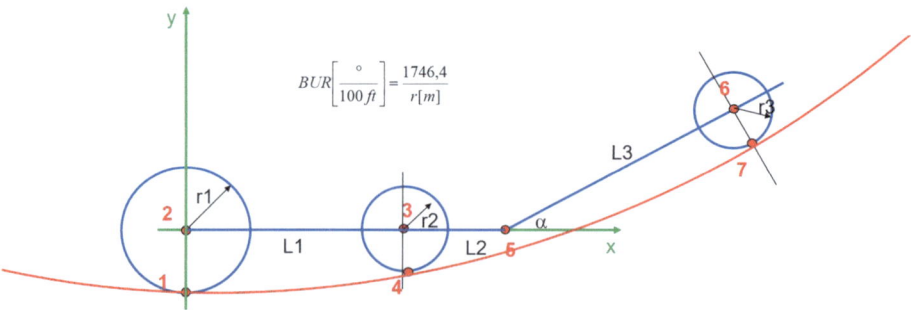

Abb. 11.65 Grundansatz der Dreipunktgeometrie: Kreisbogen durch die Punkte 1, 4 und 7

11.10 · Dreipunktgeometrie

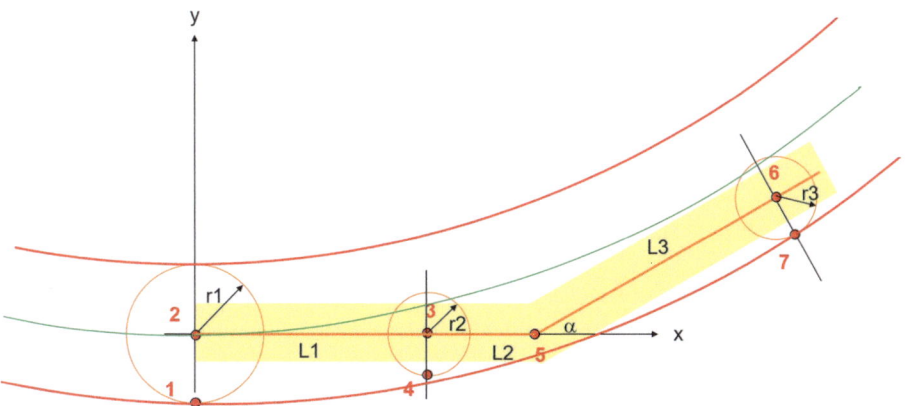

Abb. 11.66 Verfeinertes Modell zur Dreipunktgeometrie

die grüne Mittellinie nur durch den Mittelpunkt des Bohrmeißels, aber nicht durch die Mittelpunkte der Stabilisatoren. Der Radius der Mittellinie des Bohrloches ist aber leicht zu berechnen; er ergibt sich, indem man vom Radius des roten Kreisbogens durch die Punkte 1, 4 und 7 den Radius des Bohrmeißels subtrahiert.

Weiterhin bietet es sich an, die Kreise im Modell nicht nur durch Geraden zu verbinden, sondern den tatsächlichen Durchmesser des Bohrmotorgehäuses, den Werkzeugdurchmesser zu berücksichtigen (in Abb. 11.66 gelb dargestellt). Mit dieser Ergänzung des Modells kann berechnet werden, ob der Bohrmotor tatsächlich nur an den Punkten 1, 4 und 7 an der Bohrlochwand anliegt oder das Motorgehäuse an einer Stelle zwischen den Sollkontaktpunkten an der Bohrlochwand schleift, was natürlich nicht gewünscht ist. In Abb. 11.66 ist zum Beispiel zu erkennen, dass der offensichtlich zu groß eingestellte Knickwinkel α dazu führt, dass der Bohrmotor an der Außenseite seines Knickstückes in Kontakt mit der Bohrlochwand steht und dadurch erhöhtem Verschleiß ausgesetzt ist.

Das Arbeitsblatt kann verwendet werden, um den maximalen Knickwinkel α_{max} zu bestimmen, bei dem noch kein Kontakt des Motorgehäuses mit der Bohrlochwand stattfindet. Um unnötigen Verschleiß am Motor zu vermeiden, darf dieser Knickwinkel im Praxiseinsatz nicht überschritten werden.

Der Zusammenhang zwischen dem eingestellten Knickwinkel auf dem Richtbohrmotor α und der Aufbaurate (BUR) ist linear. Deshalb genügt es, neben der Aufbaurate bei maximalem Knickwinkel α_{max} noch eine Aufbaurate für einen beliebigen anderen Knickwinkel zu berechnen, um dann eine Gerade durch die beiden Punkte zu legen und damit das Einstellchart zu komplettieren (Abb. 11.60). Diese Gerade verläuft nicht durch den Ursprung des Diagramms, sondern schneidet die y-Achse oberhalb ihres Nullwertes.

Das liegt daran, dass die Stabilisatoren kleinere Durchmesser als der Bohrmeißel besitzen. Wie in Abb. 11.67 zu sehen ist, liegen die drei Kontaktpunkte dadurch bereits dann auf einer Geraden (0°-Aufbaurate), wenn der Knickwinkel auf dem Richtbohrmotor noch größer als 0° ist.

Ein Aufbauratendiagramm gilt immer nur für eine ganz konkrete Richtbohrgarnitur mit konkreten Meißel- und Stabilisatordurchmessern und nur für reines Bohren im orientierten Modus ohne Strangrotation. Es ist außerdem auch nur dann gültig, wenn die Voraussetzungen zur Anwendung des Dreipunktgeometrie-Ansatzes gegeben sind. Die Bohrgarnitur darf also tatsächlich nur am Meißel und an den Stabilisatoren in Kontakt

◘ **Abb. 11.67** Geradeausbohren nach der Dreipunktgeometrie

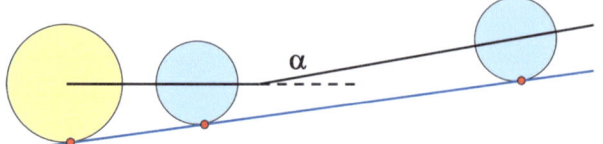

mit der Bohrlochwand stehen, und es muss eine reine Aufbaurate betrachtet werden, bei der mit einer TFO von 0° gebohrt wird.

Wenn die TFO von 0° abweicht, verändert sich die Lage der Kontaktpunkte zwischen der Bohrgarnitur und der Bohrlochwand, und sie müssen in einem dreidimensionalen Koordinatensystem definiert werden. Die Berechnung der resultierenden Kreisgleichung ist dann entsprechend komplexer und wesentlich schwieriger zu programmieren. In der Praxis verwendet man deshalb meist Aufbauratencharts und berücksichtigt Abweichungen davon durch den „gesunden Menschenverstand".

Gelegentlich werden Richtbohrgarnituren eingesetzt, bei denen die ersten drei Kontaktpunkte zwischen der Garnitur und der Bohrlochwand nicht ohne Weiteres ins Auge fallen. In ◘ Abb. 11.68 ist beispielsweise zu sehen, dass die Stabilisierung von Richtbohrmotoren unter Umständen vom klassischen, voll stabilisierten Design erheblich abweicht.

Wenn oberhalb des Bohrmotors kein Topstabilisator aufgeschraubt wird, spricht man von einer partiell stabilisierten Bohrgarnitur. Hier ist der dritte, obere Kontaktpunkt zwischen der Bohrgarnitur und dem Bohrloch nicht klar definiert. Der Anwender des Berechnungs-Worksheets muss deshalb eine diesbezügliche Annahme treffen und die Ergebnisse der Berechnungen nach der Dreipunktgeometrie mit der angemessenen Skepsis betrachten. Wenn keine praxisgerechten Kontaktpunkte definiert werden, kann die Dreipunktgeometrie auch keine praxisgerechten Ergebnisse liefern.

Richtbohrmotoren können auch gänzlich ohne Stabilisatoren eingesetzt werden („slick"). Hier nimmt man meist an, dass der zweite Kontaktpunkt zwischen dem Bohrmotor und der Bohrlochwand am Knickpunkt auf dem Motorgehäuse liegt. Der obere, dritte Kontaktpunkt ist wie bei der partiell stabilisierten Variante nicht klar definiert. Dreipunktgeometrie-Berechnungen für Slick-Konfigurationen müssen folglich auf Basis individueller Annahmen durchgeführt werden und sind deshalb meist nur als grobe Abschätzungen des Realverhaltens zu verstehen.

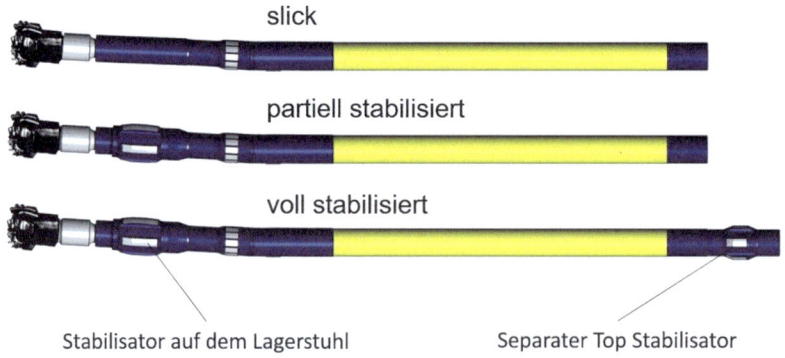

◘ **Abb. 11.68** Richtbohrmotoren mit verschiedenen Stabilisatorkonfigurationen

11.11 Planung des Bohrpfades

Der Klassiker unter den Bohrprofilen ist die Vertikalbohrung (◘ Abb. 11.69 links). Sie wird heute noch häufig für Erkundungsbohrungen eingesetzt, setzt aber voraus, dass direkt über der zu erkundenden Struktur ein Bohrplatz angelegt werden kann.

Falls direkt oberhalb der Zielstruktur kein Bohrplatz verfügbar ist, kann das Zielgebiet mit einer geneigten Bohrung erreicht werden. In einer gewissen Tiefe wird aus der Vertikalbohrung beginnend Neigung aufgebaut, bis das Zielgebiet durch Anschluss einer Tangente erreicht werden kann. Ein hoch angesetzter KOP hat eine kurze Aufbausektion, dafür aber eine lange Tangente zur Folge, was bei der Durchörterung anspruchsvoller Formationen zu bohrtechnischen Problemen führen kann (◘ Abb. 11.69 rechts).

Durch eine Verlegung des KOP in eine größere Tiefe kann die anschließende Tangente verkürzt werden. Außerdem gelingt es möglicherweise durch diesen Ansatz, die problematische Formation vertikal mit einer einfachen und kostengünstigen Rotary-Bohrgarnitur zu durchbohren, anstatt sie mit richtbohrtechnischem Aufwand mit einer geneigten Tangente zu durchörtern. Allerdings verlängert sich durch den tieferen KOP die Aufbausektion. In ◘ Abb. 11.70 links ist eine solche J-förmige Bohrung zu sehen.

Bei mehrschichtigen Lagerstätten wird unter Umständen angestrebt, mehrere Zielgebiete durch eine Bohrung miteinander zu verbinden (◘ Abb. 11.70 rechts). In diesem Fall spricht man von einer S-förmigen Bohrung. Eine S-förmige Bohrung, die zwei Zielgebiete durchbohrt, kann gegenüber zwei Einzelbohrungen erhebliche Kosteneinsparungen ermöglichen, dafür ist aber unter Umständen mit erheblich größeren Schleiflasten aufgrund der erhöhten Reibung im Bohrloch oder mit Schlüssellochbildung (seitliches Einarbeiten des rotierenden Bohrstranges in die Bohrlochwand gekrümmter Bohrungsabschnitte) zu rechnen.

In ◘ Abb. 11.71 ist schließlich eine Horizontalbohrung zu sehen, die sich dadurch auszeichnet, dass ein signifikanter Teil der Bohrungslänge stark geneigt oder horizontal verläuft. Bei einem Verhältnis der Bohrungslänge (MD) zur vertikalen Tiefe (TVD) der Bohrung von 2 oder mehr spricht man von einer Extended-Reach-Bohrung.

Horizontal- bzw. Extended-Reach-Bohrungen werden häufig zur Förderung von Erdöl eingesetzt, aber auch in Lagerstätten mit vertikalen Klüften. Bei Ölförderbohrungen folgt man der ölhaltigen Schicht der Lagerstätte; in Lagerstätten mit vertikalen Klüften versucht man, mit der Bohrung möglichst viele der öl- oder gasführenden Klüfte zu durchbohren, um so eine intensive Förderung zu erzielen.

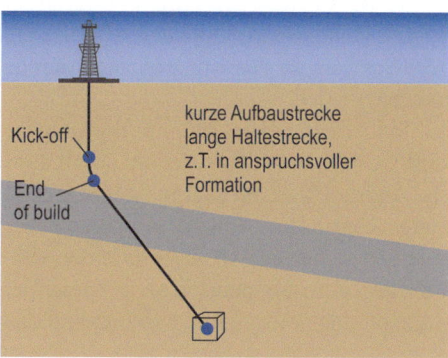

◘ **Abb. 11.69** Typische Bohrprofile. *Links* Vertikalbohrung, *rechts* geneigte Bohrung

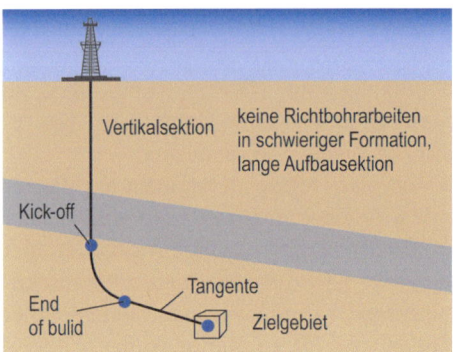 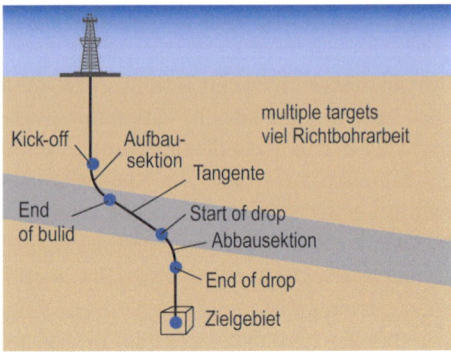

Abb. 11.70 Typische Bohrprofile. *Links* J-förmige Bohrung, *rechts* S-förmige Bohrung

Abb. 11.71 Typisches Bohrprofil: Horizontalbohrung

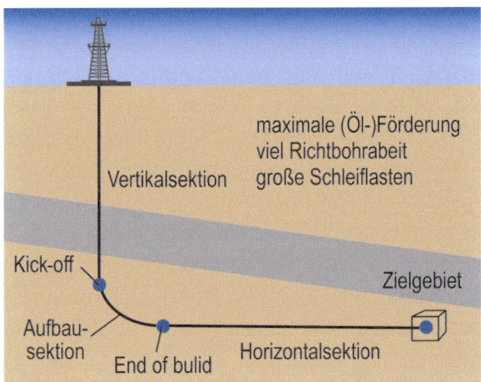

Die vorgestellten Haupttypen von Bohrprofilen werden in der Praxis häufig modifiziert, da im Rahmen der Detailplanung eines Bohrpfades eine Vielzahl lokationsspezifischer Randbedingungen zu beachten ist. Beispielsweise ist es oft schwierig, an der optimalen Stelle an der Erdoberfläche einen Bohrplatz anzulegen, weil kein passendes Grundstück erworben werden kann oder es keine Anbindung an tragfähige Straßen und/oder Infrastruktur (Strom, Wasser, Medien usw.) gibt. Der Bohrplatz muss dann an einer weniger günstigen Stelle angelegt und durch einen entsprechend komplexeren Bohrpfad mit dem Zielgebiet verbunden werden.

Bei der Planung gekrümmter Bohrabschnitte müssen die Spezifikationen der einzusetzenden Bohrstrangkomponenten berücksichtigt werden, damit übermäßige Schleiflasten oder Schäden an den Komponenten durch hohe Biegebelastungen der Bohrgarnitur vermieden werden.

Tangenten und gekrümmte Bohrungsabschnitte müssen so im Bohrungsverlauf platziert werden, dass der Vorschub durch das Eigengewicht des Bohrstranges die erforderliche Andruckkraft am Bohrmeißel bereitstellen kann. Dabei darf der Bohrstrang an keiner Stelle ausknicken. Außerdem muss sichergestellt sein, dass beim Bohren das Bohrklein jederzeit sicher aus allen Abschnitten der Bohrung ausgetragen werden kann und dass sich die Zementsuspension beim Zementieren der Rohre so verpumpen lässt, dass sie die Bohrspülung vollständig verdrängt und den Ringraum komplett ausfüllt.

11.11 · Planung des Bohrpfades

Auch die Spannungen im Gestein müssen bei der Planung berücksichtigt werden, denn sie können einen signifikanten Einfluss auf die Bohrlochstabilität haben. Und schließlich muss die Platzierung der Bohrung in der Lagerstätte auch eine optimale Produktionsphase in der nachfolgenden Produktion aus der Lagerstätte gewährleisten.

Komplexe Richtbohrarbeiten sollten nicht in problematischen (z. B. klebrigen, extrem harten, unverfestigten, rissigen, löslichen) Formationen durchgeführt werden. Und nicht zuletzt muss auch die Verfügbarkeit von passendem Equipment in Betracht gezogen werden, denn nicht jedes Bohr- oder Messsystem ist an jeder Lokation jederzeit in jeder Werkzeuggröße verfügbar.

Die Planung einer Tiefbohrung ist somit eine anspruchsvolle Tätigkeit. Meist wird zur Optimierung komplexerer Bohrpfade spezielle Planungssoftware eingesetzt, mit der alle Aspekte der Bohrarbeiten virtuell durchgespielt und optimiert werden können. Hierzu eignet sich beispielsweise das Landmark-Softwarepaket der Firma Halliburton, für das Universitäten und andere akademische Einrichtungen eine günstige Nutzerlizenz erwerben können.

Mit einer solchen Software wird beispielsweise simuliert, ob der gesamte Bohrstrang in der Lage ist, allen mechanischen und hydraulischen Beanspruchungen beim Bohren, Räumen, Trippen usw. standzuhalten. Weiterhin wird geprüft, ob genügend Meißelandruck bereitgestellt werden kann und wie groß die Seitenkräfte im Bohrbetrieb auf die Casings oder die offenen Bohrlochwände wirken, um daraus Prognosen zum Verschleiß ableiten zu können. Das Drehmoment darf im Betrieb an keiner Stelle des Bohrstranges die Kontermomente der verbauten Gewindeverbinder überschreiten, da diese sonst nachkontern würden. Und letztlich muss sichergestellt werden, dass die Bohranlage an der Oberfläche allen Beanspruchungen sicher gewachsen ist, dass sie also die erforderlichen Drehmomente, Hakenlasten und hydraulischen Leistungen des Einsatzes sicher bewältigen kann. In ◘ Abb. 11.72 ist das Beispiel einer Torque-and-Drag-Berechnung zu sehen, in deren Verlauf insbesondere untersucht wird, wie stark der Bohrstrang im Praxiseinsatz zum Ausknicken (Buckling) neigt.

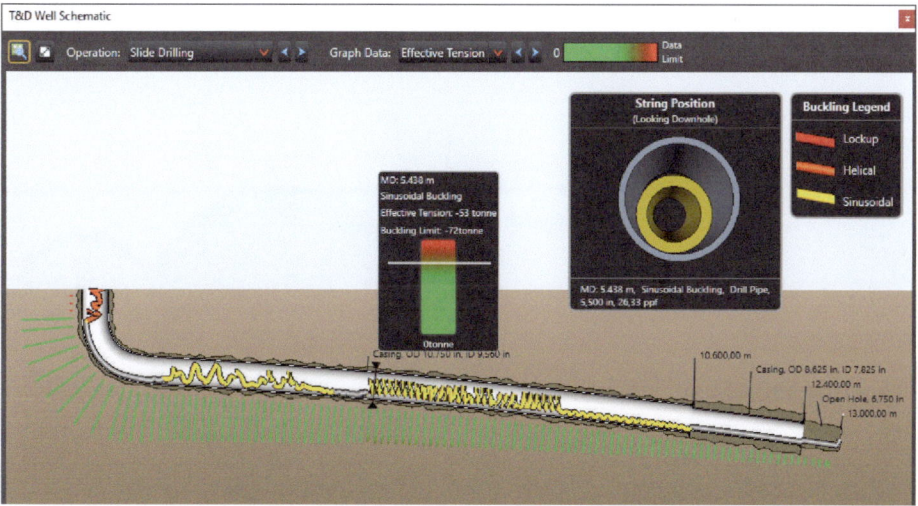

◘ **Abb. 11.72** Screenshot einer Bohrungsplanungs-Software

11.12 Fehlerbetrachtungen/Unsicherheitsellipsen und -ellipsoide

Der Bohrungsverlauf wird anhand von Messwerten der untertägigen Bohrgarnitur kontinuierlich an die geologischen Verhältnisse angepasst. Die richtbohrtechnischen Daten liefert das MWD-System. Anhand der kontinuierlichen Messungen von Inklination und Azimut entlang der Bohrungslänge kann der Bohrpfad berechnet und anschaulich dargestellt werden. Die detaillierten grafischen Darstellungen der Bohrpfade suggerieren, dass der Bohrungsverlauf sehr präzise bekannt ist.

Dabei darf aber nicht vergessen werden, dass grundsätzlich alle Messungen fehlerbehaftet sind. Diese Fehler lassen sich auch mit größtem Aufwand nicht gänzlich vermeiden. Allerdings kann man die Fehler abschätzen und lernen, mit ihnen umzugehen. Man unterscheidet zwischen systematischen und zufälligen Messfehlern.

11.12.1 Systematische und zufällige Fehler

Die charakteristischen Eigenschaften von systematischen und zufälligen Fehlern sollen anhand eines einfachen Beispiels verdeutlicht werden.

Um sich in eine bestimmte Himmelsrichtung zu bewegen, verwendet man einen Kompass. Da sich die Kompassnadel im Magnetfeld der Erde immer nach Norden ausrichtet, kann man sich an ihr orientieren. Bei genauer Betrachtung ist diese Aussage aber nicht exakt.

Eine Kompassnadel weist nämlich immer zum magnetischen Nordpol, bei Richtungsangaben bezieht man sich aber auf den geografischen Nordpol. In 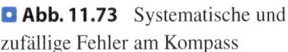 Abb. 11.73 ist zu sehen, dass der magnetische Nordpol in einer gewissen Distanz vom geografischen Nordpol liegt. Je nach der Position, an der man sich auf dem Globus gerade befindet, kann der Winkel zwischen dem geografischen und dem magnetischen Nordpol bestimmt und als quasi konstant angesehen werden.

Eine solche bekannte und feste Abweichung ist ein systematischer Fehler. Das Gute an systematischen Fehlern ist, dass man sie korrigieren kann – in unserem Beispiels addiert bzw. subtrahiert man den konstanten Abweichungswinkel, den man für seine

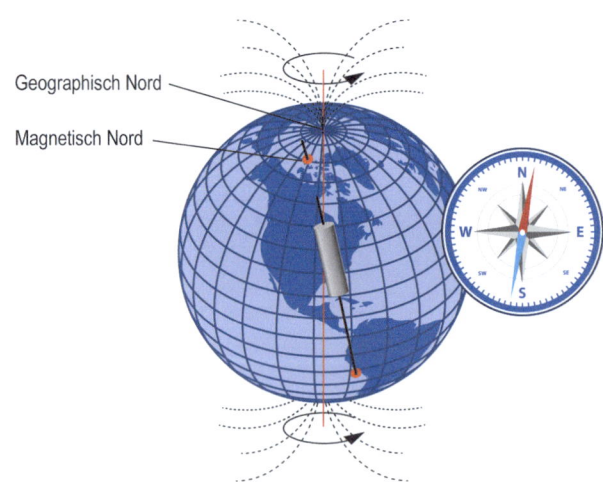

Abb. 11.73 Systematische und zufällige Fehler am Kompass

aktuelle Position auf dem Globus bestimmt hat, einfach zur gemessenen Kompass-Nordrichtung, um die Richtung Geografisch Nord zu ermitteln.

Allerdings funktioniert eine solche Korrektur nur bei systematischen Fehlern, die erkannt werden! Nicht erkannte und nicht kompensierte Fehler addieren sich entlang der Bohrung von Messung zu Messung auf und werden somit immer größer.

Aber selbst wenn alle systematischen Fehler einer Messung kompensiert werden, bleibt immer noch ein Restfehler übrig. Beispielsweise tritt in der Lagerung der Kompassnadel im Kompassgehäuse immer Reibung auf. Diese Reibung beeinflusst die Ausrichtung der Nadel im schwachen Magnetfeld der Erde. Mal bleibt die Nadel zu weit links, mal zu weit rechts des eigentlichen Messwertes stehen. Dieser Fehler ist zufälliger Natur und kann deshalb auch nicht korrigiert werden.

Dafür sind zufällige Fehler aber manchmal größer und manchmal kleiner, manchmal positiv und manchmal negativ. Unter dem Strich addieren sie sich im Laufe einer Messreihe nicht auf, sondern kompensieren sich sogar – ihr Mittelwert ist null; sonst wären sie keine zufälligen Fehler. Zufällige Fehler führen folglich nicht zu einer Verschiebung des Messergebnisses gegenüber dem korrekten Wert, sondern zu einer Streuung der einzelnen Messwerte um den tatsächlichen Wert.

Das Beispiel der Kompassnadel ist aber nur eines von vielen. Weitere Fehlerquellen liegen zum Beispiel darin, dass bei einem Survey immer nur die Neigung und der Azimut der Längsachse des MWD-Systems im Erdmagnetfeld gemessen wird, während man aber tatsächlich an der Neigung der Bohrlochachse am Messpunkt interessiert ist. Die Achsen des MWD-Werkzeugs und der Bohrlochachse verlaufen aber speziell in gekrümmten Bohrungsabschnitten nur punktuell parallel (◘ Abb. 11.74). Auch ist zu bedenken, dass das MWD die Neigung und Richtung im MWD-Werkzeug misst, während der Bohrmeißel sich ca. 10–20 m unterhalb der Sensoren im Bohrloch befindet.

Magnetische Materialien in der Umgebung des Kompasses (◘ Abb. 11.74) stören außerdem die Messung im schwachen Magnetfeld der Erde und beeinflussen dadurch das Messergebnis. Und selbst der Sonnenwind kann die Messung beeinflussen, da auch er die Feldlinien des Erdmagnetfeldes verbiegt.

Selbst die Durchführung der Messung an sich hat einen Einfluss auf die Genauigkeit des Messergebnisses. Eine Messung, die unter Strangrotation ausgeführt wird, wird aufgrund der damit verbundenen Vibrationen weniger genau sein als eine, die ohne Strangrotation durchgeführt wird. Außerdem ist es wichtig, dass ein Messgerät nur inner-

◘ **Abb. 11.74** Weitere systematische und zufällige Fehler bei der Azimutmessung

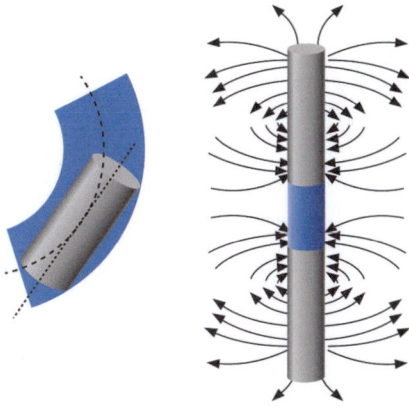

halb seiner Spezifikationen eingesetzt wird und beispielsweise nicht bei einer unzulässig hohen Umgebungstemperatur.

Systematische Fehler kann man also eliminieren, zum Beispiel durch häufige und sorgfältige Eichungen der Messgeräte. Nicht erkannte systematische Fehler addieren sich aber entlang der Bohrungslänge auf. Zufällige Fehler kann man dagegen nicht eliminieren. Allerdings streuen sie um einen Mittelwert und heben sich dadurch teilweise auf. Die Streuung kann man ermitteln und den daraus resultierenden Fehler abschätzen.

Wichtig für präzise Messungen ist also, dass systematische Fehler durch eine sorgfältige Handhabung der Messgeräte vermieden werden (gutes Training, klare Gebrauchsanweisungen, Einhaltung der Werkzeugspezifikationen, sorgfältige Eichung) und zufällige durch eine hohe Qualität des Messgeräts (geringe Streuung der Messwerte). Die unvermeidbaren zufälligen Restfehler sind durch ein passendes Fehlermodell zu berücksichtigen.

11.12.2 Statistische Grundlagen der Fehlerbetrachtung

Wahrscheinlichkeit von Einzel- und Mehrfachereignissen

Das Würfeln ist ein zufälliger Vorgang. Jeder Wurf ergibt eine zufällige Zahl zwischen 1 und 6 (◘ Abb. 11.75). Die Wahrscheinlichkeit, mit einem Würfel eine bestimmte Zahl zu würfeln, ist vorhersagbar, sie beträgt für jede Zahl 1 : 6, also 16,7 %.

Die Wahrscheinlichkeit, mit zwei Würfeln einen Pasch aus zwei gleichen Zahlen zu würfeln, beispielsweise zwei Vieren, beträgt $1/6 \cdot 1/6 = 1/36$, also nur 2,7 %.

Stellt man sich die Frage, welche Gesamtaugenzahl bei einem Wurf mit zwei Würfeln am wahrscheinlichsten ist, so kommt man zu dem Ergebnis, dass dies die Sieben ist, denn es gibt insgesamt sechs verschiedene Kombinationen aus Zahlen der Einzelwürfel, die jeweils eine Sieben ergibt (◘ Abb. 11.76).

Für die Möglichkeit, mit zwei Würfeln die minimale Gesamtaugenzahl von 2 oder die maximale Augenzahl von 12 zu erzielen, besteht dagegen nur jeweils eine einzige Kombination der Zahlen zweier Einzelwürfel (1 + 1 und 6 + 6).

Obwohl die Wahrscheinlichkeit, bei einem Wurf mit einem Würfel eine bestimmte Zahl zu würfeln, für alle Zahlen gleich groß ist, ist also bei einem Wurf mit zwei Würfeln die Wahrscheinlichkeit, ein „mittleres" Ergebnis zu erzielen, deutlich größer als ein Ergebnis in den Randbereichen.

◘ **Abb. 11.75** Wahrscheinlichkeitsbetrachtung am Beispiel von Würfeln

11.12 · Fehlerbetrachtungen/Unsicherheitsellipsen und -ellipsoide

gesamter Wurf	Augen der Einzelwürfel	Eintritts-wahrscheinlichkeit
2	1+1	1/36 = 2,7%
3	1+2, 2+1	2/36 = 5,5%
4	1+3, 2+2, 3+1	3/36 = 8,3%
5	1+4, 2+3, 3+2, 4+1	4/36 = 11,1%
6	1+5, 2+4, 3+3, 4+2, 5+1	5/36 = 13,9%
7	1+6, 2+5, 3+4, 4+3, 5+2, 6+1	6/36 = 16,7%
8	2+6, 3+5, 4+4, 5+3, 6+2	5/36 = 13,9%
9	3+6, 4+5. 5+4, 6+3	4/36 = 11,1%
10	4+6, 5+5, 6+4	3/36 = 8,3%
11	5+6, 6+5	2/36 = 5,5%
12	6+6	1/36 = 2,7%

◘ **Abb. 11.76** Eintrittswahrscheinlichkeit von Gesamtaugenzahlen (zwei Würfel)

Normalverteilung, Mittelwert, Varianz und Standardabweichung

Aus einer hinreichend großen Reihe zufällig verteilter Messwerte, beispielsweise einer Größenmessung von Zuschauern eines Rockkonzerts (◘ Abb. 11.77), kann der Mittelwert berechnet werden.

Der Mittelwert x_{arith} ergibt sich, wenn die einzelnen Größen der Zuschauer x_i aufaddiert werden und die Summe anschließend durch die Anzahl der Personen n dividiert wird:

$$x_{\text{arith}} = \frac{1}{n}\sum_{1}^{n} x_i = \frac{x_1 + x_2 + x_3 + \ldots + x_n}{n}$$

Neben der Durchschnittsgröße der Zuschauer ist aber auch noch interessant zu wissen, wie weit die Größen der einzelnen Musikfans vom Mittelwert abweichen, wie groß die Streuung der Messwerte also ist.

◘ **Abb. 11.77** Zuschauer eines Rockkonzerts

Man könnte natürlich für jeden Konzertbesucher berechnen, wie weit seine individuelle Größe vom berechneten Mittelwert abweicht. Um daraus eine mittlere Abweichung zu berechnen, könnte man alle diese Abweichungen ($x_i - x_{\text{arith}}$) aufaddieren und wieder durch die Anzahl der Personen n dividieren:

$$\overline{s} = \frac{1}{n} \sum_{i=1}^{n} (x_i - \overline{x})$$

Allerdings ergäbe diese Vorgehensweise bei zufällig verteilten Messwerten eine durchschnittliche Abweichung von null – und wäre somit nicht nützlich.

Deshalb quadriert man die Einzelabweichungen vom Mittelwert und bildet daraus den Mittelwert:

$$\sigma^2 = \frac{1}{n} \sum_{i=1}^{n} (x_i - \overline{x})^2$$

Der Wert σ^2 wird Varianz genannt. Er stellt die mittlere quadratische Abweichung der Einzelmessungen vom Mittelwert dar.

Meist arbeitet man aber anstelle der Varianz lieber mit der Standardabweichung σ, die sich ergibt, wenn man aus der Varianz die Wurzel zieht und auf diese Weise die zuvor erfolgte Quadratur wieder rückgängig macht:

$$\sigma = \sqrt{\sigma^2} = \sqrt{\frac{1}{n} \sum_{i=1}^{n} (x_i - \overline{x})^2}$$

Zufällig verteilte Beobachtungsgrößen (Messwerte) lassen sich durch ihren Mittelwert und ihre Standardabweichung vollständig beschreiben. Die Standardabweichung σ gibt dabei an, wie groß die Streuung der Messwerte um den Mittelwert x_{arith} (Erwartungswert) ist.

Die beiden Kurven in ◘ Abb. 11.78 zeigen zufällig verteilte Messungen einer Größe mit demselben (auf null normierten) Mittelwert; die Messwerte der roten Kurve liegen

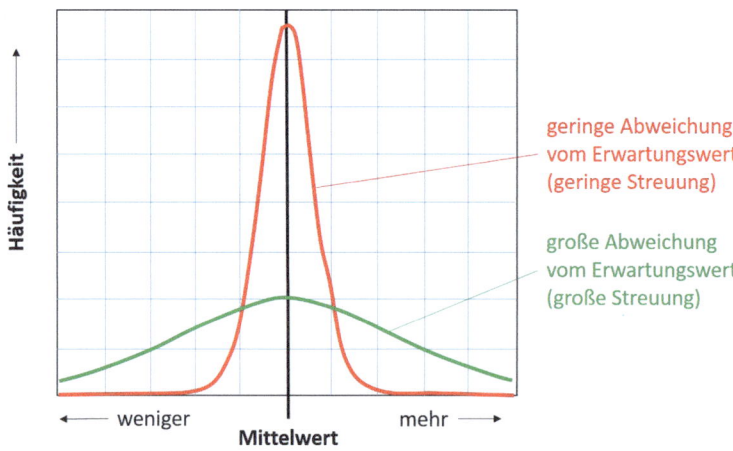

◘ **Abb. 11.78** Mittelwert und Streuung zufällig verteilter Messwerte

11.12 · Fehlerbetrachtungen/Unsicherheitsellipsen und -ellipsoide

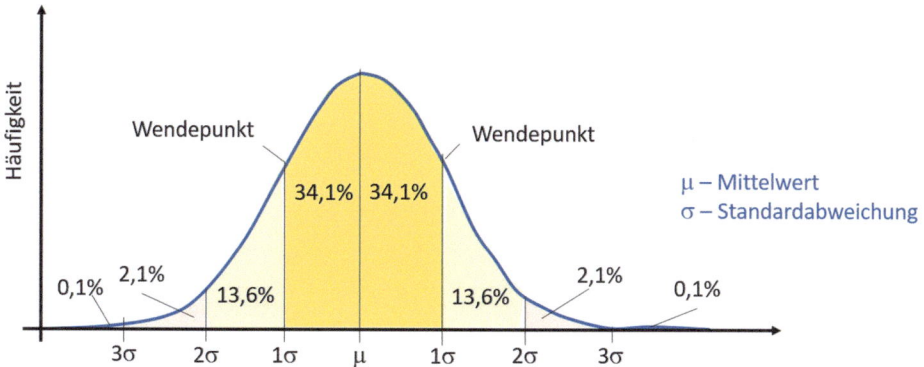

Abb. 11.79 Gauß'sche Normalverteilung

aber alle dicht beieinander, während sie bei der grünen Kurve eine große Streuung aufweisen.

Bei den Kurven könnte es sich beispielsweise um Versuche handeln, bei einem Darts-Spiel mit den Pfeilen möglichst oft das Auge der Zielscheibe zu treffen. Ein Profi würde die Pfeile gemäß der roten Kurve überwiegend nahe der Mitte platzieren, ein Anfänger gemäß der grünen Kurve in einem deutlich weiter ausgedehnten Bereich der Scheibe.

Bei zufällig verteilten Messwerten ergibt sich immer dieselbe glockenförmige Verteilung der Einzelmessungen, die sogenannte Gauß'sche Normalverteilung (Abb. 11.79).

Die Gauß'sche Normalverteilung ist dadurch gekennzeichnet, dass die meisten Messwerte sich um den Mittelwert (bzw. Erwartungswert) der betrachteten Messgröße bewegen und sich genau 64,2 % aller Messwerte im Bereich -1σ bis $+1\sigma$ befinden.

Im oben angeführten Beispiel der Gruppe der Konzertbesucher könnte der Mittelwert der Größe beispielsweise 172 cm betragen und die Standardabweichung σ zum Beispiel 5 cm. Das würde bedeuten, dass 64,2 % der Musikfans zwischen 177 und 167 cm groß sind. 95,4 % aller Messwerte liegen im Bereich -2σ bis $+2\sigma$ und 99,7 % im Bereich -3σ bis $+3\sigma$.

Es ist aber ebenso völlig normal, wenn sich 0,3 % aller Messwerte in einem größeren Abstand als 3σ vom Mittelwert befinden. Es handelt sich dabei keineswegs um „Ausrutscher", sondern um statistisch abgesicherte Messabweichungen.

Diese Erkenntnisse lassen sich auf beliebige Messgeräte übertragen. Die beiden Lineale in Abb. 11.80 sind nicht identisch skaliert – im rechten Bereich der Abbildung sieht man einen deutlichen Versatz der beiden Skalen. Bei mindestens einem der beiden Lineale werden also zu große bzw. zu kleine Längen gemessen. Wenn bekannt wäre, dass das Lineal beispielsweise immer 3 % zu viel anzeigt, könnte dieser systematische Fehler kompensiert werden.

Wenn die systematischen Fehler kompensiert sind, müssen die zufälligen Fehler abgeschätzt werden. Das könnte zum Beispiel ein Ablesefehler beim Messen sein – manchmal erwischt man einen etwas zu hohen, manchmal einen etwas zu geringen Messwert. Wenn genügend viele Messwerte mit dem Messgerät vorliegen, kann die Standardabweichung σ anhand der bereits vorgestellten Formeln sehr einfach berechnet und angegeben werden.

Oft wird die Streuung der Messwerte eines Messgeräts auch als Vielfaches der Standardabweichung σ angegeben. Wenn die Genauigkeit der Neigungsmessung eines

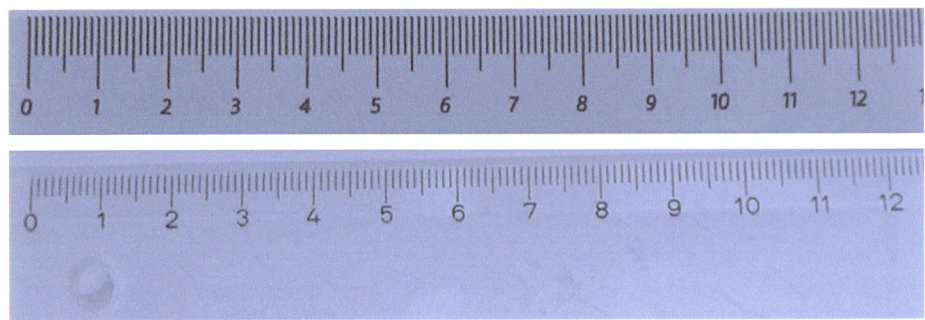

Abb. 11.80 Systematischer Fehler am Lineal

MWD-Systems beispielsweise mit einem 3σ-Wert von 0,1° angegeben ist, dann bedeutet das, dass der zufällige Messfehler mit 99,7 %iger Wahrscheinlichkeit maximal 0,1° beträgt. Wenn eine Neigung von 47° angezeigt wird, liegt die tatsächliche Neigung mit einer Wahrscheinlichkeit von 99,7 % also zwischen 46,9 und 47,1°. Mit einer Wahrscheinlichkeit von 0,3 % ist die tatsächliche Neigung aber auch geringer als 46,9° oder größer als 47,1°.

Je kleiner der σ-Wert eines Messgeräts ist, desto geringer ist der zu erwartende Messfehler, und desto genauer kann man damit also messen.

Unsicherheitsellipsen

Für ein Gedankenexperiment stellen wir uns vor, dass wir einen Kompass und ein Bandmaß zur Verfügung haben, mit denen wir uns von einem definierten Startpunkt aus dreimal jeweils 10 m weit in Richtung Südsüdost bewegen sollten (Abb. 11.81 links).

Nach dem ersten Teilstück suggerieren uns die Messgeräte, dass wir uns an dem Punkt befinden, der in Abb. 11.81 Mitte dargestellt ist. Da wir aber wissen, dass die Kompassmessung mit einem zufälligen Fehler behaftet ist, können wir nicht ausschließen, dass unser tatsächlicher Standort sich in unserem Diagramm in Bewegungsrichtung gesehen auch ein bisschen weiter links oder rechts befinden kann. Die tatsächliche Position befindet sich also mit einer gewissen Wahrscheinlichkeit auf dem in Abb. 11.81 rechts dargestellten Unsicherheitsbalken.

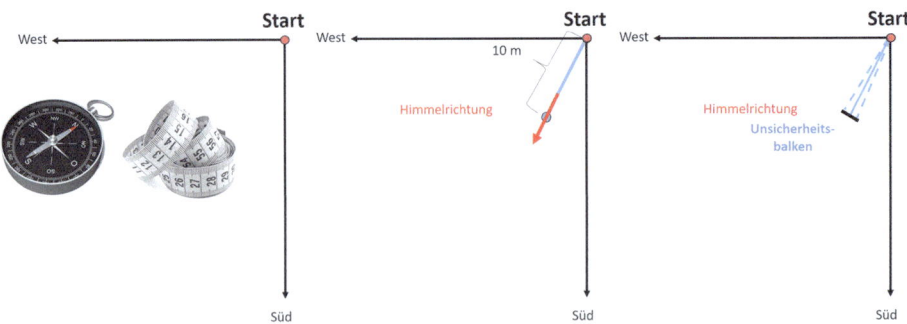

Abb. 11.81 Herleitung Unsicherheitsellipse, Teil 1

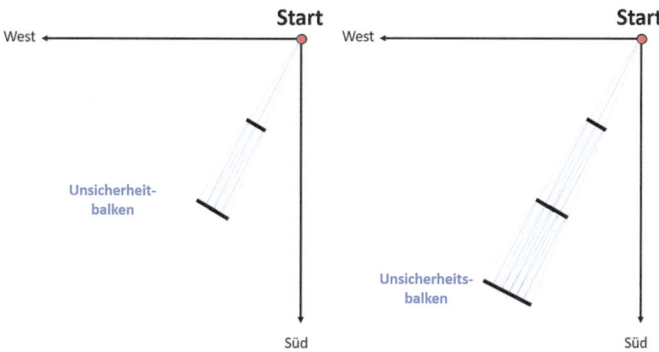

Abb. 11.82 Herleitung Unsicherheitsellipse, Teil 2

Wenn wir nun die nächsten 10 m zurücklegen, macht sich der zufällige Kompassfehler wieder bemerkbar. Da wir nicht genau wissen, von welchem Punkt aus wir diesmal starten, sondern unsere Startposition irgendwo auf dem ersten Unsicherheitsbalken liegen kann, vergrößert sich der Unsicherheitsbalken von Messpunkt zu Messpunkt, wie es in ◘ Abb. 11.82 dargestellt ist. Der zufällige Messfehler addiert sich entlang der zurückgelegten Strecke immer weiter auf, und der Unsicherheitsbalken wird von Messpunkt zu Messpunkt immer breiter.

Allerdings ist ja nicht nur die Messung der Himmelsrichtung fehlerbehaftet, sondern auch die Längenmessung. Für die Längenmessung ergibt sich also analog zur Richtungsmessung ein Unsicherheitsbalken, der von Messpunkt zu Messpunkt an Länge zunimmt.

Man könnte also schlussfolgern, dass sich aufgrund der zunehmenden Längen von Richtungs- und Längenunsicherheitsbalken Unsicherheitsrechtecke ergeben müssten, deren Fläche von Messpunkt zu Messpunkt immer größer wird (◘ Abb. 11.83 links und Mitte).

In den vorangehenden Ausführungen mit den Würfeln wurde aber bereits gezeigt, dass es recht unwahrscheinlich ist, dass beide Messgeräte (Kompass und Maßband) zufällig gleichzeitig jeweils ihren maximal denkbaren Messfehler anzeigen. Die Wahrscheinlichkeit, dass mittlere Messfehler vorliegen, ist deutlich größer. Für die Messung der Himmelsrichtung ist also wie bei der Messung der Entfernung mit einer Normalverteilung der Fehler zu rechnen.

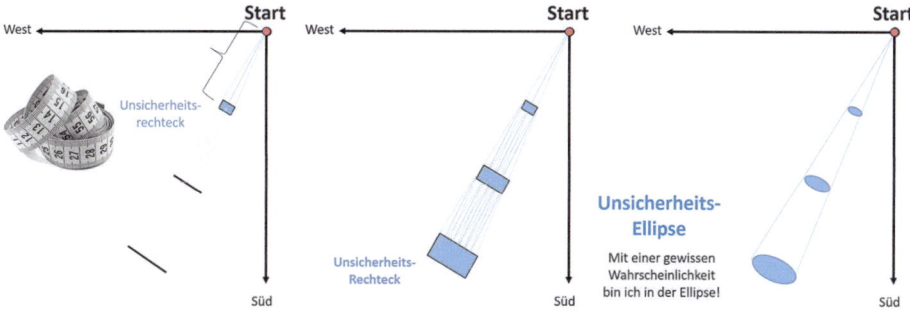

Abb. 11.83 Herleitung Unsicherheitsellipse, Teil 3

Aus dieser Überlegung ist abzuleiten, dass der tatsächliche Standort sich bei einer zweidimensionalen Messung (Richtung und Länge) mit einer gewissen Wahrscheinlichkeit innerhalb einer Unsicherheitsellipse befindet (◉ Abb. 11.83 rechts). Die Längen der Hauptachsen der Unsicherheitsellipse entsprechen der Messgenauigkeit der verwendeten Messgeräte (hier: Kompass und Maßband). Im gezeigten Beispiel ist die Messung der Entfernung etwas genauer als die Messung der Himmelsrichtung.

Unsicherheitsellipsoide

Es wurde bereits beschrieben, dass die Messung der Inklination und des Azimuts mittels jeweils dreier orthogonal zueinander angeordneter Sensoren erfolgt. Einer dieser Sensoren ist dabei meist in Richtung der Bohrlochachse ausgerichtet, während die anderen beiden rechtwinklig zueinander in radialer Richtungen aus der Bohrlochachse hinausweisen. Die Messung des Azimuts und der Inklination basiert also jeweils auf drei Einzelmessungen, die in drei verschiedenen Richtungen erfolgen. Entsprechend sind hier Messfehler in drei Dimensionen zu berücksichtigen.

Auch die Messung der Länge der Bohrung (MD) ist fehlerbehaftet, allerdings weist sie nur einen Fehler in Richtung der Bohrlochachse auf.

Insgesamt sind also bei jedem Survey Messfehler in drei Dimensionen zu berücksichtigen (◉ Abb. 11.84). Daraus folgt, dass die aktuelle Position, die aus den Directional Surveys bestimmt wird, sich mit einer vorgegebenen Wahrscheinlichkeit innerhalb eines dreidimensionalen Unsicherheitsellipsoids befindet, dessen Längen seiner Hauptachsen den Messgenauigkeiten der Sensoren in den entsprechenden Koordinatenrichtungen entspricht.

In ◉ Abb. 11.85 ist so ein Ellipsoid dargestellt. Eine seiner Hauptachsen liegt auf der Bohrlochachse. Das Unsicherheitsellipsoid wird von Messpunkt zu Messpunkt größer, da sich die zufälligen Messfehler aller Sensoren von Survey zu Survey aufaddieren.

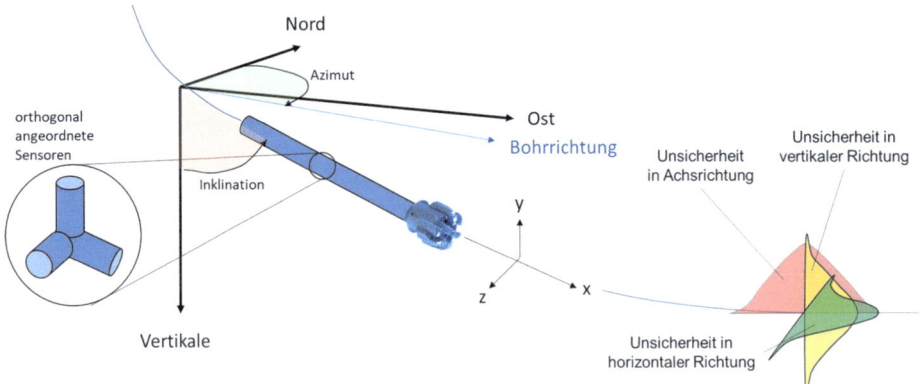

◉ **Abb. 11.84** Messfehler in drei Dimensionen

Abb. 11.85 Unsicherheits-ellipsoid

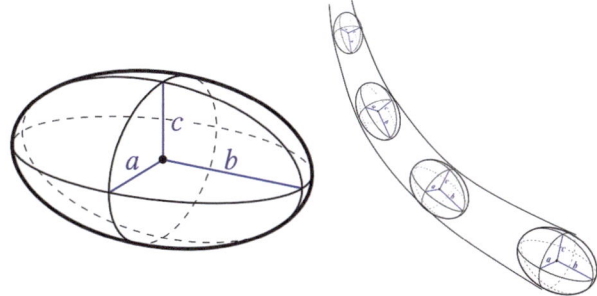

11.12.3 Geologisches Zielgebiet und Driller's Target

Dem Richtbohrer wird vom Auftraggeber ein geologisches Zielgebiet (Target) vorgegeben, das er mit seiner Bohrung treffen muss. In ◘ Abb. 11.86 ist ein solches Zielgebiet symbolisch durch den orangefarbenen Kreis vorgegeben.

Orientiert sich der Richtbohrer nur an dem Bohrpfad, den seine Software auf den Directional Surveys berechnet, kann er davon ausgehen, dass er das Zielgebiet getroffen hat, wenn der angezeigte Bohrpfad das Zielgebiet an einer beliebigen Stelle durchstößt. Der rote Punkt in ◘ Abb. 11.86 links stellt einen Punkt des berechneten Bohrpfades dar. Da dieser sich innerhalb des vorgegebenen geologischen Zielgebietes befindet, bewertet unser Richtbohrer seine richtbohrtechnische Leistung als erfolgreich.

Tatsächlich muss aber berücksichtigt werden, dass jeder Punkt des berechneten Bohrpfades mit einem Unsicherheitsellipsoid behaftet ist. Im Fall des in ◘ Abb. 11.86 links dargestellten Beispiels ragt das Unsicherheitsellipsoid aber aus dem vorgegebenen Zielgebiet hinaus. Deshalb kann der Richtbohrer nicht davon ausgehen, dass sich seine Bohrung tatsächlich mit der vorgegebenen Wahrscheinlichkeit (z. B. 2σ) im Zielgebiet befindet.

Um sicherzustellen, dass der Richtbohrer das geologische Zielgebiet trotz der gegebenen Messungenauigkeiten seines MWD-Systems mit der vorgegebenen Wahrscheinlichkeit trifft, muss er das Zielgebiet so ansteuern, dass sich nicht nur der berechnete Bohrpfad, sondern auch das gesamte zugehörige Unsicherheitsellipsoid im Zielgebiet befindet. Nur dann kann der Richtbohrer davon ausgehen, dass er das geologische Ziel mit der vorgegebenen Wahrscheinlichkeit (!) getroffen hat (◘ Abb. 11.86 rechts).

Es reicht also nicht, den berechneten Bohrpfad im vorgegebenen geologischen Zielgebiet zu platzieren, sondern der berechnete Bohrpfad muss in ein deutlich kleineres

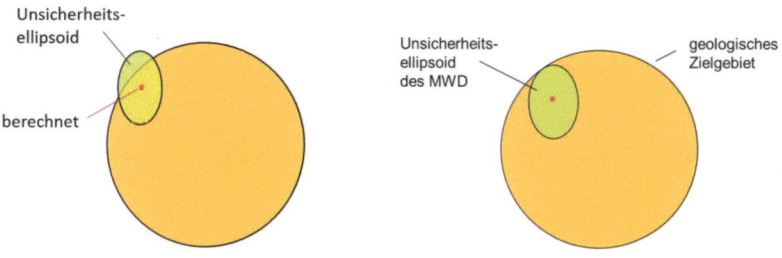

◘ Abb. 11.86 Anforderung an das Messprogramm

Abb. 11.87 Driller's Target

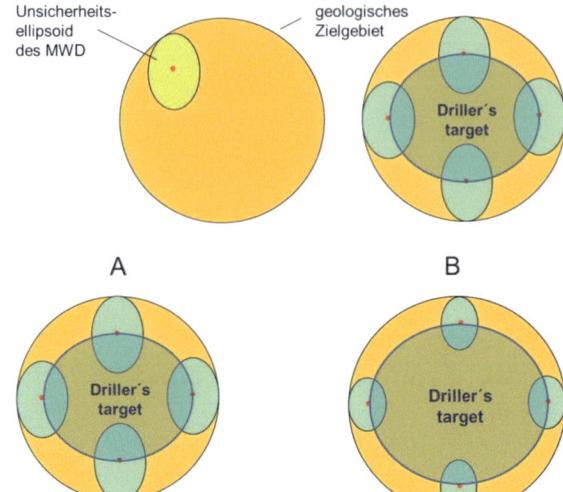

Abb. 11.88 Driller's Target bei „normalem" (A) und „besserem" Messprogramm (B)

Driller's Target geführt werden, dessen Größe und Form von der Größe und Form des Unsicherheitsellipsoids im Zielgebiet abhängen (● Abb. 11.87).

Je besser und genauer das eingesetzte Messprogramm ist (Qualität des MWD-Systems, Abstand der Survey-Punkte voneinander, Sorgfalt bei der Durchführung der Surveys), desto kleiner sind die Unsicherheitsellipsoide, und desto größer verbleibt das resultierende Driller's Target, das der Richtbohrer mit seinem berechneten Bohrpfad ansteuern muss.

Ein besseres Messprogramm ist natürlich auch kostenintensiver als ein weniger gutes. Aber ein größeres Driller's Target erleichtert wiederum die Richtbohrarbeiten und steigert dadurch die Erfolgsaussichten des Projekts (● Abb. 11.88).

Unter Umständen kann das Unsicherheitsellipsoid aufgrund eines unzureichenden Messprogramms so groß werden, dass das Driller's Target komplett verschwindet oder sogar negativ wird (● Abb. 11.89). In diesem Fall kann trotz größter richtbohrtechnischer Bemühungen nie davon ausgegangen werden, dass der berechnete Bohrpfad sich wirklich mit der vorgegebenen Wahrscheinlichkeit im vorgegebenen geologischen Zielgebiet befindet.

Abb. 11.89 Inakzeptables Messprogramm

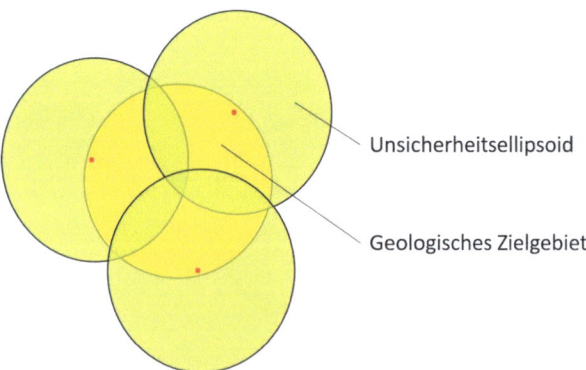

11.13 Kollisionsbetrachtungen

Wenn man nur eine einzelne Bohrung abteufen möchte, ist es möglicherweise nicht so entscheidend, die genaue Position der Bohrung zu kennen – Hauptsache, man findet die Lagerstätte. Oft werden von einem Bohrplatz aus aber ganze Bohrungscluster angelegt. Das ist beispielsweise auf fest installierten Bohrinseln der Fall, die im Laufe ihrer Lebensdauer von einigen Jahrzehnten nur dann rentabel arbeiten können, wenn immer neue Bohrungen in die Lagerstätte abgeteuft werden. Je mehr Bohrungen bereits vorhanden sind, desto schwieriger wird es für den Richtbohrer, mit jeder weiteren Bohrung durch den bestehenden Cluster hindurch zu navigieren, ohne dabei die anderen Bohrungen zu treffen oder sogar anzubohren. Hier ist eine möglichst genaue Kenntnis der Positionen der alten Bohrungen erforderlich, um Kollisionen zu vermeiden.

Da aber der Verlauf einer Bohrung nie exakt bekannt ist, sondern sich jeder Punkt des Bohrpfades immer nur mit einer vorgegebenen Wahrscheinlichkeit innerhalb eines Unsicherheitsellipsoids mit bekannter Größe befindet, muss die Abschätzung der Wahrscheinlichkeit einer Kollision zweier benachbarter Bohrungen anhand der Betrachtung ihrer Unsicherheitsellipsoide erfolgen.

Die folgenden Ausführungen zur Abschätzung der Kollisionswahrscheinlichkeit benachbarter Bohrungen sollen der einfacheren grafischen Darstellung halber gelegentlich im zweidimensionalen Raum mittels Unsicherheitsellipsen dargestellt werden. Grundsätzlich sind in der Praxis aber natürlich dreidimensionale Unsicherheitsellipsoide zu betrachten.

Wenn Unsicherheitsellipsen für die Position der Bohrung an einem bestimmten Punkt des Bohrpfades angegeben werden, werden sie oft so interpretiert, dass sich die Bohrung „irgendwo innerhalb der Ellipse" befinden muss und eine Position außerhalb dieser Ellipse ausgeschlossen werden kann (◘ Abb. 11.90 links).

Eine solche Betrachtung ist aber falsch. Die Darstellung einer Unsicherheitsellipse ist immer mit einer bestimmten Wahrscheinlichkeit (z. B. 1σ, 2σ oder 3σ) verknüpft. Die Unsicherheitsellipse besagt somit lediglich, dass sich die tatsächliche Position der Bohrung mit der vorgegebenen Wahrscheinlichkeit innerhalb dieser Ellipse befindet. Grundsätzlich kann sie sich aber auch außerhalb der Ellipse befinden, nur ist dies weniger wahrscheinlich. Die äußere Umrandung der Ellipse stellt somit keine Grenze dar, die nicht überschritten werden kann, sondern repräsentiert nur eine statistische Wahrscheinlichkeitsschwelle (◘ Abb. 11.90 rechts).

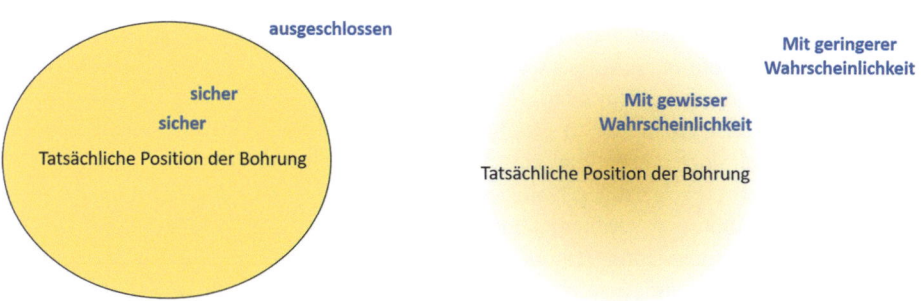

◘ **Abb. 11.90** Interpretation von Unsicherheitsellipsen. *Links* häufige Annahme, *rechts* tatsächlicher Sachverhalt

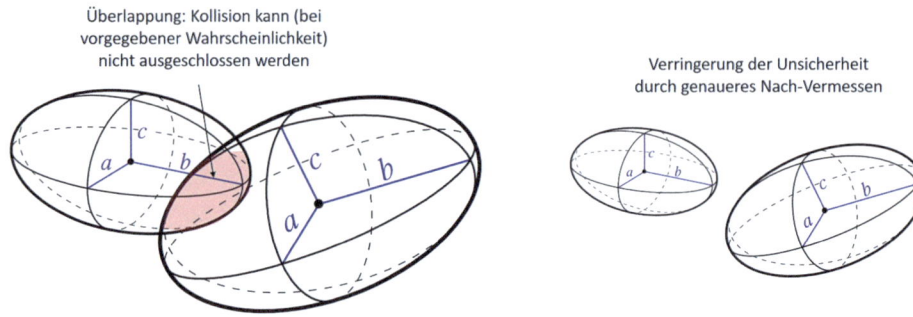

Abb. 11.91 Grafische Darstellung einer Kollisionswahrscheinlichkeit

Um eine Kollisionswahrscheinlichkeit zweier benachbarter Bohrungen abzuschätzen, müssen die Unsicherheitsellipsoide der benachbarten Punkte beider Bohrpfade bekannt sein. Wenn sie sich überschneiden, wie es in ◘ Abb. 11.91 links dargestellt ist, kann bei der vorgegebenen Wahrscheinlichkeit, die der Berechnung der Ellipsoide zugrunde gelegt wurde, eine Kollision nicht ausgeschlossen werden.

Wenn die Ellipsoide in ◘ Abb. 11.91 links beispielsweise „2σ-Ellipsoide" (2σ entspricht einer Wahrscheinlichkeit von 95,4 %) darstellen, besteht eine Wahrscheinlichkeit von mehr als 5,4 %, dass die Bohrungen kollidieren – in mindestens 5 von 100 Fällen geht die Operation also schief.

Falls man dieses Risiko nicht tragen möchte, könnte man nun beide Bohrungsverläufe nochmals mit einem genaueren Messverfahren nachmessen. Damit ergeben sich für dieselbe Wahrscheinlichkeit deutlich kleinere Unsicherheitsellipsoide, die sich nun nicht mehr überlappen (◘ Abb. 11.91 rechts). In diesem Fall ist aber eine Kollision trotzdem nicht gänzlich ausgeschlossen. Man kann lediglich ableiten, dass die Wahrscheinlichkeit einer Kollision nun geringer als 5,4 % ist – in höchstens 5 von 100 Fällen geht die Operation schief.

Anstatt statistische Fehlerberechnungen durchzuführen und Unsicherheitsellipsoide zu berechnen und zu analysieren, kann man den Abstand zwischen der aktuellen und einer benachbarten Bohrung auch durch eine direkte Messung ermitteln. Dazu bietet sich der Magnetic Proximity Ranging Service an. Bei diesem Service wird in einer der beiden Bohrungen durch ein entsprechendes Messgerät ein künstliches Magnetfeld erzeugt (blaue Linien in ◘ Abb. 11.92), das in der Verrohrung der benachbarten Bohrung ein sekundäres Magnetfeld induziert (rote Linien). Dieses Magnetfeld kann dann von dem Messgerät in der ersten Bohrung lokalisiert und der Abstand des Sensors von der Verrohrung der anderen Bohrung ermittelt werden.

Derartige Messungen resultieren aufgrund der damit verbundenen Zeitverluste und Servicekosten natürlich immer in erhöhten Projektkosten. Allerdings wäre eine Bohrungskollision mit noch wesentlich höheren Folgekosten verknüpft.

Bei einem vertretbar geringen Kollisionsrisiko wäre es auch eine Option, die benachbarte Produktionsbohrung vorübergehend außer Betrieb zu nehmen und zu verschließen und dann besonders vorsichtig den potenziellen Kollisionsabschnitt zu durchbohren. Dabei muss aufmerksam auf Anzeichen einer möglichen Kollision geachtet (Zement oder Metallspäne auf den Schüttelsieben, ungewöhnliche Vibrationen usw.) und die Bohroperation gegebenenfalls abgebrochen werden. In diesem Szenario wären zumindest die Folgen einer potenziellen Havarie minimiert.

11.13 · Kollisionsbetrachtungen

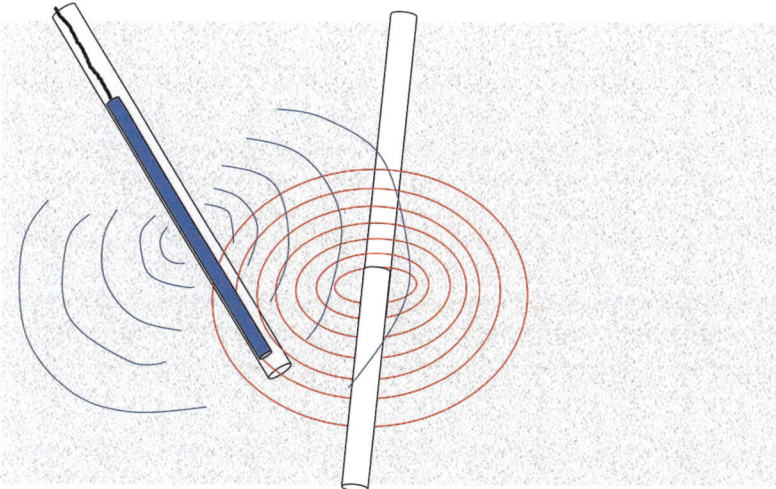

■ **Abb. 11.92** Magnetic Proximity Ranging Service

11.13.1 Anti-Collision-Software

In der Praxis werden verschiedene Anti-Collision-Softwarepakete verwendet, die man zum Teil auch käuflich erwerben kann. Wie bei jeder Software sollte der Benutzer aber unbedingt wissen, welche Theorie hinter dem Programm steht, das er verwendet.

Bei einigen Ansätzen zur Berechnung der Kollisionswahrscheinlichkeit benachbarter Bohrungen wird zunächst die Verbindungslinie der Mittelpunkte der beiden benachbarten Unsicherheitsellipsoide berechnet, um dann zu prüfen, ob diese Verbindungslinie vollständig innerhalb der beiden Ellipsoide verläuft oder teilweise auch außerhalb. Wenn die Linie wie in ■ Abb. 11.93 links dargestellt über ein Teilstück verfügt, das sich außerhalb beider Ellipsoide befindet, interpretiert die Software das Ergebnis dahingehend, dass mit der vorgegebenen Wahrscheinlichkeit keine Kollisionsgefahr besteht.

Dieser Ansatz kann mit relativ geringem mathematischem Aufwand programmiert werden, besitzt aber den Nachteil, dass er unter Umständen zu optimistisch ist. In ■ Abb. 11.93 links ist ja deutlich zu sehen, dass sich die Ellipsoide tatsächlich an ihren

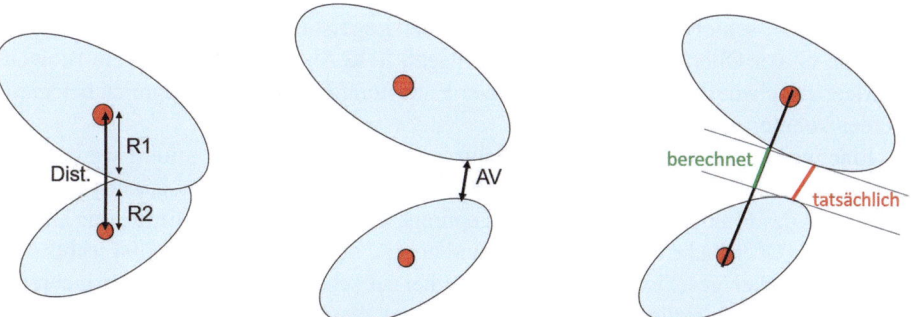

■ **Abb. 11.93** Theoretische Ansätze zur Anti-Collision-Software

rechten Enden teilweise überschneiden, obwohl die Verbindungslinie ihrer Mittelpunkte keine Kollisionsgefahr suggeriert.

Andere Softwarepakete tasten die Oberflächen beider Ellipsoide ab und suchen nach dem Minimalabstand zwischen beiden Ellipsoiden (Abb. 11.93 Mitte). Diese Methode ist sehr praxisgerecht, und somit kann eine Kollision mit einer vorgegebenen Wahrscheinlichkeit (!) ausgeschlossen oder bestätigt werden. Nachteilig ist aber die aufwendige Berechnung, die beispielsweise berücksichtigen muss, dass der kürzeste Abstandsvektor nicht parallel zur Verbindungslinie der Mittelpunkte der Ellipsoide verlaufen muss.

Eine dritte gängige Methode zur Abschätzung des Kollisionsrisikos besteht darin, den Abstand derjenigen Tangentialebenen an die Ellipsoide zu bestimmen, die senkrecht auf dem Verbindungsvektor der Mittelpunkte stehen (Abb. 11.93 rechts). Diese Methode ist mit einem etwas geringeren Rechenaufwand als die vorangehende verbunden, allerdings neigt sie zu einem gewissen Pessimismus, denn der tatsächliche kürzeste Abstand zwischen den Ellipsoiden (rote Linie) kann unter Umständen größer sein als der über die Tangentialebenen berechnete (grüne Linie).

Je nach verwendetem Softwarepaket kann die Berechnung also zu optimistische, zu pessimistische oder realitätsnahe Ergebnisse liefern. Für den Praxisgebrauch ist das kein übermäßig großes Problem, aber der Anwender sollte sich zumindest darüber im Klaren sein, welches Modell er gerade zur Abschätzung des Kollisionsrisikos verwendet.

11.13.2 Beabsichtigte Kollisionen von Bohrungen (Relief Wells, Geothermal Loops)

Bisher wurde nur über die Vermeidung von Bohrungskollisionen gesprochen. Manchmal werden Kollisionen von Bohrungen aber auch ganz gezielt herbeigeführt. Ein Beispiel hierfür ist das Anlegen einer Entlastungsbohrung, mit der eine havarierte Bohrung, auf der ein Blowout aufgetreten ist, wieder unter Kontrolle gebracht werden kann.

Eine Entlastungsbohrung wird so angelegt, dass sie die havarierte Bohrung im Zielhorizont trifft, sodass zwischen beiden Bohrungen eine hydraulische Verbindung besteht. Dann wird durch die Entlastungsbohrung Totpumpspülung hinunter in den Zielhorizont verpumpt. Die Totpumpspülung wird in der havarierten Bohrung zunächst zusammen mit den Fluiden aus der Lagerstätte mit nach oben geschleppt. Mit der Zeit gelangt auf diese Weise immer mehr Totpumpspülung in die havarierte Bohrung, bis die mittlere Dichte der Fluide in der havarierten Bohrung so hoch ist, dass der Druck der Fluide aus der Lagerstätte nicht mehr ausreicht, um den schweren flüssigen Pfropfen vor sich her zur Oberfläche zu schieben. Der Fluidstrom aus der Lagerstätte versiegt dadurch, und der Blowout an der Oberfläche kommt zum Erliegen In Abb. 11.94 links ist ein Blowout im Meer zu sehen, der durch Anlage zweier Entlastungsbohrungen erfolgreich bekämpft werden konnte.

Eine weitere Anwendung, bei der Bohrungen gezielt zusammengeführt werden, besteht darin, mehrere Bohrungen so zu verbinden, dass sie ein geschlossenes System bilden, durch das Fluide in einen Kreislauf gepumpt werden können, um Erdwärme aus der Tiefe an die Oberfläche zu transportieren und dort zu nutzen. In Abb. 11.94 rechts sind Beispiele solcher geschlossenen Wärmetauscher zu sehen, die in Tiefen von mehreren Kilometern im Untergrund angelegt werden. Kaltes Wasser gelangt über die blau gefärb-

11.13 · Kollisionsbetrachtungen

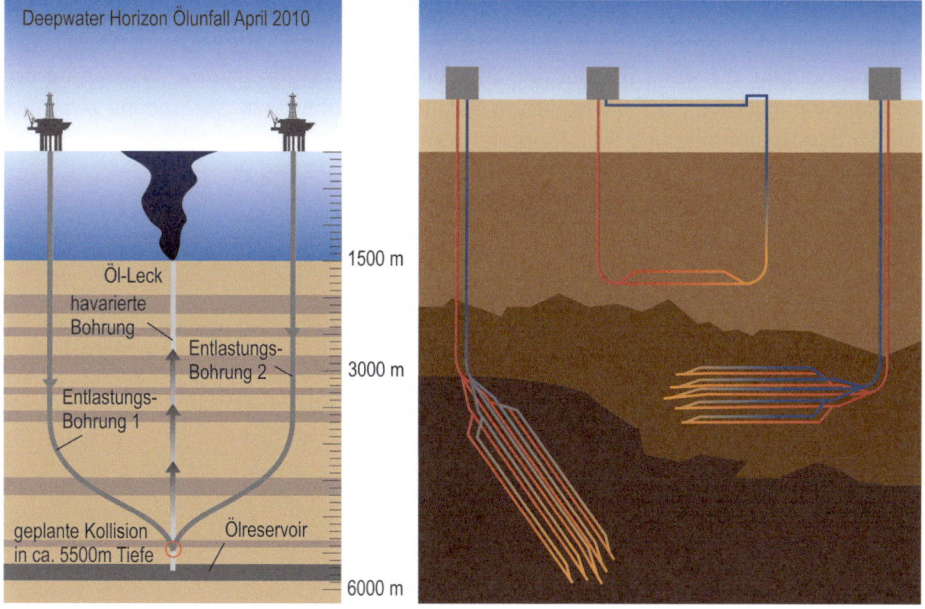

Abb. 11.94 Bewusste Kollisionen von Bohrungen

ten Stränge in den Untergrund, wo es sich aufheizt. Dann steigt das heiße Wasser in den rot eingefärbten Rohrsträngen wieder zur Oberfläche auf.

Um eine bestehende Bohrung zu finden und anzubohren, nähert man sich dieser zunächst in einem kleinen Winkel von wenigen Grad an (Abb. 11.95). Ein Magnetic Proximity Ranging Tool erzeugt ein künstliches Magnetfeld, das im Casing der anderen Bohrung ein Sekundärmagnetfeld bewirkt. Dieses wird wiederum messtechnisch in der ersten Bohrung erfasst und hinsichtlich seiner Richtung und Stärke (Entfernung) bewertet.

Mit Kenntnis der Richtung und Entfernung der benachbarten Bestandsbohrung kann die aktuelle Bohrung mit richtbohrtechnischen Methoden immer näher an die Zielbohrung angenähert werden.

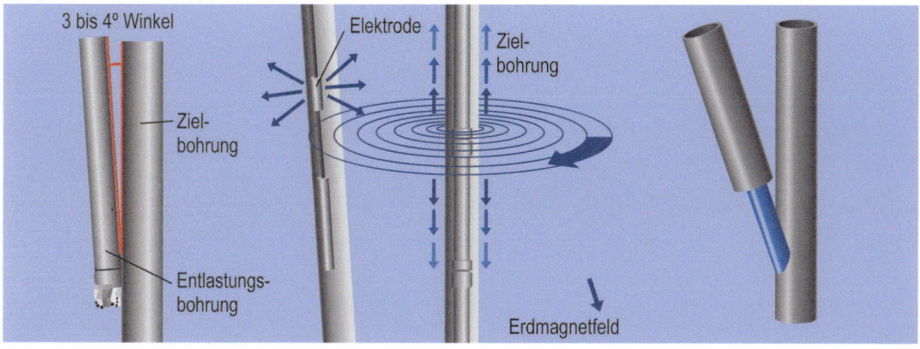

Abb. 11.95 Zusammenführung von Bohrungen

Unmittelbar vor dem Kontakt wird die Entlastungsbohrung noch einmal mit einem Liner verrohrt und zementiert, um sie dauerhaft zu stabilisieren. Dann wird unter Einsatz der Totpumpspülung mit einer Fräsgarnitur durch die Zementation und die Verrohrung der Zielbohrung hindurch ein Fenster gefräst. Sobald die hydraulische Verbindung zwischen der Entlastungsbohrung und der havarierten Bohrung besteht, kann mit dem Totpumpen begonnen werden.

Der Prozess der Zusammenführung zweier Bohrungen in der Tiefe wird als Well Intersection bezeichnet.

Datenübertragung im Bohrstrang

Inhaltsverzeichnis

12.1	Datenrate und Reichweite	– 327
12.1.1	Verkabelter Bohrstrang	– 327
12.1.2	Akustische Datenübertragung	– 329
12.1.3	Elektromagnetische Datenübertragung	– 329

12.2 Vergleich verschiedener Methoden der Datenübertragung – 330

12.3 Mud-Puls-Telemetrie – 331
12.3.1 Mud-Pulser – 331
12.3.2 Mud-Sirene – 338
12.3.3 Scherventilpulser – 345

12.4 Digitalisierung von Messwerten – 346

12.5 Modulation – 352
12.5.1 Non-Return-to-Zero-Modulation – 352
12.5.2 Miller-Modulation – 353
12.5.3 Split-Phase-Modulation – 354
12.5.4 Advantage-Combinatorial-Modulation – 355
12.5.5 Amplitudenmodulation – 356
12.5.6 Frequenzmodulation – 357
12.5.7 Phasenmodulation – 357
12.5.8 Weitere Modulationen – 358

© Der/die Autor(en), exklusiv lizenziert an Springer-Verlag GmbH, DE, ein Teil von Springer Nature 2025
M. Reich, *Tiefbohrtechnik*, https://doi.org/10.1007/978-3-662-70635-0_12

12.6 Systemarchitektur von Datenübertragungssystemen der Tiefbohrtechnik – 358

12.7 Anforderungen an die Bohrspülung – 360

12.8 Downlinks – 361

Moderne Bohrgarnituren enthalten äußerst komplexe elektronische, hydraulische und mechanische Komponenten, die unter den extremen Arbeitsbedingungen, die in mehreren Kilometern Tiefe unter der Erdoberfläche herrschen, zuverlässig funktionieren müssen. Die Tiefbohrtechnik braucht in dieser Hinsicht keine Vergleiche mit beispielsweise der Weltraumfahrt zu scheuen, wo komplexe Technik unter ähnlich extremen Bedingungen eingesetzt wird. Angesichts der vielen Hightech-Komponenten, die man in einer Bohrgarnitur antrifft, verwundert es, dass die Datenübertragung von der Bohrlochsohle zur Oberfläche auf dem Niveau des Morsens stehen geblieben zu sein scheint. In diesem Kapitel wird erklärt, warum das so ist und welcher immense Aufwand betrieben wird, um trotzdem sicher durch den Untergrund navigieren zu können.

In der Bohrgarnitur in Meißelnähe wird eine Vielzahl an MWD-/LWD-Komponenten eingesetzt, die den Bohrpfad vermessen und die Eigenschaften des umgebenden Gesteins und der darin enthaltenen Fluide ermitteln können. Um aus dieser Fülle an Information die richtigen Entscheidungen zur Weiterführung der Bohrung ziehen zu können, muss die Information möglichst in Echtzeit zur Oberfläche übertragen werden. Gleichzeitig werden in modernen Tiefbohrungen aber auch Befehle von der Oberfläche zur Bohrgarnitur übertragen. Dabei dürfen sich der Uplink (Datenstrom von der Bohrgarnitur zur Oberfläche) und der Downlink (Datenstrom von der Oberfläche zur Bohrgarnitur) nicht gegenseitig stören oder beeinflussen. Im Folgenden wird gezeigt, wie die Datenübertragung durch den Bohrstrang einer Tiefbohrung abläuft.

12.1 Datenrate und Reichweite

Daten werden überall übertragen. Ein im Jahr 2023 aufgestellter Weltrekord erreichte laut ntv eine Datenrate von 402 Terabit ($402 \cdot 10^{12}$) pro Sekunde, die in einer Glasfaserleitung über eine Entfernung von 50 km übertragen wurden. Im Vergleich dazu war das Internet im Jahr 2000 noch extrem langsam. Eine DSL-Flatrate für eine Datenrate von 1,5 Megabit pro Sekunde kostete damals monatlich den stolzen Preis von 49 D-Mark.

Auch in der Tiefbohrtechnik werden Daten übertragen. Bei der Datenübertragung durch das Bohrgestänge liegt die übliche Datenrate im Feld allerdings bei lediglich 10–15 Bits pro Sekunde. Damit ist sie etwa 1.000.000-mal langsamer als das Internet vor einem Drittel Jahrhundert. Der Grund dafür liegt in den sehr speziellen Gegebenheiten der Tiefbohrtechnik, unter denen viele der an der Erdoberfläche gebräuchlichen Datenübertragungsmethoden nicht oder nicht gut genug funktionieren.

12.1.1 Verkabelter Bohrstrang

Eine elektrische oder faseroptische Leitung im Bohrstrang wäre im Prinzip ideal geeignet, um Daten zwischen der Erdoberfläche und der Bohrgarnitur in Echtzeit und mit hoher Datenrate zu übertragen. Allerdings ist die Verlegung von Leitungen im Bohrstrang problematisch.

Übliche Bohrstränge werden aus 10 m langen Bohrstrangelementen zusammengeschraubt. Ein 5 km langer Bohrstrang beinhaltet also ca. 500 Gewindeverbindungen, von denen im Verlauf der Bohrarbeiten viele immer wieder gebrochen und verschraubt werden müssen.

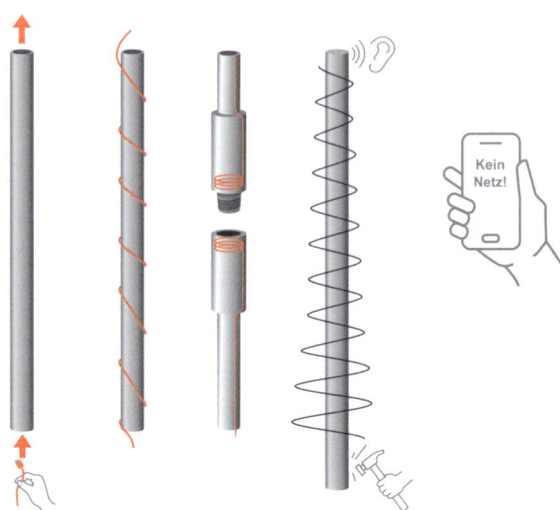

Abb. 12.1 Nicht oder nicht gut genug funktionierende Datenübertragungssysteme (Kabel, Akustik, Funk)

Um ein innen liegendes Kabel in einem Bohrstrang zu verlegen (Abb. 12.1 links), müsste man das Kabel für jede neu hinzukommende Bohrstange verlängern und es dann von unten nach oben durch das aufzuschraubende Bohrstrangelement hindurchfädeln. Steckersysteme, die unter Bohrturmbedingungen und bei jedem Wetter schnell und einfach montiert werden können und unter hohen Drücken und Temperaturen in fließender Bohrspülung zuverlässig funktionieren, gibt es bisher aber nicht. Und wenn im Betrieb nur eine der vielen Kabelverbindungen ausfällt, ist keine Kommunikation über das Kabel mehr möglich.

Ein außen liegendes Kabel (Abb. 12.1, zweites von links) am Bohrstrang müsste nicht mühsam durch die Bohrstangen gefädelt werden, würde aber bei einsetzender Strangrotation durch den mechanischen Kontakt mit der Bohrlochwand schnell zerstört.

Es gibt spezielle Bohrstangen, bei denen das Kabel in die Wandung der Bohrstangen eingelassen ist. Hier kommt das Kabel also weder mit der Bohrlochwand noch mit der Bohrspülung in Kontakt. Allerdings muss an jeder Gewindeverbindung im Bohrstrang ein sicherer elektrischer Kontakt zum Datenkabel der nächsten Bohrstange hergestellt werden. Das ist unter Bohrturmbedingungen sehr schwierig zu realisieren, weil die Gewinde vor dem Verschrauben immer kräftig eingefettet werden müssen und Fett ein elektrischer Isolator ist. Da die Kabel, die in die Wandungen der Bohrstangen eingelassen sind, im Rohr und auch an den Gewindeverbindern vom Stahl der Bohrstangen elektrisch isoliert sein müssen, müssen ohnehin sehr spezielle Gewindeverbinder eingesetzt werden.

Grundsätzlich gibt es Gewindeverbindungen, die an den Gewindeschultern einen physischen elektrischen Kontakt der in den Rohrkörper integrierten Kabel herstellen, jedoch müssen diese von geschultem Personal mit spezieller Sorgfalt verschraubt werden. Der Einsatz derartiger Gewindeverbinder ist eher den komplexen Komponenten der Bohrgarnitur vorbehalten, für das Bohrgestänge kommt er kaum in Betracht.

Es gibt auch verkabelte Bohrstränge, bei denen die Daten an jeder Gewindeverbindung induktiv auf die jeweils benachbarte Bohrstange übertragen werden. Dazu werden elektrische Spulen in die Wandung der Bohrstangen eingelassen (Abb. 12.1 Mitte). Diese Variante hat der Vorteil, dass Standardgewindeverbindungen benutzt werden können. Nachteilig ist allerdings, dass bei jeder induktiven Übertragung Verluste auftreten und das Signal deshalb entlang des Bohrstranges stark gedämpft wird.

Um die Dämpfung des Signals zu kompensieren, werden in gewissen Abständen Repeater in den Strang integriert, die das schwache Signal aus der Tiefe empfangen, es verstärken und dann zur Oberfläche weiterleiten. Jeder Repeater benötigt dazu allerdings eine Stromquelle, was das Übertragungssystem wieder verkompliziert und fehleranfälliger macht.

Verkabelte Bohrstränge mit induktiver Übertragung von Stange zu Stange werden bereits erfolgreich im Feld eingesetzt, aufgrund der hohen Kosten allerdings bisher nur für wenige spezielle Einsätze. Auf normalen Tiefbohranlagen sind die hohen Kosten dieses Systems im Allgemeinen noch nicht zu rechtfertigen.

12.1.2 Akustische Datenübertragung

Stahl ist ein sehr guter Schallleiter. Insofern könnte grundsätzlich eine akustische Übertragung von Daten durch den Bohrstrang möglich sein (zweite Skizze von rechts in ◘ Abb. 12.1). An einem Ende des Bohrstranges wird das zu übertragende Signal in Form von „Klopfzeichen" in den Strang eingebracht, am anderen Ende wird es mittels akustischer Sensoren empfangen. Bei näherer Betrachtung zeigt sich allerdings schnell, dass bei der akustischen Datenübertragung viele Schwierigkeiten überwunden werden müssen. Beispielsweise wird an jeder Querschnittsveränderung im Material des Bohrstranges (z. B. an jedem Gewindeverbinder) ein Teil der Schallenergie reflektiert und wandert in Form von Echos zurück durch den Strang, die das Nutzsignal überlagern und somit die Kommunikation stören. Der Bohrvorgang selbst erzeugt ebenfalls erhebliche Störgeräusche. Und außerdem verliert das akustische Signal an jedem Kontaktpunkt, an dem der Bohrstrang die Bohrlochwand berührt, einen Teil seiner Schallenergie ins Gebirge, sodass entlang des Stranges eine erhebliche Dämpfung des Signals auftritt.

Ohne den Einsatz von Repeatern kann die akustische Datenübertragung bisher nur über Distanzen von wenigen Kilometern eingesetzt werden. Damit ist das Verfahren für komplexe Tiefbohrungen noch nicht einsetzbar.

12.1.3 Elektromagnetische Datenübertragung

An der Erdoberfläche ist die elektromagnetische Übertragung von Daten eine Normalität. Je höher die Trägerfrequenz ist, desto mehr Daten lassen sich per Zeiteinheit übertragen. Handys arbeiten beispielsweise im Gigahertzbereich. Je höher die Trägerfrequenz ist, desto kürzer ist aber die Reichweite der Wellen im Untergrund. Jeder wird schon einmal festgestellt haben, dass Handys bereits in manchen Tiefgaragen keinen Empfang mehr haben (◘ Abb. 12.1 rechts).

Die Reichweite elektromagnetischer Wellen im Untergrund lässt sich steigern, indem man niederfrequentere Wellen verwendet. Mit abnehmender Trägerfrequenz wird die Datenrate aber auch immer geringer, es lassen sich pro Zeiteinheit immer weniger Daten übertragen. Deshalb ist die elektromagnetische Datenübertragung in relativ flachen Bohrungen und bei einfachen Anwendungen, bei denen nur wenige Daten übertragen werden müssen, durchaus möglich, jedoch in der Regel nicht bei komplexen Einsätzen mit vielen MWD-/LWD-Komponenten in mehreren Kilometern Tiefe.

12.2 Vergleich verschiedener Methoden der Datenübertragung

In ◘ Abb. 12.2 sind die Methoden der Datenübertragung in einem Diagramm gegenübergestellt, in dem auf der horizontalen Achse die Reichweite des Verfahrens und auf der Vertikalen die erreichbare Datenrate qualitativ aufgetragen ist. Die Einheit bps steht für Bits pro Sekunde.

Links unten im Bereich geringer Datenraten und Reichweiten ist die elektromagnetische Datenübertragung zu finden. Mit der akustischen Datenübertragung lassen sich höhere Datenraten erzielen, aber auch hier liegt der Schwachpunkt in der geringen Reichweite. Die Übertragung der Daten per Kabel und induktiver Kupplungen hat bezüglich der Datenrate ein sehr großes Potenzial, allerdings ist auch hier die Reichweite begrenzt, sofern keine Repeater im Bohrstrang eingesetzt werden.

Sollte es gelingen, eine zuverlässige Kabel- oder Glasfaserverbindung zu entwickeln, wäre dies aufgrund der hohen Datenraten und langen Reichweite das optimale System. Es gibt technische Lösungsansätze, allerdings konnte sich noch kein System auf dem Markt etablieren, das als kommerziell verfügbarer Standard zu bezeichnen wäre. Deshalb ist die entsprechende Ellipse in ◘ Abb. 12.2 farblich abgesetzt.

Das einzige Datenübertragungssystem, das in der Tiefbohrtechnik selbst bis zu Rekordbohrungslängen von über 15 km zuverlässig funktioniert, ist die Mud-Puls-Telemetrie, die im Folgenden ausführlich behandelt wird.

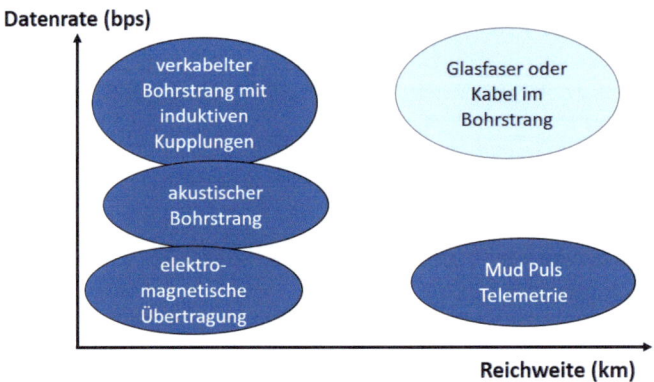

◘ **Abb. 12.2** Datenübertragungssysteme der Tiefbohrtechnik im Vergleich

12.3 Mud-Puls-Telemetrie

12.3.1 Mud-Pulser

Die Mud-Puls-Telemetrie nutzt die Bohrspülung, die durch das Bohrgestänge hinunter zum Bohrmeißel gepumpt wird, als Übertragungskanal für die Datenübertragung. In ◘ Abb. 12.3 ist das Grundprinzip dieses Verfahrens dargestellt.

Der Bohrstrang wird von einem konstanten Volumenstrom durchströmt. Im MWD am unteren Ende des Bohrstranges befindet sich ein Ventil (Pulserventil), das in der Lage ist, den Strömungsquerschnitt für die Bohrspülung zu verändern. Wenn das Ventil den Strömungsquerschnitt verengt, steigt der Druck im gesamten Bohrstrang an, so wie es in der ◘ Abb. 12.3 für den Gartenschlauch dargestellt wird, der am offenen Ende etwas zusammengedrückt wird. Öffnet das Ventil im untertägigen MWD den Strömungsquerschnitt dagegen wieder, so fällt der Druck im gesamten Bohrstrang wieder ab. Dieses Grundprinzip kann man zur Datenübertragung nutzen.

Jeder Datensatz kann in einen Binärcode übersetzt werden, der nur aus Nullen und Einsen besteht. Um eine bestimmte Folge aus Nullen und Einsen vom MWD zur Oberfläche zu übertragen, verändert das Pulserventil im MWD den Strömungsquerschnitt zwischen zwei Zuständen. Immer wenn eine Eins übertragen werden soll, verengt das Pulserventil den Strömungsquerschnitt im MWD, und der Druck im gesamten Bohrstrang steigt an. Übertage kann das höherer Druckniveau am Drucksensor erkannt und ausgelesen werden, der am Standpipe auf der Arbeitsbühne angeschlossen ist. Wenn eine Null übertragen werden soll, öffnet das Pulserventil den Strömungsquerschnitt wieder vollständig, worauf der Druck im gesamten Bohrgestänge wieder etwas abfällt.

Natürlich müssen für die Datenübertragung bestimmte Zeitintervalle (Time Slots) definiert werden, die jeder Eins oder Null bei der Datenübertragung zugewiesen ist. Man könnte beispielsweise vereinbaren, dass die Datenübertragung mit Time Slots von 2 s erfolgen soll. In diesem Fall würde das Pulserventil alle 2 s entscheiden, ob es zum Übertragen einer Eins einen kleineren Strömungsquerschnitt oder zum Übertragen einer Null einen größeren Strömungsquerschnitt einstellt.

Im üblichen Sprachgebrauch redet man davon, dass die Daten zur Oberfläche gepulst werden. Unter dem Begriff „Puls" versteht man dabei aber nicht den dynamischen Druckstoß, den das Pulserventil während eines Schaltvorgangs erzeugt, sondern das quasistatische Druckniveau, das aufgrund der aktiven Stellung des Pulserventils für die Dauer eines Time Slot im Bohrstrang herrscht. Wenn der Pulser in seiner Ruhestellung den

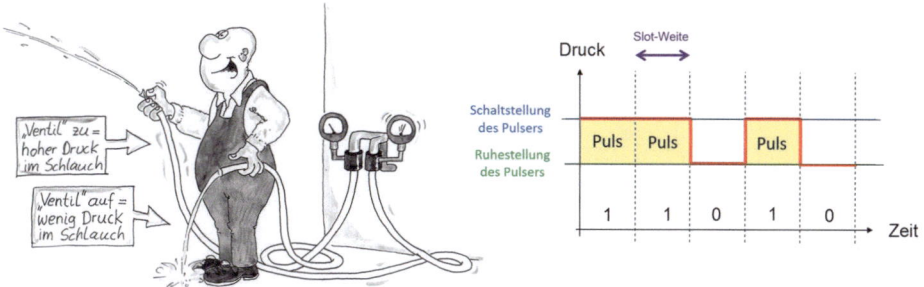

◘ **Abb. 12.3** Grundprinzip der Mud-Puls-Telemetrie

vollen Strömungsquerschnitt freigibt und den Strömungsquerschnitt durch einen aktiven Schaltvorgang reduziert, stellt jeder Time Slot, in dem das hohe Druckniveau vorliegt, einen Puls dar.

In ◘ Abb. 12.3 rechts ist ein Beispiel dafür dargestellt, wie sich der Standpipe-Druck an der übertägigen Tiefbohranlage verändert, wenn der Binärcode 11010 vom MWD zur Oberfläche übertragen wird. Der rot dargestellte Druckverlauf zeigt drei Druckpulse, die in fünf Time Slots übertragen werden.

Umsetzung der Mud-Puls-Telemetrie im Feld

In ◘ Abb. 12.4 ist ein Teil der Hardware zu sehen, die zum Einsatz der Mud-Puls-Telemetrie benötigt wird. Im MWD-Werkzeug befindet sich ein Stromgenerator, dessen Turbine (rechts unten) durch die fließende Bohrspülung angetrieben wird. Sobald die übertägigen Spülpumpen laufen, liefert der Generator elektrische Energie für die Sensoren und die Elektronik des MWD-Systems. Die Rohdaten, die die Sensoren sammeln, werden durch einen untertägigen Computer aufbereitet und in einen Binärcode übersetzt, der dann unter Zuhilfenahme des Pulserventils in Druckschwankungen im Bohrstrang umgesetzt wird.

In ◘ Abb. 12.4 links ist eine Prinzipskizze des Pulserventils zu sehen. Der graue Kegel bewegt sich relativ zu dem Drosselring auf und ab und gibt dadurch je nach Stellung einen mehr oder weniger großen Strömungsquerschnitt für die Bohrspülung frei. Rechts in der Abbildung befindet sich eine etwas realistischere Anordnung eines Pulserventils und seiner zugehörigen Komponenten im MWD-Gehäuse.

Die quasistationären Druckschwankungen, die das Pulserventil in den Strang induziert, breiten sich mit Schallgeschwindigkeit im Bohrstrang aus und erreichen so schließlich den Drucksensor auf der Arbeitsbühne der übertägigen Bohranlage. Dort wird der zeitliche Verlauf des Gestängedruckes erfasst und an einen Rechner weitergeleitet, der aus dem Zeitsignal des Druckes für jeden Time Slot die An- bzw. Abwesenheit eines Pulses identifiziert und somit die übertragene Folge von Nullen und Einsen rekonstruiert. Der binäre Datensatz wird dann in Survey-Daten zurückübersetzt, die schließlich

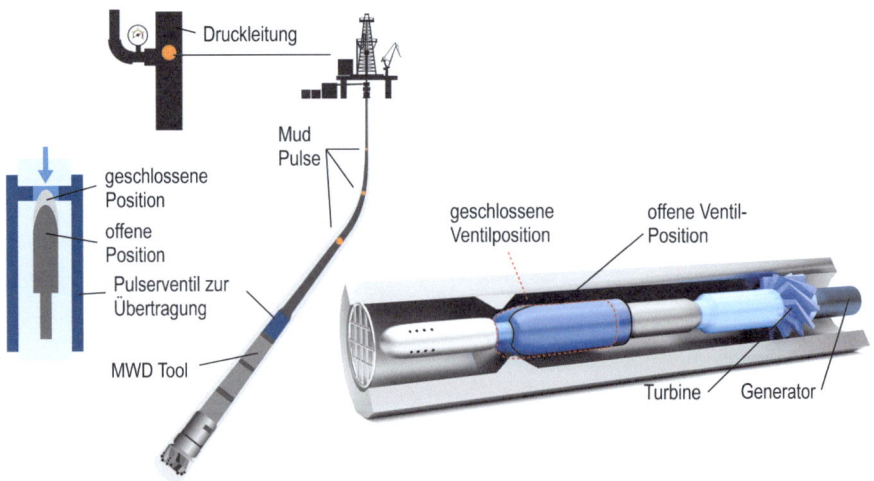

◘ **Abb. 12.4** Hardware für den Einsatz der Mud-Puls-Telemetrie

12.3 · Mud-Puls-Telemetrie

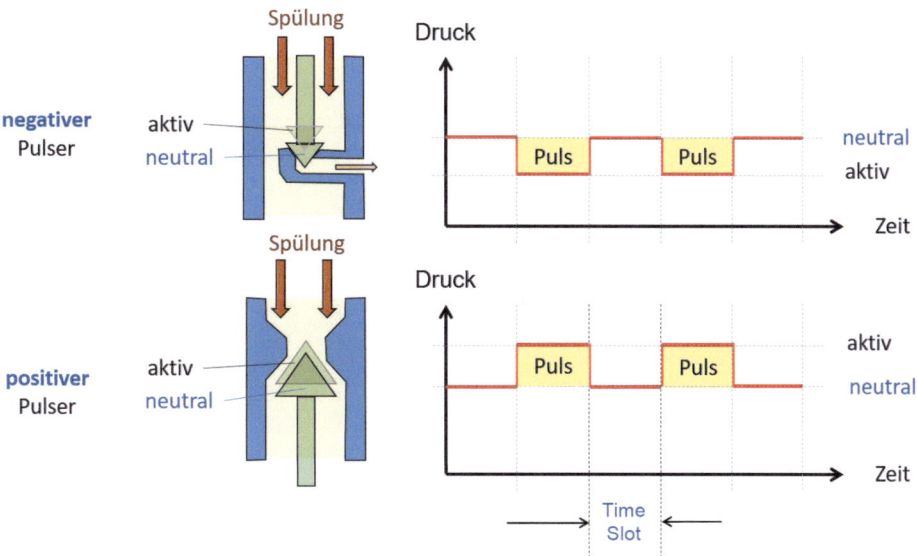

Abb. 12.5 Negative (*oben*) und positive (*unten*) Pulse

zur Anzeige auf den Monitoren bzw. dem Directional Driller's Display des Richtbohrers weitergeleitet werden.

Man unterscheidet zwischen positiven und negativen Pulsen (Abb. 12.5). Negative Pulse werden von einem Pulserventil erzeugt, das sich in einem Bypass zum Ringraum der Bohrung befindet. Im Ruhezustand ist der Bypass verschlossen. Durch Aufbringung einer Kraft kann der Bypass aber geöffnet werden. Im geöffneten Zustand fließt Bohrspülung aus dem Inneren des Stranges in den Ringraum, und der Druck im Bohrstrang fällt dadurch ab.

Positive Pulse entstehen dagegen durch ein Pulserventil, das sich im Hauptstrom der Bohrspülung befindet. Der Strömungsquerschnitt im Inneren des Bohrstranges wird durch Aufbringung einer Kraft verkleinert, um auf diese Weise einen Druckanstieg im Bohrstrang zu erzeugen.

Nachteilig bei Negativpulsern ist, dass der Spülungsstrom durch die Bohrgarnitur nicht konstant ist. Immer wenn der Bypass zum Ringraum geöffnet ist, fließt ein Teil der Bohrspülung direkt in den Ringraum, ohne vorher den Bohrmotor und den Bohrmeißel zu durchströmen. Die Leistung am Meißel ist dadurch nicht konstant. Der Nachteil bei Positivpulsern liegt dagegen in dem zusätzlichen Druckverlust, der jedes Mal im Bohrstrang auftritt, wenn das Pulserventil den Querschnitt verengt. Der zusätzliche Druckverlust muss durch zusätzliche Leistung der Spülpumpen aufgebracht werden. Beide Systeme haben aber gemeinsam, dass sie den Druck im Bohrstrang zwischen zwei Niveaus variieren können, denen man beispielsweise die Werte 0 und 1 zuordnen kann.

Optimierung der Time Slots

Wenn eine möglichst hohe Datenrate erzielt werden soll, müssen möglichst kurze Time Slots für die Datenübertragung vereinbart werden. Je kürzer die Time Slots sind, desto schneller kann ein „Wort" aus einer bestimmten Anzahl an Nullen und Einsen übertragen werden. Unter einem Wort versteht man in diesem Zusammenhang beispielsweise ei-

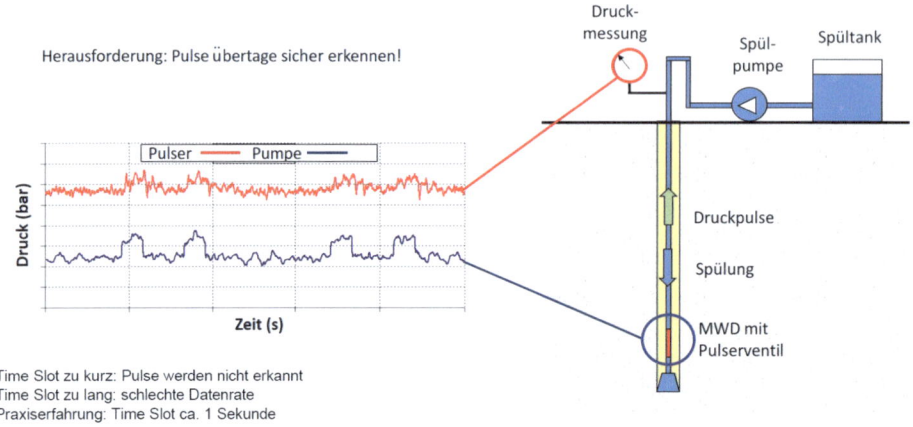

Abb. 12.6 Grenzen der Mud-Puls-Telemetrie

nen Azimut, eine Inklination oder einen ähnlichen Messwert der MWD-/LWD-Garnitur. Wenn die Time Slots allerdings zu kurz werden, leidet darunter die Qualität der Kommunikation, und es treten Übertragungsfehler auf.

Das liegt daran, dass reale Pulse nicht so deutlich ausgeprägt sind wie in Abb. 12.5 dargestellt. In Abb. 12.6 ist unten in Blau ein zeitlicher Druckverlauf zu sehen, der am Pulserventil der Versuchsanlage am Institut für Bohrtechnik und Fluidbergbau der TU Bergakademie Freiberg gemessen wurde. Man erkennt, dass reale Pulse nicht die ideale Rechteckform aufweisen, sondern von hydraulischen Störungen überlagert sind, die von den Pumpen und anderen Komponenten der Versuchsanlage stammen.

In Rot dargestellt ist in Abb. 12.6 der Druckverlauf, der am übertägigen Ende der Rohrleitung (die den Bohrstrang simuliert) gemessen wurde. Man erkennt deutlich, wie die einzelnen Druckpulse auf ihrem Weg durch die Rohrleitung der Versuchsanlage abgeflacht und verwaschen werden.

In einem echten Bohrstrang in einer Tiefbohrung erfahren die Datenpulse entlang des Strömungsweges ebenfalls eine signifikante Dämpfung. Außerdem wird das Nutzsignal von Echos verfälscht, die an allen Querschnittsänderungen des Strömungsweges im Bohrstrang entstehen. Auch Druckschwankungen am Bohrmotor aufgrund von Schwankungen des Meißelandruckes stören die Kommunikation und erschweren die Erkennung der schwachen Druckpulse auf der Empfängerseite. Das schwache Nutzsignal von wenigen Bar Amplitude ist dann im lauten hydraulischen Umgebungslärm kaum noch oder gar nicht mehr zu erkennen.

Besonders problematisch sind die hydraulischen Störgeräusche, die von den Spülpumpen stammen. In Abb. 12.6 rechts ist gut zu erkennen, dass sich der Druckaufnehmer, der den zeitlichen Druckverlauf im Bohrstrang misst, in unmittelbarer Nähe der Spülpumpen befindet, während das Pulserventil, das das Nutzsignal erzeugt, oft mehrere Kilometer weit von der Messstelle entfernt ist. Der laute hydraulische Lärm der Spülpumpen übertönt also deutlich das leise Nutzsignal aus der Tiefe des Bohrstranges.

Die Kolben der übertägigen Spülpumpen saugen immer abwechselnd Bohrspülung aus den Spültanks an und pressen sie dann in den Bohrstrang (▶ Kap. 3). Dieser diskontinuierliche Vorgang wird durch die Phasenverschiebung der Kolben der Pumpe zwar etwas ausgeglichen und am Windkessel der Spülpumpe noch weiter geglättet, aber trotz-

12.3 · Mud-Puls-Telemetrie

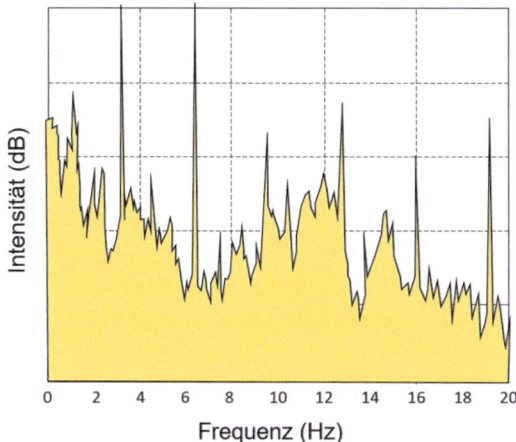

Dominante Peaks:
- Pumpenhübe: ca 3,1 pro Sekunde
- Hübe pro Kolben: ca 1,03 pro Sekunde
- Vielfache, also ca. 6,2 Hz, 12,4 Hz usw.
- Dazu: hydraulischer Lärm auf allen Frequenzen

Abb. 12.7 Frequenzspektrum, gemessen in Pumpennähe (schematisch)

Abb. 12.8 Frequenzspektrum an einer Stereoanlage

dem sind die resultierenden Druckstöße in der Druckleitung der Pumpe beim Anlegen des Ohres an die Leitung deutlich zu hören und als Druckspitzen im Zeitsignal messtechnisch zu erfassen.

In Abb. 12.7 ist ein Frequenzspektrum zu sehen, das aus dem zeitlichen Druckverlauf in der Druckleitung einer Spülpumpe ermittelt wurde. Ein Frequenzspektrum zeigt an, welche Frequenzen wie stark in einem gemessenen Zeitsignal enthalten sind.

Ihnen wird ein solches Frequenzspektrum von älteren Stereoanlagen her noch bekannt sein (Abb. 12.8). Jeder Leuchtbalken entspricht einem bestimmten Frequenzbereich. Der linke Balken repräsentiert die tiefsten Frequenzanteile der Musik, der rechte die höchsten. Die Höhe eines Leuchtbalkens zeigt die Intensität an, mit welcher der entsprechende Frequenzbereich gerade in der Musik vertreten ist, die man hört. Tiefe Basstöne sind als rhythmisches Zucken der linken Balken zu erkennen, hohe Bläser zeigen sich im Ausschlag der rechten Balken.

Das Frequenzspektrum in Abb. 12.7 ist genauso zu verstehen, nur ist hier anstelle einiger weniger Leuchtbalken ein kontinuierliches Spektrum über den gesamten Frequenzbereich aufgetragen. Man erkennt dominante Peaks bei ca. 3,1 Hz sowie mehrere Vielfache davon. Die Vielfachen stammen von den Kolbenhüben der Pumpe. Jeder Kolben presst einmal pro Sekunde Spülung in den Bohrstrang, bei drei phasenversetzten Kolben in der Pumpe entstehen also ungefähr drei Druckspitzen pro Sekunde. Deshalb ist im Frequenzspektrum der Pumpe ein ausgeprägter Peak bei 3,1 Hz zu sehen.

Die weiteren Vielfachen der Hubfrequenz sind die Obertöne der Pumpe. Sie entsprechen den unterschiedlichen Klangfarben verschiedener Instrumente – ein Kammerton A zum Beispiel klingt auf einer Geige eindeutig anders als auf einer Trompete. Das liegt daran, dass alle Instrumente unterschiedlich stark ausgeprägte Obertöne erzeugen, die Vielfache der Grundfrequenz sind. Bei Spülpumpen ist es genauso.

Deutlich zu sehen ist in ◘ Abb. 12.7 aber auch, dass auch außerhalb der dominanten Peaks in allen Frequenzbereichen erheblicher hydraulischer Lärm zu finden ist, insbesondere im tiefsten Frequenzbereich unterhalb von etwa 5 Hz ist an einer Triplexpumpe ein hoher hydraulischer Grundlärm festzustellen.

Es wird ja im Sinne der Maximierung der Datenrate immer angestrebt, möglichst kurze Time Slots zu verwenden. Wenn man sie allerdings kürzer als etwa 1 s einstellt, leidet die Qualität der Datenübertragung deutlich. Deshalb überträgt man im Feld üblicherweise maximal ein Bit pro Sekunde (1 bps). Anders ausgedrückt erfolgt die Übertragung der Daten im 1-Hz-Bereich. Damit erfolgt die Datenübertragung aber genau in dem Frequenzbereich, in dem die Spülpumpen den größten hydraulischen Lärm verursachen. Das leise Nutzsignal aus dem Untergrund wird durch das laute Störsignal der übertägigen Spülpumpen übertönt und kann nicht ohne Weiteres erkannt werden.

Es gibt aber technische und mathematische Lösungsansätze, mit denen dieses Problem gelöst werden kann. Im Folgenden werden einige der bekanntesten Methoden kurz vorgestellt.

Übertägige Erkennung von Signalen von Pulserventilen

Die Intensität des Nutzsignals im Vergleich zur Intensität des Umgebungslärmes wird in der Nachrichtentechnik Signal-to-Noise Ratio (SNR) genannt. Im Fall der Datenübertragung in langen Bohrsträngen ist die SNR sehr gering, weil das Nutzsignal aus der Tiefe sehr schwach, der hydraulische Lärm am Drucksensor in der Nähe der Spülpumpen aber sehr dominant ist.

Um die Nutzdaten dennoch möglichst effektiv aus dem Umgebungslärm extrahieren zu können, werden mathematische Methoden angewandt, mit denen der störende Umgebungslärm gegenüber dem Nutzsignal gedämpft werden kann.

In ◘ Abb. 12.9 ist beispielsweise die Wirkung eines-Low Pass-Filters zu sehen. Ein Low-Pass-Filter lässt alle niedrigen Frequenzanteile eines Zeitsignals unverändert passieren, während alle hochfrequenten Anteile des Signals eliminiert werden. Er glättet also das gestörte Zeitsignal, indem er die Kurzzeitschwankungen im Zeitsignal ignoriert. Der Schwellenwert des Low-Pass-Filters, oberhalb dessen er alle höheren Frequenzen sperrt, kann frei eingestellt werden.

Wenn der Schwellenwert so eingestellt wird, dass alle Frequenzanteile eliminiert werden, deren Frequenzen die Datenrate des Pulsers übersteigen, wird das Drucksignal er-

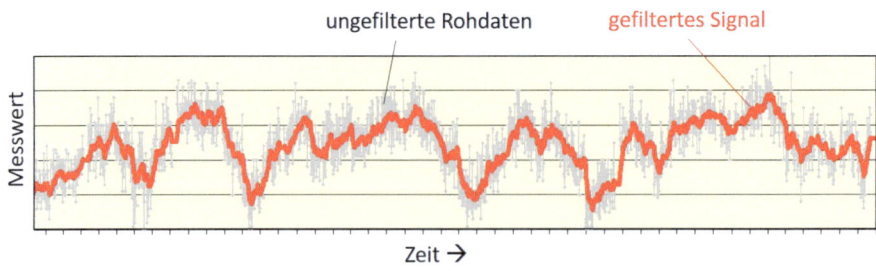

◘ **Abb. 12.9** Low-Pass-Filter

12.3 · Mud-Puls-Telemetrie

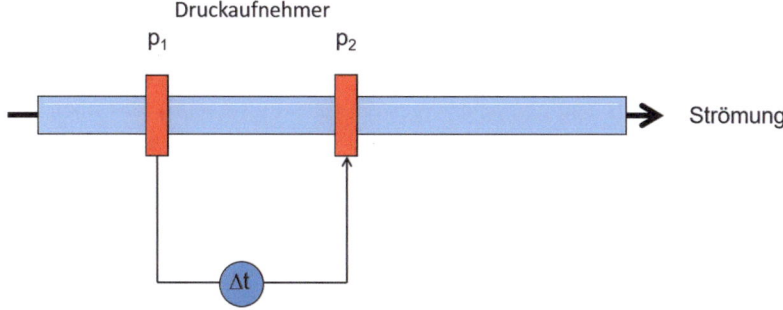

Abb. 12.10 Ermittlung der Laufrichtung von Drucksignalen

heblich geglättet. Ebenso kann natürlich auch ein High-Pass-Filter eingesetzt werden, um tiefe Frequenzanteile aus dem Zeitsignal herauszufiltern, die unterhalb der eingestellten Datenrate liegen.

An einer Stereoanlage entsprechen die Low- und High-Pass-Filter den Klangreglern, mit denen in einem Musikstück die Bässe, Mitten oder Höhen an die Hörgewohnheiten des Hörers angepasst werden können.

Eine weitere Bereinigung eines gemessenen Drucksignals kann durch den Einsatz mehrerer Drucksensoren an der Steigleitung der Bohranlage erfolgen. Da jedes Drucksignal entsprechend seiner Laufrichtung durch das übertägige Rohrleitungssystem entweder zuerst bei dem einen oder bei dem anderen Drucksensor erfasst wird, ist es durch einen Vergleich beider gemessener Zeitsignale möglich, die Laufrichtung eines konkreten Störsignals festzustellen (Abb. 12.10). Das Nutzsignal verläuft immer entgegen der Strömungsrichtung der Spülung. Alle Signale, welche die Rohrleitung in Strömungsrichtung durchlaufen, müssen folglich Störsignale sein. Sie können durch entsprechende Software aus dem Drucksignal herausgerechnet werden.

In der Praxis werden noch weitere Methoden eingesetzt, um die Erkennung der Datenpulse zu verbessern und die Datenrate zu erhöhen. Details hierzu kann man auch in der einschlägigen Literatur zur Nachrichtentechnik finden. Die hier erwähnten Beispiele sollen lediglich einen ersten, groben Eindruck darüber vermitteln, wie Methoden der Nachrichtentechnik eingesetzt werden können, um die Effektivität der Datenübertragung in Bohrsträngen der Tiefbohrtechnik zu steigern.

Trotz aller Bemühungen gelingt es in der Praxis aber selten, beim Einsatz von Datenpulsern in Tiefbohrungen höhere Datenraten als etwa 1 bit/s mit der erforderlichen Qualität zu übertragen. Dafür lässt sich aber die Reichweite der Datenübertragung mit einem Pulserventil nahezu beliebig steigern. Mit längeren Time Slots und einer hohen Amplitude der Pulse lassen sich Daten auch über die längsten bisher realisierten Tiefbohrungen mit Längen von über 15 km übertragen.

Der Vorteil des Einsatzes von Datenpulsern für die Datenübertragung in Bohrsträngen der Tiefbohrtechnik liegt folglich in der hohen Reichweite, nachteilig ist jedoch die geringe Datenrate.

12.3.2 Mud-Sirene

In ◘ Abb. 12.7 wurde bereits das Beispiel eines Frequenzspektrums einer Druckmessung in der Druckleitung der Spülpumpen vorgestellt. Das Pulserventil, das oben behandelt wurde, arbeitet genau in dem niederfrequenten Bereich unterhalb von etwa 2 Hz, in dem auch das höchste Niveau des Umgebungslärmes zu finden ist. Es stellt sich daher die Frage, ob die Datenübertragung auch in einen Frequenzbereich verlagert werden könnte, in dem weniger störender Lärm herrscht.

Diese Grundidee liegt der Mud-Sirene zugrunde. In ◘ Abb. 12.11 ist zum Beispiel zu sehen, dass im Frequenzbereich um 17–18 Hz vergleichsweise wenige Störgeräusche vorhanden sind. Im Folgenden wird beschrieben, wie ein solcher Frequenzbereich zur Datenübertragung genutzt werden kann.

Funktionsprinzip

Eine Mud-Sirene besteht aus einem geschlitzten Rotor und einem ebenfalls geschlitzten Stator (◘ Abb. 12.12). Beide befinden sich in einem rohrförmigen Gehäuse, durch welches die Bohrspülung strömt. Der Rotor kann gegenüber dem Stator rotieren. Dadurch verändert sich kontinuierlich der Strömungsquerschnitt für die Bohrspülung. Je kleiner der freie Strömungsquerschnitt für die Strömung ist, desto größer ist der Druckabfall über die Sirene.

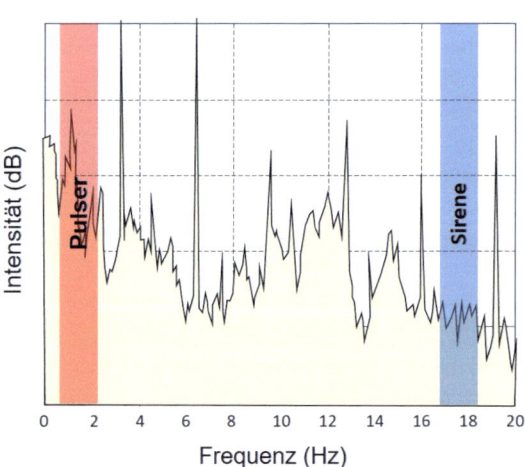

◘ **Abb. 12.11** Frequenzbereich von Datenpulser und -sirene

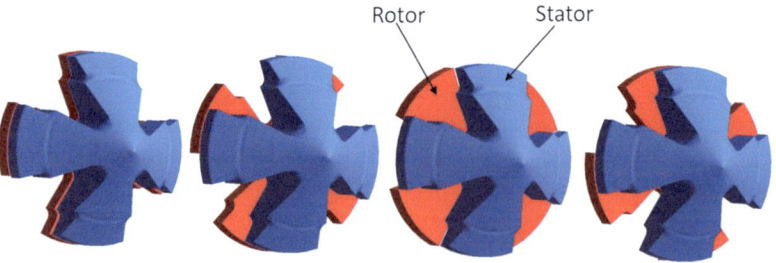

◘ **Abb. 12.12** Funktionsprinzip einer Mud-Sirene

12.3 · Mud-Puls-Telemetrie

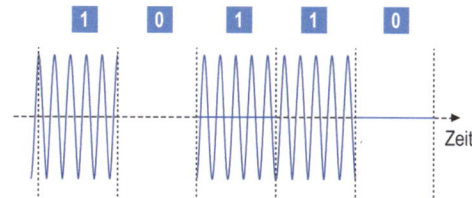

Abb. 12.13 Datenübertragung mit einer Mud-Sirene

Bei einer gleichförmigen Rotation des Rotors vor dem Stator entsteht ein näherungsweise sinusförmiges Drucksignal, wie es in ◘ Abb. 12.13 dargestellt ist. Je schneller der Rotor vor dem Stator rotiert, desto höher ist auch die Frequenz der induzierten Druckwelle. Im Prinzip lassen sich auf diese Weise beliebige Frequenzen erzeugen, die dann in Form von Schallwellen durch den Bohrstrang laufen und übertägig empfangen werden können.

Töne, die den Bohrstrang durchlaufen, können zur Datenübertragung genutzt werden. Man kann zum Beispiel eine Frequenz suchen, die nach dem Durchlaufen des Bohrstranges an der Oberfläche besonders gut aus dem Umgebungslärm herausgehört werden kann. Mit dieser Frequenz kann man dann Daten übertragen, indem man beispielsweise definiert, dass die Anwesenheit des Tons einer Eins und die Abwesenheit des Tons einer Null entspricht.

Damit kann man einen Binärcode übertragen. Wie in ◘ Abb. 12.13 zu sehen ist, muss auch hier wieder für jedes zu übertragende Bit eine Zeiteinheit (Time Slot) vorgegeben werden. Der Rotor der Sirene wird dann in jedem Zeitintervall entweder an- oder abgestellt, je nachdem ob eine Eins oder eine Null übertragen werden soll. Die Anwesenheit der Trägerfrequenz in einem Time Slot wird analog zur Vorgehensweise beim Pulserventil wieder als Puls bezeichnet. In ◘ Abb. 12.13 werden also im betrachteten Zeitintervall, das fünf Time Slots umfasst, drei Pulse (Einsen) übertragen.

Die Verwendung einer kontinuierlichen Welle als Informationsträger erlaubt eine wesentlich höhere Datenrate als ein Pulserventil. Um die Anwesenheit einer sinusförmigen Druckwelle in einem Zeitsignal zu bestätigen, benötigt man theoretisch nur einen Ausschnitt aus dem Zeitsignal, der dem Kehrwert der Frequenz entspricht. Um zu überprüfen, ob ein 5-Hz-Signal in einem Zeitsignal enthalten ist, braucht man also beispielsweise nur einen Ausschnitt von $1/5\,\text{Hz} = 0{,}2\,\text{s}$ des Zeitsignals zu untersuchen. Die gesuchte Frequenz durchläuft in diesem Zeitintervall eine komplette Wellenlänge. Mathematische Verfahren, die man zum Auffinden einer bestimmten Frequenz in einem Zeitsignal einsetzen kann, werden später noch etwas detaillierter beschrieben.

Wenn in unserem Beispiel ein Zeitintervall von 0,2 s ausreicht, um festzustellen, ob ein 5-Hz-Ton im Zeitsignal enthalten ist oder nicht, kann die Datenübertragung mit Time Slots von nur 0,2 s Dauer erfolgen. Man kann also bei der Verwendung einer 5-Hz-Trägerfrequenz fünf Time Slots im Zeitraum einer Sekunde platzieren und somit fünf Zeichen pro Sekunde übertragen. Die Datenrate beträgt somit 5 bps.

Abb. 12.14 Theoretisch mögliche Datenrate als Funktion der Trägerfrequenz

Frequenz	min. Time Slot	Datenrate (theoretisch)
5 Hz	0,2 s	5 bps
10 Hz	0,1 s	10 bps
20 Hz	0,05 s	20 bps

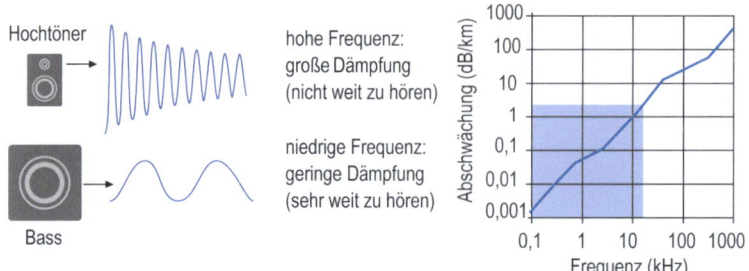

Abb. 12.15 Dämpfung verschiedener Frequenzen

In ◘ Abb. 12.14 ist zu erkennen, dass die Datenrate bei Verwendung höherer Trägerfrequenzen sogar noch deutlich weiter gesteigert werden kann – zumindest in der Theorie. Allerdings erfahren höhere Frequenzen entlang des langen Bohrstranges eine deutlich stärkere Dämpfung als tiefere. Man weiß ja beispielsweise aus Erfahrung, dass ein niederfrequenter Donner über viele Kilometer Entfernung noch deutlich zu hören ist, während ein hochfrequenter Kreischton oft schon hinter der nächsten Hausecke nicht mehr gehört werden kann. In ◘ Abb. 12.15 rechts ist im Diagramm zu sehen, wie die Abschwächung des Signals in Wasser mit zunehmender Frequenz abnimmt. Die Abschwächung wird in der Einheit Dezibel pro Kilometer Übertragungsstrecke angegeben und ist logarithmisch aufgetragen.

Für die Datenübertragung in einem von Bohrspülung durchströmten Bohrstrang von mehreren Kilometern Länge kommen deshalb praktisch nur Trägerfrequenzen unterhalb von ca. 20 Hz in Betracht (blau gekennzeichneter Bereich in ◘ Abb. 12.15). Die Datenübertragung mit einer Mud-Sirene findet also im Infraschallbereich statt, den wir Menschen mit unseren Ohren gar nicht mehr wahrnehmen können. Bei Einsatz höherer Frequenzen kommt das Signal am Empfänger so stark gedämpft an, dass es nicht mehr zuverlässig aus dem hydraulischen Umgebungslärm extrahiert werden kann.

Aber selbst bei der Nutzung von Trägerfrequenzen unterhalb von 20 Hz kann das Nutzsignal übertage in der Regel nicht ohne Zuhilfenahme mathematischer Prozeduren aus dem hydraulischen Lärm der Bohranlage extrahiert werden.

Übertägige Erkennung von Signalen von Mud-Sirenen

Das Prinzip der Noise Cancellation ist Ihnen sicher aus dem Audiobereich bekannt. Es wird in vielen Kopfhörern eingesetzt, um dem Hörer einen möglichst ungestörten Musikgenuss zu verschaffen. Ein Kopfhörer, der mit Active-Noise-Cancellation-Fähigkeiten ausgestattet ist, verfügt über Mikrofone, die den Umgebungslärm, der außerhalb der Ohrschalen herrscht, erfassen und an eine integrierte Elektronik weiterleiten. Diese dreht die Phase des empfangenen Signals um 180° um. Überall dort, wo im Umgebungslärm Wellenberge zu finden waren, sind im Antilärmsignal nun Wellentäler zu finden.

Der Antilärm wird schließlich zusammen mit dem Nutzsignal (der Musik) auf die Lautsprecher im Inneren der Ohrpolster geschickt. Aufgrund der Phasenverdrehung kompensiert der Antilärm dort den von außen eindringenden Umgebungslärm – und nur das Nutzsignal bleibt übrig. Somit steht einem ungetrübten Musikgenuss nichts mehr im Wege.

12.3 · Mud-Puls-Telemetrie

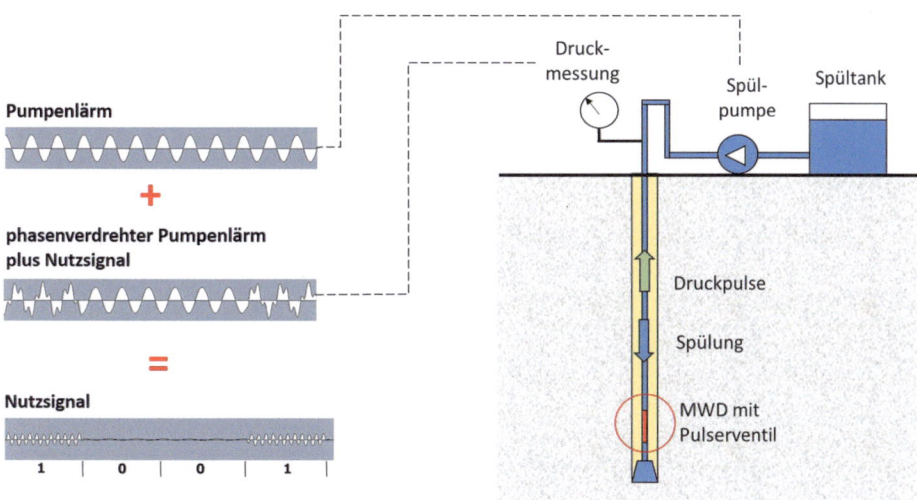

◻ **Abb. 12.16** Anwendung der Noise Cancellation auf der Bohranlage

Auf einer Tiefbohranlage kann dieses Prinzip ebenfalls eingesetzt werden, um das schwache Nutzsignal der Mud-Sirene von dem intensiven Umgebungslärm zu trennen. An den dominanten Störquellen, beispielsweise den Spülpumpen, werden Sensoren installiert, die das Störsignal erfassen. Dieses wird dann phasenverdreht auf das am Drucksensor am Steigrohr gemessene Zeitsignal addiert (◻ Abb. 12.16) und löscht damit das Störsignal aus. Im bereinigten Zeitsignal ist das Nutzsignal dann deutlich besser zu erkennen.

Auch die Anwendung der Fourier-Transformation, die in den Vorlesungen zur Ingenieurmathematik behandelt wird, bietet eine effektive Methode, das schwache Nutzsignal einer Mud-Sirene aus dem Umgebungslärm zu extrahieren. Zunächst wird das gemessene Zeitsignal mittels einer Fourier-Transformation in ein Frequenzspektrum umgerechnet.

In ◻ Abb. 12.17 links unten ist in Blau schematisch ein Zeitsignal zu sehen, das von einer Mud-Sirene im Bohrstrang gesendet wird. Es kommt an der Empfängerseite des Bohrstranges verfremdet an (rotes Zeitsignal links unten). Durch die Fourier-Transformation werden die Kurven in die Frequenzspektren überführt (◻ Abb. 12.17 links oben). Im Frequenzspektrum erkennt man, welche Frequenzanteile im gemessenen Zeitsignal enthalten sind und welchen energetischen Anteil sie am Zeitsignal haben.

Da die Mud-Sirene im gezeigten Beispiel eine Trägerfrequenz von 15 Hz verwendet, sind alle anderen Frequenzen im Frequenzspektrum für die Datenübertragung belanglos und können durch die Auswertesoftware gelöscht werden. Das bereinigte Frequenzspektrum ist in ◻ Abb. 12.17 rechts oben zu sehen.

Wenn das bereinigte Frequenzspektrum nun durch Anwendung der inversen Fourier-Transformation wieder in ein Zeitsignal zurückgerechnet wird, ist das Nutzsignal von allen Störeinflüssen befreit und deshalb nun sehr deutlich zu erkennen (Kurven in ◻ Abb. 12.17 rechts unten).

Die Fourier-Analyse ist also ein wirksames Werkzeug, um ein gemessenes Zeitsignal dahingehend zu untersuchen, ob es bestimmte Frequenzanteile enthält – oder nicht. Zumindest gilt diese Aussage für Frequenzen, die im betrachteten Intervall des Zeitsignals

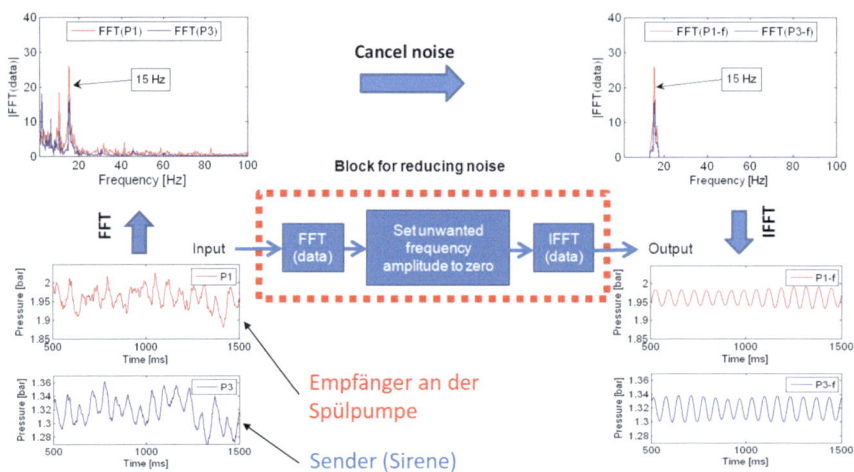

Abb. 12.17 Datenaufbereitung durch (inverse) Fourier-Transformation

kontinuierlich enthalten sind. Hier ergibt das Frequenzspektrum bei den betreffenden Frequenzen scharf ausgeprägte Peaks. In ◘ Abb. 12.18 links oben ist ein Zeitsignal aus zwei kontinuierlichen Frequenzen zusammengesetzt. Im Frequenzspektrum darunter sind die beiden Frequenzen als scharfe Peaks zu erkennen.

Wenn eine Frequenz im betrachteten Zeitintervall allerdings nur diskontinuierlich enthalten ist, wie es beispielsweise bei der Datenübertragung mit einer Sirene der Fall ist, wird der Peak der diskontinuierlichen Frequenz im Frequenzspektrum stark abgeflacht und verzerrt (◘ Abb. 12.18 rechts) und ist dadurch entsprechend schwierig zu erkennen. Außerdem kann man anhand des Frequenzspektrums nicht erkennen, wann die diskontinuierliche Frequenz an- bzw. abwesend ist.

Natürlich könnte man versuchen, die betrachteten Zeitintervalle mit den Time Slots der Datenübertragung zu synchronisieren, aber auch das gelingt oft nicht hinreichend gut. Die Unschärfe mindert auf jeden Fall die Qualität der Datenübertragung und kann zu Schwierigkeiten bei der Identifizierung einzelner Pulse führen.

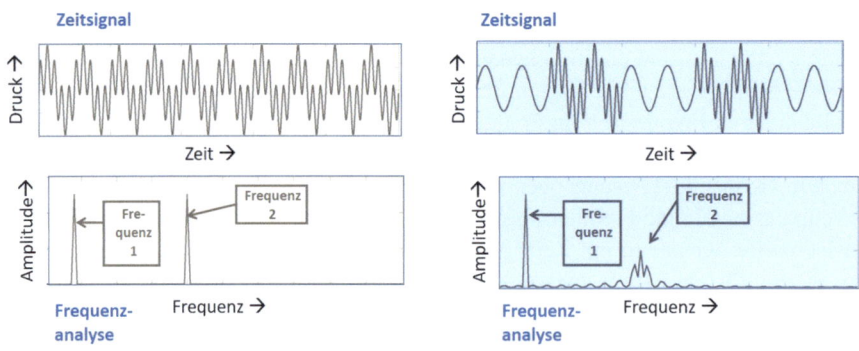

Abb. 12.18 Frequenzanalysen von kontinuierlichen und diskontinuierlichen Signalen

12.3 · Mud-Puls-Telemetrie

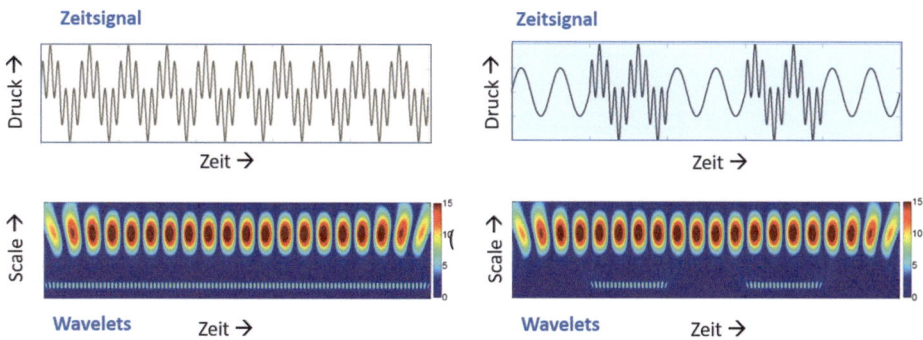

Abb. 12.19 Anwendung der Wavelet-Transformation auf ein Zeitsignal

Es gibt aber andere mathematische Verfahren, mit denen sich die An- bzw. Abwesenheit bestimmter Muster in einem Zeitsignal effektiver ermitteln lässt als mit der Fourier-Transformation. Die Wavelet-Transformation wurde beispielsweise speziell dafür entwickelt, in großen Datensätzen bestimmte Muster zu erkennen. Je präziser man weiß, welches Muster man sucht, desto schärfer kann der Algorithmus es im Datensatz aufspüren.

Bei der Datenübertragung in Bohrsträngen mittels einer Mud-Sirene sucht man nach einem sinusförmigen Signal mit einer bestimmten Frequenz. Das gesuchte Muster ist also klar vorgegeben. Entsprechend effektiv lässt sich mit der Wavelet-Transformation feststellen, ob das Signal der Sirene zu einem bestimmten Zeitpunkt im gemessenen Zeitsignal enthalten ist.

In ◘ Abb. 12.19 ist das Ergebnis von Wavelet-Transformationen zu sehen, bei denen dieselben kontinuierlichen und diskontinuierlichen Zeitsignale wie in ◘ Abb. 12.18 analysiert wurden.

Im Gegensatz zur Fourier-Transformation kann die Wavelet-Transformation sehr deutlich erkennen, ob und wann die niedrigere und die höhere Frequenz im Zeitsignal enthalten ist.

Auf der waagerechten Achse der Diagramme ist die Zeit aufgetragen. Die Scales auf der vertikalen Achse entsprechen im Prinzip den gesuchten Frequenzen im Zeitsignal. Die großen, farbigen Ellipsen im oberen Teil der Diagramme repräsentieren das kontinuierlich durchlaufende niederfrequente Störsignal. Die kleinen hellblauen Punktlinien im unteren Teil der Diagramme repräsentieren links das kontinuierliche und rechts das diskontinuierliche höherfrequente Nutzsignal, das von der Sirene kommt. Man erkennt im rechten Diagramm sehr deutlich, dass das Ein- und Aussetzen des Sirenensignals präzise auf der Zeitachse dargestellt wird. Man kann mit der Wavelet-Transformation also sehr gut feststellen, ob die gesuchte Frequenz in einem bestimmten Time Slot an- oder abwesend war. Aus diesem Grund eignet sie sich bestens zur Erkennung von Datenpulsen in einem Zeitsignal, das mittels Druckaufnehmer am Standrohr der Bohranlage gemessen wurde.

Festlegung der Trägerfrequenz(en) für die Datenübertragung

Die vorangehenden Ausführungen haben gezeigt, dass die Datenübertragung in Bohrsträngen mittels kontinuierlicher Druckwellen (Töne) grundsätzlich möglich ist. Allerdings ist es in der Praxis keineswegs einfach, geeignete Trägerfrequenzen zu finden. Die

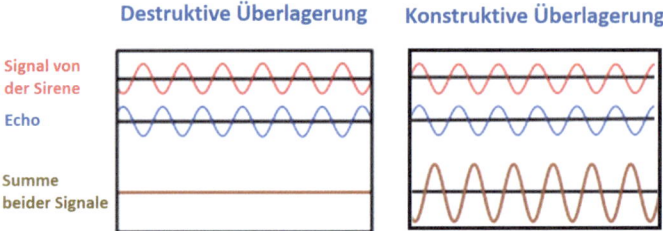

Abb. 12.20 Destruktive und konstruktive Überlagerung von Sirenensignal und Echo

Druckwellen, die von der Sirene in die Strömung induziert werden, verlaufen entgegen der Strömungsrichtung durch den Bohrstrang in Richtung Erdoberfläche. Am obertägigen Ende der Rohrleitung, präzise gesagt an der Spülpumpe, wird ein Teil der Schallenergie reflektiert und wandert dann als Echo in Strömungsrichtung durch das Rohrsystem zurück in Richtung der Bohrung.

Die rückwärts laufenden Echos überlagern sich mit den vorwärts laufenden Nutzsignalen. Je nach Länge der Rohrleitungen und der Wellenlänge des Signals sind die ursprüngliche und die reflektierte Welle dabei zueinander phasenverschoben. Je nach Phasenverschiebung kann es am Druckaufnehmer am Standrohr der Bohranlage zu einer destruktiven oder zu einer konstruktiven Überlagerung kommen. Bei einer destruktiven Überlagerung kompensieren sich beide Signale, und es ist am Empfänger kein oder nur ein schwaches Signal zu empfangen (Abb. 12.20 links). Bei einer konstruktiven Überlagerung wird das Signal am Druckaufnehmer dagegen verstärkt und deutlich empfangen.

Es gibt also Frequenzbereiche, die am Empfänger (Drucksensor an der Steigleitung der Bohranlage) gar nicht oder nur sehr schlecht empfangen werden können, und solche, die besonders gut empfangen werden können. Diese Bereiche werden als Stopp- bzw. Passbänder bezeichnet.

Um eine effektive Datenübertragung mit einer Mud-Sirene zu erzielen, müssen zunächst die Passbänder, also diejenigen Frequenzen, die zur Übertragung geeignet sind, ermittelt werden. Dazu fährt die untertägige Sirene durch kontinuierliche Steigerung ihrer Rotordrehzahl den gesamten Frequenzbereich ab, während übertage die Intensität des empfangenen Signals registriert wird. Diejenigen Frequenzen, die an der Oberfläche besonders deutlich empfangen werden können, werden dann zur Datenübertragung genutzt.

Ein ähnlicher Prozess findet übrigens immer dann statt, wenn Sie Ihren Internetrouter einschalten und dann abwarten, bis die grüne Lampe aufleuchtet und das Internet verfügbar ist. Während Ihrer Wartezeit werden die optimalen Übertragungsfrequenzen für die Verbindung ermittelt.

Während eine kabelbasierte Verbindung ihre Eigenschaften nicht mehr signifikant ändert, wird ein Bohrstrang im Verlauf des Bohrprozesses aber immer länger. Deshalb ändern sich auch die Stopp- und Passbänder für die Datenübertragung kontinuierlich und müssen im Verlauf der Bohrarbeiten immer wieder an die aktuellen Verhältnisse angepasst werden.

12.3.3 Scherventilpulser

Vergleicht man das Pulserventil mit der Mud-Sirene, so muss man feststellen, dass der Pulser eine größere Reichweite, die Sirene aber eine höhere Datenrate erzielen kann (Abb. 12.21). Der effektive Einsatz der Sirene ist außerdem von der Lage der aktuellen Passbänder im Bohrstrang abhängig.

Es ist also nicht so, dass ein System besser als das andere wäre, sondern unter Umständen erscheint bei einem Bohreinsatz zeitweise die Nutzung des Pulsers und zeitweise die Nutzung der Sirene vorteilhafter. Moderne MWD-Systeme verfügen deshalb über Scherventilpulser, die wahlweise als Pulserventil oder als Sirene eingesetzt werden können.

Scherventile sehen auf den ersten Blick wie Sirenen aus. Sie verfügen über einen Rotor und einen Stator, allerdings rotiert der Rotor nicht vor dem Stator, sondern oszilliert. In Abb. 12.22 links bewegt sich der Rotor hinter dem Stator zunächst mit konstanter Winkelgeschwindigkeit in den offenen Strömungsquerschnitt hinein, bewegt sich dann aber ebenso gegenläufig wieder zurück in den Ausgangszustand. Bei einer gleichmäßigen Frequenz dieser Oszillationsbewegung entsteht eine kontinuierliche, annähernd sinusförmige Druckwelle. Die Amplitude der Druckwelle lässt sich über den Schließwinkel beeinflus-

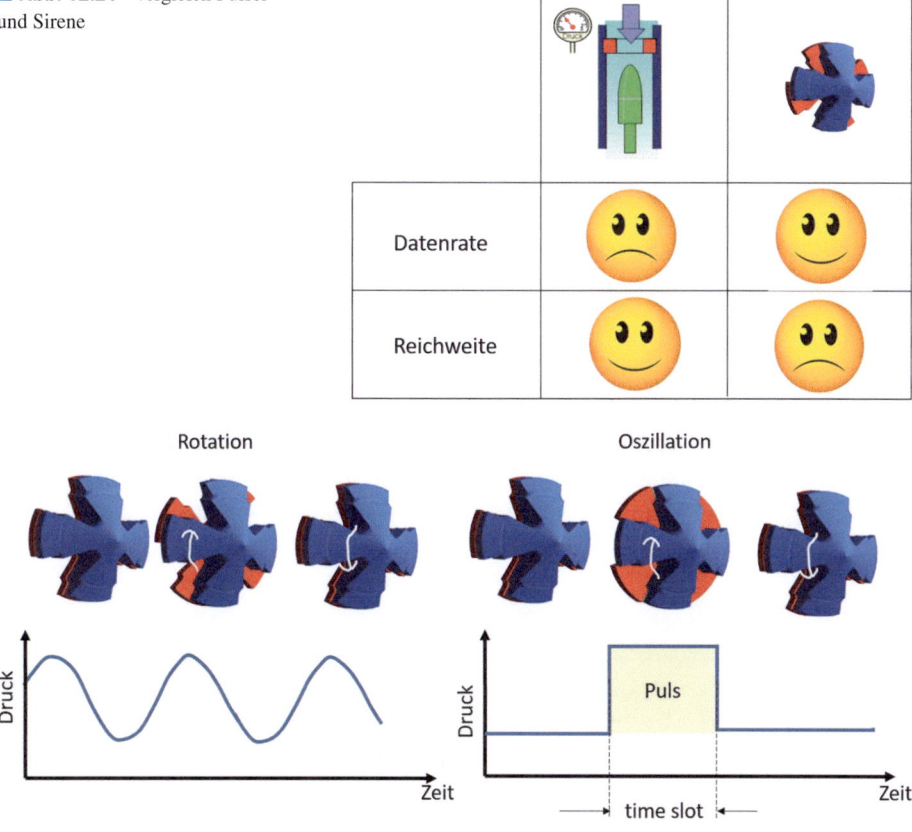

Abb. 12.21 Vergleich Pulser und Sirene

Abb. 12.22 Funktionsprinzip des Scherventils. *Links* Sirene, *rechts* Pulser

sen, je weiter der Rotor beim Schließen über die Schlitze des Stators fährt, desto höher ist die Amplitude der kontinuierlichen Druckwelle.

Der oszillierende Einsatz des Scherventils erlaubt also gegenüber dem Sirenenprinzip eine etwas flexiblere Arbeitsweise, da die Amplitude des Signals an die Bohrbedingungen angepasst werden kann. Eine geringere Amplitude entlastet die Spülpumpen der Bohranlage, eine höhere Amplitude steigert die Reichweite der Datenübertragung.

Das Scherventil kann aber auch als Pulserventil eingesetzt werden! Dazu wird der Rotor so angesteuert, dass er den Strömungsquerschnitt für die Dauer jeweils eines Time Slots entweder freigibt oder verschließt (Abb. 12.22 rechts).

12.4 Digitalisierung von Messwerten

Mithilfe eines Mud-Pulsers oder einer Mud-Sirene kann digitale Information, die aus einer Serie von Nullen und Einsen besteht, von der untertägigen Bohrgarnitur an die Oberfläche übertragen werden. Dazu müssen die zu übertragenden Messwerte allerdings zunächst in einen Binärcode übersetzt werden.

Um Zahlen in einen Binärcode zu übersetzen, kann man eine Tabelle, wie sie in Abb. 12.23 dargestellt ist verwenden. Die Tabelle enthält fünf Spalten, die mit den Bezeichnungen „Einer" (2^0), „Zweier" (2^1), „Vierer" (2^2) usw. bezeichnet sind.

Rechts neben der Tabelle stehen einige zufällig ausgewählte Zahlen, die beispielhaft in einen Binärcode übersetzt werden sollen. Die erste Zahl, die dazu herangezogen werden soll, ist eine Vier. In der Tabelle gibt es eine Spalte, in der die Vierer aufgelistet werden. Dort tragen wir eine Eins ein. Die restlichen Spalten werden mit Nullen aufgefüllt, denn eine Vier besteht ja nur aus einem Vierer; es werden keine Einer, Zweier, Achter oder Sechzehner benötigt, um sie darzustellen.

Die Zahl 4 lässt sich in der Tabelle also als Binärcode 00100 darstellen:

$$4 = 0 \times 2^0 + 0 \times 2^1 + 1 \times 2^2 + 0 \times 2^3 + 0 \times 2^4$$

Der Begriff „Binärcode" wird verwendet, weil zur Darstellung der Zahl nur Nullen und Einsen, also zwei verschiedene Zeichen, benutzt werden.

Da die Tabelle fünf Spalten besitzt, werden alle Zahlen in diesem System als fünfstellige Binärcodes wiedergegeben. Man spricht in diesem Fall von einer 5-Bit-Auflösung. In der Tabelle sind in den folgenden Spalten weitere Beispiele dargestellt. Die Zahl 17 wird

2^0	2^1	2^2	2^3	2^4	
Einer	Zweier	Vierer	Achter	Sechzehner	
0	0	1	0	0	4
1	0	0	0	1	17
1	1	0	0	1	25
1	1	1	1	1	31

Abb. 12.23 Darstellung von Zahlen als Binärcode

12.4 · Digitalisierung von Messwerten

in 5-Bit-Auflösung durch den Binärcode 10001 wiedergegeben, die Zahl 25 als 11001 usw.

In der bisher verwendeten 5-Bit Auflösung lassen sich allerdings nicht beliebig viele Zahlen darstellen. Es stehen ja nur die Binärcodes 00000 bis 11111 zur Verfügung. Der Binärcode 00000 repräsentiert die Null, der Binärcode 11111 die 31. In 5-Bit-Darstellung lassen sich also nur 2^5 und somit 32 verschiedene Zustände (bzw. Zahlen) abbilden.

Um einen größeren Zahlenbereich durch den Binärcode abbilden zu können, müsste die Tabelle um eine Spalte erweitert werden, in der die Zweiunddreißiger (2^5) abgebildet würden. Da diese Tabelle nun sechs Spalten besäße, stünde eine 6-Bit-Auflösung zur Verfügung, mit der alle Zahlen zwischen 0 und 63, also 64 verschiedene Zahlen (bzw. Zustände), dargestellt werden könnten.

Natürlich könnte die Auflösung beliebig weiter vergrößert werden. Mit jedem zusätzlichen Bit (so bezeichnet man eine Null oder Eins im Binärcode) verdoppelt sich die Anzahl der darstellbaren Zustände. Allerdings wird der Binärcode mit steigender Auflösung auch immer länger.

Natürlich kann man nicht nur Zahlen als Binärcodes darstellen, sondern auch beliebige Messwerte. Wie man dabei vorgeht, soll anhand eines Beispiels demonstriert werden, bei dem eine Himmelsrichtung (Azimut) in einen Binärcode übersetzt wird.

Zunächst muss überlegt werden, welcher Wertebereich der Azimut abdecken soll. Der Azimut läuft entsprechend der Kompassrose von 0° (Nord) über 90° (Ost), 180° (Süd) usw. bis 360° (wieder Nord). Der Wertebereich, in dem man sich zur Darstellung der Himmelsrichtung bewegt, beträgt also 0–360°.

Als Nächstes wird festgelegt, mit welcher Auflösung der Azimut dargestellt werden soll bzw. wie viele binäre Zeichen (Nullen und Einsen) zu seiner Darstellung verwendet werden sollen. Wir wählen für unser Beispiel zunächst eine 3-Bit-Auflösung.

Die Darstellung einer Größe in 3-Bit-Auflösung erlaubt eine Unterscheidung von acht verschiedenen Zuständen. Wenn man die Kompassrose als Torte darstellt, kann man diese in $2^3 = 8$ Tortenstücke aufteilen. Die Tortenstücke werden im Uhrzeigersinn mit den Bezeichnungen „000", „001" usw. bis „111" versehen (◨ Abb. 12.24).

Da sich der Wertebereich des darzustellenden Azimuts von 0–360° erstreckt, deckt jedes der acht Tortenstücke einen Azimutbereich von 45° ab. Die Himmelsrichtung 67,5°

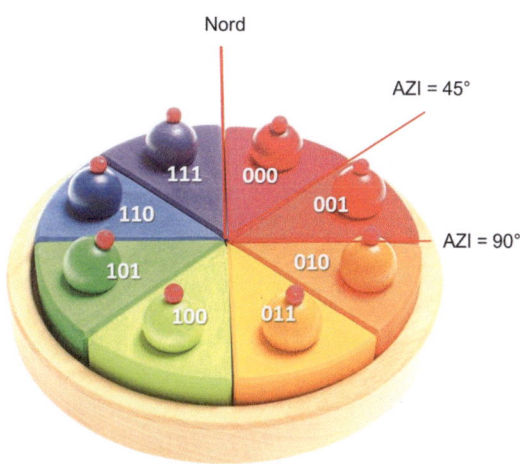

◨ **Abb. 12.24** Azimutangabe in 3-Bit-Darstellung

würde demnach auf das zweite Tortenstück entfallen und somit als 3-Bit-Binärcode 001 abgebildet werden. Der Azimut 001 repräsentiert allerdings nicht nur den Wert 67,5°, sondern auch jede andere Himmelsrichtung zwischen 45 und 90°. Letztlich könnte man mit der Angabe eines Azimuts 001 lediglich aussagen, dass die Bohrung irgendwo in Richtung Ost-Nordost verläuft. Für Praxiseinsätze in der Richtbohrtechnik ist die 3-Bit-Auflösung daher nicht exakt genug.

Die Auflösung kann verbessert werden, indem man eine 4-Bit-Darstellung wählt. Die Azimuttorte verfügt damit über 2^4, also 16 Tortenstücke, von denen jedes einen Azimutbereich von nur noch 22,5° abdeckt. Wenn diese Auflösung immer noch nicht ausreicht, kann die Auflösung durch Hinzunahme weiterer Bits beliebig weiter gesteigert werden. Bei einer 8-Bit-Darstellung betrüge die Unsicherheit zum Beispiel nur noch 1,4°.

Analog dazu kann man auch die Neigung der Bohrung, die Inklination, als Binärcode darstellen. Auch hier überlegt man sich zunächst den Wertebereich, der abgebildet werden soll. Grundsätzlich kann sich die Neigung einer Bohrung über einen Wertebereich von 0° (senkrecht nach unten) bis 180° (senkrecht nach oben) erstrecken. In der Tiefbohrtechnik werden aber keine Bohrungen senkrecht nach oben geführt. Meist beginnt die Bohrung vertikal (0°-Neigung) und wird später in die Horizontale geführt (90°-Neigung). Wenn in der Horizontalen Richtungskorrekturen ausgeführt werden, können auch Neigungen oberhalb von 90° auftreten, aber Inklinationen von mehr als 120° sind schon sehr unüblich.

Für ein weiteres Beispiel definieren wir einen Wertebereich für die Inklination von 0–120°; grundsätzlich könnte er aber auch weiter eingeschränkt werden (z. B. auf Werte zwischen 0 und 100°). Man könnte nun wiederum eine Torte mit einer bestimmten Anzahl an Tortenstücken bemühen, um zu demonstrieren, wie eine konkrete Bohrlochneigung als Binärcode dargestellt werden kann. Hier wollen wir jedoch eine andere Vorgehensweise vorstellen – die allerdings zum selben Ergebnis führt.

Der vorgegebene Wertebereich von 0–120° für die Messung der Inklination wird auf einen Kreis projiziert (◘ Abb. 12.25). Diesen Kreis kann man in zwei Hälften aufteilen, die von 0° ausgehend im Uhrzeigersinn gesehene erste Hälfte wird mit „0" und die zweite mit „1" bezeichnet. Das Segment 0 deckt den Inklinationsbereich von 0–60° und das Segment 1 denjenigen von 60–120° ab.

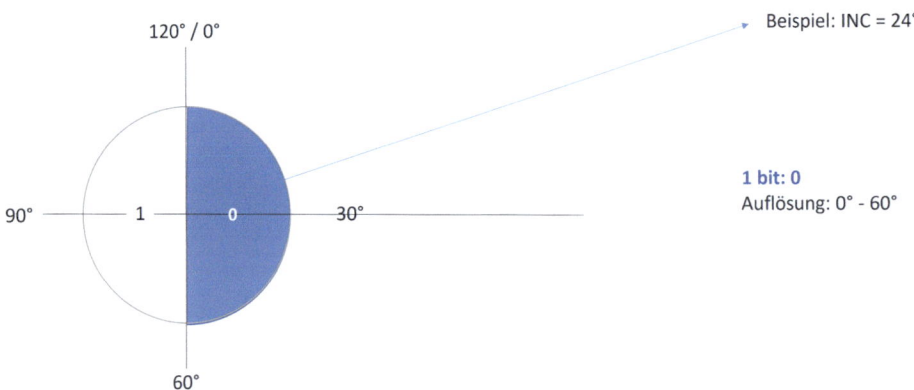

◘ **Abb. 12.25** 1-Bit-Darstellung der 24°-Neigung im Wertebereich von 0–120°

12.4 · Digitalisierung von Messwerten

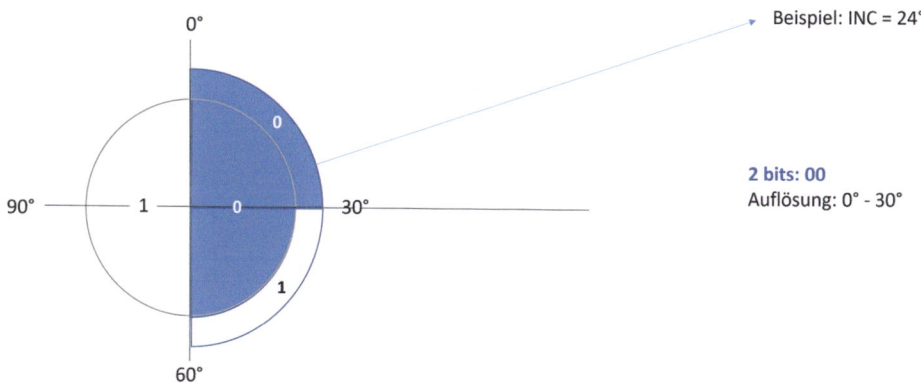

Abb. 12.26 2-Bit-Darstellung der 24°-Neigung im Wertebereich von 0–120°

Für unser Beispiel soll nun eine Bohrlochneigung von 24° als Binärcode dargestellt werden. Die Neigung INC = 24° liegt in dem Segment des Kreises, welches als 0 bezeichnet wurde. Die Angabe der Bohrlochneigung mit 1-Bit-Auflösung ist aber natürlich viel zu ungenau, denn die Neigung 0 deckt ja den gesamten Bereich zwischen 0°- und 60°-Neigung ab. Deshalb muss auch hier wieder eine höhere Auflösung mit mehr Bits herangezogen werden.

Folglich wird das Segment 0 gemäß Abb. 12.26 wieder in zwei Hälften unterteilt, die im Uhrzeigersinn gesehen mit 0 und 1 bezeichnet werden. Die Neigung INC = 24° liegt im neuen Segment 0. Das zweite Zeichen des Binärcodes ist damit wieder eine 0. Der Binärcode 00 deckt nun den Bereich von 0°- bis 30°-Neigung ab. In jedem weiteren Schritt wird das betreffende Kreissegment wieder in zwei Hälften geteilt, die jeweils wieder mit „0" und „1" bezeichnet werden. Das zutreffende Bit wird dem Binärcode hinzugeführt.

In Abb. 12.27 ist zu sehen, dass die Neigung von 24° im Wertebereich von 0–120° bei einer 7-Bit-Auflösung als Binärcode 0011001 angegeben wird. Dieser Binärcode deckt den Winkelbereich von 23,437–24,375° ab. Die Neigung wird damit in einem Unsicherheitsbereich von weniger als 1° abgebildet und ist damit schon recht präzise. Ob diese Genauigkeit für eine konkrete Anwendung ausreicht, ist aber in jedem Einzelfall zu klären.

Das Beispiel verdeutlicht auch, dass die sinnvolle Festlegung eines Wertebereichs für einen Messwert einen signifikanten Einfluss auf die Auflösung der Digitalisierung des Messwertes besitzt. Wäre der Wertebereich für die Bohrlochneigung nur von 0–60° festgelegt worden, weil lediglich ein J-förmiges Profil mit geringer Endneigung gebohrt werden sollte, so wäre die Unsicherheit bei derselben 7-Bit-Auflösung mit nur 0,5° nur halb so groß wie im vorhergehenden Beispiel ausgefallen. Die Ausführungen unterstreichen somit, dass eine gründliche Abstimmung des Messprogramms auf den konkreten Praxiseinsatz erheblich zu dessen Erfolg beitragen kann.

Bei der Datenübertragung in Bohrsträngen der Tiefbohrtechnik sind aber neben der Auflösung auch noch andere Aspekte zu beachten.

Zur Übertragung eines kompletten Directional Survey, der aus Inklination, Azimut und Tool Face Orientation mit jeweils guter Auflösung besteht, ist ein langer Strang

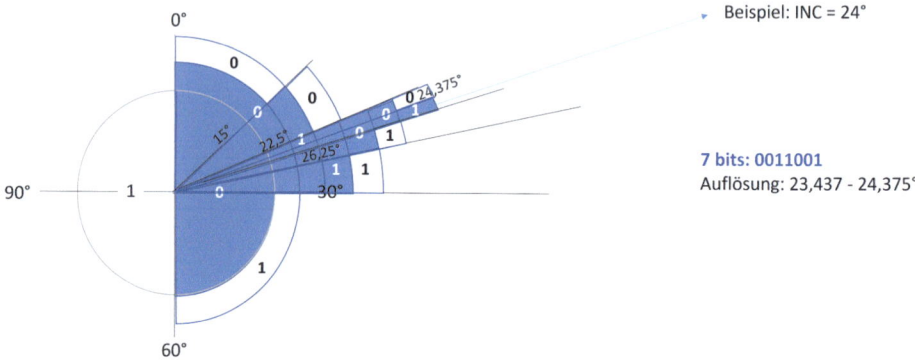

◘ Abb. 12.27 7-Bit-Darstellung der 24°-Neigung im Wertebereich von 0–120°

an Nullen und Einsen erforderlich. Wenn außerdem Messwerte aus zusätzlichen LWD-Komponenten hinzukommen, wird der zu übertragende Binärcode für einen kompletten Survey noch erheblich länger. Um den Überblick über diese lange Folge an Nullen und Einsen zu behalten, werden der eigentlichen Nutzinformation (den Datenbits) noch zusätzliche Hilfsbits hinzugefügt.

Es ist ja beispielsweise denkbar, dass ein zu übertragender Binärcode mit mehreren Nullen beginnt. Der Datenpulser bzw. die Sirene bleibt deshalb für die Dauer mehrerer Time Slots im Ruhezustand. Das Drucksignal an der Oberfläche zeigt also keinerlei Datenpulse, und die Mannschaft auf der Bohranlage an der Oberfläche geht deshalb fälschlicherweise davon aus, dass die Datenübertragung noch gar nicht begonnen hat.

Um dieses Problem zu vermeiden, wird zwischen der Untertage- und der Übertageeinheit ein Startsignal vereinbart, das den Beginn der Datenübertragung signalisiert. Dieses kann beispielsweise darin bestehen, dass der Pulser für die Dauer eines Time Slots eine Druckerhöhung im Strang erzeugt oder die Sirene einen Ton sendet. Dieser erste Datenpuls, der an der Oberfläche erkannt wird, gibt an, dass im folgenden Time Slot die Übertragung der Datenbits, also der eigentlichen Nutzinformation, beginnt. In ◘ Abb. 12.28 ist das Startsignal als Startbit in Hellgrün dargestellt.

Im Anschluss an das Startbit wird die Nutzinformation übertragen. Sie besteht aus den zu übertragenden Messwerten für den Azimut, die Inklination, die Tool Face Orientierung usw. Jeden Messwert bezeichnet man als ein Wort. Alle Worte zusammen werden als Datenbits bezeichnet. Die Datenbits bestehen in der Regel aus einem langen Strang aus Nullen und Einsen. Bei der Datenübertragung kann nicht immer sicher davon ausgegangen werden, dass die untertägig gesendete Folge an Bits an der Oberfläche auch fehlerfrei erkannt und aufgezeichnet wird. Um zu prüfen, ob ein empfangener Datensatz plausibel erscheint, werden Prüfbits (parity bits) eingesetzt. Beispielsweise kann die Software im untertägigen MWD-System den zu sendenden Satz Datenbits überprüfen und feststellen, wie viele Einsen darin enthalten sind. Wenn der Datensatz eine gerade Anzahl an Einsen enthält, sendet der Pulser bzw. die Sirene im Anschluss an die Datenbits eine weitere Eins zur Oberfläche, bei einer ungeraden Anzahl an Einsen dagegen eine Null. Auf der Empfängerseite an der Oberfläche untersucht die Auswertesoftware den erkannten Datensatz ebenso und prüft, ob das erhaltene Prüfbit zum empfangenen

12.4 · Digitalisierung von Messwerten

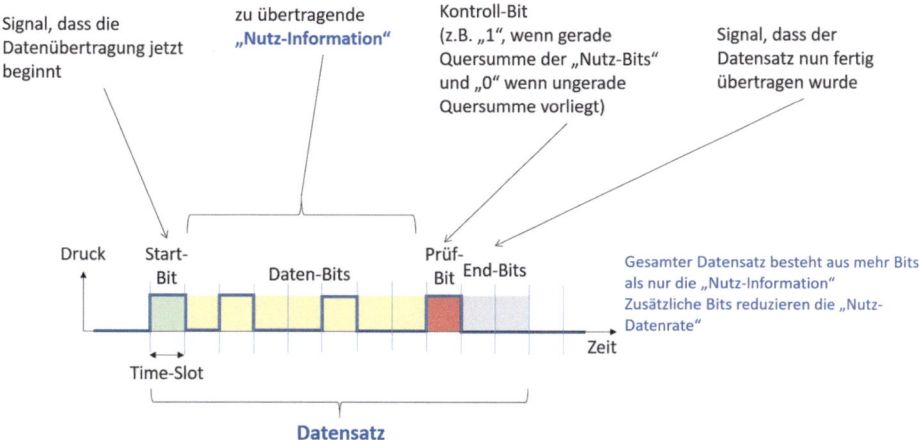

◘ **Abb. 12.28** Character Frame

Datensatz passt. Wenn es zwischen dem Datensatz und dem Prüfbit Diskrepanzen gibt, ist der Datensatz offensichtlich fehlerhaft.

Schließlich kann das Ende der Übertragung eines kompletten Datensatzes noch eindeutig markiert werden, beispielsweise durch das Senden einer Pause von zwei Time Slots Länge. Durch eine klare Erkennbarkeit von Start- und Stoppbits ist es einfacher möglich, die Untertageeinheit mit der Übertageeinheit zu synchronisieren bzw. nach Übertragungsproblemen wieder klar zu erkennen, wann ein Datensatz endet und ein neuer beginnt.

Ein kompletter Datensatz aus Startbit, Datenbits, Prüfbit und Stoppbits wird als Character Frame bezeichnet. Ein Character Frame enthält immer eine höhere Anzahl an Bits als die reine Nutzinformation. Diese Tatsache muss berücksichtigt werden, wenn man die Datenrate quantifiziert. Die Angabe der Datenrate in bits/s bezieht sich nämlich auf die Übertragung der Character Frames und kann somit als Bruttodatenrate aufgefasst werden. Die Nettodatenrate, die sich auf die übertragene Nutzinformation bezieht, ist zwangsläufig immer etwas geringer.

In ◘ Abb. 12.29 ist ein Screenshot eines Bildschirmes zu sehen, wie ihn der MWD-Operator beim Bohreinsatz mit einem Datenpulser sieht. In der Mitte des Bildschirmes ist das geglättete Druckzeitsignal zu sehen. Im weißen Feld darüber wird angegeben, mit welcher mathematischen Methode (z. B. Filtern) das am Druckaufnehmer gemessene Rohmesssignal aufbereitet wurde.

Unterhalb des Zeitsignals (weiße Kurve) sieht man eine rote Leiste, auf der in Grün die Datenpulse markiert wurden, die die Auswertesoftware im Zeitsignal erkannt hat. Im unteren Teil der Abbildung wird aufgelistet, welche Wörter die Software erkannt hat (z. B. Azimut, Inklination) und welcher Binärcode für jedes Wort empfangen wurde (Puls-Muster).

Im oben Teil des Bildschirmes wird die Qualität der Datenübertragung bewertet. Im vorliegenden Beispiel ist sie mit 100 % optimal, die Prüfbits in den empfangenen Datensätzen sind also plausibel. Die für die Datenübertragung eingesetzte Modulation, die oben links in der Tabelle zu finden ist, wird im Folgenden detailliert erläutert.

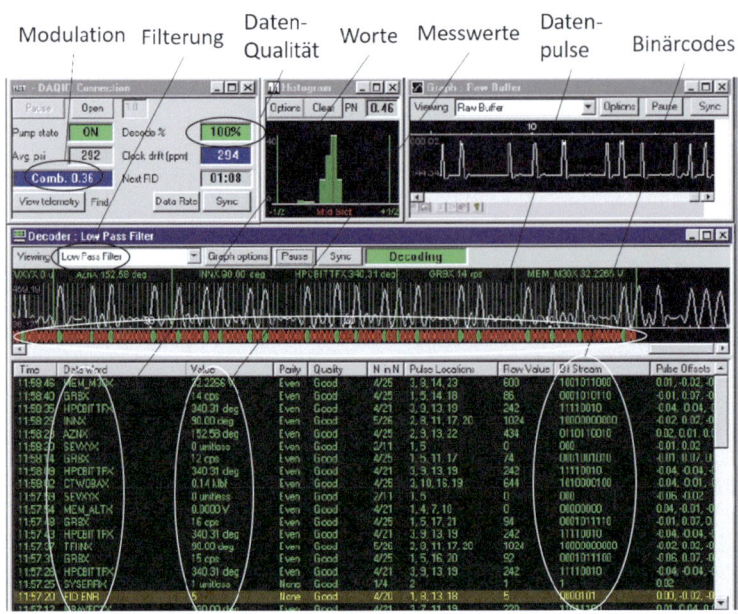

Abb. 12.29 Beispiel für einen Bildschirm zur Datenübertragung per Mud-Puls-Telemetrie

12.5 Modulation

Pulsventile und Mud-Sirenen können mit der Übertageeinheit in verschiedenen „Dialekten" kommunizieren. Diese werden als Modulationen bezeichnet. Die Vor- und Nachteile verschiedener Modulationen sollen am Beispiel der Übertragung des Binärcodes 1101000 beschrieben werden.

Es wird darauf hingewiesen, dass die folgenden Ausführungen keine bohrspezifischen Themen darstellen, sondern in den Vorlesungen und in der Literatur zur Nachrichtentechnik behandelt werden. Hier soll nur das Grundprinzip der Modulation von Daten grob umrissen werden, um ein Grundverständnis der komplexen Vorgänge bei der Datenübertragung in Bohrsträngen der Tiefbohrtechnik zu vermitteln.

12.5.1 Non-Return-to-Zero-Modulation

Die Non-Return-to-Zero-Modulation (NRZ-Modulation) funktioniert so, dass der Druck im Bohrstrang für die Dauer eines vorgegebenen Zeitintervalls durch entsprechende Stellung des Pulsventils auf das jeweils höhere bzw. niedrigere Druckniveau eingestellt wird. Um den Binärcode 1101000 in der NRZ-Modulation zu übertragen, muss das Pulsventil also den in ◘ Abb. 12.30 dargestellten Druckverlauf in den Bohrstrang induzieren. Immer wenn eine Eins gesendet werden soll, reduziert das Pulsventil den Strömungsquerschnitt für die Dauer eines Time Slots, zum Senden einer Null öffnet es ihn für die Dauer eines Time Slots wieder. Das hohe Druckniveau in einem Time Slot entspricht somit einer Eins, das geringe einer Null.

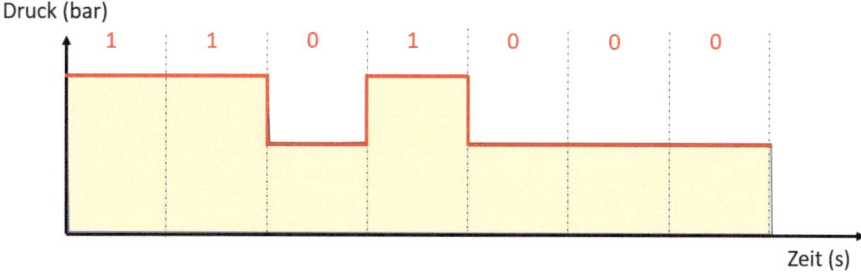

Abb. 12.30 Non-Return-to-Zero-Moulation (NRZ-Modulation)

Die NRZ-Modulation ist sehr einfach zu verstehen und zu erklären. Nachteilig ist aber, dass sich das Pulserventil beim Senden einer längeren Folge von Einsen oder auch Nullen über einen Zeitraum von vielen Time Slots nicht bewegt. Dadurch könnte übertage der Verdacht entstehen, dass das Pulserventil defekt sein könnte. Außerdem kann bei längeren Zeiträumen, in denen keine Druckveränderung festzustellen ist, die Synchronisation zwischen der Untertage- und der Übertageeinheit verloren gehen, da aufgrund der Ungenauigkeiten der beteiligten Uhren unter Umständen nach einer Weile nicht mehr eindeutig festgestellt werden kann, wie viele Time Slots verstrichen sind.

12.5.2 Miller-Modulation

Die Miller-Modulation nutzt andere Regeln zur Datenübertragung:
- Zum Senden einer Eins wird der Druck in der Mitte des betreffenden Time Slots verändert (also entweder angehoben oder abgesenkt).
- Zum Senden einer Null wird der Druck im gesamten Time Slot konstant gehalten.
- Nach dem Senden zweier Nullen in Folge erfolgt am Ende des Time Slots der zweiten Null ein Druckwechsel.

Wenn man diese Regeln auf die Übertragung des Binärcodes 1101000 anwendet, erhält man für die Miller-Modulation den in ◘ Abb. 12.31 dargestellten zeitlichen Druckverlauf.

Die Miller-Modulation erlaubt eine bessere Synchronisation zwischen Unter- und Übertageeinheit, weil sich das Druckniveau aufgrund der genannten Regeln spätestens

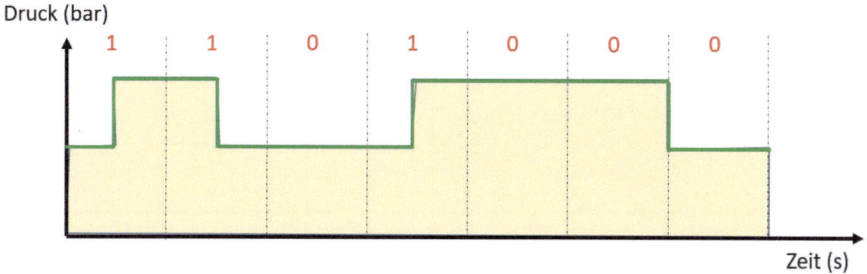

Abb. 12.31 Miller-Modulation

nach 2½-Zeit-Slots ändern muss und somit keine längeren Zeiträume auftreten können, in denen keine Pulseraktivität erfolgt.

Auf der anderen Seite erkennt man aber beim Vergleich von ◘ Abb. 12.30 und 12.31, dass zur Übertragung des verwendeten Binärcodes 1101000 bei der NRZ-Modulation nur drei Pulserbewegungen erforderlich sind, während es bei der Miller-Modulation bereits vier sind. Auf Dauer wird das Pulserventil im Betrieb mit Miller-Modulation also stärker belastet als bei der NRZ-Modulation, verschleißt deshalb auch entsprechend schneller und bietet somit ein größeres Potenzial für Ausfälle im Betrieb.

12.5.3 Split-Phase-Modulation

Bei der Split-Phase-Modulation gelten wiederum andere Regeln:
- Zur Übertragung einer Eins findet in der Mitte des Time Slots eine Druckerhöhung statt.
- Zur Übertragung einer Null findet in der Mitte des Time Slots eine Druckreduzierung statt.

Unter Anwendung dieser Regeln ergibt sich für die Übertragung des Binärcodes 1101000 der in ◘ Abb. 12.32 gezeigte Druckverlauf.

In der Mitte des ersten Time Slots wird der Druck angehoben, um eine Eins zu senden. Im zweiten Time Slot wird wieder eine Eins gesendet, also muss in der Mitte des zweiten Time Slots der Druck wieder angehoben werden – so verlangen es die Regeln. Da das Pulserventil aber nur zwischen zwei Zuständen hin und her schalten kann, kann der Druck in der Mitte des zweiten Time Slots nur dann angehoben werden, wenn er zu Beginn des zweiten Time Slots zunächst reduziert wird.

Der Vorteil der Split-Phase-Modulation liegt in der hervorragenden Synchronisierbarkeit von Unter- und Übertageeinheit. Da in jedem Zeitintervall eine Druckänderung erfolgen muss, ist immer klar erkennbar, ob der Pulser korrekt arbeitet und in welchem Time Slot man sich gerade befindet.

Aufgrund der unvermeidbaren zusätzlichen Druckänderungen auf einigen der Grenzen zwischen benachbarten Time Slots muss das Pulserventil aber deutlich mehr Schaltvorgänge zur Übertragung der Sequenz ausführen, als es bei der Miller-Modulation oder der NRZ-Modulation der Fall ist. Das Pulserventil wird im Betrieb mit der Split-Phase-Modulation also deutlich stärker beansprucht.

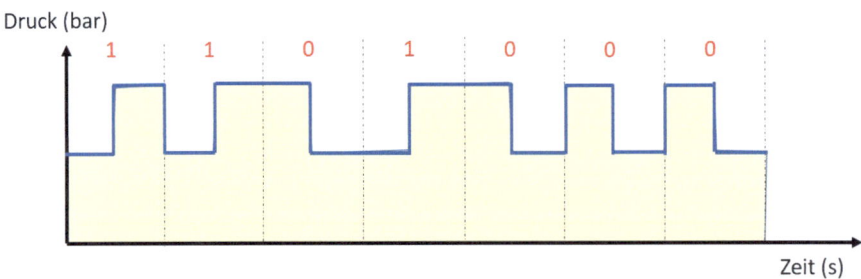

◘ **Abb. 12.32** Split-Phase-Modulation

12.5 · Modulation

Ebenfalls nachteilig ist die Tatsache, dass aufgrund der Schaltvorgänge auf den Time-Slot-Grenzen die Dauer mehrerer Druckpulse in ◘ Abb. 12.32 auf die halbe Dauer eines Time Slots reduziert wird. Damit auch diese verkürzten Pulse am Empfänger an der Oberfläche noch gut zu erkennen sind, müssen bei der Split-Phase-Modulation längere Time Slots als bei den anderen Verfahren verwendet werden. Dadurch verlangsamt sich aber die Datenrate.

12.5.4 Advantage-Combinatorial-Modulation

Die Advantage-Combinatorial-Modulation ist in der Praxis der Richtbohrtechnik recht verbreitet. In der Nachrichtentechnik wird sie zu den Puls-Positionsmodulationen (PPM) gezählt. Diese lösen sich von der Idee, dass in jedem Time Slot ein Bit übertragen werden muss. Stattdessen wird hier zur Übertragung jedes Wortes eine bestimmte Anzahl an Time Slots vorgegeben, auf denen dann eine geringere Anzahl an Pulsen platziert wird. Wie in ◘ Abb. 12.33 angedeutet, gibt es immer mehrere Möglichkeiten, eine bestimmte Anzahl an Pulsen auf einer vorgegebenen Anzahl an Time Slots zu platzieren. Im Beispiel wurden jeweils drei Pulse auf elf Time Slots verteilt (Rot, Grün und Blau). Als Randbedingung wurde vorgegeben, dass zwei benachbarte Pulse immer durch mindestens eine Slotweite getrennt sein müssen.

Die Anzahl der Möglichkeiten der Anordnung einer bestimmten Anzahl an Pulsen auf einer vorgegebenen Anzahl von Time Slots entspricht gewissermaßen der Anzahl an Tortenstücken in ◘ Abb. 12.24; je mehr Möglichkeiten es gibt, desto besser aufgelöst kann der Messwert dargestellt werden.

Jedem Wort werden entsprechend der gewünschten Auflösung eine Anzahl an Time Slots und eine Anzahl an Pulsen zugeordnet. Die Information wird in Form der Positionierung der Pulse auf dem Time-Slot-Gitter übertragen. Zur Übertragung des Binärcodes 1101000 würden die Pulse also in einer ganz konkreten Anordnung auf das Raster an Time Slots platziert werden.

Es gibt mehrere PPM. Für die im Feld gebräuchliche Advantage-Combinatorial-Modulation gelten die folgenden spezifische Regeln:
- Jeder Puls ist $1\,^1/_2$ Time Slots lang und beginnt immer auf einer Slot-Grenze.
- Benachbarte Pulse müssen immer mindestens $1\,^1/_2$ Time Slots voneinander entfernt sein.

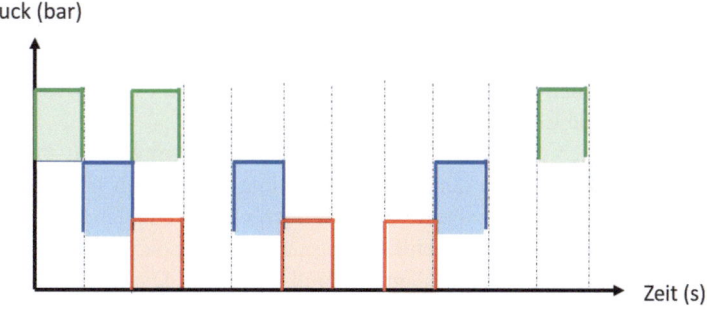

◘ **Abb. 12.33** Prinzip der Puls-Positionsmodulation (PPM)

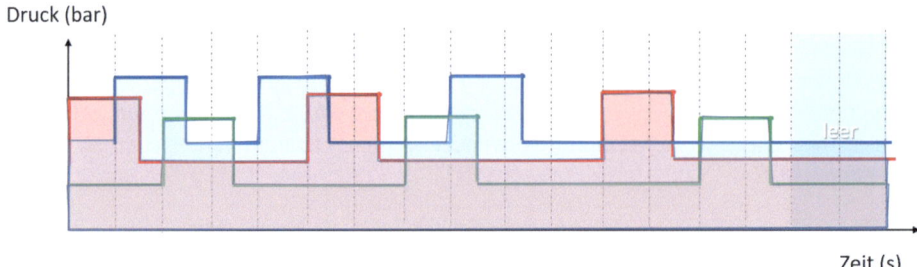

◨ **Abb. 12.34** Advantage-Combinatorial-Modulation

- Die letzten beiden Time Slots eines zu übertragenden Wortes dürfen keine Pulse enthalten.

In ◨ Abb. 12.34 sind beispielhaft drei mögliche Druckverläufe zu sehen, die diesem Regelwerk entsprechen würden. In den drei gezeigten Fällen wurden jeweils drei Pulse auf 17 Time Slots positioniert. Insgesamt gibt es aber noch 125 weitere Möglichkeiten, das heißt insgesamt 128 oder 2^7.

Es ist also mit dieser Vorgehensweise möglich, ein Wort in 7-Bit-Darstellung zu übertragen. Der Binärcode 1101000, der in den vorangehenden Beispielen verwendet wurde, könnte also ebenfalls damit übertragen werden. Für die Darstellung eines Wortes in 16-Bit-Auflösung müssten sechs Pulse auf 34 Time Slots positioniert werden.

Der Vorteil der Advantage-Combinatorial-Modulation liegt in ihrem günstigen Puls-Bit-Verhältnis, das besonders bei Wörtern mit sehr hoher Auflösung (lange Folgen aus Nullen und Einsen) zum Tragen kommt. Zur Übertragung eines 16-Bit-Wortes benötigt die Advantage-Combinatorial-Modulation nur sechs Pulse, während die Split-Phase-Modulation im Mittel 21 und die Miller-Modulation im Mittel 11 Pulse erfordert.

Ein weiterer Vorteil der Advantage-Combinatorial-Modulation liegt darin, dass die Pulse aufgrund der angegebenen Regeln immer nur an bestimmten Stellen der Zeitachse auftauchen können und Übertragungsfehler deshalb besonders gut zu erkennen sind.

12.5.5 Amplitudenmodulation

Auch für den Einsatz von Mud-Sirenen stehen verschiedene Modulationen zur Verfügung, mit denen Digitalcodes durch den Bohrstrang übertragen werden können. Bei der Amplitudenmodulation werden zwei unterschiedliche Amplituden einer Trägerfrequenz eingesetzt, um zwischen Nullen und Einsen zu unterscheiden. Ein lauter Ton wird also beispielsweise als eine Eins definiert, ein leiser als eine Null.

In der Tiefbohrtechnik ist der Einsatz verschiedener Amplituden meist nicht praxistauglich, da die Reichweite der Datenübertragung oft kritisch ist. Signalanteile mit verringerter Amplitude würden die Reichweite noch weiter reduzieren.

Eine in der Praxis sehr gebräuchliche Variante der Amplitudenmodulation besteht aber darin, eine der beiden Amplituden auf Null zu setzen. Die Sirene wird zur Datenübertragung je nach zu übertragendem Binärcode ein- und ausgeschaltet. Sendet sie in einem Time Slot einen Ton, so wird eine Eins übertragen, schweigt sie in einem Time Slot dagegen, so wird eine Null übertragen (◨ Abb. 12.35).

12.5 · Modulation

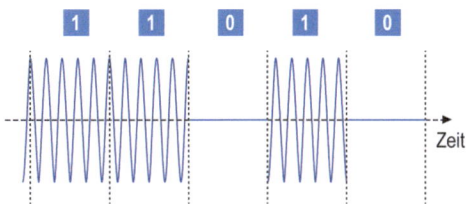

Abb. 12.35 Amplitudenmodulation

Der Nachteil der Amplitudenmodulation besteht darin, dass bei längeren Sequenzen von Nullen über längere Zeiträume kein Ton gesendet wird und dadurch der Verdacht auf einen Defekt der Sirene suggeriert werden könnte.

12.5.6 Frequenzmodulation

Anstelle der Amplitude kann auch die Frequenz der Sirene zwischen zwei Zuständen variiert werden, um Nullen oder Einsen zu übertragen (Abb. 12.36). Die Sirene verwendet dann zur Datenübertragung zwei unterschiedliche Töne, wobei der eine einer Null und der andere einer Eins zugewiesen ist.

Die Frequenzmodulation hat gegenüber der Amplitudenmodulation den Vorteil, dass am Empfänger kontinuierlich Frequenzen empfangen werden. Solange die Sirene zu hören ist, funktioniert sie noch.

Nachteilig ist, dass in den ständig variierenden Stopp- und Passbändern des Übertragungskanals immer zwei geeignete Trägerfrequenzen gefunden werden müssen, die kontinuierlich und zuverlässig zur Datenübertragung zur Verfügung stehen.

12.5.7 Phasenmodulation

Bei der Phasenmodulation arbeitet die Sirene mit einer konstanten, gut übertragbaren Frequenz. Die Differenzierung zwischen der Wertzuordnung Null und Eins erfolgt hier durch eine Phasenverschiebung bzw. -umkehr der Druckschwingung an den Phasengrenzen (Abb. 12.37).

Abb. 12.36 Frequenzmodulation

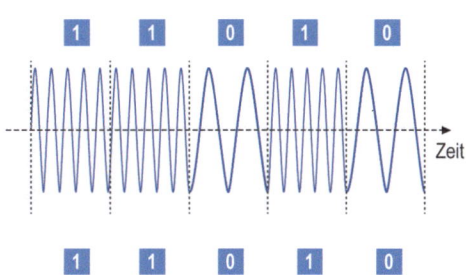

Abb. 12.37 Phasenmodulation

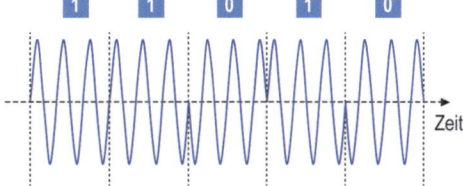

12.5.8 Weitere Modulationen

In der Praxis werden auch weitere Modulationen zur Datenübertragung eingesetzt. Eine Internetsuche beispielsweise nach den Begriffen „Modulation" und „Nachrichtentechnik" liefert dazu viele Hinweise. Es würde den Rahmen dieses Kapitels sprengen, auf sie alle einzugehen. Deshalb soll hier lieber nur auf die Vorlesungen und die Fachliteratur der Nachrichtentechnik verwiesen werden. Wichtig ist hier lediglich die Feststellung, dass jede Modulation bestimmte Vor- und Nachteile aufweist und für konkrete Einsatzfälle immer eine maßgeschneiderte Lösung gefunden werden muss.

12.6 Systemarchitektur von Datenübertragungssystemen der Tiefbohrtechnik

Eine moderne Richtbohrgarnitur ist modular aufgebaut, das heißt, dass die einzelnen MWD- und LWD-Komponenten oberhalb des Steuerkopfes nach Bedarf zusammengestellt und beliebig angeordnet werden können (◘ Abb. 12.38). Allerdings brauchen alle Komponenten elektrische Energie für ihre Sensoren und Rechner und müssen über Datenbusse Informationen austauschen und aufbereitete Daten zur Oberfläche senden können. Einige Komponenten der Bohrgarnitur müssen zudem in der Lage sein, Befehle von übertage zu empfangen und umzusetzen.

Es gibt vereinzelt Komponenten, die dezentral über Batterien mit Strom versorgt werden. Meist wird die elektrische Energie für die gesamte Bohrgarnitur aber über einen zentralen Stromgenerator bereitgestellt, dessen Turbine durch die Bohrspülung angetrieben wird, die die Bohrgarnitur durchströmt. Sobald die übertägigen Spülpumpen anfangen zu laufen und die Bohrspülung die Turbine des Generators in Rotation versetzt, beginnt der Strom in der Bohrgarnitur zu fließen, woraufhin die untertägigen Elektroniken und Rechner hochgefahren und in den Betriebsmodus versetzt werden. Damit die Versorgung der Komponenten mit elektrischer Energie und der Austausch der Datenströme effektiv gelingen, sind die einzelnen Module über spezielle modulare Gewindeverbindungen fest verdrahtet miteinander verbunden.

Der zentrale Stromgenerator befindet sich in der Regel in einem Mastermodul, das neben der Energieversorgung auch für das Datenmanagement innerhalb der Bohrgarnitur und die Kommunikation mit der Oberfläche zuständig ist (◘ Abb. 12.38). Dementsprechend befindet sich im Mastermodul auch das Pulserventil bzw. die Mud-Sirene zur

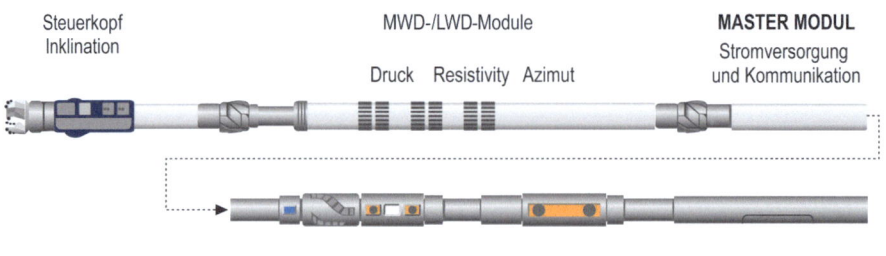

◘ **Abb. 12.38** Mastermodul in einer modularen Richtbohrgarnitur

12.6 · Systemarchitektur von Datenübertragungssystemen der Tiefbohrtechnik

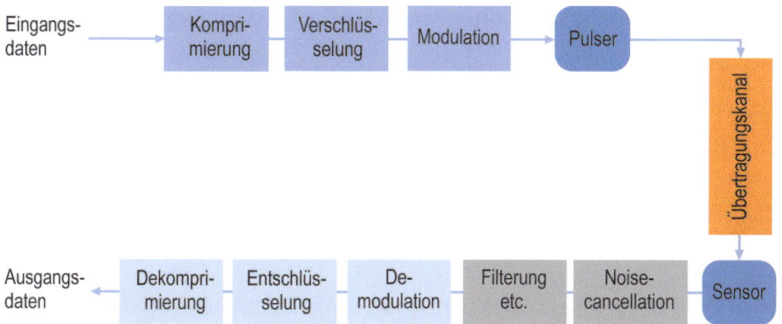

Abb. 12.39 Fließschema der Datenübertragung

Datenübertragung inklusive der erforderlichen Elektronik, Antriebe, Rechner und Datenspeicher.

Das Mastermodul ist das einzige Modul in der Bohrgarnitur, das mit der Oberflächeneinheit kommunizieren, also Daten senden und Befehle empfangen kann. Alle anderen Module der Garnitur sind Slaves, die ausschließlich mit dem Master kommunizieren können. Die Slaves gewinnen mit ihren Sensoren Rohdaten, die dann modulintern aufbereitet und komprimiert werden. So wird beispielsweise im MWD-Modul aus den in drei Dimensionen und mit hoher Sampling-Rate gemessenen Werten für die Erdbeschleunigung ein aktueller Wert für die Neigung des Bohrloches ermittelt, der dann zur Oberfläche übertragen wird.

Der Master ruft die aufbereitete Information von den Slaves ab, bringt die Wörter (Messwerte) in die erforderliche Reihenfolge, übersetzt sie in einen Binärcode, moduliert diesen und steuert die Mud-Sirene bzw. den Datenpulser so an, dass die Information zur Oberfläche gesendet wird (Abb. 12.39).

An der Oberfläche wird das Drucksignal erfasst und aufbereitet, demoduliert und entschlüsselt, sodass die Messwerte schließlich auf den Displays der Übertageeinheit angezeigt werden können.

Der gesamte Prozess der Datenerfassung, -aufbereitung und -übertragung ist bis heute nicht standardisiert, sondern wird von den Servicefirmen der Bohrindustrie individuell organisiert. Die Module verschiedener Anbieter sind daher in der Regel nicht kompatibel. Deshalb stammen die gesamte Bohrgarnitur und die übertägige Ausrüstung zur Erfassung, Auswertung und Darstellung der Daten immer von einem einzigen Anbieter; die Integration einzelner Module von einer konkurrierenden Servicefirma in die Bohrgarnitur ist technisch nicht möglich.

Die gesamte Kommunikation zwischen den einzelnen Komponenten der Bohrgarnitur und dem Mastermodul sowie die Kommunikation des Masters mit der Oberfläche müssen detailliert geplant und ausgeführt werden, um reibungslos zu funktionieren. Beispielsweise müssen sich die Untertage- und die Übertageeinheit während des Einsatzes zweifelsfrei darüber im Klaren sein,
- welches Zeichen den Beginn der Datenübertagung signalisiert,
- wie lang die Time Slots während der Übertragung sind,
- welche Module in der Garnitur vorhanden sind,
- in welcher Reihenfolge die Daten der Module durch den Master abgefragt werden,

- in welcher Reihenfolge die Wörter durch den Master zur Oberfläche übertragen werden,
- wie viele Bits jedem Wort zugeordnet sind,
- welches Übertragungssystem (Pulser, Sirene, Scherventil) verwendet wird,
- welche Parameter dem Übertragungssystem zugewiesen werden (Frequenz, Öffnungswinkel des oszillierenden Schwerventils),
- welche Modulation der Übertragung zugrunde liegt,
- welche Kontrollbits verwendet werden, um die Qualität der Datenübertragung zu bewerten,
- welches Zeichen das Ende der Übertragung eines Datensatzes signalisiert.

Diese komplexen Spielregeln der Datenübertragung werden für einen konkreten Einsatz in Form detaillierter Konfigurationsdateien formuliert, die im Mastermodul der Bohrgarnitur und in den übertägigen Auswertecomputern hinterlegt werden. Die Datenübertragung erfolgt dann durch strikte Abarbeitung der Arbeitsschritte und Prozeduren, die in den Konfigurationsdateien aufgelistet sind. Eine fehlerhafte Konfigurationsdatei führt unmittelbar zu einem Zusammenbruch der Kommunikation.

12.7 Anforderungen an die Bohrspülung

Die Mud-Puls-Telemetrie nutzt die Bohrspülung, die durch den Bohrstrang fließt, als Kanal für die Datenübertragung. Die Information wird dabei in Form von quasistatischen oder kontinuierlichen Druckschwankungen übertragen, die sich in der Bohrspülung ausbreiten.

Die Druckänderungen bewegen sich mit Schallgeschwindigkeit durch den Spülungsstrom. Die meisten Bohrspülungen sind wasserbasisch, die Schallgeschwindigkeit in Wasser beträgt etwa 1500 m/s. In einer 5 km langen Bohrung erreicht eine untertägig induzierte Druckwelle die Oberfläche also etwa nach 3,3 s. In ◻ Abb. 12.15 ist dargestellt, dass die Intensität einer Druckwellen auf dem Weg zur Oberfläche eine starke Dämpfung erfährt. Das Diagramm zeigt die Dämpfung von Schallwellen in Wasser.

Die Fähigkeit eines Mediums, Schall- bzw. Druckwellen zu leiten, ist eng mit seiner Kompressibilität verbunden. Die Kompressibilität beschreibt, wie stark sich das Volumen des Mediums unter Druckeinwirkung verändert. Je geringer die Kompressibilität des Übertragungsmediums ist, desto geringer ist auch die Dämpfung der Druckwellen, und desto besser lassen sich Daten mittels Mud-Puls-Telemetrie übertragen.

In der Praxis wird zur Charakterisierung eines Mediums oft dessen Kompressionsmodul angegeben. Das Kompressionsmodul kann als Kehrwert der Kompressibilität verstanden werden. Je größer es ist, desto steifer ist das betrachtete Medium, und desto besser werden Druckschwankungen weitergeleitet. Das Kompressionsmodul von Wasser liegt bei etwa 2–2,5 (◻ Abb. 12.40).

Öl ist mit einem Kompressionsmodul von ca. 1–1,6 deutlich kompressibler als Wasser. Infolgedessen erfährt die Mud-Puls-Telemetrie in ölbasischer Spülung auch eine deutlich größere Dämpfung. Die Reichweite der Mud-Puls-Telemetrie ist deshalb bei Verwendung ölbasischer Bohrspülungen geringer als bei wasserbasischen Bohrspülungen. Luft besitzt nochmals eine ca. 10.000-fach größere Kompressibilität als Öl. Deshalb funktioniert die Mud-Puls-Telemetrie bei Einsatz von Luft- oder Schaumspülungen üblicherweise nicht.

Abb. 12.40 Kompressionsmodule verschiedener Stoffe

Stoff	Kompressionsmodul in GPa
Luft (unter Normalbedingungen)	$1{,}01 \times 10^{-4}$ (isotherm) $1{,}42 \times 10^{-4}$ (adiabatisch)
Helium	0,05 (geschätzt)
Methanol	0,823
Ethanol	0,896
Aceton	0,92
Öl	1 …1,6
Wasser	2.08 (0,1 MPa) 2,68 (100 MPa)
Glycerin	4,35
Natrium	6,3
Methanhydrat	9,1

Hier müssen dann beispielsweise elektromagnetische Datenübertragungsverfahren zum Einsatz gebracht werden.

12.8 Downlinks

Moderne Richtbohrgarnituren senden nicht nur Messdaten an die Oberfläche, sondern können auch Befehle von der obertägigen Bohrmannschaft empfangen. Das Mastermodul in der in ◘ Abb. 12.38 gezeigten Bohrgarnitur ist deshalb für eine bidirektionale Kommunikation ausgelegt.

Das Senden von Information von der Bohrgarnitur hinauf zur Oberfläche wird als Uplink, das Senden von der Oberfläche hinunter zur Bohrgarnitur als Downlink bezeichnet. Damit sich Uplinks und Downlinks bei der Übertragung ihrer Daten nicht überlagern oder gegenseitig stören, werden für beide Übertragungsrichtungen unterschiedliche Übertragungsverfahren eingesetzt. Das zuverlässigste und flexibelste Verfahren für Downlinks nutzt den Volumenstrom der Bohrspülung als Träger der Information.

In ◘ Abb. 12.41 ist dieses Verfahren schematisch dargestellt. An die Druckleitung der Spülpumpe ist eine Bypassleitung angeschlagen, durch die ein Teil des Spülungsstromes direkt zurück in die Tankanlage geleitet werden kann. An der Bypassleitung befindet sich das Bypassventil, das manuell oder computergesteuert zwischen dem geöffneten und dem geschlossenen Zustand hin und her geschaltet werden kann. Wenn das Bypassventil geöffnet ist, fließt ein Teil des Spülungsstromes (ca. 10–20 %) von der Pumpe aus direkt zurück in den Spülungstank. Entsprechend fließen nur 90–80 % des gepumpten Volumenstromes durch den Bohrstrang hinunter zum Bohrmeißel. Bei geschlossenem Bypassventil hingegen fließt der vollständige Volumenstrom hinunter zur Bohrgarnitur.

Je nach Stellung des Bypassventils erreicht also weniger oder mehr Bohrspülung das Mastermodul der Bohrgarnitur, in dem sich auch die Turbine des Stromgenerators befindet. Diese rotiert entsprechend dem aktuellen Volumenstrom langsamer oder schneller, und der angeschlossene Stromgenerator produziert dadurch eine geringere oder höhere elektrische Spannung. Die resultierenden zeitlichen Verläufe von Volumenstrom und Spannung sind in ◘ Abb. 12.41 rechts oben zu sehen.

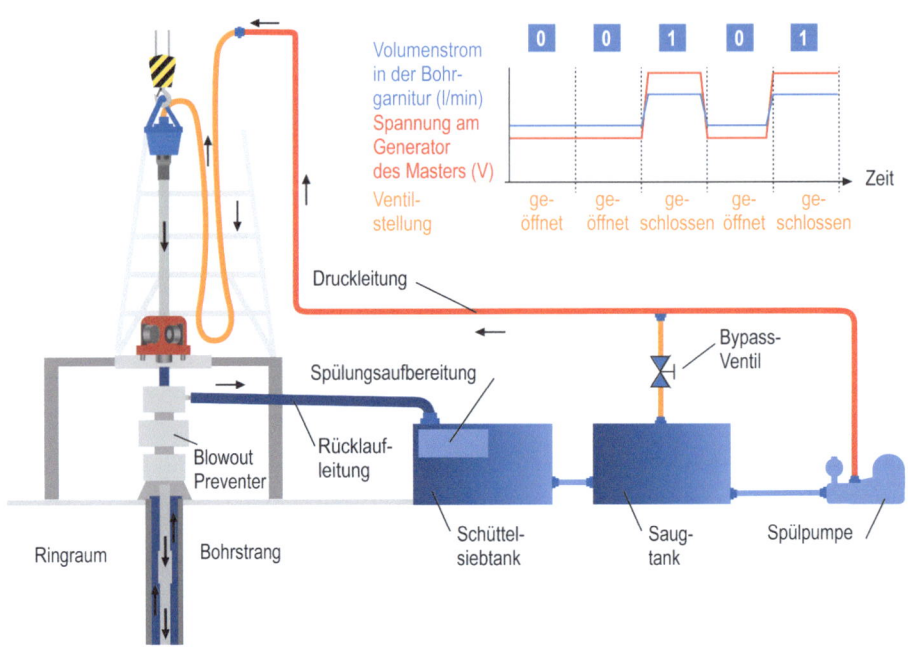

Abb. 12.41 Downlink per Volumenstromvariation

Analog zur Vorgehensweise bei der Mud-Puls-Telemetrie können den beiden Niveaus der Generatorspannung Nullen und Einsen zugeordnet werden. Die Elektronik im Mastermodul erkennt und erfasst den zeitlichen Verlauf der Generatorspannung und übersetzt ihn in den entsprechenden Binärcode. Dieser entspricht einem bestimmten Befehl, den das Mastermodul erkennt und an die betreffende Komponente der Bohrgarnitur weiterleitet, damit diese ihn ausführen kann.

Bei den Downlinks kann es sich um richtbohrtechnische Steuerbefehle handeln (z. B. „Halte die aktuelle Neigung", „Bohre eine Kurve nach rechts", „Erhöhe die Seitenkraft") oder auch um Befehle, die an die angeschlossenen MWD-/LWD-Module gerichtet sind (z. B. „Gehe vom Sirenen- in den Pulsermodus", „Fahre einen Sweep zur Vermessung des Übertragungskanals", „Ziehe eine Fluidprobe aus der Bohrlochwand"). Die Übertragung von Downlinks an die Untertageeinheit erfolgt in der Regel ohne Unterbrechung des Bohrbetriebs.

In ähnlicher Weise kann ein Downlink auch über die Drehzahl des Bohrgestänges übertragen werden. Der Top Drive variiert dazu die Strangdrehzahl nach einem bestimmten Muster zwischen zwei Drehzahlen, denen die Zustände 1 und 0 zugeordnet sind. Die Beschleunigungsaufnehmer in der untertägigen Bohrgarnitur erkennen die beiden Drehzahlen und rekonstruieren daraus den Befehl. Diese Methode wurde bereits erfolgreich im Feld eingesetzt, kann aber stark durch operativ bedingte Schwankungen der Drehzahl in Meißelnähe (z. B. Stick Slip) gestört werden und ist somit insbesondere in langen Horizontalbohrungen oder komplexen Designerbohrungen weniger erfolgreich.

12.8 · Downlinks

Auch die Meißelandruckkraft kann in gewissem Maße zur Übertragung von Befehlen genutzt werden. Ähnlich wie bei einem Kugelschreiber durch Betätigen des Drückers die Miene ein- oder ausgefahren werden kann, kann die Bohrgarnitur bestimmte zeitliche Variationen der Meißelandruckkraft als Binärcode erkennen. Allerdings ist dieses Verfahren fehleranfällig und daher nur zur Übertragung sehr einfacher Befehle einsetzbar.

Bohren im Meer (offshore drilling)

Inhaltsverzeichnis

13.1 Offshore-Bohranlagen – 367
13.1.1 Hubplattformen – 368
13.1.2 Bohrinseln – 368
13.1.3 Halbtaucher – 368
13.1.4 Weitere Offshore-Tiefbohranlagen – 370

13.2 Operative Besonderheiten beim Abteufen einer Offshore-Bohrung – 371
13.2.1 Positionierung von schwimmenden Bohranlagen – 371
13.2.2 Landebasis – 371
13.2.3 Bohren des ersten Abschnitts – 373
13.2.4 Setzen von Standrohr und Ankerrohrtour – 374
13.2.5 Shallow Gas/Gashydrate – 374
13.2.6 Setzen des Blowout-Preventers/Marine Riser – 375
13.2.7 Wellenausgleichssystem/Heave Compensator – 378
13.2.8 Bohransatzpunkte/Konduktoren – 379
13.2.9 Remotely Operated Vehicles – 380

13.3 Druckfenster von Offshore-Bohrungen – 380
13.3.1 Grundsätzliche Überlegungen – 380
13.3.2 Managed Pressure Drilling – 383

© Der/die Autor(en), exklusiv lizenziert an Springer-Verlag GmbH, DE, ein Teil von Springer Nature 2025
M. Reich, *Tiefbohrtechnik*, https://doi.org/10.1007/978-3-662-70635-0_13

Die meisten Tiefbohranlagen stehen an Land, also onshore. Aber natürlich wird auch im Meer (offshore) nach Kohlenwasserstoffen gebohrt. Der technische Aufwand, der dazu erforderlich ist, ist allerdings deutlich größer als beim Bohren an Land. In diesem Kapitel werden die wichtigsten Eigenschaften und Merkmale von Offshore-Tiefbohranlagen und Offshore-Bohrlochkonstruktionen vorgestellt.

Etwa 70 % der Erde sind mit Wasser bedeckt. Deshalb ist es nicht verwunderlich, dass im Meer zahlreiche Öl- und Gaslagerstätten entdeckt bzw. vermutet werden. Insbesondere an den Kontinentalhängen gibt es noch große Felder, die erschlossen werden können (◘ Abb. 13.1).

Dass man aktuell wenig von Offshore-Bohraktivitäten hört, liegt unter anderem daran, dass die vergangenen zehn Jahre trotz aller Ölpreisturbulenzen als eine Niedrigenergiepreisära eingeordnet werden muss. Seit Beginn des großen Fracking-Booms in den USA um 2014 herum bewegte sich der Ölpreis lange Zeit stabil unterhalb von ca. 60 USD/Barrel. Erst in jüngster Zeit hat er sich wieder erholt.

Der Ölpreis ist ein Richtwert, auf dessen Basis das Rohöl auf den Weltmärkten gehandelt wird. Unter welchen Bedingungen und mit welchen Produktionskosten das Öl auf den Markt gebracht wird, spielt dabei kaum eine Rolle. In ◘ Abb. 13.2 ist allerdings zu sehen, dass die Produktion von Erdöl aus tiefen Offshore-Lagerstätten etwa 50–100 USD/Barrel beträgt. 1 Barrel entspricht 159 l.

Bei Weltmarktpreisen von weniger als 60 USD/Barrel, wie sie in den vergangenen zehn Jahren vorherrschen, ist deshalb mit Offshore-Öl in den meisten Feldern kein Profit zu machen. Und da der Erdgaspreis weitgehend an den Ölpreis gekoppelt ist, trifft diese Feststellung auch für Offshore-Gasfelder zu. Es wird deshalb bereits seit vielen Jahren kaum noch in die Erschließung neuer Offshore-Felder investiert, sondern nur aus

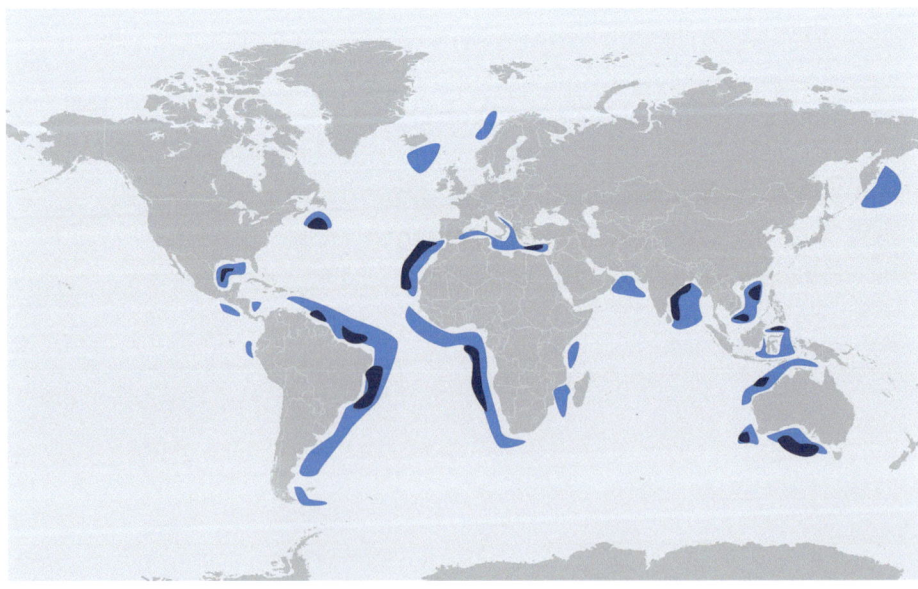

◘ **Abb. 13.1** Nachgewiesene und höffige Offshore-Kohlenwasserstoffreserven

13.1 · Offshore-Bohranlagen

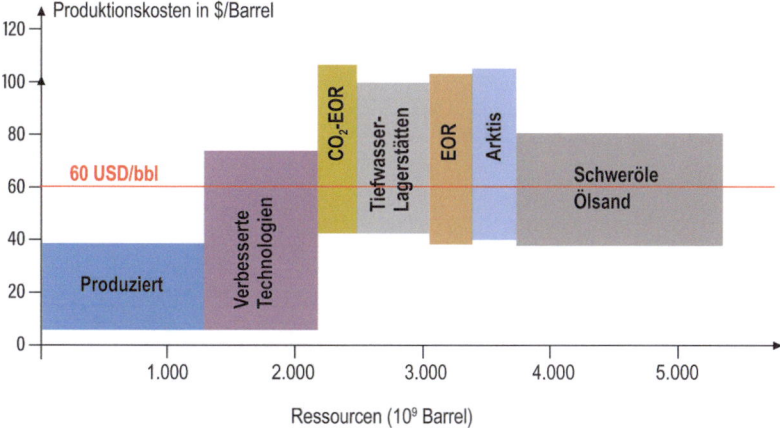

Abb. 13.2 Produktionskosten von Erdöl

bestehenden Feldern weiter produziert. Bei einem anhaltend hohen Ölpreis kann aber davon ausgegangen werden, dass die Offshore-Bohraktivitäten wieder zunehmen werden.

13.1 Offshore-Bohranlagen

Je nach Wassertiefe und Einsatzzweck werden verschiedene Hauptbohranlagentypen eingesetzt. In Abb. 13.3 sind die wichtigsten Typen dargestellt.

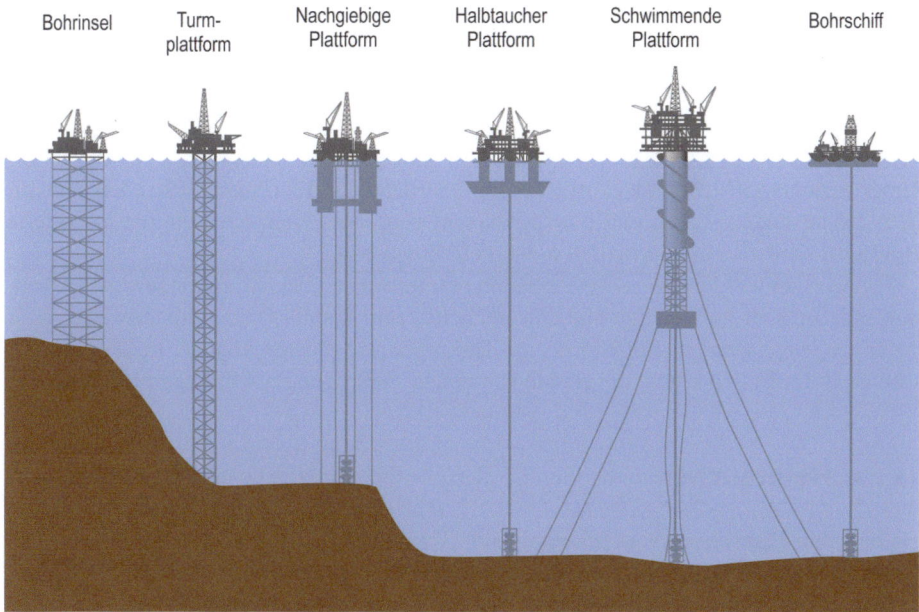

Abb. 13.3 Offshore-Bohranlagen

◘ **Abb. 13.4** Hubplattformen. (Foto: Daniel Breitenreiter)

13.1.1 Hubplattformen

Hubplattformen werden in geringen Wassertiefen von wenigen Zehnermetern eingesetzt. Der schwimmfähige Auftriebskörper einer Hubplattform ist mit drei gittermastartigen Beinen ausgestattet, mit denen sich die Plattform für den Bohrbetrieb auf dem Meeresboden abstützt (◘ Abb. 13.4). Der Auftriebskörper, auf dem sich die Bohranlage befindet, wird für den Bohrbetrieb an den Gittermasten so weit nach oben gefahren, dass die Wellen sich darunter hindurchbewegen können.

Zum Transport auf eine neue Lokation werden die Gittermasten so weit hochgezogen, dass der Auftriebskörper auf dem Wasser schwimmen kann. In dieser Position kann die Plattform entweder schwimmend abgeschleppt oder auf einem entsprechenden Schiff zu einem neuen Einsatzort transportiert werden.

13.1.2 Bohrinseln

Unter dem Begriff „Bohrinsel" werden in der Regel Installationen verstanden, die auf dem Meeresboden stehen und dort permanent gegründet sind. Eine einmal installierte Bohrinsel wird also im Normalfall nicht mehr umgesetzt.

Bohrinseln werden bis zu Meerestiefen von teilweise über 200 m eingesetzt. Es handelt sich um sehr aufwendige und entsprechend teure Installationen, die teilweise sogar dafür ausgelegt werden, Kollisionen mit Eisbergen standhalten können. In ◘ Abb. 13.5 ist eine Bohrinsel zu sehen, die gerade von einem Versorgungsschiff angesteuert wird.

13.1.3 Halbtaucher

Halbtaucher-Plattformen sind schwimmende Tiefbohranlagen, die ihren Auftrieb großen Pontons verdanken, die sich unterhalb des Meeresspiegels befinden (◘ Abb. 13.6). Zum Transport auf eine neue Lokation wird das Wasser aus den Pontons herausgepumpt. Der Auftrieb hebt die gesamte Installation so weit an, dass die Pontons bis zur Meeresober-

13.1 · Offshore-Bohranlagen

Abb. 13.5 Bohrinsel. (Foto: Robert Faber)

fläche aufsteigen. In diesem Zustand kann die Anlage auf eine neue Lokation bewegt werden.

Zum Bohren wird die Plattform so weit abgesenkt, dass ihre meist sechs Beine etwa bis zur Hälfte im Meer versinken. Im Modell in Abb. 13.6 rechts ist der Wasserspiegel angedeutet. Ebenfalls sieht man den Bohrstrang, der etwa in der Mitte der Plattform nach unten hin verläuft. In dieser halb abgetauchten Position liegt die Tiefbohranlage selbst bei intensivem Seegang sehr stabil im Wasser. Der Name „Halbtaucher" ist aus diesem Sachverhalt abgeleitet.

Halbtaucher-Plattformen werden häufig in tiefen Gewässern eingesetzt, in denen der Bau permanent installierter Bohrinseln zu aufwendig ist. Außerdem werden sie oft bei Erkundungsbohrungen eingesetzt, bei denen noch nicht abzusehen ist, ob Folgebohrungen stattfinden werden und sich eine Festinstallation lohnen könnte.

Abb. 13.6 Halbtaucher-Plattform. (Foto *links*: Hänsel)

13.1.4 Weitere Offshore-Tiefbohranlagen

Turmplattformen
Eine Turmplattform (compliant tower platform) ist eine auf dem Meeresboden feststehende Plattform. Sie ist nicht schwimmfähig und steht auf einem oder mehreren kranartigen Gerüstbeinen aus Stahl (◘ Abb. 13.3, zweite von links) auf einem speziellen Sockel, der auf dem Meeresboden angelegt wird. Die maximale Wassertiefe, in der sie eingesetzt wird, beträgt rund 900 m. Dieser Typ Bohrinsel ist eingeschränkt transportabel.

Nachgiebige Plattformen
Unter einer nachgiebigen Plattform (tension-leg platform) versteht man eine Einrichtung, die wie auch der klassische Halbtaucher als schwimmfähiger Ponton ausgeführt ist. Die Positionierung über dem Bohrloch erfolgt mittels Stahlseilen, die zwischen dem Meeresboden und dem Ponton gespannt werden (◘ Abb. 13.3, dritte von links). Theoretisch sind auf diese Weise Wassertiefen von über 1000 m überbrückbar. Nachgiebige Plattformen sind eingeschränkt transportierbar.

Schwimmende Plattform
Schwimmende Plattformen (spar platform zum Bohren, aber auch zur Produktion von Kohlenwasserstoffen eingesetzt werden (◘ Abb. 13.3, zweite von rechts). Die gesamte schwimmfähige Unterkonstruktion dient dabei als Ballasttank, der mit Wasser befüllt ist, und als Lagertank zur Zwischenlagerung von Erdöl. Zur Arretierung der Plattform dienen, ähnlich wie bei der nachgiebigen Plattform, gespannte Stahlseile sowie Anker. Schwimmende Plattformen sind eingeschränkt transportierbar und können in Wassertiefen über 1000 m eingesetzt werden.

Bohrschiffe
Bohrschiffe werden in großen Wassertiefen ab 3000 m eingesetzt (◘ Abb. 13.7). Die maximale Wassertiefe, in der Bohrschiffe eingesetzt werden können, hängt von der Trag-

◘ **Abb. 13.7** Bohrschiff. (Foto: Fabian Turtl)

fähigkeit des Schiffes und dem Eigengewicht des Bohrgestänges ab. Bohrschiffe können aufgrund ihrer uneingeschränkten Beweglichkeit auf dem Meer sehr flexibel eingesetzt werden.

Barkassen

Barkassen, auch Schleppkähne genannt, sind bootsähnliche Installationen, die jedoch über keine eigenen Antriebe verfügen, sondern zum Einsatzort geschleppt werden. Aufgrund ihrer geringen Tragkraft werden sie nur in geringen Wassertiefen eingesetzt.

13.2 Operative Besonderheiten beim Abteufen einer Offshore-Bohrung

Grundsätzlich werden Offshore-Bohrungen hergestellt wie Landbohrungen, allerdings sind einige Besonderheiten zu berücksichtigen.

13.2.1 Positionierung von schwimmenden Bohranlagen

Schwimmende Bohranlagen sind nicht ortsstabil, sondern würden sich ohne Hilfsmittel aufgrund von Wellen, Wind, Gezeiten und Strömungen auf und ab sowie hin und her bewegen. Um ein Bohrschiff oder einen Halbtaucher trotz störender Einflüsse ortsstabil über einem Bohrloch zu positionieren, können Ankerketten (mooring systems) verwendet werden, die an verankerten Bojen am Meeresboden vertäut sind. Meist befinden sich an Bug und Heck der Installation je drei Ankerketten, die nach Bedarf durch Winden gespannt werden (◘ Abb. 13.8).

Mit solchen Ankersystemen kann die Plattform mit einer Genauigkeit von ca. 10 % der Wassertiefe positioniert werden. Bei einer Wassertiefe von 250 m würde sich die Plattform also an der Wasseroberfläche innerhalb eines Kreises mit einem Durchmesser von 25 m bewegen.

Moderne Positioniersysteme nutzen das Antriebssystem der Plattform, um sich über dem Bohrloch zu positionieren. Die Position der Anlage wird durch Satellitennavigation bestimmt. Wenn sie von der gewünschten Position abweicht, werden die Schiffsschrauben eingesetzt, um die Position zu korrigieren. Die Schiffsschrauben der Anlage (sogenannte Thruster; ◘ Abb. 13.8 rechts) lassen sich in jede beliebige Richtung drehen. Somit kann die Plattform auf der Wasseroberfläche effektiv in jede Richtung bewegt und auf diese Weise in einem Radius von ca. 3–5 % der Wassertiefe positioniert werden.

Alternativ zu einer Satellitennavigation kann die Position der Plattform relativ zur Bohrung aber auch unter Zuhilfenahme von Schallgebern, die auf dem Meeresgrund angeordnet sind, ermittelt werden (◘ Abb. 13.8 rechts).

13.2.2 Landebasis

Um eine Tiefbohrung vom Meeresboden aus abzuteufen, wird zunächst eine Landebasis (guide base) auf dem Meeresboden abgesetzt (◘ Abb. 13.9). Es handelt sich dabei um einen massiven Tragrahmen, in dessen Zentrum sich ein nach oben hin geöffneter Trichter befindet, durch den die ersten Bohrgarnituren in die Bohrung eingeführt werden sollen.

Kapitel 13 · Bohren im Meer (offshore drilling)

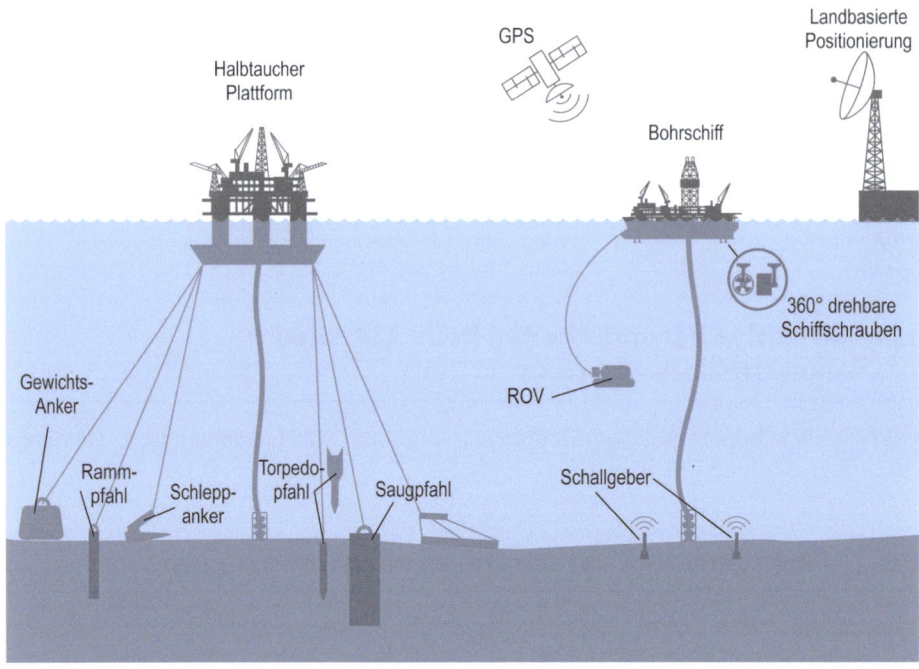

◘ **Abb. 13.8** Positioniersysteme. *Links* Ankerketten, *rechts* Satellitennavigation

◘ **Abb. 13.9** Landebasis

13.2 · Operative Besonderheiten beim Abteufen einer Offshore-Bohrung

Um den Trichter herum sind Stahlseile angebracht, die die Landebasis mit der Bohranlage an der Wasseroberfläche verbinden.

13.2.3 Bohren des ersten Abschnitts

Die erste Bohrgarnitur wird an den Führungsseilen, die zwischen der Landebasis und der Bohranlage an der Meeresoberfläche gespannt sind, hinunter in den Trichter der Landebasis eingeführt (◘ Abb. 13.10). Dort beginnt nun der erste Bohrabschnitt.

Beim Abteufen des ersten Bohrabschnitts ist der Spülungskreislauf noch nicht geschlossen. Die Bohrspülung wird zwar durch den Bohrstrang hindurch hinunter zur Bohrlochsohle gepumpt und steigt von dort aus im Ringraum der Bohrung bis zum Meeresboden auf, aber von dort aus besteht keine weitere hydraulische Verbindung mehr zur Bohranlage an der Meeresoberfläche. Die Bohrspülung tritt deshalb aus der Bohrung aus und entlädt sich mit dem Bohrklein ins Meer.

Der Verlust der Bohrspülung in diesem Bohrungsabschnitt ist leider unvermeidlich. Um das Meerwasser nicht zu verschmutzen, wird dabei in der Regel aber Meerwasser als Bohrspülung eingesetzt.

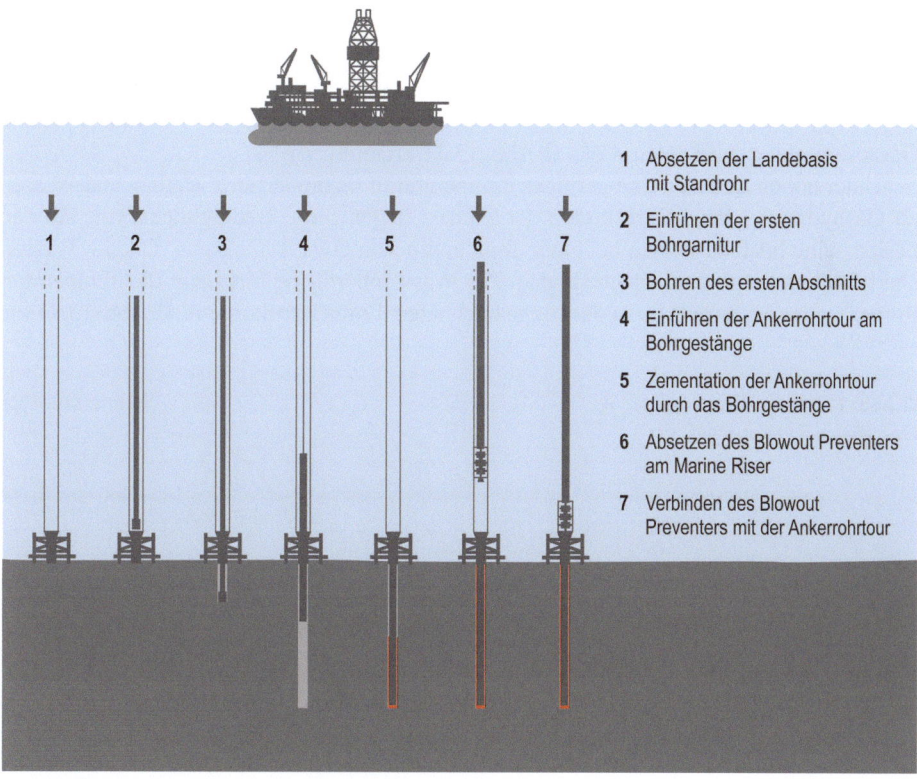

◘ **Abb. 13.10** Vorgehensweise beim Offshore-Bohren

13.2.4 Setzen von Standrohr und Ankerrohrtour

Nach meist ca. 30–50 m Bohrstrecke wird der erste Bohrstrang wieder ausgebaut und das Standrohr gesetzt. Zum Einfahren in die Bohrung wird es an einem Bohrstrang befestigt (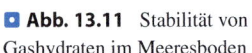 Abb. 13.10). Die gesamte Anordnung wird dabei wie der vorangehende Bohrstrang an den zwischen der Landebasis und der Bohrplattform gespannten Führungsleinen zum Meeresboden hinabgelassen und in die Bohrung eingefädelt. Anschließend wird das Standrohr über das Bohrgestänge als Stinger-Zementation im Meeresboden einzementiert. Dann wird das Gestänge entkoppelt und ausgebaut.

In ganz ähnlicher Weise wird nun aus dem Standrohr hinaus der nächste Abschnitt gebohrt, der bis hinunter in festes, tragfähiges Gestein reicht. Auch hier wird nach dem Ausbau des Bohrstranges wieder eine Rohrtour, die Ankerrohrtour, eingebaut und bis zum Meeresboden hinauf zementiert.

13.2.5 Shallow Gas/Gashydrate

Auch beim Bohren der Sektion zum Setzen der Ankerrohrtour ist noch kein geschlossener Spülungskreislauf möglich. Und genau wie bei Landbohrungen ist vor dem Setzen und Zementieren der Ankerrohrtour noch kein Blowout-Preventer am Bohrlochkopf installiert.

Dieser Umstand ist mit gewissen Gefahren verbunden, da man im Meeresboden durchaus Shallow Gas antreffen kann. Shallow Gas ist freies Erdgas (Methan), das sich in geringen Tiefen unterhalb des Meeresbodens ansammeln kann. Der Mechanismus der Gasansammlung wird anhand von Abb. 13.11 erläutert.

Unter hohen Drücken und geringen Temperaturen verbinden sich Methan und Wasser zu Gashydraten. Am Meeresboden der Tiefsee liegen diese Bedingungen vor. Wasser besitzt seine höchste Dichte bei einer Temperatur von etwa 4 °C. Das 4 °C kalte Wasser sinkt folglich hinab zum Meeresboden. Zur Wasseroberfläche hin steigt die Temperatur immer weiter an, so wie es in der rot gezeichneten Temperaturkurve in Abb. 13.11 zu

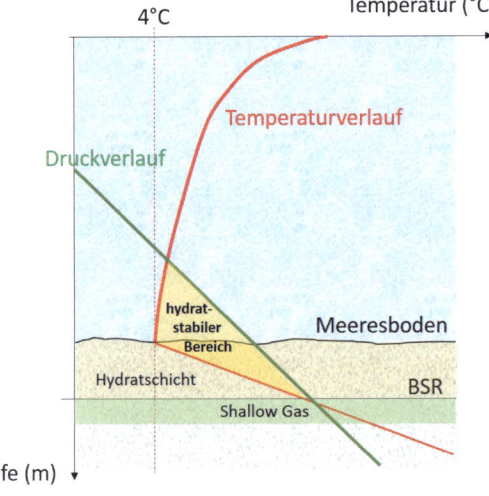

 Abb. 13.11 Stabilität von Gashydraten im Meeresboden

sehen ist. Auch in den Sedimenten unterhalb des Meeresbodens nimmt die Temperatur aufgrund des thermischen Gradienten im Erdmantel zu.

Der Druck nimmt mit zunehmender Wassertiefe immer weiter zu. Auch unterhalb des Meeresbodens steigt der Druck der Fluide in den Poren des Sediments weiter an. In ◘ Abb. 13.11 ist die Druckkurve als grün eingefärbte Linie zu erkennen.

In dem Bereich, der von der Temperaturkurve und der Drucklinie eingeschlossen wird (in ◘ Abb. 13.11 als hydratstabiler Bereich markiert), ist der Druck hoch und die Temperatur niedrig genug, dass sich Gashydrate bilden können.

Gashydrate, die sich im freien Ozeanwasser bilden könnten, verflüchtigen sich wieder und können sich nicht ansammeln. Aber das Stabilitätsfenster reicht ja auch hinunter in die Sedimente am Meeresboden. Wenn sich in tieferen Lagen des Sediments im Meeresboden Methan (Faulgas) bildet und dieses im Porenraum der Sedimente aufsteigt, erreicht es den wassergesättigten Porenraum im hydratstabilen Bereich. Hier verbindet sich das aufsteigende Methan mit dem Wasser und bildet Methanhydrat. Gashydrate sind bezüglich ihrer mechanischen Eigenschaften ganz grob mit Wassereis vergleichbar. Sie füllen den Porenraum im Sediment unterhalb des Meeresbodens aus und bilden dadurch eine feste, impermeable Hydratschicht.

Wenn nach der Bildung der impermeablen Hydratschicht weiteres Methan aus der Tiefe aufsteigt, kann es die Hydratschicht nicht durchdringen, und so kann es passieren, dass sich im Laufe der Zeit größere Mengen freien Methans im Porenraum unterhalb der Hydratstabilitätszone ansammeln.

Wenn die Hydratschicht durchbohrt wird, kann das freie Gas, das sich unterhalb der Hydratschicht befindet, durch die Bohrung ins Meer entweichen und dort unkontrolliert aufsteigen. Solche Shallow-Gas-Eruptionen stellen eine Gefahr für die Bohranlage an der Meeresoberfläche dar, da sie sich dann vorübergehend inmitten eines „Whirlpools" befindet, in dem explosives Gas aufsteigt. Meist ist das freiwerdende Gasvolumen aber sehr begrenzt, sodass sich die Situation im Fall eines Shallow-Gas-Kicks relativ schnell wieder beruhigt.

Grundsätzlich kann man Shallow-Gas-Vorkommen im Vorfeld der Bohrung durch seismische Vorerkundungen identifizieren. Die ausgeprägte Grenze zwischen dem freien Gas und der darüberliegenden festen Hydratschicht stellt einen Reflektor für die Schallwellen der seismischen Messungen dar und ist daher in den Logs zu erkennen. Man bezeichnet ihn als bodensimulierenden Reflektor (BSR).

13.2.6 Setzen des Blowout-Preventers/Marine Riser

Wie bei Bohrungen an Land wird nach dem Zementieren der Ankerrohrtour der Blowout Preventer (BOP) auf der Ankerrohrtour montiert. Dieser wird wie in ◘ Abb. 13.10, Position 6, angedeutet an einem massiven Rohrstrang, dem Marine Riser, an den Führungsleinen zum Meeresboden hinabgelassen und dort auf der zementierten Ankerrohrtour befestigt.

Der Marine Riser bleibt nun dauerhaft mit dem BOP verbunden (◘ Abb. 13.12). Durch ihn hindurch können nun alle weiteren Bohrstränge und Rohrtouren sicher in die Bohrung eingefahren werden, ohne dass Führungsleinen benötigt werden. Der künstliche Ringraum zwischen dem Bohrgestänge und dem Marine Riser führt die Bohrspülung und das darin enthaltene Bohrklein vom Meeresboden hinauf zur Bohranlage an der Meeresoberfläche, wo sie der übertägigen Spülungsaufbereitungsanlage zugeführt werden.

◘ **Abb. 13.12** Marine Riser und Blowout-Preventer (BOP)

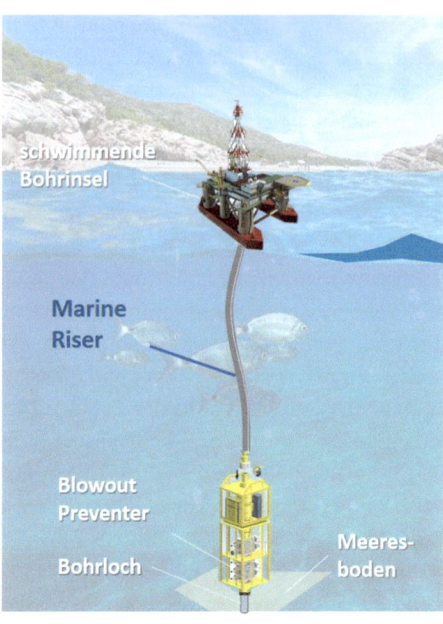

Der Marine Riser wird ähnlich den Bohrsträngen und den Rohrtouren aus vielen Einzelelementen zusammengestellt. In ◘ Abb. 13.13 links ist ein solches Element zu sehen. Die Elemente des Marine Riser werden beim Einbau verflanscht. Trotz der massiven Ausfertigung der einzelnen Elemente ist ein Marine Riser über seine vollen Länge betrachtet eine nachgiebige Struktur, die ein gewisses Maß an Biegung schadlos ertragen

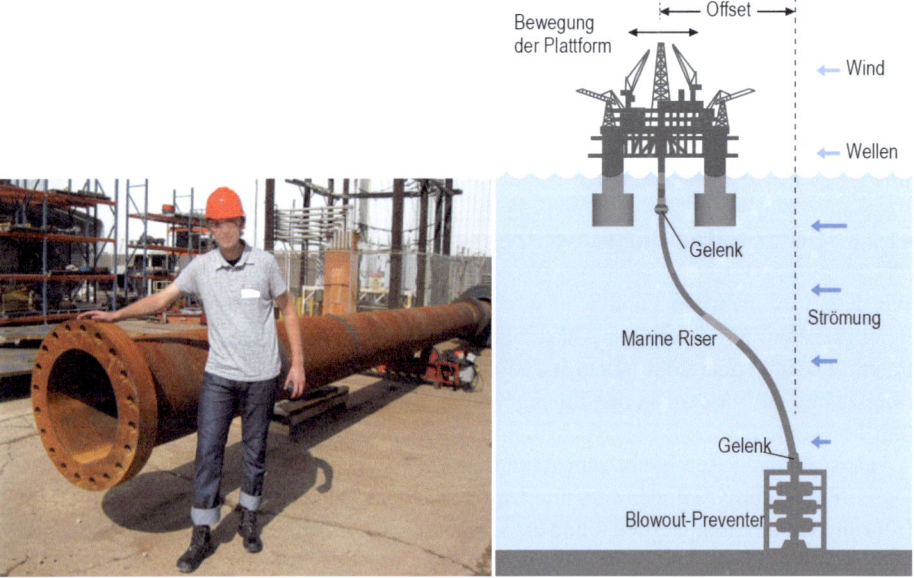

◘ **Abb. 13.13** Marine Riser

kann, das beispielsweise durch Strömungen im Wasser oder Wind an der Oberfläche auftritt (◘ Abb. 13.13 rechts). Damit die Biegekräfte nicht auf den BOP übertragen werden, befindet sich am unteren Ende des Marine Riser ein Kugelgelenk.

Außen am Marine Riser sind Steuerleitungen angeschlagen, über welche die Steuersignale für die Bedienung des BOP von der Bohranlage an der Wasseroberfläche zum Meeresgrund übertragen werden. Über diese Steuerleitungen kann der Marine Riser in Notsituationen (z. B. bei Annäherung eines Wirbelsturmes an die Bohranlage) vom BOP entkoppelt werden. Die Entkopplung aktiviert dann automatisch einen Verschlussmechanismus am BOP auf dem Meeresboden, sodass die Bohrung in einem sicheren Zustand zurückgelassen wird, bis die Bohrarbeiten zu einem späteren Zeitpunkt wieder aufgenommen werden können.

An seinem oberen Ende ist der Marine Riser flexibel unterhalb der Arbeitsbühne der Bohranlage aufgehängt. Ein Längenausgleichselement (telescopic joint) unterstützt die Aufhängung dabei, vertikale Bewegungen aufgrund von Seegang und Gezeiten zu kompensieren und die Zugbelastungen auf den Marine Riser im Offshore-Bohrbetrieb zu minimieren. Bei großen Wassertiefen kann der Marine Riser mit Auftriebselementen ausgestattet werden, die das Gewicht im Wasser reduzieren und auf diese Weise die Aufhängung entlasten.

In ◘ Abb. 13.14 ist ein BOP für eine Offshore-Bohrung zu sehen – es handelt sich wie bei vielen Einrichtungen der Offshore-Bohrtechnik um eine beeindruckend große Komponente.

◘ **Abb. 13.14** Unterwasser-Blowout-Preventer. (Foto: Niklas Romanowski)

13.2.7 Wellenausgleichssystem/Heave Compensator

Schwimmende Bohranlagen bewegen sich mit den Wellen und den Gezeiten auf und ab. Diese Bewegungen müssen kompensiert werden, damit ein kontrollierter Bohrvorgang stattfinden und der Bohrmeißel beim Bohren mit einer definierten konstanten Last beaufschlagt werden kann.

Es gibt aktive und passive Wellenkompensationssysteme. Bei der passiven Variante ist der Kronenblock des Flaschenzughebewerks nicht wie bei einer Landbohranlage fest mit dem oberen Ende des Mastes verbunden, sondern das gesamte Flaschenzughebewerk ruht im Prinzip auf einer Umlenkrolle, die am oberen Ende eines Kolbens befestigt ist, der sich auf einem Gaskissen in einem Zylinder abstützt. Der Zylinder ist fest mit der Arbeitsbühne bzw. mit der Maststruktur verbunden (Abb. 13.15 links).

Wenn sich die Plattform aufgrund des Seegangs hebt (Abb. 13.15 rechts), bewegt sich der Bohrstrang zunächst ebenfalls nach oben. Dadurch sinkt aber die Meißelbelastung, und die Last am Kronenblock steigt entsprechend an. Weil die höhere Hakenlast aber auf dem Gaskissen ruht, wird dieses komprimiert, und deshalb ist der Hub der Umlenkrolle geringer als der Wellenhub.

Das Umlenkseil (rot in Abb. 13.15) besitzt eine konstante Länge. Wenn sich die Arbeitsbühne, an der das eine Ende des Umlenkseiles befestigt ist, hebt, senkt sich das andere Ende des Umlenkseiles, an dem der Kronenblock aufgehängt ist, gegenüber der Umlenkrolle um einen gewissen Betrag nach unten. Deshalb ist der Hub des Kronenblocks noch einmal geringer als der Hub der Umlenkrolle.

Wenn das Gaskissen optimal eingestellt ist, kompensieren sich der Wellenhub und der resultierende Hub des Kronenblocks, und der Bohrstrang bleibt trotz Seegangs in einer

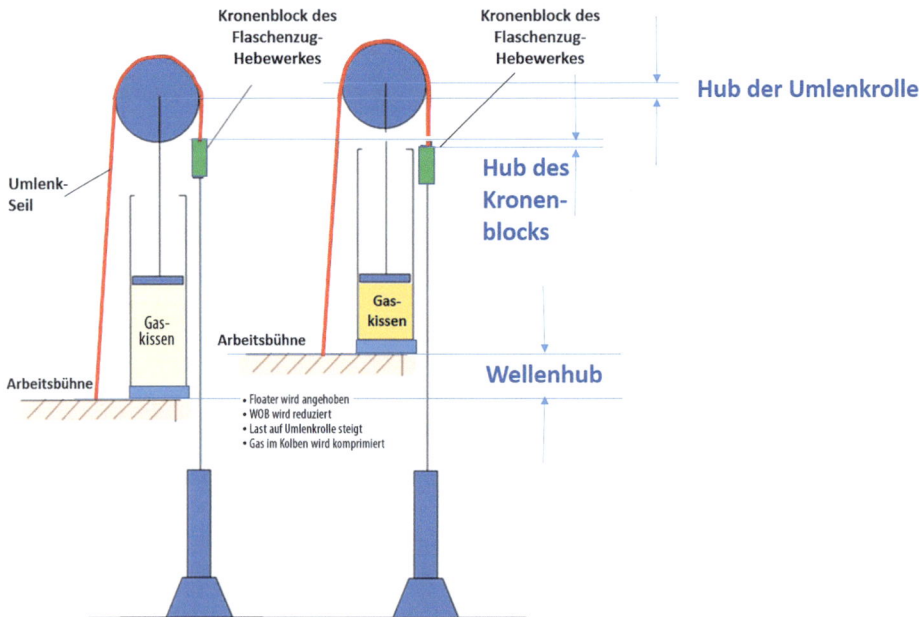

Abb. 13.15 Funktionsprinzip eines passiven Wellenkompensators (schematisch)

ortsstabilen vertikalen Position. Dem Beobachter auf der Arbeitsbühne der Bohranlage ist die Auf- und Abbewegung der riesigen Bohrplattform durch den Seegang meist gar nicht bewusst. Ihm kommt es so vor, als stünde die Plattform still, während sich der Bohrstrang vor ihm immer wieder auf und ab bewegt. Tatsächlich ist aber das Gegenteil der Fall.

Auf einer realen Offshore-Bohranlage ist das Wellenausgleichssystem deutlich komplexer als in ◘ Abb. 13.15 dargestellt. Beispielsweise werden anstelle einzelner Zylinder Zylinderbatterien eingesetzt, die über ein entsprechend größeres Gasvolumen verfügen und mit deren Hilfe man die Ausgleichswirkung noch präziser einstellen kann. Bei aktiven Wellenkompensationssystemen greifen sensorgesteuerte Motoren in den Wellenausgleich ein und verbessern auf diese Weise die Wirkung des Systems noch weiter.

13.2.8 Bohransatzpunkte/Konduktoren

Bohrinseln, die fest auf dem Meeresboden stehen, benötigen keine Wellenkompensationssysteme. Sie stehen für lange Zeiträume ortsstabil auf ihrer Position. Während ihrer Einsatzdauer müssen in der Regel ganze Bohrungscluster abgebohrt werden, um die hohen Investitionskosten zu rechtfertigen.

Die Bohransatzpunkte für diese Bohrungen werden über ein Konduktorsystem, das heißt ein Bündel Standrohre, das sich unterhalb der Arbeitsbühne befindet, bereitgestellt (◘ Abb. 13.16).

Jedes der Rohre stellt einen Bohransatzpunkt dar, von dem aus eine Bohrung abgeteuft werden kann. Die Bohranlage kann auf der Bohrinsel oberhalb des Konduktorrohrbündels verschoben werden, sodass sie sich auf dem Flächenraster wahlweise über einem der Bohransatzpunkte (Slots) positionieren lässt.

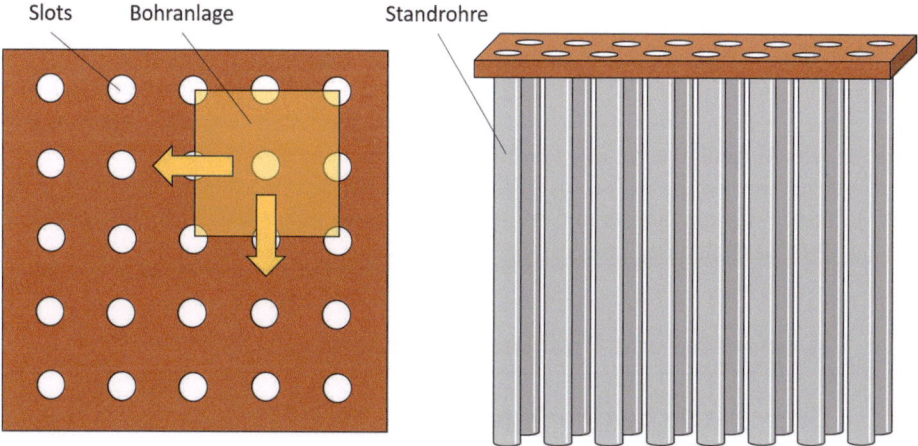

◘ **Abb. 13.16** Konduktorsystem unter der Arbeitsbühne (schematisch)

◘ **Abb. 13.17** Remotely Operated Vehicle (ROV). (Foto: Niklas Romanowski)

13.2.9 Remotely Operated Vehicles

Ab Meerestiefen von ca. 200 m können selbst speziell ausgebildete Industrietaucher nicht mehr eingesetzt werden. Tiefsee-Installationen am Meeresboden (z. B. der BOP) können deshalb nur durch ferngesteuerte Unterwasserfahrzeuge (Remotely Operated Vehicles, ROVs) erreicht werden.

In ◘ Abb. 13.17 ist ein ROV zu sehen, das auf der Bohranlage zum Einsatz im Meer vorbereitet worden ist. ROVs sind Tauchgeräte, die mit Greifarmen ausgestattet sind. Mit dem einen Greifarm halten sie sich an der Unterwassereinheit fest, um dann mit dem anderen Arm Verschlüsse, Ventile und sonstige Komponenten zu bedienen.

Gesteuert werden die ROVs aus einem Leitstand an der Oberfläche. Die Versorgung der Motoren, Kameras, Sensoren usw. mit Energie erfolgt über Kabel (umbilicals), über die das Unterwasserfahrzeug mit der übertägigen Kontrolleinheit verbunden ist.

13.3 Druckfenster von Offshore-Bohrungen

13.3.1 Grundsätzliche Überlegungen

Das Druckfenster von Tiefbohrungen an Land wurde bereits ausführlich behandelt. In ◘ Abb. 13.18 ist noch einmal ein Druckfenster zu sehen. An seinem linken Rand wird es durch den Formationsporendruck (Kick-Kurve) und an seinem rechten Rand durch den Frackdruck des Gesteins begrenzt. Im Sinne der primären Bohrlochbeherrschung, die ebenfalls bereits ausführlich behandelt wurde, muss sich der Spülungsdruck in der Bohrung jederzeit in dem in Grün hervorgehobenen Druckfenster bewegen, sowohl im

13.3 · Druckfenster von Offshore-Bohrungen

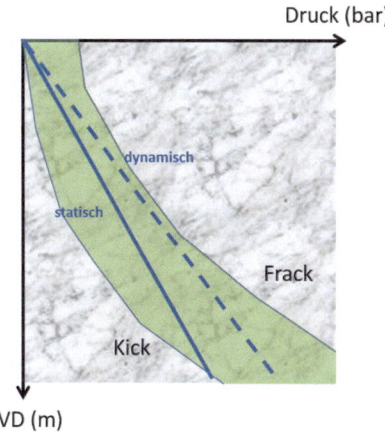

Abb. 13.18 Druckfenster einer Landbohrung

statischen als auch im dynamischen Zustand, also mit abgeschalteten oder eingeschalteten Spülpumpen.

Der statische Druckverlauf der Bohrspülung im Bohrloch hängt nur von der Dichte der Spülung in der Bohrung ab. Eine Veränderung der Dichte führt zu einer Drehung der durchgezogenen Druckverlaufslinie um ihren Ursprung. Eine Verringerung der Dichte bewegt die durchgezogene Linie in Richtung der Kick-Kurve, eine Erhöhung in Richtung der Frackkurve. Auf diese Weise lässt sich der statische Druckverlauf der Spülung relativ einfach an das Druckfenster anpassen.

Im dynamischen Fall, bei eingeschalteten Spülpumpen, erhöht sich der Druck in der gesamten Bohrung. Je weiter man sich vom Auslauf des Ringraumes an der Oberfläche entfernt, desto höher ist der dynamische Druckanteil, der den statischen Druckanteil überlagert. Aus Abb. 13.18 wird ersichtlich, dass ein Druckfenster umso schwieriger einzuhalten ist, je größer der dynamische Druckanteil ist, denn mit steigendem dynamischen Druckanteil wird die Spreizung zwischen dem statischen und dem dynamischen Druck immer größer. Da die Spülpumpen im Bohrbetrieb immer wieder ein- und ausgeschaltet werden müssen, müssen sich natürlich grundsätzlich immer sowohl die statische als auch die dynamische Druckverlaufskurve innerhalb des Druckfensters befinden.

Bei einer Bohrung im Meer ist das Einhalten des Druckfensters noch schwieriger zu bewerkstelligen als bei einer Bohrung an Land. In Abb. 13.19 rechts ist zu sehen, dass das relevante Druckfenster bei einer Offshore-Bohrung erst am Meeresboden beginnt. Oberhalb des Meeresbodens steht der hydrostatische Druck des Meerwassers an.

Die Herausforderung zum Einhalten des Druckfensters ergibt sich nun daraus, dass das Druckfenster zwar erst am Meeresboden beginnt, die Bohrspülung aber im Marine Riser bis zum Meeresspiegel hinauf steht (Abb. 13.19 links). Um das damit verbundene Problem so einfach wie möglich zu beschreiben, sollen zunächst nur statische Drücke herangezogen werden. In der Praxis sind aber natürlich in allen Fällen auch die dynamischen Druckverläufe zu berücksichtigen.

Wenn Meerwasser als Spülung eingesetzt wird, entspricht der Druckverlauf im Marine Riser exakt dem Druckverlauf im Ozean. Die Druckverlaufskurve für Meerwasser in Abb. 13.19 rechts beginnt somit im Ursprung des Diagramms, der dem Meeresspiegel entspricht, und endet am Meeresboden, wo das Druckfenster beginnt. Von hier aus kann ein erster, kurzer Bohrabschnitt in den Meeresboden gebohrt werden, aller-

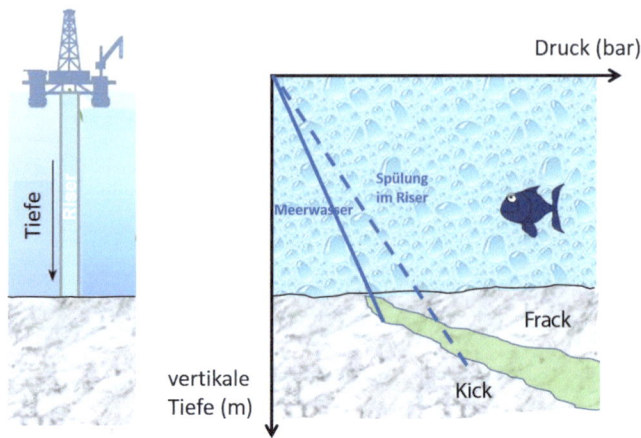

Abb. 13.19 Druckfenster einer Tiefseebohrung

dings wird schon nach einer sehr kurzen Bohrstrecke die Formationsporen-Druckkurve (Kick) erreicht. Wenn hier weitergebohrt wird, besteht die Gefahr von Zuflüssen aus der umgebenden Formation in die Bohrung hinein. Um Zuflüsse zu verhindern, müsste die Bohrspülung beschwert werden (gestrichelte Druckverlaufskurve in Abb. 13.19 rechts), aber eine Beschwerung hätte im oberen Bereich der Bohrung zwangsläufig eine Überschreitung der Gesteinsfestigkeit zur Folge, und der obere Bereich der Bohrung würde aufgrund des Spülungsdruckes aufbrechen.

Ein kleines Zahlenbeispiel verdeutlicht die Problematik. Nehmen wir einmal an, dass die Wassertiefe 1000 m beträgt. Wenn der Marine Riser vom Meeresboden bis zum Meeresspiegel mit einer Bohrspülung mit einer relativ üblichen Dichte von 1,2 kg/l gefüllt ist, ist der statische Druck im Marine Riser am Meeresboden in 1000 m Tiefe bereits fast 20 bar größer als der außerhalb des Marine Riser anstehende Druck des Wassers. In 5000 m Tiefe betrüge der Überdruck sogar bereits fast 100 bar. Es ist offensichtlich, dass solche Überdrücke die relativ lockeren Sedimente am Meeresboden sofort aufbrechen würden.

Mit zunehmender Wassertiefe deckt eine Druckverlaufskurve einer Spülungssäule einen immer kleineren Bereich des Druckfensters im Meeresboden ab. Um trotzdem eine tiefe Bohrung vom Meeresboden aus abteufen zu können, muss eine aufwendige Bohrlochkonstruktion eingesetzt werden.

In Abb. 13.20 links ist zu sehen, dass für jeden Abschnitt des Druckfensters der Bohrung eine andere Spülungsdichte erforderlich ist. Jede im Druckfenster dargestellte Spülungsdichte würde allerdings den oberen Bereich des Bohrloches fracken.

In der Praxis bohrt man den ersten Bohrungsabschnitt mit einer leichten Bohrspülung, deren Dichte etwa der des Meerwassers entspricht, ab. Wenn die Formationsporen-Druckkurve erreicht wird, wird die Bohrgarnitur ausgebaut und eine Rohrtour gesetzt und zementiert. Der verrohrte Bereich der Bohrung schirmt die schwachen Horizonte unterhalb des Meeresbodens vom Spülungsdruck ab. Deshalb kann nun mit einer beschwerten Spülung aus dem gesetzten Casing heraus der nächste Bohrungsabschnitt abgebohrt werden, bis wiederum der Formationsporendruck erreicht wird. Dann wird wieder verrohrt

13.3 · Druckfenster von Offshore-Bohrungen

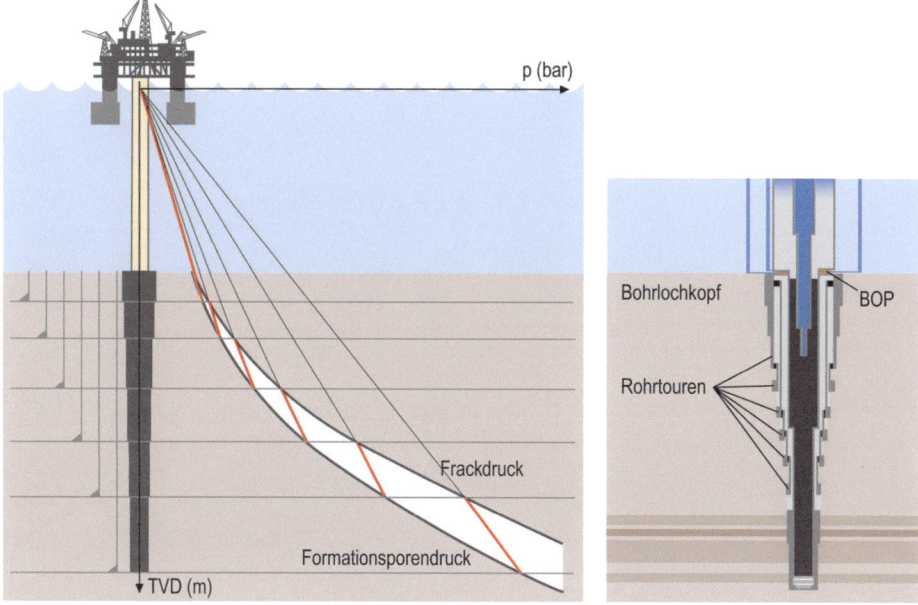

Abb. 13.20 Bohrlochkonstruktion einer Tiefseebohrung

und zementiert und der folgende Bohrungsabschnitt mit einer noch schwereren Spülung abgebohrt usw.

Die beschriebene Vorgehensweise führt zwar zum Ziel, hat aber eine sehr komplexe und entsprechend teure Bohrlochkonstruktion zur Folge. In Abb. 13.20 rechts ist schematisch eine solche komplexe Bohrlochkonstruktion zu sehen.

Da die Bohrlochkonstruktion mit zunehmender Wassertiefe tendenziell immer komplexer und teurer wird, hat man nach Möglichkeiten gesucht, die Druckverlaufskurve der Bohrspülung im System aus Bohrung und Marine Riser hinsichtlich einer vereinfachten Bohrlochkonstruktion zu beeinflussen. Die gezielte Beeinflussung des Druckverlaufs in der Tiefbohrung wird als Managed Pressure Drilling bezeichnet. Im Folgenden werden einige der gebräuchlichen Methoden vorgestellt.

13.3.2 Managed Pressure Drilling

Dem Managed Pressure Drilling (MPD) liegt die Idee zugrunde, den Druckgradienten der Bohrspülung im Bohrloch durch technische Maßnahmen so zu verändern, dass längere Sektionen innerhalb des Druckfensters abgebohrt werden können und die Bohrlochkonstruktion dadurch vereinfacht wird.

Es soll also, wie in Abb. 13.21 dargestellt, erreicht werden, dass sich der Druckgradient unterhalb des Meeresbodens dem Verlauf des Druckfensters besser anpasst. Der Druckgradient der Spülung in der Bohrung muss hierfür vom Druckgradienten im Marine Riser abweichen. Man spricht deshalb auch vom Dual Gradient Drilling, also dem Bohren mit zwei (oder mehr) Druckgradienten.

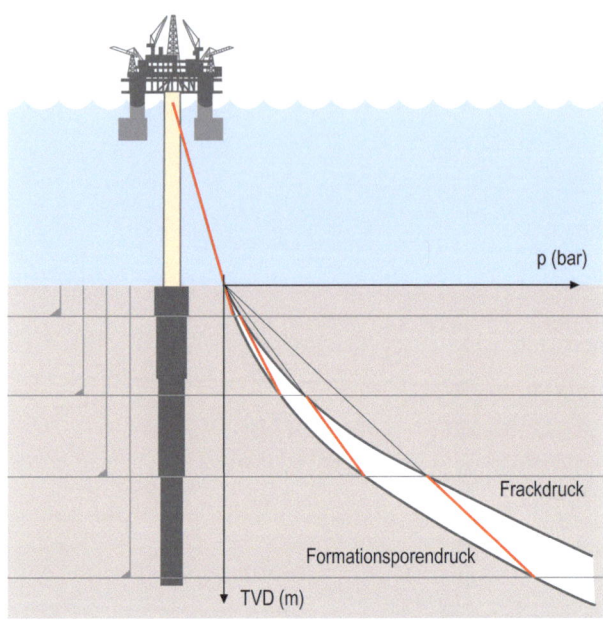

◘ **Abb. 13.21** Grundidee des Dual Gradient Drilling

In ◘ Abb. 13.21 ist deutlich zu sehen, dass die Anzahl der erforderlichen Rohrtouren beim Dual Gradient Drilling gegenüber dem in ◘ Abb. 13.20 gezeigten Single Gradient Drilling erheblich reduziert werden kann. Der Marine Riser oberhalb des Meeresbodens ist mit Meerwasser gefüllt, in der Bohrung unterhalb des Meeresbodens befindet sich eine schwerere Bohrspülung.

Natürlich resultiert daraus die Frage, wie so ein Konzept in der Praxis umgesetzt werden soll, insbesondere da im Bohrbetrieb ja eine Spülungszirkulation erfolgen muss. Tatsächlich werden zur Realisierung des Dual Gradient Drilling mehrere Technologien eingesetzt.

Man kann zum Beispiel am Meeresboden eine Pumpe installieren, die die zirkulierende Bohrspülung aus dem Ringraum der Bohrung absaugt und über eine separate Rohrleitung außerhalb des Marine Riser zur übertägigen Bohranlage führt (◘ Abb. 13.22 links). Der Marine Riser kann dabei mit Meerwasser geflutet werden. Im Marine Riser steht damit der statische Druck der Meerwassersäule an, während im Ringraum der Bohrung der statische bzw. dynamische Druckverlauf der Bohrspülung herrscht.

Durch eine entsprechende Regelung der Pumpe am Meeresboden kann der Kontaktpunkt zwischen dem Meerwasser und der Bohrspülung im Marine Riser auf oder ab bewegt werden. Dadurch kann der Knickpunkt der Druckkurve im Diagramm in ◘ Abb. 13.22 rechts nach oben verlagert werden (siehe Kurve „höherer Wasserspülungskontaktpunkt im Riser"). Grundsätzlich könnte der Wasserspiegel im Marine Riser auch gegenüber dem Meeresspiegel abgesenkt werden, um den Knickpunkt der Druckkurve im Diagramm nach links zu verschieben (Kurve „tieferer Wasserspiegel im Riser").

In Verbindung mit der Einstellung der Spülungsdichte, welche die Steigung der Druckkurve im unteren Teil des Diagramms beeinflusst, ergeben sich durch Kombination aller drei Möglichkeiten vielfältige Anpassungsmöglichkeiten des Druckverlaufs in der Bohrung an das vorhandene Druckfenster.

13.3 · Druckfenster von Offshore-Bohrungen

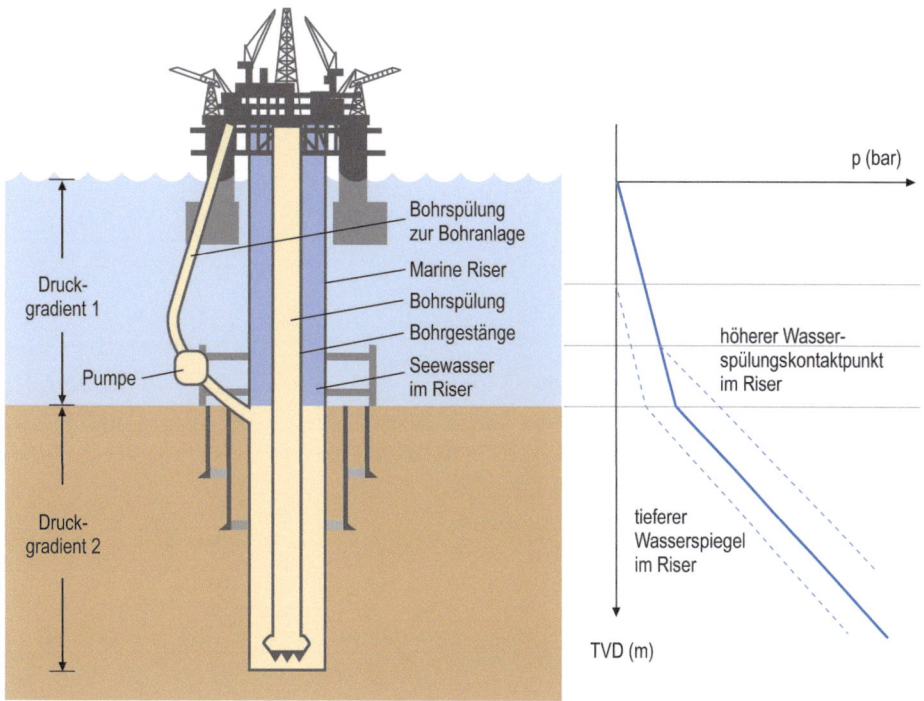

Abb. 13.22 Marine Riser mit externer Spülungsrückführung (Subsea Mudlift)

Eine andere Variante des Managed Pressure Drilling mit externer Spülungsrückführung besteht darin, ganz auf den Marine Riser zu verzichten (Abb. 13.23). Die Bohrspülung wird durch das Bohrgestänge in die Bohrung gepumpt und über eine weitere Pumpe am Meeresboden über eine separate Leitung wieder zur Oberfläche gefördert.

Bei dieser Variante des Riserless Drilling befindet sich sowohl im Bohrloch als auch in der Rückförderleitung Bohrspülung. Die Steigung der Druckkurve im Diagramm ist deshalb überall gleich und hängt nur von der Dichte der Bohrspülung ab. Allerdings kann der untere Teil der Kurve, der dem Ringraum der Bohrung zuzuordnen ist, durch entsprechende Regelung der Pumpe am Meeresboden im Druck-Tiefe-Diagramm wunschgemäß nach links parallelverschoben werden, um die Druckkurve auf diese Weise in den Ursprung des Druckfensters am Meeresboden zu bringen.

Noch eine weitere Variante des Dual Gradient Drilling besteht darin, die Bohrung und den gesamten Marine Riser mit Bohrspülung befüllt zu halten, aber in einer gewissen Tiefe Gas in den Marine Riser zu injizieren (Abb. 13.24).

Das injizierte Gas verringert die Dichte der Spülung im Marine Riser und verändert damit die Steigung der Druckkurve oberhalb der Injektionsstelle.

Insgesamt erlaubt das Managed Pressure Drilling eine Vielzahl an Variationsmöglichkeiten, mit denen das verfügbare Druckfenster einer Tiefseebohrung mit maximaler Effizienz genutzt werden kann. In Abb. 13.25 sind einige Variationsmöglichkeiten schematisch dargestellt. Der technische Aufwand zur praktischen Umsetzung der Verfahren ist allerdings nicht zu unterschätzen.

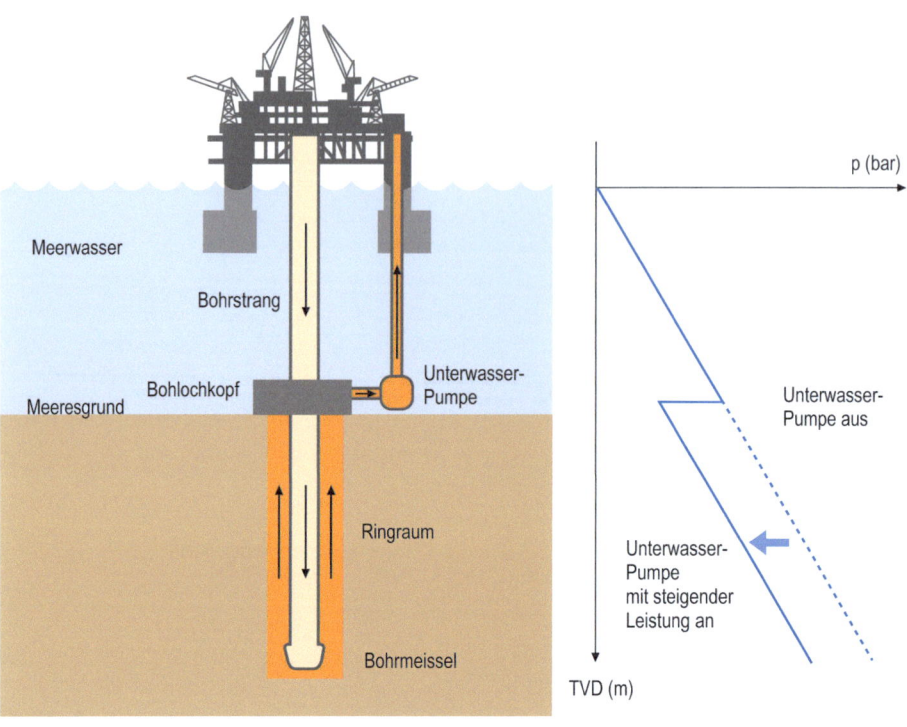

Abb. 13.23 Bohren ohne Marine Riser (Riserless Drilling)

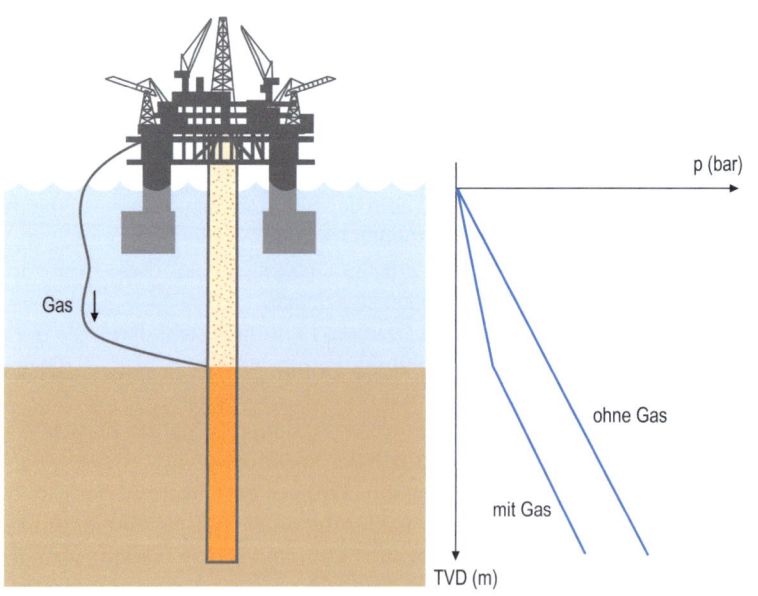

Abb. 13.24 Gasinjektion

13.3 · Druckfenster von Offshore-Bohrungen

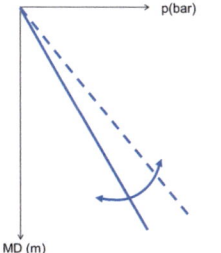
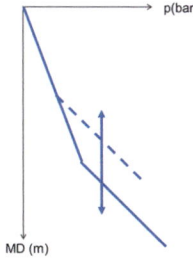
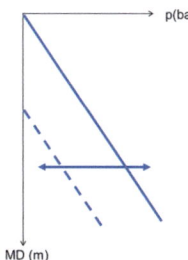
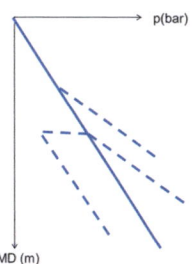

1. Veränderung der Spülungsdichte
2. Verschiebung des Kontaktpunktes von Wasser und Spülung
3. Druckabsenkung durch eine Pumpe am Meeresboden
4. Kombinationen von 1., 2. und 3.

Abb. 13.25 Optionen beim Dual Gradient Drilling

Unterbalanciertes Bohren

Inhaltsverzeichnis

14.1 Snubbing Unit – 392

14.2 Bohrspülungen für unterbalanciertes Bohren – 393

© Der/die Autor(en), exklusiv lizenziert an Springer-Verlag GmbH, DE, ein Teil von Springer Nature 2025
M. Reich, *Tiefbohrtechnik*, https://doi.org/10.1007/978-3-662-70635-0_14

Das unterbalancierte Bohren ist ein Sonderbohrverfahren, das gegenüber dem konventionellen Bohren verschiedene Vorteile verspricht. Insbesondere ermöglicht es eine höhere Bohrgeschwindigkeit und beschädigt die Lagerstätte durch den Bohrprozess in erheblich geringerem Maße. Auf der anderen Seite ist das unterbalancierte Bohren aber auch mit erhöhten bohrtechnischen Risiken verbunden. Das Bohrloch ist beim unterbalancierten Bohren weniger stabil, und es können beim Bohren jederzeit gefährliche Zuflüsse von Erdöl, Erdgas oder Wasser in die Bohrung stattfinden. In diesem Kapitel wird erklärt, was unterbalanciertes Bohren ist und mit welchen technischen Mitteln man die damit verbundenen Risiken unter Kontrolle behalten kann.

Im bisherigen Verlauf des Buches wurde immer wieder festgestellt, dass sich der Druck der Bohrspülung stets innerhalb des Druckfensters der Bohrung bewegen muss. Wenn man sich im Druckfenster der Bohrung befindet, ist der Druck der Spülung im Bohrloch größer als der Druck der Fluide in den Poren des umliegenden Gesteins, der Formationsporendruck. Das Bohren mit einem Überdruck im Bohrloch wird als überbalanciertes Bohren bezeichnet. Der Vorteil des überbalancierten Bohrens ist offensichtlich: es können keine Zuflüsse aus der Formation in die Bohrung auftreten. Und solange keine Zuflüsse auftreten, kann auch kein Blowout stattfinden.

Überbalanciertes Bohren ist aber auch mit Nachteilen verbunden. In Abb. 14.1 links ist zu sehen, dass ein Überdruck im Bohrloch das Bohrklein auf der Sohle festhält. Der bohrlochseitig auf die Cuttings wirkende Spülungsdruck ist größer als der rückseitig wirkende Formationsporendruck. Dadurch werden die Cuttings auf der Sohle festgedrückt, und der Abtransport des Bohrkleins von der Sohle wird erschwert. Wenn das Bohrklein die Sohle nicht schnell genug verlassen kann, wird es aber durch den Bohrmeißel nachzerkleinert. Die zur Nachzerkleinerung erforderliche Energie geht dem Bohrprozess dann verloren, und die Bohrgeschwindigkeit wird deshalb merklich reduziert.

Außerdem fließt aufgrund des Überdruckes im Bohrloch Bohrspülung in den Porenraum des umgebenden Gesteins. Die in der Bohrspülung enthaltenen Feststoffe erzeugen dabei einen Filterkuchen an der Bohrlochinnenwand, der die empfindlichen Poren des Gesteins verstopfen und so die spätere Produktion von Öl, Gas oder Wasser beeinträchtigen kann. In Abb. 14.1 rechts ist ein Filterkuchen zu sehen, der in einer Filterpresse auf einem Filterpapier hergestellt wurde. Ein Filterkuchen an der Bohrlochwand sieht genauso aus.

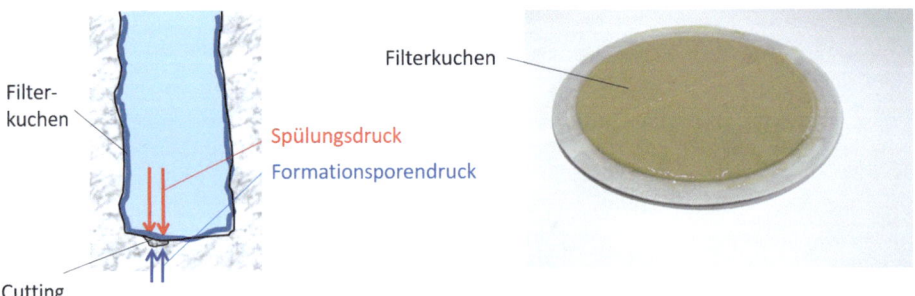

Abb. 14.1 Nachteile überbalancierten Bohrens. *Links* „chip hold-down effect", *rechts* Filterkuchen

Kapitel 14 · Unterbalanciertes Bohren

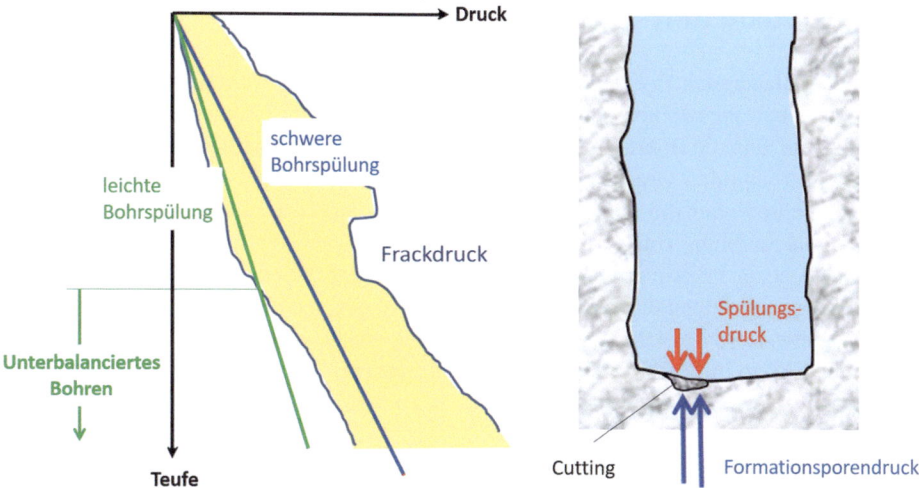

Abb. 14.2 Unterbalanciertes Bohren

Beim unterbalancierten Bohren wird das Druckfenster der Bohrung bewusst verlassen und die Formationsporendruckkurve nach links überschritten. Die Dichte der Spülung wird also so weit reduziert, dass der Druck im Bohrloch unterhalb des Formationsporendruckes absinkt (grüne Linie in ◘ Abb. 14.2).

Durch das umgekehrte Druckgefälle an den Cuttings auf der Bohrlochsohle (Formationsporendruck > Spülungsdruck) springt das Bohrklein ohne weiteres Zutun aus dem Gesteinsverband heraus in das Bohrloch und kann somit durch die Spülung abtransportiert werden. Aufgrund der effektiveren Bohrlochsohlenreinigung wird eine spürbar höhere Bohrgeschwindigkeit erreicht. Und weil keine Bohrspülung aus der Bohrung in das umliegende Gestein gepresst wird, bildet sich auch kein Filterkuchen an der Bohrlochwand, und die empfindlichen Poren im Gestein des Trägerhorizonts werden nicht verstopft und für die spätere Produktion beschädigt.

Selbst die Gefahr, dass sich der Bohrstrang im Bohrloch festsetzt, ist beim unterbalancierten Bohren deutlich reduziert, weil Differential Sticking (► Kap. 4) nicht auftreten kann. Grundsätzlich könnte beim unterbalancierten Bohren sogar schon während des Bohrprozesses mit der Produktion der Fluide aus der Lagerstätte begonnen werden.

Das unterbalancierte Bohren bietet also die erheblichen Vorteile der Schonung der Lagerstätte und der erhöhten Bohrgeschwindigkeit. Auf der anderen Seite ist das Bohren mit einem Unterdruck im Bohrloch auch riskant. Es ist mit kontinuierlichen Zuflüssen aus der Formation in die Bohrung zu rechnen. Dadurch läuft die Bohrung selbst bei abgestellten Spülpumpen ständig über, und gefährliche Kohlenwasserstoffe und Gase können an der Oberfläche aus der Bohrung austreten. Wenn die Bohrung mittels Preventers verschlossen wird, steht sie unter Druck.

Im Folgenden wird allerdings gezeigt, dass sich die genannten Risiken des unterbalancierten Bohrens durch technische Komponenten an der Bohranlage beherrschen lassen.

14.1 Snubbing Unit

Beim unterbalancierten Bohren läuft die Bohrung beim Durchörtern permeabler Formationen auch bei abgestellten Spülpumpen kontinuierlich über. Um das Überlaufen zu stoppen, kann man die Bohrung mittels Blowout-Preventers verschließen, aber dann steht sie kontinuierlich unter Druck. Um einen Bohrstrang in eine unter Druck stehende Bohrung einzufahren oder ihn aus der Bohrung auszubauen, verwendet man eine spezielle Schleuse, die Snubbing Unit.

Sie besteht im Prinzip aus zwei Preventer-Einheiten, die es ermöglichen sollen, ein Bohrgestänge mit seinen dicken Gestängeverbindern gegen einen Überdruck in die Bohrung ein- bzw. trotz des Überdruckes der Bohrung sicher auszubauen. Anhand der vereinfachten Skizze in ◘ Abb. 14.3 soll die Funktionsweise einer Snubbing Unit erläutert werden soll. Der obere Preventer kann mittels Hydraulikzylindern vertikal auf und ab bewegt werden.

In der Skizze sind geschlossene Preventer-Backen grün markiert und geöffnete rot. Zunächst dichtet der untere Preventer den Ringraum um das Gestänge herum ab und hält es fest (1). Der obere, rot markierte Preventer ist geöffnet. Die Hydraulikzylinder heben ihn über den Gestängeverbinder in seine obere Position (2). Dort wird zunächst der obere Preventer geschlossen und dann der untere geöffnet (3). Die Hydraulikzylinder fahren den oberen Preventer nun wieder in seine untere Position und drücken das Bohrgestänge, das im oberen Preventer festgehalten wird, gegen den Bohrlochdruck so weit in die Bohrung hinein, bis sich der eingeschleuste Gewindeverbinder unterhalb des unteren Preventers befindet (4). Der untere Preventer wird daraufhin geschlossen und der obere danach geöffnet. Dann fährt der obere Preventer wieder in die obere Position, um dort wieder das Gestänge zu greifen und den Zyklus erneut zu durchfahren.

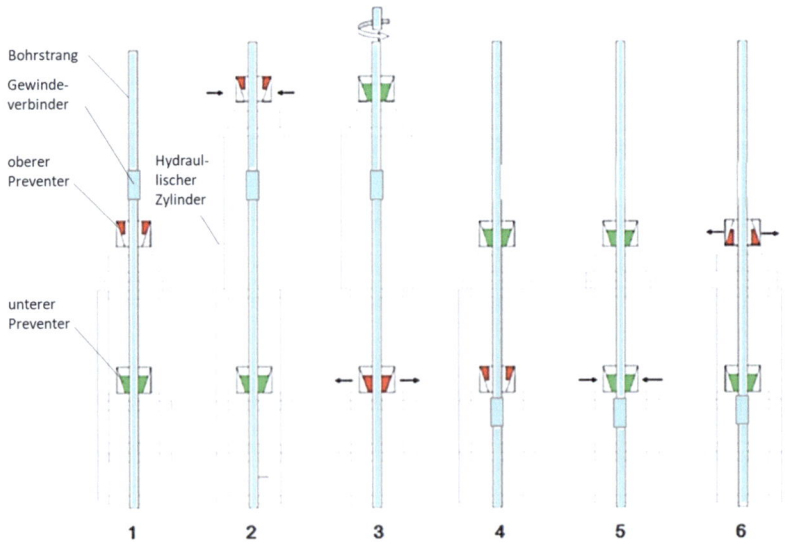

◘ **Abb. 14.3** Snubbing Unit

14.2 Bohrspülungen für unterbalanciertes Bohren

Um im Bohrloch einen Druck einzustellen, der unterhalb des Formationsporendruckes liegt, muss eine geeignete Bohrspülung mit entsprechend geringer Dichte eingesetzt werden. Süßwasser besitzt eine Dichte von ca. 1 kg/l und ist damit leichter als übliche Formationswässer, die in der Regel mehr oder weniger aufmineralisiert sind. Der Druckgradient einer Süßwasserspülung beträgt 9,81 bar/10 m, das heißt, der Druck nimmt pro 10 m Vertikalteufe um 9,81 bar zu.

Durch den Einsatz öl- bzw. dieselbasischer Spülungen lässt sich der Druckgradient bis auf ca. 7,8 bar/10 m reduzieren; allerdings sind dem Einsatz ölbasischer Spülungen aufgrund der Kosten und der Umweltverträglichkeit oft Grenzen gesetzt. In der Praxis wird die Dichte der Bohrspülung daher häufig durch Zusatz von Gas auf den gewünschten Wert reduziert. Meist wird dazu Stickstoff verwendet, da dieser ein inertes Gas ist, das in der Bohrung keine unerwünschten Reaktionen (z. B. Korrosion) hervorruft. Der Stickstoff wird in die Druckleitung der Spülpumpe in die Bohrspülung injiziert. Aufgrund des hohen Druckes in der Druckleitung liegt der injizierte Stickstoff dort in Form sehr kleiner Gasblasen vor.

Auf dem weiteren Weg des Stickstoffs durch den Bohrstrang hindurch zur Bohrlochsohle wird der dynamische Druck der Bohrspülung zwar geringer, dafür steigt der statische Druckanteil aber immer weiter an. Deshalb bleiben die Stickstoffblasen auf ihrem Weg hinunter zum Bohrmeißel zunächst klein. Spätestens beim Durchlaufen der Bohrgarnitur mit einem Bohrmotor und dem Bohrmeißel fällt der Druck der Bohrspülung aber deutlich ab, und die Gasblasen beginnen zu expandieren (◻ Abb. 14.4 links). Beim Aufsteigen im Ringraum sinkt der Spülungsdruck immer weiter ab, und die Blasen werden entsprechend größer. Schließlich ist der Gasanteil in der Strömung so groß, dass die Wasserphase durch große Gasblasen unterbrochen wird und im Ringraum der Bohrung eine pulsierende Schwallströmung („slug flow") entsteht. Noch weiter oben im Ringraum der Bohrung kippt die Strömung aufgrund des noch weiteren Druckabfalls in eine kontinuierliche Gasströmung um, die im Inneren eines flüssigen Rieselfilmes, der sich an der Innenwandung der Bohrlochwand bildet, zur Oberfläche fließt.

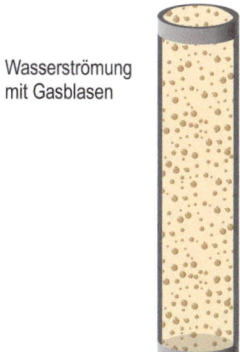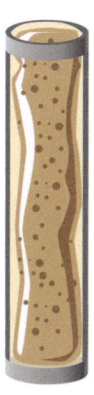

Wasserströmung mit Gasblasen → Gasströmung mit Rieselfilm

steigender Gasanteil

◻ Abb. 14.4 Strömungsmuster in Zweiphasenströmungen (Wasser und Gas)

Beim Abschalten der Spülpumpen, beispielsweise um an der übertägigen Bohranlage eine Bohrstange nachzusetzen, trennen sich das leichte Gas und die schwere Bohrspülung im Ringraum. Das Gas steigt nach oben hin auf, die Spülung fällt im Ringraum nach unten. Dadurch findet eine Entmischung von Gas und Flüssigkeitsphase statt, die im Extremfall damit endet, dass eine reine Flüssigkeitssäule im Bohrloch verbleibt, die wieder zu einer überbalancierten Situation im Bohrloch führt. Die Zugabe von Gas in die Bohrspülung kann also den Druck im Ringraum der Bohrung reduzieren, es ist aber nicht möglich, die Dichte der gashaltigen Bohrspülung und damit auch den Druck im Ringraum an jeder Stelle der Bohrung konstant zu halten.

Die Berechnung der aktuellen Dichte der Zweiphasenspülung im Ringraum oder des Druckes im Bohrloch ist aufgrund vieler Unbekannter ebenfalls schwierig. Deshalb bietet es sich in der Praxis an, den Druck im Ringraum der Bohrung direkt zu messen, indem ein Drucksensor in der Bohrgarnitur platziert wird. Somit kann die Dosierung des Stickstoffs an der Oberfläche kontinuierlich an die aktuellen Druckmesswerte an der Bohrlochsohle angepasst werden.

Dazu müssen die untertägig gewonnenen Messwerte aber zunächst einmal an die Oberfläche übertragen werden. In ▶ Kap. 12 wurde ja bereits erläutert, dass die Datenübertragung per Mud-Puls-Telemetrie in einer gashaltigen Bohrspülung beeinträchtigt oder sogar unmöglich ist.

Insgesamt ist festzustellen, dass unterbalanciertes Bohren mit einem verschraubten Standardbohrgestänge zwar möglich, aber durchaus herausfordernd ist. Im folgenden Kapitel wird deshalb ein Bohrverfahren vorgestellt, mit dem das unterbalancierte Bohren deutlich einfacher erfolgen kann.

Bohren mit Coiled Tubing

Inhaltsverzeichnis

15.1 Coiled-Tubing-Bohranlage – 396

15.2 Spülungskreislauf einer Coiled-Tubing-Bohranlage – 400

15.3 Typische Anwendungen des Bohrens mit Coiled Tubing – 400

15.4 Richtbohrgarnituren für Coiled-Tubing-Einsätze – 401
15.4.1 Oberer Schnellverbinder – 402
15.4.2 Optionales Sicherheitsabsperrventil – 403
15.4.3 Sensoreinheit – 403
15.4.4 MWD-/LWD-System – 404
15.4.5 Orienter – 404
15.4.6 Sollbruchstelle – 405
15.4.7 Richtbohrmotor/Bohrmeißel – 407
15.4.8 Rippensteuersystem – 407
15.4.9 Casing Collar Locator – 408

© Der/die Autor(en), exklusiv lizenziert an Springer-Verlag GmbH, DE, ein Teil von Springer Nature 2025
M. Reich, *Tiefbohrtechnik*, https://doi.org/10.1007/978-3-662-70635-0_15

Die Idee ist eigentlich ganz einfach: Sollte das Bohren mit einem langen „Schlauch" nicht viel einfacher möglich sein als das Bohren mit einem Bohrgestänge, das aus vielen kurzen Bohrstangen besteht, die zum Einbau in und Ausbau aus der Bohrung immer wieder aufwendig ver- bzw. entschraubt werden müssen? In diesem Kapitel wird erklärt, wie das Sonderbohrverfahren des Coiled-Tubing-Bohrens in der Praxis eingesetzt wird und welche Vorteile und Beschränkungen es gegenüber konventionellen Bohrverfahren hat.

Das Bohren mit Coiled Tubing stellt eine Alternative zum Bohren mit verschraubten Bohrgestängen dar. Es nutzt als Bohrstrang ein Endlosrohr (ein Tubing). Dieser Ansatz bietet gegenüber dem Bohren mit verschraubtem Gestänge viele Vorteile, aber auch einige signifikante Nachteile.

15.1 Coiled-Tubing-Bohranlage

Der Begriff „Coiled Tubing" setzt sich aus den englischen Begriffen „coiled" (aufgespult) und „tubing" (dünnes Rohr) zusammen. Es handelt sich also um ein aufgespultes (Endlos-)Rohr, das als Bohrstrang dient. In ◘ Abb. 15.1 ist eine Coiled-Tubing-Bohranlage zu sehen. Rechts befindet sich die Spule, auf die das Tubing aufgewickelt ist, im Vordergrund steht der Bohrmast, über den das Tubing in die Bohrung geführt wird.

Die Grundidee für das Bohren mit einem Endlosrohr besteht darin, dass das Fehlen von Gewindeverbindern das Trippen, also den Ein- und Ausbau des Bohrstranges, erheb-

◘ **Abb. 15.1** Coiled-Tubing-Bohranlage. (Foto: Artjom Baydin)

15.1 · Coiled-Tubing-Bohranlage

Abb. 15.2 Komponenten einer Coiled-Tubing-Bohranlage. (Foto: Wolfgang Jelinek)

lich vereinfacht. Ein Tubing mit konstantem Durchmesser ohne Gewindeverbinder kann auch problemlos durch einen Preventer hindurch in eine unter Druck stehende Bohrung ein- oder ausgefahren werden. Es gibt dafür spezielle Preventer, sogenannte Stripper. Insofern eignet sich das Coiled-Tubing-Bohren besonders gut für das unterbalancierte Bohren, das im vorangehenden Kapitel vorgestellt wurde.

In Abb. 15.2 ist der Aufbau einer Coiled-Tubing-Bohranlagen noch einmal aus einem anderen Blickwinkel zu sehen. Links außerhalb des Fotos befindet sich die Spule (reel), von der aus das Tubing zum Schwanenhals gelangt, der es senkrecht nach unten umlenkt. Von dort aus führt das Tubing durch den Mast und den Blowout-Preventer hinunter in die Bohrung.

Das Tubing sieht aus der Entfernung betrachtet relativ flexibel und fast wie ein Schlauch aus. Tatsächlich handelt es sich aber um ein Stahlrohr mit einer beträchtlichen Wanddicke (Abb. 15.3 links). Es reagiert auf der Bohranlage entsprechend unflexibel und lässt sich nur mit erheblichem Kraftaufwand seitlich auslenken.

Um das Tubing von der Spule über den Schwanenhals zu ziehen und gegen den Bohrlochdruck in die Bohrung einzuschieben, ist ein Injektor erforderlich. Er befindet sich in der Mastkonstruktion unterhalb des Schwanenhalses und oberhalb des Blowout-Preventers. In Abb. 15.2 ist er auf der oberen Arbeitsbühne zu erkennen, in Abb. 15.3 ist er rechts noch einmal als Einzelkomponente abgebildet.

Wie in Abb. 15.3 Mitte zu sehen ist, besteht der Injektor aus einem (oder zwei) Greiferkettenpaar(en), das (die) über Umlenkrollen geführt wird (werden). Die Greiferketten umschließen das Tubing im mittleren vertikalen Bereich über dem Blowout-Preventer formschlüssig. Zum Ein- bzw. Ausfahren des Tubings werden die Umlenkrollen durch Motorkraft in Rotation versetzt. Sie bewegen sich dann wie Raupenketten und bewegen das zwischen ihnen eingeklemmte Tubing auf- bzw. abwärts.

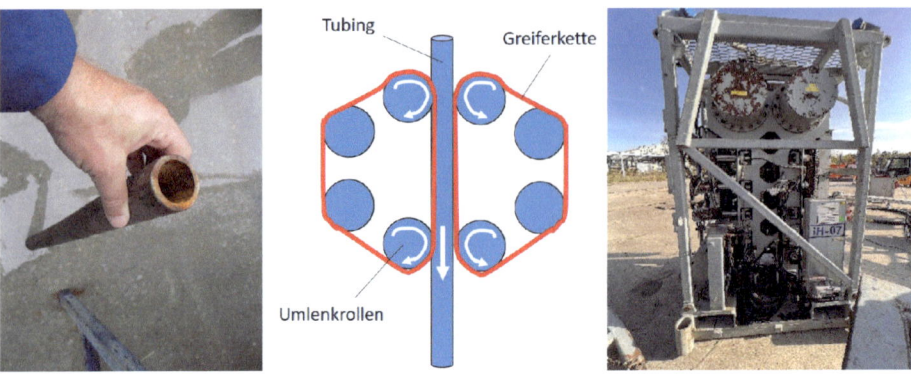

◘ **Abb. 15.3** *Links* Tubing, *Mitte* schematische Darstellung der Funktionsweise des Injektors, *rechts* Injektor. (Artjom Baydin)

Wie gesagt handelt es sich bei einem Tubing um ein biegesteifes Stahlrohr. Wenn es von der Spule abgerollt wird, wird es vom gekrümmten in den geraden Zustand verbogen. Auf der anschließenden Strecke über den Schwanenhals wird es zunächst wieder gekrümmt und schließlich für den Weiterlauf durch den Injektor hindurch ins Bohrloch wieder gestreckt. Bei jedem dieser Vorgänge wird das Tubing deutlich über seinen elastischen Bereich hinaus unter erheblichem Kraftaufwand plastisch verformt. Das hat zur Folge, dass die Lebensdauer des Tubings begrenzt ist. Die Anzahl der Biegewechsel entlang des Tubings muss deshalb erfasst und aufgezeichnet werden. Dazu befindet sich an der Trommel ein Wegzähler, der alle Längsbewegungen des Tubings erfasst (◘ Abb. 15.4). Wenn die Lebensdauer des Tubings abgelaufen ist, weil seine zulässige Anzahl an Biegewechseln erreicht wurde, wird der verbrauchte Teil des Tubings von der Spule abgetrennt und verschrottet.

Eine besondere Herausforderung des Bohrens mit Coiled Tubing besteht darin, dass das Tubing im Gegensatz zu einem konventionellen Rotary-Bohrgestänge nicht in Rotation versetzt werden kann. Zur Strangrotation müsste ja die gesamte übertägige Bohranlage

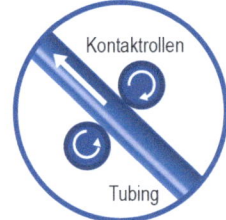

◘ **Abb. 15.4** Wegzähler am Tubing. (Foto: Reich)

Abb. 15.5 Spule auf einem Coiled-Tubing-Truck. (Foto: Kurt Sackmaier)

mitsamt der Spule rotieren! Noch nicht einmal kleinere Drehbewegungen, beispielsweise um einen Richtbohrmotor für Richtbohrarbeiten im Bohrloch zu orientieren, sind mit Coiled Tubing möglich. Insofern ist das Bohren mit Coiled Tubing durchaus ein Sonderbohrverfahren, das nicht für alle Einsätze infrage kommt. Auch die Reichweite von stark geneigten oder sogar horizontalen Bohrungsabschnitten ist beim Bohren mit Coiled Tubing begrenzt, weil sich der Coiled-Tubing-Bohrstrang aufgrund fehlender Rotation nur schwierig vorwärts schieben lässt (▶ Kap. 11).

Die Reichweite des Bohrens mit Coiled Tubing ist auch durch den Maximaldurchmesser der Spule begrenzt. Je länger das aufgespulte Tubing ist, desto größer wird auch der Durchmesser der Spule. Bei uns in Deutschland und in vielen anderen Ländern der Welt erreicht ein Coiled-Tubing-Truck dadurch relativ schnell Dimensionen, welche die Grenzen der Straßenverkehrszulassung erreichen.

Aus ähnlichen Gründen ist auch der Bohrungsdurchmesser begrenzt. Je größer der Durchmesser des eingesetzten Tubings ist, desto biegesteifer ist es auch. Um es dennoch auf eine Spule aufwickeln zu können, muss es auf eine Spule mit größerem Durchmesser aufgewickelt werden – allerdings ist auch hier wieder die maximal mögliche Spulengröße durch die Zulassung für den Transport auf Straßen begrenzt. In ◘ Abb. 15.5 ist eine mobile Coiled-Tubing-Bohranlage zu sehen.

Vorteilhaft ist jedoch, dass man ein Tubing, das keine Gewindeverbindungen besitzt, zirkulierend in die Bohrung ein- oder ausfahren kann. Das ist insbesondere dann ein Vorteil, wenn der Spülung zum Einstellen eines unterbalancierten Betriebspunktes Stickstoff beigemischt wird, denn durch den kontinuierlichen Spülungs- und Stickstoffstrom wird die Bereitstellung stabiler Bedingungen im Ringraum der Bohrung gegenüber der diskontinuierlichen Vorgehensweise bei einem verschraubten Rotary-Gestänge deutlich erleichtert.

Ebenso ist es aufgrund der konstanten Länge des gewindefreien Tubings möglich, ein Stromkabel im Tubing zu verlegen. Das freie Ende des Stromkabels wird zu seiner Installation im Tubing an einer Art Korken befestigt, welcher dann durch das Tubing hindurch gepumpt wird und dabei das Kabel hinter sich herzieht, bis es am anderen Ende wieder zum Vorschein kommt. Über das Kabel kann die untertägige Bohrgarnitur mit elektrischer Energie versorgt werden, und ein Austausch von Daten und Befehlen zwischen der Untertageeinheit und der übertägigen Bohranlage ist über das Kabel in Echtzeit möglich.

15.2 Spülungskreislauf einer Coiled-Tubing-Bohranlage

Beim unterbalancierten Bohren treten immer Zuflüsse aus dem Porenraum des umgebenden Gesteins in die Bohrung auf. Die Bohrspülung, die den Ringraum der Bohrung am Bohrlochkopf verlässt, kann also jederzeit gas- und ölhaltig sein. Deshalb darf sie nicht direkt auf die Schüttelsiebe geleitet werden, sondern muss zunächst über geschlossene Rohrleitungen in einen Separator geführt werden, in dem Gas und Öl von der Spülung getrennt werden. Die dazu erforderlichen Komponenten wurden in ▶ Kap. 3 bereits ausführlich behandelt.

Als Blowout-Preventer einer Coiled-Tubing-Bohranlage wird ein Stripper eingesetzt. Er verschließt das Bohrloch kontinuierlich und verhindert, dass Fluide unkontrolliert an die Oberfläche gelangen können. Gleichzeitig erlaubt er es aber, das Tubing durch den geschlossenen Preventer hindurch in die Bohrung ein- oder es aus ihr herauszufahren. In ◘ Abb. 15.2 ist der Blowout-Preventer unter dem Bohrgerüst gut zu erkennen.

15.3 Typische Anwendungen des Bohrens mit Coiled Tubing

Aus den beschriebenen Vor- und Nachteilen des Bohrens mit Coiled Tubing ergeben sich die praktischen Einsatzbedingungen dieses Verfahrens.

Der weitaus größte Teil der Coiled-Tubing-Einsätze findet in relativ flachen Bohrungen ohne Richtbohrarbeiten statt. Hierzu gehören zum Beispiel Workover-Einsätze, bei denen eine existierende Produktionsbohrung gereinigt wird. Oder es handelt sich um die Erschließung kleiner Lagerstätten in geringer Tiefe, die keine großen Gewinne versprechen und deshalb mit möglichst kostengünstigem Equipment erschlossen werden müssen. Solche Bohrungen findet man beispielsweise in Kanada, wo auch das Coiled-Tubing-Bohren entsprechend verbreitet ist. Die Bohrgarnitur, die am unteren Ende des Tubings angebracht wird, besteht dazu oft nur aus einem Bohrmotor und einem Bohrmeißel. Der Bohrmotor ist zur Bereitstellung der Meißeldrehzahl erforderlich, da das Tubing selbst ja nicht rotiert werden kann.

Ebenso wird das Coiled-Tubing-Bohrverfahren gern in druckschwachen Lagerstätten eingesetzt, die aufgrund langjähriger Öl- oder Gasproduktion bereits deutlich an Formationsporendruck verloren haben. Das kostengünstige Bohren mit Coiled-Tubing-Technologie erlaubt hier noch einen wirtschaftlichen Zugriff auf bisher vernachlässigte Horizonte der Lagerstätte. Durch unterbalanciertes Bohren werden die Poren im Trägergestein nur minimal geschädigt, sodass trotz des geringen Lagerstättendruckes immer noch eine lohnende Produktion ermöglicht wird.

Außerdem bietet sich der Einsatz des Coiled-Tubing-Bohrens für Re-Entry-Bohrungen und insbesondere für Through-Tubing-Einsätze an. Beim Re-Entry-Bohren wird aus einer bestehenden Bohrung ein neuer Seitenarm angelegt. Beim Through-Tubing-Bohren erfolgen diese Bohrarbeiten sogar aus dem installierten Förderstrang heraus, der folglich nicht extra für das Anlegen des Seitenarmes ausgebaut werden muss. Dafür muss der Bohrstrang allerdings einen entsprechend kleinen Durchmesser aufweisen, was dem Einsatz von Coiled Tubing entgegenkommt.

15.4 Richtbohrgarnituren für Coiled-Tubing-Einsätze

Das Coiled-Tubing-Bohrverfahren kann auch für komplexe Richtbohreinsätze verwendet werden, allerdings ist dafür eine spezielle Bohrgarnitur erforderlich, die sich in vielen Details von konventionellen Bohrgarnituren für Einsätze am verschraubten Bohrgestänge unterscheidet.

Der grundsätzliche Aufbau eines Coiled-Tubing-Richtbohrsystems ist in ◘ Abb. 15.6 dargestellt. Wie bereits erwähnt, lässt sich das Tubing sehr einfach mit einem Kabel ausstatten, über das Daten und elektrische Energie übertragen werden können. Die vielfältigen bohrtechnischen Beschränkungen und Herausforderungen, die mit der Mud-Puls-Telemetrie verbunden sind, die beim konventionellen Rotary-Bohren zur Datenübertragung zwischen der Untertageeinheit und der Mannschaft an der Oberfläche eingesetzt wird (▶ Kap. 11), spielen beim Richtbohren mit Coiled Tubing keine Rolle. Die untertägige Richtbohrgarnitur kann vom übertägigen Leitstand aus per Joystick gesteuert und in Echtzeit überwacht werden. Da die Übertragung der Daten über das Kabel erfolgt, können beliebig viele Sensoren in der Bohrgarnitur verbaut werden, und es können sogar deren Rohdaten zur Auswertung an die Oberfläche gesendet werden, anstatt diese erst untertägig aufbereiten zu müssen. Durch die übertägige Auswertung der Daten kann die untertägige Richtbohrgarnitur gegenüber konventionellen MWD-/LWD-Systemen wesentlich vereinfacht werden.

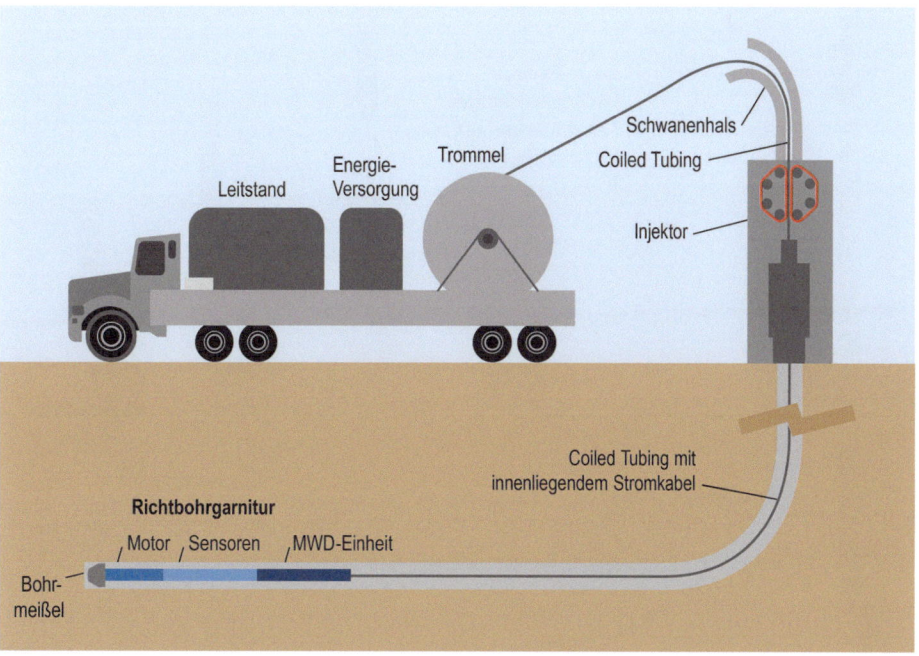

◘ **Abb. 15.6** Schematischer Aufbau eines Coiled-Tubing-Richtbohrsystems

Im weiteren Verlauf dieses Kapitels werden die wichtigsten Komponenten einer Coiled-Tubing-Richtbohrgarnitur grob vorgestellt. Je nach Hersteller unterscheiden sich die Komponenten im Detail deutlich. Es sollen hier aber gar nicht die technischen Feinheiten im Vordergrund stehen, sondern die grundsätzlichen Unterschiede von Coiled-Tubing-Bohrgarnituren zu konventionellen Bohrgarnituren des Rotary-Bohrens dargestellt werden.

15.4.1 Oberer Schnellverbinder

Das untere Ende des Tubings, das in das Bohrloch heruntergelassen wird, ist meistens nicht durch einen sauberen Schnitt entstanden, sondern wurde durch einen Schnitt mit einem Schneidbrenner vom verbrauchten Teil des Tubings abgetrennt. Aus dem Schnittende des Tubings hängt das darin befindliche Stromkabel heraus (◘ Abb. 15.7).

An ein grob abgetrenntes Tubing kann keine API-gerechte Bohrgarnitur angeschraubt werden. Die Aufgabe des oberen Schnellverbinders der Bohrgarnitur besteht deshalb darin, das untere Ende des Tubings mit einem genormten API-Gewinde auszustatten. Dazu wird ein oberer Schnellverbinder mit einer Klemmvorrichtung sicher auf dem Tubing fixiert. Das untere Ende des Schnellverbinders besitzt einen API-Gewindezapfen. An das freie Ende des Stromkabels, das dann aus dem unteren Ende des Schnellverbinders her-

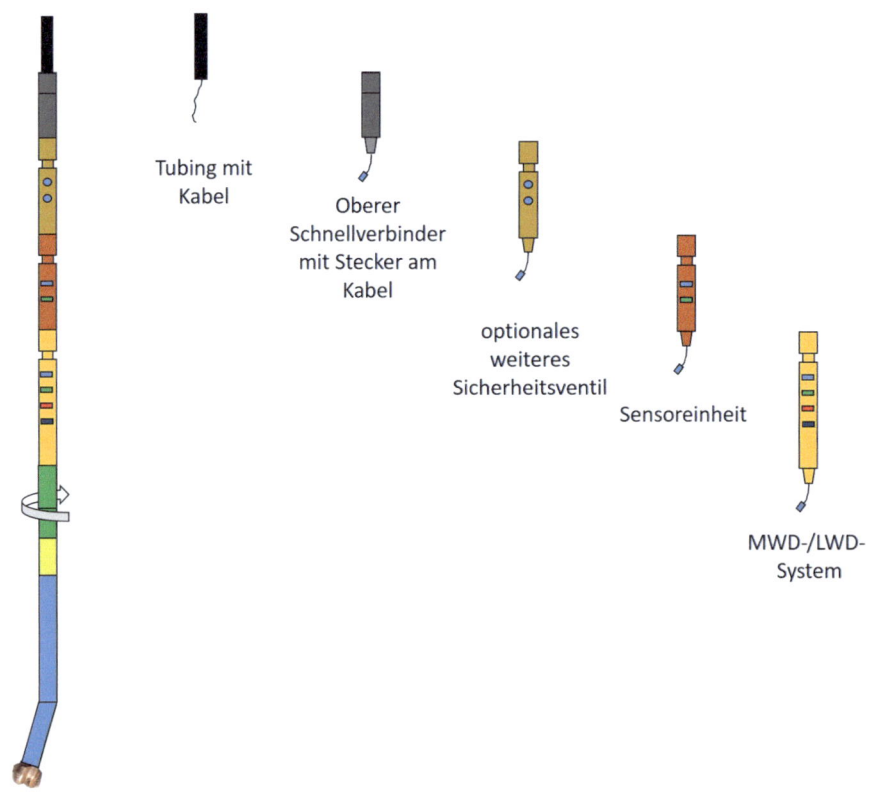

◘ **Abb. 15.7** Komponenten der Coiled-Tubing-Richtbohrgarnitur

ausragt, wird ein feldtauglicher Stecker montiert. An den montierten Schnellverbinder können nun weitere Komponenten angeschraubt und verkabelt werden.

Wenn mit einer gashaltigen Bohrspülung gearbeitet wird, wird ein oberer Schnellverbinder verwendet, der mit Rückschlagventilen ausgestattet ist. Die gashaltige Spülung im Tubing steht in der Regel unter hohem Druck. Da das in der Spülung enthaltene Gas kompressibel ist, könnte der Inhalt des Tubings beim Lösen und Öffnen eines der Gewinde der angeschraubten Bohrgarnitur explosionsartig entweichen. Das Rückschlagventil im oberen Schnellverbinder soll das unkontrollierte Ausströmen von Gas und Spülung aus dem Tubing verhindern, indem das ausströmende Gas-Spülungs-Gemisch die Ventilklappe auslöst – ähnlich wie Zugluft eine offen stehende Tür zuschlägt. Oft ist aus Gründen der Redundanz noch ein zweites Rückschlagventil in den oberen Schnellverbinder integriert, das bei einem möglichen Ausfall des ersten Ventils zum Einsatz kommt.

15.4.2 Optionales Sicherheitsabsperrventil

Bei besonders gefährlichen Arbeiten, beispielsweise beim Bohren in einer Sauergaslagerstätte, kann optional noch ein weiteres Absperrventil in den Strang integriert werden, das mit Kugelhähnen ausgestattet ist. Wenn nach einem Einsatz im Sauergasmilieu Gewinde der Bohrgarnitur gebrochen und geöffnet werden sollen, werden zunächst die Kugelhähne des Sicherheitsventils verschlossen. Damit ist das Sauergas im Tubing sicher eingeschlossen.

Zum Anschrauben des Sicherheitsventils an den oberen Schnellverbinder wird zunächst das elektrische Kabel verlängert, indem ein Stecker am oberen Ende des Kabels im Sicherheitsabsperrventil mit der Steckdose des oberen Schnellverbinders verbunden wird. Dann werden die beiden Komponenten verschraubt. Damit das elektrische Kabel beim Verschrauben der benachbarten Komponenten nicht übermäßig verdrillt und beschädigt wird, sind die oberen Gewindeverbinder aller elektrischen Komponenten unterhalb des oberen Schnellverbinders mit Überwurfmuttern ausgestattet, wie man sie zum Beispiel vom Anschlussschlauch der Waschmaschine her kennt (Abb. 15.8). Gewindeverbindungen mit Überwurfmuttern werden in der konventionellen Tiefbohrtechnik mit verschraubten Gestängen nicht eingesetzt.

15.4.3 Sensoreinheit

Als nächste Komponente kann der Coiled-Tubing-Bohrgarnitur nun eine Sensoreinheit hinzugefügt werden, die beispielsweise Sensoren zur Messung der Drücke im Bohrstrang und im Ringraum enthält (Abb. 15.7, zweite Komponente von rechts). Die Messung des Druckes im Ringraum erlaubt eine präzise Steuerung des Bohrlochsohlendruckes, die Messung des Innendrucks erlaubt eine präzise Überwachung der Leistung des Bohrmotors.

Da die Datenübertragung per Kabel erfolgt und praktisch beliebige Datenraten zur Verfügung stehen, bietet es sich an, die Sensoreinheit auch beispielsweise mit Sensoren zur Messung des Meißelandruckes, des Drehmoments am Bohrmeißel oder der Bohrlochtemperatur auszustatten. Auch Schwingungsmessungen zur Erfassung der Bohrstrangdynamik können integriert werden. Die Sensoreinheit wird wieder zunächst per Stecker an

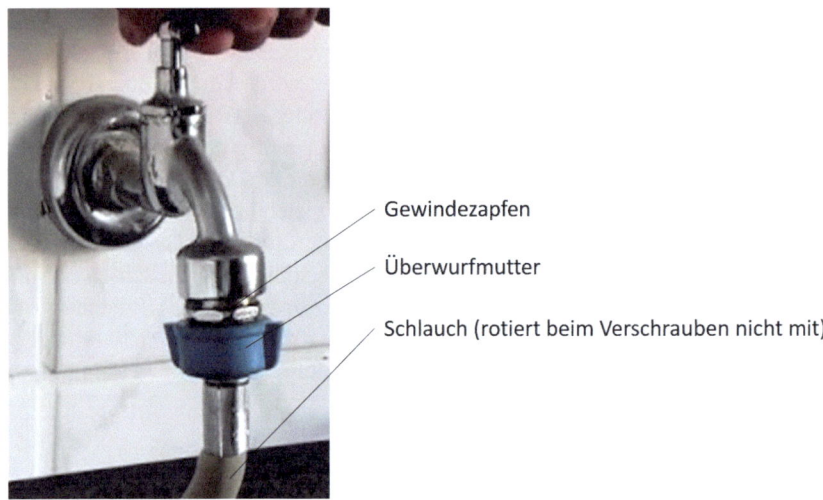

Abb. 15.8 Überwurfmutter (*blau*)

das zentrale Stromkabel angeschlossen und dann mittels Überwurfmutter mit dem oberen Teil des Bohrstranges verschraubt.

15.4.4 MWD-/LWD-System

Als nächste Komponente kann an die Coiled-Tubing-Bohrgarnitur eine MWD-Einheit zur Vermessung des Bohrpfades angeschlossen werden. Da das MWD einen Kompass enthält, muss es im Gegensatz zu den anderen Komponenten der Bohrgarnitur in einem nichtmagnetischen Gehäuse untergebracht sein. Deshalb ist das MWD-System meistens als separate Komponente der Bohrgarnitur ausgeführt (Abb. 15.7 rechts).

Oft wird die MWD-Einheit mit den wichtigsten LWD-Messgeräten Gamma und Resistivity kombiniert, denn die meisten Einsätze von Coiled-Tubing-Bohrgarnituren finden in Kohlenwasserstoffbohrungen statt. Hier dient der Gamma-Sensor zur Erkennung des Caprocks an der Oberseite der Lagerstätte und der Resistivity-Sensor zur Erkennung des Öl-/Wasserkontakts an ihrer Unterseite.

15.4.5 Orienter

Der Orienter ist ein Modul, mit dem sich das Knickstück auf dem darunter befindlichen Richtbohrmotor, das Tool Face, für Richtbohrarbeiten in die gewünschte Richtung ausrichten lässt. Das Tubing ist ja nicht von der Oberfläche aus rotierbar – deshalb muss die Tool Face Orientation direkt am Bohrmotor erfolgen.

In Abb. 15.9 ist das Funktionsprinzip eines hydraulischen Orienters grob beschrieben, es gibt aber auch andere Funktionsmechanismen. Rechts sieht man eine Gewindestange, auf der sich eine Mutter befindet. Wenn die Mutter rotiert wird, bewegt sie sich auf der Gewindestange je nach Drehrichtung nach links oder nach rechts. Natürlich kann man das Prinzip auch umkehren und die Mutter fixieren. Wenn man die Gewindestange

15.4 · Richtbohrgarnituren für Coiled-Tubing-Einsätze

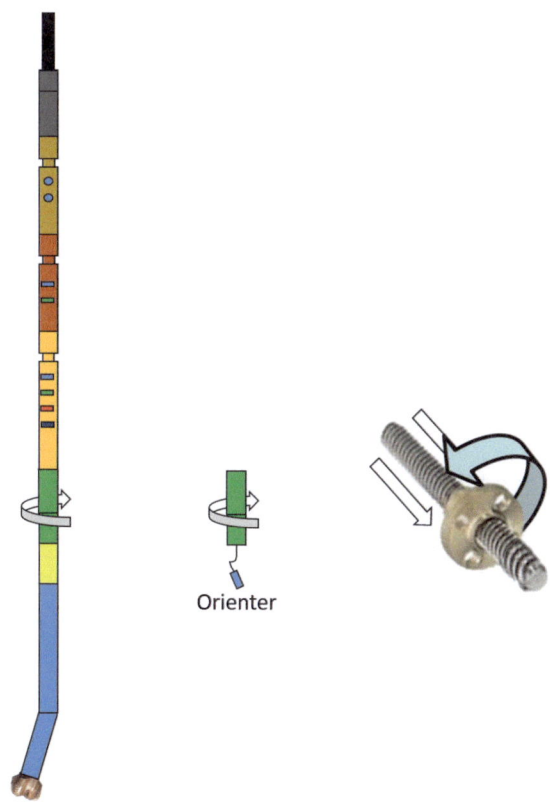

Abb. 15.9 Position und Funktionsprinzip des Orienters für den Richtbohrmotor

dann in axialer Richtung durch die Mutter hindurchpresst, muss sich die Gewindestange je nach Bewegungsrichtung rechts- oder linksherum drehen.

Genauso funktioniert im Prinzip ein hydraulischer Orienter. Eine helixförmige Welle wird durch Öldruck durch eine Art Mutter, die im Werkzeug fixiert ist, in axialer Richtung hindurchgedrückt. Dabei rotiert die Gewindestange je nach Druckbeaufschlagung rechts- oder linkssinnig um ihre Längsachse. Die Drehbewegung der Welle im Orienter wird auf den unter dem Orienter angeschraubten Richtbohrmotor übertragen. Somit kann das Tool Face des Richtbohrmotors durch Zuhilfenahme des hydraulischen Orienters im Bohrloch orientiert werden.

Die elektrische Energie für die Ölpumpe im Orienter wird über das Stromkabel im Tubing bereitgestellt. Das Tool Face kann von übertage per Joystick präzise eingestellt werden, die Position des Richtbohrmotors relativ zum Orienter wird in Echtzeit an die Oberfläche übertragen.

15.4.6 Sollbruchstelle

Coiled Tubing wird häufig für unterbalancierte Bohreinsätze verwendet. Beim unterbalancierten Bohren herrscht im Bohrloch ein reduzierter Spülungsdruck. Die Bohrlochwände werden deshalb nicht optimal abgestützt, weshalb Bohrlochinstabilitäten häufiger

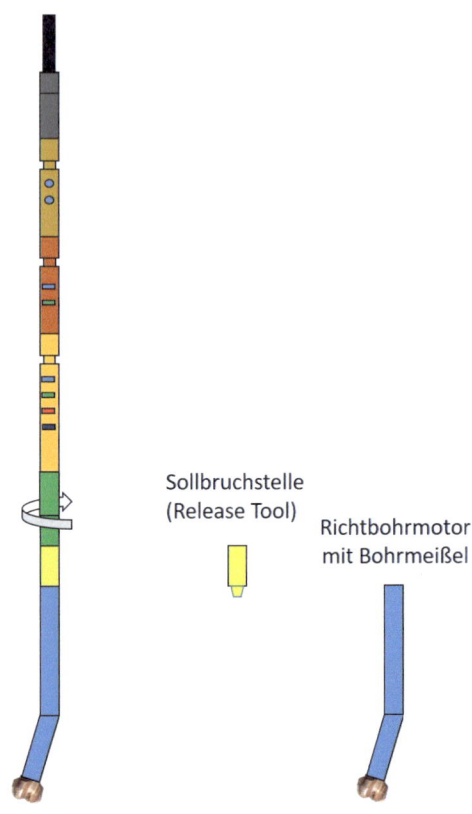

Abb. 15.10 Weitere Komponenten der Coiled-Tubing-Richtbohrgarnitur

als beim überbalancierten Bohren auftreten. Somit sitzen Coiled-Tubing-Bohrgarnituren häufiger im Bohrloch fest als konventionelle Bohrgarnituren.

Wenn die Bohrgarnitur im Bohrloch festsitzt, hat man nicht viel Handlungsspielraum. Der Strang kann ja nicht rotiert werden und somit auch kein Drehmoment übertragen. Also kann nur versucht werden, die Pumprate zu variieren oder am Strang zu ziehen. Wenn die Zugkräfte zu groß werden, reißt das Tubing allerdings ab – aufgrund der Verteilung der Axiallast meist an seinem oberen Ende – und ist dann nur sehr schwierig wieder aus der Bohrung zu bergen. Um den Schaden aufgrund eines festsitzenden Stranges zu minimieren, wird ein Release Tool eingesetzt. Es handelt sich dabei um eine Sollbruchstelle in der Bohrgarnitur, die durch einen Befehl von der übertägigen Mannschaft aktiviert und ausgelöst werden kann.

Wenn ein Bereich des Bohrloches instabil ist, bricht er in der Regel bereits kurz nach dem Bohrvorgang zusammen. Meist befindet sich dann noch der ca. 10 m lange Richtbohrmotor im kollabierten Bohrungsbereich. Die Sollbruchstelle dient dazu, den Bohrstrang oberhalb des Bohrmotors kontrolliert abzutrennen und auf diese Weise zumindest den teuren Teil der Bohrgarnitur und vor allem das gesamte Tubing noch aus der Bohrung ausbauen zu können. In ■ Abb. 15.10 ist das Release Tool in der Mitte zu sehen.

Die Trennung des Motors von der darüber befindlichen Bohrgarnitur erfolgt entweder über ein elektrisches Signal, das über das Kabel ins Bohrloch gesendet wird, oder aber über eine mechanisch-hydraulische Sequenz, bei der beispielsweise zunächst durch Aufbringen einer bestimmten Zuglast ein Satz Scherstifte abgerissen und dann durch ein

Überpumpen an Bohrspülung ein Mechanismus aktiviert wird, der die Entriegelung bewirkt.

In der Sollbruchstelle endet die Versorgung der Bohrgarnitur mit elektrischer Energie. Unterhalb befindet sich nur noch der Richtbohrmotor mit dem darunter befindlichen Bohrmeißel.

15.4.7 Richtbohrmotor/Bohrmeißel

Weil mit Coiled-Tubing-Bohrgarnituren meist sehr kleine Durchmesser gebohrt werden, kommen Rollenmeißel nur selten zum Einsatz, denn die kleinen Bohrmeißeldurchmesser bieten nicht genug Platz für eine solide Lagerungen der Rollen. Die deshalb eingesetzten Diamantmeißel benötigen hohe Drehzahlen, damit die Schneidelemente, die sich ja aufgrund des geringen Durchmessers des Meißels alle in der Nähe des Zentrums befinden, mit einer hinreichenden Schnittgeschwindigkeit beaufschlagt werden. Als Bohrmotoren kommen deshalb meist Schnellläufer zum Einsatz, die allerdings nur geringe Drehmomente aufweisen und somit gelegentlich zum Abwürgen des Motors (stalling) führen.

Die Ausrichtung des Knickes auf dem Richtbohrmotor (Tool Face Orientation) erfolgt wie bereits ausgeführt über den Orienter, der oberhalb des Motors im Strang eingebaut ist. Das MWD-System überträgt die aktuelle Tool Face Orientation in Echtzeit zur Oberfläche. Der Richtbohrer kann es per Joystick von übertage aus je nach Erfordernis korrigieren.

15.4.8 Rippensteuersystem

Anstelle eines Richtbohrmotors kann auch ein Rippensteuersystem eingesetzt werden. Es steuert ähnlich wie Rotary-Richtbohrsysteme mit Steuerrippen, die auf dem Gehäuse des Rippensteuerkopfes angebracht sind (◘ Abb. 15.11). Die Steuerrippen werden von einer Ölhydraulik mit unterschiedlich starken Kräften seitlich an die Bohrlochwand gepresst. Je nach resultierender Seitenkraft entsteht so ein Steuervektor, der den Meißel in eine gewünschte Richtung ablenkt und auf diese Weise eine Richtungskorrektur der Bohrung initiiert. Oberhalb der Steuerhülse befindet sich ein Bohrmotor, der den Bohrmeißel mit der nötigen Rotationsenergie versorgt.

Bei Einsatz eines Rippensteuerkopfes wird kein Orienter in der Bohrgarnitur benötigt. Der Richtbohrer an der Oberfläche stellt den Steuervektor per Joystick ein, ohne dabei den laufenden Bohrbetrieb unterbrechen zu müssen. Dafür ist ein Rippensteuerkopf komplexer und damit auch teurer als ein Richtbohrmotor.

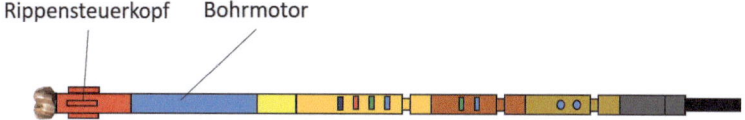

◘ **Abb. 15.11** Coiled-Tubing-Rippensteuerkopf

15.4.9 Casing Collar Locator

Die beschriebene Basisausführung einer Coiled-Tubing-Richtbohrgarnitur kann nach Bedarf erweitert werden, beispielsweise um einen Casing Collar Locator (◘ Abb. 15.12). Das Tubing ist aufgrund seiner geringen Wandstärke relativ flexibel und dehnbar. Außerdem hat der Wegzähler am Tubing (◘ Abb. 15.4) einen gewissen Schlupf. Deshalb ist die Tiefenangabe einer Coiled-Tubing-Garnitur mit einer relativ großen Unsicherheit behaftet.

Der Casing Collar Locator dient dazu, diesen Messfehler zu reduzieren. Beim Ein- oder Ausfahren in die Bohrung sendet er ein Magnetfeld aus, das durch Eisen in der Umgebung des Messgeräts verzerrt wird. Beim Passieren des bereits verrohrten Teiles der Bohrung reagiert der Casing Collar Locator deshalb auf die Doppelmuffen, die die Schraubverbindungen der Casing-Rohre darstellen. An den Muffen ist mehr Eisen vorhanden als in den Rohrbereichen, was sich jeweils an einem klaren Ausschlag des Messgeräts äußert, wenn es eine Muffe durchfährt.

Da die Positionen der Doppelmuffen im Bohrloch bekannt sind, kann durch Abzählen der Ausschläge des Geräts festgestellt werden, in welchem Bereich der Bohrung sich das Messgerät gerade befindet. Diese Positionsbestimmung ist sehr präzise. Wenn der übertägige Weggeber am Tubing auf den letzten Casing-Schuh hin tariert wird, fällt seine Ungenauigkeit erst im Bereich der unverrohrten Bohrung ins Gewicht.

Natürlich können auch alle weiteren LWD-Komponenten in eine Coiled-Tubing-Bohrgarnitur integriert werden, sofern sie verfügbar und mit den anderen Komponenten kompatibel sind.

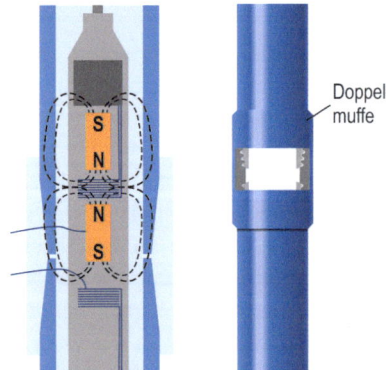

◘ **Abb. 15.12** Casing Collar Locator

Side Tracking

Inhaltsverzeichnis

16.1　Fensterfräsen – 410

16.2　Komplettierung von Seitenarmen einer Bohrung – 414

16.3　Sektionsfräsen – 415

© Der/die Autor(en), exklusiv lizenziert an Springer-Verlag GmbH, DE, ein Teil von Springer Nature 2025
M. Reich, *Tiefbohrtechnik*, https://doi.org/10.1007/978-3-662-70635-0_16

Um eine Lagerstätte so effektiv wie möglich zu nutzen, werden meist viele Produktionsbohrungen angelegt. Der horizontale Bohrabschnitt in der Lagerstätte ist der produzierende Teil der Bohrung, der vertikale Abschnitt von mehreren Kilometern Länge dient dagegen lediglich der Verbindung der Lagerstätte mit der Oberfläche. Damit nicht für jede Produktionsbohrung eine kostspielige Vertikalbohrung angelegt werden muss, kann man aus einer einzigen Mutterbohrung heraus auch mehrere Seitenarme in der Lagerstätte platzieren. Auf diese Weise lässt sich durch eine einzige Vertikalbohrung ein wesentlich größerer Bereich der Lagerstätte abdecken. In diesem Kapitel wird erklärt, wie man solche Seitenarme anlegt, stabilisiert und abdichtet.

Es gibt verschiedene Gründe, Seitenarme aus bestehenden Bohrungen anzulegen. Beispielsweise ist die Anzahl möglicher Bohransatzpunkte bei Bohrinseln im Meer durch die Anzahl an Slots begrenzt. Um dennoch möglichst viele Horizontalstrecken in der Lagerstätte anzulegen, werden aus einer Hauptbohrung heraus mehrere Horizontalstrecken abgezweigt. Man spricht dann von Multilateralbohrungen (◘ Abb. 16.1 links).

Um aus einer bestehenden Bohrung heraus einen Seitenarm (Side Track) anzulegen, muss zunächst ein Fenster in die Verrohrung der Bestandsbohrung gefräst werden. Dazu gibt es verschiedene Vorgehensweisen.

16.1 Fensterfräsen

Der grundsätzliche Ablauf einer Fensterfräsoperation ist in ◘ Abb. 16.2 dargestellt. Zunächst wird in der verrohrten Bohrung an der Position, an der das Fenster entstehen soll, ein Anker gesetzt. Es gibt permanente und ziehbare Anker. Die Permanentinstallationen sind höher belastbar, die ziehbaren können aber nach dem Fensterfräsen (Window Cutting) wieder aus der Hauptbohrung entfernt werden.

Alle Anker haben gemeinsam, dass sie sich beim Setzen ähnlich wie Packer (▶ Kap. 8) zunächst mit mechanischen Krallen in der Verrohrung der Hauptbohrung verankern und nachfolgend die Hauptbohrung nach unten hin auch hydraulisch abdichten, indem Gummibälge auf dem Anker aufgepumpt werden und sich somit fest an die Innenwand der Verrohrung anpressen.

Zunächst wird in der Tiefe, in der der Seitenarm angesetzt werden soll, in der bestehenden Verrohrung ein Anker gesetzt. Er ist mit einer Landenut ausgestattet, die man im weitesten Sinn mit einem Schlüsselloch vergleichen kann. Um die Ausrichtung der

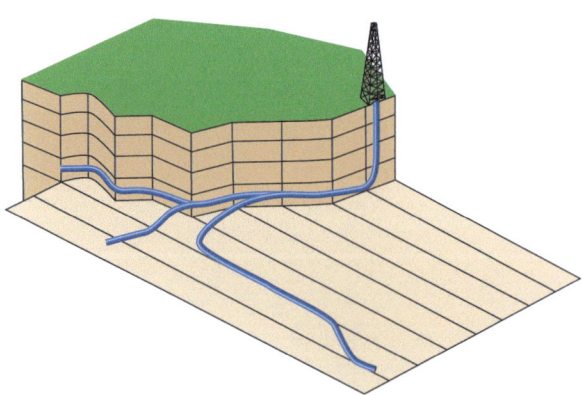

◘ **Abb. 16.1** Multilateralbohrung (schematisch)

16.1 · Fensterfräsen

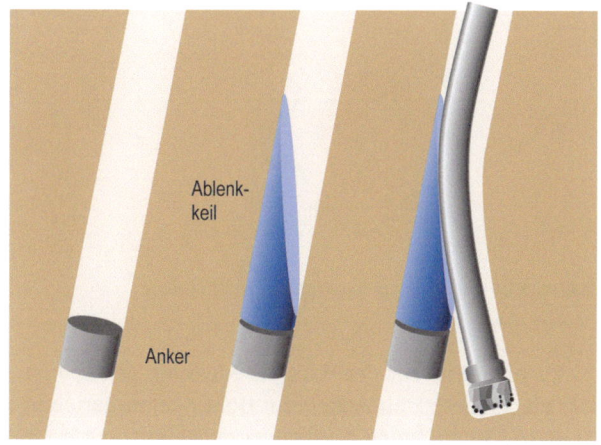

Abb. 16.2 Grundprinzip des Fensterfräsens

Landenut nach dem Setzen des Ankers festzustellen, wird ein spezielles Messgerät (tool) an einem Drahtseil (wireline) in die Bohrung einfahren. Der Speer am unteren Ende des Messgeräts ist wie ein Schlüssel geformt. Er rutscht beim Landen auf dem Anker passgenau in die Landenut des Ankers hinein. Das Messgerät ist nun perfekt zum Anker hin ausgerichtet, und so kann die Ausrichtung der Landenut im Casing ermittelt werden (◘ Abb. 16.3 Mitte). Nach der Messung wird das Wireline Tool wieder aus der Bohrung gezogen.

Der Ablenkkeil (Whipstock) befindet sich zu diesem Zeitpunkt noch auf dem Bohrplatz an der Oberfläche. Am unteren Ende des Whipstocks befindet sich ein ähnlicher Landespeer wie am Wireline Tool (◘ Abb. 16.5). Wenn der Whipstock in die Bohrung eingefahren wird und den Anker erreicht, richtet sich der Landespeer des Whipstocks so aus, dass er in die Landenut des Ankers passt. Deshalb muss der Ablenkkeil so zum Landespeer verdreht werden, dass der Ablenkkeil nach dem Setzen des Whipstocks in die gewünschte Richtung weist.

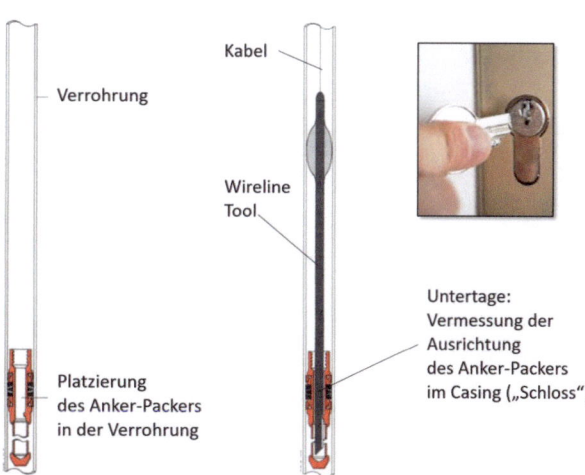

Abb. 16.3 Ausrichtung des Whipstocks in der Bohrung

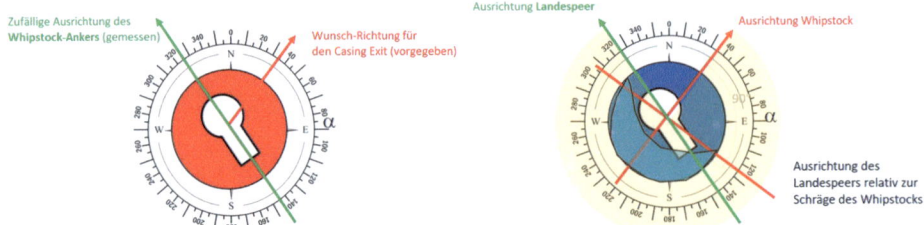

Abb. 16.4 Beispiel zur Ausrichtung des Whipstocks

Da einerseits aus der Wireline-Messung bekannt ist, in welche Richtung das Schlüsselloch des gesetzten Ankers im Bohrloch ausgerichtet ist, und andererseits vorgegeben ist, in welche Richtung der Seitenarm gebohrt werden soll, kann man sehr einfach berechnen, um welchen Winkel der Landespeer am unteren Ende des Whipstocks gegenüber dessen Schräge verdreht werden muss, damit der Ablenkkeil des Whipstocks nach dem Andocken im Anker in die gewünschte Himmelsrichtung weist.

Ein Zahlenbeispiel soll diesen Vorgang verdeutlichen. Aus der Hauptbohrung heraus soll ein Seitenarm in Richtung AZI = 35° gebohrt werden, also etwa in Richtung Nordnordost (roter Pfeil auf der Kompassrose in ▪ Abb. 16.4 links). Nachdem der Anker in der Hauptbohrung gesetzt wurde, wurde durch die Wireline-Messung festgestellt, dass die Landenut des Ankers in Richtung AZI = 325° ausgerichtet ist (grüner Pfeil in ▪ Abb. 16.4 links).

Aus diesen Werten ergibt sich, dass der Landespeer am unteren Ende des Whipstocks um 325° − 35° = 290° im Uhrzeigersinn gegenüber der Ausrichtung der Schrägen des Whipstocks verdreht und fixiert werden muss, damit die Schräge nach dem Einbau und Einrasten des Whipstocks in den Anker in die gewünschte Himmelsichtung von 35° Azimut weist.

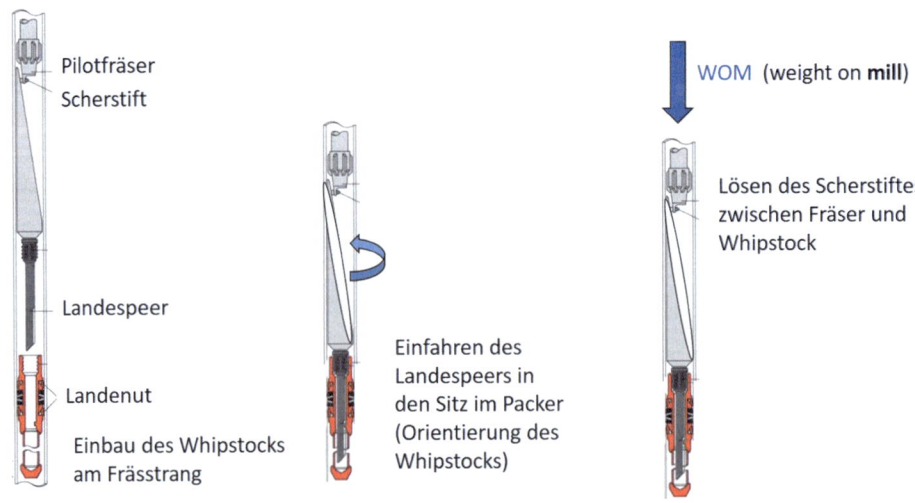

Abb. 16.5 Einfahren und Aktivieren der Fräsgarnitur

16.1 · Fensterfräsen

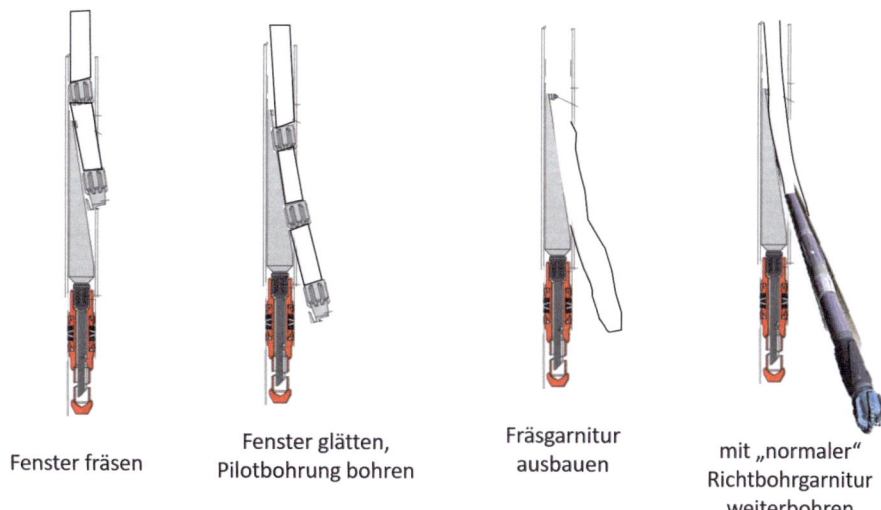

Fenster fräsen   Fenster glätten, Pilotbohrung bohren   Fräsgarnitur ausbauen   mit „normaler" Richtbohrgarnitur weiterbohren

Abb. 16.6 Fräsen des Fensters

Um die Arbeitsabläufe so effektiv wie möglich zu gestalten, wird der Whipstock in der Praxis oft direkt an der Fräsgarnitur in die Bohrung eingefahren (Abb. 16.5 links). Die Garnitur richtet sich beim Einfahren in den Anker in die gewünschte Richtung aus (Abb. 16.5 Mitte). Dann wird die Fräsgarnitur vom Whipstock entkoppelt, indem die Garnitur kurzfristig mit einem erhöhten Andruck beaufschlagt wird, wodurch sich ein Scherstift löst und die Fräsgarnitur frei gibt (Abb. 16.5 rechts).

Der Pilotfräser (Lead Mill) am unteren Ende der Fräsgarnitur wird beim Vorschub der Fräsgarnitur aufgrund der Schräge des Whipstocks seitlich an die Verrohrung gepresst und beginnt dort, die Verrohrung zu zerspanen und zu durchstoßen (Abb. 16.6 links).

Das entstehende Fenster in der Verrohrung ist in der Regel stark ausgefranst und scharfkantig und muss deshalb noch geglättet werden. Zu diesem Zweck befinden sich in der Fräsgarnitur zwei weitere Fräser, die im Vergleich zum vorangehenden Fräser mit immer etwas größeren Durchmessern ausgestattet sind. Die Fräser durchfahren nacheinander das Fenster und glätten es (Abb. 16.6, zweite Skizze von links).

Wenn der letzte Fräser das Fenster durchlaufen hat, ist das Fenster fertiggestellt, und die Fräsgarnitur hat den Ansatz des Seitenarmes in die Formation gebohrt (Abb. 16.6, zweite Skizze von rechts). Die Fräsgarnitur wird nun aus- und anschließend eine konventionelle Richtbohrgarnitur eingebaut. Diese wird vorsichtig durch das Fenster geschoben und kann dann den Seitenarm bohren. In Abb. 16.7 links sieht man die typische Fensterform, die beim Fensterfräsen entsteht.

Die Fräswerkzeuge, die in der Fräsgarnitur angeordnet sind, werden als Lead Mill, Follow Mill und Dress Mill bezeichnet (Abb. 16.7 rechts). Der Pilotfräser (Lead Mill) durchstößt die Rohrtour, die Follow Mill weitet das Fenster auf den erforderlichen Durchmesser auf, und die Dress Mill glättet es schließlich, damit die nachfolgenden Bohrgarnituren sich beim Durchfahren nicht daran aufhängen.

Auch aus unverrohrten Bohrungsabschnitten heraus können Seitenarme gebohrt werden. Die Vorgehensweise ist hier ähnlich, jedoch werden Whipstock-Anker mit speziellen Open-Hole-Packern eingesetzt, die so konstruiert sind, dass sie auch im Gestein der Bohr-

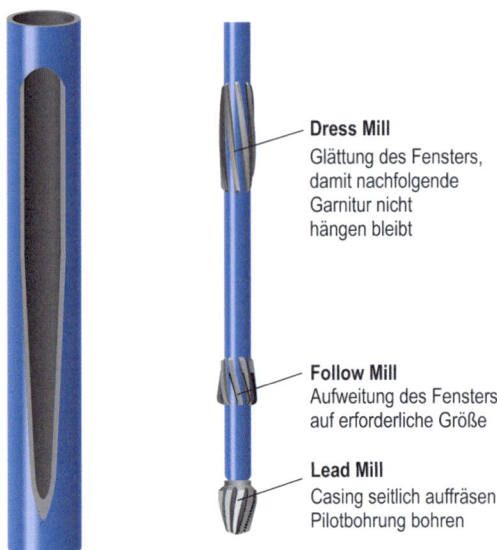

◻ **Abb. 16.7** *Links* Form eines gefrästen Fensters, *rechts* Fräsgarnitur

lochwand den erforderlichen Halt finden. Der Seitenarm im unverrohrten Bohrloch kann direkt mit einer üblichen Richtbohrgarnitur initiiert und abgebohrt werden, eine Fräsgarnitur ist nicht erforderlich.

In stärker geneigten Bohrungen kann der Seitenarm auch ganz ohne Whipstock angelegt werden. Dazu lässt man die Bohrgarnitur bei sehr langsamem Vorschub mit hoher Meißeldrehzahl laufen (man spricht bei diesem Vorgang vom Time Drilling) und wartet, dass sich der Meißel auf der Unterseite der Bohrung seitlich in die Formation einarbeitet. Wenn sich der Meißel tief genug in die Seitenwand der Mutterbohrung eingearbeitet hat, kann durch vorsichtiges Aufbringen von Vorschub das Bohren des Seitenarmes begonnen werden.

16.2 Komplettierung von Seitenarmen einer Bohrung

Natürlich müssen Abzweigungen auch durch eine Komplettierung für die nachfolgende Förderung der Fluide ausgestattet werden. Wie fast alles in der Tiefbohrtechnik sind auch diese Ausführungsformen von Abzweigungen standardisiert. in ◻ Abb. 16.8 findet sich ein Überblick über die verschiedenen Ausbaustufen von Komplettierungen.

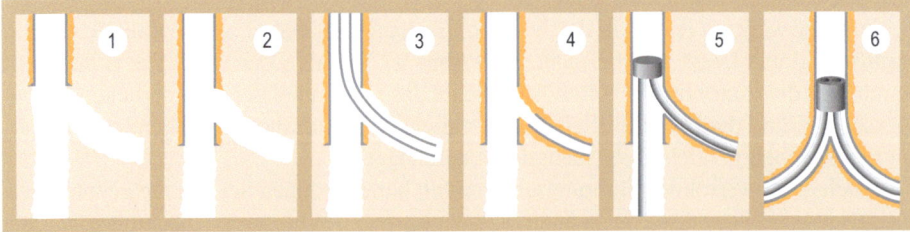

◻ **Abb. 16.8** Ausbaustufen für Abzweigungen (Junctions)

In der Ausbaustufe 1 bleiben sowohl die Hauptbohrung als auch der Seitenarm unverrohrt. Diese Variante erlaubt keinerlei gezielte Beeinflussung der Produktion der beiden Seitenarme, und es ist oft auch schwierig, nochmals gezielt in wahlweise einen der Seitenarme einzufahren. In der Ausbaustufe 2 beginnt der Seitenarm aus einer verrohrten und zementierten Hauptbohrung, der Seitenarm selbst bleibt aber unverrohrt. Die Ausbaustufe 3 unterscheidet sich von der Stufe 2 dadurch, dass beide Seitenarme gezielt nach Wunsch befahren werden können. Im Level 4 sind sowohl die Hauptbohrung als auch der Seitenarm verrohrt und zementiert. Im Bereich der Abzweigung ist das System aber nur mit Zement abgedichtet, was eine gewisse Schwachstelle der Bohrlochkonstruktion darstellt, die keine Drucktests erlaubt. Dafür können aber in beiden Armen der Bohrung Packer abgesetzt werden, um die Förderung auf den jeweils anderen Arm zu beschränken („zonal isolation"). Im Level 5 sind beide Arme der Bohrung verrohrt und zementiert. Auch im Bereich der Abzweigung ist die Bohrung durch die dort eingebaute Komplettierung vollständig gegenüber der Umgebung abgedichtet. Die Produktion kann aus beiden oder wahlweise aus einem der Arme erfolgen. Im Level 6 sind alle Bereiche der Bohrung und der Abzweigung komplett verrohrt und zementiert. Dadurch ist die volle Druckintegrität gegeben. Andererseits wird der Strömungsdurchmesser des Systems durch die komplexe Installation aber auch reduziert, was die Produktion vermindert.

Bezüglich der Details der Komplettierung von Seitenarmen von Tiefbohrungen wird auf die separaten Vorlesungen und die Fachliteratur zur Fördertechnik verwiesen.

16.3 Sektionsfräsen

Gelegentlich reicht es nicht, ein Fenster seitlich in eine bestehende Verrohrung zu fräsen, sondern es muss die Verrohrung der Bohrung über eine gewisse Strecke vollständig entfernt werden. Diesen Vorgang nennt man Sektionsfräsen (Section Milling).

Beim Sektionsfräsen wird das Fräswerkzeug zunächst mit eingezogenen Schneidwerkzeugen ins verrohrte Bohrloch eingefahren (◘ Abb. 16.9). Zum Beginn des Fräsvorgangs wird der Spülungsvolumenstrom über eine bestimmte Schwellenpumprate hinaus gesteigert. Dieser Vorgang treibt einen Kolben im Inneren des Fräswerkzeugs nach unten, und die Messer (Schneiden) am Außendurchmesser des Werkzeugs werden nach außen an die Verrohrung gedrückt. Die Spitzen der Messer arbeiten sich unter kontinuierlicher Strangrotation aber ohne Vorschub des Fräswerkzeugs zunächst durch den Stahl hindurch bis in den dahinter befindlichen Zement. Wenn die Schneiden komplett ausgefahren sind und der volle Fräsdurchmesser erreicht ist, kann das Fräswerkzeug mit einer Vorschubkraft beaufschlagt werden. Die Schneiden werden dadurch mit einer vorwärts gerichteten Andruckkraft auf die Stirnseite des Casing-Rohre gepresst. Das Material wird dadurch auf dem vollen Umfang der Rohre abgetragen.

Das Sektionsfräsen gestaltet sich häufig sehr mühsam und zeitaufwendig. Es wird deshalb versucht, den Andruck auf den Fräser oder die Strangdrehzahl zu erhöhen, um den Fräsfortschritt auf diese Weise zu steigern. Diese Maßnahmen führen aber oft nicht zum erwünschten Erfolg. Das liegt daran, dass die Spanform, die an den Schneiden des Fräsers entsteht, von vielen Parametern abhängt (◘ Abb. 16.10). Neben der Geometrie der Schneiden, dem Material, aus dem die Rohre gefertigt wurden, und den Abmessungen der Rohre sind hier in erster Linie die Vorschubkraft und die Schnittgeschwindigkeit beim Fräsen zu nennen.

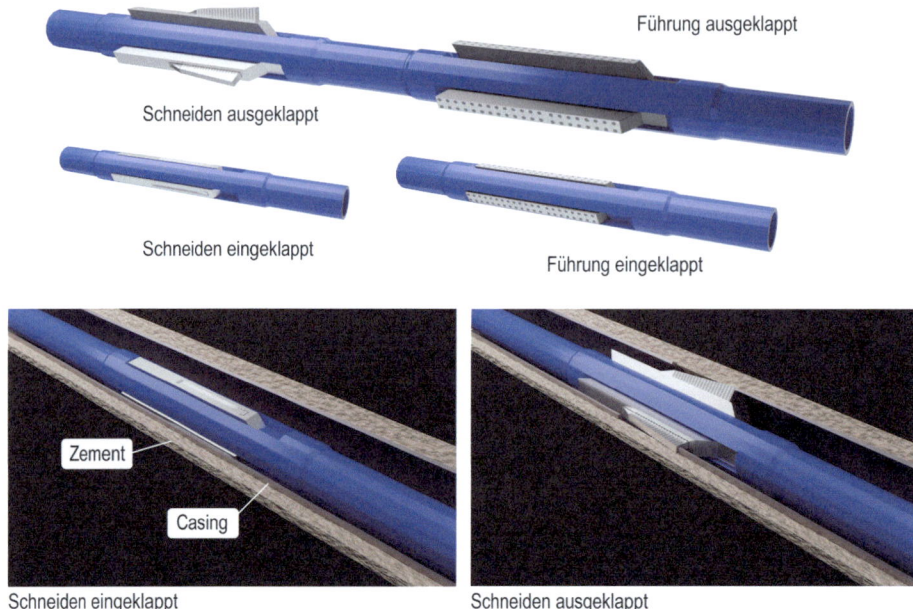

Abb. 16.9 Fräser für Section-Milling-Operationen

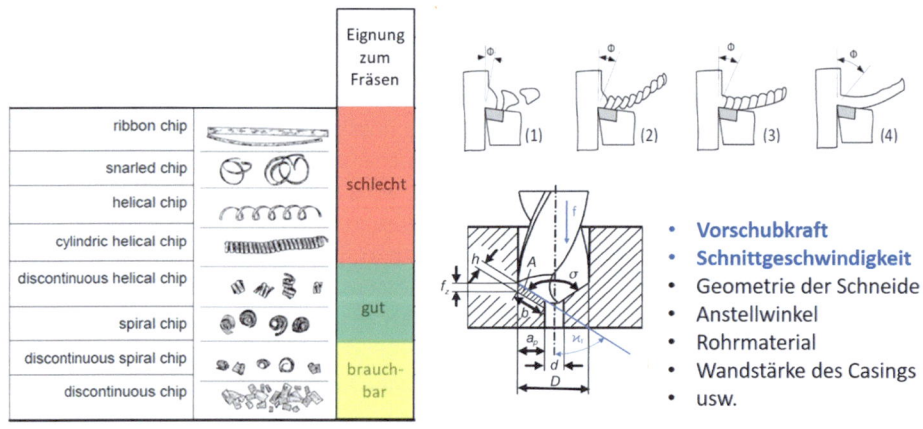

Abb. 16.10 Spanbildung am Fräser

In einem Bohrloch, in dem der Ringraum zwischen der Fräsgarnitur und der Bohrlochinnenwand sehr eng ist, können nur Späne ausgetragen werden, die klein genug sind, um sich nicht gegenseitig zu verhaken und zu blockieren. Längere Späne mögen zwar kurzfristig zu einer Steigerung der Fräsgeschwindigkeit führen, steigern aber gleichzeitig auch die Gefahr, dass sich Spannester bilden können (Abb. 16.11). Deshalb müssen die Fräsparameter so eingestellt werden, dass sich gut austragbare Späne bilden (grüne Zeilen in der Tabelle in Abb. 16.10).

16.3 · Sektionsfräsen

Abb. 16.11 Spannest am Bohrstrang

Havarien und Fangarbeiten

Inhaltsverzeichnis

17.1	Festsitzendes Gestänge	– 420
17.1.1	Differential Sticking	– 420
17.1.2	Unzureichende Bohrlochreinigung	– 422
17.1.3	Instabiles Bohrloch	– 423
17.1.4	Ungünstige Bohrlochgeometrie	– 423
17.1.5	Stuck-Point-Bestimmung/Gezieltes Entschrauben	– 424
17.2	Identifikation des Fisches	– 425
17.2.1	Rekonstruktion aus geborgenem Bohrstrang	– 425
17.2.2	Fishing Drawings	– 426
17.2.3	Abdruckwerkzeug	– 427
17.3	Glätten und Wegfräsen des Fisches	– 427
17.4	Freilegen des Fanghalses/Washover Tool	– 428
17.5	Grundsätzliche Vorgehensweise bei Fangarbeiten	– 429
17.5.1	Fisch wieder anschrauben	– 430
17.5.2	Fisch greifen	– 431
17.5.3	Bergen von Drähten und Kabeln	– 432

© Der/die Autor(en), exklusiv lizenziert an Springer-Verlag GmbH, DE, ein Teil von Springer Nature 2025
M. Reich, *Tiefbohrtechnik*, https://doi.org/10.1007/978-3-662-70635-0_17

Jeder Heimwerker hat schon erlebt, dass ein Bohrer in der Wand abgebrochen oder in der Bohrung stecken geblieben ist. Natürlich können solche ungeplanten Probleme auch jederzeit in Tiefbohrungen passieren, zumal ein Bohrstrang der Tiefbohrtechnik bezogen auf seinen Durchmesser noch einige Tausend Male länger ist als ein Bohrer aus dem heimischen Werkzeugkasten. In diesem Kapitel wird untersucht, welche Ursachen solche Havarien haben können, wie man den Schaden bewertet und welche Möglichkeiten es gibt, das Problem zu lösen.

Auf Tiefbohrungen kann es immer wieder passieren, dass etwas im Bohrloch verloren geht. Man spricht in diesem Fall von einem Fisch, der dann wieder geborgen (gefangen) werden muss. Im Folgenden wird kurz dargestellt, wie man bei Fangarbeiten vorgeht.

17.1 Festsitzendes Gestänge

Gelegentlich setzt sich das Gestänge im Bohrloch fest und kann trotz Aufbringens von Drehmoment, Druck- und Zugkräften, Veränderungen der Pumprate oder Kombinationen aller Maßnahmen nicht wieder frei bekommen werden. Je nach Szenario unterscheidet man zwischen Stuck Pipe und Packed Hole.

Bei einem festsitzenden Gestänge (Stuck Pipe) lässt sich der Bohrstrang entweder nicht mehr auf und ab bewegen, oder er lässt sich nicht mehr im Bohrloch rotieren. Unter Umständen tritt sogar beides ein. Die Bohrspülung kann aber noch zirkulieren. Bei einem verstopften Bohrloch (Packed Hole) lässt sich dagegen keine Bohrspülung mehr durch die Bohrung pumpen, dafür ist aber der Bohrstrang in der Regel nicht vollständig blockiert, sondern lässt sich noch (etwas) bewegen. In einer Vorstufe zum festsitzenden Gestänge oder verstopften Bohrloch hat man es häufig mit einem Tight Hole zu tun, also einer Bohrung, in der erhebliche Überlasten beim Heben oder Senken des Bohrstranges oder außergewöhnlich hohe Pumpendrücke beim Zirkulieren der Bohrspülung beobachtet werden.

Als Ursachen für einen festsitzenden Bohrstrang kommen verschiedene Gründe in Betracht, die im Folgenden diskutiert werden. Um die richtigen Maßnahmen ergreifen zu können, mit denen der Strang wieder freigezogen werden kann, muss zunächst identifiziert werden, welches konkrete Problem vorliegt.

17.1.1 Differential Sticking

Differential Sticking ist die häufigste Ursache für ein festsitzendes Gestänge im Bohrloch. Es wird dadurch hervorgerufen, dass die Bohrspülung im Bohrloch beim überbalancierten Bohren einen Druck aufweist, der oberhalb des Formationsporendruckes liegt. Der Überdruck im Bohrloch führt zunächst dazu, dass Bohrspülung aus dem Bohrloch in den Porenraum des umgebenden Gesteins fließt. Die Partikel in der Bohrspülung bauen dabei aber einen undurchlässigen Filterkuchen auf, der das Bohrloch gegenüber der Formation wieder abdichtet. Je permeabler die Formation ist, desto schneller baut sich der Filterkuchen auf. Wenn der Bohrstrang beispielsweise durch einen Stillstand der Anlage die Möglichkeit bekommt, seitlich in den Filterkuchen einzusinken, kann Differential Sticking auftreten.

Der in ◘ Abb. 17.1 dargestellte undurchlässige Filterkuchen führt dazu, dass auf der einen Seite des Bohrstrangelements der höhere Spülungsdruck wirkt, auf der anderen

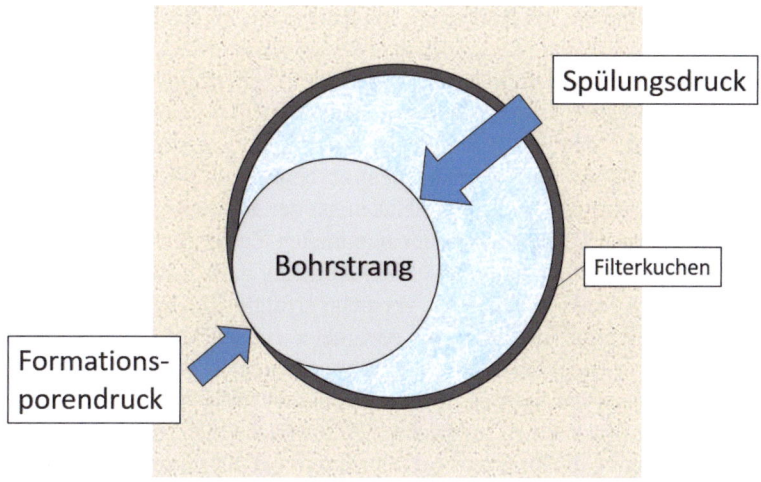

◘ **Abb. 17.1** Differential Sticking

dagegen nur der geringere Formationsporendruck. Der Bohrstrang wird durch diesen Differenzdruck seitlich an die Bohrlochwand gepresst und lässt sich dann im schlimmsten Fall nicht mehr bewegen. Gleichzeitig kann die Bohrspülung aber weiterhin ungehindert zirkulieren. Es liegt also ein Stuck-Pipe-Szenario vor.

Ein kleines Zahlenbeispiel soll die Problematik verdeutlichen. Wenn sich der Bohrstrang wie in ◘ Abb. 17.2 gezeigt im Bereich der Schwerstangen auf einer Breite von 5 cm und auf einer Länge von 3 m in den Filterkuchen eingearbeitet hat und ein Überdruck von 30 bar im Bohrloch herrscht, beträgt die seitliche Normalkraft, mit welcher der Strang an die Bohrlochwand gepresst wird, ca. 450 kN (oder wie es der Praktiker auf der Tiefbohranlage bezeichnen würde: eine „Kraft" von 45 t).

Nimmt man nun noch einen Reibfaktor von $\mu = 0{,}35$ im offenen Bohrloch an, so beträgt der Overpull, also die zusätzliche Zugkraft, die zum Anheben des Bohrstranges im Bohrloch erforderlich ist, bereits etwa 160 kN (16 t). Bei einer größeren Anlagefläche, einem dickeren Filterkuchen oder einem größeren Überdruck im Bohrloch steigt der Overpull entsprechend an. Eine hohe Permeabilität der Formation und ein enger Ring-

◘ **Abb. 17.2** Praxisbeispiel Differential Sticking

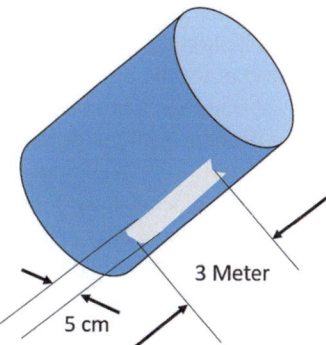

raum (großer Durchmesser der Bohrstrangelemente) erhöhen das Risiko des Differential Sticking.

Um einen festsitzenden Strang wieder zu befreien, versucht man zunächst, ihn durch Aufbringung eines Drehmoments in Rotation, also aus dem Bereich der Haftreibung wieder in den Bereich der deutlich geringeren Gleitreibung zu versetzen. Wenn der Strang durch Beaufschlagung mit Drehmoment nicht zu befreien ist, werden Zugkräfte eingesetzt. Dabei wird, wenn nötig, die volle Hakenlast der Bohranlage ausgeschöpft. Gelegentliches plötzliches Nachlassen aus der maximalen Zugkraft heraus kann den Löseeffekt unterstützen. Ebenfalls kann zusätzlich zum Zug auch noch Drehmoment in den Strang eingebracht werden. Wenn diese Versuche erfolglos bleiben, kann versucht werden, den Filterkuchen durch Einpumpen geeigneter chemischer Pillen im Bereich des Festpunktes teilweise oder vollständig aufzulösen. Auch Reibungsminderer (Schmiermittel) können eingepumpt werden, um den Reibwert zwischen dem Strang und dem Filterkuchen an der Blockade zu reduzieren. Eine weitere Maßnahme besteht darin, die Dichte der Bohrspülung im Ringraum zu reduzieren, um auf diese Weise den Differenzdruck und damit die Seitenkraft auf den Bohrstrang zu mindern oder sogar zu beseitigen. Dazu wird entweder eine leichtere Bohrspülung in die Bohrung einzirkuliert oder Stickstoff in die vorhandene zirkulierende Spülung injiziert.

Eine weitere Möglichkeit des Freiziehens besteht darin, die Schlagschere im Bohrstrang zu aktivieren und auszulösen; jedoch besteht hier immer die Gefahr, dass Strangkomponenten beschädigt werden.

17.1.2 Unzureichende Bohrlochreinigung

Neben dem Differential Sticking ist auch eine unzureichende Bohrlochreinigung eine dominante Ursache für festsitzendes Gestänge. Wenn die Bohrgeschwindigkeit zu hoch ist, der Bohrmeißel zu große Cuttings erzeugt, die Bohrspülung keine ausreichende Tragfähigkeit besitzt oder eine zu geringe Pumprate vorliegt, wird das Bohrklein nicht effektiv genug aus der Bohrung ausgetragen. Speziell das grobe Bohrklein konzentriert sich dann im Ringraum der Bohrung auf. Wenn in diesem Fall die Pumpen ausgeschaltet werden, beispielsweise um übertage eine neue Bohrstange nachzusetzen, kann das angesammelte Bohrklein im Ringraum aussedimentieren, sich an Engstellen ansammeln und schließlich den Strang blockieren.

Eine unzureichende Bohrlochreinigung kündigt sich durch ansteigende Überlasten beim Anheben des Bohrstranges, ungewöhnlich ansteigenden Pumpendruck und nachlassenden Bohrkleinaustrag über die Schüttelsiebe an. Wenn solche Anzeichen beobachtet werden, muss die Bohrung sofort gründlich gespült werden. In stark geneigten Bohrungsabschnitten kann dabei eine erhöhte Strangdrehzahl helfen, welche die gebildeten Bohrkleinbetten in der Bohrung wieder aufwirbelt und in den Hauptstrom der Spülung transportiert. Auch Reinigungspillen werden eingesetzt, je nach Problem hoch- und niederviskose. Hochviskose Pillen können das Bohrklein in Richtung Oberfläche vor sich herschieben, dabei aber unter Umständen den Ringraum an einer höher gelegenen Stelle wieder verstopfen. Niederviskose Pillen erleichtern das Aufrühren abgesetzten Bohrkleins in der Bohrung.

17.1.3 Instabiles Bohrloch

Ein häufiger Grund für ein instabiles Bohrloch ist das Durchbohren von Tonschichten mit wasserbasischer Bohrspülung. Durch den Kontakt mit Wasser quillt der Ton zunächst auf und bildet nach wenigen Tagen immer mehr klebrige Tonflocken, die sich schließlich aus dem Verband lösen und in das Bohrloch fallen können. Das Problem kündigt sich häufig durch vermehrtes Auftreten scheibenförmiger Tonflocken auf den Schüttelsieben, am Gestänge anhaftenden Ton, steigende Pumpendrücke sowie erhöhte Schleiflasten und Drehmomente an.

Meist sind hier nur vorbeugende Maßnahmen erfolgreich, so zum Beispiel die rechtzeitige Anpassung der Bohrspülung an die geologische Situation (beispielsweise durch Erhöhung der Dichte, Zugabe von Toninhibitoren oder Umstellung auf eine tonresistente Spülung) oder eine Anpassung der Bohrparameter (Steigerung von Spülrate und Strangdrehzahl). Nach dem Durchbohren der Tonschicht sollte das Setzen einer Rohrtour in Erwägung gezogen werden.

Auch beim Durchbohren von Klüften und unverfestigten Sanden ist immer mit Bohrlochinstabilitäten zu rechnen. Weiterhin ist zu beachten, dass auch eine zu geringe Spülungsdichte dazu führen kann, dass sich das Bohrloch unter dem Druck der umgebenden Formation verformt und deshalb Ausbrüche in Richtung der geringsten Gebirgsspannung auftreten.

17.1.4 Ungünstige Bohrlochgeometrie

Eine ungünstige Bohrlochgeometrie kann ebenfalls zu Problemen beim Bohren führen. Die Spülungszirkulation ist hier in der Regel weiterhin ungehindert möglich, und der Bohrstrang kann nach wie vor rotiert werden; beim Aus- und Einfahren des Bohrstranges hängt sich das Gestänge aber im Bohrloch auf, und es treten signifikante Überlasten auf.

Wenn ein zu steifer Bohrstrang in einer relativ weichen Formation und in einem stark gekrümmten Bohrungsabschnitt rotiert, kann sich die Bohrstange seitlich in die Bohrlochwand einarbeiten. Dadurch entsteht schließlich ein Schlüsselloch (◻ Abb. 17.3).

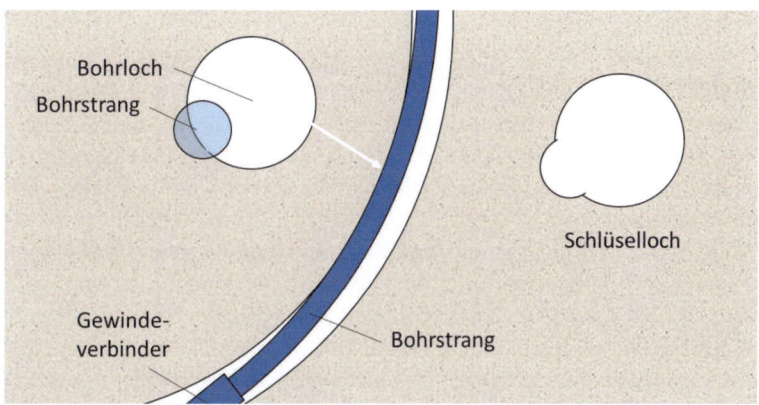

◻ **Abb. 17.3** Schlüssellochbildung

Solange sich der Rohrkörper einer Bohrstange im Bereich des Schlüsselloches befindet, ist noch kein Problem zu bemerken. Beim Weiterbohren oder beim Versuch, das Bohrgestänge auszubauen, hängen sich die dickeren Verbinder jedoch in den Engstellen auf.

Auch hier lässt sich nur präventiv Abhilfe schaffen, beispielsweise durch eine sorgfältige Planung des Bohrpfades unter strikter Beachtung der geologischen Bedingungen und durch eine sorgfältige Zusammenstellung des Bohrstranges. So sollten ausgeprägte Richtbohrsektionen nicht in weichen Formationen platziert werden, und der Bohrstrang sollte in kritischen Krümmungen möglichst geringe Durchmesserabsätze aufweisen.

Auch Bohrmeißel, die zu spät ausgewechselt werden und aufgrund von Verschleiß untermaßig geworden sind, können zu Problemen führen, da ein nachfolgender, vollmaßiger Bohrmeißel sich im untermaßigen Bohrlochabschnitt festkeilen kann. Deshalb ist es wichtig, bei jedem Ausbau des Bohrstranges das Kaliber des verschlissenen Bohrmeißels zu messen und zu bewerten. Wenn die Gefahr eines untermaßigen Bohrloches besteht, muss der kritische Abschnitt beim Einbau der folgenden Bohrgarnitur mit einem neuen Bohrmeißel beim Einbau des Stranges vorsichtig nachgeräumt werden.

Durch Spannungen im Gebirge oder eine unzureichende Dichte der Bohrspülung kann das Bohrloch oval und im schlimmsten Fall sogar instabil werden. Auch hier helfen präventive Maßnahmen bzw. eine gründliche Planung. Es gibt auch LWD-Komponenten, beispielsweise Ultraschallkalibermessgeräte, mit denen sich Verformungen des Bohrloches bereits während des Bohrvorgangs erkennen lassen.

17.1.5 Stuck-Point-Bestimmung/Gezieltes Entschrauben

Wenn das Gestänge in der Bohrung festsitzt und nicht befreit werden kann, muss zunächst festgestellt werden, an welcher Stelle bzw. in welcher Tiefe der Strang festsitzt. Grundsätzlich lässt sich das aus einem Zugversuch berechnen. Ein Bohrstrang verhält sich ja im Prinzip wie eine Feder: Die Dehnung ist der aufgebrachten Zugkraft und der Federkonstante c proportional. Die Federkonstante kann für ein bestimmtes Gestänge abgeschätzt werden:

$$c = E\frac{A}{l}$$

In dieser Gleichung ist E der E-Modul des Bohrgestänges, A seine Materialquerschnittsfläche und l die Länge des Bohrgestänges. Wenn die Federkonstante des Gestänges bekannt ist und man den unten feststeckenden Bohrstrang oben mit dem Hebewerk in die Länge zieht, kann man aus der Zunahme der Hakenlast entlang der Hubstrecke des Klobens die freie Länge des Bohrstranges (Distanz vom oberen Ende des Bohrgestänges bis zum Stuck Point) abschätzen.

Der Stuck Point, also der Ort, an dem der Bohrstrang festsitzt, lässt sich aber auch direkt mit einem speziellen Messgerät, dem Stuck-Point-Indikator, bestimmen. Er funktioniert ähnlich dem Casing Collar Locator, der in ▶ Kap. 15 vorgestellt wurde. Das Messgerät wird an einem Kabel im Inneren des Bohrstranges in die Bohrung eingefahren. Auf seinem Weg nach unten erkennt es die dickeren Gewindeverbinder und dokumentiert deren Positionen in Form eines Logs.

Wenn das Messgerät unten angekommen ist, wird der Bohrstrang an seinem oberen Ende in die Länge gezogen. Das Messgerät wird nun in dem gespannten Bohrstrang

17.2 · Identifikation des Fisches

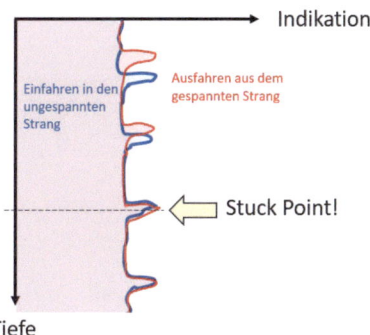

Abb. 17.4 Funktionsprinzip der Stuck-Point-Identifizierung

wieder nach oben gefahren. Alle freien Gewindeverbinder befinden sich aufgrund der Dehnung des Bohrstranges nun in höheren Positionen als vorher. Unterhalb des Stuck Points haben sie ihre Positionen dagegen nicht verändert. Auf diese Weise lässt sich also der unterste freie Gewindeverbinder recht zuverlässig identifizieren (Abb. 17.4).

Wenn der Stuck Point bekannt ist, kann versucht werden, den Bohrstrang gezielt und kontrolliert am ersten Gewindeverbinder oberhalb der Blockade zu entschrauben und auf diese Weise zumindest den oberen Teil des Bohrstranges zu bergen.

Dazu beaufschlagt man den Bohrstrang über den Drehtisch oder den Top Drive der Bohranlage unter *Links*drehung mit ca. 50–70 % des Kontermoments des ausgewählten Gewindeverbinders und entlastet die Verbindung durch vorsichtiges Anheben oder Absenken des Klobens so, dass möglichst wenig oder im Idealfall gar keine Zug- oder Druckkraft an ihr anliegt.

Dann wird im Bohrstrang an einem Drahtseil eine Sprengladung hinuntergelassen und möglichst präzise im ausgewählten Gewindeverbinder platziert. Bei Auslösung der Sprengladung besteht eine realistische Chance, dass sich aufgrund der Erschütterung der vorgespannte Verbinder löst und anschließend durch vorsichtiges Linksdrehen kontrolliert entschraubt werden kann.

Das gezielte Entschrauben oberhalb des Blockadepunktes bietet zwei Vorteile: Zum einen kann ein beträchtlicher Teil des Bohrstranges geborgen werden, zum anderen verbleibt ein Fisch im Bohrloch, an dessen Oberseite sich ein intaktes und bekanntes Gewinde befindet. Dieser kann dann im weiteren Verlauf mit einer speziell zusammengestellten Fanggarnitur, in die eine kräftige Schlagschere integriert ist, geborgen werden.

17.2 Identifikation des Fisches

Um einen Fisch aus dem Bohrloch zu bergen, muss zunächst bekannt sein, wie er an seinem oberen Ende beschaffen ist. Je detaillierter der Zustand des Fisches bekannt ist, desto besser kann ein effektives Fangwerkzeug ausgewählt werden.

17.2.1 Rekonstruktion aus geborgenem Bohrstrang

In vielen Fällen hilft es, das untere Ende des geborgenen Teiles des Bohrstranges gewissenhaft zu untersuchen und daraus auf die Oberseite des im Bohrloch verbliebenen

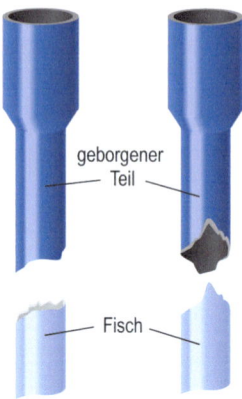

 Abb. 17.5 Rekonstruktion des Fisches anhand des geborgenen Stranges

Fisches zu schließen. In der Regel kann davon ausgegangen werden, dass der Fisch an seiner Oberseite dem Gegenstück des geborgenen Teiles entspricht. Da die meisten Strangelemente genormt sind, sind neben der Form des oberen Endes auch die Längen und Durchmesser der verloren gegangenen Komponenten rekonstruierbar (Abb. 17.5).

17.2.2 Fishing Drawings

Gelegentlich reißt oder bricht ein Bohrstrang auf speziellen Elementen der komplexen Bohrgarnitur ab, welche die Servicefirma geliefert hat. Komponenten von Bohrgarnituren sind nicht standardisiert, sondern von Anbieter zu Anbieter verschieden. Jede Servicefirma verwendet zum Teil sehr spezielle interne Gewinde, und oft enthalten die robust wirkenden Gehäuse in ihrem Inneren weitere komplexe Bauteile. Deshalb muss im Notfall immer ein Satz Fishing Drawings (Fangzeichnungen) verfügbar sein, aus denen hervorgeht, welche Innen- und Außendurchmesser der Fisch an seinem oberen Ende besitzt, welche Kontur er hat und welche weiteren Dimensionen und Angaben für einen erfolgreichen Fangversuch relevant sein könnten. Diese Fishing Drawings müssen eine hohe Detailgenauigkeit aufweisen. Von besonderer Bedeutung für einen erfolgreichen Fangeinsatz sind dabei natürlich der Außen- und der Innendurchmesser an der Bruchstelle. Weiterhin muss ersichtlich sein, ob die Komponente an der Bruchstelle rund ist oder irgendeine andere Form aufweist. Ist das Außengehäuse des Fisches frei zugänglich, oder stehen aus seinem Inneren Einbauteile hervor? Kann auf ein Gewinde zugegriffen werden? Um welches Gewinde handelt es sich? Welches Gewicht hat der Fisch? Welche Länge besitzt der Fanghals? Welche Länge steht zur Verfügung, auf welcher der Fisch gegriffen werden kann?

Je genauer alle diese Fragen beantwortet werden können, desto effektiver kann ein passendes Fangwerkzeug ausgewählt werden, mit dem der Fisch gegriffen und aus der Bohrung gezogen werden kann.

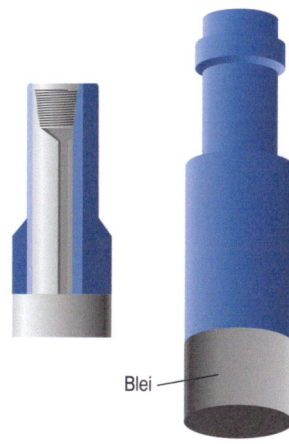

Abb. 17.6 Impression Block

17.2.3 Abdruckwerkzeug

Wenn die Form des Fisches völlig unbekannt ist, weil beispielsweise ein undefiniertes Schrottteil im Bohrloch verloren gegangen ist, kann ein Abdruckwerkzeug (Impression Block) in die Bohrung eingefahren werden (Abb. 17.6), mit dem die Form des Fisches abgetastet wird.

Der Impression Block besitzt an seinem unteren Ende einen Bleikörper, der auf das obere Ende des Fisches gepresst wird. Das weiche Blei passt sich dadurch der Form des Fisches an. Nach dem Ausbau des Blockes dient der Abdruck im Blei, der ja gewissermaßen ein Negativ des Fisches darstellt, zur Auswahl eines geeigneten Fangwerkzeugs.

17.3 Glätten und Wegfräsen des Fisches

Wenn sich herausstellt, dass das obere Ende des Fisches zu ausgefranst oder aus anderen Gründen ungeeignet ist, um es mit einem Fangwerkzeug greifen zu können, kann ein spezieller Fräser eingesetzt werden, mit dem die Oberseite des Fisches zunächst erst einmal geglättet wird. In manchen Fällen kann es sogar sinnvoll erscheinen, den gesamten Fisch wegzufräsen, anstatt zu versuchen, ihn zu fangen und zu bergen.

In Abb. 17.7 sind Fräswerkzeuge für derartige Einsätze zu sehen. Je nach Form zentrieren sie sich im verlorenen Bauteil und fräsen die äußeren Rohrelemente weg (Taper Mill) oder zerspanen vollflächig den gesamten Fisch (Junk Mill).

Die beim Fräsvorgang entstehenden Späne müssen natürlich aus dem Bohrloch entfernt werden. Deshalb enthält eine Fräsgarnitur immer auch Sammelbehälter, mit denen sich die durch die Bohrspülung aufgewirbelten Metallspäne auffangen lassen. In Abb. 17.7 rechts ist so ein Auffangbehälter, ein Junk Basket, dargestellt. Es handelt sich dabei um einen Behälter, der zum Ringraum hin geöffnet ist. Oberhalb des Behälters ist der Durchmesser des Werkzeugs reduziert, damit dort die Strömungsgeschwindigkeit so weit vermindert wird, dass die schwereren Metallspäne aussedimentieren und sich im Fangkorb ansammeln. Wenn mehrere solcher Sammelbehälter übereinander platziert werden, kann die Wirksamkeit des Systems noch weiter verbessert werden.

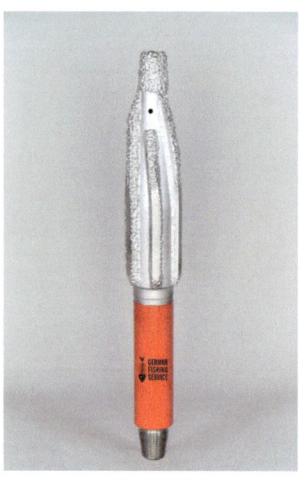 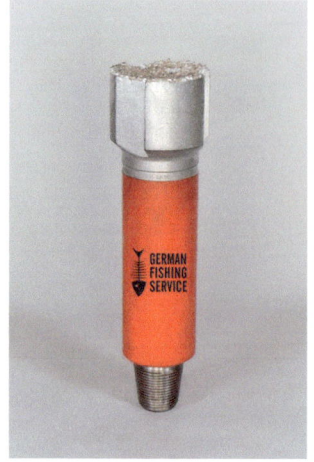 

Taper Mill　　　　　Junk Mill　　　　　Junk Basket

Abb. 17.7 Fräswerkzeuge für Fangarbeiten. (Fotos: German Fishing Service)

Abb. 17.8 Fangmagnete. (Foto: German Fishing Service)

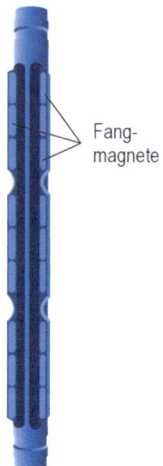 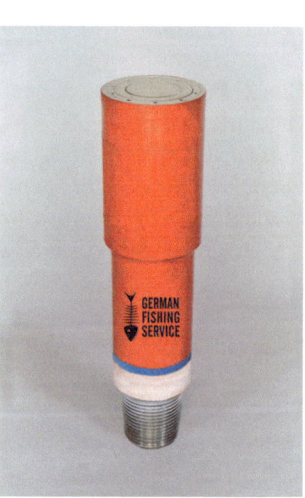

Eine weitere Möglichkeit, Späne und/oder kleinere Metallteile aus der Bohrung zu bergen, besteht darin, spezielle Fangmagnete in die Bohrung einzufahren. Die Magnete sind je nach zu bergendem Material entweder an den Außenseiten einer speziellen Bohrstange angebracht (◻ Abb. 17.8 links) oder an der Stirnseite der Fanggarnitur (◻ Abb. 17.8 rechts).

17.4 Freilegen des Fanghalses/Washover Tool

Es ist in der Tiefbohrtechnik üblich, dass fast alle Bohrstrangelemente an ihrem oberen Ende so ausgeführt werden, dass man sie mit standardisierten Fangwerkzeugen greifen kann. Das obere Ende besitzt einen Bereich mit einer gewissen Länge, auf der sich der Durchmesser nicht ändert. Dieser Bereich wird Fanghals genannt. Wenn der Fanghals

Abb. 17.9 Washover Tool. (Foto: German Fishing Service)

eines Fisches allerdings im Bohrloch zum Beispiel durch aussedimentiertes Bohrklein verschüttet oder seitlich in die Bohrlochwand hineingedrückt wurde und deshalb für das Fangwerkzeug nicht zugänglich ist, muss er zunächst freigelegt werden. Dazu verwendet man ein Washover Tool.

Es ähnelt einer Kernbohrkrone (Abb. 17.9). Der Innendurchmesser des Washover Tool ist etwas größer als der Außendurchmesser des freizulegenden Fanghalses. Das Washover Tool schiebt sich rotierend über den Fisch und entfernt beim weiteren Absenken der Garnitur das Gestein bzw. Sediment im Ringraum, sodass der Fisch schließlich frei zugänglich im Bohrloch steht. Anschließend kann das Washover Tool aus- und ein geeignetes Fangwerkzeug eingefahren werden, um den Fisch zu greifen und zu bergen.

17.5 Grundsätzliche Vorgehensweise bei Fangarbeiten

Es hat sich bewährt, bei der Planung der Fangarbeiten wie folgt vorzugehen: Sofern der Fisch über ein intaktes nach oben weisendes Gewinde verfügt oder ein Gewinde auf den Fisch aufgeschnitten werden kann, wird zunächst versucht, ein Fangwerkzeug ins Bohrloch einzufahren, das sich an den Fisch anschrauben kann, um ihn anschließend zu bergen. Sollte ein Anschrauben an den Fisch nicht möglich sein, weil beispielsweise kein Gewinde oder Fanghals zur Verfügung steht, wird versucht, den Fisch auf seinem Außendurchmesser zu greifen und zu bergen. Wenn der Außendurchmesser nicht zugänglich ist, muss der Fisch auf seinem Innendurchmesser gegriffen und geborgen werden.

Jede Fanggarnitur sollte mit einer Schlagschere und einem Akzelerator ausgestattet sein, denn wenn der Fisch gegriffen werden kann, muss er anschließend aus der Blockade gelöst und freigezogen werden. Für den Fall, dass das Freischlagen im Bohrloch nicht gelingen sollte, sollte die Fanggarnitur zudem mit einer Sollbruchstelle ausgestattet sein, damit im Anschluss an die erfolglosen Fangversuche wenigstens die Fanggarnitur entkoppelt und wieder ausgebaut werden kann.

Fische, die nicht gegriffen und gelöst und geborgen werden können, müssen entweder weggefräst oder mit einem Side Track umbohrt werden. Welche der beiden Varianten angewandt wird, hängt vom jeweiligen Einzelfall ab und wird nach wirtschaftlichen Gesichtspunkten entschieden. Auf einer billigeren Landbohranlage können mehrere Fangversuche vertretbar sein, wenn dadurch der erwünschte Erfolg erzielt werden kann. Auf einer viel teureren Bohrinsel ist es dagegen oft wirtschaftlicher, den Fisch gleich zu zementieren und ihn ohne weitere Zeitverluste mit einem Side Track zu umbohren. In den folgenden Abschnitten werden die Fangwerkzeuge vorgestellt, die im Rahmen solcher Maßnahmen eingesetzt werden.

17.5.1 Fisch wieder anschrauben

Wenn der Fisch ein intaktes Gewinde an seiner Oberseite besitzt (meist handelt es sich dabei um eine Gewindemuffe), kann versucht werden, ihn mit einem Locking Pin zu greifen. Der Locking Pin wird vorsichtig auf den Fisch hinuntergefahren und dabei langsam rechtsdrehend rotiert. Im besten Fall verschraubt er sich dabei auf dem Fisch. Da die Verbindung in der Regel nicht bis zum Nennmoment verkontert werden kann, sondern nur locker verschraubt wird, verhindert ein spezieller Sicherungsstift (◘ Abb. 17.10 links) im Gewinde, dass sich das Gewinde beim Ausbau der Fanggarnitur wieder löst.

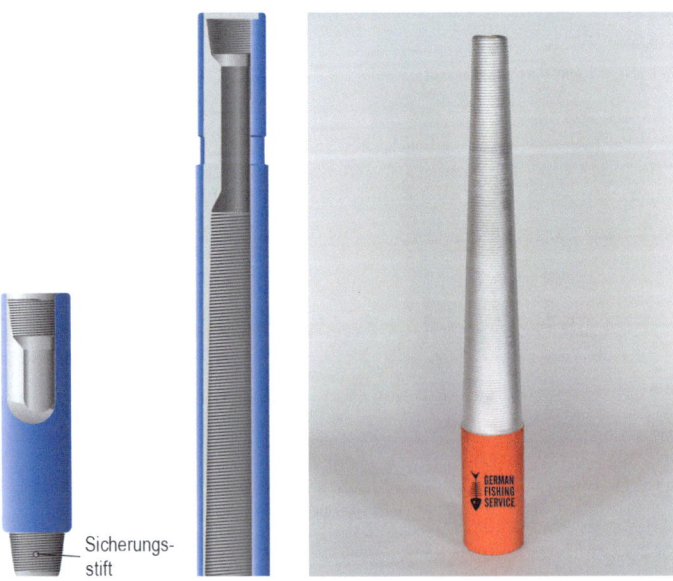

◘ **Abb. 17.10** *Links* Locking Pin, *Mitte* Box Tap, *rechts* Fangdorn. (Foto: German Fishing Service)

In seltenen Fällen besitzt der Fisch einen nach oben ragenden Gewindezapfen, beispielsweise wenn es sich um einen verlorenen Bohrmeißel handelt. In diesem Fall verwendet man ein Fangwerkzeug mit der entsprechenden Gewindemuffe am unteren Ende.

Falls das nach oben weisende Gewinde des Fisches stark beschädigt ist, kann versucht werden, es mit einer Art Gewindeschneider wieder griffig zu bekommen und mit der Fanggarnitur zu verschrauben. Mit den in ◘ Abb. 17.10 Mitte und rechts gezeigten Werkzeugen kann das gelingen. Der mittig zu sehende Box Tap greift den Fisch auf seinem Außendurchmesser. Das ist von Vorteil, weil man auf dem Außendurchmesser größere Drehmomente aufbringen und den Fisch so fester greifen kann. Der Fangdorn (Taper Tap) in ◘ Abb. 17.10 rechts setzt im Inneren des Fisches an, schneidet dort ein Gewinde und schraubt sich darauf schließlich an.

17.5.2 Fisch greifen

Wenn der Fisch nicht wieder angeschraubt werden kann, weil beispielsweise gar kein Gewinde vorhanden ist, kann man versuchen, ihn auf dem Außendurchmesser seines Fanghalses zu greifen. Dazu verwendet man einen Overshot (◘ Abb. 17.11). Dieses Werkzeug besitzt an seinem unteren Ende einen Fangzahn, der es ihm ermöglicht, sich unter leichter Rechtsdrehung über den Außendurchmesser des Fanghalses zu schieben. Im Inneren des Overshots befindet sich eine Metallfeder, die sich bei Kontakt mit dem Fanghals des Fisches fest um diesen herum verspannt. Der Fisch ist damit im Overshot fixiert und kann geborgen werden.

Falls der Außendurchmesser des Fisches nicht zugänglich ist, kann man versuchen, ihn auf seinem Innendurchmesser zu greifen. Dazu verwendet man einen Fishing Spear (◘ Abb. 17.12).

Die Führungsnase am unteren Ende des Speers sorgt dafür, dass dieser in den Fisch hingeführt wird. Wenn der Speer in den Fisch eingetaucht ist, werden die Finger des Werkzeugs ausgefahren und verankern sich auf diese Weise fest an der Innenwand des Fisches.

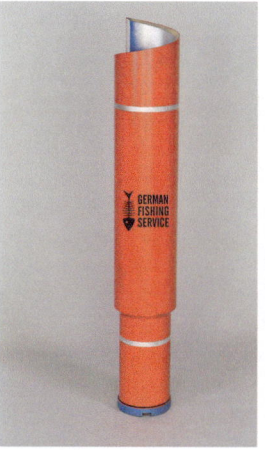 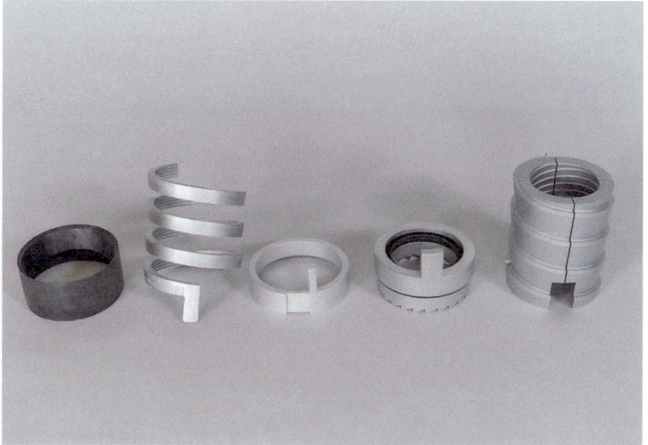

◘ **Abb. 17.11** Overshot. (Fotos: German Fishing Service)

◘ **Abb. 17.12** Fishing Spear

17.5.3 Bergen von Drähten und Kabeln

Das Fischen von Kabeln und Drähten und ähnlichen flexiblen Gegenständen ist eine besonders anspruchsvolle Aufgabe, die durchaus nicht immer gelingt. Es gibt dafür aber spezielle Fangwerkzeuge. In ◘ Abb. 17.13 ist ein Beispiel zu sehen. Durch Rotation des Fängers im Bereich des Kabels soll sich dieses im Fangwerkzeug verknoten, sodass es schließlich zusammen mit dem Fangwerkzeug ausgebaut und geborgen werden kann.

Auf jeden Fall ist es beim Fischen im Bohrloch genau wie beim Angeln im See: Etwas Glück und viel Erfahrung gehören immer mit dazu, um letztlich erfolgreich zu sein. Die meisten Servicefirmen der Bohrindustrie verfügen über spezielle Fishing-Abteilungen mit dem entsprechenden Personal und den erforderlichen Werkzeugen.

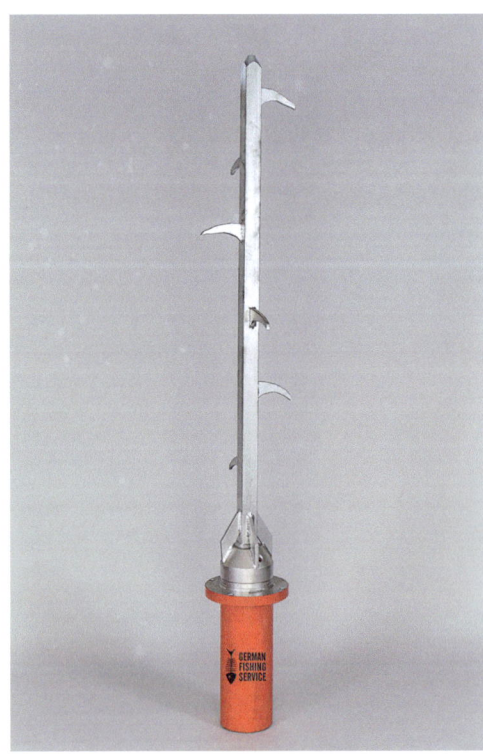

◘ **Abb. 17.13** Fangwerkzeug für Kabel und Drähte

Geothermische Bohrungen

Inhaltsverzeichnis

18.1 Vorbetrachtungen – 435
18.1.1 Erdwärme – 435
18.1.2 Energiemix in Deutschland – 438

18.2 Oberflächengeothermie – 439

18.3 Tiefengeothermie – 441
18.3.1 Thermische Leistung – 442
18.3.2 Hydrothermale Geothermie – 443
18.3.3 Petrothermale Geothermie – 446
18.3.4 Natürliche Kluftsysteme – 448
18.3.5 Geschlossene tiefengeothermische Systeme – 448

18.4 Nachhaltigkeit geothermischer Anlagen – 450

18.5 Bohrtechnische Besonderheiten gegenüber Öl- und Gasbohrungen – 452
18.5.1 Bohrungsdurchmesser – 453
18.5.2 Anzahl benötigter Bohrungen – 454
18.5.3 Fündigkeitsrisiko – 454
18.5.4 Bohrplatz – 456
18.5.5 Tiefbohranlage – 459
18.5.6 Bohrwerkzeuge für kompakte Hartgesteine – 460
18.5.7 Steuerbare Underbalance – 466
18.5.8 Richtbohrtechnik/Reservoir Navigation – 466
18.5.9 Stimulation von Geothermiebohrungen – 468
18.5.10 Bohrtiefe/Bohrungstemperatur – 468
18.5.11 Bohrlochkonstruktion und Komplettierung – 469

© Der/die Autor(en), exklusiv lizenziert an Springer-Verlag GmbH, DE, ein Teil von Springer Nature 2025
M. Reich, *Tiefbohrtechnik*, https://doi.org/10.1007/978-3-662-70635-0_18

18.6	**Vorbehalte der Bevölkerung** – 469
18.6.1	Erdbeben/Induzierte Seismizität – 470
18.6.2	Freiwerdende Radioaktivität – 473
18.6.3	Bodenhebungen – 474
18.6.4	Kollaps von Rohrtouren – 475

18.7	**Potenzial der Tiefengeothermie in Deutschland** – 476
18.7.1	Bayerisches Molassebecken – 476
18.7.2	Oberrheingraben – 477
18.7.3	Ruhr-, Rhein-, Maingebiet – 479
18.7.4	Norddeutsche Tiefebene – 479
18.7.5	Mitteldeutschland – 480
18.7.6	Ausgeförderte Kohlenwasserstofflagerstätten – 480

18.1 · Vorbetrachtungen

Im Rahmen der laufenden Energiewende gewinnt die Geothermie immer stärker an Bedeutung. Erdwärme ist grundlastfähig, also unabhängig von Tages- und Jahreszeiten immer verfügbar, und vor allem nach menschlichem Ermessen in unendlicher Menge vorhanden. Die Entwicklung der Tiefengeothermie steht in Deutschland aber noch am Beginn ihres breiten Durchbruchs. In diesem Kapitel wird aufgezeigt, inwiefern sich Tiefbohrungen nach Kohlenwasserstoffen und nach heißem Wasser gleichen und in welchen Aspekten sie sich unterscheiden.

18.1 Vorbetrachtungen

Einer Tiefbohrung ist es grundsätzlich egal, ob sie zur Förderung von Erdöl, Erdgas oder heißem Wasser angelegt wird. Während der Ausführung der Bohr-, Verrohrungs- und Zementationsarbeiten sind grundsätzlich immer dieselben Sicherheitsstandards einzuhalten, und es werden auch dieselben Bohrgeräte eingesetzt. Da sich aber geothermische Lagerstätten deutlich von Kohlenwasserstofflagerstätten unterscheiden und die Gewinnung von Erdwärme nach anderen Prinzipien erfolgt als die Förderung von Kohlenwasserstoffen, werden Geothermiebohrungen im Detail oft doch anders angelegt als Öl- oder Gasbohrungen.

Bevor auf die Besonderheiten von Geothermiebohrungen eingegangen wird, müssen einige Grundlagen der Geothermie behandelt werden.

18.1.1 Erdwärme

Die Erde entstand zusammen mit unserem gesamten Sonnensystem vor ca. 4,5 Mrd. Jahren, als sich eine riesige Staubwolke zu den heutigen Planeten und der Sonne verdichtete (◘ Abb. 18.1). Bei der Kompaktion wurde kinetische Energie in Wärmeenergie umgesetzt. Der zunächst glühende Planet kühlt seitdem ab, indem er Wärmeenergie in den Weltraum abstrahlt.

Auf der anderen Seite wird der Erde durch den Zerfall radioaktiver Elemente im Inneren unseres Planeten aber auch wieder Wärme zugeführt. Etwa 50 % der in der Erde enthaltenen Wärmeenergie ist auf diesen radioaktiven Zerfall zurückzuführen. Die Sonneneinstrahlung ist dagegen für die Energiebilanz unseres Planeten vernachlässigbar gering. Die Temperatur ist bereits wenige Zehnermeter unterhalb der Erdoberfläche un-

◘ **Abb. 18.1** Entstehung der Erde

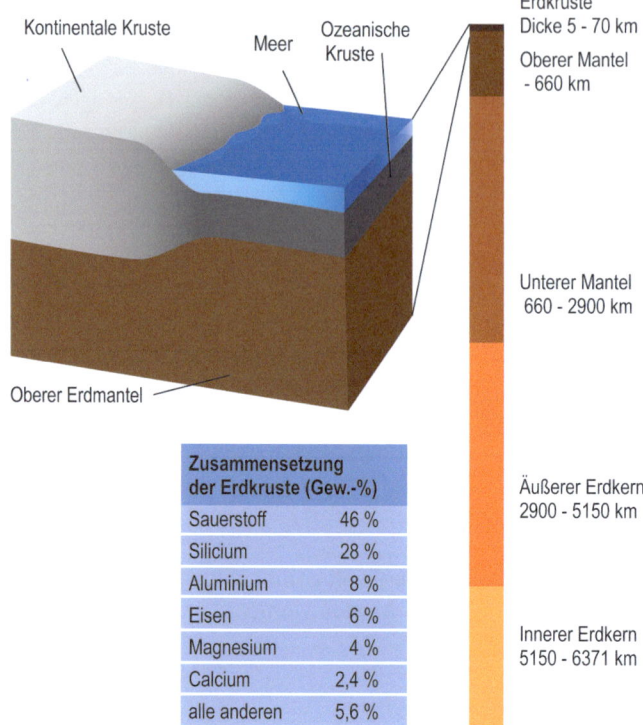

Abb. 18.2 Schichtenaufbau der Erde

abhängig von der Jahreszeit konstant und nimmt dann in Richtung Erdmittelpunkt immer weiter zu.

Im Erdkern ca. 6400 km unterhalb der Erdoberfläche beträgt die Temperatur etwa 5000 °C; das entspricht der Oberflächentemperatur der Sonne. Zur äußeren Erdkruste hin fällt die Temperatur immer weiter ab, ist aber fast überall noch hoch genug, um das Material, aus dem unser Planet besteht, in einem (zäh-)flüssigen Zustand zu erhalten. Lediglich die dünne Erdkruste an der Oberfläche unseres Planeten ist erstarrt. Aufgrund ihrer geringeren Dichte schwimmt sie gewissermaßen auf dem flüssigen Erdmantel (Abb. 18.2).

Die Mächtigkeit der Erdkruste ist regional unterschiedlich, bewegt sich im Mittel aber um 15–20 km. Die kontinentale Kruste besitzt mit ca. 30–60 km eine größere Mächtigkeit als die ozeanische Kruste. Die Erdkruste enthält fast alle chemischen Elemente des Periodensystems und stellt daher unsere Lebensgrundlage dar. Zur Gewinnung der Rohstoffe müssen wir uns in die Erdkruste hinein bewegen. Während der Bergbau meist nur in Tiefen um 1000 m in die Erdkruste vordringen kann, wurden Tiefbohrungen bereits bis in über 12.000 m Tiefe niedergebracht.

Bisher wurden Tiefbohrungen meist zur Gewinnung fließfähiger Rohstoffe wie Wasser, Erdöl oder Erdgas benutzt. In jüngster Zeit gewinnen aber auch der Bohrlochbergbau und die Geothermie rasant an Bedeutung. Unter dem Begriff „Geothermie" versteht man die technische Nutzung der in der Erde gespeicherten Wärmeenergie. Grundsätzlich kann aus Erdwärme elektrischer Strom gewonnen werden, in Deutschland steht aber bei der Nutzung der Geothermie die Gewinnung von Heizenergie im Vordergrund.

18.1 · Vorbetrachtungen

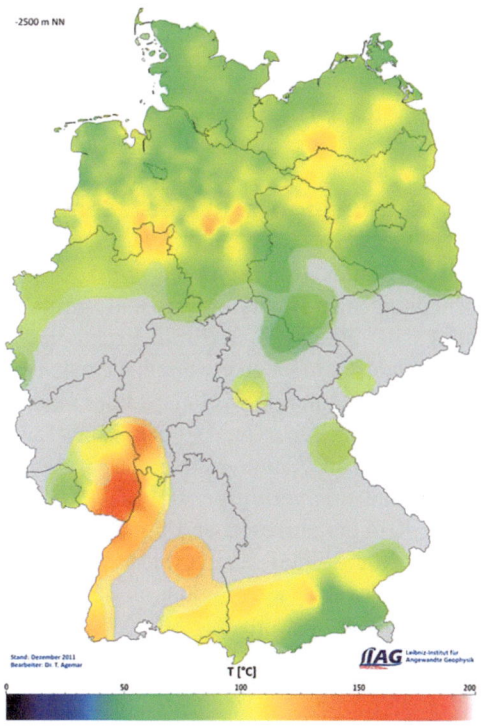

Abb. 18.3 Temperaturen in Deutschland in 2500 m Tiefe. (Leibniz-Institut für Angewandte Geophysik)

Aufgrund des Temperaturgefälles vom Erdkern zur Erdoberfläche fließt kontinuierlich Wärme aus dem Inneren des Planeten zur Oberfläche. Im weltweiten Mittel handelt es sich dabei um einen Wärmestrom von ca. $70\,\text{mW}/\text{m}^2$. Wenn man den mittleren Wärmestrom mit der Oberfläche der Erde multipliziert, erhält man die kontinuierlich in den Weltraum abgestrahlte Wärmeenergie. Mit 47 TW (tera = Billion = 10^{12}) ist diese nach menschlichen Maßstäben unendlich groß und theoretisch unerschöpflich. Allerdings ist der Wärmestrom nicht überall auf der Erdoberfläche gleich stark ausgeprägt.

In Deutschland liegt in der Erdkruste ein mittlerer Temperaturgradient von etwa $3\,°\text{C}/100\,\text{m}$ vor, das heißt, dass es in Richtung Erdmittelpunkt durchschnittlich alle 100 m um etwa 3 °C wärmer wird. Demnach müsste die Temperatur in einer Tiefe von gut 3000 m etwa 100 °C betragen. In ◘ Abb. 18.3 ist allerdings zu sehen, dass auch im deutschen Untergrund regional unterschiedliche Temperaturen angetroffen werden. Im Norddeutschen Becken, im Oberrheingraben und im Bayerischen Voralpenland sind höhere Untertagetemperaturen zu finden als beispielsweise in Schleswig-Holstein. Regionen mit höheren Temperaturgradienten sind für die Geothermie besonders interessant, weil man dort mit weniger tiefen und somit kostengünstigeren Bohrungen bereits hohe Temperaturen erreicht.

Zur Darstellung des Chancenpotenzials der Tiefengeothermie ist aber mehr erforderlich als ein Temperaturatlas. Erstens sind weite Teile Deutschlands tiefbohrtechnisch noch gar nicht erschlossen (graue Bereiche in ◘ Abb. 18.3), sodass die genauen Temperaturen in der Tiefe nicht bekannt sind, und zweitens spielen zur technischen Nutzung von Erdwärme auch noch andere geologische und hydrogeologische Parameter eine wichtige Rolle, die im Folgenden näher betrachtet werden.

Grundsätzlich ist Erdwärme jedoch immer verfügbar, zu jeder Tages- oder Jahreszeit. Insofern ist sie anders als beispielsweise Wasser-, Wind- oder Sonnenkraft grundlastfähig, was einen entscheidenden Vorteil der Geothermie gegenüber anderen regenerativen Energieformen darstellt.

18.1.2 Energiemix in Deutschland

Wie aus ◘ Abb. 18.4 hervorgeht, wird der Primärenergiebedarf in Deutschland trotz aller Bemühungen zur Energiewende und zum Klimaschutz immer noch zu etwa drei Vierteln aus fossilen Brennstoffen (Erdöl, Erdgas und Kohle) abgedeckt. Auch in den kommenden Jahrzehnten ist nicht zu erwarten, dass sich dieser Anteil drastisch ändern wird.

Die Primärenergie wird meist über mehrere Stufen in Endenergie umgewandelt. Aus ◘ Abb. 18.5 geht hervor, dass der größte Teil der eingesetzten Primärenergie letztlich dazu genutzt wird, Räume zu beheizen, warmes Wasser bereitzustellen oder Prozesswärme für die Industrie verfügbar zu machen. Das Beheizen von Gebäuden beansprucht allein schon 40 % der eingesetzten Primärenergie.

Der größte Anteil der enormen Mengen an Erdöl, Erdgas und Kohle, die Deutschland importiert, wird also verbrannt, um Luft oder Wasser aufzuheizen. Natürlich muss hier die Frage gestellt werden, ob der Wärmebedarf unserer Gesellschaft nicht aus der unerschöpflichen und emissionsfreien Wärmequelle unter unseren Füßen abgedeckt werden kann.

Tatsächlich nutzen wird die Geothermie aber fast noch gar nicht! Von dem Viertel unseres Primärenergieverbrauchs, das aus regenerativen Quellen bereitgestellt wird, stammt weniger als ein Zehntel aus Erdwärme. Und der weitaus größte Anteil dieser Nutzung der Erdwärme entfällt auf die oberflächennahe Geothermie bzw. Oberflächengeothermie, die auf die Verwendung von Wärmepumpen angewiesen ist.

Die tiefe Geothermie bzw. Tiefengeothermie, mit der sich Wärme ohne Zuhilfenahme von Wärmepumpen im großen Maßstab gewinnen und nutzen lässt, fällt mit einem Anteil von aktuell vielleicht 1 % am Primärenergiebedarf Deutschlands zurzeit praktisch gar

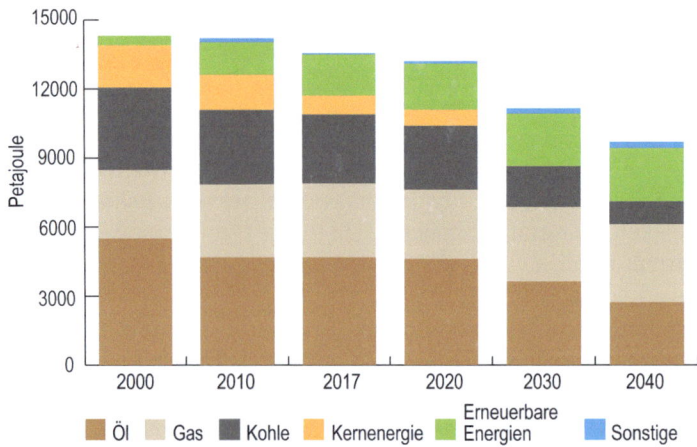

◘ **Abb. 18.4** Primärenergieverbrauch Deutschland

18.2 · Oberflächengeothermie

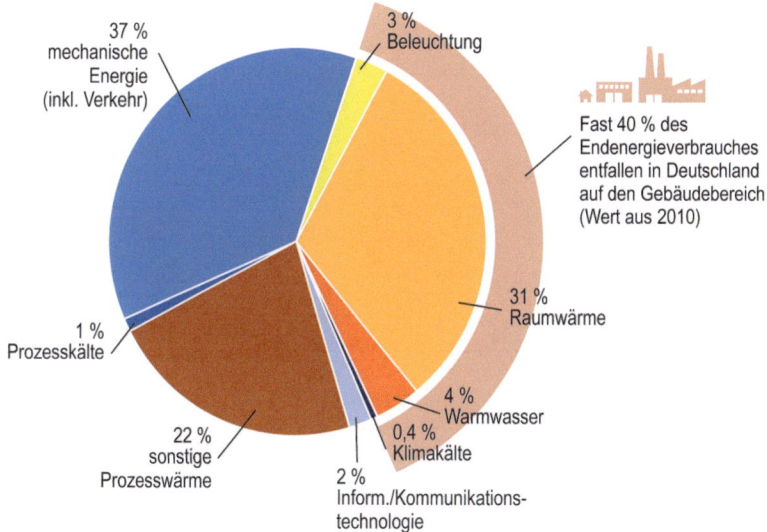

Abb. 18.5 Endenergieverbrauch in Deutschland 2021

nicht ins Gewicht. Die Stromerzeugung aus tiefer Geothermie hat in Deutschland unter den regenerativen Energien sogar einen noch deutlich geringeren Anteil und ist damit in Diagrammen zum Primärenergiemix meist gar nicht explizit aufgeführt.

Das enorme Potenzial der geothermischen Nutzung der Erdwärme wird in Deutschland also bisher bestenfalls ansatzweise genutzt. Hier ist in den kommenden Jahrzehnten mit einer erheblichen Steigerung zu rechnen. Bevor auf die Besonderheiten geothermischer Bohrungen eingegangen wird, sollen die Begriffe „Oberflächengeothermie" und „Tiefengeothermie" noch einmal deutlicher definiert werden.

18.2 Oberflächengeothermie

Die Oberflächengeothermie nutzt die in den oberen Erdschichten enthaltene Wärmeenergie. Oft wird in diesem Zusammenhang eine Bohrungstiefe von bis zu 400 m genannt. Hier herrschen Temperaturen um 15 °C vor. Die Erdwärme kann also nicht nur zum Beheizen, sondern grundsätzlich auch zum Kühlen von Gebäuden verwendet werden.

Anstatt Tiefenangaben zu machen, kann man den Begriff „oberflächennah" aber auch rein technisch definieren. Nahe der Erdoberfläche herrschen Temperaturen, die deutlich unterhalb der für Heizungen erforderlichen Vorlauftemperaturen liegen. Die Erdwärme kann also nicht direkt für Heizzwecke eingesetzt werden, sondern muss mittels einer Wärmepumpe zunächst auf ein angemessenes Temperaturniveau angehoben werden. Die oberflächennahe Geothermie stellt somit eine indirekte Nutzung der Erdwärme dar.

In ◘ Abb. 18.6 ist die Funktionsweise einer Wärmepumpe schematisch dargestellt. Das Wärmeträgermedium (meist eine Sole, links) zirkuliert in einer geschlossenen Rohrschleife, die in die Erdbohrung eingelassen ist. Das auf Erdtemperatur erwärmte Fluid fließt hinauf zur Wärmepumpe und gibt in einem Wärmetauscher einen Teil seiner Wärme an das Kältemittel ab, das in einem separaten Kreislauf in der Wärmepumpe zirkuliert.

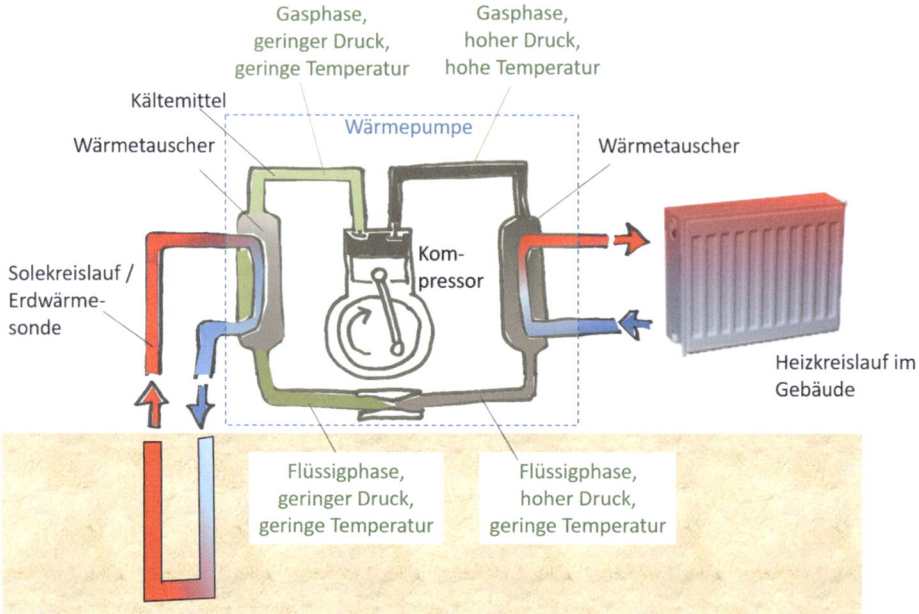

Abb. 18.6 Funktionsprinzip einer Wärmepumpe

Die abgekühlte Sole fließt in der Erdwärmesonde wieder hinunter in die Erde, um sich dort erneut zu erwärmen.

Das Kältemittel in der Wärmepumpe ist eine Flüssigkeit mit einem möglichst niedrigen Siedepunkt. Oft wird zum Beispiel Propan eingesetzt, das zu den natürlichen Kältemitteln zählt und auch in Kühlschränken verwendet wird. Unter Umgebungsdruck siedet es bereits bei einer Temperatur von $-42{,}1\,°C$. Deshalb verdampft es beim Kontakt mit der erdwarmen Sole im Wärmetauscher sehr effektiv.

Das gasförmige Kältemittel wird von einem Kompressor in der Wärmepumpe angesaugt und verdichtet. Durch die Verdichtung auf einen hohen Druck erhitzt sich das Gas auf eine Temperatur, die oberhalb der Vorlauftemperatur des Heizkreislaufes des Gebäudes liegt. In einem zweiten Wärmetauscher gibt das erhitzte Gas seine Wärme in einem weiteren Wärmetauscher an den Heizkreislauf des Gebäudes ab, an den die Heizkörper angeschlossen sind. Das Kältemittel kondensiert aufgrund der Wärmeabgabe und geht wieder in den flüssigen Zustand über. Über ein Drosselventil gelangt das Kältemittel wieder in den Niederdruckbereich der Wärmepumpe.

Die erforderliche Tiefe der Bohrung zur Verlegung einer Soleschleife für eine oberflächennahe Geothermieanlage hängt von der benötigten Wärmeleistung und der regionalen Geologie ab. In einer ersten Näherung kann man davon ausgehen, dass erfahrungsgemäß pro Bohrmeter eine Wärmeleistung in der Größenordnung von 50 W aus dem Erdreich an das Wärmeträgermedium übertragen werden kann. Wenn im Gebäude eine Heizleistung von 10 kW benötigt wird, muss die Bohrung also 200 m tief angelegt werden. Alternativ können natürlich auch beispielsweise zwei Bohrungen von je 100 m Tiefe angelegt und parallel geschaltet werden.

  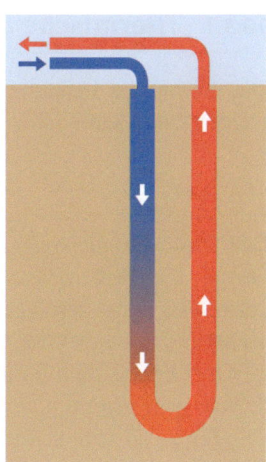

Abb. 18.7 Herstellung einer Erdwärmesonde. (Fotos: Bohrmaus)

Die Herstellung der erforderlichen Bohrung zur Verlegung der oberflächennahen Rohrschleife im Untergrund gehört nicht in den Bereich der Tiefbohrtechnik. Insofern soll sie in diesem Buch auch nicht detailliert behandelt werden.

Die Bohrarbeiten werden mit einem Bohrgerät der Flachbohrtechnik ausgeführt (Abb. 18.7). Je nach anstehendem Gestein kann ein Rotary-Bohrverfahren mit Bohrspülung oder ein Hammerbohrverfahren mit Klarwasser oder Pressluft eingesetzt werden. Nach Beendigung der Bohrarbeiten wird das U-förmige Rohr in die Bohrung eingelassen, durch welche das Wärmeträgermedium (die Sole) strömt, um im Untergrund Wärme aufzunehmen. Anschließend wird der Ringraum zwischen der Sonde und der Formation mit abdichtenden Materialien verfüllt, zum Beispiel mit Ton oder Zement.

Bezüglich weiterer Details zu den Bohrgeräten und Bohrverfahren aus dem Spezialtiefbau, welche für die Bohrarbeiten an flachen Geothermieanlagen eingesetzt werden, soll auf die in separaten Flachbohrtechnikvorlesungen und die dazu verfügbare Literatur verwiesen werden.

18.3 Tiefengeothermie

Im Gegensatz zur Oberflächengeothermie kann bei der Tiefengeothermie die gewonnene Erdwärme direkt, also ohne Niveauanhebung durch eine Wärmepumpe, genutzt werden. Insofern beginnt die Tiefengeothermie ab ca. 2500 m Bohrtiefe, wo Temperaturen von 70–90 °C erreicht werden, die den Vorlauftemperaturen von Fernwärmenetzen entsprechen. Ab ca. 3500 m Tiefe liegen Temperaturen von etwa 100 °C vor, mit denen grundsätzlich auch eine geothermische Stromgewinnung möglich ist.

Allerdings, wie ja bereits erwähnt wurde, reicht die Temperatur allein zur Charakterisierung des Potenzials einer Geothermiebohrung nicht aus. Auf diese Problematik wird im Folgenden eingegangen.

18.3.1 Thermische Leistung

Die thermische Leistung P_{therm}, die in einer übertägigen Geothermieanlage gewonnen werden kann, kann anhand der folgenden Gleichung berechnet werden:

$$P_{\text{therm}} = c_f \rho_f Q \Delta T$$

Der Term c_f ist die spezifische Wärmekapazität der Wärmeträgerflüssigkeit und ρ_f deren Dichte. Für Wasser, das bei Tiefengeothermieprojekten oft als Wärmeträgerflüssigkeit verwendet wird, beträgt die spezifische Wärmekapazität 4190 J/(kg K) und die Dichte 1000 kg/m³. Beide Größen sind somit fest vorgegeben.

Der Term Q steht für den Volumenstrom des Wärmeträgermittels, das durch den Sondenkreislauf gepumpt wird. In der Geothermie bezeichnet man ihn häufig als Schüttung. Der Term ΔT steht schließlich für die Temperaturdifferenz, um die das geförderte heiße Wasser in der übertägigen Anlage abgekühlt wird. Das abgekühlte Thermalwasser muss wieder zurück in den Untergrund geführt werden, damit es sich dort wieder aufwärmen kann.

Je größer die Leistung der übertägigen geothermischen Anlage ist, desto mehr kaltes Wasser wird zurück in den Untergrund verbracht. Das Gestein im Bereich der Sonde kühlt durch den Kontakt mit dem abgekühlten Wasser aus (◘ Abb. 18.8). Und wenn das Gestein im Einzugsbereich der Bohrung auskühlt, kann weniger Wärme aus dem Gestein aufgenommen werden. Die Leistung der Geothermieanlage bricht also ein.

◘ **Abb. 18.8** Abkühlung des Untergrundes aufgrund von Wärmeentnahme (schematisch)

18.3 · Tiefengeothermie

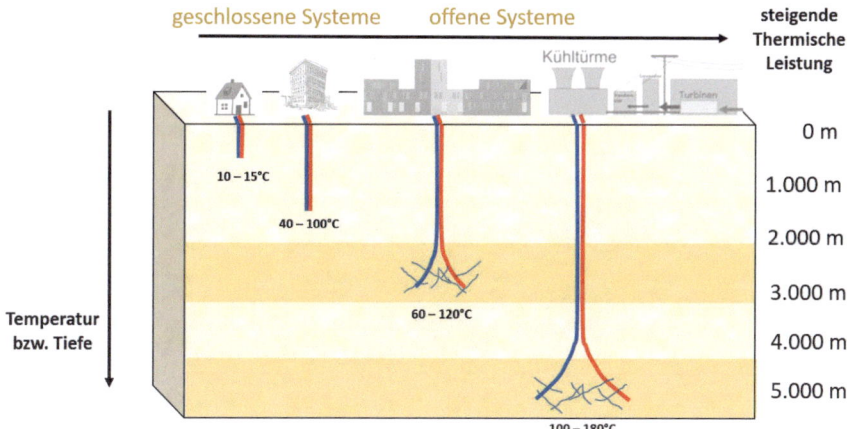

Abb. 18.9 Geothermische Anlagen mit unterschiedlichen Leistungen

Natürlich kann die Sondenbohrung tiefer angelegt werden, um den Auskühlungseffekt des Gesteins durch den Zugriff auf wärmere Gesteinsschichten zu kompensieren. Bei noch weiter ansteigender Wärmeentnahme an der Oberfläche reicht diese Maßnahme aber nicht mehr aus, und es muss schließlich vom Sondenkonzept abgewichen und stattdessen eine Dublette angelegt werden.

Eine geothermische Dublette nutzt zwei separate Bohrungen für die Förderung und die Reinjektion des Wassers. Die Endpunkte der beiden Bohrungen im Zielhorizont im Untergrund werden dabei so weit voneinander entfernt angelegt, dass der Einzugsbereich der Förderbohrung außerhalb des Abkühlungsbereichs der Re-Injektionsbohrung liegt.

In Abb. 18.9 ist zu sehen, wie Geothermieanlagen mit steigender Leistung in immer größere Tiefen vorstoßen und außerdem den Förder- und den Reinjektionsstrom immer effektiver separieren müssen. Bei einer Dublette fördert die Förderbohrung heißes Wasser aus einem Bereich des Untergrundes, in dem ein noch ungestörtes Temperaturprofil vorliegt, während die Reinjektionsbohrung ihr abgekühltes Wasser in einen anderen Bereich des Untergrundes entlädt, der dadurch auskühlt. Da in beiden Fällen große Wassermengen bewegt werden müssen, muss der Zielhorizont entsprechend porös und permeabel sein, um die Volumenströme aufnehmen bzw. freigeben zu können. Das Wasser bewegt sich bei einer Dublette also nicht in einem geschlossenen Rohrleitungssystem, sondern außerhalb der beiden Bohrungen auch durch den Porenraum des Gesteins des Zielhorizonts. Eine Dublette ist somit ein offenes System.

18.3.2 Hydrothermale Geothermie

Wenn der Zielhorizont der beiden Tiefbohrungen eine wasserführende Schicht (ein Aquifer) mit ausreichender Permeabilität ist, spricht man von hydrothermaler Geothermie. In Deutschland gehört der Malm des Bayerischen Molassebeckens zu den bekanntesten Aquiferen, die zur Gewinnung geothermischer Energie genutzt werden.

Der Malm-Aquifer ist eine verkarstete Kalksteinschicht mit vielen Hohlräumen, die den Kalkstein wasserdurchlässig machen. Da sich die Alpen von Süden her über die nördlich anschließenden Gesteinsschichten schieben, wird der Malm in Richtung Süden

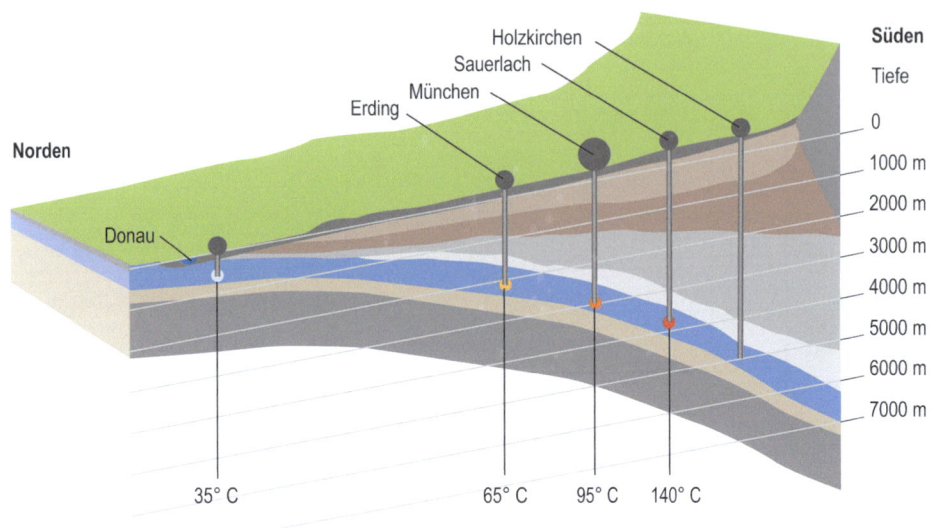

◘ **Abb. 18.10** Hydrothermale Geothermie im Malm des Bayerischen Molassebeckens

in immer größeren Tiefen angetroffen (blau dargestellte Schicht in ◘ Abb. 18.10). Die Tiefenwässer, die in dem Malm angetroffen werden, besitzen also umso größere Temperaturen, je weiter südlich die Bohrungen angelegt werden.

Da die Wahrscheinlichkeit, im Malm in großen Tiefen auf bewegliches heißes Wasser zu stoßen, ungewöhnlich hoch ist, gibt es im Großraum München bereits viele aktive geothermische Anlagen. Nördlich von München, wo der Malm in geringerer Tiefe ansteht, sind reine Heizwerke zu finden, während südlich von München auch Geothermiekraftwerke zu finden sind, die Strom produzieren können.

Die thermischen Leistungen der Anlagen bewegen sich um ca. 20–40 MW. Entsprechend der Gleichung für die thermische Leistung sind dazu je nach Tiefe bzw. Temperatur des Malms Schüttungen von ca. 100–140 l/s erforderlich. Natürlich strömt das Wasser nicht aus eigenem Druck aus der Förderbohrung an die Oberfläche, sondern es muss in der Förderbohrung eine leistungsfähige Pumpe eingesetzt werden.

Eine leistungsfähige Pumpe erzeugt auf ihrer Saugseite einen signifikanten Druckabfall, durch den Kavitation hervorgerufen werden kann. Kavitation entsteht, wenn der Druck im Wärmeträgermedium unterhalb seines Dampfdruckes abfällt. Dadurch entstehen Dampfblasen, die bei einer Druckerhöhung schlagartig wieder in sich zusammenfallen. Die Leistung einer Pumpe wird durch Kavitation beeinträchtigt, und die Oberflächen der Bauteile werden durch die Schockwellen beschädigt, die beim Implodieren der Gasblasen entstehen. Um Kavitation auszuschließen, muss die Förderpumpe in einer gewissen Tiefe in der Förderbohrung platziert werden, wo so hohe statische Drücke vorliegen, dass der Dampfdruck im Betrieb der Pumpe nicht erreicht oder unterschritten werden kann (◘ Abb. 18.11).

Eine Platzierung der Pumpe in einer gewissen Tiefe in der Bohrung hat allerdings zur Folge, dass der Außendurchmesser der Pumpe maximal auf den Innendurchmesser der Bohrung beschränkt ist. Laufräder mit kleinen Durchmessern erzielen aber auch nur geringe Leistungen. Um diesen Mangel auszugleichen, werden Tauchkreiselpumpen als

18.3 · Tiefengeothermie

Abb. 18.11 Tauchkreiselpumpe

Reihenschaltung viele kleiner Laufräder ausgeführt. Tauchkreiselpumpen sind deshalb sehr lang.

Der Antrieb einer Tauchkreiselpumpe erfolgt meist elektrisch über ein Stromkabel und einen Elektromotor, der sich direkt an der Tauchkreiselpumpe, also ebenfalls in der Bohrung, befindet. Als Kühlflüssigkeit für den Motor muss in diesem Fall allerdings das heiße Thermalwasser in der Förderbohrung dienen, was eine große Herausforderung an die Ausstattung des Motors mit elektrischen Bauteilen bedeutet.

Der Antrieb der Tauchkreiselpumpe kann grundsätzlich auch an die Oberfläche verlegt werden. Auf diese Weise ist die Kühlung des Antriebsmotors wesentlich einfacher möglich, allerdings ist dann ein langes Pumpengestänge erforderlich, das die Antriebsenergie mechanisch zur Pumpe im Bohrloch überträgt. Dieses Pumpengestänge kann verschleißen und auch zu Abrieb an der Verrohrung der Bohrung führen.

Zur Reinjektion des abgekühlten Thermalwassers ist ebenfalls eine leistungsstarke Pumpe erforderlich, die das Wasser in den Zielhorizont verpresst. Da das Wasser bei der Reinjektion nicht angehoben, sondern nach unten verpresst wird, tritt keine Kavitation auf. Deshalb kann eine konventionelle Spülpumpe verwendet werden, die an der Oberfläche steht.

In **Abb.** 18.12 wird das Funktionsprinzip eines Geothermiekraftwerks kurz erläutert. Die Wärmeenergie des heißen Wassers aus der Förderbohrung wird über einen Wärmetauscher an ein Arbeitsmittel (z. B. Ammoniak) übertragen, welches daraufhin verdampft. Das dampfförmige Arbeitsmittel wird auf eine Turbine geleitet, welche einen Stromgenerator antreibt. Die Restwärme des Arbeitsmittels wird in einem weiteren Wärmetauscher an das Wärmeträgermittel für ein Fernwärmenetz abgegeben. Wenn die Wärme nicht abgenommen werden kann (z. B. im Sommer), kann die überschüssige Wärme an einen Kühlturm abgegeben werden. Durch die Abkühlung verflüssigt sich das Arbeitsmittel wieder und wird im flüssigen Zustand zurück in den Verdampfer gepumpt.

Das abgekühlte Geothermalwasser wird per Spülpumpe in der Reinjektionsbohrung wieder in den Untergrund verpresst. Wie bereits beschrieben, kühlt das Gestein im Bereich des Endpunktes der Reinjektionspumpe aus. Der Endpunkt der Förderbohrung muss deshalb außerhalb des ausgekühlten Bereichs platziert werden. Die Größe des ausgekühlten Bereichs am Endpunkt der Reinjektionsbohrung sollte nicht unterschätzt werden – bei

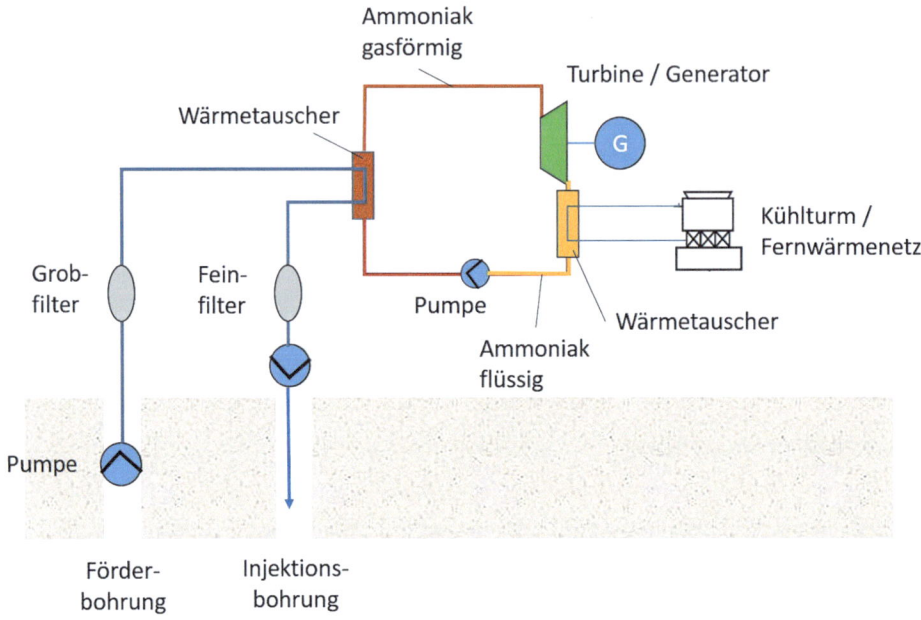

Abb. 18.12 Funktionsprinzip eines Geothermiekraftwerks

den typischen Geothermieanlagen im Malmkarst der Bayerischen Molasse sind die Endpunkte der beiden Tiefbohrungen im Trägerhorizont meist etwa 2000 m weit voneinander entfernt. Damit kann so eine Geothermieanlage einige Jahrzehnte lang ohne erhebliche Leistungseinbrüche aufgrund eines thermischen Kurzschlusses betrieben werden.

18.3.3 Petrothermale Geothermie

In den meisten Regionen Deutschlands und der Welt befinden sich in mehreren Kilometern Tiefe keine Aquifere, sondern es steht dort das massive Grundgebirge an, das beispielsweise eine Granitformation sein kann (Abb. 18.13). Das Grundgebirge ist üblicherweise sehr kompakt und weist keine oder nur sehr geringe Wasserwegsamkeiten auf. Die erforderliche hydraulische Verbindung der beiden Tiefbohrungen einer Dublette über natürliche Fließwege im Zielhorizont ist somit nicht gegeben. Wenn man dennoch Wärme aus dem Gestein gewinnt, spricht man von petrothermaler Geothermie.

Es ist grundsätzlich möglich, die Förder- und die Reinjektionsbohrung durch künstliche Risse (Fracks) miteinander zu verbinden. Beim Fracking (korrekt heißt es Hydraulic Fracturing) wird Wasser unter hohem Druck in die Tiefbohrungen gepresst, sodass die Gesteinsfestigkeit überschritten wird und das Gestein aufbricht. Natürlich verursacht das Aufbrechen von Hartgestein im Untergrund Erschütterungen, die unter Umständen auch an der Erdoberfläche wahrgenommen werden. Solche induzierten seismischen Ereignisse werden auch als Erdbeben bezeichnet und von der betroffenen Bevölkerung meist sehr ablehnend bewertet.

Bezüglich der Details des Hydraulic Fracturing soll auf die Vorlesungen und die Literatur der Lagerstättenkunde verwiesen werden, wo das Thema unter dem Stichwort

18.3 · Tiefengeothermie

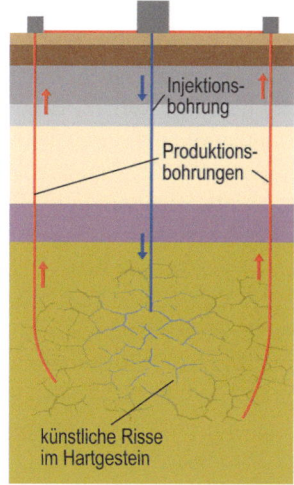

Abb. 18.13 Petrothermale Geothermie

„Bohrlochstimulation" behandelt wird. Hier soll nur ein sehr grober Überblick über eine Frackoperation gegeben werden.

Oft wird fälschlicherweise davon ausgegangen, dass sich Fracks im Gestein unkontrolliert ausbreiten. Auch die meisten Darstellungen im Internet zeigen entsprechende Fracks. Tatsächlich lässt sich die Ausbreitungsrichtung der Fracks aber aus dem Spannungszustand des Gesteins recht präzise vorhersagen, denn sie breiten sich immer in Richtung der größten Spannung aus. Oft verläuft die maximale Spannung im Gestein in vertikaler Richtung, da das Gewicht der überlagernden Gesteinsschichten vertikal nach unten wirkt. Die Risse breiten sich dann ebenfalls in vertikaler Richtung aus, es ist nämlich einfacher, die überlagernden Gesteinsschichten zu den Seiten wegzuschieben, als sie anzuheben (Abb. 18.14).

Wenn die Bohrungen entsprechend des Spannungszustands im Gebirge positioniert werden, ist es durchaus möglich, sie über mehrere Hundert Meter Distanz über künstliche Risse hydraulisch miteinander zu verbinden. Der technische Aufwand und die Kosten hierfür sind allerdings erheblich.

Um zu verhindern, dass sich die aufwendig erzeugten Risse im Gestein nach Beendigung der Fracking-Aktion und dem Abschalten der Pumpen wieder schließen, werden Stützmittel, so genannte Proppants (im Prinzip künstliche Sandkörner) in die Fracks

Abb. 18.14 Ausbreitung von Fracks in vertikalen und horizontalen Bohrungen

gepumpt. Dazu wird das Frackwasser durch Zusatz von Polymeren (z. B. Stärke) angedickt, um seine Tragfähigkeit zu erhöhen und die Proppants möglichst weit in die Risse hineinzutragen. Nach dem Einbringen der Proppants müssen die Polymere allerdings wieder beseitigt werden, denn in den feinen Rissen behindern sie sonst die nachfolgende Durchströmung durch Wasser. Deshalb enthalten die Frackfluide auch Enzyme, die die Polymere in den Fracks nach ihrem Einsatz wieder zerlegen.

Schließlich muss verhindert werden, dass die Risse im Gestein im nachfolgenden Betrieb der geothermischen Anlage durch Bakterien besiedelt und wieder verstopft werden. Dazu werden den Frackfluiden Biozide zugesetzt.

Das Hydraulic Fracturing ist in den vergangenen Jahrzehnten technisch immer weiter verfeinert worden, und auch die Frackfluide enthalten immer weniger schädliche Substanzen. In jedem Putzschrank zu Hause oder selbst in Shampoos sind deutlich höher konzentrierte Chemikalien zu finden. Trotzdem wird das Fracken in der Bevölkerung immer noch mit Erdbeben, Wasserverschwendung und chemischer Vergiftung des Untergrundes in Verbindung gebracht. Deshalb stehen die Bürger der petrothermalen Geothermie oft skeptisch gegenüber. Aktuell ist das Fracken in Deutschland politisch und soziologisch nur sehr schwer umsetzbar.

Eine weitere Herausforderung bei der petrothermalen Geothermie besteht darin, dass das Wasser, das als Wärmeträgermedium dient, bei seinem untertägigen Kontakt mit dem Gestein Mineralien, aber auch zum Beispiel Schwermetalle und radioaktive Nukleide aufnehmen kann, die sich dann in den übertägigen Filtern, Wärmetauschern und Rohrleitungen der Anlage ablagern. Die Ablagerungen (Scalings) müssen in gewissen Intervallen durch aufwendige Prozeduren beseitigt und gegebenenfalls als Sondermüll entsorgt werden.

18.3.4 Natürliche Kluftsysteme

Ein Sonderfall der petrothermalen Geothermie könnte darin bestehen, anstelle künstlicher Risse (Fracks) natürliche vorhandene Kluftsysteme als Wasserwegsamkeiten im Untergrund zu nutzen (◘ Abb. 18.15). Streng genommen würde es sich in diesem Fall wieder um ein hydrothermales System handeln, das sich allerdings im kompakten Grundgebirge befindet.

Dass sich natürliche Kluftsysteme als natürliche unterirdische Wärmetauscher eignen, muss noch demonstriert werden. Versuche, erste Demonstratoren in Cornwall in England zu errichten, scheinen aktuell erfolgversprechend zu verlaufen. Auch in Deutschland sind potenziell geeignete Kluftsysteme durchaus schon bekannt; es konnte aber trotz intensiver Bemühungen noch keine Finanzierung für ein entsprechendes bohrtechnisches Forschungsprojekt akquiriert werden.

18.3.5 Geschlossene tiefengeothermische Systeme

Geschlossene geothermische Systeme greifen das Prinzip der Erdwärmesonde auf, verlagern es aber in den tieferen Untergrund. Der unterirdische Wärmetauscher in der angestrebten Tiefe besteht aus vielen parallelen Bohrungen, die im Untergrund von einer Förder- und einer Reinjektionsbohrung abzweigen, die an ihren Enden paarweise zusammengeführt werden, sodass sie durchströmt werden können (◘ Abb. 18.16). Die Bohr-

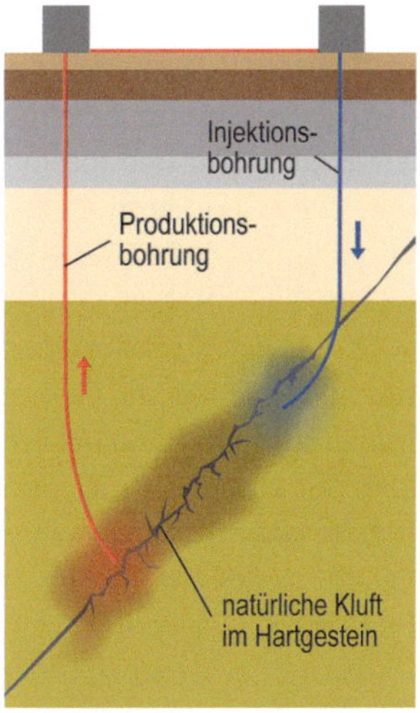

18.3 · Tiefengeothermie

Abb. 18.15 Geothermie im natürlichen Kluftsystem

Abb. 18.16 Geschlossenes Tiefengeothermiesystem

strecken im Bereich des untertägigen Wärmetauschers sind zwar nicht verrohrt, aber mit einem Kunstharz so versiegelt, dass sie gegenüber der Umgebung abgedichtet sind. Das Wärmeträgerfluid, das im Allgemeinen Wasser ist, durchströmt folglich ein geschlossenes System und kommt dabei gar nicht mit dem umgebenden Gestein in Kontakt. Dadurch ist das Konzept grundsätzlich unabhängig von der regionalen Geologie einsetzbar. Künstlich angelegte oder natürlich vorhandene Wasserwegsamkeiten im Gebirge sind nicht erforderlich, und ein Austrag von radioaktiven Substanzen oder Mineralien aus dem Gebirge tritt nicht auf.

Wenn die Bohrungen im Bereich des unterirdischen Wärmetauschers mit relativ großen Durchmessern angelegt werden, kann der Strömungswiderstand des Wärmeträgerfluids so gering gehalten werden, dass sich das Fluid nach einem kurzen Anpumpvorgang ohne weitere Unterstützung durch Pumpen allein aufgrund des Thermosyphoneffekts im Kreislauf bewegt. Das kalte Wasser fällt wegen seiner höheren

Dichte in der Reinjektionsbohrung nach unten und drückt das leichtere Heißwasser in der Förderbohrung vor sich her zur Oberfläche.

Da das System geschlossen ist, können grundsätzlich sogar Wärmeträgerfluide mit besseren hydro- und thermodynamischen Eigenschaften als Wasser, beispielsweise überkritisches CO_2, eingesetzt werden, um die Effektivität der Anlage zu steigern.

Ähnlich wie bei der Nutzung natürlicher Kluftsysteme steht auch bei den geschlossenen geothermischen Systemen der praktische Nachweis der ökonomischen Machbarkeit noch aus. Da die Bohrungen geschlossener geothermischer Systeme im Vergleich zu Rissen und Klüften im Gebirge relativ kleine Oberflächen besitzen, ist der Wärmeertrag solcher Rohrwärmetauscher begrenzt. Gleichzeitig ist der technische Aufwand zur Erstellung der komplexen Richtbohr- und Abdichtungsarbeiten im Bereich des unterirdischen Wärmetauschers aber sehr hoch und entsprechend teuer. Den hohen Investitionskosten für die Erstellung eines geschlossenen Tiefengeothermiesystems stehen also begrenzte Erträge im Betrieb der Anlage gegenüber.

Eine erste Demonstrationsanlage im Industriemaßstab wird aktuell in Süddeutschland erstellt. Wenn sich die neue Technologie dort bewährt und entsprechend viele Folgeprojekte entstehen, besteht die Hoffnung, dass die Bohrkosten mit dem Durchlaufen entsprechender Lern- und Optimierungskurven so weit gesenkt werden können, dass das Konzept geschlossener Tiefengeothermiesysteme sich auf dem Markt behaupten kann.

18.4 Nachhaltigkeit geothermischer Anlagen

Der durchschnittliche Wärmestrom, der durch die Erdkruste hindurch an die Oberfläche gelangt, beträgt wie eingangs dargestellt knapp $0{,}1\ W/m^2$.

Eine geothermische Anlage kann deshalb streng genommen nur dann als nachhaltig bezeichnet werden, wenn die im obertägigen Kraftwerk abgenommene Leistung der Wärmeenergie entspricht, die im Untergrund aufgrund des natürlichen Wärmestromes nachfließen kann. Die folgende sehr grobe Überschlagsrechnung soll diese Problematik verdeutlichen.

Wenn eine Geothermieanlage übertägig eine thermische Leistung von 20 MW abgibt und der aus dem Erdinneren kommende Wärmestrom großzügig zu $0{,}1\ W/m^2$ angenommen wird, so müsste für eine nachhaltige Nutzung der Anlage ein Wärmeeinzugsgebiet mit einer Fläche von ca. $200\ km^2$ zur Verfügung stehen. Wie in ◘ Abb. 18.17 dargestellt, entspricht diese Fläche einem Kreis von ca. 16 km Durchmesser.

Tatsächlich liegen die Endpunkte der Bohrungen der Dublette aber meist nur maximal ca. 2 km weit auseinander. Der Bereich, der um die Reinjektionsbohrung herum ausgekühlt wird, hat also einen Radius von maximal 2 km. Auf einer Kreisfläche von 2 km Radius strömen aber nur ca. 1,2 MW an thermischer Energie aus dem Erdinneren nach. Die Wärmeenergie, die das übertägige Kraftwerk abgibt, ist damit etwa 17-mal größer als die Wärmeenergie, die aufgrund des Wärmestromes aus dem Erdinneren in den abgekühlten Bereich nachfließt.

Der Betrieb einer typischen Tiefengeothermieanlage in Deutschland ist also bei näherer Betrachtung nicht nachhaltig, sondern es wird die im Gestein gespeicherte Wärmeenergie im Bereich des unteren Endes der Reinjektionsbohrung abgebaut. Dieser Bereich wird im Betrieb der Anlage allmählich immer größer. Wenn er den Einzugsbereich der Produktionsbohrung erreicht, bricht die Leistung des Kraftwerks ein. Insofern steht die Erdwärme in der Praxis nicht unbegrenzt zur Verfügung, sondern eine Tiefengeother-

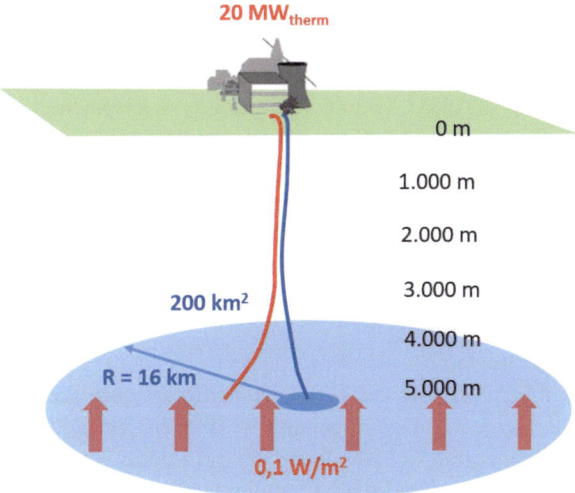

■ **Abb. 18.17** Nachhaltigkeitsbetrachtungen zu Geothermieanlagen

mieanlage hat nur eine begrenzte Lebensdauer, die von der gespeicherten Wärmeenergie des Gesteins im Untergrund, der Wärmeleitfähigkeit des Gesteins, der Beweglichkeit des Wassers im Porenraum des Gesteins und der abgenommenen thermischen Energie an der Oberfläche abhängt. Zur Berechnung der zeitlichen Ausbreitung des Abkühlungsbereichs im Untergrund gibt es spezielle Software, die im Lehrgebiet Lagerstättentechnik behandelt wird.

Erdwärme ist also bei näherer Betrachtung ein Bodenschatz, der im Laufe der Zeit abgebaut wird und somit endlich ist. Im Untergrund ist allerdings sehr viel Energie gespeichert! Die spezifische Wärmekapazität von Böden, Granit oder beispielsweise Sand beträgt etwa 0,8 kJ/(kg K), die von Wasser sogar 4,381 kJ/(kg K) (■ Abb. 18.18).

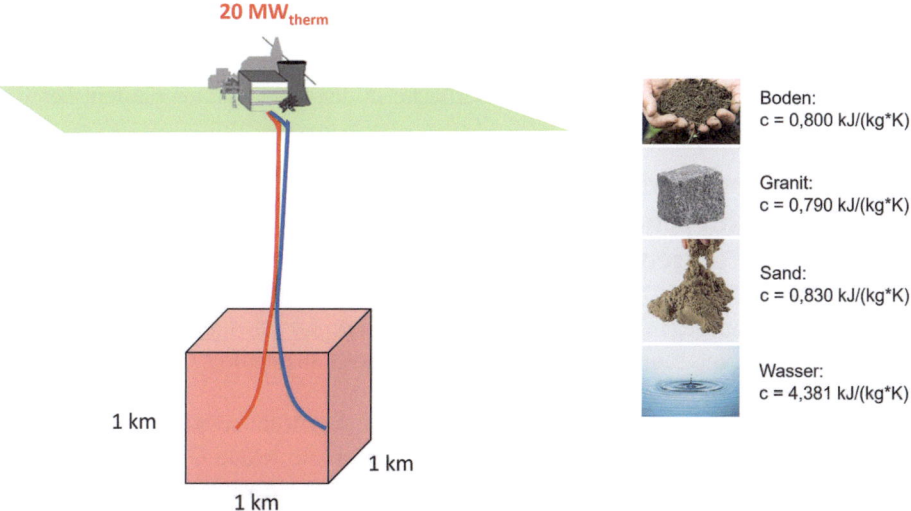

■ **Abb. 18.18** Wärmekapazität von Gesteinen und Wasser

Auf den ersten Blick ist dieser Unterschied erheblich, allerdings ist die Dichte von Granit fast dreimal so hoch wie die von Wasser, was die Unterschiede bezüglich der Wärmekapazität eines bestimmten Volumenelements wieder weitgehend ausgleicht.

Die in 1 km³ Granit im Untergrund gespeicherte Wärmeenergie ist theoretisch so groß, dass sich das Gestein nur um 10 °C abkühlen würde, wenn man ihm über einen Zeitraum von 35 Jahren eine Wärmeleistung von 20 MW entzöge.

Wenn der Auskühlungsbereich der Injektionsbohrung den Einzugsbereich der Produktionsbohrung erreicht, bricht die Leistung der geothermischen Anlage drastisch ein. Die Leistung der geothermischen Anlage beinhaltet ja den Term ΔT:

$$P_{\text{therm}} = c_f \rho_f Q \Delta T$$

Der Term ΔT ist die Temperaturdifferenz, um die das geförderte heiße Wasser an der übertägigen Anlage abgekühlt wird. Meist beträgt diese Temperaturdifferenz nur wenige Zehnergrad Celsius. Wenn das geförderte Wasser beispielsweise eine Temperatur von 120 °C besitzt und die Vorlauftemperatur des angeschlossenen Fernwärmenetzes 80 °C betragen muss, steht als Abkühlspanne für das Wärmeträgerfluid lediglich eine Temperaturdifferenz von 40 °C zur Verfügung.

Wenn der ausgekühlte Bereich die Förderbohrung erreicht, sinkt die Temperatur des geförderten Wassers ab. Eine Reduzierung der Temperatur des geförderten Heißwassers um 10 °C hätte in diesem groben Beispiel einen Leistungseinbruch der übertägigen Anlage von 25 % zur Folge, denn das Wasser könnte dann nur noch um 30 °C anstatt wie vorher um 40 °C abgekühlt werden.

In der Praxis bedeutet das, dass 25 % der Kunden durch das angeschlossene Fernwärmenetz nicht mehr versorgt werden können – oder dass die Leistung der übertägigen Anlage durch technische Maßnahmen (Einsatz von Wärmepumpen, Zusatzheizungen, Wärmerückführungen usw.) erhalten werden muss, was aber immer auch mit einer Minderung des Wirkungsgrades und damit mit einer Verschlechterung der Umweltbilanz und der Ökonomie verbunden ist. In der Praxis werden geothermische Anlagen auf eine Lebensdauer von einigen Jahrzehnten ausgelegt.

Allerdings kann die Ausbreitung des untertägigen Auskühlungsbereichs verzögert oder sogar verhindert werden, wenn die Anlage im Sommer zur Kühlung verwendet und überschüssige Wärme von der Erdoberfläche in den ausgekühlten Gesteinsbereich zurückgeführt wird.

18.5 Bohrtechnische Besonderheiten gegenüber Öl- und Gasbohrungen

Oft wird davon ausgegangen, dass die Tiefbohrtechnik der Öl- und Gasindustrie ohne Weiteres in der Lage sein sollte, Geothermiebohrungen abzuteufen. Tatsächlich gibt es sehr viele Gemeinsamkeiten.

Die höffige geothermische Lagerstätte wird wie bei Kohlenwasserstoffbohrungen durch seismische Untersuchungen vorerkundet, sodass die lokale Geologie bereits zu Bohrbeginn zu einem gewissen Grad als bekannt vorausgesetzt werden kann. Aber auch, wenn eine geothermische Tiefbohrung darauf abzielt, heißes Wasser zu finden, kann sie jederzeit unerwartet auf Kohlenwasserstoffe stoßen. Beispiele dafür gibt es viele!

18.5 · Bohrtechnische Besonderheiten gegenüber Öl- und Gasbohrungen

Deshalb müssen die Bohranlage und alle ihre Komponenten sowie die Mannschaft tiefbohrtauglich, also für das Bohren nach Öl und Gas ausgestattet bzw. ausgebildet sein, damit sie Kicksituationen frühzeitig erkennen und bekämpfen können.

Da aufgrund der geologischen Bedingungen und bohrtechnischer Aktivitäten wie z. B. dem Auszirkulieren von Kicks bzw. das Totpumpen von Bohrungen hohe Drücke auftreten können, gelten auch bezüglich der Bohrlochkonstruktion für Geothermiebohrungen dieselben Regeln und Vorschriften wie bei Kohlenwasserstoffbohrungen. Die Arbeitsschritte zur praktischen Umsetzung sind bei Geothermiebohrungen weitgehend identisch mit denen in der Öl- und Gasindustrie.

Für tiefe Geothermiebohrungen sollten deshalb grundsätzlich auch dieselben Prozeduren, Ausrüstungen und Sicherheitsstandards angesetzt werden wie für Öl- und Gasbohrungen. Bei näherem Hinsehen gibt es aber durchaus auch signifikante Unterschiede zwischen Geothermie- und Kohlenwasserstoffbohrungen. Das liegt unter anderem daran, dass geothermische Lagerstätten deutlich andere Eigenschaften als Öl- und Gaslagerstätten besitzen. Im Folgenden werden die wichtigsten Unterschiede zwischen Kohlenwasserstoff- und Geothermiebohrungen betrachtet.

18.5.1 Bohrungsdurchmesser

Typische Ölbohrungen produzieren ca. 1000 Barrel Öl pro Tag, was einer durchschnittlichen Förderrate von ca. 2 l/s entspricht. Erdöl besitzt einen Brennwert von ca. 41.000 kJ/kg und somit eine außerordentlich hohe Energiedichte, die sich in einem entsprechend hohen Verkaufspreis widerspiegelt.

Wasser enthält dagegen keine chemisch gebundene Energie, sondern nur Wärme, die dem Wasser entzogen werden kann. Die Wärmekapazität von Wasser beträgt 4,18 kJ/(kg K). Bei einer Abkühlung in der obertägigen Anlage um $\Delta T = 30\,\text{K}$ werden dem Wasser also 125 kJ/kg entzogen.

Damit ist der nutzbare Energiegehalt von Erdöl etwa um den Faktor 300 größer als der von geothermischem Wasser (Abb. 18.19). Um diesen Nachteil zumindest teilweise auszugleichen, muss die Förderrate (Schüttung) einer Geothermiebohrung maximiert werden. Wie bereits gezeigt wurde, werden Schüttungen oberhalb von 100 l/s angestrebt. Die Schüttung einer typischen Tiefengeothermiebohrung liegt damit in der Größenordnung des 50-Fachen der Förderrate einer typischen Ölbohrung. Deshalb muss der Durchmesser einer Geothermiebohrung auch entsprechend größer angesetzt werden.

Heizöl:
Brennwert
41.000 kJ/kg

Wasser:
Wärmekapazität
c $_{Wasser}$ = 4,18 kJ/(kg * K)
ΔT = 30K: **125 kJ/kg**

Abb. 18.19 Nutzenergiegehalte von Erdöl und Wasser

Ein größerer Bohrungsdurchmesser führt aber auch zu einer wesentlich schwereren und teureren Bohrlochkonstruktion, mit der Folge, dass auch die erforderliche Hakenlast der Tiefbohranlage inklusive der Tankanlage, der Kapazität der Spülpumpen usw. größer dimensioniert werden muss. Insgesamt muss also davon ausgegangen werden, dass geothermische Tiefbohrungen in der Regel deutlich teurer ausfallen als solche für die Förderung von Kohlenwasserstoffen – obwohl „nur" nach heißem Wasser gebohrt wird.

Diese Tatsache wird allerdings leider immer noch oft infrage gestellt. Da die Rendite eines Geothermieprojekts in der Regel deutlich geringer ist als die einer erfolgreichen Kohlenwasserstoffbohrung, wird bei tiefen Geothermiebohrungen manchmal intensiv nach Möglichkeiten für Kosteneinsparungen gesucht. Anstelle von API-gerechten Rohren werden günstigere Sonderanfertigungen bestellt, die Zementkopfhöhen werden reduziert, die Bohranlage wird zu klein dimensioniert, Kontrollmessungen werden minimiert oder eingespart, und anstatt Servicefirmen für Sonderarbeiten zu beauftragen, werden Arbeiten wie etwa der Rohreinbau eigenmächtig durch die Bohrmannschaft durchgeführt.

Leider enden diese Versuche häufig in erheblichen Problemen, wie zum Beispiel kollabierten Rohrtouren oder undichten Bohrungen, die dann im schlimmsten Fall sogar zu einem Totalverlust der Bohrungen führen können. Deshalb wird dringend empfohlen, bei Tiefengeothermieprojekten grundsätzlich die bewährten Prozeduren und Standards der Öl- und Gasindustrie zu übernehmen.

18.5.2 Anzahl benötigter Bohrungen

Zur Förderung von Kohlenwasserstoffen ist grundsätzlich nur eine Tiefbohrung erforderlich – zum Betrieb einer leistungsfähigen Geothermieanlage sind es dagegen mindestens zwei (Dublette) oder sogar drei (Triplette). Dadurch verdoppeln oder verdreifachen sich die benötigten Bohrmeter und somit auch die Bohrkosten.

18.5.3 Fündigkeitsrisiko

Die Erschließung eines Öl- und Gasfeldes beginnt mit einer Erkundungsbohrung und einer Serie von Bestätigungsbohrungen (▶ Kap. 2). Es wurde bereits aufgezeigt, dass im Mittel nur jede zehnte Erkundungsbohrung nach Kohlenwasserstoffen fündig ist und es nur in weniger als der Hälfte der nachfolgenden Bestätigungsbohrkampagnen zu einer Produktion kommt. Wenn es zu einer Produktionsbohrung für Kohlenwasserstoffe kommt, ist also praktisch kein Fündigkeitsrisiko mehr vorhanden, denn die Lagerstätte und ihre Eigenschaften sind ja bereits im Detail bekannt. Aus dem erstellten Lagerstättenmodell geht hervor, an welcher Stelle eine optimale Produktion zu erwarten und mit welcher Produktionsrate zu rechnen ist. Die Förderbohrung kann somit auf Basis umfangreicher Datensätze aus Kernanalysen sowie Bohr- und Fördertests im Zielhorizont sehr effektiv in der Lagerstätte platziert werden.

Die Planung einer Geothermieanlage basiert dagegen auf einer gewissen zu erbringenden thermischen Leistung, die eine bestimmte Temperatur des geförderten Thermalwassers und eine bestimmte Schüttung voraussetzt. Ob die Bohrungen allerdings im Zielhorizont die erhoffte Temperatur antreffen und die angestrebte Schüttung realisieren können, kann vor dem Abschluss der Bohrarbeiten und Durchführung von Fördertests nicht beantwortet werden und stellt somit das Fündigkeitsrisiko dar.

Natürlich werden geothermische Tiefbohrungen nicht gänzlich ohne Kenntnis über den Untergrund angelegt. Die Vorerkundung des Zielhorizonts und die Festlegung des Zielpunktes einer Geothermiebohrung erfolgen meist über seismische Untersuchungen. Da Tiefengeothermiebohrungen oft in größere Tiefen vorstoßen als konventionelle Öl- und Gasbohrungen, müssen im Rahmen der seismischen Kampagne besonders niederfrequente Schallwellen eingesetzt werden, welche die Distanz von der Oberfläche zum Zielhorizont und zurück zur Erdoberfläche überwinden können. Die Auflösung seismischer Untersuchungen ist aber von der Wellenlänge der eingesetzten Schallwellen abhängig. Strukturen, die kleiner als die halbe Wellenlänge sind, können nicht sicher erkannt werden.

Bei einer Schallgeschwindigkeit im Gestein von 3000 m/s und einer Anregungsfrequenz von 100 Hz beträgt die Wellenlänge einer Schallwelle beispielsweise 30 m. Objekte, die kleiner als 15 m sind, lassen sich also nicht präzise orten. Wasserführende Klüfte und Verkarstungen im Gestein, die meist deutlich kleinere Dimensionen aufweisen, werden somit von der Oberfläche aus nicht präzise identifiziert und können deshalb durch die Bohrgarnitur auch nicht gezielt angesteuert werden.

Deshalb wird in der Zielformation ein größeres Zielgebiet definiert, in dem eine möglichst hohe Wahrscheinlichkeit des Antreffens von Wasserwegsamkeiten vermutet werden kann. Ob dort aber tatsächlich bewegliches Wasser angetroffen wird oder die Bohrung ohne Anschluss an Klüfte oder Verwerfungen „trocken" bleibt, ergibt erst ein Fördertest, der nach dem Abschluss der Bohrarbeiten durchgeführt werden kann. Im Gegensatz zu einer Erkundungsbohrung in der Öl- und Gasindustrie wird die erste Tiefbohrung eines Geothermieprojekts meist direkt als großkalibrige Produktionsbohrung ausgelegt. Wenn sie fündig ist, kann sie im nachfolgenden Kraftwerksbetrieb jahrzehntelang als Förder- oder Reinjektionsbohrung dienen. Ist die Bohrung jedoch „trocken", findet sie also keinen Anschluss an Wasserwegsamkeiten, die die angestrebte Schüttung mit der vorgesehenen Temperatur ermöglichen – dann waren die hohen Investitionskosten vergeblich.

Das relativ schmale Budget eines typischen Investors für ein Tiefengeothermieprojekt, beispielsweise der Stadtwerke einer Gemeinde, erlaubt keinen solchen Misserfolg. Das Fündigkeitsrisiko stellt deshalb in der Tiefengeothermie eine ernstzunehmende Herausforderung dar. Selbst wenn die erste Bohrung einer geplanten Dublette fündig ist, kann es grundsätzlich vorkommen, dass die zweite Bohrung sich als trocken erweist. Ein Betrieb der Anlage ist damit nicht möglich, obwohl zu diesem Zeitpunkt bereits die hohen Kosten für zwei großkalibrige Tiefbohrungen angefallen sind.

Die Chance, Wasserwegsamkeiten zu finden, kann durch den Einsatz spezieller Messverfahren während des Bohrens gesteigert werden, beispielsweise durch Seismic While Drilling. Hierbei werden die seismischen Wellen von einem Schallgeber ausgesandt, der sich direkt in der Bohrgarnitur befindet. Der zugehörige Empfänger befindet sich ebenfalls in der Bohrgarnitur. Im Vergleich zur seismischen Messung von der Oberfläche aus müssen die Schallwellen bei diesem Verfahren wesentlich kürzere Wege in der umgebenden Formation zurücklegen. Deshalb kann mit höheren Frequenzen bzw. geringeren Wellenlängen gearbeitet werden, was eine entsprechend höhere Auflösung des Messverfahrens zur Folge hat. Geortete Ziele können angesteuert und angebohrt werden. Allerdings ist der Einsatz solcher Verfahren meist mit erheblichen Kosten verbunden und kommt nicht für jedes Projekt in Betracht.

18.5.4 Bohrplatz

Für die Anlage des Bohrplatzes einer Geothermieanlage ist neben der Verfügbarkeit eines hinreichend großen Grundstücks, dem Anschluss an ein tragfähiges Straßennetz und dem Zugang zu Infrastruktur (Strom, Wasser, Medien, Kanalisation usw.) auch die Nähe zu Siedlungen oder zur Industrie von großer Bedeutung, damit die produzierte Wärme genügend viele Abnehmer findet, ohne dass ein übermäßig teures Fernwärmenetz gebaut werden muss.

Der Bohrplatz ist somit vorzugsweise in besiedelten Gebieten anzulegen, was besondere Vorkehrungen bezüglich einer Lärm- und Emissionsbelastung der Anwohner erfordert. Um die erforderlichen Bohrmeter zu minimieren, sollte der Bohrplatz an der Oberfläche möglichst direkt über dem höffigen Zielgebiet im Untergrund positioniert werden. Das ist aber aufgrund von übertägigen Bebauungen, Schutzgebieten, Gemeindegrenzen usw. nicht immer möglich. Außerdem steht oft kein geeignetes Grundstück zum Verkauf bereit. Für den späteren Betrieb der übertägigen Geothermieanlage, die nach Abschluss der Bohrarbeiten auf dem Bohrplatz errichtet werden soll, muss hinreichend Kühlwasser zur Verfügung stehen. Es ist also von Vorteil, wenn in der Nähe der Anlage ein Brunnen oder ein Gewässer zur Verfügung steht. Das Finden einer geeigneten Lokation für einen Bohrplatz kann unter Berücksichtigung aller genannten Aspekte also durchaus anspruchsvoll sein.

Wenn eine geeignete Lokation gefunden ist, werden auf dem Bohrplatz für eine geothermische Dublette meist zwei oder mehr benachbarte Bohrkeller installiert, um sowohl die Förder-, als auch die Reinjektionsbohrung vom selben Bohrplatz aus abteufen zu können. Die dadurch erforderlichen Richtbohrarbeiten, um die Endpunkte im Zielhorizont in einer gewissen Entfernung voneinander zu positionieren, sind fast immer günstiger als das Anlegen zweier separater Bohrplätze. ◘ Abb. 18.20 zeigt einen Bohrkeller, in dem sich vier Standrohre befinden.

Die Tiefbohranlage wird über dem Standrohr der ersten Bohrung aufgebaut. Nach Beendigung der Bohrarbeiten wird die gesamte Bohranlage mittels einer Skid-Vorrichtung vom ersten Bohransatzpunkt zum nächsten verschoben, ohne die Anlage dazu ab- und wieder aufbauen zu müssen.

◘ **Abb. 18.20** Standrohre im Bohrkeller für ein Tiefengeothermieprojekt

18.5 · Bohrtechnische Besonderheiten gegenüber Öl- und Gasbohrungen

Abb. 18.21 Beispiel für ein Skid-System. (Foto *rechts*: Grottendieck)

Zum Verschieben der Bohranlage werden verschiedene Methoden eingesetzt. In Abb. 18.21 links ist beispielhaft einer der beiden Hydraulikzylinder zu sehen, mit dem die gesamte Bohranlage über den Standrohren hin und her verfahren werden kann. Das freie Ende der Kolbenstange ist fest mit der Bohranlage verbunden, die beweglich auf Gleitschienen (Abb. 18.21 rechts) gelagert ist. Das freie Ende des Zylinderkolbens ist fest mit dem Fundament des Bohrplatzes verankert. Wenn der hydraulische Zylinder ausfährt, wird die Bohranlage auf der Schiene verschoben. Rechts in der Abbildung erkennt man vorne links den Bohrlochkopf der einen Bohrung, während der Bohrturm aktuell über der anderen Bohrung steht.

Es gibt auch Tiefbohranlagen, die mit einem Walking-System ausgerüstet sind. Bei diesem System stemmen sich vier Füße an den Ecken der Bohranlage auf den Boden und heben die gesamte Bohranlage an. In diesem schwebenden Zustand wird die Bohranlage relativ zu den Füßen per Hydraulikzylinder um eine gewisse Distanz in die gewünschte Richtung verfahren. Dann wird die Bohranlage auf den Boden abgesenkt, und die Füße werden angehoben. Die Verschiebezylinder fahren daraufhin in ihre Ausgangsposition zurück, und die Füße können in ihrer neuen Position wieder auf den Boden aufgesetzt werden. Dieser Vorgang wird so lange wiederholt, bis die Bohranlage auf ihrer neuen Position angekommen ist.

Auf diese Weise können alle erforderlichen Tiefbohrungen nacheinander vom selben Bohrplatz aus abgeteuft werden. Um zu bewerten, ob eine Bohrung fündig ist, muss nach Abschluss der Bohrarbeiten ein Fördertest durchgeführt werden. Dazu wird ein Teststrang in das fertiggestellte Bohrloch eingefahren. Der Teststrang ist an seinem unteren Ende mit einer Tauchkreiselpumpe ausgestattet. Das Stromkabel zur Versorgung der Pumpe mit elektrischer Energie wird seitlich an den Teststrang angebracht und mit Schellen befestigt.

Nach dem Einbau des Teststranges in die Bohrung werden ausführliche Fördertests durchgeführt. Dazu wird die Pumpe in mehreren Stufen mit steigender Drehzahl betrieben. In jeder Stufe wird die Schüttung der Bohrung registriert und gemessen, wie weit der Wasserspiegel in der Bohrung absinkt, bis er ein konstantes Niveau erreicht. Die Absenkung des Spiegels in der Bohrung ist ein Maß für die Druckabsenkung im Bohrloch. Der Quotient aus der Schüttung der Bohrung und der Druckabsenkung im Bohrloch wird Produktionsindex genannt. Er wird entsprechend in der Einheit Liter pro bar Druckabsenkung (l/bar) ermittelt. Je höher der Produktionsindex ist, desto besser wird die Bohrung bezüglich ihrer Förderkapazität bewertet.

Abb. 18.22 Bohrplatz für eine geothermische Tiefbohrung. (Foto: Herrenknecht)

Während des Fördertests wird auch die Temperatur des geförderten Wassers gemessen und dokumentiert. Im Rahmen der Pumpversuche wird also ermittelt, ob die Bohrung die thermische Leistung erbringen kann, für die sie ausgelegt wurde.

Im Verlauf eines Fördertests werden große Mengen an Tiefenwässern zutage gefördert, die in der Regel auf dem Bohrplatz zwischengelagert werden müssen. Der Bohrplatz für eine Tiefengeothermieanlage ist deshalb im Gegensatz zu einem Bohrplatz zur Förderung von Kohlenwasserstoffen mit Auffangbecken für das bei den Fördertests produzierte Thermalwasser ausgestattet (Abb. 18.22 rechts oben).

Oft muss das Geothermalwasser vor der Einleitung in das Auffangbecken oder – falls möglich – in eine Abwasserleitung oder einen Vorfluter abgekühlt werden. Zu diesem Zweck findet man auf dem Bohrplatz leistungsfähige Kühlaggregate (Abb. 18.23).

Abb. 18.23 Wasserkühler auf dem Bohrplatz

Wenn genügend Platz vorhanden ist, wird der Bohrplatz rechteckig angelegt (Abb. 18.22). Geothermiebohrungen werden jedoch auch zunehmend in innerstädtischen Bereichen abgeteuft, wo keine entsprechende Fläche, sondern nur begrenzter Platz zur Verfügung steht, der außerdem auch nicht rechteckig ist. Für den Bau des Bohrplatzes selbst ist das meist kein unlösbares Problem, jedoch muss die Tiefbohranlage entsprechend flexibel und modular aufgebaut sein, um auf solchen Bohrplätzen aufgestellt werden zu können.

18.5.5 Tiefbohranlage

Tiefbohranlagen der Petroleumindustrie werden meistens möglichst weit von Wohngebieten entfernt aufgestellt und betrieben. Sie sind in der Regel sehr hoch, um lange Gestängezüge im Mast abstellen zu können, und emittieren typische Geräusche, die durch zusammenschlagende Gestängezüge oder zum Beispiel quietschende Bandbremsen verursacht werden können. Außerdem sind die Bohranlagen hell beleuchtet, um einen sicheren Nachtbetrieb zu ermöglichen. Natürlich werden alle Komponenten der Bohranlage und der Spülungsaufbereitung sowie der Bürobereich übersichtlich angeordnet.

Geothermieanlagen werden dagegen möglichst nahe an oder sogar direkt in bebauten Wohngebieten errichtet, damit die Wärme, die die spätere Anlage produziert, ohne lange Fernwärmeleitungen zum Verbraucher gelangen kann. Das ist insofern eine Herausforderung, als sich konventionelle Tiefbohranlagen der Petroleumindustrie nur eingeschränkt für Einsätze im innerstädtischen Bereich eignen, da der Bohrplatz in die bestehenden und oft verschachtelten Freiflächen einfügt werden muss und die Anwohner nicht durch Lärm, Lichtsmog oder große, hohe Strukturen im Sichtbereich belästigt werden wollen. Deshalb werden in der Tiefengeothermie vermehrt Tiefbohranlagen eingesetzt, die speziell für den Einsatz in urbanen Gebieten konstruiert wurden (Abb. 18.24). Sie verfügen über kurze und schlanke Maste, die dann zwar relativ unauffällig aussehen, allerdings keine Möglichkeit des Abstellens von Gestängezügen im Turm bieten. Das Gestänge wird deshalb

Abb. 18.24 Bohranlage im innerstädtischen Bereich. (Foto: Herrenknecht)

bei solchen Anlagen beim Trippen auf dem Bohrplatz abgelegt, auf dem dafür aber ein entsprechend dimensioniertes Gestängelager vorgehalten werden muss.

Da die Gestängezüge nicht im Turm abgestellt werden und folglich auch nicht gegeneinanderschlagen können, ist die Geräuschemission einer solchen Tiefbohranlage vermindert. Der Einsatz alternativer Hebewerke (Hydraulik, Zahnstange) und gekapselter Module kann die Lärmbelastung der Anwohner noch weiter reduzieren. Aktuell wird an Möglichkeiten gearbeitet, die das Noise-Cancellation-Prinzip nutzen, um den Geräuschpegel der Anlage noch weiter zu reduzieren. Dabei wird der von der Bohranlage ausgehende Schall durch Mikrofone aufgenommen und phasenverdreht als Antilärm über Lautsprecher wieder abgestrahlt. Im günstigsten Fall löschen sich dann Lärm und Antilärm gegenseitig aus.

Automatische Pipe-Handling-Systeme sorgen für einen weitgehend automatisierten und reibungslosen Ablauf der erforderlichen Arbeiten im Bohrbetrieb und minimieren die Anzahl der erforderlichen Bohrarbeiter auf der Anlage. Eine Konzipierung der Anlage nach dem Baukastenprinzip gestattet eine flexible Aufstellung der Komponenten auf einem kleinen oder verwinkelten Bohrplatz und minimiert beim An- und Abtransport der Anlage die Anzahl der erforderlichen Schwerlasttransporte. Durch ein strukturiertes Beleuchtungsmanagement kann die Lichtemission der Bohranlage auf ein Minimum reduziert werden.

18.5.6 Bohrwerkzeuge für kompakte Hartgesteine

Die Tiefbohrtechnik wurde in erster Linie zur Gewinnung von Erdöl und Erdgas entwickelt. Kohlenwasserstoffe findet man fast ausschließlich in den Poren von Sedimentgesteinen. In der bisher ca. 160-jährigen Entwicklungsspanne der Petroleumindustrie wurden die Bohrverfahren und die technische Ausrüstung folglich gezielt auf das Erbohren von Sedimentgesteinen hin optimiert. Die gängigen Bohrmeißeltypen (Rollen- und Diamantmeißel) sind deshalb in Sedimentgesteinen sehr effektiv einsetzbar.

Auch die LWD-Systeme wurden gezielt zum Auffinden von Kohlenwasserstoffen entwickelt. Sie können die Öl- oder Gaslagerstätte im umgebenden Gestein identifizieren und ihre wichtigsten Eigenschaften bestimmen. In der Petroleumindustrie ist man in erster Linie an einer hohen Porosität und Permeabilität und an der Identifikation des Poreninhalts (Gas, Öl oder Wasser?) interessiert.

Diese Entwicklungen kommen der hydrothermalen Geothermie zum Teil sehr entgegen, denn auch hydrothermale Reservoire befinden sich in Sedimentgesteinen. Der Einsatz konventioneller Bohrmeißel aus der Petroleumindustrie ist hier durchaus möglich und sinnvoll. Tatsächlich werden praktisch alle hydrothermalen Tiefbohrungen mit Ausrüstungen abgeteuft, die auch in der Petroleumindustrie zum Einsatz kommen würden.

Der weitaus größte Teil der Erdwärme ist allerdings im kristallinen Grundgebirge gespeichert. Hier findet man sehr harte und kompakte Gesteine, wie zum Beispiel Granit. In ◘ Abb. 18.25 ist zu sehen, dass die typischen Sedimentgesteine wie Salz, Kreide, Sandstein oder Tonstein, die man beim Bohren nach Kohlenwasserstoffen oder hydrothermalem Wasser antrifft, deutlich geringere Festigkeiten aufweisen als die Gesteine des Grundbirges, zu denen zum Beispiel Granit oder Basalt zählen.

Harte Gesteine werden in der Regel anders erbohrt als weiche. Das ist jedem Heimwerker bekannt. Für Bohrungen in harten Wänden verwendet man ja beispielsweise

18.5 · Bohrtechnische Besonderheiten gegenüber Öl- und Gasbohrungen

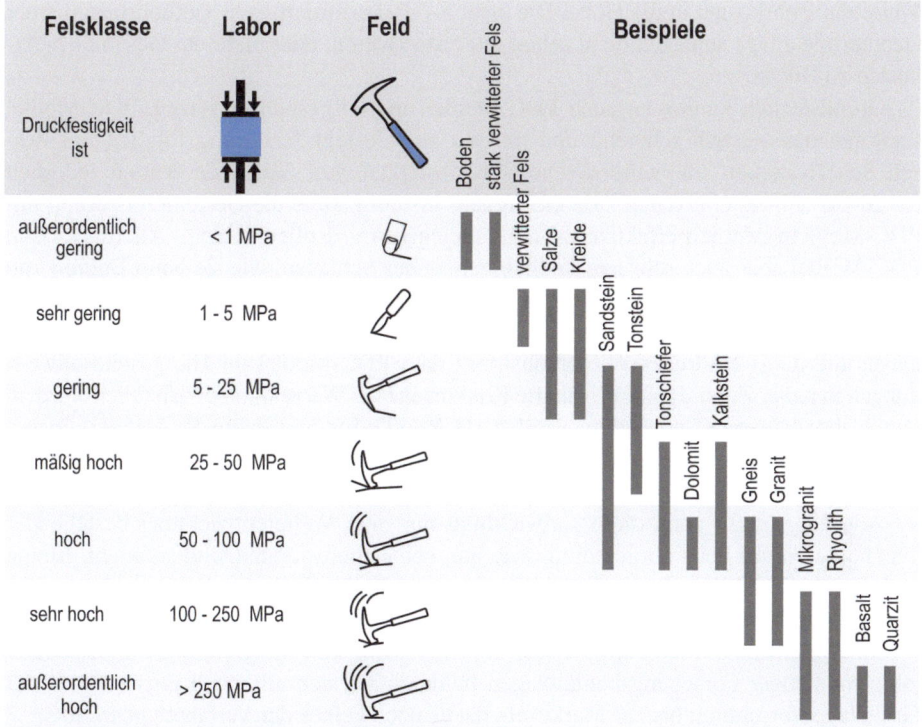

☐ **Abb. 18.25** Einaxiale Druckfestigkeit von Gesteinen

eine Schlagbohrmaschine, für Bohrungen in weichen Materialien schaltet man das Schlagwerk dagegen ab. Auch in der Flachbohrtechnik werden harte Gesteine schlagend zerstört, beispielsweise durch Presslufthämmer, die aber natürlich auch mit speziellen Schlagmeißeln kombiniert werden.

Nur in der Tiefbohrtechnik gibt es noch keine speziellen Bohrverfahren für Hartgesteine. Das liegt hauptsächlich daran, dass kompakte Hartgesteine für die Petroleumindustrie bisher kein lukratives Geschäftsfeld bieten, da sie bis auf sehr wenige Ausnahmen kein Öl oder Gas enthalten, das sich zu produzieren lohnen könnte.

Mangels besserer Technologien wird in der petrothermalen Geothermie deshalb noch fast ausschließlich auf die wenigen verfügbaren Hartgesteinsbohrmeißel aus der Petroleumindustrie zurückgegriffen, beispielsweise auf Warzenmeißel (▶ Kap. 4). Ein Warzenmeißel zerstört das Gestein durch Aufbringung hoher Punktlasten, also durch Einwirkung von Druckkräften. Da die Druckfestigkeit von Hartgesteinen sehr hoch ist, muss zur Gesteinszerstörung ein entsprechend hoher Meißelandruck aufgebracht werden. Durch die hohe Meißelbelastung werden allerdings die Schneidwerkzeuge und die Lager der Rollenmeißel bei Einsätzen im Hartgestein extrem belastet. Außerdem treten beim Abrollen der mit Warzen bestückten Meißelrollen auf der harten Bohrlochsohle starke Vibrationen auf, welche die Lager ebenfalls belasten. Deshalb ist die Standzeit von Hartgesteinsrollenmeißeln verhältnismäßig kurz. Oft halten sie im Bohrbetrieb nur ein bis maximal zwei Tage und müssen dann ausgewechselt werden. Die häufigen Roundtrips resultieren in langen unproduktiven Zeiten, in denen kein Bohrfortschritt stattfindet, und treiben auf diese

Weise die Bohrkosten in die Höhe. Die zwei bis drei erforderlichen Tiefbohrungen einer Geothermieanlage schlagen nicht selten mit zwei Dritteln oder mehr der Gesamtprojektkosten zu Buche.

Grundsätzlich kann man auch PDC-Meißel im Hartgestein einsetzen. PDC-Meißel zerstören das Gestein scherend und müssen zur Gesteinszerstörung folglich nur dessen Scherfestigkeit überwinden. Die Scherfestigkeit von Gesteinen beträgt lediglich ca. 20–50 % ihrer einaxialen Druckfestigkeit; insofern sollte die Gesteinszerstörung mit PDC-Meißeln deutlich effektiver sein als diejenige mit Rollenmeißeln. Allerdings sind PDC-Meißel aber auch sehr empfindlich gegenüber Schlägen, wie sie beim Bohren von Hartgestein oft auftreten. Deshalb konnten sich PDC-Meißel in der petrothermalen Tiefengeothermie bisher noch nicht auf dem Markt durchsetzen. Jüngste Entwicklungen haben allerdings eindrucksvoll demonstriert, dass PDC-Meißel für Hartgesteinsanwendungen in naher Zukunft eine ernsthafte Konkurrenz für Warzenmeißel darstellen werden. Durch ihre längeren Standzeiten werden sie Roundtrips und damit Projektzeit einsparen und einen deutlichen Beitrag zur Kostenreduktion von Tiefbohrungen im Kristallin liefern.

Allerdings stellt auch diese Entwicklung nur eine Weiterentwicklung bestehender Technologien aus der Petroleumindustrie dar, echte Innovationen sind sie nicht. Einige Universitäten und Forschungsinstitute befassen sich aber bereits mit echten Innovationen, die die Tiefbohrtechnik im Hartgestein mittelfristig revolutionieren könnten.

Im Folgenden werden einige dieser neuen Ansätze kurz vorgestellt. Trotz teilweiser jahrzehntelanger Forschungsbemühungen befinden sie sich alle noch in der Phase der Grundlagenforschung; bis zur Marktreife hat es noch keines der Verfahren geschafft.

Elektro-Impuls-Verfahren

Das Elektro-Impuls-Verfahren (EIV) nutzt elektrische Entladungen von mehreren Hundert Kilovolt Spannung, die als Blitze (Streamer-Entladungen) durch das Gestein verlaufen. Die Bohrkleinpartikel werden dabei an den Korngrenzen des Gesteins aus dem Verband gesprengt (◘ Abb. 18.26). Das entstehende Bohrloch besitzt eine ähnliche Qualität wie ein mit Rollenmeißel gebohrter Abschnitt.

 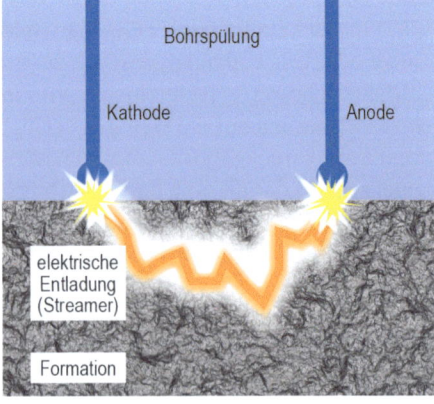

◘ **Abb. 18.26** Prinzip des Elektro-Impuls-Verfahrens (EIV). *Rechts* Praxisversuch im Granit

Bei der Gesteinszerstörung durch das EIV wird die Zugfestigkeit des Gesteins überwunden; diese beträgt aber nur ca. ein Zehntel der Druckfestigkeit und ca. 20–50 % der Scherfestigkeit. Deshalb ist der energetische Wirkungsgrad des EIV-Bohrverfahrens im Vergleich mit drückenden oder scherenden Gesteinszerstörungsverfahren entsprechend hoch.

Die größten Herausforderungen bei der technischen Umsetzung des EIV zum Bohren liegen darin, die elektrische Energie für die Hochspannungsladungen direkt in der untertägigen Bohrgarnitur zu erzeugen und die Streamer-Entladungen an der Elektrode dazu zu bewegen, sich durch das Gestein hindurch und nicht durch die Bohrspülung zu entladen. Es gibt aber bereits Demonstratoren im Realmaßstab, mit denen bewiesen werden konnte, dass das Verfahren grundsätzlich funktioniert und die Technologie beherrschbar ist.

In der untertägigen EIV-Bohrgarnitur nutzt ein Bohrmotor die hydraulische Energie der Bohrspülung, um mechanische Antriebsenergie für einen Stromgenerator bereitzustellen. Der erzeugte elektrische Wechselstrom wird gleichgerichtet und in Kondensatorbänke eingespeist. Nach dem Ladevorgang werden alle Kondensatoren des Marx-Generators zeitgleich an der Elektrode entladen. Die Charakteristik des Spannungsaufbaus an der Elektrode ist entscheidend dafür, ob sich der Streamer durch das Gestein oder die Bohrspülung bewegt. Es wurde bereits nachgewiesen, dass sich eine Streamer-Ausbreitung durch das Gestein selbst unter Bohrlochbedingungen mit hohem Druck und hoher Temperatur sowohl in wasserbasischen als auch in ölbasischen Bohrspülungen realisieren lässt.

Das Verfahren arbeitet grundsätzlich berührungsfrei, das heißt, dass die Elektrode während des Bohrens nicht direkt mit dem Gestein in Kontakt stehen muss. Deshalb ist auch nach längeren Einsätzen praktisch kein mechanischer Verschleiß oder Abbrand an den Elektroden festzustellen. Der Hauptvorteil des Verfahrens kann deshalb neben einer Steigerung der Bohrgeschwindigkeit in der Einsparung zeitaufwendiger Roundtrips liegen.

Da die elektrische Spannung für das EIV-System in der Bohrgarnitur erzeugt wird, kann es an einem konventionellen Bohrstrang in die Bohrung eingefahren werden. Die detaillierte Anbindung des EIV-Systems an einen Steuerkopf und die empfindlichen MWD-/LWD-Komponenten der Bohrgarnitur, die durch die starken elektrischen Felder des EIV-Bohrkopfes gestört werden könnten, bedarf aber noch weiterer Forschungs- und Entwicklungsarbeiten.

Bohrhammer

An der Erdoberfläche werden harte Materialien (Beton, Felsen usw.) meist mittels schlagender Verfahren zerstört. Als Beispiele hierzu wurden bereits Presslufthämmer oder Schlagbohrmaschinen genannt. Natürlich liegt der Gedanke nahe, Bohrhämmer auch in Tiefbohrungen zur Zerstörung von Hartgesteinen einzusetzen. Bisher ist es aber noch nicht gelungen, praxistaugliche Bohrhämmer für Einsätze in der Tiefbohrtechnik zu konstruieren.

Das liegt in erster Linie daran, dass die bisherigen Ausführungen alle sehr empfindlich auf die feststoffhaltige Bohrspülung reagieren, die für Bohreinsätze in Tiefbohrungen meist unerlässlich ist. Alle auf dem Markt verfügbaren Bohrhämmer werden entweder mit Pressluft oder mit Klarwasser betrieben. Beide Prinzipien sind aber in der Tiefbohrtechnik nicht ohne Weiteres einzusetzen. In fast allen Tiefbohrungen steht mehr oder weniger viel Grundwasser an; deshalb ist ein reines Trockenbohren wie zum Beispiel in einem Steinbruch nicht möglich, da die Versorgung des Schlagwerks mit Pressluft nicht mehr funktioniert. Große Kompressoren verdichten die Luft auf maximal etwa 20 bar, bei höheren Drücken wären aufwendige und teure Verdichter erforderlich. Mit 20 bar Druck kann ein Kompressor die benötigten Luftmengen aber nur gegen eine Wassersäule von wenigen Zehnermetern in die Bohrung pressen. In einer 5000 m tiefen Bohrung, die bis zur Oberfläche mit Wasser gefüllt ist, müsste ein Luftdruck von deutlich über 500 bar aufgebracht werden, um ein pneumatisches Schlagwerk anzutreiben.

Bei Einsatz von Klarwasser könnten die üblichen Spülpumpen verwendet werden, allerdings müsste die übertägige Spülungsaufbereitungsanlage deutlich nachgerüstet werden, um sicherzustellen, dass das Wasser im Bohrstrang wirklich keine Feststoffe enthält, die die empfindlichen Ventile des Bohrhammers zerstören würden.

Wasser besitzt eine deutlich geringere Tragkraft als eine konventionelle Bohrspülung und erschwert somit den Bohrkleinaustrag aus der Bohrung erheblich. Außerdem kann mit Klarwasser nur selten die erforderliche Overbalance im Bohrloch erreicht werden, die zur primären Bohrlochkontrolle bei Tiefbohrungen erforderlich ist. Der Einsatz von Klarwasser als Bohrspülung kommt deshalb in der Tiefbohrtechnik meist grundsätzlich nicht in Betracht.

Ein weiterer Grund dafür, dass Bohrhämmer sich in der Tiefbohrtechnik noch nicht durchsetzen konnten, liegt darin, dass die meisten Konstruktionen nach dem Wasserhammerprinzip arbeiten. Der Spülungsstrom wird durch ein Ventil im Hammer schlagartig gestoppt und der dadurch entstehende Impuls der abgebremsten Wassersäule in Schlagenergie umgesetzt. Die Flüssigkeitssäule muss also bei jedem Schlag gestoppt und dann wieder beschleunigt werden. Mit zunehmender Tiefe der Bohrung wird die Masse der Wassersäule im Bohrstrang jedoch immer größer, und deshalb wird ein immer größerer Anteil der verfügbaren Pumpenergie benötigt, um die erforderliche Beschleunigung der Wassersäule zu gewährleisten. Das Verfahren verliert deshalb bei steigender Tiefe der Bohrung an Wirkungsgrad und arbeitet schließlich ineffektiv.

Die wenigen wirklich erfolgreichen Bohrhammereinsätze, die in der Literatur zu finden sind, fanden in kompaktem, impermeablen und standfesten Gestein statt, in dem es keine Zuflüsse und keine Bohrlochinstabilitäten gab, sodass man dort mit pressluftbetriebenen Bohrhämmern arbeiten konnte. Unter diesen Bedingungen konnten sie allerdings deutlich höhere Bohrgeschwindigkeiten als Rollenmeißel erzielen.

In allen anderen Fällen muss beim Bohren weiterhin eine konventionelle Bohrspülung eingesetzt werden, die aber aufgrund ihres Feststoffgehalts nicht kompatibel mit den auf dem Markt verfügbaren Bohrhammerkonstruktionen ist.

Allerdings gibt es bereits Konzepte und Demonstratoren für Bohrhämmer im Realmaßstab, die über einen indirekten Antrieb des Schlagwerks verfügen, das gar nicht mit der eingesetzten Bohrspülung in Kontakt kommt (◘ Abb. 18.27). Bei diesem Konzept wandelt ein spülungsgetriebener untertägiger Bohrmotor die hydraulische Energie der kontinuierlich fließenden Bohrspülung in mechanische Rotationsenergie (Drehmoment und Drehzahl) um, die in einem zweiten Schritt entweder über einen Generator in elektrische oder über eine Ölpumpe in ölhydraulische Energie umgewandelt wird.

Im elektrischen Schlagwerk wandelt ein Linearmotor die elektrische Energie in mechanische Schlagenergie um, im hydraulischen Schlagwerk bewegen der Druck und der Volumenstrom des Hydrauliköls den Schlagkolben über eine hydraulische Steuerung auf und ab.

Beide Varianten konnten in Praxisversuchen in oberflächennahen Bohrungen bereits ihre Schlagkraft unter Beweis stellen. Die Weiterentwicklung zu zuverlässigen bohr-

Abb. 18.27 Bohrhammerprototyp

lochtauglichen Werkzeugen erfordert aber noch erhebliche konstruktive Forschungs- und Entwicklungsarbeiten.

Grundsätzlich ist bei Imlochbohrhämmern für die Tiefbohrtechnik auch noch das Problem zu lösen, dass vom Schlagwerk des Hammers nicht nur starke Schläge und Vibrationen auf die Bohrlochsohle ausgeübt, sondern auch rückwärts in den Bohrstrang induziert werden, in dem sich die empfindlichen MWD-/LWD-Systeme befinden, die zur Navigation durch das geothermische Reservoir benötigt werden. Auch hier gibt es zwar bereits Lösungsansätze mit speziellen Stoßdämpfern, jedoch müssen sie ebenfalls noch felderprobt und zur Marktreife gebracht werden. Ebenso ist noch zu klären, wie das Schlagwerk mit einem Steuerkopf zur Richtungskontrolle ausgerüstet werden kann.

Laserbohren

Beim Laserbohren soll das Hartgestein auf der Bohrlochsohle durch Einwirkung eines Laserstrahles in einer Größenordnung von etwa 30 kW Leistung so vorgeschädigt werden, dass es sich anschließend mit Meißelrollen oder PDC-Cuttern leichter durchbohren lässt.

Damit der Laserstrahl die Bohrlochsohle erreichen kann, muss er allerdings die Distanz zwischen dem Bohrmeißel und der Bohrlochsohle in der undurchsichtigen Bohrspülung überwinden. Es gibt Konzepte, bei denen der Laserstrahl in einem Klarwasserhochdruckstrahl vom Bohrkopf zur Bohrlochsohle geleitet werden. Im Labormaßstab funktioniert dieser Prozess, im realen Bohrloch ist aber noch eine Vielzahl an Problemen zu lösen. Beispielsweise muss im Bohrstrang nicht nur die Bohrspülung, sondern auch das Klarwasser und die elektrische Energie zum Betrieb des Lasers zur Bohrgarnitur geführt werden. Das lässt sich mit einem konventionellen Bohrgestänge nicht bewerkstelligen. Außerdem muss der im Wasserstrahl geführte Laserstrahl sequenziell die gesamte Bohrlochsohle bearbeiten können, um eine Effektivitätssteigerung des Bohrprozesses zu erzielen. Wie diese komplexe Steuerung technisch umgesetzt werden soll, ist noch ungelöst.

Alternative Forschungsansätze gehen davon aus, dass die Bohrlochsohle trocken gehalten werden kann. Der Laserstrahl verdampft das Gestein auf der Sohle kurzfristig, worauf es an der Bohrlochwand wieder zu einem glasartigen Material erstarrt. Dadurch wird die Bohrlochwand abgedichtet und abgestützt. Auch diese Verfahren befinden sich noch im Stadium einer Machbarkeitsstudie.

Plasmabohren (Flammbohren)

Beim Plasmabohren wird auf der Bohrlochsohle ein elektrischer Lichtbogen erzeugt, der das Gestein an seiner Oberfläche kurzfristig auf mehrere Tausend Grad Temperatur erhitzt. Je nach Einwirkungszeit unterscheidet man zwischen Spallations-, Schmelz- oder Verdampfungsbohren.

Beim Spallationsbohren wird das Gestein durch die Wärmespannungen, die beim kurzzeitigen Aufheizen und Wiederabkühlen entstehen, zerstört. Bei einigen Gesteinen, wie zum Beispiel auch Granit, bewirkt die Erhitzung metamorphische Veränderungen des Kristallgitters. Durch die Einwirkung der Hitze wird das Kristallgitter im Gestein umgestellt, was zu einer Volumenzunahme führt. Die dabei entstehenden Spannungen am Einwirkungsort führen dazu, dass Gesteinspartikel aus dem Verbund abplatzen.

Bei längerer Einwirkung des Plasmabogens kann das Gestein theoretisch sogar aufgeschmolzen oder sogar verdampft werden. Die Schmelze soll an der Bohrlochwand wieder erstarren und eine Art Verrohrung bilden.

Das Flammbohren konnte im Labormaßstab bereits demonstrieren, dass es grundsätzlich zur Hartgesteinszerstörung geeignet ist. Allerdings ist dazu ein erheblicher Energieeintrag in die Bohrung erforderlich, der mit konventionellen Bohrgestängen nicht gewährleistet werden kann. Außerdem funktioniert das Verfahren in spülungsgefüllten Bohrungen deutlich weniger gut als im trockenen Gestein.

18.5.7 Steuerbare Underbalance

Beim unterbalancierten Bohren (Unterdruck im Bohrloch) kann die Bohrgeschwindigkeit erheblich gesteigert werden (▶ Kap. 14). Allerdings erfordert die primäre Bohrlochkontrolle (▶ Kap. 9), dass überbalancierte Druckverhältnisse im Bohrloch herrschen, um Kicks zu verhindern.

In kompakten Hartgesteinen sind Zuflüsse aus der Formation in die Bohrung zwar unwahrscheinlich, können aber nicht ausgeschlossen werden. Um hier die Vorteile des unterbalancierten Bohrens mit hoher Bohrgeschwindigkeit und des überbalancierten Bohrens ohne Kickgefahr zu kombinieren, könnte die Verrohrung des vorangehenden Bohrungsabschnittes an ihrer Außenseite mit Rohren ausgestattet werden, durch die bei den nachfolgenden Bohrarbeiten Gas (Luft oder Stickstoff) in die Bohrspülung im Ringraum eingespeist werden kann. Durch die Dosierung der Gaseinspeisung kann die Dichte der Spülung im Ringraum an die jeweiligen Bohrbedingungen angepasst werden. Drucksensoren in der Bohrgarnitur unterstützen die Dosierung. Auch dieses Konzept wurde bisher noch nicht umfassend felderprobt und bewertet.

18.5.8 Richtbohrtechnik/Reservoir Navigation

In ◘ Abb. 18.9 wurden typische Profile von geothermischen Bohrungen schematisch dargestellt. Man unterscheidet hier zwischen geschlossenen Systemen (Sonden) und offenen

Systemen (Dubletten, Tripletten). Sonden werden üblicherweise ohne besondere Richtbohrprogramme als Vertikalbohrungen bis zur vorgegebenen Tiefe erstellt.

Dubletten (oder ggf. Tripletten) werden in der Regel von einem Bohrplatz aus als J-förmige Bohrungen in unterschiedliche Richtungen angelegt. Die Konzentration auf einen gemeinsamen Bohrplatz resultiert in Kostenersparnissen – zumindest in Ländern wie Deutschland, in denen ein verhältnismäßig großer Aufwand zum Bau des Bohrplatzes aufgebracht werden muss, der mit entsprechend hohen Kosten verbunden ist. Das Bohren J-förmiger Bohrpfade ist an sich keine besondere Herausforderung an den Richtbohrer. Allerdings steht hier das Fündigkeitsrisiko im Vordergrund. Die Bohrung muss in der gewünschten Tiefe die angestrebte Temperatur, vor allem aber Anschluss an ausreichend permeable wasserführende Gesteinsschichten finden.

Im Sinne der Erreichung einer möglichst großen Schüttung bietet es sich in vielen Fällen an, Kluftsysteme und Zerrüttungszonen anzubohren, da hier die größten Wasserwegsamkeiten erwartet werden können. Allerdings ist hier während der Bohrphase auch verstärkt mit Bohrlochinstabilitäten, Spülungsverlusten und ähnlichen Problemen zu rechnen.

Bei der Herstellung geschlossener geothermischer Systeme ist das Abbohren der erforderlichen Rohrschleifen (◘ Abb. 18.16) nur mit erheblichem bohrtechnischem Aufwand zu realisieren. Zum Bohren der ersten Schleife werden die Förder- und die Reinjektionsbohrung zunächst bis zur angestrebten Neigung abgelenkt. Dann werden beide Bohrungen unter Einsatz der Magnetic-Ranging-Technologie, die bereits vorgestellt wurde (▶ Abschn. 11.13), parallel bis zur Endteufe abgebohrt. In der einen Bohrung befindet sich der magnetische Signalgeber, in der anderen das Ortungssystem für das Magnetfeld, das die Stärke und Richtung des Magnetfeldes am Empfänger ermittelt und daraus laufend die aktuelle Distanz zur anderen Bohrungen bestimmt. Am Ende der Parallelstrecke müssen die beiden Bohrungen zusammengeführt werden, um die Schleife zu schließen und eine hydraulische Verbindung herzustellen. Auch dieser Vorgang ist als durchaus anspruchsvoll zu bewerten, da die Zusammenführung beider Bohrungen möglichst absatzfrei ohne eine Reduzierung des Strömungsquerschnitts gelingen soll. Wenn die Schleife geschlossen und ein Strömungskreislauf möglich ist, muss die Schleife gegenüber der umgebenden Formation abgedichtet werden. Dazu werden spezielle Kunstharze durch das Rohrsystem gepumpt, die die Hohlräume im Gestein verschließen und die Bohrungsoberfläche versiegeln. Die Dichtheit der Schleife wird schließlich über Drucktests festgestellt.

Zum Bohren der nächsten Schleife werden aus der Förder- und der Reinjektionsbohrung zunächst Side Tracks angelegt (▶ Kap. 16), und dann wird wieder wie beschrieben vorgegangen. Grundsätzlich stellt jeder der Arbeitsschritte trotz ihrer individuellen Komplexität eine Standardoperation dar, die zum Stand der Technik gerechnet werden kann. Da zum Gelingen eines vollständigen geschlossenen Leitungssystems aber sehr viele solcher anspruchsvollen Arbeitsschritte nacheinander durchgeführt und dabei extrem viele Bohrmeter abgebohrt werden müssen, ist seine Herstellung nach heutigem Stand der Technik insgesamt ein äußerst aufwendiges Projekt. Es besteht allerdings die Erwartung, dass der Prozess mit der Durchführung vieler solcher Projekte allmählich zu einer alltäglichen Prozedur heranreift, die auch mit einer erheblichen Kostenreduzierung verbunden ist.

Bei petrothermalen Tiefbohrungen kann eine besondere Herausforderung darin bestehen, vertikale Verwerfungen und Kluftsysteme im Hartgestein durch eine horizontale Bohrlochsektion zu durchbohren. Bisher gibt es weltweit nur sehr wenige Horizontalbohrungen im Hartgestein und entsprechend wenig Erfahrung. Dadurch, dass ein besonders hoher Meißelandruck zum Erbohren von Hartgesteinen erforderlich ist, ist das Bohrgestänge auch besonders hohen Axialkräften ausgesetzt und neigt insbesondere in horizontalen Bohrungsabschnitten eher zum Ausknicken und Buckling als bei Bohrungen im Sediment (▶ Kap. 4).

18.5.9 Stimulation von Geothermiebohrungen

Die seismische Vorerkundung des Zielhorizonts von der Oberfläche aus bietet nicht die erforderliche Auflösung, um wasserführende Klüfte und Risse im Gestein in mehreren Kilometern Tiefe präzise zu orten und gezielt anzusteuern. Deshalb besteht bei Tiefengeothermiebohrungen immer ein gewisses Risiko, dass die Förder- oder die Injektionsbohrung die geforderte Schüttung nicht erreichen kann. Es gibt allerdings grundsätzlich mehrere verschiedene Möglichkeiten, die Produktivität einer Bohrung zu steigern.

In Karbonatgesteinen kann durch eine Säuerung (Einpumpen von Salzsäure in den Zielhorizont) der Kalkstein angegriffen und zum Teil aufgelöst werden, worauf sich die Durchlässigkeit des Gesteins für das Thermalwasser erhöht. Durch Einpumpen von Wasser unter hohem Druck in eine Bohrung wird das Gestein im Zielhorizont aufgebrochen (gefrackt), und es entstehen neue Fließwege. Beim Side Tracking (▶ Kap. 16) wird aus der bestehenden trockenen Bohrung heraus ein neuer Seitenarm gebohrt, der dann in einem anderen Bereich der Lagerstätte einen effektiveren Anschluss an die Wasserwegsamkeiten des Gesteins erreichen soll. Die bestehende trockene Bohrung kann auch weiter vertieft (verlängert) werden, um auf diese Weise auf durchlässigere Schichten zu stoßen. Oder es kann eine weitere, zusätzliche Bohrung angelegt werden, um beispielsweise eine Dublette zu einer Triplette auszubauen. Die Grundidee dabei ist, dass zwei schwache Bohrungen zusammen die Schüttung einer starken erreichen sollen.

Alle genannten Verfahren haben allerdings den offensichtlichen Nachteil, dass sie aufgrund erforderlicher Antrags- und Genehmigungsverfahren lange Vorlaufzeiten benötigen und erhebliche zusätzliche Kosten verursachen können. Deshalb ist es empfehlenswert zu prüfen, ob eventuell schon vor Eintritt des Problems vorbeugende Genehmigungen beantragt werden können.

Das Fündigkeitsrisiko einer Geothermalbohrung kann auch durch den Bohrprozess selbst verringert werden. Es gibt spezielle Formation-Evaluation-Systeme, die in den Bohrstrang integriert werden können. Mit diesen LWD-Systemen können Wasserwegsamkeiten (Klüfte, Verwerfungen usw.) bereits während des Bohrens erkannt und aktiv angesteuert werden. Der Einsatz entsprechender LWD-Systeme (z. B. Seismic While Drilling) sind allerdings ebenfalls mit erheblichem Zeitaufwand und entsprechend höheren Kosten verbunden. Im Einzelfall ist zu entscheiden, ob das verringerte Fündigkeitsrisiko die erhöhten Bohrkosten rechtfertigen kann.

18.5.10 Bohrtiefe/Bohrungstemperatur

Die meisten Komponenten von Bohrgarnituren der Tiefbohrtechnik sind für Temperaturen bis 150 °C spezifiziert. Diese Temperatur ist für die meisten Öl- und Gasbohrungen ausreichend, kann aber bei Tiefengeothermiebohrungen leicht überschritten werden. Das heiße Wasser, das die Förderbohrung zutage bringt, soll ja möglichst 120 °C oder mehr betragen. Wenn man berücksichtigt, dass das Wasser auf dem Weg durch die Bohrung zur Oberfläche einen Teil seiner Wärme in Form von Verlusten abgibt, müssen folglich Trägerschichten angebohrt werden, deren statische Temperatur sehr nahe an die Spezifikationsgrenze von 150 °C herankommt oder sogar überschreitet.

Eine Überschreitung der spezifizierten Maximaltemperatur der eingesetzten Bohr-, MWD- und LWD-Systeme führt zwar nicht unmittelbar zum Ausfall oder zu Schäden, das Risiko für ein solches Problem, in dessen Folge immer kostspielige Roundtrips erforderlich werden, steigt allerdings beim Verlassen des Spezifikationsrahmens merklich an. Außerdem muss damit gerechnet werden, dass die Servicefirma, die die Komponenten für den Einsatz geliefert und eingesetzt hat, dem Auftraggeber alle Schäden, die durch Überschreitung des spezifizierten Einsatzrahmens verursacht wurden, in Rechnung stellt.

Die meisten Servicefirmen bieten spezielle Hochtemperatur-(HT-)Komponenten für Einsätze bis 180 °C an, allerdings sind diese nicht immer überall verfügbar und überdies natürlich teurer als Standardkomponenten. Das ist auch begründet. Immerhin schmilzt Lötzinn bei diesen Temperaturen bereits. Deshalb müssen in HT-Komponenten für die Tiefbohrtechnik spezielle Fertigungsverfahren und -bauteile eingesetzt werden, die weit außerhalb normaler Einsatzspezifikationen für Elektronikbauteile immer noch sicher funktionieren.

Ähnliche Betrachtungen sind auch für die Bohrspülung vorzunehmen, da viele Zutaten üblicher Spülungen (z. B. Polymere) ebenfalls bei hohen Temperaturen instabil werden. Es gibt zwar schon spezielle Entwicklungen für den HT-Markt, aber auch hier handelt es sich noch um Sonderrezepturen mit entsprechend hohen Kosten.

18.5.11 Bohrlochkonstruktion und Komplettierung

Die Festlegung der Absetzteufen und damit die Anzahl der Rohrtouren erfolgt bei Geothermiebohrungen genauso wie bei Kohlenwasserstoffbohrungen (▶ Kap. 7). Allerdings wird hier im Sinne des Erhalts maximaler Durchmesser der Bohrung oft nicht nur die letzte Rohrtour, sondern möglichst auch die letzte technische Rohrtour als Liner ausgeführt.

Auf einen Komplettierungsstrang (▶ Kap. 8) wird in der Regel vollständig verzichtet. Stattdessen wird in die Produktionsbohrung eine Tauchkreiselpumpe eingebaut.

18.6 Vorbehalte der Bevölkerung

Während Bohrungen nach Kohlenwasserstoffen meist abseits von Wohngebieten angelegt werden, finden geothermische Tiefbohrungen in der Regel in der Nähe der Abnehmer der Wärme, also nahe an oder sogar mitten in Wohngebieten, statt. Die Aktivitäten der Bohrfirmen werden dort mit entsprechendem Interesse, aber auch mit einer gewissen Skepsis beobachtet. Oft bilden sich bereits im Vorfeld der Bohrarbeiten Bürgerinitiativen, die aus verschiedensten Gründen Vorbehalte gegen geothermische Anlagen postulieren. Tatsächlich hat es in der Vergangenheit spektakuläre Schadensfälle gegeben, die von den Gegnern der Tiefengeothermie immer wieder vorgebracht werden.

In Staufen im Breisgau hob sich nach Bohrarbeiten für geothermische Sonden der gesamte Ortskern an, sodass in der Folge an zahlreichen Gebäuden massive Risse entstanden. Der Grund dafür war, dass man zunächst eine Anhydritformation durchbohrt hatte und dann in einen vorgespannten Aquifer (Wasser unter Überdruck) stieß. Das Wasser stieg daraufhin in den Anhydrit auf und bildete dort Gips. Die Umwandlung von Anhydrit zu Gips ist allerdings mit einer Volumenzunahme verbunden, deshalb quoll die Formation auf und hob die Geländeoberfläche an. Die Hebung des Geländes führte wiederum zu der massiven Beschädigung der darauf befindlichen Gebäude.

In Basel wurden an einer tiefen Geothermiebohrung Stimulationsversuche durchgeführt. Dazu wurde sie mit Druck beaufschlagt. Die Aktion löste ein Erdbeben aus. Basel liegt allerdings in einem ausgewiesenen natürlichen Erdbebengebiet, in dem es schon öfter zu spektakulären seismischen Ereignissen gekommen ist. Es ist davon auszugehen, dass sich zum Zeitpunkt der Bohrarbeiten wieder Spannungen im Untergrund aufgebaut hatten, die früher oder später unweigerlich zu einem natürlichen Erdbeben geführt hätten. Durch die Stimulationsarbeiten an der Bohrung gelangte Wasser zwischen die verspannten Schichten, schmierte die Schichtgrenzen und führte dazu, dass sich die vorhandenen Spannungen in einem „künstlich ausgelösten" Erdbeben lösten.

In St. Gallen trat während der Bohrarbeiten an einer Tiefengeothermiebohrung ein Gaskick auf. Anstatt diesen mit einem konventionellen Totpumpverfahren auszuzirkulieren, versuchte man, den Gaskick durch Überkopf-Totpumpen wieder in die Formation zurückzudrücken. Auch bei dieser Aktion wurde ein Erdbeben ausgelöst; die Gründe waren ähnlich wie im Fall Basel.

In Landau gab es zwar keine Probleme während der Bohrarbeiten, im nachfolgenden Betrieb der Geothermieanlage traten aber Erschütterungen (Erdbeben) und Bodenhebungen auf. Die Gründe hierfür sind in einer ungünstigen Betriebsweise der Anlage und Undichtigkeiten an der Bohrlochkonstruktion zu finden.

Diese genannten spektakulären Fälle werden immer wieder zitiert, um zu belegen, dass die Nutzung geothermischer Energie mit erheblichen Risiken verbunden ist. Weiterhin gibt es immer wieder Vorwürfe, dass Geothermieanlagen Radioaktivität freisetzen würden. Es gibt auch konkrete Beispiele für Geothermieprojekte, bei denen die Bohrarbeiten aus verschiedensten Gründen misslangen und das komplette Projekt daraufhin trotz hoher getätigter Investitionen aufgegeben werden musste.

Natürlich dürfen diese Probleme nicht ignoriert werden, allerdings kann man die Beispiele bei näherem Hinsehen weder verallgemeinern noch vergleichen. Im Folgenden werden die Ursachen von Erdbeben, Radioaktivität, Geländehebungen und missglückten Bohrarbeiten im Zusammenhang mit tiefen Geothermiebohrungen kurz beleuchtet und bewertet.

18.6.1 Erdbeben/Induzierte Seismizität

In der Vergangenheit ist es nicht nur bei den prominenten Fallbeispielen mehrfach zu spürbaren Erdbeben gekommen, die in direkter Verbindung mit Geothermieprojekten standen. Deshalb hat sich in Teilen der Bevölkerung die Ansicht etabliert, dass Tiefbohrungen zur geothermischen Nutzung grundsätzlich Erdbeben verursachen. Diese Einschätzung hält jedoch einer näheren Betrachtung nicht stand.

In ◘ Abb. 18.28 ist auf einer Karte das Erdbebenrisiko in Deutschland dargestellt. Man erkennt, dass sich einige der natürlichen Erdbebengebiete mit den Gebieten überschneiden, die sich besonders gut zur Nutzung von Erdwärme eignen, so zum Beispiel der Oberrheingraben oder auch Teile des süddeutschen Molassebeckens. In Gebieten mit erhöhter Erdbebenwahrscheinlichkeit muss naturgemäß immer mit erheblichen Spannun-

18.6 · Vorbehalte der Bevölkerung

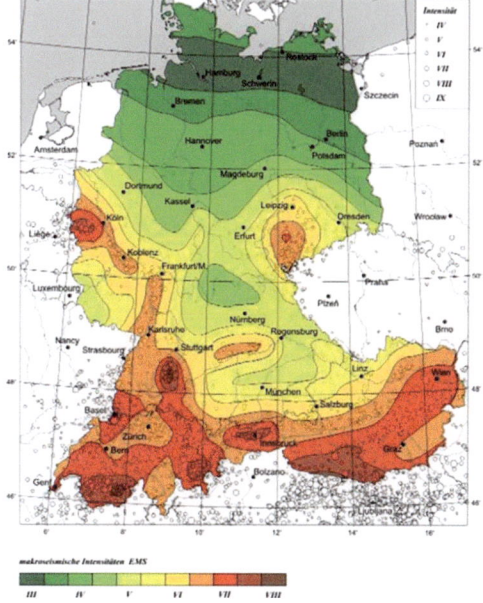

□ **Abb. 18.28** Erdbebenrisiko in Deutschland. (Helmholtz)

gen im Gestein gerechnet werden. Die Errichtung und der Betrieb von Geothermieanlagen und der damit verbundene Eingriff in den tiefen Untergrund müssen deshalb unter besonderer Vorsicht erfolgen.

Bezüglich des Risikos induzierter seismischer Aktivitäten, die von einer geothermischen Anlage ausgehen, muss aber zwischen dem Bohrbetrieb, der Testphase und dem Betrieb unterschieden werden, also zwischen der Errichtung der geothermischen Dublette und ihrer anschließenden Nutzung.

Seismische Ereignisse währen der Bohrphase sind unter normalen Bohrbedingungen nicht zu erwarten. Durch den Bohrprozess werden nur sehr geringe Drücke und Erschütterungen auf das umgebende Gestein übertragen. Wenn allerdings Kicksituationen auftreten und im Rahmen der Kickbekämpfung Totpumpaktionen eingesetzt werden, bei denen Fluide in den Untergrund verpresst werden, können vorgespannte Bruchzonen aktiviert und in Bewegung gebracht werden. Der Bohrlochkontrolle muss deshalb während den Bohrarbeiten besondere Aufmerksamkeit geschenkt werden. Mögliche Kicks müssen so früh wie möglich erkannt und passende konventionelle Totpumpverfahren schnellstmöglich eingeleitet werden. Auch spezielle Kick-Detection-Systeme, die bereits auf geringste Unstimmigkeiten in der Fluidbilanz im Bohrloch reagieren und auf diese Weise Kicks noch eher erkennen, können helfen, das Risiko zu minimieren.

Nach Abschluss der Bohrarbeiten finden die Produktionstests statt. Hier besteht gegenüber den Bohrarbeiten ein erhöhtes Risiko, Erschütterungen im Untergrund auszulösen, da hier ganz gezielt untersucht wird, wie viel Wärmeträgerfluid sich durch den Porenraum der Zielformation bewegen lässt. Der geförderte bzw. verpresste Volumenstrom ist dabei nicht stationär, sondern wird immer weiter gesteigert und stört das hydraulische und mechanische Gleichgewicht im Untergrund. Die Produktionstests sollten also immer unter seismischer Überwachung durchgeführt und gegebenenfalls abgebrochen werden. Das trifft auch für eventuell erforderliche Stimulierungsmaßnahmen zu, bei denen die Bohrungen mit Druck beaufschlagt werden.

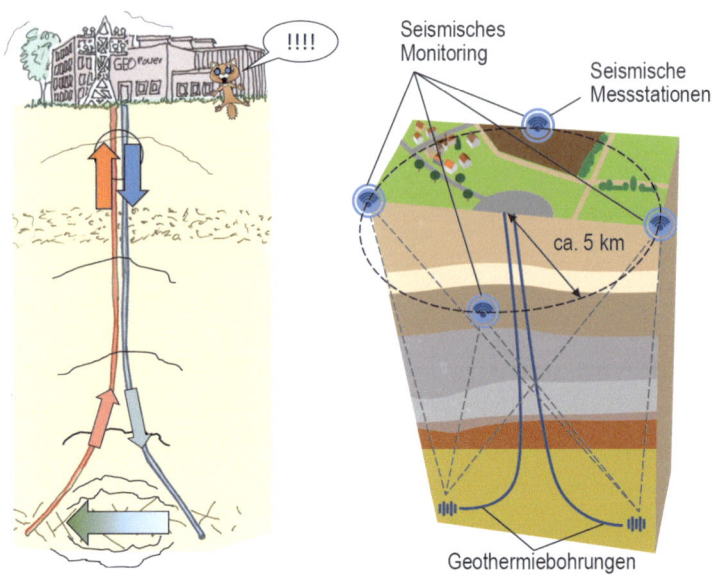

Abb. 18.29 Induzierte seismische Aktivität im Betrieb einer Geothermieanlage und seismische Überwachung (*rechts*)

Eine ähnliche Gefahr geht auch vom Betrieb einer geothermischen Dublette aus. Wie bereits gezeigt wurde, ist die thermische Leistung der obertägigen Anlage proportional zur Schüttung, mit der die Bohrungen betrieben werden. Wenn der Volumenstrom zu weit erhöht wird, steigt der Druck im Bereich der Injektionsbohrung in der Zielformation so weit an, dass diese gefrackt wird (Abb. 18.29 links).

Der derzeitige Stand der Technik sieht deshalb ein Netz aus seismischen Beobachtungsstationen (Erdbebenstationen) im Umkreis der Geothermieanlage vor, die den laufenden Betrieb kontinuierlich überwachen (Abb. 18.29 rechts). Sobald an den Überwachungsstationen auffällige Ereignisse (Erschütterungen) registriert werden, werden automatisch die Förder- und Injektionspumpen gedrosselt, um die Formation zu entlasten. Auf diese Weise können induzierte seismische Ereignisse sicher unterhalb eines Niveaus gehalten werden, bei dem Schäden an der Oberfläche zu befürchten sind.

Um das Risiko seismisch induzierter Ereignisse an geothermischen Tiefbohrungen noch weiter zu reduzieren, wird aktuell die Möglichkeit untersucht, die Bohrungen in der Zielformation zu verzweigen und als Multilateralbohrungen auszuführen, wie man es aus der Petroleumindustrie bereits kennt. Durch diesen Ansatz kann die hydraulische Belastung, die vom geothermischen System auf die Formation ausgeübt wird, auf ein größeres Gesteinsvolumen aufgeteilt werden. Jede der Multilateralbohrungen fördert bzw. injiziert nur einen Teil der Gesamtschüttung. Dadurch sinkt das Risiko, seismische Ereignisse auszulösen.

Die kontinuierliche Überwachung und Steuerung seismischer Aktivitäten von Geothermieanlagen haben sich in der Praxis bereits sehr gut bewährt. Deshalb darf man aus heutiger Sicht davon ausgehen, dass das Problem induzierter Seismizität beherrschbar ist.

18.6.2 Freiwerdende Radioaktivität

Gelegentlich wird von Kritikern der Tiefengeothermie angeführt, dass Geothermieanlagen Radioaktivität freisetzten. Meistens wird davon ausgegangen, dass diese Gefahr bereits beim Bohren der Förder- und Injektionsbohrung besteht.

Bei der Anlage der Produktions- und Injektionsbohrung besteht jedoch kein Risiko eines Austritts radioaktiver Substanzen. Da die Bohrarbeiten an tiefen Geothermiebohrungen in der Regel überbalanciert, also mit einem leichten Überdruck im Bohrloch durchgeführt werden, können Zuflüsse aus dem Gestein in die Bohrung grundsätzlich nicht auftreten. Wenn keine Zuflüsse ins Bohrloch auftreten, kann auch keine radioaktive Substanz in die Bohrung gelangen und ausgetragen werden.

Sollte trotz aller Vorsichtsmaßnahmen im Rahmen der primären Bohrlochkontrolle ein Kick festgestellt werden, greifen die Maßnahmen der sekundären Bohrlochkontrolle, um die Bohrung wieder unter Kontrolle zu bekommen. Der Kick, der dabei auszirkuliert würde, hätte nur ein sehr geringes Volumen und stellte ebenfalls keine Gefahr dar, zumal eventuelle radioaktive Bestandteile in der Bohrspülung gelöst und nur in sehr geringen Konzentrationen enthalten wären.

Im Unterschied zu den Bohrarbeiten kann im nachfolgenden Betrieb einer geothermischen Anlage dagegen unter Umständen tatsächlich mit einer gewissen radioaktiven Belastung gerechnet werden.

Mit zunehmendem Druck und steigender Temperatur steigt die Löslichkeit von Salzen, Gasen und Schwermetallen in Wasser an. Auch radioaktive Bestandteile sind in den Tiefenwässern enthalten. In ◘ Abb. 18.30 sind die natürlichen Salinitäten und Aktivitätskonzentrationen von Tiefenwässern in Deutschland anhand typischer Standorte für die Geothermie dargestellt.

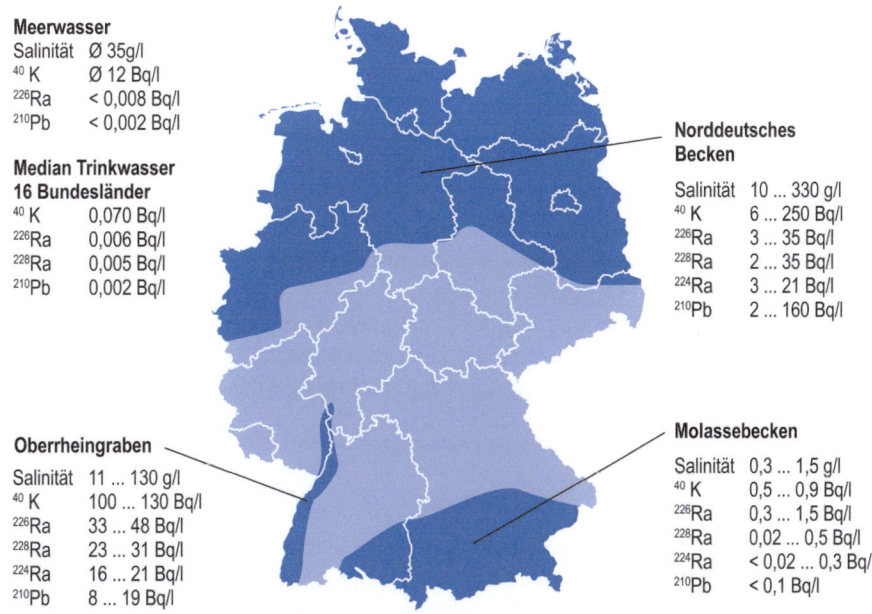

◘ **Abb. 18.30** Salinität und Aktivitätskonzentrationen von Tiefenwässern in Deutschland

Abb. 18.31 Scalings (Ablagerungen) an Rohren und Bauteilen

Aus Sicht des Strahlenschutzes sind hier vor allem das Radionuklid Blei-210 (^{210}Pb), aber auch Radium-226 und Radium-228 von Bedeutung. Die spezifische Aktivität der dominierenden Radionuklide liegt typischerweise bei mehreren Zehn Becquerel pro Gramm. Aufgrund ihrer starken Verdünnung stellen sie in den Tiefenwässern selbst meist keine Gefahr dar.

Wenn die Wässer aus der Tiefe jedoch im Betrieb der geothermischen Anlage an die Oberfläche transportiert werden und dabei der Druck und die Temperatur deutlich absinken, sinkt die Löslichkeit des Wassers, und die überschüssigen Substanzen fallen aus und setzen sich in Form von Ablagerungen in den Filtern, Rohrleitungen, Wärmetauschern und sonstigen Komponenten der übertägigen Geothermieanlage ab. In diesen Ablagerungen konzentrieren sich also über längere Zeiträume die mineralischen Bestandteile des zirkulierten Tiefenwassers auf.

Im günstigsten Fall bestehen diese so genannten Scalings wie in Abb. 18.31 aus Kalk und ähnlichen harmlosen Substanzen, oft findet man aber durchaus auch radioaktive Bestandteile mit spezifischen Aktivitäten von mehreren Hundert Becquerel pro Gramm. Mit Scalings befallene Komponenten sind also gegebenenfalls tatsächlich radioaktiv und müssen mit der entsprechenden Sorgfalt behandelt und fachgerecht entsorgt werden.

Da die Thermalwässer in der übertägigen Anlage in vollständig geschlossenen Kreisläufen geführt werden, kann jedoch keine Radioaktivität unkontrolliert entweichen. Die Anlagen werden nach festen Vorgaben gewartet und die Ablagerungen durch Fachfirmen entfernt und auf speziellen Deponien entsorgt.

Insofern stellt der Umgang mit Radioaktivität in einer geothermischen Anlage keinen Störfall und auch kein Problem dar, sondern zählt zu bekannten und beherrschbaren technischen Herausforderungen, wie sie im Umgang mit jeder technischen Anlage auftreten.

18.6.3 Bodenhebungen

An einigen Standorten von Geothermieanlagen traten während der Bohrarbeiten oder im nachfolgenden Betrieb der Anlage Hebungen des Geländes auf. Meist sind solche Hebungen darin begründet, dass durch den Bohrprozess Wasser in vorher trockene quellfähige Formationen eingeleitet wurde. Anhydrit reagiert beispielsweise bei Zusatz von Wasser zu Gips, dieses beansprucht aber ein größeres Volumen als Anhydrit. Folglich quillt die Formation bei der Gipsbildung auf, und so entstehen die Bodenhebungen.

Die Gründe dafür, dass Wasser in quellfähige Formationen eindringen kann, sind vielfältig. Wenn beispielsweise vorgespannte Aquifere angebohrt werden, also in wasserführende Schichten, die unter Druck stehen, gebohrt wird, kann das Wasser aus dem Aquifer durch die Bohrung in die darüber befindliche quellfähige Schicht aufsteigen. Solche Probleme lassen sich allerdings durch eine gründliche geologische Vorerkundung der Lokation und die Auswahl eines angemessenen Bohrverfahrens (z. B. Abschirmung des Aquifers vor Bohrbeginn durch das Setzen eines Standrohres) vermeiden.

Im Betrieb der Anlage kann Thermalwasser durch eine undichte Bohrlochkonstruktion aus der Bohrung in oberflächennahe Gesteins- bzw. Bodenschichten gelangen. Oft liegt die Ursache für ein solches Problem darin, dass am falschen Ende gespart wurde, indem abweichend von den gültigen Praktiken der Öl- und Gasbohrtechnik zu schwache Rohre eingebaut wurden, das Zementvolumen reduziert oder auf Servicefirmen oder wichtige Qualitätskontrollmessungen verzichtet wurde. Eine spezifische Gefahrensituation, die von Geothermieanlagen ausgeht, lässt sich jedoch aus den Vorfällen nicht ableiten. Es kann nur immer wieder dringend empfohlen werden, die gängigen Standards der Öl- und Gasindustrie zu beachten.

Geländehebungen im Umfeld von Geothermiebohrungen stellen also kein grundsätzliches Risiko dar, sondern sind in einer mangelhaften Vorbereitung oder Ausführung des Projekts begründet. Meist beruhen diese Mängel auf der irrigen Annahme, das Geothermiebohrungen billiger als Kohlenwasserstoffbohrungen sein müssten. Bei einer Planung und Durchführung von Tiefbohrungen nach dem aktuellen Stand der Tiefbohrtechnik ist mit Bodenhebungen nicht zu rechnen.

18.6.4 Kollaps von Rohrtouren

Die Wirtschaftlichkeit von Geothermieanlagen ist in der Regel deutlich geringer als diejenige von Öl- oder Gasbohrungen. Deshalb wird bei Geothermiebohrungen immer wieder darüber nachgedacht, Kosten einzusparen, indem der Qualitätsanspruch gegenüber einer Kohlenwasserstoffbohrung reduziert wird. Dahinter steht die vermeintliche Annahme, dass von einer „Wasserbohrung" weniger Gefahr ausginge als von einer Kohlenwasserstoffbohrung. Infolgedessen wird im Zweifelsfall gelegentlich eine etwas preisgünstigere Rohrtour geordert und diese in Eigenregie eingebaut, anstatt diese Aufgabe einer Servicefirma zu überlassen. Oder es wird etwas Zement eingespart oder auf einen Teil des Qualitätssicherungsprogramms verzichtet.

Dadurch steigt aber natürlich das Risiko, Undichtigkeiten oder sogar einen Kollaps der Bohrung zu erfahren. In einem solchen Fall werden aufwendige Nachbesserungen erforderlich, und im schlimmsten Fall muss die Bohrung sogar komplett aufgegeben werden. Der dadurch entstehende wirtschaftliche Schaden übersteigt die vermeintlichen Einsparungen meist um ein Vielfaches.

Es ist daher durchaus begründet, davon auszugehen, dass Geothermiebohrungen im Normalfall sogar teurer als Kohlenwasserstoffbohrungen sind. Die technischen Gründe dafür (größere Durchmesser, größere Tiefen, doppelte Bohrmeterzahl) wurden bereits erörtert. Weiterhin muss aber auch betrachtet werden, dass man in jedem Öl- oder Gasfeld aufgrund der vielen Erkundungs-, Bestätigungs- und Förderbohrungen eine Lernkurve durchläuft, in deren Verlauf die Kosten späterer Produktionsbohrungen gegenüber den ersten Erkundungsbohrungen zum Teil erheblich reduziert werden können. Bei einem Geothermieprojekt werden dagegen bisher in der Regel nur sehr wenige Bohrungen (meist insgesamt nur zwei oder maximal drei) angelegt. Diese geringe Anzahl erlaubt es nicht, eine echte Lernkurve zu durchlaufen. Hier wäre es in Zukunft sinnvoll, nicht jede Gemeinde oder alle Stadtwerke eine eigene Planung für ihr Projekt durchführen zu lassen, sondern die komplette Abwicklung von Geothermieprojekten ähnlich wie in der Petroleumindustrie an erfahrene und spezialisierte Konzerne abzugeben.

18.7 Potenzial der Tiefengeothermie in Deutschland

Zur Beschreibung des Potenzials der Tiefengeothermie werden oft Temperaturkarten gezeigt, auf denen die Temperverteilung in einer bestimmten Tiefe (z. B. 3000 m) dargestellt ist. Solche Darstellungen sind aber mit großer Vorsicht zu genießen, denn für ein erfolgreiches Geothermieprojekt sind neben der passenden Temperatur im Zielhorizont auch einige weitere Randbedingungen von Bedeutung. Es wurde ja bereits eingehend dargestellt, dass im Zielhorizont in der Regel auch eine möglichst hohe Permeabilität vorliegen muss und das Tiefenwasser eine gewisse Qualität (Reinheit) besitzen sollte.

In ◘ Abb. 18.32 ist eine Karte Deutschlands angedeutet, in der das Potenzial der Tiefengeothermie als Funktion der genannten Parameter grob dargestellt ist.

18.7.1 Bayerisches Molassebecken

Der Hotspot der deutschen Tiefengeothermie ist heute eindeutig das Bayerische Molassebecken. Die dort produzierten ca. 325 MW an thermischer Energie machen über 90 % der in Deutschland aus Tiefengeothermie gewonnenen Wärme aus. Auch die installierte Leistung zur Produktion von elektrischer Energie aus Erdwärme nimmt mit 40 MW und somit 80 % in Deutschland den Spitzenplatz ein.

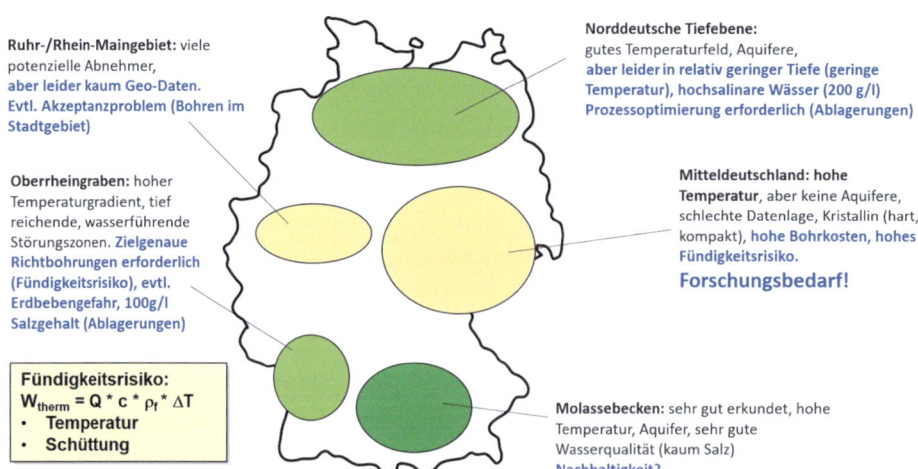

◘ **Abb. 18.32** Kriterien zur Bewertung des Potenzials der Tiefengeothermie in Deutschland

18.7 · Potenzial der Tiefengeothermie in Deutschland

Der Grund für den Erfolg der Tiefengeothermie im Bayerischen Molassebecken ist in der regionalen Geologie begründet. In der passenden Tiefe liegt ein hervorragender Aquifer vor, der eine insgesamt außergewöhnlich hohe Permeabilität aufweist (◘ Abb. 18.10). Die Tiefenwässer des Aquifers stammen aus der letzten Eiszeit, sind nur gering mineralisiert und besitzen im Vergleich mit anderen Tiefenwässern annähernd Trinkwasserqualität. Insofern kann das Bayerische Molassebecken als Vorzeigeregion für erfolgreiche Tiefengeothermie in Deutschland angesehen werden. Auch aktuell befinden sich noch viele weitere Projekte in der Vorbereitung und Umsetzung.

Angesichts des Tiefengeothermiebooms im Großraum München muss man sich allerdings die Frage nach der Nachhaltigkeit stellen. Wie bereits gezeigt wurde, müsste eine Geothermieanlage, die übertägig 20 MW thermische Leistung abgibt, theoretisch über eine Wärmeeinzugsfläche von ca. 200 km^2 verfügen, damit der aus dem Erdinneren nachfließende Wärmestrom die Temperatur des Zielhorizonts konstant hält. Diese Bedingung ist aber bei der heutigen Dichte an Geothermieanlagen im Großraum München lokal bereits deutlich überschritten, sodass damit gerechnet werden muss, dass sich die Anlagen früher oder später gegenseitig negativ beeinflussen werden.

18.7.2 Oberrheingraben

Der Oberrheingraben entstand, als vulkanische Aktivitäten im Untergrund heiße Lava nach oben pressten, welches die Erdoberfläche anhob, bis sich dort schließlich ein Riss bildete. Aufgrund dieser Entstehungsgeschichte trifft man im Oberrheingraben bereits in relativ geringen Tiefen auf höhere Temperaturen. Weiterhin gibt es dort viele tief reichende wasserführende Störungszonen (◘ Abb. 18.33), die sich als Zielhorizont zur Nutzung geothermischer Energie eignen können.

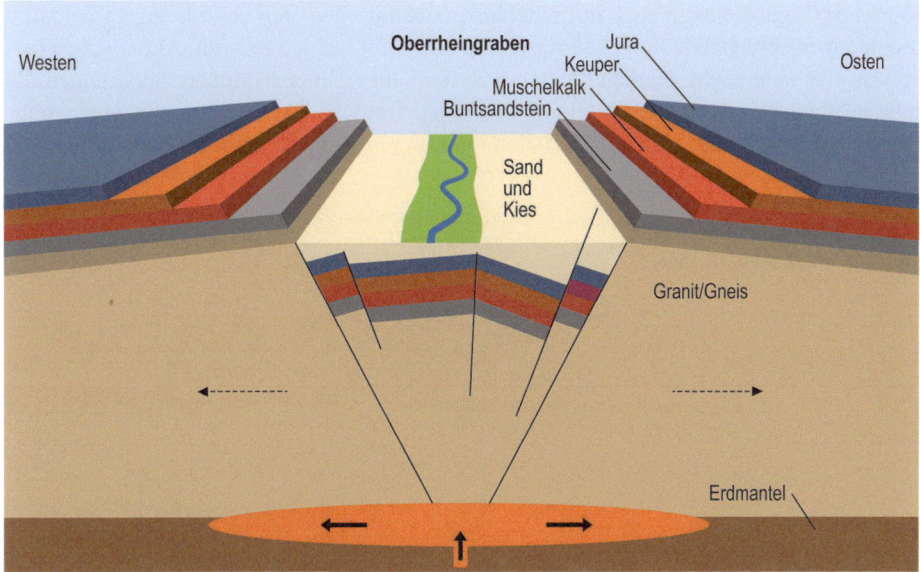

◘ **Abb. 18.33** Geologie des Oberrheingrabens

Um diese Störungen in der gewünschten Tiefe ansteuern zu können, sind zielgenaue Richtbohrungen erforderlich. Trotzdem ist es aber nie sicher, dass die Bohrungen innerhalb der Kluftsysteme tatsächlich Anschluss an hinreichend permeable Wasserwegsamkeiten treffen. Insofern besteht bei Tiefbohrungen im Oberrheingraben immer ein signifikantes Fündigkeitsrisiko, welches in die Planungen und Wirtschaftlichkeitsbetrachtungen jedes Geothermieprojekts einbezogen werden muss.

Ebenso ist zu beachten, dass der Oberrheingraben aufgrund der Verformungen noch immer unter starken tektonischen Spannungen steht und zu Deutschlands aktivsten Erdbebengebieten zählt (Abb. 18.28). Deshalb muss bei den Bohrarbeiten jederzeit mit Bohrlochinstabilitäten, Spülungsverlusten und ähnlichen Herausforderungen gerechnet werden. Im nachfolgenden Betrieb der geothermischen Anlagen besteht weiterhin immer ein Risiko induzierter seismischer Ereignisse, dem durch eine besonders intensive seismische Überwachung begegnet werden muss.

Schließlich ist noch zu berücksichtigen, dass die Tiefenwässer im Oberrheingraben stark mineralisiert sind. Man findet dort beispielsweise Salzgehalte von 100 g/l, die zu Ausfällungen und Ablagerungen in den obertägigen Anlagenkomponenten führen. Aber nicht alle Inhaltsstoffe der Tiefenwässer sind als problematisch einzustufen. Die Tiefenwässer im Oberrheingraben enthalten pro Liter auch bis zu 200 mg Lithium, das weltweit dringend zur Elektromobilität und zur regenerativen Energieversorgung benötigt wird. Wenn man berücksichtigt, dass eine übliche Tiefengeothermieanlage von 120 l oder mehr Litern Tiefenwasser pro Sekunde durchströmt wird, so ergibt sich für ein Geothermiekraftwerk ein Lithiumdurchsatz von ca. 2 t/Tag!

Bisher wird dieser Schatz noch nicht gehoben, aber aktuell wird intensiv daran geforscht, das kostbare Lithium durch verfahrenstechnische Prozesse aus dem Wärmeträgermedium zu extrahieren und zur Herstellung von Batterien zu vermarkten. Dadurch könnte die Rentabilität geothermischer Anlagen im Oberrheingraben ganz erheblich gesteigert werden.

Die Tiefengeothermie im Oberrheingraben ist also trotz einiger sehr positiver geologischer Gegebenheiten auch mit erheblichen technischen Herausforderungen behaftet, die durch entsprechende Forschungsprojekte bewältigt werden müssen. Aktuell wird beispielsweise untersucht, ob man durch ein System aus offenen Multilateralbohrungen die hydraulische Belastung des Gesteins während des Betriebs einer Geothermieanlage reduzieren und damit induzierte Seismizitäten minimieren kann (Abb. 18.34).

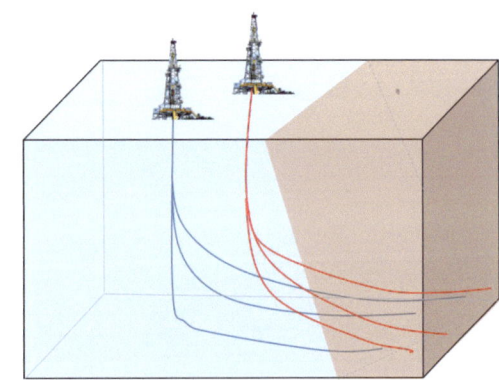

Abb. 18.34 Multilateralbohrungen in einem Störungssystem

18.7.3 Ruhr-, Rhein-, Maingebiet

Das Ruhr-, Rhein-, Maingebiet ist mit etwa 10 Mio. Einwohnern das größte Ballungsgebiet Deutschlands und logistisch bestens erschlossen. Tiefengeothermieanlagen könnten ihre Wärme in die vorhandenen Fernwärmenetze einspeisen und auf diese Weise viele Abnehmer mit Wärme versorgen. Allerdings gibt es in dieser dicht besiedelten Region nur sehr wenige Geodaten aus Tiefen, die über den früheren Bergbau hinausgehen. Zur Nutzung der Erdwärme in großem Umfang muss auf den deutlich tieferen Untergrund zugegriffen werden. Aktuell werden umfassende seismische Kampagnen vorbereitet, mit denen die fehlende Information ergänzt werden soll. Es wird aber noch einige Jahre dauern, bis die Ergebnisse vorliegen.

Es bleibt abzuwarten, in welchem Umfang die Bevölkerung in der dicht besiedelten Region groß angelegte seismische Messkampagnen und Tiefbohrarbeiten im urbanen Raum akzeptieren und unterstützen wird.

18.7.4 Norddeutsche Tiefebene

In der Norddeutschen Tiefebene liegt ein für die Tiefengeothermie günstiges Temperaturfeld vor, allerdings befinden sich die geeigneten Aquifere in deutlich geringeren Tiefen als in der Bayerischen Molasse. Dementsprechend geringer sind auch die zu erwartenden thermischen Leistungen der Geothermieanlagen. Die Wärmeerträge sind entsprechend moderat, elektrischer Strom kann in der Regel gar nicht erzeugt werden. Erschwerend kommt hinzu, dass die Tiefenwässer der Norddeutschen Tiefebene mit ca. 200 g/l Salzgehalt belastet sind, was im Anlagenbetrieb umfangreiche Prozessoptimierungen erfordert. Der Erfolg einiger bestehender Anlagen zeigt aber auf, dass die Nutzung der Geothermie auch hier grundsätzlich möglich ist.

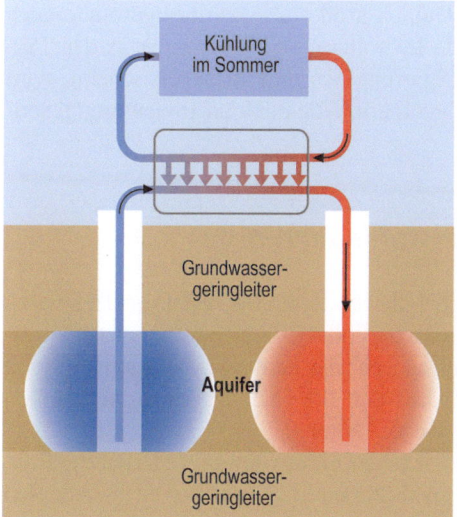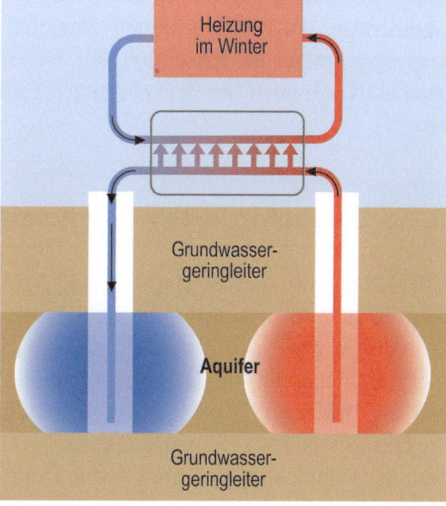

◘ **Abb. 18.35** Saisonaler geogener Aquiferspeicher

Im Rahmen der laufenden Wärmewende könnte die Kombination von Niedertemperatur-Fernwärmenetzen mit Wärmepumpen noch erhebliches Potenzial freisetzen. Ebenso erscheint es vielversprechend, die geothermische Wärmeversorgung im Winter mit einer sommerlichen Kühlung der Gebäude zu kombinieren. Wie in ◘ Abb. 18.35 gezeigt, wird dem Aquifer im Winter Wärme entzogen, im Sommer wird er dagegen mit überschüssiger Wärme aus den Gebäuden wieder aufgeladen. Auf diese Weise erhält man einen besseren Gesamtwirkungsgrad des Systems.

18.7.5 Mitteldeutschland

In weiten Teilen Mitteldeutschlands gibt es keine tiefen Aquifere, da hier das kompakte Grundgebirge bis nahe an die Oberfläche heranreicht. Die Zirkulation von Wasser oder einem anderen Arbeitsfluid in einem offenen System ist daher nicht möglich. Wie bereits dargelegt, muss deshalb auf Fracking-Operationen zurückgegriffen werden; es müssen natürliche Wasserwegsamkeiten (Störungszonen, Verwerfungen) als untertägiger Wärmetauscher genutzt oder geschlossene Systeme im tiefen Untergrund angelegt werden.

Um der Tiefengeothermie in Deutschland zum breiten Durchbruch zu verhelfen, sind noch erhebliche Forschungen und Entwicklungen erforderlich, in deren Verlauf grundsätzliche Fragestellungen beantwortet werden müssen. So muss beispielsweise untersucht werden, ob wasserführende Klüfte durch Einsatz von LWD-/MWD-Systemen zuverlässig georet und angesteuert werden können, ob die Effizienz von Bohrsystemen im kristallinen Grundgebirge (z. B. Gneis, Granit) erheblich verbessert werden kann, um die Bohrkosten im Hartgestein signifikant zu senken, wie die Bohrregimeparameter (Spülungsgewicht, Meißelandruck und -drehzahl, Dogleg Severity usw.) für Einsätze im Hartgestein optimiert werden müssen und ob die Permeabilität und das Durchströmungsverhalten natürlicher Wasserwegsamkeiten in mehreren Kilometern Tiefe sich zur geothermischen Nutzung eignen.

Das Potenzial der petrothermalen Geothermie in Deutschland ist jedenfalls gemessen am gespeicherten Wärmegehalt im Gestein deutlich größer als das der hydrothermalen Geothermie. Auch wenn aktuell zunächst die hydrothermale Geothermie in den Förderprogrammen und Roadmaps der Bundesregierung Vorrang zu haben scheint, wird perspektivisch auch die petrothermale Tiefengeothermie deutlich an Bedeutung gewinnen.

18.7.6 Ausgeförderte Kohlenwasserstofflagerstätten

Unabhängig von den in ◘ Abb. 18.32 hervorgehobenen Regionen bietet die Tiefengeothermie auch überall dort ein großes Potenzial, wo es ausgeförderte Kohlenwasserstofflagerstätten gibt, also insbesondere in Niedersachsen und Schleswig-Holstein. Aktuell gibt es seitens der Bundesregierung Signale, dass dort die Untergrundspeicherung von Kohlenstoffdioxid (CO_2) genehmigungsfähig werden könnte.

Das CO_2 ist als Treibhausgas ganz wesentlich an der Erderwärmung beteiligt. Im Rahmen der Entwicklungen zum Carbon Capture and Storage (CCS) soll CO_2 aus Abgasen von industriellen Prozessen abgetrennt und aufgefangen und in ausgeförderten Kohlenwasserstofflagerstätten endgelagert werden.

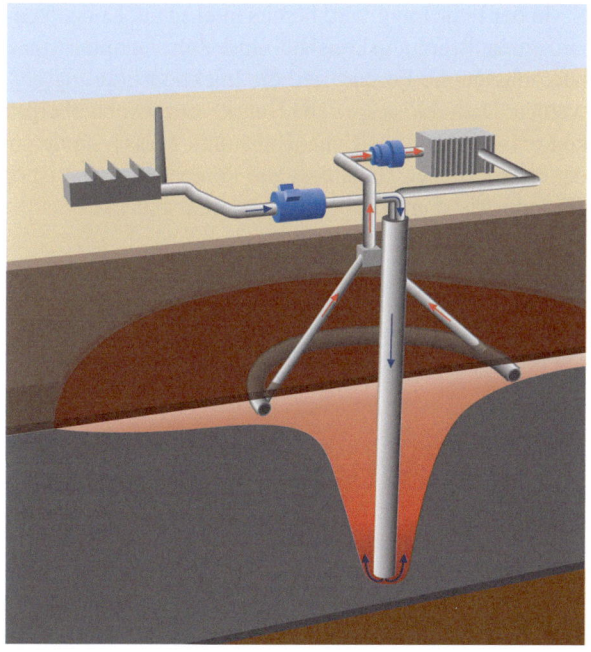

■ **Abb. 18.36** Carbon Capture and Storage (CCS)/Carbon Capture and Usage (CCUS)

Im Gegensatz zum CCS bezeichnet Carbon Capture and Useage (CCUS) Prozesse, bei denen das eingelagerte Kohenstoffdioxid auch noch zu technischen Zwecken eingesetzt wird. In ■ Abb. 18.36 ist beispielsweise zu sehen, wie das im Untergrund eingelagerte CO_2 als Wärmeträgermittel zur geothermischen Nutzung der Erdwärme eingesetzt wird. Unter den Druck- und Temperaturbedingungen, die in der Injektionsbohrung herrschen, befindet sich das CO_2 in einem überkritischen Zustand. Es besitzt dabei eine Dichte und eine Wärmekapazität wie eine Flüssigkeit, aber gleichzeitig Fließeigenschaften wie ein Gas. So kann es den Porenraum im Zielhorizont sehr effektiv durchströmen und dabei sehr große Wärmemengen transportieren.

Bei der Durchströmung der Lagerstätte nimmt das Kohlenstoffdioxid Wärme auf und verliert an Druck. Dadurch bewegt es sich im Zustandsdiagramm in Richtung seines unterkritischen Zustands. In der Produktionsbohrung strömt es deshalb im gasförmigen Aggregatzustand wieder hinauf an die Oberfläche, wo ihm in der Geothermieanlage die Wärmeenergie entzogen werden kann.

Im Gegensatz zu konventionellen, mit Wasser betriebenen Dubletten werden für den Betrieb mit CO_2 nach einem Anfahrprozess keine Pumpen mehr benötigt – der Strömungskreislauf wird per Thermosyphoneffekt allein durch die Dichteunterschiede des Kohlenstoffdioxids in der Injektions- und in der Förderbohrung angetrieben.

Ein weiterer Vorteil des Betriebs der Dublette mit dem Wärmeträgerfluid CO_2 besteht darin, dass es in der Förderbohrung im gasförmigen Aggregatzustand direkt auf die Turbine zur Stromerzeugung geleitet werden kann, ohne seine Wärme zuvor in einem Wärmetauscher an ein separates Arbeitsfluid übertragen zu müssen. Bei einem Betrieb mit Wasser ist die Direktnutzung des Dampfes in der Regel nicht möglich, da der Dampf in der Turbine aufgrund der Expansion teilweise kondensiert und die Turbine dabei beschädigen kann.

In der Forschung wird bereits intensiv an Konzepten für derartige Anlagen gearbeitet. Um einen Strömungskreislauf ohne Zuhilfenahme von Pumpen aufrechterhalten zu können, müssen die Förder- und die Injektionsbohrung(en) möglichst großkalibrig angelegt werden. Dadurch steigen die Bohrkosten jedoch überproportional an, und die Verfügbarkeit entsprechender (Richt-)Bohr- und Messsysteme sowie Rohre und Bohranlagen mit der erforderlichen Hakenlast und Pumpenkapazität ist oft nicht durch das für die Öl- und Gasindustrie standardisierte Angebot abgedeckt.

Serviceteil

Schlusswort – 484

Literaturempfehlungen – 485

Stichwortverzeichnis – 487

© Der/die Autor(en), exklusiv lizenziert an Springer-Verlag GmbH, DE, ein Teil von Springer Nature 2025
M. Reich, *Tiefbohrtechnik*, https://doi.org/10.1007/978-3-662-70635-0

Schlusswort

Die Ausführungen in dem vorliegenden Buch konnten hoffentlich aufzeigen, wie vielfältig und abwechslungsreich der Beruf des „Tiefbohrers" ist! Die Tiefbohrtechnik ist nur eine Säule der Ausbildung im Rahmen der Vertiefung Geo-Energiesysteme im Diplomstudiengang Geo-Ingenieurwesen an der Technischen Universität Bergakademie Freiberg. Ebenso wichtig sind die Lehrbereiche Spülung und Zementation, die Lagerstättenkunde und die Förder- und Speichertechnik.

Der Autor hat mit großer Begeisterung in diesem Fachbereich gearbeitet, geforscht und gelehrt. Er wünscht dem Institut und dem Nachfolger auf seiner Professur weiterhin viel Spaß und Erfolg und vor allem viele Studierende.

Es gibt noch so viel zu tun! Tiefbohrer werden immer gebraucht.

Glückauf!

Literaturempfehlungen

Auf dem deutschen Markt gibt es nur sehr wenige Fachbücher über die Tiefbohrtechnik. Entweder sind sie nicht mehr auf dem aktuellen Stand der Technik, oder es handelt sich eher um Sach- als Lehrbücher. Der Mangel an deutscher Literatur zum Thema war der Anstoß dazu, das vorliegende Buch zu schreiben.

Trotzdem sollen hier ein paar weiterführende Bücher empfohlen werden.

- Reich, M.: *Auf Jagd im Untergrund*, 3. Aufl., Springer, 2022
  Dieses Buch von Matthias Reich beschreibt, wie Tiefbohrungen hergestellt werden. Es wurde speziell für Berufseinsteiger, Schüler und technisch interessierte Laien konzipiert.
- Reich, M., Amro, M.: *Schätze aus dem Untergrund*, 2. Aufl., Springer, Berlin, 2022
  Dieses Buch von Matthias Reich und Mohammed Amro beschreibt in ähnlicher Weise das große Fachgebiet der Fördertechnik. Es erklärt, wie Tiefbohrungen genutzt werden, um Fluide aus dem Untergrund sicher und effektiv an die Oberfläche zu fördern.
- Prickel, G.: *Tiefbohrtechnik*, Springer, Wien, 1959
  Dieses Buch von Gottfried Prickel ähnelt sehr dem vorliegenden Buch, wurde aber vor über 60 Jahren auf den Markt gebracht. Viele der Grundlagen sind immer noch aktuell. Das Buch ist deshalb durchaus weiterhin lesenswert, aber in den vergangenen Jahrzehnten hat es viele Weiterentwicklungen gegeben, die damals natürlich noch nicht abzusehen waren.
- Arnold, W.: *Flachbohrtechnik*, Deutscher Verlag für Grundstoffindustrie, Leipzig/Stuttgart, 1993
  Werner Arnold war der erste Professor und Institutsdirektor des Instituts für Bohrtechnik und Fluidbergbau der TU Bergakademie Freiberg und insofern ein Vorgänger des Autors des vorliegenden Buches. Obwohl sein Buch den Titel *Flachbohrtechnik* trägt, enthält es viele Grundlagen der Tiefbohrtechnik.
- Stober, I., Bucher, K.: *Geothermie*, Springer, Berlin/Heidelberg, 2025
  Dieses Buch von Ingrid Stober und Kurt Bucher behandelt die Tiefbohrtechnik eher am Rande. Im Fokus stehen die geologischen Grundlagen, der Stand der Tiefengeothermie in verschiedenen Ländern sowie geophysikalische und hydrochemische Grundlagen der Geothermie. Das Buch ist aber eine sehr sinnvolle Ergänzung des vorliegenden Buches zur Tiefbohrtechnik.

Sehr empfohlen werden auch die Lehrbücher der Bohrmeisterschule in Celle:
- *Bohrgeräte-Handbuch*
- *Rotary Drilling – Bohrlochkontrolle bei der Erstellung von Tiefbohrungen*
- *Speicherung von Erdgas*
- *Well Intervention*

Die Bücher sind speziell für Praktiker interessant, die im Feld arbeiten. Man kann sie auf der Homepage der Bohrmeisterschule (▶ http://www.bohrmeisterschule.de) bestellen.

Nicht empfohlen wird dagegen das *Bohrtechnik Handbuch – Flach-, Geothermie- und Horizontalbohrverfahren* von Heinrich Otto Buja. Das dicke Buch macht zwar zunächst einen guten Eindruck, bei näherem Hinsehen erkennt man aber, dass es weitgehend direkt aus anderen Quellen übernommen wurde, zum großen Teil auch aus den Büchern, die hier bereits genannt wurden, und aus dem Internet. Hier wird empfohlen, lieber die Originalwerke zu lesen, die ja immer wieder überarbeitet und aktualisiert werden.

Auf dem amerikanischen Markt gibt es zahlreiche Bücher über die Tiefbohrtechnik. Hier ist eine kleine Auswahl an besonders empfehlenswerten Werken:

- Mitchell, R. F. (Editor), Lake, L. W. (Editor-in-Chief): *Petroleum Engineering Handbook*, Vol. 2: Drilling Engineering, Society of Petroleum Engineers, 2007
- Mitchell, R. F., Miska, S. Z.: *Fundamentals of Drilling Engineering*, SPE Textbook Series Vol. 12, 20161555632076
- Bourgoyne, A. T. et al.: *Applied Drilling Engineering*, Society of Petroleum Engineers, 1986
- Lyons, W. C., Plisga, G. J., Lorenz, M. D.: *Standard Handbook of Petroleum & Natural Gas Engineering* (Kap. 4 = Drilling and Well Completions), 3rd Edition, 2015

Darüber hinaus ist sehr viel Fachliteratur zur Tiefbohrtechnik in der kostenpflichtigen Datenbank OnePetro (▶ https://onepetro.org/) zu finden. Die Literatur ist hier aber durchgehend auf Englisch.

Eine weitere kostenpflichtige Möglichkeit, Zugriff auf deutschsprachige Literatur zur Bohrtechnik zu bekommen, besteht darin, Mitglied bei der DGMK (Deutsche Wissenschaftlichen Gesellschaft für nachhaltige Energieträger, Mobilität und Kohlenstoffkreisläufe e. V.) zu werden oder auf der Homepage (▶ https://dgmk.de/publikationen/) einzelne Veröffentlichungen zu erwerben.

Stichwortverzeichnis

A

Abbaugarnitur   80
Abbaurate   285
Abdruckwerkzeug   427
Absetzteufe   133
Absperrventil   403
Acid Bottle Test   253
Akustische Datenübertragung   329
Akzelerator   80
American Petroleum Institute   82
Amplitudenmodulation   356
Anfangsgelstärke   115
Anker   410
Ankerrohrtour   126
Ankolben   197
Anlagenkennlinie   247
Antiklinalstruktur   8
API-Durchmesserreihe   134
Aquifer   443
Aquiferspeicher   480
Aräometer   117
Arbeitsbühne   12
Arbeitsdruckverlust   67, 242
Arthesischer Brunnen   198
Aufbaugarnitur   80, 257
Aufbaurate   285
Auflösung   346
Ausbaustufe   414
Außendruckfestigkeit   187
Average-Angle-Methode   293
Azimut   254, 263, 279, 347

B

Back Rake Angle   52
Backenpreventer   208
Backup-Tool   94
Backward Whirl   92
Bandbremse   17
Barkasse   371
Bending   91
Bestätigungsbohrung   9
Biegespannung   100
Binärcode   346
Bingham-Fluid   113
Bit   347
Bit Bouncing   91
Bit Offset   259
Blindbacken   208
Blowout   169, 194
Blowout-Preventer   12, 40, 207
Bodenhebung   474

Bohrgarnitur   75, 94
Bohrgestänge   94
Bohrhammer   463
Bohrinsel   368
Bohrkeller   125, 456
Bohrlochabschluss   *siehe* Blowout-Preventer
Bohrlochgeometrie   423
Bohrlochinstabilität   423
Bohrlochintegrität   140
Bohrlochkonstruktion   132, 382
Bohrlochkopf   138
Bohrlochneigung   253
Bohrlochreinigung   422
Bohrmeißel   46, 407
Bohrmeistermethode   219
Bohrmotor   62
Bohrplatz   125, 456
Bohrprofil   305
Bohrschiff   370
Bohrspülung   30
Bohrstange   82
Bohrturbine   59
Bohrungskomplettierung   129
Bottom Hole Assembly   75
Box Tap   431
Bruchfestigkeit   98
Bulk Density   269

C

Caliper   269
Caprock   4
Carbon Capture and Storage   480
Carbon Capture and Useage   481
Cased-Hole-Komplettierung   159
Cased-Hole-Packer   162
Casing   137
Casing Collar Locator   408
Cement Bond Log   147
Character Frame   351
Choke Line   211
Choke Manifold   213
Coiled Tubing   396
Course Length   287

D

Dart   154
Datenbit   350
Datenübertragung   329
Desander   32
Designer Well   278
Desilter   32

Diamantmeißel 47, 51, 462
Dichtefenster 175
Differential Sticking 77, 177, 420
Differenzdruckprofil 190
Directional Driller 297
Directional Driller's Display 295
Diverter 213
Dogleg 285
Dogleg Severity 285
Downlink 327, 361
Drehtisch 19
Dreipunktgeometrie 300
Driller 12, 16
Driller's Target 317
Drill-in-Fluid 120
Druckfenster 172, 175
Druckgradient 201
Druckstufe 207
Druckteste 173
Druckverlustbeiwert 241
Dual Gradient Drilling 383
Dublette 443
Durchlauftank 34
Dynamische Totpumpmethode 230
Dynamische Viskosität 112

E

Einscherung 16
Einschließdruck 203
Elektro-Impuls-Verfahren 462
Elektromagnetische Datenübertragung 329
Elevator 24
End of Build 299
Enddurchmesser im Zielhorizont 133
Entgaser 33
Equivalent Circulation Density 182
Erdbeben 470
Erdwärme 435
Erkundungsbohrung 8
Eruptionskreuz 162
Eruptive Förderung 164
Erwartungswert 312
Extended-Reach-Bohrung 275, 305
External Upset 87
Exzentermeißel 58

F

Fackel 34
Fahrseil 14
Fangarbeit 429
Fanghals 428
Fangmagnet 428
Fensterfräsen 410
Festigkeitsnachweis 97
Filterkuchen 118

Filterkuchenbildner 118
Filterpresse 118
Fingerbühne 13
Fisch 420, 425
Fishing Drawing 426
Fishing Spear 431
Flammbohren 466
Flaschenzughebewerk 13
Fließgrenze 237
Flow Check 200
Förderbohrung 443
Formation Integrity Test 150
Formation Pressure Tester 173, 270
Formationsporendruck 171, 270, 390
Formationswasser 4
Forward Whirl 92
Fourier-Transformation 341
Frack 150, 172, 446
Fracking 115, 446
Fräswerkzeug 427
Frequenzmodulation 357
Frequenzspektrum 335
Fündigkeitsrisiko 455

G

Gamma 268
Gangzahl 64
Gashydrat 375
Gasinjektion 385
Gasseparator 33
Gauß'sche Normalverteilung 313
Gemessene Tiefe 181, 279
Geografischer Nordpol 282
Geologisches Profil 124, 133
Geologisches Zielgebiet 317
Geosteering 268
Geothermie 436
Geothermiebohrung 453
Gerichtetes Bohren 261
Gestängebacken 208
Gesteuertes Druckbohren 383
Gewindefett 29, 89
Gewindeschutzkappe 90
Gewindeübergang 85
Gewindeverbinder 90
Gezieltes Entschrauben 425
Gleichzeitige Methode 227
Gravel Pack 129, 159
Gravity Tool Face Orientation 284

H

Hakenlast 13, 16
Halbtaucher 368
Haltegarnitur 79, 257
Heavy Weight Drill Pipe 83

Stichwortverzeichnis

Hebewerkstrommel 17
Helical Buckling 96
Hencky-von-Mises-Theorie 188
High Side 263
High-Pass-Filter 337
Himmelsrichtung 254, 263, 279, 347
Hopper 34
Horizontalbohrung 94
HT/HP 62
Hubplattform 368
Hybridmeißel 53
Hydraulic Fracturing 115, 446
Hydraulikzange 28
Hydraulische Leistung 236
Hydrothermale Geothermie 443
Hydrozyklon 32

I

IACD-Code 48
Image Log 271
Imprägnierter Bohrmeißel 52
Impression Block 427
Induzierte Seismik 472
Infraschall 340
Inklination 253, 263, 279, 348
Innendruck 101
Innendruckfestigkeit 187
Innendurchmesser des Rohres 186
Innenvolumen des Rohres 186
Internal Upset 87
Iron Roughneck 28

J

Junk Basket 427

K

Kaliberlog 140
Kalibersonde 140
Kavitation 444
Keil 22
Kellyantrieb 19
Kellyhahn 214
Kellystange 19
Kernbohrkrone 57
Kernfänger 57
Kernrohr 57
Kick 115, 171, 194
Kick-off-Punkt 298
Kill Line 211
Kloben 12
Kluftsystem 448
Kohlenstoffdioxid 480
Kohlenwasserstoffbohrung 453
Kolbenpumpe 36

Kollisionswahrscheinlichkeit 319
Kommunizierendes Gefäß 171
Kompatibilitätstest 66
Komplettierung 158
Kompressionsmodul 360
Konduktor 379
Konfigurationsdatei 360
Konventionelle Lagerstätte 4
Kronenblock 15
k-Wert 235

L

Lagerstättengestein 4
Lagerstättenmodell 9
Landebasis 371
Landenippel 165
Laserbohren 465
Lead Cement 146
Leak-off Test 150
Lean Casing 136
Lebendige Bohrung 164, 217
Leckage 139
Leerlaufdruckverlust 68, 242
Leerlaufteufe 189
Leistungsdiagramm 69
Leitfaden Futterrohrberechnung 188
Liner 137
Liner Hanger 155
Linkszirkulation 152, 231
Locking Pin 430
Log Interpreter 271
Logging While Drilling 268
Lost Circulation Material 36
Low Side 263
Low-Choke-Methode 229
Low-Pass-Filter 336
LWD-System 74, 268

M

MAASP 221
Mächtigkeit 172
Magentometer 282
Magnaflux-Inspektion 90
Magnetic Proximity Ranging Service 320
Magnetic Tool Face Orientation 284
Magnetischer Nordpol 281
Malm-Aquifer 443
Managed Pressure Drilling 383
Marine Riser 375
Marsh-Trichter 114
Mast 12
Mastermodul 358
Materialgüte 186
Measured Depth 181, 279
Measuring While Drilling 263

Meißelaggressivität 55
Meißelandruckkraft 55
Meißelbelastung 16
Meißeldirektantrieb 59
Meißeldüse 241
Messfehler 308
Metergewicht 88, 185
Methan 375
Migration 4
Miller-Modulation 353
Minimum-Curvature-Methode 294
Mischtank 34
Mitnehmereinsatz 19
Mittelwert 311
Modulation 352, 358
Moody-Diagramm 236
Mud Logger 173
Mud Logger's Unit 42
Mud Port 53
Mud-Puls-Telemetrie 331
Mud-Sirene 338
Multilateralbohrung 410
Multi-Shot-Messgerät 256
Muttergestein 2
MWD-System 74, 263, 268

N

Nachgiebige Plattform 370
Nachstopfen 146
Negativpuls 333
Neigung 263, 279, 348
Nennarbeitsdruckverlust 243
Nennbetriebspunkt 68
Nenndifferenzdruck 71
Nenndrehmoment 71
Neutraler Punkt 76
Newton'sches Fluid 237
Noise Cancellation 340
Nominal-(Außen-)durchmesser 185
Non-Mag Drill Pipe 84
Non-Productive Time 47, 197
Non-Return-to-Zero-Modulation 352
Notfalloption 133
NRZ-Modulation 352
Nuclear Magnetic Resonance 269
Nutzsignal 336

O

Oberflächengeothermie 438, 439
Offset-Bohrung 48, 172
Offshore-Bohranlage 367
Ölbasische Bohrspülung 119
Open-Hole-Komplettierung 159
Open-Hole-Packer 162
Orienter 404

Overbalance 77, 115
Overburden 198
Overpull 421
Overshot 431

P

Packed Hole 420
Packer 161
Passband 344
PDC-Meißel 51, 462
Perforationskanone 128
Permeabilität 4
Petrostatischer Druck 198
Petrothermale Geothermie 446
Phasenmodulation 357
Pille 35
Pillentank 36
Pilotfräser 413
Plasmabohren 466
Porenfluid 269
Porosität 4, 170, 269
Positive Displacement Motor 62
Positivpuls 333
Pressure Integrity Test 151
Primäre Bohrlochkontrolle 194
Primärenergie 438
Produktionsbohrung 9
Produktionsindex 457
Produktionsrohrtour 128, 133
Proppant 447
Protektor 84
Prüfbit 350
Puls 331
Pulserventil 331
Puls-Positionsmodulation 355
Pumpenkennlinie 246
Pup Joint 46

R

Radioaktivität 473
Radius-of-Curvature-Methode 293
Räumen 26
Räumwerkzeug 80
Re-Entry-Bohren 400
Reibung 272
Reinjektionsbohrung 443
Release Tool 406
Remotely Operated Vehicle 380
Reservoir Navigation 268, 466
Resistivity 269
Reynoldszahl 235
Richtbohrer 297
Richtbohrmotor 74, 259, 407
Richtbohrsystem 266
Richtlinie Futterrohrberechnung 192

Ringraum 45
Ringraumschutzflüssigkeit 139, 160
Ringraumzementation 144
Rippensteuersystem 407
Riserless Drilling 385
Rohrrauigkeit 236
Rohrschuh 143
Rohrtour 133
Rollenmeißel 47, 49
Rolltest 119, 265
Rotary Steerable System 276
Rotary-Bohrung 253
Rotary-Modus 260
Rotary-Richtbohrsystem 74, 276
Rotary-Zange 27
Rotationsviskosimeter 112
Rotor 60
Roundtrip 13
Rückschlagventil 85, 214

S

Satellitennavigation 371
Saugtank 35
Scaling 448, 474
Schallgeschwindigkeit 269
Scheibenbremse 18
Scheinbare Viskosität 113
Scherbacken 209
Schergeschwindigkeit 113
Scherspannung 113
Scherventil 345
Schiebemuffe 154
Schlagschere 80
Schleppkahn 371
Schließanlage 210
Schluckhorizont 127
Schlüsselloch 423
Schnellverbinder 402
Schubspannung 101
Schüttelsieb 30
Schüttelsiebtank 30
Schüttung 442
Schwanenhals 397
Schwerstange 75
Schwimmende Plattform 370
Screen 159
Section Milling 415
Sediment 2
Sedimentgestein 170
Seismic While Drilling 270, 455
Seitenarm 410
Sektionsfräsen 415
Sekundäre Bohrlochkontrolle 194
Sensoreinheit 403
Shallow Gas 374
Sicherungsstift 430

Side Rake Angle 52
Side Track 410
Signal-to-Noise Ratio 336
Single-Shot-Messung 255
Sinusoidal Buckling 96
Skid-System 456
Slave 359
Slot 379
Slotted Liner 159
Snubbing Unit 392
Sollbruchstelle 406
Sonde 443
Spacer 146
Spallationsbohren 466
Spanform 415
Spannest 416
Split-Phase-Modulation 354
Spool 211
Spülkopf 20
Spülpumpe 36
Spülungstasche 144
Spülungswaage 116
Squeeze Cement 152
Stabilisator 78
Stabilisatorkonfiguration 304
Standardabweichung 312
Standpipe Pressure 38
Standrohr 124
Startbit 350
Stator 60
Steuerkopf 74
Stick Slip 91
Stick-Slip-Effekt 55
Stinger-Zementation 152
Stoppband 344
Störsignal 336
Streckgrenze 97
Streuung 311
Stripper 214, 400
Stuck Pipe 420
Stuck Point 424
Super Single 46
Survey 256, 279
Sweep 148
Systematischer Fehler 308

T

Tail Cement 146
Tankanlage 30
Taper Tap 431
Tauchkreiselpumpe 445
Technische Rohrtour 127
Temperatur-Log 147
Teufe 181
Thermosyphoneffekt 449
Thixotropie 115

Through-Tubing-Bohren 400
Tiefbohranlage 12
Tiefengeothermie 438, 441
Tight Hole 420
Time Drilling 414
Time Slot 331
Toninhibitor 119
Tool Face 263
Tool Face Orientation 263, 283, 407
Top Drive 25
Torque-and-Drag-Berechnung 307
Total Flow Area 242
Tote Bohrung 164
Totpumpen 215
Totpumpspülung 164, 222
Totpumpverfahren 218
Totseil 14
Totseilanker 15
Trägergestein 4
Triplexpumpe 36
Trippen 24, 47, 196
Triptank 39
True Vertical Depth 181, 280
Tubing Hanger 160
Tubular Running Service 142
Turbinenstufe 60
Turmplattform 370
Turmsteiger 24
Turn Rate 286

U

Überbalanciertes Bohren 390
Überkopf-Totpumpen 230
Überwurfmutter 403
Ultra Sonic Imaging Tool 148
Universalpreventer 209
Unkonventionelle Lagerstätte 5
Unsicherheitsellipse 316
Unsicherheitsellipsoid 316
Unterbalanciertes Bohren 391
Unterwasserfahrzeug 380
Uplink 327, 361

V

Varianz 312
Vergleichsspannung 104
Verrollung 265

Vertical Section 288
Vertikale Tiefe 181
Vertikalteufe 280
Viskosität 112
Volumenelement 99
Volumetrische Methode 228
Vorstopfen 145

W

Walk Rate 286
Walking-System 457
Wandstärke 185
Warte- und Beschweremethode 226
Warzenmeißel 49, 461
Washover Tool 429
Wasserbasische Bohrspülung 112
Wavelet-Transformation 343
Weight on Bit 17, 55
Well Intersection 324
Wellenkompensation 378
Werkzeugdurchmesser 303
Whipstock 258, 411
Whirling 92
Widerstandsbeiwert 55, 236
Windkessel 36
Window Cutting 410
Wireline Tool 411
Wireline Truck 140
Wirkungsgrad η des Bohrmotors 71
Workover 140, 400
Workover Operation 129
Wort 333, 350

Y

Yield Point 115

Z

Zahnmeißel 49
Zentralisator 144
Zentrifuge 32
Zirkulationsschiebestück 164
Zufälliger Fehler 309
Zuflusshorizont 127
Zugfestigkeit 98, 187
Zugseil 14
Zugversuch 97

If you have any concerns about our products,
you can contact us on
ProductSafety@springernature.com

In case Publisher is established outside the EU,
the EU authorized representative is:
**Springer Nature Customer Service Center GmbH
Europaplatz 3, 69115 Heidelberg, Germany**

Printed by Libri Plureos GmbH
in Hamburg, Germany